TURING 图灵程序设计丛书

Linux Kernel Networking
Implementation and Theory

精通 Linux内核网络

【以色列】 Rami Rosen 著

袁国忠 译

人民邮电出版社
北 京

图书在版编目（CIP）数据

　　精通Linux内核网络 ／（以）罗森（Rosen，R.）著；
袁国忠译. —— 北京：人民邮电出版社，2015.6（2024.7重印）
　　（图灵程序设计丛书）
　　ISBN 978-7-115-39293-0

　　Ⅰ．①精… Ⅱ．①罗… ②袁… Ⅲ．①Linux操作系统
Ⅳ．①TP316.89

　　中国版本图书馆CIP数据核字(2015)第098093号

内 容 提 要

　　本书讨论 Linux 内核网络栈的实现及其原理，深入而详尽地分析网络子系统及其架构，主要内容包括：内核网络基础知识、Netlink 套接字、ARP、邻居发现和 ICMP 等重要协议的实现、IPv4 和 IPv6 的深入探索、Linux 路由选择、Netfilter 和 IPsec 的实现、Linux 无线网络、InfiniBand 等。

　　本书不仅适合从事网络相关项目的专业人员参考，也能为相关研究人员和学生提供极大帮助。

◆ 著　　　　[以色列] Rami Rosen
　　译　　　　袁国忠
　　责任编辑　朱　巍
　　责任印制　杨林杰
◆ 人民邮电出版社出版发行　　北京市丰台区成寿寺路11号
　　邮编　100164　电子邮件　315@ptpress.com.cn
　　网址　http://www.ptpress.com.cn
　　三河市君旺印务有限公司印刷
◆ 开本：800×1000　1/16
　　印张：35　　　　　　　　2015年6月第1版
　　字数：827千字　　　　　　2024年7月河北第13次印刷
　　著作权合同登记号　图字：01-2014-6528号

定价：99.00元
读者服务热线：(010)84084456-6009　印装质量热线：(010)81055316
反盗版热线：(010)81055315
广告经营许可证：京东市监广登字 20170147 号

版 权 声 明

献　词

　　献给高通公司以色列分公司的创建者和前总裁、*CDMA Radio with Repeaters* 合著者 Joseph Shapira 博士。

　　也献给 Ruth Shapira 博士，筑梦者 Iris 和 Shye Shapira 博士。

——Rami Rosen

前　　言

本书将引领你完成一次深入探索 Linux 内核网络实现和理论的旅程。最近 10 年，始终没有讨论 Linux 网络的新书上市。对于快速发展的 Linux 内核来说，10 年时间可谓相当漫长。很多重要的内核网络子系统都没有人著书介绍，其中包括 IPv6、IPsec、Wireless（IEEE 802.11）、IEEE 802.15.4、NFC、InfiniBand 等。网上讨论这些子系统实现细节的资源也是凤毛麟角。有鉴于此，我编写了本书。

大约在 10 年前，我向 Linux 内核编程迈出了第一步。当时我是一家创业公司的开发人员，参与了一个基于 Linux 的机顶盒（STB）的 VoIP 项目。这个项目涉及 USB 摄像机，USB 栈经常崩溃。鉴于该 STB 厂商不想花时间解决这种问题，我们不得不深入研究源代码，试图找到解决方案。事实上，不是厂商不想解决问题，而是根本不知道如何解决。当时，几乎找不到任何有关 USB 栈的文档。那时 O'Reilly 出版的 *Linux Device Drivers* 还是第二版，而讨论 USB 的章节是第三版才增补的。作为一家创业公司，成功完成这个项目对我们来说生死攸关。在解决 USB 崩溃问题的过程中，我不得不大量地学习 Linux 内核编程知识。后来，我们又做了一个需要实现 NAT 穿越解决方案的项目。由于用户空间解决方案过于庞大，设备很快就崩溃了。有鉴于此，我提出了一种内核解决方案。项目经理对这种想法深表怀疑，但还是决定让我试试。事实证明，内核解决方案非常稳定，占用的 CPU 周期比用户空间解决方案少得多。从那以后，我参与了很多内核网络项目。本书正是我多年开发和研究工作的结晶。

针对的读者

本书是为计算机专业人员编写的，包括从事网络相关项目的开发人员、软件架构师、设计人员、项目经理和 CTO。这些项目涉及的专业领域非常广泛，包括通信、数据中心、嵌入式设备、虚拟化、安全等。另外，对于从事网络项目、网络研究或操作系统研究的学生、学术研究人员和理论研究者，本书也可提供极大的帮助。

组织结构

第 1 章首先概述了 Linux 内核和 Linux 网络栈，然后介绍了网络设备、套接字缓存区、接收路径和传输路径的实现，最后概述了 Linux 内核网络开发模型。

第 2 章讨论了 Netlink 套接字。这种套接字提供了一种在用户空间和内核之间进行双向通信的机制，为网络子系统及其他一些子系统所采用。另外，本章还讨论了通用 Netlink 套接字。这是一种高级 Netlink 套接字，第 12 章也有介绍，内核网络源代码中也能见到。

第 3 章讨论了 ICMP 协议。它通过发送有关网络层（L3）的错误和控制消息来帮助确保系统正确地运行。本章还介绍了 IPv4 和 IPv6 中的 ICMP 实现。

第 4 章深入讨论了 IPv4 协议。如果没有它，Internet 和当代人的生活都不会是现在的样子。具体内容包括 IPv4 报头的结构、接收和传输路径、IP 选项、分段和重组及这样做的原因、数据包转发（这是 IPv4 最重要的任务之一）。

第 5 和 6 章讨论了 IPv4 路由选择子系统。第 5 章介绍了路由选择子系统查找是如何进行的，路由选择表是如何组织的，IPv4 路由选择子系统使用了哪些优化方法，以及为何将 IPv4 路由选择缓存删除。第 6 章讨论了高级路由选择主题，如组播路由选择、策略路由选择和多路径路由选择。

第 7 章阐述了邻接子系统。主要内容有：IPv4 使用的 ARP 协议、IPv4 使用的 NDISC 协议以及这两种协议之间的一些差别、IPv6 使用的重复地址检测（DAD）机制。

第 8 章讨论了 IPv6 协议，看起来它终将成为 IPv4 地址短缺的解决方案。本章介绍了 IPv6 的实现，讨论了 IPv6 地址、IPv6 报头和扩展报头、IPv6 自动配置、接收路径和转发等主题，还将介绍 MLD 协议。

第 9 章讨论了 Netfilter 子系统，包括 Netfilter 钩子回调函数及其注册、连接跟踪、IP 表和网络地址转换（NAT）以及连接跟踪和 NAT 使用的回调函数。

第 10 章讨论了 IPsec，这是最复杂的网络子系统之一。本章将简要地讨论 IKE 协议（它是在用户空间中实现的）和 IPsec 加密方面的内容（全面讨论它们超出了本书的范围）。你将学习 XFRM 框架（它是 Linux IPsec 子系统的基础）及其两个最重要的结构——XFRM 策略和 XFRM 状态。本章还将简要地讨论 ESP 协议以及传输模式中的 IPsec 接收路径和传输路径。最后，本章将介绍 XFRM 查找和 NAT 穿越。

第 11 章阐述了 4 种第 4 层协议。首先介绍最常用的协议 UDP 和 TCP，然后是较新的协议 SCTP 和 DCCP。

第 12 章讨论了 Linux 无线子系统（IEEE 802.11）。你将学习 mac80211 子系统及其实现、各种无线网络拓扑、省电模式、IEEE 802.11n 和数据包聚合。本章还专辟一节探讨了无线网状网络。

第 13 章深入讨论了 InfiniBand 子系统，这是一种在数据中心中使用得越来越广泛的技术。你将学习 RDMA 栈的组织结构、InfiniBand 编址、InfiniBand 数据包的结构以及 RDMA API。

第 14 章是本书的最后一章，将讨论一些高级主题，如 Linux 命名空间（尤其是网络命名空间）、频繁轮询套接字、蓝牙子系统、IEEE 802.15.4 子系统、近场通信（NFC）子系统、PCI 子系统等。

附录 A 和附录 C 提供了本书讨论的众多主题的完整参考信息。附录 B 介绍了使用 Linux 内核网络时需要的各种工具。

排版约定

本书始终采用一致的排版风格。所有代码段（无论包含在正文中还是单独列出）都使用等宽字体，新术语使用楷体，其他需要突出的内容使用**粗体**。

致　谢

感谢诸位编辑们给我这个机会，让我得以有幸编写本书。感谢责任编辑 Michelle Lowman 在本书尚属思路雏形时就对它充满信心。感谢协调编辑 Kevin Shea 在本书编写过程中始终如一的指导和支持。感谢技术审阅 Brendan Horan 提供有益的评论，让本书的质量改善良多。感谢开发编辑 Troy Mott 提供的大量建议及所做的艰苦工作。感谢文字编辑 Corbin Collins 和 Roger LeBlanc 为文字润色。感谢印刷团队成员 Kumar Dhaneesh。

这里要感谢 Linux 内核网络子系统维护者 David Miller 多年来的出色工作，还有一直以来为该子系统贡献代码的所有开发人员。还要感谢 Linux 内核网络社区及帮助审阅本书的成员，他们是：Julian Anastasov、Timo Teras、Steffen Klassert、Gerrit Renker、Javier Cardona、Gao feng、Vlad Yasevich、Cong Wang、Florian Westphal、Reuben Hawkins、Pekka Savola、Andreas Steffen、Daniel Borkmann、Joachim Nilsson、David Hauweele、Maxime Ripard、Alexandre Belloni、Benjamin Zores，等等。感谢 Intel 公司的 Donald Wood 和 Eliezer Tamir 在我编写 14.3 节时提供的帮助，还有 Samuel Ortiz 为我编写 NFC 方面的内容提供的建议。感谢 InfiniBand 专家 Dotan Barak 协助撰写了本书第 13 章。

——Rami Rosen

目　　录

第 1 章

绪　　论

本书讨论Linux内核网络栈的实现及其原理，深入而详尽地分析网络子系统及其架构。为减轻读者压力，这里将不讨论在阅读内核网络栈源代码过程中可能遇到的但与网络没有直接关系的主题，如加锁与同步、SMP、原子操作等。有关这些主题的资料浩如烟海，然而，专门探讨内核网络的最新资料却少之又少。本书将重点讲解数据包在Linux内核网络栈中的传输过程，阐述其与网络各层及各子系统之间的交互，探讨各种网络协议的实现方法。

本书也不会不厌其烦地逐行解读代码，而将专注于各网络协议实现技术的精髓及其遵循的指导方针和原则。近年来的情况表明，Linux是一款成功、可靠、稳定而深受欢迎的操作系统，且受欢迎程度正稳步提升。Linux版本众多，有用于大型机、数据中心、核心路由器和Web服务器的版本，有用于无线路由器、机顶盒、医疗仪器、导航设备（如GPS设备）等嵌入式设备的版本，还有用于消费电子产品的版本。很多半导体厂商开发的板级支持包（Board Support Package，BSP）都基于Linux。Linux操作系统肇始于芬兰人Linus Torvalds于1991年开发的一个基于UNIX操作系统的项目。事实证明，它已成为一款严谨而可靠的操作系统，可与老牌专用操作系统相媲美。

Linux最初只是一款基于Intel x86的操作系统，现已移植到包括ARM、PowerPC、MIPS、SPARC等在内的各种处理器。Android操作系统是当前常见的平板电脑和智能手机操作系统，未来有望在智能电视领域大行其道，而这款操作系统正是基于Linux内核的。除Android操作系统外，Google还开发了一些内核网络功能。这些功能已纳入主流内核中。

Linux是个开源项目，因此相比于其他专用操作系统具有如下优势：遵照通用公共许可证（General Public License，GPL）条款，用户可免费获得其源代码。相对而言，其他开源操作系统（如各种类型的BSD）的普及程度则要低得多。这里有必要说说OpenSolaris项目。该项目基于通用开发与发布许可（Common Development and Distribution License，CDDL）协议，由Sun公司发起，但其受欢迎程度不可与Linux同日而语。在Linux开发大军中，有些人以公司的名义贡献代码，有些人自发地贡献代码。所有内核开发过程都可通过内核邮件列表获悉。Linux内核邮件列表（Linux Kernel Mailing List，LKML）为其核心邮件列表，很多子系统也都有专用的邮件列表。要贡献代码，可将补丁发送至相应的内核邮件列表及维护人员。这些补丁将通过邮件列表得到相关成员的讨论。

Linux内核网络栈是Linux内核中一个极其重要的子系统。在基于Linux的系统中，不使用任何网络功能的很少，无论是台式机、服务器、移动设备还是其他嵌入式设备都如此。即便在机器没有任何硬件网络设备这种极其罕见的情况下，在用户使用X-Windows时也将使用到网络功能（虽然用户没有意识到这一点），因为X-Windows本身就是基于客户端-服务器网络的。与Linux网络栈相关的项目很多，从核心路由器到小型嵌入式设备。其中，有些项目致力于添加厂商特定的功能。例如，有些硬件厂商在一些网络设备中实现了通用分段延后处理功能（Generic Segmentation Offload，GSO）。GSO是内核网络栈的一项网络功能，由内核网络栈在传输路径中将大型数据包划分成小型数据包。很多硬件厂商都在其网络设备硬件中实现了校验和功能。校验和是一种验证机制。它计算数据包的散列值并将其附加到数据包中，以核实数据包在传输过程中未受损。很多项目都对Linux做了安全改进。其中的一些改进要求对网络子系统进行修改。在第3章讨论项目Openwall GNU/*/Linux时，你将看到这一点。在嵌入式设备领域，很多无线路由器都基于Linux。例如，Linksys WRT54GL路由器运行的就是Linux。这种设备（以及其他设备）还可运行基于Linux的开源操作系统OpenWrt。这款操作系统拥有庞大而活跃的开发人员社区，其网址为https://openwrt.org/。要更深入地了解Linux内核网络栈，必须明白它是如何实现各种协议的，同时还要熟悉主要的数据结构以及数据包在其中的主要传输路径。

1.1 Linux 网络栈

开放系统互联（OSI）模型定义了7个逻辑网络层。最下面是物理层，即硬件环境。最上面是应用层，其中运行着用户空间软件进程。下面来说说这7层。

(1) 物理层：提供电信号和一些底层的细节。

(2) 数据链路层：处理端点间的数据传输。最常见的数据链路层标准是以太网。Linux以太网网络设备驱动程序就位于这一层。

(3) 网络层：负责数据包转发和主机编址。本书讨论Linux内核网络子系统实现的最常见网络层协议：IPv4和IPv6。Linux还实现了其他不那么常见的网络层协议，如DECnet，但本书将不对其作出讨论。

(4) 协议层/传输层：完成结点间的数据发送。TCP和UDP是最著名的传输层协议。

(5) 会话层：处理端点间的会话。

(6) 表示层：处理数据传送和格式设置。

(7) 应用层：向最终用户应用程序提供网络服务。

图1-1显示了OSI模型定义的7个逻辑网络层。

图1-2显示了Linux内核网络栈所涉及的3层。其中，L2、L3和L4这三层分别对应于OSI 7层模型中的数据链路层、网络层和传输层。从本质上说，Linux内核栈的任务就是将接收到的数据包从L2（网络设备驱动程序）传递给L3（网络层，通常为IPv4或IPv6）。接下来，如果数据包目的地为当前设备，Linux内核网络栈就将其传递给L4（传输层，应用TCP或UDP协议侦听套接字）；如果数据包需要转发，就将其交还给L2进行传输。对于本地生成的出站数据包，将从L4依次传递给L3和L2，再由网络设备驱动程序进行传输。这个过程分很多阶段，期间可能会发生如下行为。

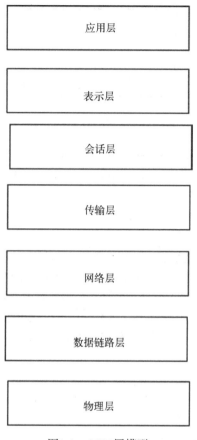

图1-1 OSI 7层模型

❑ 根据协议规则（如IPsec规则或NAT规则），可能需要对数据包进行修改。

❑ 数据包可能被丢弃。

❑ 数据包可能导致设备发送错误消息。

❑ 可能会对数据包进行分段。

❑ 可能需要重组数据包。

❑ 需要计算数据包的校验和。

内核并不涉及L4之上的各层。这些层（会话层、表示层和应用层）的任务由用户空间应用程序来实现。此外，Linux内核也不涉及物理层（L1）。

如果你觉得这些内容难以消化，不用担心，本书后面将详尽深入地阐述它们。

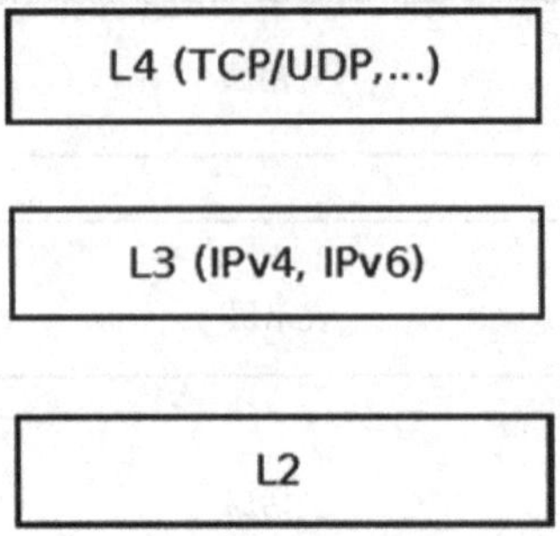

图1-2　Linux内核网络栈的分层结构

1.2　网络设备

在图1-2中，最下面的那层是第2层（L2），即数据链路层。网络设备驱动程序就位于这一层。本书重点探讨Linux内核网络栈，而不讨论网络设备驱动程序的开发。下面简要地描述表示网络设备的net_device结构体以及一些与之相关的概念。为更好地理解网络栈，你必须对这个表示网络设备的结构有个基本认识。设备的参数（如MTU，对以太网设备来说，通常为1500字节）决定了数据包是否需要分段。net_device结构体极其庞大，包含如下设备参数。

- 设备的IRQ号。
- 设备的MTU。
- 设备的MAC地址。
- 设备的名称，如eth0或eth1。
- 设备的标志，如状态为up还是down。
- 与设备相关联的组播地址清单。
- promiscuity计数器（将在本节后面讨论）。
- 设备支持的功能，如GSO或GRO。
- 网络设备回调函数的对象（net_device_ops），这个对象由函数指针组成，如用于打开和停止设备、开始传输、修改网络设备MTU等的函数。
- ethtool回调函数对象，它支持通过运行命令行实用程序ethtool来获取有关设备的信息。
- 发送队列和接收队列数（如果设备支持多个队列）。
- 设备最后一次发送数据包的时间戳。
- 设备最后一次接收数据包的时间戳。

下面是net_device结构体的部分成员的定义，旨在让你对它们有大致了解。

```
struct net_device {
    unsigned int            irq;            / 设备的IRQ号*/
    . . .
    const struct net_device_ops *netdev_ops;
    . . .
```

```
    unsigned int            mtu;
    ...
    unsigned int            promiscuity;
    ...
    unsigned char           *dev_addr;
    ...
};
(include/linux/netdevice.h)
```

本书的附录A详尽地描述了net_device结构体及其大部分成员，包括irq、mtu以及本章前面提及的其他成员。

如果计数器promiscuity的值大于0，网络栈就不会丢弃那些目的地并非本地主机的数据包。这样，tcpdump和wireshark等数据包分析程序（嗅探器）就能对其加以利用。嗅探器会在用户空间打开原始套接字，从而捕获此类发往别处的数据包。为了能够同时运行多个嗅探器，特将promiscuity声明成了计数器而非布尔变量。每运行一个嗅探器，计数器promiscuity的值就加1；每关闭一个嗅探器，该计数器的值就减1。如果这个计数器的值为0，就说明没有运行任何嗅探器，因此设备退出混杂模式（promiscuous mode）。

当你浏览内核网络核心源代码时，可能会在很多地方看到术语NAPI（New API）。它是当今大多数网络设备驱动程序都实现了的一项功能。你必须知道NAPI是什么，以及网络设备驱动程序为何使用它。

1.2.1 网络设备中的 NAPI

老式网络设备驱动程序是在中断驱动模式下工作的。这意味着每接收一个数据包，就需要中断一次。事实证明，这种工作方式在负载很高时效率低下。为解决此问题，开发了一种新的软件技术——NAPI（New API）。当前，几乎所有Linux网络设备驱动程序都支持该技术。NAPI是在2.5/2.6内核中首次引入的，并向后移植到了2.4.20内核。采用NAPI技术时，如果负载很高，网络设备驱动程序将在轮询模式，而不是中断驱动模式下运行。这意味着，不会在每次接收数据包时都触发中断。相反，驱动程序会将数据包存储在缓冲区，由内核不时地向驱动程序轮询，以取回数据包。采用NAPI技术，可提高设备在高负载下的性能。从内核3.11起，Linux新增了频繁轮询套接字（Busy Polling on Sockets）的功能，用于那些不惜以提高CPU使用率为代价而尽可能降低延迟的套接字应用程序。这种技术将在14.3节讨论。

对网络设备有了上述了解后，下面来学习数据包在Linux内核网络栈中的旅程。

1.2.2 数据包的收发

网络设备驱动程序的主要任务如下。

❑ 接收目的地为当前主机的数据包，并将其传递给网络层（L3），之后再将其传递给传输层（L4）。

❑ 传输当前主机生成的外出数据包或转发当前主机收到的数据包。

　　对于每个数据包，无论它是接收到的还是发送出去的，都需要在路由子系统中执行一次查找操作。根据路由子系统的查找结果，决定是否应对数据包进行转发以及该从哪个接口发送出去。这些将在第5章和第6章进行介绍。决定数据包在网络栈中传输过程的因素并非只有路由子系统查找结果。例如，在网络栈中有5个位置，Netfilter子系统在其中注册了回调函数。这些回调函数通常被称为Netfilter钩子。接收数据包的第一个Netfilter挂接点（hook point）为NF_INET_PRE_ROUTING。它位于路由查找执行位置之前。这种回调函数由宏NF_HOOK()调用。数据包被这样的回调函数处理后，其在网络栈中的后续旅程将取决于回调函数的结果（这种结果被称为verdict）。如果verdict为NF_DROP，则数据包将被丢弃；如果verdict为NF_ACCEPT，则数据包将照常继续传输。Netfilter钩子回调函数是使用nf_register_hook()方法或nf_register_hooks()方法注册的。你会在某些场合，如各种Netfilter内核模块中看到这种调用方法。Linux内核中的Netfilter子系统为著名的用户空间包iptables提供了基础架构。第9章将介绍Netfilter子系统、Netfilter钩子以及Netfilter的连接跟踪层。

　　除Netfilter钩子外，IPsec子系统也可能影响数据包的旅程。例如，在数据包与配置的IPsec策略匹配时，就可能影响到数据包的传输。IPsec提供了一种网络层安全解决方案。它使用ESP和AH协议。IPsec在IPv6中是强制执行的，而在IPv4中则是可选的。然而，包括Linux在内的大多数操作系统在IPv4中也实现了IPsec。IPsec有两种运行模式：传输模式和隧道模式。很多虚拟专网（VPN，Virtual Private Network）解决方案都以IPsec为基础，虽然也有一些VPN解决方案不使用IPsec。关于IPsec子系统和IPsec策略，将在第10章作出介绍。该章还将讨论NAT给IPsec带来的问题及其解决方案。

　　还有其他一些因素可能影响数据包的旅程，例如IPv4报头中的字段ttl的值。每经过一台转发设备，ttl字段的值减1。当它变成0时，将丢弃数据包，并发回一条ICMPv4 "超时" 消息，提示 "已超过TTL计数"。这样做旨在避免数据包因某种错误而无休止地传输。另外，每当数据包得以成功转发时，ttl的值都会减1。此时必须重新计算IPv4报头的校验和。因为校验和取决于IPv4报头，而ttl是IPv4报头的一部分。在第4章讨论IPv4子系统时将更详细地探讨这一点。在IPv6中，也有类似的情况。但IPv6报头中的跳数计数器名为hop_limit，而不是ttl，这将在第8章讨论IPv6子系统时加以介绍。另外，在讨论ICMP的第3章中，你将学习IPv4和IPv6中的ICMP。

　　本书花了很大的篇幅来讨论数据包在网络栈中的旅程，包括在接收路径（也叫入站流量）和传输路径（也叫出站流量）中的传输过程。这段旅程很复杂，存在很多变数。对于大型数据包，在发送前要对其进行分段，而已分段的数据包则需要进行重组，这些将在第4章讨论。数据包的处理方式因类型而异。例如，组播数据包将被一组主机处理，而单播数据包则会被发送到一台特定的主机。在流媒体应用程序中，可使用组播来降低网络资源的消耗量。IPv4组播流量的控制将在第4章讨论。此外，你还将学习主机如何加入和退出组播组。在IPv4中，组播组成员关系由Internet组管理协议（IGMP，Internet Group Management Protocol）管理。另外，在主机被配置为组播路由器时，它应转发而不接收组播数据流。这种情况更为复杂，应与用户空间组播路由选择守护程序（如守护程序pimd或mrouted）协同进行处理。这种情况被称为组播路由选择，将在第6章进行讨论。

要更好地理解数据包的旅程，必须知道数据包在Linux内核中是如何表示的。sk_buff结构表示一个包含报头（include/linux/skbuff.h）的入站或出站数据包。本书的很多地方都将sk_buff对象称为SKB，这是sk_buff对象的俗称（SKB表示套接字缓冲区）。sk_buff结构极其庞大，本章只讨论其几个成员。

1.2.3 套接字缓冲区

附录A详细描述了sk_buff结构。如果你需要更详细地了解SKB的成员或SKB API的用法，建议参考该附录。请注意，使用SKB时必须遵循SKB API。因此，如果要将指针skb->data向前移动，你不能直接这样做，而必须使用方法skb_pull_inline()或skb_pull()。本节后面提供了这样的示例。要从SKB中取回L4报头（传输层报头），必须调用方法skb_transport_header()；同样，要取回L3报头（网络层报头），必须调用方法skb_network_header()；而要取回L2报头（MAC报头），必须调用方法skb_mac_header()。这3个方法都只接受一个参数，那就是SKB。

下面是sk_buff结构的部分定义。

```
struct sk_buff {
    . . .
    struct sock                 *sk;
    struct net_device           *dev;
    . . .
    __u8                        pkt_type:3,
    . . .
    __be16                      protocol;
    . . .
    sk_buff_data_t              tail;
    sk_buff_data_t              end;
    unsigned char               *head,
                                *data;

    sk_buff_data_t              transport_header;
    sk_buff_data_t              network_header;
    sk_buff_data_t              mac_header;
    . . .

};
(include/linux/skbuff.h)
```

从线路上收到数据包后，网络设备驱动程序会分配一个SKB。这通常是通过调用方法netdev_alloc_skb()完成的（也可调用已摒弃的方法dev_alloc_skb()，它会调用方法netdev_alloc_skb()并将第一个参数设置为NULL）。在数据传输过程中，有些情况下，需要将数据包丢弃。这是通过调用方法kfree_skb()或dev_kfree_skb()完成的。这两个方法都只接受一个参数——一个指向SKB的指针。SKB的某些成员是由数据链路层（L2）决定的。例如，pkt_type是由方法eth_type_trans()根据目标以太网地址确定的。如果这个地址为组播地址，pkt_type将被设置为PACKET_MULTICAST；如果这个地址是广播地址，pkt_type将被设置为PACKET_BROADCAST；如果这个地址为当前主机的地址，pkt_type将被设置为PACKET_HOST。

大多数以太网网络驱动程序都会在接收路径中调用方法eth_type_trans()。这个方法还根据以太网报头指定的以太类型ethertype设置SKB的protocol字段。方法eth_type_trans()还调用方法skb_pull_inline()，将SKB的指针data前移14（ETH_HLEN）个字节——以太网报头的长度。这样做旨在让指针指向skb->data当前层的报头。当数据包位于网络设备驱动程序接收路径的L2时，skb->data指向的是L2（以太网）报头；调用方法eth_type_trans()后，数据包即将进入第3层，因此skb->data应指向网络层（L3）报头，而这个报头紧跟在以太网报头后面，如图1-3所示。

以太网报头 （14字节）	IPv4报头 （20~60字节）	报头 （8字节）	有效载荷

图1-3   IPv4数据包

SKB包含数据包的报头（L2、L3和L4报头）和有效载荷。在数据包沿网络栈传输的过程中，可能添加或删除报头。例如，对于由本地套接字生成并向外传输的IPv4数据包，网络层（IPv4）将在SKB中添加IPv4报头。IPv4报头的长度至少为20字节，而添加IP选项后，最长可达60字节。IP选项将在第4章讨论IPv4协议实现时介绍。图1-3显示了一个IPv4数据包，其中包含L2、L3和L4报头。这是一个UDPv4数据包。首先是长14字节的以太网（L2）报头；接下来是IPv4（L3）报头，这个报头最短20字节，最长可达60字节；然后是8字节的UDPv4（L4）报头；最后是数据包的有效载荷。

每个SKB都有一个dev成员——一个net_device结构实例。对于到来的数据包，这个成员表示接收它的网络设备；而对于外出的数据包，这个成员表示发送它的网络设备。有时候，必须获悉与SKB相关联的网络设备，而这种信息可能影响SKB在Linux内核网络栈中的旅程。例如，根据网络设备的MTU，可能需要对数据包进行分段，这在前面说过。传输的每个SKB都有一个与之相关联的sock对象（sk）。如果数据包是中转数据包，sk将为NULL。因为这种数据包不是当前主机生成的。

对于接收到的每个数据包，都应由相应的网络层协议处理程序进行处理。例如，IPv4数据包应由方法ip_rcv()进行处理，而IPv6数据包应由方法ipv6_rcv()进行处理。至于如何注册IPv4和IPv6协议处理程序，将分别在第4章和第8章介绍。这些处理程序都是使用方法dev_add_pack()注册的。另外，我还将详尽介绍到来和外出的IPv4和IPv6数据包的旅程。例如，在方法ip_rcv()中，将执行大部分完整性检查。如果一切正常，将调用一个NF_INET_PRE_ROUTING钩子回调函数对数据包进行处理（如果注册了这样的回调函数）。接下来，如果数据包没有被这个钩子回调函数丢弃，将调用方法ip_rcv_finish()在路由选择子系统中进行查找。路由选择子系统查找操作将根据目的地创建一个缓存条目（dst_entry对象）。有关dst_entry对象及其相关联的输入input和输出output回调方法，将在第5章和第6章讨论IPv4路由选择子系统时介绍。

IPv4存在地址空间有限的问题，因为IPv4地址只有32位。虽然组织使用第9章讨论的NAT来给主机提供私有地址，但可用IPv4地址空间还是随着时间的流逝越来越少。开发IPv6协议的主要原因之一就是，其地址空间相对于IPv4而言极其庞大，因为IPv6地址长128位。然而，IPv6协议的优势并非只是地址空间更大而已。基于多年使用IPv4协议的经验，IPv6对IPv4做了很多修改，还新增了很多功能。例如，IPv6报头的长度固定为40字节，而不像IPv4报头那样，长度（20~60字节）随包含的IP选项而异。在IPv4中，IP选项的处理很复杂，会严重影响性能。而IPv6报头不可扩展（前面说过，其长度是固定的），但提供了扩展报头机制。从性能上说，这种机制的效率比IPv4中的IP选项高得多。另一个显著的变化是ICMP协议。在IPv4中，ICMP只用于报告错误和提供信息；在IPv6中，ICMP协议还被用于众多其他的目的，如邻居发现（ND，Neighbour Discovery）、组播侦听器发现（MLD，Multicast Listener Discovery）等。第3章将专门介绍ICMP（包括IPv4和IPv6），IPv6邻居发现协议将在第7章阐述，而MLD协议将在第8章讨论IPv6子系统时介绍。

前面说过，网络设备驱动程序将收到的数据包交给网络层——IPv4或IPv6。如果数据包的目的地为当前主机，它们将被交给传输层（L4），由侦听的套接字进行处理。最常见的传输层协议为UDP和TCP。这些协议将在第11章讨论第4层（传输层）时介绍。该章还将介绍两种较新的传输协议：流控制传输协议（SCTP，Stream Control Transmission Protocol）和数据报拥塞控制协议（DCCP，Datagram Congestion Control Protocol）。你将看到，SCTP和DCCP都兼具TCP和UDP的特点。SCTP已与长期演进（LTE，Long Term Evolution）结合使用，而DCCP还未在大型网络中测试。

当前主机生成的数据包是由第4层套接字（如TCP套接字或UDP套接字）创建的。这些数据包是由用户空间应用程序使用Sockets API创建的。套接字分两大类：*数据报套接字和流套接字*。这两种套接字以及基于POSIX的套接字API也将在第11章讨论。届时，你将学习套接字的内核实现（结构socket和sock，它们分别向用户空间和第3层提供了接口）。当前主机生成的数据包将被传给网络层（L3，将在4.6节介绍），再被交给网络设备驱动程序（L2）进行传输。在某些情况下，第3层（网络层）将对数据包进行分段，这也将在第4章讨论。

每个第2层网络接口都由一个L2地址标识。就以太网而言，其为一个长48位的MAC地址，由制造商分配给每个以太网网络接口，并号称是唯一的，但大多数网络接口的MAC地址都可使用诸如ifconfig和ip等用户空间命令进行修改。以太网数据包的开头都是一个长14字节的以太网报头，由以太类型（2字节）、源MAC地址（6字节）和目标MAC地址（6字节）组成。例如，对于IPv4，以太类型的值为0x0800；而对于IPv6，以太类型则为0x86DD。对于外出的数据包，必须为它创建以太网报头。用户空间套接字发送数据包时，将指定其目标地址（可能是IPv4地址，也可能是IPv6地址）。仅根据这些信息还无法创建数据包，还需知道目标MAC地址。根据主机的IP地址查找其MAC地址的工作由邻接子系统负责，这将在第7章讨论。邻居发现的工作在IPv4中是由ARP协议完成的，而在IPv6中由NDISC协议负责。这两种协议的差别在于：ARP依赖于发送广播请求；而NDISC协议依赖于发送ICMPv6请求，而这种请求实际上属于组播数据包。ARP和NDSIC协议都将在第7章讨论。

为完成诸如增删路由、配置邻接表、设置IPsec策略和状态等任务，网络栈必须与用户空间通信。用户空间和内核间的通信是使用Netlink套接字完成的，这将在第2章讨论。该章还将讨论基于Netlink套接字的用户空间包iproute2以及通用Netlink套接字及其优点。

无线子系统将在第12章讨论。前面说过，这个子系统是单独维护的，有专用的Git树和邮件列表。无线栈包含一些常规网络栈没有的独特功能，如省电模式，即工作站或接入点进入休眠状态。

Linux无线子系统还支持一些特殊拓扑结构，如网状（Mesh）网络、对等（ad-hoc）网络等。这些拓扑结构有时要求使用特殊的功能。例如，网状网络Mesh使用路由选择协议混合无线网状协议（HWMP，Hybrid Wireless Mesh Protocol），这将在第12章讨论。不同于IPv4路由选择协议，这种协议运行在第2层，处理的是MAC地址。第12章还将讨论无线设备驱动程序使用的框架mac80211。无线子系统的另一个很有趣的特性是IEEE 802.11n中的块确认机制，这也将在第12章讨论。

近年来，InfiniBand技术在企业数据中心领域大行其道。它基于远程直接内存存取（RDMA，Remote Direct Memory Access）技术。Linux内核2.6.11版引入了RDMA API。第13章详尽地阐述了Linux的Infiniband实现、RDMA API及其重要数据结构。

虚拟化解决方案也做得风生水起，这主要是拜Xen和KVM等项目所赐。另外，诸如Intel处理器的VT-x和AMD处理器的AMD-V等硬件方面的改进也让虚拟化的效率更高。还有另一种形式的虚拟化——进程虚拟化，它采用不同的方法，虽然不那么家喻户晓，但有其独特的优势。Linux通过命名空间实现了这种虚拟化。当前，Linux支持6个命名空间，而未来可能支持更多。命名空间功能已在Linux Containers（http://lxc.sourceforge.net/）和Checkpoint/Restore In Userspace（CRIU）等项目中得到了应用。为支持命名空间，在内核中添加了两个系统调用——unshare()和setns()，还在CLONE_*中新增了6个标志，每种命名空间一个。本书专辟了一章（第14章）对命名空间和网络命名空间进行讨论。该章还讨论了蓝牙子系统，并概述了PCI子系统，因为很多网络设备驱动程序都是PCI设备。我不会深入讨论PCI子系统的细节，这超出了本书的范围。第14章讨论的另一个有趣的子系统是，用于低功率、低成本设备的IEEE 8012.15.4。提及这些设备时，偶尔会同时提及物联网（IoT，Internet of Things）概念。它指的是将支持IP的嵌入式设备连接到IP网络。事实证明，在这些设备中使用IPv6可能是个不错的主意。这种解决方案被称为IPv6 over Low Power Wireless Personal Area Networks（6LoWPAN）。它面临一些独特的挑战，如扩展IPv6邻居发现协议，以适应时不时会进入休眠状态的设备（这不同于常规IPv6网络）。对IPv6邻居发现协议的这些修改尚未得以实现，但想想它们背后的理论还是很有意思的。除此之外，第14章还有几节介绍了其他高级主题，如NFC、cgroups、Android等。

要更深入地了解Linux内核网络栈或参与其开发工作，必须熟悉其开发方式。

1.3   Linux内核网络开发模型

内核网络子系统复杂异常，其开发方式也变化多端。与其他Linux内核子系统一样，内核网络子系统的开发也是通过Git补丁完成的。你需要通过一个邮件列表（有时是多个）发送这些补丁。它们最终要么被子系统维护者接受，要么被拒绝。基于众多的原因，了解内核网络开发模型很重要。无论你是想更好地理解代码，调试并解决基于Linux内核网络的项目中的问题，还是实现改善和优化性能的补丁，都必须学习大量的知识，如：

- ❑ 如何应用补丁；
- ❑ 如何阅读和解读补丁；
- ❑ 如何找出可能导致给定问题的补丁；

□ 如何撤销补丁；
□ 如何找出与特定功能相关的补丁；
□ 如何调整项目，使其适用于较旧的内核版本（向后移植）；
□ 如何调整项目，使其适用于较新的内核版本（升级）；
□ 如何克隆Git树；
□ 如何衍合（rebase）Git树；
□ 如何确定在哪个内核版本中应用了特定的Git补丁。

有时候，你需要使用刚刚新增的功能，为此需要知道如何处理最新的Git树；有时候，你会遇到bug或想在网络栈中添加新功能，为此需要准备并提交补丁。与内核的其他部分一样，Linux内核网络子系统也是使用Linus Torvalds开发的源代码管理（SCM）系统Git管理的。如果你要提交针对内核主版本的补丁，或者你的项目是使用Git管理的，就必须学会使用Git工具。

有时候，你甚至需要搭建Git服务器，以方便内部项目的开发。即便你无意提交补丁，也可使用Git工具来获取大量有关代码和代码开发历史的信息。网上有很多介绍Git的资料，建议你阅读Scott Chacon编著的 *Pro Git*[①]。要给主线版提交补丁，必须遵守一些严格的补丁编写、检查和提交规则，这样你的补丁才能得以应用。补丁必须遵循内核编码风格，并经过测试。你还需耐心等待，因为有时即便是微不足道的补丁也需要几天后才能得以应用。建议你学习配置主机，以便能够使用Git命令send-email来提交补丁（虽然补丁也可通过其他邮件客户端，甚至流行的Gmail邮件客户端来提交）。网上有很多有关如何使用Git来准备和提交内核补丁的指南。首次提交补丁前，建议你阅读内核树中的Documentation/SubmittingPatches和Documentation/CodingStyle。

另外，建议你使用下面的PERL脚本。

□ scripts/checkpatch.pl：检查补丁是否正确。
□ scripts/get_maintainer.pl：确定应将补丁发送给哪位维护者。

最重要的信息资源之一是内核网络开发邮件列表netdev（netdev@vger.kernel.org）。其内容的归档网址为spinics.net/lists/netdev。这个邮件列表的内容很多，大部分都是补丁、针对新代码的请求评论（RFC）以及对补丁的评论和讨论。这个邮件列表讨论的是Linux内核网络栈和网络设备驱动程序，偶尔涉及有专门的邮件列表和Git仓库的子系统（如第12章将讨论的无线子系统）。用户空间包iproute2和ethtool的开发也是通过邮件列表netdev进行的。这里需要指出的是，并非每个网络子系统都有专门的邮件列表。例如，第10章将讨论的IPsec子系统就没有专门的邮件列表，第14章将讨论的IEEE 802.15.4子系统亦如此。有些网络子系统有专门的Git树、维护者和邮件列表，如无线邮件列表和蓝牙邮件列表。这些子系统的维护者偶尔会通过邮件列表netdev发送其Git树合并请求（pull request）。另一个信息源是内核树中的Documentation/networking。这里有很多文件，包含大量针对各种网络主题的信息。但别忘了，这里的文件并非总是最新的。

Linux内核网络子系统的维护工作在两个Git仓库中进行。发送到邮件列表netdev的补丁和RFC将进入这两个仓库。这两个Git树如下。

---

① 该书中文版《精通Git》即将由人民邮电出版社出版。——编者注

❑ net（http://git.kernel.org/?p=linux/kernel/git/davem/net.git）：修复主线树中既有的代码。

❑ net-next（http://git.kernel.org/?p=linux/kernel/git/davem/net-next.git）：针对未来内核发布版
的新代码。

网络子系统维护者David Miller会时不时地通过LKML向Linus发送这些Git树的主线合并请
求。你必须知道，将代码合并到主线版期间，Git树net-next将处于关闭状态，此时不能提交补丁。
合并开始和结束时，都将通过邮件列表发布公告。

注意　本书是针对内核3.9编写的。除非明确指出，所有代码片段都来自该版本。www.kernel.org
　　　以tar文件的方式提供了这个内核树。你还可以使用git clone来下载内核Git树（例如，指
　　　定前面提到的net或net-next Git树，抑或其他Git内核仓库的URL）。网上有很多有关如何
　　　配置、生成和启动Linux内核的指南。你还可以前往http://lxr.free-electrons.com/在线浏览
　　　各种内核版本。这个网站让你能够追寻到引用方法和变量的地方。另外，你只需单击一
　　　下鼠标，就可轻松地切换到以前的Linux内核版本。如果你要制作自己的Linux内核树，
　　　需要在本地完成一些修改。可在本地Linux计算机上安装并配置Linux交叉参考（Linux
　　　Cross Referencer，LXR）服务器，详情请参阅http://lxr.sourceforge.net/en/index.shtml。

1.4　总结

本章简要地介绍了Linux内核网络子系统，阐述了使用深受欢迎的开源项目Linux和内核网络
开发模型的好处，还描述了网络子系统中两个最重要的结构——表示网络设备的结构net_device
和表示套接字缓冲区的结构sk_buff。有关这些结构的各个成员及其用途，请参阅附录A。本章还
介绍了其他一些与数据包在内核网络栈中旅程相关的重要主题，如路由选择子系统查找、协议处
理程序的注册等。本书后面将详细讨论其中的一些协议（如IPv4、IPv6、ICMP4、ICMP6、ARP
和邻居发现协议）以及几个重要的子系统（如无线子系统、蓝牙子系统和IEEE 812.5.4子系统）。
第2章是内核网络栈之旅的第一站——Netlink套接字。这种套接字支持在用户空间和内核之间进
行双向通信，其他几章也会对其进行讨论。

第2章

Netlink套接字

第1章讨论了Linux内核网络子系统扮演的角色及其处理的3层。

Netlink套接字接口最初是Linux内核2.2引入的，当时名为AF_NETLINK套接字，旨在提供一种更灵活的用户空间进程与内核间通信方法，用于替代笨拙的IOCTL。

IOCTL处理程序不能从内核向用户空间发送异步消息，而Netlink套接字则可以。

要使用IOCTL，还存在另一个麻烦：必须定义IOCTL号。Netlink的运行模型非常简单。你只需使用套接字API打开并注册一个Netlink套接字，它就会处理与内核Netlink套接字的双向通信（通常是通过发送消息，来配置各种系统设置以及获取来自内核的响应）。

本章阐述Netlink协议的实现和API，并讨论其优缺点。还将介绍新的通用Netlink协议，讨论其实现及优点，并提供一些使用libnl库的示例。最后，本章将讨论套接字监视接口。

2.1 Netlink 簇

Netlink协议是一种在RFC 3549（*Linux Netlink as an IP Services Protocol*）中定义的进程间通信（Inter Process Communication，IPC）机制，为用户空间和内核以及内核的有些部分之间提供了双向通信信道，是对标准套接字实现的扩展。

Netlink协议的实现大都位于net/netlink下，这里包含如下4个文件：

❑ af_netlink.c

❑ af_netlink.h

❑ genetlink.c

❑ diag.c

除这些文件外，还有几个头文件。事实上，最常用的是af_netlink模块。它提供了Netlink内核套接字API，而genetlink模块提供了新的通用Netlink API。使用它创建Netlink消息更容易。监视接口模块diag（diag.c）提供的API用于读写有关Netlink套接字的信息，这个模块将在2.2.2节讨论。

这里需要指出的是：从理论上说，Netlink套接字可用于在用户空间进程间通信（包括发送组播消息），但通常不这样做，而且这也不是开发Netlink套接字的初衷。UNIX域套接字提供了用于IPC的API，被广泛用于两个用户空间进程间的通信。

相比于其他用户空间和内核间的通信方式，Netlink还是有一些优势的。例如，使用Netlink

套接字时不需要轮询。用户空间应用程序打开套接字，再调用recvmsg()。如果没有来自内核的消息，就进入阻塞状态。详情请参阅iproute2包中的方法rtnl_listen()（lib/libnetlink.c）。另一个优点是：内核可以主动向用户空间发送异步消息，而不需要用户空间来触发（如通过调用IOCTL或对sysfs条目执行写入操作）。第三个优点是，Netlink套接字支持组播传输。

要在用户空间中创建Netlink套接字，可使用系统调用socket()。Netlink套接字可以是SOCK_RAW套接字，也可以是SOCK_DGRAM套接字。

在内核和用户空间中都可创建Netlink套接字。内核Netlink套接字是使用方法netlink_kernel_create()创建的，而用户空间Netlink套接字是使用系统调用socket()创建的。无论是在内核还是用户空间中创建Netlink套接字，都将创建一个netlink_sock对象。在用户空间中创建的套接字由方法netlink_create()处理；在内核中创建的套接字由方法__netlink_kernel_create()处理，这个方法设置标志NETLINK_KERNEL_SOCKET。最终，这两种方法都将调用__netlink_create()，以相同的方式分配套接字（通过调用方法sk_alloc()），并对其进行初始化。图2-1说明了在内核和用户空间中创建Netlink套接字的过程。

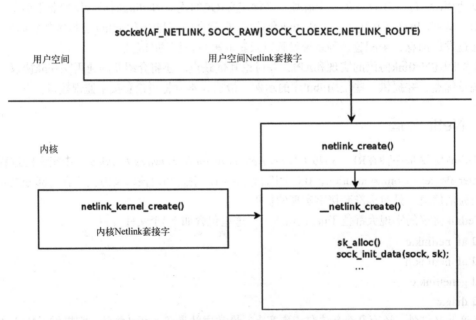

图2-1   在内核和用户空间中创建Netlink套接字

在用户空间中创建Netlink套接字的方式与创建常规BSD套接字的方式很像，如socket(AF_NETLINK, SOCK_RAW, NETLINK_ROUTE)。接下来，你需要创建一个sockaddr_nl对象（Netlink套接字地址结构的实例），对其进行初始化，并使用标准BSD套接字API（如bind()、sendmsg()、recvmsg()等）。结构sockaddr_nl表示用户空间或内核Netlink套接字的地址。

Netlink套接字库提供的API能够让你方便地使用Netlink套接字。下面就来讨论它们。

2.1.1　Netlink 套接字库

在开发使用Netlink套接字来收发数据的用户空间应用程序时，推荐使用libnl API。libnl包由一系列库组成，其提供的API能够让你访问基于Netlink协议的Linux内核接口。前面提到的iproute2包使用的就是libnl库。除核心库libnl外，libnl包还包含支持通用Netlink簇、路由选择簇和Netfilter簇的库libnl-genl、libnl-route和libnl-nf。这个包主要由Thomas Graf（www.infradead.org/~tgr/libnl/）开发。这里还需要指出的是，还有一个名为libmnl的库。它是一个面向Netlink开发人员的最基本的用户空间库。libmnl库主要由Pablo Neira Ayuso开发，Jozsef Kadlecsik和Jan Engelhardt也对此做出了一定的贡献（http://netfilter.org/projects/libmnl/）。

2.1.2　结构 sockaddr_nl

下面来看看结构sockaddr_nl。它表示Netlink套接字的地址。

```
struct sockaddr_nl {
    __kernel_sa_family_t    nl_family;      /* AF_NETLINK */
    unsigned short          nl_pad;         /* 为零*/
    __u32                   nl_pid;         /* 端口号*/
    __u32                   nl_groups;      /* 组播组掩码*/
};
```

　　　　(include/uapi/linux/netlink.h)

- nl_family：始终为AF_NETLINK。
- nl_pad：总是为0。
- nl_pid：Netlink套接字的单播地址。对于内核Netlink套接字，该值应为0。用户空间应用程序有时会将nl_pid设置为其进程ID（pid）。在用户空间应用程序中，如果你显式地将nl_pid设置为0或根本不设置它，之后再调用bind()，则内核方法netlink_autobind()将给nl_pid赋值，会尝试将其设置为当前线程的进程ID。如果你要在用户空间中创建两个套接字，且没有调用bind()，就得确保nl_pid是唯一的。Netlink套接字不仅用于网络子系统，还可用于其他子系统，如SELinux、audit、uevent等。rtnelink套接字是专用于联网的Netlink套接字，用于路由消息、邻接消息、链路消息和其他网络子系统消息。
- nl_groups：组播组（或组播组掩码）。

下一节将讨论iproute2包以及推出时间较早的net-tools包。iproute2包基于Netlink套接字，在2.1.7节中，提供了一个在iproute2中使用Netlink套接字的示例。net-tools包投入使用的时间较为久远，未来可能会被摒弃。这里之所以提及它，旨在说明，它虽然可以代替iproute2，但功能和威力都远不及后者。

2.1.3　用于控制 TCP/IP 联网的用户空间包

有两个用于控制TCP/IP联网和处理网络设备的包：net-tools和iproute2。iproute2包包含如下命令。

❑ ip：用于管理网络表和网络接口。

❑ tc：用于流量控制管理。

❑ ss：用于转储套接字统计信息。

❑ lnstat：用于转储Linux网络统计信息。

❑ bridge：用于管理网桥地址和设备。

iproute2包主要基于通过Netlink套接字从用户空间向内核发送请求并获取应答，但也存在一些使用IOCTL的例外情况。例如，命令ip tuntap使用IOCTL来添加/删除TUN/TAP设备。如果你查看一下TUN/TAP软件驱动程序的代码，就会发现：它定义了一些IOCTL处理程序，而没有使用rtnetlink套接字。net-tools包是基于IOCTL的，包含如下著名命令：

❑ ifconifg

❑ arp

❑ route

❑ netstat

❑ hostname

❑ rarp

iproute2包的一些高级功能在net-tools包中并没有。

下一节将讨论内核Netlink套接字。通过交换各种Netlink消息，来处理用户空间和内核间通信的核心引擎。要理解Netlink层向用户空间提供的接口，必须学习内核Netlink套接字。

2.1.4   内核 Netlink 套接字

在内核网络栈中，可创建多种Netlink套接字。每种内核套接字都可处理不同类型的消息。例如，处理NETLINK_ROUTE消息的Netlink套接字是在rtnetlink_net_init()中创建的。

```
static int __net_init rtnetlink_net_init(struct net *net) {
    ...
    struct netlink_kernel_cfg cfg = {
        .groups     = RTNLGRP_MAX,
        .input      = rtnetlink_rcv,
        .cb_mutex   = &rtnl_mutex,
        .flags       = NL_CFG_F_NONROOT_RECV,
    };

    sk = netlink_kernel_create(net, NETLINK_ROUTE, &cfg);
    ...
}
```

请注意，rtnetlink套接字支持网络命名空间。网络命名空间对象（结构net）包含一个名为rtnl的成员（rtnetlink套接字）。在方法rtnetlink_net_init()中，调用netlink_kernel_create()创建rtnetlink套接字后，将其赋给了相应网络命名空间对象的rtnl指针。 来看看netlink_kernel_create()的原型。

```
struct sock *netlink_kernel_create(struct net *net, int unit, struct netlink_kernel_cfg *cfg)
```

- 第1个参数（net）为网络命名空间。
- 第2个参数为Netlink协议（例如，NETLINK_ROUTE表示rtnetlink消息，NETLINK_XFRM表示IPsec子系统，NETLINK_AUDIT表示审计子系统）。有20多种Netlink协议，但总数不能超过32（MAX_LINKS），这是开发通用Netlink协议的原因之一。Netlink协议的完整清单可在include/uapi/linux/netlink.h中找到。
- 第3个参数是一个netlink_kernel_cfg引用。这个结构包含用于创建Netlink套接字的可选参数。

```
struct netlink_kernel_cfg {
    unsigned int    groups;
    unsigned int    flags;
    void        (*input)(struct sk_buff *skb);
    struct mutex    *cb_mutex;
    void        (*bind)(int group);
};
(include/uapi/linux/netlink.h)
```

成员groups用于指定组播组（或组播组掩码）。要加入组播组，可通过设置sockaddr_nl对象的成员nl_groups（也可调用libnl中的方法nl_join_groups()）来实现，但使用这种方式最多只能加入32个组播组。从内核2.6.14版起，可使用套接字选项NETLINK_ADD_MEMBERSHIP/NETLINK_DROP_MEMBERSHIP来加入/退出组播组。使用这个套接字选项后，可加入的组播组数则要高得多。libnl的方法nl_socket_add_memberships()/nl_socket_drop_membership()就使用这个套接字选项。

成员flags可以为NL_CFG_F_NONROOT_RECV或NL_CFG_F_NONROOT_SEND。

设置为CFG_F_NONROOT_RECV时，非超级用户可绑定到组播组。在netlink_bind()中，包含如下代码。

```
static int netlink_bind(struct socket *sock, struct sockaddr *addr,
                        int addr_len)
{
. . .
if (nladdr->nl_groups) {
        if (!netlink_capable(sock, NL_CFG_F_NONROOT_RECV))
                        return -EPERM;
    }
```

对于非超级用户，如果没有设置NL_CFG_F_NONROOT_RECV，则绑定到组播组时方法netlink_capable()将返回0，出现错误–EPRM。

如果设置了标志NL_CFG_F_NONROOT_SEND，非超级用户将可发送组播。

成员input用于指定回调函数。如果netlink_kernel_cfg的成员input为NULL，内核套接字将无法接收来自用户空间的数据（虽然能够从内核向用户空间发送数据）。对于rtnetlink内核套接字，方法rtnetlink_rcv()将被指定为input回调函数。这样，通过rtnelink套接字从用户空间发送的数据将由rtnetlink_rcv()进行处理。

对于uevent内核事件，只需从内核向用户空间发送数据即可。因此，在lib/kobject_uevent.c中，有一个没有指定input回调函数的Netlink套接字。

```
static int uevent_net_init(struct net *net)
{
    struct uevent_sock *ue_sk;
    struct netlink_kernel_cfg cfg = {
        .groups    = 1,
        .flags     = NL_CFG_F_NONROOT_RECV,
    };

    ...
    ue_sk->sk = netlink_kernel_create(net, NETLINK_KOBJECT_UEVENT, &cfg);
    ...
}
(lib/kobject_uevent.c)
```

netlink_kernel_cfg对象的互斥锁成员（cb_mutex）是可选的。如果没有指定，将使用默认互斥锁cb_def_mutex（一个mutex结构实例，请参见net/netlink/af_netlink.c）。事实上，创建大多数Netlink内核套接字时，都没有在netlink_kernel_cfg对象中指定互斥锁，如前面提及的uevent内核 Netlink 套 接 字 （NETLINK_KOBJECT_UEVENT）。另 外 ，审 计 内 核 Netlink 套 接 字（NETLINK_AUDIT）和其他Netlink套接字也没有指定互斥锁。rtnetlink套接字是个例外。它使用互斥锁rtnl_mutex。另外，下一节将讨论的通用Netlink套接字也指定了互斥锁——genl_mutex。

方法netlink_kernel_create()调用方法netlink_insert()，在nl_table表中创建一个条目。对nl_table表的访问由读写锁nl_table_lock进行保护。要在这个表中进行查找，可调用方法netlink_lookup()，并指定协议和端口号。要为特定消息类型注册回调函数，可调用rtnl_register()。在网络内核代码的多个地方，都注册了这样的回调函数。例如，在rtnetlink_init()中，为一些消息注册了回调函数，如RTM_NEWLINK（新建链路）、RTM_DELLINK（删除链路）、RTM_GETROUTE（转储路由表）等。在net/core/neighbour.c中，为RTM_NEWNEIGH（创建新邻居）、RTM_DELNEIGH（删除邻居）、RTM_GETNEIGHTBL（转储邻居表）等消息注册了回调函数。这些操作将在第5章和第7章更深入地讨论。在FIB代码（ip_fib_init()）、组播代码（ip_mr_init()）、IPv6代码和其他地方，还为其他类型的消息注册了回调函数。

要使用Netlink内核套接字，首先需要注册它。下面来看看方法rtnl_register()的原型。

```
extern void rtnl_register(int protocol, int msgtype,
                rtnl_doit_func,
                rtnl_dumpit_func,
                rtnl_calcit_func);
```

第1个参数是协议簇（如果不针对任何协议，则将其设置为PF_UNSPEC）。完整的协议簇清单请参阅include/linux/socket.h。

第2个参数是Netlink消息类型，如RTM_NEWLINK或RTM_NEWNEIGH。rtnelink协议添加了一些专用的Netlink消息类型。完整的消息类型清单请参阅include/uapi/linux/rtnetlink.h。

最后3个参数为回调函数doit、dumpit和calcit。这些回调函数指定了为处理消息而要执行的操作（通常只指定其中的一个）。

回调函数doit用于指定添加、删除、修改等操作，回调函数dumpit用于检索信息，回调函数calcit用于计算缓冲区大小。**rtnetlink**模块中有一个名为rtnl_msg_handlers的表。这个表将协议号用作索引。其中的每个条目本身都是一个表，并将消息类型作为其索引。表中的每个元素都是一个rtnl_link实例——由指向上述3个回调函数的指针组成的结构。使用rtnl_register()注册回调函数时，指定的回调函数将被加入到这个表中。

注册回调函数的方式类似于这样：rtnl_register(PF_UNSPEC, RTM_NEWLINK, rtnl_newlink, NULL, NULL)（net/core/rtnetlink.c）。上述代码将rtnl_newlink作为RTM_NEWLINK消息的doit回调函数加入到了rtnl_msg_handlers表的相应条目中。

rtnelink消息是使用rtmsg_ifinfo()发送的。例如，在dev_open()中，使用下面的代码创建一条新链路：rtmsg_ifinfo(RTM_NEWLINK, dev, IFF_UP|IFF_RUNNING)。在方法rtmsg_ifinfo()中，首先调用方法nlmsg_new()来分配一个大小合适的sk_buff。然后创建两个对象：Netlink消息报头（nlmsghdr）和ifinfomsg对象。后者紧跟在Netlink消息报头后面。这两个对象由方法rtnl_fill_ifinfo()初始化。接下来，调用rtnl_notify()来发送数据包。数据包的实际发送工作是由通用Netlink方法nlmsg_notify()完成的。这个方法位于net/netlink/af_netlink.c中。图2-2说明了使用方法rtmsg_ifinfo()发送Netlink消息的过程。

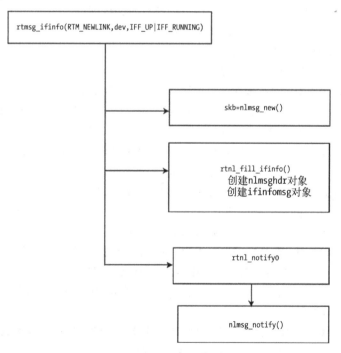

图2-2　使用方法rtmsg_ifinfo()发送Netlink消息

下一节将介绍在用户空间和内核间进行交换的Netlink消息。Netlink消息都以Netlink消息报头打头，因此学习Netlink消息时，首先需要研究Netlink消息报头的格式。

2.1.5 Netlink 消息报头

Netlink消息必须采用特定的格式，这种格式是在RFC 3549（*Linux Netlink as an IP Services Protocol*）的2.2节（"Message Format"）中规定的。Netlink消息的开头是长度固定的Netlink报头，其后是有效载荷。本节描述Netlink消息报头的Linux实现。

Netlink消息报头是由include/uapi/linux/netlink.h中的结构nlmsghdr定义的。

```
struct nlmsghdr
{
  __u32 nlmsg_len;
  __u16 nlmsg_type;
  __u16 nlmsg_flags;
  __u32 nlmsg_seq;
  __u32 nlmsg_pid;
};
(include/uapi/linux/netlink.h)
```

Netlink数据包的开头都是由结构nlmsghdr表示的Netlink消息报头。nlmsghdr结构长16字节，包含如下5个字段。

❑ nlmsg_len：包含报头在内的消息长度。

❑ nlmsg_type：消息类型。有如下4种基本的Netlink消息类型。

   ■ NLMSG_NOOP：不执行任何操作，必须将消息丢弃。

   ■ NLMSG_ERROR：发生了错误。

   ■ NLMSG_DONE：标识由多部分组成的消息的末尾。

   ■ NLMSG_OVERRUN：缓冲区溢出通知，表示发生了错误，数据已丢失。

   然而，协议簇可添加自己的Netlink消息类型。例如，rtnetlink协议簇添加了RTM_NEWLINK、RTM_DELLINK、RTM_NEWROUTE等众多的消息类型，详情请参阅include/uapi/linux/ rtnetlink.h。要查看rtnelink协议簇添加的所有Netlink消息类型以及每种消息类型的详细说明，请参阅man 7 rtnetlink。请注意，小于NLMSG_MIN_TYPE（0x10）的消息类型值保留，用于控制消息，因此不可用。

❑ nlmsg_flags字段的可能取值如下。

   ■ NLM_F_REQUEST：消息为请求消息。

   ■ NLM_F_MULTI：消息由多部分组成。由多部分组成的消息用于转储表。消息的长度通常不超过一页（PAGE_SIZE），因此大型消息会被划分成多条小型消息，并对每条消息都设置NLM_F_MULTI标志。但最后一条消息除外。对这条消息设置标志NLMSG_DONE。

   ■ NLM_F_ACK：希望接收方使用ACK对消息进行应答。Netlink ACK消息是由方法netlink_ack()（net/netlink/af_netlink.c）发送的。

   ■ NLM_F_DUMP：检索有关表/条目的信息。

   ■ NLM_F_ROOT：指定树根。

   ■ NLM_F_MATCH：返回所有匹配的条目。

■ NLM_F_ATOMIC：这个标志已摈弃。

下面的标志是针对条目创建的说明符。

■ NLM_F_REPLACE：覆盖既有条目。

■ NLM_F_EXCL：保留既有条目不动。

■ NLM_F_CREATE：创建条目（如果它不存在）。

■ NLM_F_APPEND：在列表末尾添加条目。

■ NLM_F_ECHO：回应当前请求。

这里只列出了最常用的标志，完整的标志清单请参阅include/uapi/linux/netlink.h。

❑ nlmsg_seq：序列号，用于排列消息。与有些第4层传输协议不同，Netlink并未要求必须使用序列号。

❑ nlmsg_pid：发送端口的ID。对于从内核发送的消息，nlmsg_pid为0；对于从用户空间发送的消息，可将nlmsg_pid设置为发送消息的用户空间应用程序的进程ID。

图2-3说明了Netlink消息报头的格式。

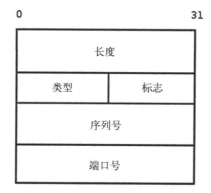

图2-3　Netlink消息报头的格式

紧跟在报头后面的是有效载荷。Netlink消息的有效载荷是一组使用格式"类型–长度–值"（TLV）表示的属性。在TLV中，类型和长度字段的长度固定，通常为1~4字节，而值字段的长度是可变的。TLV表示法还被用于网络代码的其他地方，如IPv6（请参阅RFC 2460）。TLV的灵活性让未来的扩展实现起来更容易。其属性可以嵌套，让你能够创建复杂的属性树结构。

Netlink属性头由结构nlattr定义。

```
struct nlattr {
    __u16  nla_len;
    __u16  nla_type;
};
(include/uapi/linux/netlink.h)
```

❑ nla_len：属性的长度，单位为字节。

❑ nla_type：属性的类型。nla_type的可能取值包括NLA_U32（表示32位无符号整数）、

NLA_STRING（表示变长字符串）、NLA_NESTED（表示嵌套属性）、NLA_UNSPEC（表示类型和长度未知）等。完整的属性类型列表请参阅include/net/netlink.h。

所有的Netlink属性都必须与4字节边界（NLA_ALIGNTO）对齐。

每个协议簇都可定义属性有效性策略，即对收到的属性的期望。这种有效性策略用nla_policy对象表示。事实上，结构nla_policy内容与结构nlattr完全相同。

```
struct nla_policy {
  u16   type;
  u16   len;
};
(include/uapi/linux/netlink.h)
```

属性有效性策略是一个nla_policy对象数组。这个数组将属性号用作索引。对于每个属性（定长属性除外），如果nla_policy对象的len值为0，就不执行有效性检查。如果属性的类型为字符串（如NLA_STRING），则len值应为字符串的最大长度（不包括末尾的NULL字节）；如果属性的类型为NLA_UNSPEC（或未知），应将len设置为属性有效载荷的长度；如果属性的类型为NLA_FLAG，将不使用len（其中的原因在于，属性存在就表示true，属性不存在就表示false）。

在内核中，接收通用Netlink消息的工作由genl_rcv_msg()负责。如果消息为转储请求（设置了标志NLM_F_DUMP），就调用方法netlink_dump_start()来转储表；如果不是转储请求，就调用方法nlmsg_parse()对有效载荷进行分析。方法nlmsg_parse()调用validate_nla()（lib/nlattr.c）来验证属性的有效性。如果属性的类型值大于maxtype，将默默地忽略它们，这是出于向后兼容考虑的。如果没有通过有效性验证，将不执行genl_rcv_msg()的后续步骤（运行回调函数doit），而genl_rcv_msg()将返回一个错误代码。

下一节将介绍NETLINK_ROUTE消息——网络子系统中最常用的消息。

2.1.6 NETLINK_ROUTE 消息

rtnetlink（NETLINK_ROUTE）消息并非仅限于网络路由选择子系统消息，还包括邻接子系统消息、接口设置消息、防火墙消息、Netlink排队消息、策略路由消息以及众多其他类型的rtnetlink消息，你将在本书后面看到这一点。

NETLINK_ROUTE消息分为多个消息簇：

❑ LINK（网络接口）

❑ ADDR（网络地址）

❑ ROUTE（路由选择消息）

❑ NEIGH（邻接子系统消息）

❑ RULE（策略路由规则）

❑ QDISC（排队准则）

❑ TCLASS（流量类别）

❑ ACTION（数据包操作API，参见net/sched/act_api.c）

❏ NEIGHTBL（邻接表）

❏ ADDRLABEL（地址标记）

每个消息簇都分为3类，分别用于创建、删除和检索信息。因此，路由选择消息包含用于创建路由的消息类型RTM_NEWROUTE、用于删除路由的消息类型RTM_DELROUTE以及用于检索路由的消息类型RTM_GETROUTE。对于LINK消息簇，除用于创建、删除和信息检索的消息类型外，还有用于修改链路的消息类型：RTM_SETLINK。

有时候会发生错误，需要通过发送错误消息来做出应答。Netlink错误消息用结构nlmsgerr表示。

```
struct nlmsgerr {
    int         error;
    struct nlmsghdr msg;
};
(include/uapi/linux/netlink.h)
```

事实上，从图2-4可知，Netlink错误消息是使用Netlink消息报头和错误代码创建的。错误代码不为0时，将在错误代码字段后面附加导致错误的原始请求的Netlink消息报头。

图2-4　Netlink错误消息

如果你发送的消息不正确（如nlmsg_type无效），将返回一条Netlink错误消息，并根据发生的错误相应地设置错误代码。例如，如果nlmsg_type无效（其值为负或超过最大允许值），错误代码将被设置为–EOPNOTSUPP。详情请参阅net/core/rtnetlink.c 中的方法rtnetlink_rcv_msg()。在错误消息中，序列号被设置为导致错误的请求的序列号。

发送方可以请求对方对Netlink消息进行确认（ACK）。为此，可在报头中将消息类型（nlmsg_type）设置为NLM_F_ACK。内核发送ACK时，使用错误代码为0的错误消息（其Netlink消息类型被设置为NLMSG_ERROR）。在这种情况下，不会将原始请求的Netlink报头附加到错误消息中。有关实现细节，请参阅net/netlink/af_netlink.c中方法netlink_ack()的实现。

学习了NETLINK_ROUTE消息后，便可以来看一个示例了——使用NETLINK_ROUTE消息在路由选择表中添加和删除路由选择条目。

2.1.7   在路由选择表中添加和删除路由选择条目

下面从Netlink协议的角度出发，看看添加和删除路由选择条目时在内核中发生的情况。要在路由选择表中添加路由选择条目，可运行类似于下面的命令。

```
ip route add 192.168.2.11 via 192.168.2.20
```

这个命令通过rtnetlink套接字，从用户空间发送一条添加路由选择条目的Netlink消息（RTM_NEWROUTE）。这条消息由rtnetlink内核套接字接收，并由方法rtnetlink_rcv()处理。最终，添加路由选择条目的工作是通过调用net/ipv4/fib_frontend.c中的inet_rtm_newroute()完成的。接下来，由方法fib_table_insert()完成插入转发信息库（FIB，即路由选择数据库）的工作。然而，插入路由选择表并不只是fib_table_insert()的唯一任务。它还需要通知所有注册了RTM_NEWROUTE消息的侦听者。如何通知呢？在插入新路由选择条目时，调用方法rtmsg_fib()，并将RTM_NEWROUTE作为参数。方法rtmsg_fib()创建一条Netlink消息，并通过调用rtnl_notify()来发送它，从而通知加入了RTNLGRP_IPV4_ROUTE组播组的所有侦听者。可在内核注册这些RTNLGRP_IPV4_ROUTE侦听者，也可在用户空间中注册（iproute2就是这样做的），还可在路由选择守护程序（如xorp）中注册。稍后你将看到，iproute2的用户空间守护程序是如何加入各种rtnelink组播组的。

删除路由选择条目时，情况极其相似。要删除前面添加的路由选择条目，可执行如下命令。

```
ip route del 192.168.2.11
```

这个命令通过rtnetlink套接字，从用户空间发送一条删除路由选择条目的Netlink 消息（RTM_DELROUTE）。这条消息也由rtnetlink内核套接字接收，并由回调函数rtnetlink_rcv()处理。最终，删除路由选择条目的工作是通过调用 net/ipv4/fib_frontend.c中的回调函数inet_rtm_delroute()完成的。接下来，由fib_table_delete()完成从FIB中删除的工作。它调用rtmsg_fib()，但将RTM_DELROUTE消息作为参数。

可像下面这样使用iproute2命令ip来监视网络事件。

```
ip monitor route
```

例如，如果你打开一个终端窗口，并在其中运行命令ip monitor route，再打开另一个终端窗口，并在其中运行命令ip route add 192.168.1.10 via 192.168.2.200，则在第一个终端窗口中将看到如下输出：192.168.1.10 via 192.168.2.200 dev em1。而当你在第二个终端窗口中运行命令ip route del 192.168.1.10时，第一个终端窗口中将出现如下文本：Deleted 192.168.1.10 via 192.168.2.200 dev em1。

执行命令ip monitor route时，将启动一个守护程序，它将打开一个Netlink套接字，并加入RTNLGRP_IPV4_ROUTE组播组。这样，像前面的示例那样添加/删除路由时，将导致如下结果：

使用rtnl_notify()发送的消息将被守护程序接收,并显示在终端窗口中。

可以以这种方式加入其他组播组。例如,要加入RTNLGRP_LINK组播组,可运行命令ip monitor link。添加/删除链路时,这个守护程序将接收来自内核的Netlink消息。因此,如果你打开一个终端窗口,并在其中运行命令ip monitor link,再打开另一个终端窗口,并通过执行命令vconfig add eth1 200添加一个VLAN接口,将在第一个终端窗口中看到类似于下面的内容。

```
4: eth1.200@eth1: <BROADCAST,MULTICAST> mtu 1500 qdisc noop state DOWN
    link/ether 00:e0:4c:53:44:58 brd ff:ff:ff:ff:ff:ff
```

如果你在第一个终端窗口中使用命令brctl addbr mybr添加一个网桥,将在第一个终端窗口中看到类似于下面的内容。

```
5: mybr: <BROADCAST,MULTICAST> mtu 1500 qdisc noop state DOWN
    link/ether a2:7c:be:62:b5:b6 brd ff:ff:ff:ff:ff:ff
```

至此,你知道了Netlink消息是什么以及如何创建和处理它们,还知道如何处理Netlink套接字。接下来,你将学习开发通用Netlink簇(在内核2.6.15中首次引入)的原因及其Linux实现。

2.2 通用 Netlink 协议

Netlink协议的一个缺点是,协议簇数不能超过32(MAX_LINKS)个。这是开发通用Netlink簇的主要原因之一——旨在支持添加更多的协议簇。它就像是Netlink多路复用器,使用单个Netlink协议簇(NETLINK_GENERIC)。通用Netlink协议以Netlink协议为基础,并使用其API。

要添加Netlink协议簇,需要在include/linux/netlink.h中添加协议簇定义。但通用Netlink协议不要求这样做。除网络子系统外,通用Netlink协议还可用于其他子系统,因为它提供了通用的通信渠道。例如,它还被用于ACPI子系统(参见drivers/acpi/event.c中acpi_event_genl_family的定义)、任务统计信息代码(参见kernel/taskstats.c)、过热事件(thermal event)代码等。

通用Netlink内核套接字由方法netlink_kernel_create()创建,如下所示。

```
static int __net_init genl_pernet_init(struct net *net) {
    ..
        struct netlink_kernel_cfg cfg = {
            .input       = genl_rcv,
            .cb_mutex    = &genl_mutex,
            .flags       = NL_CFG_F_NONROOT_RECV,
        };
    net->genl_sock = netlink_kernel_create(net, NETLINK_GENERIC, &cfg);
. . .
}
(net/netlink/genetlink.c)
```

我们注意到与前面介绍的Netlink套接字一样,通用Netlink套接字也支持网络命名空间。网络命名空间对象(net结构)包含一个名为genl_sock的成员(一个通用Netlink套接字)。正如你看到的,在方法genl_pernet_init()中,将创建的套接字赋给了网络命名空间对象的指针genl_sock。

对于方法genl_pernet_init()创建的对象genl_sock,其input回调函数被指定为genl_rcv()。

因此，在内核中，通过通用Netlink套接字从用户空间发送的数据将由回调函数genl_rcv()进行处理。

要创建通用Netlink用户空间套接字，可使用系统调用socket()。但更佳的选择是使用libnl-genl API，这将在本节后面讨论。

创建通用Netlink内核套接字后，需要注册控制器簇（genl_ctrl）。

```
static struct genl_family genl_ctrl = {
        .id = GENL_ID_CTRL,
        .name = "nlctrl",
        .version = 0x2,
        .maxattr = CTRL_ATTR_MAX,
        .netnsok = true,
};

static int __net_init genl_pernet_init(struct net *net) {
. . .
err = genl_register_family_with_ops(&genl_ctrl, &genl_ctrl_ops, 1)
. . .
```

genl_ctrl的ID固定为0x10（GENL_ID_CTRL）。事实上，它是唯一一个ID被初始化为固定值的genl_family实例，其他所有实例的ID都被初始化为GENL_ID_GENERATE，并在随后替换为动态分配的值。

通用Netlink套接字支持注册组播组。方法是：定义一个genl_multicast_group对象，并调用genl_register_mc_group()。例如，近场通信（NFC）子系统包含如下代码。

```
static struct genl_multicast_group nfc_genl_event_mcgrp = {
        .name = NFC_GENL_MCAST_EVENT_NAME,
  };

int __init nfc_genl_init(void)
{
. . .
  rc = genl_register_mc_group(&nfc_genl_family, &nfc_genl_event_mcgrp);
. . .
}
(net/nfc/netlink.c)
```

组播组的名称必须是独一无二的，因为它是用于查找的主键。

组播组的ID也是注册组播组时动态生成的。这是通过在genl_register_mc_group()中调用方法find_first_zero_bit()完成的。只有一个组播组（notify_grp）的ID固定为GENL_ID_CTRL。要在内核中使用通用Netlink套接字，可以采取如下做法。

- ❏ 创建一个genl_family对象，并调用genl_register_family()来注册它。
- ❏ 创建一个genl_ops对象，并调用genl_register_ops()来注册它。

另一种方式是：调用genl_register_family_with_ops()，并向它传递一个genl_family对象、一个genl_ops数组及其长度。这个方法首先调用genl_register_family()。如果成功，再对genl_ops数组的每个元素调用genl_register_ops()。

genl_register_family()、genl_register_ops()、genl_family 和 genl_ops 都是在 include/net/genetlink.h中定义的。无线子系统就使用了通用Netlink套接字。

```
int nl80211_init(void)
{
    int err;
    err = genl_register_family_with_ops(&nl80211_fam,
        nl80211_ops, ARRAY_SIZE(nl80211_ops));
...
}
(net/wireless/nl80211.c)
```

有些用户空间包也使用通用Netlink协议，如hostapd和iw。hostapd包（http://hostap.epitest.fi）提供了用于无线接入点和身份验证服务器的用户空间守护程序，而iw包用于操纵无线设备及其配置（请参见http://wireless.kernel.org/en/users/Documentation/iw）。

iw包基于nl80211和libnl库。第12章将更详细地讨论nl80211。旧的用户空间无线包名为 wireless-tools，依赖于发送IOCTL。nl80211中genl_family和genl_ops的定义如下。

```
static struct genl_family nl80211_fam = {
    .id       = GENL_ID_GENERATE, /*不要费心去使用硬编码ID*/
    .name     = "nl80211",    /*让用户输入名称*/
    .hdrsize  = 0,        /*没有私有报头*/
    .version  = 1,        /*当前没有什么特殊含义*/
    .maxattr  = NL80211_ATTR_MAX,
    .netnsok  = true,
    .pre_doit  = nl80211_pre_doit,
    .post_doit = nl80211_post_doit,
};
```

❑ name：必须是独一无二的名称。

❑ id：在上述示例中，id为GENL_ID_GENERATE，实际上就是0。GENL_ID_GENERATE 让通用Netlink控制器在你使用genl_register_family()注册时给信道分配一个独一无二 的信道号。genl_register_family()分配的ID取值范围为16（GENL_MIN_ID，即0x10） ~1023（GENL_MAX_ID）。

❑ hdrsize：私有报头的长度。

❑ maxattr：这里为NL80211_ATTR_MAX，它是所支持的最大属性数。有效性策略数组 nl80211_policy包含NL80211_ATTR_MAX个元素（每个属性一个）。

❑ netnsok：这里为true，表示簇能够处理网络命名空间。

❑ pre_doit：调用回调函数doit()前调用的钩子函数。

❑ post_doit：调用回调函数doit()调用的钩子函数，可以解除锁定或执行必要的私有任务。 可使用结构genl_ops添加一个或多个命令。下面来看看结构genl_ops的定义及其在nl80211 中的用法。

```
struct genl_ops {
    u8              cmd;
    u8              internal_flags;
```

```
    unsigned int                      flags;
    const struct nla_policy *policy;
    int                     (*doit)(struct sk_buff *skb,
                                    struct genl_info *info);
    int                     (*dumpit)(struct sk_buff *skb,
                                    struct netlink_callback *cb);
    int                     (*done)(struct netlink_callback *cb);
    struct list_head        ops_list;
};
```

❑ cmd：命令标识符（genl_ops定义单个命令及其doit/dumpit处理程序）。

❑ internal_flags：簇定义和使用的私有标志。例如，在nl80211中，很多操作都定义了内部标志，如NL80211_FLAG_NEED_NETDEV_UP、NL80211_FLAG_NEED_RTNL等。nl80211回调函数 pre_doit() 和 post_doit() 将根据这些标志执行操作，详情请参阅net/wireless/nl80211。

❑ flags：操作标志，可能取值如下。

　■ GENL_ADMIN_PERM：设置了这个标志时，表示操作需要有CAP_NET_ADMIN权限，详情请参阅net/netlink/genetlink.c中的方法genl_rcv_msg()。

　■ GENL_CMD_CAP_DO：如果genl_ops结构实现了回调函数doit()，就设置这个标志。

　■ GENL_CMD_CAP_DUMP：如果genl_ops结构实现了回调函数dumpit()，就设置这个标志。

　■ GENL_CMD_CAP_HASPOL：如果genl_ops结构定义了属性有效性策略（nla_policy数组），就设置这个标志。

❑ policy：属性有效性策略，将在本节后面介绍有效载荷时讨论。

❑ doit：标准命令回调函数。

❑ dumpit：转储回调函数。

❑ done：转储结束后执行的回调函数。

❑ ops_list：操作列表。

```
static struct genl_ops nl80211_ops[] = {
    {
 . . .
      {
        .cmd = NL80211_CMD_GET_SCAN,
        .policy = nl80211_policy,
        .dumpit = nl80211_dump_scan,
      },
 . . .
}
```

　　我们注意到，对于每个genl_ops元素（这里是数组nl80211_ops的每个元素），都必须指定doit或dumpit回调函数，否则将返回错误-EINVAL。

　　上述genl_ops条目将回调函数nl80211_dump_scan()作为命令NL80211_CMD_GET_SCAN的

处理程序。nl80211_policy是一个nla_policy对象数组，指定了属性的数据类型和长度。

　　从用户空间运行扫描命令（如执行命令iw dev wlan0 scan）时，将通过通用Netlink套接字，从用户空间发送一条通用Netlink消息。该消息的命令为NL80211_CMD_GET_SCAN。消息是由方法nl_send_auto_complete()（在较新版本的libnl中为nl_send_auto()）发送的。nl_send_auto()填充Netlink消息报头中缺失的部分。如果不需要任何自动消息完成功能，可直接使用nl_send()。

　　消息由方法nl80211_dump_scan()处理，它被指定为上述命令的dumpit回调函数（net/wireless/nl80211.c）。对象nl80211_ops包含50多个表示NL80211_CMD_GET_INTERFACE、NL80211_CMD_SET_INTERFACE、NL80211_CMD_START_AP等处理命令的元素。

　　要向内核发送命令，用户空间应用程序必须知道簇ID。在用户空间中，簇名是已知的，但簇ID未知，因为它是在运行期间由内核确定的。要获去簇ID信息，用户空间应用程序需要向内核发送通用Netlink请求CTRL_CMD_GETFAMILY。这种请求由方法ctrl_getfamily()处理。除返回簇ID外，这个方法还返回其他信息，如簇支持的操作。接下来，用户空间应用程序就可向内核发送命令，并指定通过应答获得的簇ID。将在下一节对此进行更详细的介绍。

2.2.1　创建和发送通用 Netlink 消息

　　通用Netlink消息的开头是一个Netlink报头，接下来是通用Netlink消息报头以及可选的用户特定报头，然后才是可选的有效载荷，如图2-5所示。

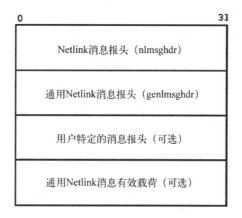

图2-5　通用Netlink消息

以下是通用Netlink消息报头。

```
struct genlmsghdr {
    __u8    cmd;
    __u8    version;
    __u16   reserved;
};
(include/uapi/linux/genetlink.h)
```

❑ cmd：通用Netlink消息类型。你注册的每个通用簇都将添加自己的命令。例如，前面说的

nl80211_fam 簇 添 加 的 命 令 （ 如 NL80211_CMD_GET_INTERFACE ） 用 枚 举 nl80211_commands表示。它包含60多个命令（参见include/linux/nl80211.h）。

❑ version：可用于提供版本控制支持。就nl80211而言，version为1时，没有任何特殊含义。版本号的作用是：能够在不破坏向后兼容性的情况下修改消息的格式。

❑ reserved：保留，供以后使用。

为通用Netlink消息分配缓冲区的工作由下面的方法完成。

sk_buff *genlmsg_new(size_t payload, gfp_t flags)

它实际上是一个nlmsg_new()包装器。

使用genlmsg_new()分配缓冲区后，调用genlmsg_put()来创建通用Netlink报头。它是一个genlmsghdr实例。单播通用Netlink消息是使用genlmsg_unicast()发送的。它实际上是一个nlmsg_unicast()包装器。发送组播通用Netlink消息的方式有如下两种。

❑ genlmsg_multicast()：这个方法将消息发送到默认网络命名空间net_init。

❑ genlmsg_multicast_allns()：这个方法将消息发送到所有网络命名空间。

本节提及的每个方法的原型都位于include/net/genetlink.h中。

要从用户空间创建通用Netlink套接字，可以像下面这样做：socket(AF_NETLINK, SOCK_RAW, NETLINK_GENERIC)。这种调用在内核中由方法netlink_create()处理，与常规的非通用Netlink套接字一样。你可使用套接字API执行其他的调用，如bind()和sendmsg()（或recvmsg()）。不过建议不要这样做，而是使用libnl库。

libnl-genl 提供了通用Netlink API，可用于管理控制器、簇和命令注册。使用libnl-genl时，你可以调用genl_connect()来创建本地套接字文件描述符，并将套接字关联到Netlink协议NETLINK_GENERIC。

下面大致看看在一个典型而简短的用户空间-内核会话期间发生的情况。在这个会话中，使用libnl和libnl-genl库，通过通用Netlink套接字，向内核发送了一个命令。

iw包使用libnl-genl库。当你执行诸如iw dev wlan0 list这样的命令时，将依次发生如下事情（这里省略了不重要的细节）。

state->nl_sock = nl_socket_alloc()

分配一个套接字（请注意，这里使用的是libnl核心API，而未使用通用Netlink簇（libnl-genl））。

genl_connect(state->nl_sock)

以NETLINK_GENERIC为参数调用socket()，并对套接字调用bind()。genl_connect()是libnl-genl库中的一个方法。

genl_ctrl_resolve(state->nl_sock, "nl80211");

这个方法将通用Netlink簇名（nl80211）解析为相应的簇标识符。用户空间应用程序必须将后续消息发送给内核，并指定这个ID。

方法genl_ctrl_resolve()调用genl_ctrl_probe_by_name()。后者向内核发送一条命令为CTRL_CMD_GETFAMILY的通用Netlink消息。

在内核中，通用Netlink控制器（nlctrl）使用方法ctrl_getfamily()处理命令CTRL_CMD_
GETFAMILY，并将簇ID返回到用户空间。这个ID是在创建套接字时生成的。

注意　　对于所有注册的通用Netlink簇，都可使用iproute2中的用户空间工具genl来获取它们的各
种参数（如生成的ID、报头长度、最大属性数等）。方法是：运行命令genl ctrl list。

现在可以接着往下学习套接字监视接口了。它能够让你获取有关套接字的信息。ss（显示各
种套接字的信息和统计数据）等用户空间工具以及其他一些项目都使用了套接字监视接口。你将
在下一节看到这一点。

2.2.2　套接字监视接口

Netlink套接字sock_diag提供了一个基于 Netlink的子系统，可用于获取有关套接字的信息。
在内核中添加它旨在在Linux用户空间中支持检查点/恢复功能（CRIU）。要支持这项功能，还需
要有关套接字的其他数据。例如，/procfs并没有指出UNIX域套接字（AF_UNIX）的对等体。然
而，若要支持检查点/恢复，则必须有这种信息。通过/proc无法导出这种额外信息，而修改procfs
条目也并非总是可行的选择，因为这样做可能破坏用户空间应用程序。Netlink套接字sock_diag
提供了一个API，让你能够访问这种额外数据。CRIU项目和实用工具ss都使用了这个API。为进
程建立检查点（将进程的状态存储到文件系统）后，如果不使用sock_diag，将无法重建其UNIX
域套接字，因为你不知道对等体都有谁。

为支持工具ss使用的监视接口，开发了一种基于Netlink的内核套接字——
NETLINK_SOCK_DIAG。iproute2包中的工具ss让你能够获取套接字的统计信息，其方式类似于
Netstat。相比于其他工具，它显示的TCP和状态信息更多。

创建Netlink内核套接字sock_diag的方式如下。

```
static int __net_init diag_net_init(struct net *net)
{
    struct netlink_kernel_cfg cfg = {
        .input     = sock_diag_rcv,
    };

    net->diag_nlsk = netlink_kernel_create(net, NETLINK_SOCK_DIAG, &cfg);
    return net->diag_nlsk == NULL ? -ENOMEM : 0;
}
(net/core/sock_diag.c)
```

sock_diag模块包含一个名为sock_diag_handlers的表，其中包含一系列sock_diag_handler对
象。这个表将协议号用作索引（完整的协议号清单请参阅include/linux/socket.h）。
sock_diag_handler结构非常简单。

```
struct sock_diag_handler {
__u8 family;
int (*dump)(struct sk_buff *skb, struct nlmsghdr *nlh);
```

```
};
(net/core/sock_diag.c)
```

每个需要在此表中添加套接字监视接口条目的协议都会首先定义一个处理程序，然后再调用sock_diag_register()，并指定其处理程序。例如，net/unix/diag.c包含如下针对UNIX套接字的代码。

第一步是定义处理程序。

```
static const struct sock_diag_handler unix_diag_handler = {
    .family = AF_UNIX,
    .dump = unix_diag_handler_dump,
};
```

第二步是注册这个处理程序。

```
static int __init unix_diag_init(void)
{
    return sock_diag_register(&unix_diag_handler);
}
```

现在，就可以使用ss -x或ss --unix转储UNIX diag模块收集的统计信息了。同样，也有一些diag模块是专门针对其他协议的，如UDP（net/ipv4/udp_diag.c）、TCP（net/ipv4/ tcp_diag.c）、DCCP（/net/dccp/diag.c）和AF_PACKET（net/packet/diag.c）。

还有一个针对Netlink套接字本身的diag模块。条目/proc/net/netlink提供了有关Netlink套接字（netlink_sock对象）的信息，如套接字的portid、groups、inode号等。转储/proc/net/netlink的工作由net/netlink/af_netlink.c中的netlink_seq_show()处理。有些netlink_sock字段是/proc/net/netlink未提供的，如dst_group、dst_portid，以及编号超过32的组播组。有鉴于此，添加了Netlink套接字监视接口（net/netlink/diag.c）。要获取套接字的信息，可使用iproute2包中的工具ss。另外，也可将Netlink diag代码构建为内核模块。

2.3 总结

本章介绍了Netlink套接字。它提供了一种在用户空间和内核间进行通信的机制，被广泛用于网络子系统。在此你见到了一些Netlink套接字使用示例。另外，本章还讨论了Netlink消息以及它们是被如何创建和处理的。本章探讨的另一个重要主题是通用Netlink套接字，介绍了其优点和用途。下一章将介绍ICMP协议，讲解其用途以及IPv4和IPv6中的实现。

2.4 快速参考

本章最后列出了Netlink和通用Netlink子系统中一些重要的方法，其中一些在本章提到过。

1. int netlink_rcv_skb(struct sk_buff *skb, int (*cb)(struct sk_buff *, struct nlmsghdr *))

这个方法用于处理Netlink消息的接收工作。它是从Netlink簇的input回调函数（如rtnetlink簇的input回调函数rtnetlink_rcv()或sock_diag簇的input回调函数sock_diag_rcv()）中调用的。该方法将执行完整性检查，例如，确保Netlink消息报头的长度没有超过最大允许长度（NLMSG_HDRLEN）等。若消息为控制消息，它还可规避对特定回调函数的调用。如果设置了ACK标志（NLM_F_ACK），它将调用方法netlink_ack()来发送一条错误消息。

2. struct sk_buff *netlink_alloc_skb(struct sock *ssk, unsigned int size, u32 dst_portid, gfp_t gfp_mask)

这个方法可根据指定的长度和gfp_mask分配一个SKB。其他参数（ssk、dst_portid）用于处理内存映射Netlink IO（NETLINK_MMAP）。这个方法在本章没有讨论过，它位于net/netlink/af_netlink.c中。

3. struct netlink_sock *nlk_sk(struct sock *sk)

这个方法位于net/netlink/af_netlink.h中。它返回一个netlink_sock对象，其中包含一个sk成员。

4. struct sock *netlink_kernel_create(struct net *net, int unit, struct netlink_kernel_cfg *cfg)

这个方法用于创建一个内核Netlink套接字。

5. struct nlmsghdr *nlmsg_hdr(const struct sk_buff *skb)

这个方法返回skb->data指向的Netlink消息报头。

6. struct nlmsghdr *__nlmsg_put(struct sk_buff *skb, u32 portid, u32 seq, int type, int len, int flags)

这个方法位于include/linux/netlink.h中。它可根据指定的参数创建一个Netlink消息报头，并将其加入到skb中。

7. struct sk_buff *nlmsg_new(size_t payload, gfp_t flags)

这个方法调用alloc_skb()，分配一条有效载荷为指定长度的Netlink消息。如果指定的有效载荷长度为0，将以NLMSG_HDRLEN为参数（使用NLMSG_ALIGN宏对齐得到的值）调用alloc_skb()。

8. int nlmsg_msg_size(int payload)

这个方法返回Netlink消息的长度（消息报头的长度加上参数payload的值，但不包括填充内容）。

9. void rtnl_register(int protocol, int msgtype, rtnl_doit_func doit, rtnl_dumpit_func dumpit, rtnl_calcit_func calcit)

这个方法给指定的rtnetlink消息类型注册3个回调函数。

10. static int rtnetlink_rcv_msg(struct sk_buff *skb, struct nlmsghdr *nlh)

这个方法用于处理rtnetlink消息。

11. static int rtnl_fill_ifinfo(struct sk_buff *skb, struct net_device *dev, int type, u32 pid, u32 seq, u32 change, unsigned int flags, u32 ext_filter_mask)

这个方法将创建两个对象：一个Netlink消息报头（nlmsghdr）以及一个紧跟在Netlink消息报头后面的ifinfomsg对象。

12. void rtnl_notify(struct sk_buff *skb, struct net *net, u32 pid, u32 group, struct nlmsghdr *nlh, gfp_t flags)

这个方法可发送一条rtnetlink消息。

13. `int genl_register_mc_group(struct genl_family *family, struct genl_multicast_group *grp)`

这个方法用于注册指定的组播组并通知用户空间。如果成功，它将返回0，否则返回一个负的错误代码。指定的组播组必须有名称。组播组ID是在这个方法中动态生成的。为此，它对所有组播组调用 `find_first_zero_bit()`。但 notify_grp 除外，该组播组的ID固定为0x10（GENL_ID_CTRL）。

14. `void genl_unregister_mc_group(struct genl_family *family, struct genl_multicast_group *grp)`

这个方法用于注销组播组，并通知用户空间。这将删除该组播组的所有侦听者。注销簇之前，不用注销所有的组播组，因为注销簇将导致其所有组播组都被自动注销。

15. `int genl_register_ops(struct genl_family *family, struct genl_ops *ops)`

这个方法用于注册指定的操作，并将其关联到指定簇。在此必须指定回调函数doit()或dumpit()，否则操作将因-EINVAL错误以失败告终。对于每个命令标识符，最多只能注册一个操作。如果成功，这个方法将返回0；否则返回一个负的错误代码。

16. `int genl_unregister_ops(struct genl_family *family, struct genl_ops *ops)`

这个方法用于注销指定的操作，并断开它与指定簇的关联。在当前消息处理完毕前，这个操作将处于阻断状态，且在注销过程结束前不会重新开始。注销簇之前，无需注销与之相关联的所有操作，因为注销簇将导致与之相关联的操作都被自动注销。如果成功，这个方法将返回0；否则返回一个负的错误代码。

17. `int genl_register_family(struct genl_family *family)`

这个方法用于验证簇的有效性，并对其进行注册。不能同时注册多个名称或标识符相同的簇。簇ID可以为GENL_ID_GENERATE。在这种情况下，将自动生成并分配独一无二的ID。

18. `int genl_register_family_with_ops(struct genl_family *family, struct genl_ops *ops, size_t n_ops)`

这个方法用于注册指定的簇和操作。不能同时注册多个名称或标识符相同的簇。簇ID可以为GENL_ID_GENERATE。在这种情况下，将自动生成并分配独一无二的ID。对于每个要注册的操作，都必须指定doit或dumpit回调函数，否则注册将以失败告终。对于每个命令标识符，只能注册一个操作。使用这个方法，相当于调用genl_register_family()之后，再对表中的每项操作调用genl_register_ops()，并在发生错误时将簇注销掉。如果成功，这个方法将返回0；否则返回一个负的错误代码。

19. `int genl_unregister_family(struct genl_family *family)`

这个方法用于注销指定的簇，并在成功时返回0，否则返回一个负的错误代码。

20. `void *genlmsg_put(struct sk_buff *skb, u32 portid, u32 seq, struct genl_family *family, int flags, u8 cmd)`

这个方法将给Netlink消息添加一个通用Netlink报头。

21. int genl_register_family(struct genl_family *family)和int genl_unregister_family (struct genl_family *family)

这两个方法分别用于注册和注销通用Netlink簇。

22. int genl_register_ops(struct genl_family *family, struct genl_ops *ops)和int genl_ unregister_ops(struct genl_family *family, struct genl_ops *ops)

这两个方法分别用于注册和注销通用Netlink操作。

23. void genl_lock(void)和void genl_unlock(void)

这两个方法分别用于添加和释放通用Netlink互斥锁（genl_mutex）。其使用示例请参阅 net/l2tp/l2tp_netlink.c。

第 3 章

Internet控制消息协议（ICMP）

第2章讨论了Netlink套接字的实现以及如何将其用作内核和用户空间之间的通信渠道，本章将讨论第4层协议——ICMP。通过利用套接字API，用户空间应用程序可使用ICMP来发送和接收ICMP数据包，实用程序ping可能是其中最著名的例子。本章讨论ICMP数据包在内核中是如何处理的，并将提供一些示例。

ICMP主要用作发送有关网络层（L3）错误和控制消息的机制，让你能够通过发送ICMP消息来获取有关通信环境中问题的反馈。这些消息提供了错误处理和诊断功能。ICMP相对比较简单，但对于确保系统正确的行为而言至关重要。RFC 792（*Internet Control Message Protocol*）对ICMPv4做了基本定义，包括ICMPv4的目标以及各种ICMPv4消息的格式。本章还将涉及RFC 1122（*Requirements for Internet Hosts—Communication Layers*）、RFC 4443和RFC 1812，它们分别定义了对多种ICMP消息的要求、ICMPv6协议以及对路由器的要求。本章还将介绍ICMPv4和ICMPv6消息的类型，以及它们是如何发送和处理的。还将介绍ICMP套接字，包括开发它们的原因，以及如何使用它们。别忘了，ICMP也可以被用来发起各种安全攻击。例如，Smurf攻击是一种拒绝服务攻击，它使用IP广播地址，以广播方式向计算机网络发送大量ICMP数据包，并将受害者的IP地址用作源地址。

3.1 ICMPv4

ICMPv4消息分两类：错误消息和信息消息（RFC 1812中称为"查询消息"）。ICMPv4 被用于ping和traceroute等诊断工具。著名工具ping实际上是一个用户空间应用程序（位于iputils包中）。它打开一个原始套接字并发送一条ICMP_ECHO消息，进而收到以ICMP_REPLY消息的方式返回的响应。traceroute是一款用于确定主机和给定目标IP地址间路径的工具。它通过将IP报头中表示跳数的字段"存活时间（TTL）"设置为不同的值来完成工作。数据包的TTL变成0后，转发设备将发回一条ICMP_TIME_EXCEED消息。工具traceroute恰恰利用了这一点。traceroute首先发送一条TTL为1的消息，然后在每次收到代码为ICMP_TIME_EXCEED的ICMP_DEST_UNREACH消息后，都将TTL加1，并再次向目的地发送消息。它利用返回的ICMP"超时"消息来创建数据包经

过的路由器清单，直到最终到达目的地并返回ICMP"回应应答"消息。traceroute默认使用UDP
协议。ICMPv4模块为net/ipv4/icmp.c。请注意，不能将ICMPv4构建为内核模块。

3.1.1　ICMPv4 的初始化

　　ICMPv4的初始化是在引导阶段调用的方法inet_init()中完成的。方法inet_init()调用方法
icmp_init()，后者再调用方法icmp_sk_init()，以创建用于发送ICMP消息的内核ICMP套接字，
并将一些ICMP procfs变量初始化为默认值（你将再本章后面看到一些procfs变量）。 与其他IPv4
协议一样，ICMPv4的注册也是在inet_init()中完成的。

```
static const struct net_protocol icmp_protocol = {
    .handler       = icmp_rcv,
    .err_handler   = icmp_err,
    .no_policy     = 1,
    .netns_ok      = 1,
};
```

(net/ipv4/af_inet.c)

❑ icmp_rcv：handler回调函数。这意味着，对于到来的数据包，如果其IP报头中的协议字
　段为IPPROTO_ICMP（0x1），将调用icmp_rcv()。

❑ no_policy：这个标志被设置为1，表示无需执行IPsec策略检查。例如，在ip_local_deliver_
　finish()中不会调用方法xfrm4_policy_check()，因为设置了标志no_policy。

❑ netns_ok：这个标志被设置为1，表示这个协议支持网络命名空间。A.2节对网络命名空间
　做了介绍。对于netns_ok字段为0的协议，方法inet_add_protocol()将失败，并返回错误
　-EINVAL。

```
static int __init inet_init(void) {
. . .
    if (inet_add_protocol(&icmp_protocol, IPPROTO_ICMP) < 0)
        pr_crit("%s: Cannot add ICMP protocol\n", __func__);
. . .

int __net_init icmp_sk_init(struct net *net)
{
    . . .
    for_each_possible_cpu(i) {
        struct sock *sk;

        err = inet_ctl_sock_create(&sk, PF_INET,
                    SOCK_RAW, IPPROTO_ICMP, net);
        if (err < 0)
          goto fail;

            net->ipv4.icmp_sk[i] = sk;
        . . .
            sock_set_flag(sk, SOCK_USE_WRITE_QUEUE);
        inet_sk(sk)->pmtudisc = IP_PMTUDISC_DONT;
```

```
    }
    ...

}
```

　　在方法icmp_sk_init()中，为每个CPU创建一个ICMPv4套接字，并将其存储在一个数组中。要访问当前的套接字，可使用方法icmp_sk(struct net *net)。这些套接字供方法icmp_push_reply()使用。ICMPv4 procfs条目是在方法icmp_sk_init()中初始化的，本章偶尔会提及这些条目，并在3.5节中对它们做了总结。ICMP数据包的开头都是一个ICMPv4报头。讨论如何接收和传输ICMPv4消息前，下一节先介绍ICMPv4报头，让你能够更好地理解ICMPv4消息是如何创建的。

3.1.2　ICMPv4 报头

　　ICMPv4报头由类型（8位）、代码（8位）、校验和（16位）和32位的可变部分（其内容取决于ICMPv4类型和代码）组成，如图3-1所示。ICMPv4报头的后面是有效载荷，其中包含原始数据包的IPv4报头和部分有效载荷。RFC 1812指出，在确保ICMPv4数据报不超过576字节的前提下，有效载荷应尽可能多地包含原始数据报的内容。长度为576字节是根据RFC 791确定的。该RFC指出：所有主机都必须能够接收长达576字节的数据报。

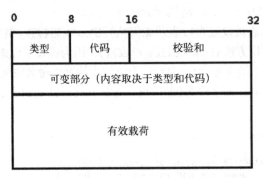

图3-1　ICMPv4报头

　　ICMPv4报头用结构icmphdr表示。

```
struct icmphdr {
    __u8        type;
    __u8        code;
    __sum16     checksum;
    union {
        struct {
            __be16      id;
            __be16      sequence;
        } echo;
        __be32      gateway;
        struct {
            __be16      __unused;
            __be16      mtu;
```

```
        } frag;
    } un;
};
```

(include/uapi/linux/icmp.h)

　　有关当前分配的完整ICMPv4消息类型编号和代码清单，请参阅www.iana.org/assignments/icmp-parameters/icmp-parameters.xml。

　　ICMPv4模块定义了一个icmp_control对象数组——icmp_pointers。它将ICMPv4消息类型作为索引。下面来看看结构icmp_control的定义以及数组icmp_pointers。

```
struct icmp_control {
    void (*handler)(struct sk_buff *skb);
    short error;        /*这条ICMP消息为错误消息*/
};
```

```
static const struct icmp_control icmp_pointers[NR_ICMP_TYPES+1];
```

　　NR_ICMP_TYPES是最大的ICMPv4消息类型编号，其值为18（include/uapi/linux/icmp.h）。这个数组中的icmp_control对象都是错误消息，如"目的地不可达"消息（ICMP_DEST_UNREACH），因为字段error为1；字段error为0时，表示信息消息，如回应（ICMP_ECHO）。有些处理程序被分派给多种消息类型。下面来讨论处理程序及其管理的ICMPv4消息类型。

　　方法ping_rcv()负责处理接收ping应答（ICMP_ECHOREPLY）的工作。它是在ICMP套接字代码（net/ipv4/ping.c）中实现的。在3.0之前的内核中，要发送ping，必须在用户空间创建一个原始套接字。有ping应答（ICMP_ECHOREPLY消息）到来时，由发送ping的套接字进行处理。为帮助理解这是如何实现的，来看看ip_local_deliver_finish()。这个方法会处理到来的IPv4数据包，并将其交给相应的套接字。

```
static int ip_local_deliver_finish(struct sk_buff *skb)
{
    . . .
        int protocol = ip_hdr(skb)->protocol;
        const struct net_protocol *ipprot;
        int raw;

    resubmit:
        raw = raw_local_deliver(skb, protocol);
        ipprot = rcu_dereference(inet_protos[protocol]);
            if (ipprot != NULL) {
                    int ret;
                    . . .
                    ret = ipprot->handler(skb);
                    . . .
```

(net/ipv4/ip_input.c)

　　方法ip_local_deliver_finish()收到ICMP_ECHOREPLY数据包后，它首先尝试将其交给一个正在侦听的原始套接字进行处理。由于在用户空间中打开的原始套接字处理了ICMP_ECHOREPLY消息，因此无需对它做进一步处理。所以，在方法ip_local_deliver_finish()收到

ICMP_ECHOREPLY后，首先调用方法raw_local_deliver()，通过一个原始套接字对其进行处理，再调用ipprot->handler(skb)（就ICMPv4数据包而言，为回调函数icmp_rcv()）。由于数据包已经由一个原始套接字处理过，因此无需做进一步的处理，所以将调用方法icmp_discard()（ICMP_ECHOREPLY消息的处理程序）将数据包默默地丢弃。

在Linux内核3.0中集成ICMP套接字（ping套接字）时，情况发生了变化。ping套接字将在3.3节讨论。这里需要指出的是，引入ICMP套接字后，ping的发送方可以不是原始套接字。例如，你可以这样创建一个套接字，socket(PF_INET, SOCK_DGRAM, PROT_ICMP)，并使用它来发送ping数据包。这个套接字不是原始套接字，因此回应应答不会被交给原始套接字，因为没有侦听它的原始套接字。为避免这种问题，ICMPv4模块使用回调函数ping_rcv()来处理ICMP_ECHOREPLY消息的接收工作。ping模块位于IPv4层（net/ipv4/ping.c），但net/ipv4/ping.c中的大多数代码都是双栈代码（适用于IPv4和IPv6），因此方法ping_rcv()也负责处理ICMPV6_ECHO_REPLY消息（请参见net/ipv6/icmp.c中的icmpv6_rcv()）。本章后面将更详细地讨论ICMP套接字。

icmp_discard()是一个空处理程序，用于不存在的消息类型（编号在头文件中没有声明的消息类型）以及不需要做任何处理的消息，如ICMP_TIMESTAMPREPLY。ICMP_TIMESTAMP和ICMP_TIMESTAMPREPLY消息用于同步时间。发送方在ICMP_TIMESTAMP请求中发送始发（originate）时间戳，而接收方发送包含3个时间戳的ICMP_TIMESTAMPREPLY——时间戳请求的发送方发送的始发时间戳、接收时间戳和传输时间戳。有一些比ICMPv4时间戳消息更常用的时间同步协议，如网络时间协议（Network Time Protocol, NTP）。这里还需要说说地址掩码（Address Mask）请求（ICMP_ADDRESS）。它通常由主机发送给路由器，旨在获取合适的子网掩码。收到这种消息后，接收方应使用地址掩码应答消息进行应答。

ICMP_ADDRESS 和 ICMP_ADDRESSREPLY 消 息 以 前 由 方 法 icmp_address() 和 icmp_address_reply()处理，而现在也会被icmp_discard()处理。原因是：可通过其他方式获得子网掩码，如DHCP。消息类型ICMP_DEST_UNREACH、ICMP_TIME_EXCEED、ICMP_PARAME-TERPROB和ICMP_QUENCH由icmp_unreach()处理。

在很多情况下都会发送ICMP_DEST_UNREACH消息，3.1.4节将介绍其中一部分。

在以下两种情况下会发送ICMP_TIME_EXCEEDED消息。

在ip_forward()中，数据包的TTL都会被减1。RFC 1700推荐将IPv4数据包的TTL设置为64。如果TTL变成了0，就表明应该将数据包丢弃，因为可能存在环路。因此，在ip_forward()中，如果发现TTL为0，将调用方法icmp_send()。

```
icmp_send(skb, ICMP_TIME_EXCEEDED, ICMP_EXC_TTL, 0);
```

```
(net/ipv4/ip_forward.c)
```

在这种情况下，将发送一条代码为ICMP_EXC_TTL的ICMP_TIME_EXCEEDED消息，并释放SKB，将SNMP计数器InHdrErrors（IPSTATS_MIB_INHDRERRORS）加1，并返回NET_RX_DROP。在ip_expire()中，如果分段超时，将发生如下情况。

```
icmp_send(head, ICMP_TIME_EXCEEDED, ICMP_EXC_FRAGTIME, 0);
```

(net/ipv4/ip_fragment.c)

在方法ip_options_compile()或ip_options_rcv_srr()（net/ipv4/ip_options.c）中，未能成功地分析IPv4报头选项时，将发送一条ICMP_PARAMETERPROB消息。选项是IPv4报头中可选的变长字段（最多40字节）。IP选项将在第4章讨论。

消息类型ICMP_QUENCH实际上已被摒弃。RFC 1812的4.3.3.3节（"Source Quench"）指出：路由器不会发送ICMP信源抑制消息，它还可能会忽略收到的ICMP信源抑制消息。ICMP_QUENCH消息旨在缓解拥塞，但事实证明这种解决方案不管用。

ICMP_REDIRECT消息由icmp_redirect()处理。RFC 1122的3.2.2.2节指出：主机不应发送ICMP重定向消息，重定向消息仅供网关发送。以前，icmp_redirect()处理ICMP_REDIRECT消息时调用ip_rt_redirect()，但现在不需要这样做。因为协议处理程序能够妥善地将重定向消息传播给路由选择代码。事实上，在内核3.6中，方法ip_rt_redirect()已被删除。因此，方法icmp_redirect()首先执行完整性检查，再调用icmp_socket_deliver()。后者会将数据包交给原始套接字并调用协议错误处理程序（如果有的话）。

ICMP_REDIRECT消息将在第6章进行更详细的讨论。

icmp_echo()处理回应（ping）请求（ICMP_ECHO）。它调用icmp_reply()发送回应应答（ICMP_ECHOREPLY）。如果设置了net->ipv4.sysctl_icmp_echo_ignore_all，将不会发送应答。关于如何配置ICMPv4 procfs条目，请参阅3.5节以及Documentation/networking/ip-sysctl.txt。

icmp_timestamp()处理ICMP时间戳请求（ICMP_TIMESTAMP）。它调用icmp_reply()来发送ICMP_ IMESTAMPREPLY。

讨论方法icmp_reply()和icmp_send()如何发送ICMP消息前，需要介绍一下这两个方法中都使用了的结构icmp_bxm（ICMP生成xmit消息）。

```
struct icmp_bxm {
    struct sk_buff *skb;
    int offset;
    int data_len;

    struct {
        struct icmphdr icmph;
        __be32          times[3];
    } data;
    int head_len;
    struct ip_options_data replyopts;
};
```

❑ skb：就方法icmp_reply()而言，skb为请求数据包；在方法icmp_echo()和icmp_timestamp()中，使用它来创建icmp_param对象（icmp_bxm实例）；就方法icmp_send()而言，skb是导致ICMPv4消息被发送的数据包，你将在本节中看到几个这样的消息。

❑ offset：skb_network_header (skb) 和skb->data之间的距离（偏移量）。

❑ data_len：ICMPv4数据包的有效载荷的长度。

❑ icmph：ICMPv4报头。

❑ times[3]：包含3个时间戳的数组，由icmp_timestamp()填充。

❑ head_len：ICMPv4报头的长度（对icmp_timestamp()来说，还包含长12字节的时间戳）。

❑ replyopts：一个ip_options_data对象。IP选项是位于IP报头后面的可选字段，最长40字节。它们支持高级功能，如严格路由选择、宽松路由选择、记录路由选择、时间戳等，由方法ip_options_echo()初始化。IP选项将在第4章讨论。

3.1.3　接收 ICMPv4 消息

方法ip_local_deliver_finish()处理目的地为当前机器的数据包。收到ICMP数据包后，这个方法便将其交给注册了ICMPv4协议的原始套接字。在方法icmp_rcv()中，首先将InMsgs SNMP计数器（ICMP_MIB_INMSGS）加1，再核实校验和是否正确。如果校验和不正确，就将SNMP计数器InCsumErrors和InErrors（ICMP_MIB_CSUMERRORS和ICMP_MIB_INERRORS）都加1，再释放SKB，并返回0。在这种情况下，方法icmp_rcv()不会返回错误。实际上，方法icmp_rcv()总是返回0。为何在校验和不对时返回0呢？因为收到错误的ICMP消息时，除将其丢弃外无需做其他特殊处理。协议处理程序返回负的错误代码时，将再次尝试对数据包进行处理，但在这里不需要这样做。更详细的信息请参阅方法ip_local_deliver_finish()的实现过程。接下来，检查ICMP报头，以确定ICMP消息的类型，将相应的procfs消息类型计数器（每种ICMP消息类型都有一个procfs计数器）加1，并执行完整性检查，以确认类型编号没有超过最大允许值（NR_ICMP_TYPES）。RFC 1122的第3.2.2节指出，如果收到的ICMP消息的类型未知，必须默默地丢弃它。因此，如果消息类型编号超出了范围，将把InErrors SNMP计数器（ICMP_MIB_INERRORS）加1，并释放SKB。

如果数据包为广播或组播方式，且为ICMP_ECHO或ICMP_TIMESTAMP消息，将读取变量net->ipv4.sysctl_icmp_echo_ignore_broadcasts，以核实广播/组播回应请求是否被允许。这个变量的值默认为1，可通过procfs进行配置（写入/proc/sys/net/ipv4/icmp_echo_ignore_broadcasts）。如果这个变量被设置完成，将默默地丢弃数据包。这种做法遵循的是RFC 1122第3.2.2.6节和3.2.2.8节的规定，即可默默地丢弃目的地为IP广播地址或IP组播地址的ICMP回应请求及目的地为IP广播地址或IP组播地址的ICMP时间戳请求消息。接下来，校验广播或组播方式所对应的消息类型，即是否为ICMP_ECHO、ICMP_TIMESTAMP、ICMP_ADDRESS或ICMP_ADDRESSREPLY消息。如果不是上述消息类型，将丢弃数据包并返回0。接下来，根据消息类型从数组icmp_pointers中取回相应的条目，并调用合适的处理程序。下面来看看icmp_control分派表中的ICMP_ECHO条目。

```
static const struct icmp_control icmp_pointers[NR_ICMP_TYPES + 1] = {
. . .
    [ICMP_ECHO] = {
        .handler = icmp_echo,
    },
. . .
}
```

因此，收到ping（这种消息的类型为"回应请求"，即ICMP_ECHO）时，将由方法icmp_echo()进行处理。方法icmp_echo()将ICMP报头中的类型改为ICMP_ECHOREPLY，并调用方法icmp_reply()来发送应答。除ping外，其他需要响应的ICMP消息只有时间戳消息（ICMP_TIMESTAMP）。它由方法icmp_timestamp()进行处理，方式与处理ICMP_ECHO时的方式很像，即，将类型改为ICMP_TIMESTAMPREPLY并调用方法icmp_reply()来发送应答。实际发送工作是由ip_append_data()和ip_push_pending_frames()完成的。接收ping应答（ICMP_ECHOREPLY）的工作由方法ping_rcv()处理。

可禁止对ping进行应答，为此可按如下方法进行处理。

```
echo 1 > /proc/sys/net/ipv4/icmp_echo_ignore_all
```

有些回调函数负责处理多种类型的ICMP消息。例如，回调函数icmp_discard()处理ICMPv4数据包（Linux ICMPv4实现无法处理此类数据包），还处理ICMP_TIMESTAMPREPLY、ICMP_INFO_REQUEST、ICMP_ADDRESSREPLY等消息。

3.1.4 发送 ICMPv4 消息：目的地不可达

用于发送ICMPv4消息的方法有两个：一是方法icmp_reply()，用于发送两种ICMP请求（ICMP_ECHO和ICMP_TIMESTAMP）的响应；二是方法icmp_send()，用于发送当前机器在特定条件下主动发送的ICMPv4消息（本节介绍这种消息的发送）。这两个方法最终都调用icmp_push_reply()来执行实际发送数据包的工作。在方法icmp_echo()和icmp_timestamp()中，分别调用方法icmp_reply()来响应ICMP_ECHO和ICMP_TIMESTAMP消息。在IPv4网络栈的很多地方，如Netfilter、转发代码（ip_forward.c）、ipip和ip_gre等隧道中，都调用了方法icmp_send()。

本节将介绍一些发送"目的地不可达"消息（其类型为ICMP_DEST_UNREACH）的情形。

代码2：ICMP_PROT_UNREACH（协议不可达）

IP报头的协议字段（长8位）指定的协议不存在时，将向发送方发送一条ICMP_DEST_UNREACH/ICMP_PROT_UNREACH消息，因为没有针对指定协议的协议处理程序（协议处理程序数组将协议号用作索引，因此对于不存在的协议，没有相应的处理程序）。所谓不存在的协议，指的是下面两种情形之一：IPv4报头中的协议号是错误的，没有包含在协议号列表中（该列表可在include/uapi/linux/in.h中找到）；内核不支持该协议，因此该协议没有注册，协议处理程序数组中没有相应的条目。由于这样的数据包无法处理，因此需要向发送方发回ICMPv4"目的地不可达"消息。这种应答中的代码ICMP_PROT_UNREACH指出了导致错误的原因——"协议不可达"。请看下面的示例。

```
static int ip_local_deliver_finish(struct sk_buff *skb)
  {
    . . .
    int protocol = ip_hdr(skb)->protocol;
    const struct net_protocol *ipprot;
    int raw;
```

```
resubmit:
    raw = raw_local_deliver(skb, protocol);

    ipprot = rcu_dereference(inet_protos[protocol]);
    if (ipprot != NULL) {
        . . .
    } else {
    if (!raw) {
    if (xfrm4_policy_check(NULL, XFRM_POLICY_IN, skb)) {
            IP_INC_STATS_BH(net, IPSTATS_MIB_INUNKNOWNPROTOS);
            icmp_send(skb, ICMP_DEST_UNREACH,ICMP_PROT_UNREACH, 0);
             }
        . . .
    }
```

(net/ipv4/ip_input.c)

在这个示例中，根据协议在数组inet_protos中进行查找。由于没有找到相应的条目，这意味着在内核中没有注册该协议。

代码3：ICMP_PORT_UNREACH（端口不可达）

接收UDPv4数据包时，将查找匹配的UDP套接字。如果没有找到匹配的套接字，将检查校验和是否正确。如果不正确，就将数据包默默地丢弃；如果正确，就更新统计信息，并返回一条ICMP"目的地不可达"/"端口不可达"消息。

```
int __udp4_lib_rcv(struct sk_buff *skb, struct udp_table *udptable, int proto)
{
        struct sock *sk;
        . . .
        sk = __udp4_lib_lookup_skb(skb, uh->source, uh->dest, udptable)
        . . .
        if (sk != NULL) {
        . . .
        }

        /* No socket. Drop packet silently, if checksum is wrong */
    if (udp_lib_checksum_complete(skb))
        goto csum_error;

        UDP_INC_STATS_BH(net, UDP_MIB_NOPORTS, proto == IPPROTO_UDPLITE);
        icmp_send(skb, ICMP_DEST_UNREACH, ICMP_PORT_UNREACH, 0);
        . . .
        }
. . .

}
```

(net/ipv4/udp.c)

查找工作由方法__udp4_lib_lookup_skb()执行。如果没有匹配的套接字，就更新统计信息，并返回一条代码为ICMP_PORT_UNREACH的ICMP_DEST_UNREACH消息。

代码4：ICMP_FRAG_NEEDED

转发数据包时，如果其长度超过了外出链路的MTU，且在IPv4报头（IP_DF）中没有设置分段（DF）位，将把数据包丢弃，并向发送方发回一条代码为ICMP_FRAG_NEEDED的ICMP_DEST_UNREACH消息。

```
int ip_forward(struct sk_buff *skb)
{
    . . .
    struct rtable *rt; /* Route we use */
    . . .
    if (unlikely(skb->len > dst_mtu(&rt->dst) && !skb_is_gso(skb) &&
            (ip_hdr(skb)->frag_off & htons(IP_DF))) && !skb->local_df) {
        IP_INC_STATS(dev_net(rt->dst.dev), IPSTATS_MIB_FRAGFAILS);
        icmp_send(skb, ICMP_DEST_UNREACH, ICMP_FRAG_NEEDED,
                htonl(dst_mtu(&rt->dst)));
        goto drop;
    }
    . . .
}
```

(net/ipv4/ip_forward.c)

代码5：ICMP_SR_FAILED

转发数据包时，如果其严格路由选择（strict routing）和网关（gatewaying）选项被设置，将把数据包丢弃，并发回一条代码为ICMP_SR_FAILED的"目的地不可达"消息。

```
int ip_forward(struct sk_buff *skb)
{
    struct ip_options *opt = &(IPCB(skb)->opt);
    . . .
    if (opt->is_strictroute && rt->rt_uses_gateway)
            goto sr_failed;
    . . .
sr_failed:
    icmp_send(skb, ICMP_DEST_UNREACH, ICMP_SR_FAILED, 0);
    goto drop;
}
```

(net/ipv4/ip_forward.c)

完整的IPv4"目的地不可达"代码清单，请参阅3.5节中的表3-1。请注意，用户可使用iptables REJECT目标和--reject-with限定符配置一些规则，从而根据规则发送"目的地不可达"消息。有关这方面的更详细信息请参阅3.5节。

方法icmp_reply()和icmp_send()都支持速率限制。它们调用icmpv4_xrlim_allow()。如果速率限制检查表明可发送当前数据包（即icmpv4_xrlim_allow()返回true），它们就发送该数据包。这里需要指出的是，并不会自动对所有类型的流量进行速率限制。在下述情况下不会进行速率限制检查。

❑ 消息的类型未知。

- ❑ 数据包为PMTU发现数据包。
- ❑ 设备为环回设备。
- ❑ ICMP类型在速率掩码中未指定。

仅当不满足上述任何条件时，才调用方法inet_peer_xrlim_allow()来限制速率。3.5节更详细地介绍了速率掩码。下面来看看方法icmp_send()本身。首先，这个方法的原型如下。

```
void icmp_send(struct sk_buff *skb_in, int type, int code, __be32 info)
```

skb_in是导致方法icmp_send()被调用的SKB，而type和code分别是ICMPv4消息类型和代码。最后一个参数（info）用于下述情形。

- ❑ 对于消息类型ICMP_PARAMETERPROB，这个参数表示IPv4报头中发生分析问题的位置的偏移量。
- ❑ 对于代码为ICMP_FRAG_NEEDED的消息类型ICMP_DEST_UNREACH，这个参数表示MTU。
- ❑ 对于代码为ICMP_REDIR_HOST的消息类型ICMP_REDIRECT，该参数为导致这个方法被调用的SKB的IPv4报头中的目标IP地址。

在方法icmp_send()中，首先进行一些完整性检查。接着，组播/广播数据包被拒绝。为检查数据包是否经过分段，需要查看IPv4报头的frag_off字段。如果数据包被分段，将发送一条ICMPv4消息，但只针对第一个分段这样做。RFC 1812的4.3.2.7节指出：收到ICMP错误消息后，不必发送ICMP错误消息。因此，首先检查要发送的ICMPv4消息是不是错误消息。如果是，再检查SKB包含的是不是ICMPv4错误消息。如果答案仍然是肯定的，这个方法将直接返回，而不发送ICMPv4消息。另外，如果类型为ICMPv4未知类型（大于NR_ICMP_TYPES），这个方法也将直接返回，而不发送ICMPv4消息。（虽然RFC 1812没有明确指定应这样做。）接下来，根据net->ipv4.sysctl_icmp_errors_use_inbound_ifaddr的值确定目标地址。更详细的信息请参阅3.5节。然后，调用方法ip_options_echo()来复制SKB的IPv4报头中的IP选项，分配并初始化一个icmp_bxm对象（icmp_param），并调用方法icmp_route_lookup()在路由选择子系统中执行查找操作。接下来，调用方法icmp_push_reply()。

下面来看看实际发送数据包的方法icmp_push_reply()。首先，它要确定通过哪个套接字发送数据包。为此，它需要执行如下代码。

```
sk = icmp_sk(dev_net((*rt)->dst.dev));
```

方法dev_net()返回外出网络设备的网络命名空间（方法dev_net()和网络命名空间将在第14章和附录A讨论）。接下来，由方法icmp_sk()取回该套接字（因为在SMP中，每个CPU都有一个套接字）。然后，调用方法ip_append_data()，将数据包交给IP层。如果方法ip_append_data()失败，将更新统计信息，即将计数器ICMP_MIB_OUTERRORS加1，并调用方法ip_flush_pending_frames()来释放SKB。方法ip_append_data()和ip_flush_pending_frames()将在第4章讨论。

至此，你对ICMPv4已了如指掌，是时候介绍ICMPv6了。

3.2 ICMPv6

在网络层（L3）报告错误方面，ICMPv6与ICMPv4有很多相似之处，但ICMPv6还执行了一些ICMPv4未执行的任务。本节讨论ICMPv6协议、其新增的功能（ICMPv4未实现的功能）以及与ICMPv4类似的功能。ICMPv6是在RFC 4443中定义的。如果你深入研究ICMPv6代码，迟早会遇到提及RFC 1885的注释。事实上，RFC 1885（*Internet Control Message Protocol（ICMPv6）for the Internet Protocol Version 6（IPv6）*）是基本的ICMPv6 RFC，它后来被RFC 2463所取代，而RFC 2463又被RFC 4443取代了。ICMPv6的实现基于IPv4，但较之更复杂。本节讨论其中修订和增补的内容。

RFC 4443第1节规定，ICMPv6协议的下一报头值为58（IPv6下一报头将在第8章讨论）。ICMPv6是IPv6的有机组成部分，每个结点都必须全面实现。在IPv6中，ICMPv6除用于错误处理和诊断外，还被用于邻居发现（Neighbour Discovery, ND）协议（该协议取代并改进了IPv4中ARP的功能）以及组播侦听者发现（Multicast Listener Discovery，MLD）协议（该协议相当于IPv4中的IGMP协议），如图3-2所示。

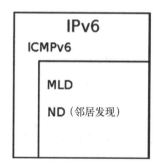

图3-2 IPv4和IPv6中的ICMP（IPv6中的MLD和ND协议分别对应于IPv4中的IGMP和ARP协议）

本节介绍ICMPv6的实现。正如你将看到的，在处理和发送消息方面，它与ICMPv4实现有很多相同的地方，有时甚至调用的方法都相同（如ping_rcv()和inet_peer_xrlim_allow()）。但它们也有一些不同之处，ICMPv6还有一些其特有的主题。实用程序ping6和traceroute6都是基于ICMPv6的，它们分别相当于本章开头讨论ICMPv4时提及的IPv4实用程序ping和traceroute。ICMPv6是在net/ipv6/icmp.c和net/ipv6/ip6_icmp.c中实现的。与ICMPv4一样，不能将ICMPv6构建为内核模块。

3.2.1 ICMPv6 初始化

ICMPv6初始化是由方法icmpv6_init()和icmpv6_sk_init()完成的。icmpv6_init()（net/ipv6/icmp.c）负责注册ICMPv6协议。

```
static const struct inet6_protocol icmpv6_protocol = {
```

```
        .handler       =        icmpv6_rcv,
        .err_handler   =        icmpv6_err,
        .flags         =        INET6_PROTO_NOPOLICY|INET6_PROTO_FINAL,
};
```

回调函数handler为icmpv6_rcv()，这意味着收到协议字段为IPPROTO_ICMPV6（58）的数据包时，将调用icmpv6_rcv()。

如果设置了标志INET6_PROTO_NOPOLICY，意味着不应检查IPsec策略。例如，设置了这个标志时，在ip6_input_finish()中将不会调用方法xfrm6_policy_check()。

```
int __init icmpv6_init(void)
  {
     int err;
     . . .
     if (inet6_add_protocol(&icmpv6_protocol, IPPROTO_ICMPV6) < 0)
             goto fail;
     return 0;
  }
static int __net_init icmpv6_sk_init(struct net *net)
{
    struct sock *sk;
    . . .
    for_each_possible_cpu(i) {
       err = inet_ctl_sock_create(&sk, PF_INET6,
                  SOCK_RAW, IPPROTO_ICMPV6, net);
       . . .
       net->ipv6.icmp_sk[i] = sk;
       . . .
}
```

与ICMPv4一样，也为每个CPU都创建了一个原始ICMPv6套接字，并将它们存储在了一个数组中。要访问当前sk，可调用方法icmpv6_sk()。

3.2.2　ICMPv6 报头

如图3-3所示，ICMPv6报头由类型字段（8位）、代码字段（8位）和校验和字段（16位）组成。

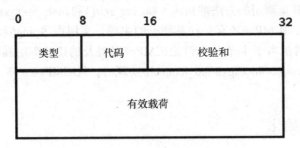

图3-3　ICMPv6报头

ICMPv6报头用结构icmp6hdr表示。

```
struct icmp6hdr {
    __u8        icmp6_type;
    __u8        icmp6_code;
    __sum16     icmp6_cksum;
    . . .
}
```

结构icmp6hdr是在include/uapi/linux/icmpv6.h中定义的。它太大了，这里没有足够的篇幅列出其所有字段。"类型"字段的最高位为0（即该字段的取值范围为0~127）时，表示为错误消息；为1（即该字段的取值范围为128~255）时，表示为信息消息。表3-1列出了ICMPv6消息类型及其编号和内核符号。

表3-1　ICMPv6消息

类　　型	内核符号	错误/信息	描　　述
1	ICMPV6_DEST_UNREACH	错误	目的地不可达
2	ICMPV6_PKT_TOOBIG	错误	数据包太长
3	ICMPV6_TIME_EXCEED	错误	超时
4	ICMPV6_PARAMPROB	错误	参数问题
128	ICMPV6_ECHO_REQUEST	信息	回应请求
129	ICMPV6_ECHO_REPLY	信息	回应应答
130	ICMPV6_MGM_QUERY	信息	组播组成员关系管理查询
131	ICMPV6_MGM_REPORT	信息	组播组成员关系管理报告
132	ICMPV6_MGM_REDUCTION	信息	组播组成员关系管理变更
133	NDISC_ROUTER_SOLICITATION	信息	路由器请求
134	NDISC_ROUTER_ADVERTISEMENT	信息	路由器通告
135	NDISC_NEIGHBOUR_SOLICITATION	信息	邻居请求
136	NDISC_NEIGHBOUR_ADVERTISEMENT	信息	邻居通告
137	NDISC_REDIRECT	信息	邻居重定向

有关最新的ICMPv6消息类型和代码的完整清单，请参阅www.iana.org/assignments/ icmpv6-parameters/icmpv6-parameters.xml。

ICMPv6执行一些ICMPv4不负责执行的任务。例如，邻居发现就是由ICMPv6完成的，而在IPv4中这是由ARP/RARP协议完成的。组播组成员关系由ICMPv6和MLD（组播侦听者发现）协议一道处理，而在IPv4中这是由IGMP（Internet组管理协议）完成的。有些ICMPv6消息的含义与ICMPv4消息类似。例如，ICMPv6也包含如下消息："目的地不可达"（ICMPV6_DEST_UNREACH）、"超时"（ICMPV6_TIME_EXCEED）、"参数问题"（ICMPV6_PARAMPROB）、"回应请求"（ICMPV6_ECHO_REQUEST）等。另一方面，有些ICMPv6消息则是IPv6特有的，如NDISC_NEIGHBOUR_SOLICITATION消息。

3.2.3　接收 ICMPv6 消息

收到的ICMPv6数据包被交给方法icmpv6_rcv()。这个方法只接受一个SKB作为参数。图3-4

显示了ICMPv6消息的接收过程。

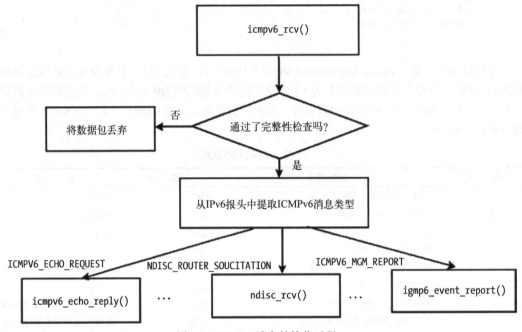

图3-4　ICMPv6消息的接收过程

在方法icmpv6_rcv()中，执行一些完整性检查后将InMsgs SNMP计数器（ICMP6_MIB_INMSGS）加1。接下来，检查校验和是否正确无误。如果校验和不对，就将InErrors SNMP计数器（ICMP6_MIB_INERRORS）加1，并将SKB释放。在这种情况下，方法icmpv6_rcv()不会返回错误（事实上，它与对应的IPv4方法icmp_rcv()很像，总是返回0）。然后，读取ICMPv6报头以确定消息类型，并调用ICMP6MSGIN_INC_STATS_BH宏将相应的procfs消息类型计数器（每种ICMPv6消息类型都有一个procfs计数器）加1。例如，收到ICMPv6回应请求（ping）时，将计数器/proc/net/snmp6/Icmp6InEchos加1，而收到ICMPv6邻居请求时，将计数器/proc/net/snmp6/Icmp6InNeighborSolicits加1。

在ICMPv6中，没有类似于ICMPv4中icmp_pointers那样的分派表，而使用一个长长的switch(type)的命令，根据ICMPv6消息类型调用相应的处理程序。

- □ "回应请求"（ICMPV6_ECHO_REQUEST）由方法icmpv6_echo_reply()处理。
- □ "回应应答"（ICMPV6_ECHO_REPLY）由方法ping_rcv()处理。方法ping_rcv()位于IPv4 ping模块（net/ipv4/ping.c）中，它是一种双栈方法（同时负责处理IPv4和IPv6，这在本章开头讨论过）。
- □ 数据包太长（ICMPV6_PKT_TOOBIG）。
  - ■ 首先检查数据块区域（skb->data指向的区域）包含的数据块长度是否不短于ICMP报头的长度。这是由方法pskb_may_pull()完成的。如果不满足这个条件，就将数据包丢弃。

■ 然后调用方法icmpv6_notify()。这个方法最终调用方法raw6_icmp_error()，让注册的套接字对ICMP消息进行处理。

❏ "目的地不可达"、"超时"和"参数问题"（ICMPV6_DEST_UNREACH、ICMPV6_TIME_EXCEED和ICMPV6_PARAMPROB）也由icmpv6_notify()处理。

❏ 邻居发现消息。

■ NDISC_ROUTER_SOLICITATION：这些消息通常发送到表示所有路由器的组播地址FF02::2，并使用路由器通告消息进行应答（特殊的IPv6组播地址将在第8章讨论）。

■ NDISC_ROUTER_ADVERTISEMENT：这些消息由路由器定期发送或为响应路由器请求消息而发送。路由器通告包含用于确定链路和（或）地址配置、建议跳数限制等信息的前缀。

■ NDISC_NEIGHBOUR_SOLICITATION：相当于IPv4中的ARP请求。

■ NDISC_NEIGHBOUR_ADVERTISEMENT：相当于IPv4中的ARP应答。

■ NDISC_REDIRECT：路由器使用它将前往目的地的更佳第一跳告诉主机。

■ 所有邻居发现消息都由邻居发现方法ndisc_rcv()（net/ipv6/ndisc.c）处理。这个方法将在第7章讨论。

❏ ICMPV6_MGM_QUERY（组播侦听者查询）由igmp6_event_query()处理。

❏ ICMPV6_MGM_REPORT（组播侦听者报告）由igmp6_event_report()处理。请注意，ICMPV6_MGM_QUERY和ICMPV6_MGM_REPORT都将在第8章进行更详细的讨论。

❏ 类型未知的消息以及下述消息都由方法icmpv6_notify()处理。

■ ICMPV6_MGM_REDUCTION：退出组播组时，主机发送一条MLDv2 ICMPV6_MGM_REDUCTION消息。详情请参阅net/ipv6/mcast.c中的方法igmp6_leave_group()。

■ ICMPV6_MLD2_REPORT：MLDv2组播侦听者报告数据包，其目标地址通常为组播组地址FF02::16——表示所有支持MLDv2的路由器。

■ ICMPV6_NI_QUERY- ICMP：结点信息查询。

■ ICMPV6_NI_REPLY：ICMP结点信息响应。

■ ICMPV6_DHAAD_REQUEST：ICMP归属代理地址发现请求消息（Home Agent Address Discovery Request Message）。详情请参阅RFC 6275的6.5节"IPv6中的移动性支持"。

■ ICMPV6_DHAAD_REPLY：ICMP归属代理地址发现应答消息（Home Agent Address Discovery Reply Message）。详情请参阅RFC 6275的6.6节。

■ ICMPV6_MOBILE_PREFIX_SOL：ICMP移动前缀请求消息格式（Mobile Prefix Solicitation Message Format）。详情请参阅RFC 6275的6.7节。

■ ICMPV6_MOBILE_PREFIX_ADV：ICMP移动前缀通告消息格式（Mobile Prefix Advertisement Message Format）。详情请参阅RFC 6275的6.8节。

请注意，这个switch(type)命令的末尾类似于如下示例。

```
default:
    LIMIT_NETDEBUG(KERN_DEBUG "icmpv6: msg of unknown type\n");
```

```
/*信息型消息*/
if (type & ICMPV6_INFOMSG_MASK)
    break;

/*
*未知类型错误.
*必须交给上层处理
*/

icmpv6_notify(skb, type, hdr->icmp6_code, hdr->icmp6_mtu);
}
```

信息型消息满足条件(type & ICMPV6_INFOMSG_MASK)，因此将被丢弃；而不满足这个条件的其他消息（即错误消息）将被交给上层进行处理。这种做法符合RFC 4443的2.4节（“Message Processing Rules”）中的规定。

3.2.4   发送 ICMPv6 消息

发送ICMPv6消息的主方法为icmpv6_send()。当前机器在本节介绍的条件下发送ICMPv6消息时，将调用这个方法。还有方法icmpv6_echo_reply()，但其仅在响应ICMPV6_ECHO_REQUEST（ping）消息时才被调用。在IPv6网络栈的很多地方，都调用了方法icmp6_send()，本节将介绍几个示例。

示例：发送ICMPv6“跳数限制超时”消息

每台机器转发数据包时都将跳数限制计数器减1。跳数限制计数器是IPv6报头的一个成员，相当于IPv4中的存活时间。跳数限制计数器变成0后，将调用方法icmpv6_send()发送一条代码为ICMPV6_EXC_HOPLIMIT的ICMPV6_TIME_EXCEED消息，之后再更新统计信息，并将数据包丢弃。

```
int ip6_forward(struct sk_buff *skb)
{
    . . .
        if (hdr->hop_limit <= 1) {
                /* 将外出设备用作源地址*/
                skb->dev = dst->dev;
                icmpv6_send(skb, ICMPV6_TIME_EXCEED, ICMPV6_EXC_HOPLIMIT, 0);
                IP6_INC_STATS_BH(net,
                                ip6_dst_idev(dst), IPSTATS_MIB_INHDRERRORS);
                kfree_skb(skb);
                return -ETIMEDOUT;
        }
    . . .
}
```

(net/ipv6/ip6_output.c)

示例：发送ICMPv6“分段重组超时”消息

分段超时时，将调用方法icmpv6_send()发回一条代码为ICMPV6_EXC_FRAGTIME的ICMPV6_TIME_EXCEED消息。

```
void ip6_expire_frag_queue(struct net *net, struct frag_queue *fq,
                           struct inet_frags *frags)
{
     . . .
     icmpv6_send(fq->q.fragments, ICMPV6_TIME_EXCEED, ICMPV6_EXC_FRAGTIME, 0);
     . . .
}
```

(net/ipv6/reassembly.c)

示例：发送ICMPv6"目的地不可达/端口不可达"消息

收到UDPv6数据包后，将查找相应的UDPv6套接字。如果没有找到匹配的套接字，将检查校验和是否正确。如果不正确，将默默地丢弃数据包；如果正确，就更新统计信息（MIB计数器，该计数器被导出为procfs计数器/proc/net/snmp6/Udp6NoPorts），并调用icmpv6_send()发回一条ICMPv6"目的地不可达/端口不可达"消息。

```
int __udp6_lib_rcv(struct sk_buff *skb, struct udp_table *udptable, int proto)
{
     . . .
     sk = __udp6_lib_lookup_skb(skb, uh->source, uh->dest, udptable);
     if (sk != NULL) {
     . . .
     }
     . . .
     if (udp_lib_checksum_complete(skb))
             goto discard;

     UDP6_INC_STATS_BH(net, UDP_MIB_NOPORTS, proto == IPPROTO_UDPLITE);
     icmpv6_send(skb, ICMPV6_DEST_UNREACH, ICMPV6_PORT_UNREACH, 0);
     . . .
}
```

这与本章前面的UDPv4示例很像。

示例：发送ICMPv6"需要分段"消息

转发数据包时，如果其长度大于外出链路的MTU，且SKB的local_df位未设置，将把数据包丢弃，并向发送方发回一条ICMPV6_PKT_TOOBIG消息。路径MTU（PMTU）发现过程使用了这种消息包含的信息。

请注意，在IPv4中，这种情形下将发送一条代码为ICMP_FRAG_NEEDED的ICMP_DEST_UNREACH消息，但在IPv6中发回的是ICMPV6_PKT_TOOBIG消息，而不是"目的地不可达"（ICMPV6_DEST_UNREACH）消息。在ICMPv6中，ICMPV6_PKT_TOOBIG消息有独立的消息类型编号。

```
int ip6_forward(struct sk_buff *skb)
{
. . .
     if ((!skb->local_df && skb->len > mtu && !skb_is_gso(skb)) ||
         (IP6CB(skb)->frag_max_size && IP6CB(skb)->frag_max_size > mtu)) {
             /*同样，将外出设备用作源地址*/
             skb->dev = dst->dev;
```

```
                    icmpv6_send(skb, ICMPV6_PKT_TOOBIG, 0, mtu);
                    IP6_INC_STATS_BH(net,
                                    ip6_dst_idev(dst), IPSTATS_MIB_INTOOBIGERRORS);
                    IP6_INC_STATS_BH(net,
                                    ip6_dst_idev(dst), IPSTATS_MIB_FRAGFAILS);
                    kfree_skb(skb);
                    return -EMSGSIZE;
            }
    ...
    }
```

(net/ipv6/ip6_output.c)

示例：发送ICMPv6 "参数问题"消息

在分析扩展报头遇到问题时，将发回一条代码为ICMPV6_UNK_OPTION的ICMPV6_PARAMPROB消息。

```
static bool ip6_tlvopt_unknown(struct sk_buff *skb, int optoff) {
        switch ((skb_network_header(skb)[optoff] & 0xC0) >> 6) {
        ...
        case 2: /* send ICMP PARM PROB regardless and drop packet */
                icmpv6_param_prob(skb, ICMPV6_UNK_OPTION, optoff);
                return false;
        }
```

(net/ipv6/exthdrs.c)

方法icmpv6_send()调用icmpv6_xrlim_allow()来支持速率限制。这里需要指出的是：与ICMPv4一样，ICMPv6也不会自动对所有类型的流量执行速率限制。以下是不执行速率限制检查的情况：

❑ 信息消息；

❑ PMTU发现；

❑ 环回设备。

如果上述条件都不满足，将调用方法inet_peer_xrlim_allow()来执行速率限制。这个方法由ICMPv4和ICMPv6共享。请注意，不同于IPv4，在IPv6中不能设置速率掩码。ICMPv6规范RFC 4443并未禁止这样做，只是这种操作从未实现过。

下面来看看方法icmp6_send()本身。首先来看看其原型。

```
static void icmp6_send(struct sk_buff *skb, u8 type, u8 code, __u32 info)
```

这里的参数与IPv4方法icmp_send()类似，不再赘述。如果仔细查看icmp6_send()的代码，你将发现它执行了一些完整性检查。通过调用方法is_ineligible()来检查触发消息是否为ICMPv6错误消息。如果是，方法icmp6_send()就此结束。这种消息的长度不应超过1280，即IPv6最小MTU（include/linux/ipv6.h中定义的IPV6_MIN_MTU）。这是RFC 4443的2.4（c）节规定的。其指出：所有ICMPv6错误消息都必须在长度不超过IPv6最小MTU的情况下，尽可能多地包含IPv6触发数据包（导致错误的数据包）的内容。接下来，调用方法ip6_append_data()，将消息交给IPv6层，并调用方法icmpv6_push_pending_frame()释放SKB。

下面来看看方法icmpv6_echo_reply()。它在响应ICMPV6_ECHO消息时被调用。方法icmpv6_echo_reply()只接受一个参数——SKB。它创建一个icmpv6_msg对象，并将其类型设置为ICMPV6_ECHO_REPLY，再调用方法ip6_append_data()和icmpv6_push_pending_frame()将这条消息交给IPv6层。如果方法ip6_append_data()失败，将把SNMP计数器ICMP6_MIB_OUTERRORS加1，并调用方法ip6_flush_pending_frames()将SKB释放。

第7章和第8章也将讨论ICMPv6。下一节简要地介绍ICMP套接字及其用途。

3.3　ICMP 套接字（ping 套接字）

Openwall GNU/*/Linux版（Owl）提供了安全改进。它的一个补丁新增了一种套接字（IPPROTO_ICMP）。ICMP套接字支持setuid-less ping。这个补丁是Openwall GNU/*/Linux成为setuid-less版的最后一步。有了这个补丁，就可使用下面的代码来创建一个新的ICMPv4 ping套接字。

```
socket(PF_INET, SOCK_DGRAM, IPPROTO_ICMP);
```

这种套接字不是原始套接字，不能使用下面的代码创建。

```
socket(PF_INET, SOCK_RAW, IPPROTO_ICMP);
```

它还支持IPPROTO_ICMPV6套接字。这种套接字也是后来在net/ipv6/icmp.c中添加的。要创建ICMPv6 ping套接字，应使用如下代码。

```
socket(PF_INET6, SOCK_DGRAM, IPPROTO_ICMPV6);
```

而不能使用下面的代码。

```
socket(PF_INET6, SOCK_RAW, IPPROTO_ICMP6);
```

Mac OS X实现了类似的功能（非特权ICMP）。详情请参阅www.manpagez.com/man/4/icmp/。

ICMP套接字的大部分实现代码都位于net/ipv4/ping.c中。事实上，net/ipv4/ping.c的大部分代码都是双栈的(同时支持IPv4和IPv6)，只有很少一部分是IPv6专用的。默认情况下，禁止使用ICMP套接字。要启用ICMP套接字，可设置如下procfs条目：/proc/sys/net/ipv4/ping_group_range。这个条目默认为1 0，这意味着任何人（包括根用户）都不能创建ping套接字。因此，要允许uid和gid都为1000的用户使用ICMP套接字。应在具备根权限的情况下从命令行运行如下命令：echo 1000 1000 > /proc/sys/net/ipv4/ping_group_range。这样，这位用户就能使用ICMP套接字执行ping操作了。要在系统中设置用户的权限，应从命令行运行echo 0 2147483647 > /proc/sys/net/ipv4/ping_group_range（其中，2147483647是GID_T_MAX的值，请参见include/net/ping.h.）。并没有独立的IPv4和IPv6安全设置，一切都由/proc/sys/net/ipv4/ping_group_range控制。ICMP套接字只支持IPv4消息ICMP_ECHO和IPv6消息ICMPV6_ECHO_REQUEST，且这两种ICMP消息的代码都必须为0。

辅助方法ping_supported()用于检查创建ICMP消息（IPv4和IPv6）的参数是否有效。这个方法是在ping_sendmsg()中调用的。

```
static inline int ping_supported(int family, int type, int code)
{
    return (family == AF_INET && type == ICMP_ECHO && code == 0) ||
           (family == AF_INET6 && type == ICMPV6_ECHO_REQUEST && code == 0);
}
```

(net/ipv4/ping.c)

ICMP套接字导出了如下procfs条目：/proc/net/icmp（IPv4）和/proc/net/icmp6（IPv6）。有关ICMP套接字的更详细信息，请参阅http://openwall.info/wiki/people/segoon/ping和http://lwn.net/Articles/420799/。

3.4   总结

本章介绍了ICMPv4和ICMPv6的实现。在此你学习了ICMPv4和ICMPv6报头的格式以及ICMPv4和ICMPv6消息的收发过程。本章还讨论了ICMPv6新增的功能，这些功能将在接下来的章节中进行详细介绍。邻居发现协议和MLD协议将分别在第7章和第8章讨论。它们都使用ICMPv6消息。下一章将讨论IPv4网络层的实现。

在接下来的的3.5节中，将根据本章讨论的主题的顺序介绍相关的重要方法，然后给出本章前面提到的两个表和一些重要的procfs条目，最后简要地介绍指定如何处理ICMP消息的iptables reject规则。

3.5   快速参考

本章最后列出了一些重要的ICMPv4和ICMPv6方法以及6个表格，还用两小节的篇幅分别介绍了procfs条目以及如何使用iptables和ip6tables的reject目标来创建ICMP"目的地不可达"消息。

3.5.1   方法

下面是本章介绍过的一些方法。

1. int icmp_rcv(struct sk_buff *skb);
这个方法是用于处理到来的ICMPv4数据包的主处理程序。

2. extern void icmp_send(struct sk_buff *skb_in, int type, int code, __be32 info);
这个方法发送一条ICMPv4消息。参数为触发消息的SKB、ICMPv4消息类型、ICMPv4消息代码以及info（它因消息类型而异）。

3. struct icmp6hdr *icmp6_hdr(const struct sk_buff *skb);
这个方法返回指定skb包含的ICMPv6报头。

4. void icmpv6_send(struct sk_buff *skb, u8 type, u8 code, __u32 info);
这个方法发送一条ICMPv6消息。参数为触发消息的SKB、ICMPv6消息类型、ICMPv6消息代码以及info（它因消息类型而异）。

5. `void icmpv6_param_prob(struct sk_buff *skb, u8 code, int pos);`

这个方法是方法icmp6_send()的便利版。它所做的只是调用使用指定参数（skb、code和pos）的icmp6_send()，并将消息类型设置为ICMPV6_PARAMPROB，然后释放SKB。

3.5.2 表格

下面是本章涉及的表格。

表3-2 ICMPv4 "目的地不可达" （ICMP_DEST_UNREACH）代码

代　码	内核符号	描　述
0	ICMP_NET_UNREACH	网络不可达
1	ICMP_HOST_UNREACH	主机不可达
2	ICMP_PROT_UNREACH	协议不可达
3	ICMP_PORT_UNREACH	端口不可达
4	ICMP_FRAG_NEEDED	需要分段，但设置了DF标志
5	ICMP_SR_FAILED	源路由失效
6	ICMP_NET_UNKNOWN	目标网络未知
7	ICMP_HOST_UNKNOWN	目标主机未知
8	ICMP_HOST_ISOLATED	源主机被隔离
9	ICMP_NET_ANO	目标网络被管理员禁止访问
10	ICMP_HOST_ANO	目标主机被管理员禁止访问
11	ICMP_NET_UNR_TOS	对于指定服务类型而言网络不可达
12	ICMP_HOST_UNR_TOS	对于指定服务类型而言主机不可达
13	ICMP_PKT_FILTERED	数据包被过滤掉
14	ICMP_PREC_VIOLATION	越权
15	ICMP_PREC_CUTOFF	因要求的权限发生变更导致权限不够
16	NR_ICMP_UNREACH	不可达代码的数量

表3-3 ICMPv4重定向（ICMP_REDIRECT）代码

代　码	内核符号	描　述
0	ICMP_REDIR_NET	重定向网络
1	ICMP_REDIR_HOST	重定向主机
2	ICMP_REDIR_NETTOS	为TOS重定向网络
3	ICMP_REDIR_HOSTTOS	为TOS重定向主机

表3-4 ICMPv4超时（ICMP_TIME_EXCEEDED）代码

代　码	内核符号	描　述
0	ICMP_EXC_TTL	超过TTL
1	ICMP_EXC_FRAGTIME	分段重组超时

表3-5 ICMPv6"目的地不可达"（ICMPV6_DEST_UNREACH）代码

代　码	内核符号	描　述
0	ICMPV6_NOROUTE	没有前往目的地的路由
1	ICMPV6_ADM_PROHIBITED	与目的地的通信被管理员禁止
2	ICMPV6_NOT_NEIGHBOUR	超出了源地址的范围
3	ICMPV6_ADDR_UNREACH	地址不可达
4	ICMPV6_PORT_UNREACH	端口不可达

请注意，ICMPV6_PKT_TOOBIG相当于IPv4中的ICMP_DEST_UNREACH /ICMP_FRAG_ NEEDED。它不是ICMPV6_DEST_UNREACH消息的一种代码，而是一种ICMPv6消息类型。

表3-6 ICMPv6超时（ICMPV6_TIME_EXCEED）代码

代　码	内核符号	描　述
0	ICMPV6_EXC_HOPLIMIT	在传输过程中超过了跳数限制
1	ICMPV6_EXC_FRAGTIME	分段重组超时

表3-7 ICMPv6参数问题（ICMPV6_PARAMPROB）代码

代　码	内核符号	描　述
0	ICMPV6_HDR_FIELD	遇到了错误的报头字段
1	ICMPV6_UNK_NEXTHDR	遇到了未知的下一报头类型
2	ICMPV6_UNK_OPTION	遇到了未知的IPv6选项

3.5.3　procfs 条目

内核提供了一种在用户空间中对各种子系统的设置进行配置的方式。方法是：将值写入/proc 下的条目中。这些条目被称为procfs条目。所有ICMPv4 procfs条目都由结构netns_ipv4中的变量 表示。这个结构是在include/net/netns/ipv4.h中定义的。它是网络命名空间（结构net）中的一个对 象。网络命名空间及其实现将在第14章讨论。下面列出了与ICMPv4 netns_ipv4元素对应的sysctl 变量的名称，还指出了它们的用途、默认值以及对其进行初始化的方法。

1. sysctl_icmp_echo_ignore_all

设置了icmp_echo_ignore_all时，将不会对回应请求（ICMP_ECHO）做出应答。

对应的procfs条目为/proc/sys/net/ipv4/icmp_echo_ignore_all，在icmp_sk_init()中被初始化为0。

2. sysctl_icmp_echo_ignore_broadcasts

收到组播/广播回应（ICMP_ECHO）消息或时间戳（ICMP_TIMESTAMP）消息时，读取 sysctl_icmp_echo_ignore_broadcasts，以核实是否允许广播/组播。如果这个变量被设置，将丢 弃数据包并返回0。

对应的procfs条目为/proc/sys/net/ipv4/icmp_echo_ignore_broadcasts，在icmp_sk_init()中被初 始化为1。

3. sysctl_icmp_ignore_bogus_error_responses

有些路由器违反RFC1122的规定，在收到广播帧时发送伪造的响应。在方法icmp_unreach()中，会检查这个标志。如果它被设置为TRUE，内核就不会将警告（"发送的ICMP消息类型非法……"）写入日志。

对应的procfs条目为/proc/sys/net/ipv4/icmp_ignore_bogus_error_responses，在icmp_sk_init()中被初始化为1。

4. sysctl_icmp_ratelimit

对于类型与ICMP速率掩码（参见本节后面的icmp_ratemask）匹配的ICMP数据包，将其最大速率限制为指定值。如果该值为0，则表示禁用速率限制；否则表示响应间的最小间隔，单位为毫秒。

对应的procfs条目为/proc/sys/net/ipv4/icmp_ratelimit，在icmp_sk_init()中被初始化为1*HZ。

5. sysctl_icmp_ratemask

指定要对哪些ICMP消息类型进行速率限制的掩码。每位对应于一种ICMPv4消息类型。

对应的procfs条目为/proc/sys/net/ipv4/icmp_ratemask，在icmp_sk_init()中被初始化为0x1818。

6. sysctl_icmp_errors_use_inbound_ifaddr

在方法icmp_send()中，将检查这个变量的值。如果它没有被设置，发送ICMP错误消息时将使用出站接口的主地址；否则，发送ICMP消息时将使用导致ICMP错误的数据包的入站接口的主地址。

对应的procfs条目为/proc/sys/net/ipv4/icmp_errors_use_inbound_ifaddr，在icmp_sk_init()中被初始化为0。

注意 有关ICMP sysctl变量及其类型和默认值的更详细信息，请参阅Documentation/networking/ip-sysctl.txt。

3.5.4 使用 iptables 创建"目的地不可达"消息

用户空间工具iptables让你能够设置一些规则，指定内核应如何处理与这些规则指定的过滤器匹配的流量。iptables规则的处理工作是在Netfilter子系统中完成的，这将在第9章讨论。有一种iptables规则——reject规则，它会丢弃数据包，不对其做进一步处理。设置iptables reject目标（target）时，可使用-j REJECT和--reject-with限定符指定这样的规则，即发送代码为各种不同值的ICMPv4"目的地不可达"消息。例如，下面的iptables规则丢弃了来自任何信源的数据包，并发回一条ICMP"主机被禁止访问"消息。

```
iptables -A INPUT -j REJECT --reject-with icmp-host-prohibited
```

使用限定符--reject-with指定为应答发送主机发送的ICMPv4消息时，可指定的可能值如下。

```
icmp-net-unreachable        - ICMP_NET_UNREACH
icmp-host-unreachable       - ICMP_HOST_UNREACH
icmp-port-unreachable       - ICMP_PORT_UNREACH
icmp-proto-unreachable      - ICMP_PROT_UNREACH
icmp-net-prohibited         - ICMP_NET_ANO
icmp-host-prohibited        - ICMP_HOST_ANO
icmp-admin-prohibited       - ICMP_PKT_FILTERED
```

还可使用--reject-with tcp-reset。它发送一个TCP RST数据包，对发送主机做出应答（net/ipv4/netfilter/ipt_REJECT.c）。

IPv6中的ip6tables也支持REJECT目标，如下所示。

```
ip6tables -A INPUT -s 2001::/64 -p ICMPv6 -j REJECT --reject-with icmp6-adm-prohibited
```

使用限定符--reject-with指定为应答发送主机发送的ICMPv6消息时，可指定的可能值如下。

```
no-route, icmp6-no-route                 - ICMPV6_NOROUTE.
adm-prohibited, icmp6-adm-prohibited     - ICMPV6_ADM_PROHIBITED.
port-unreach, icmp6-port-unreachable     - ICMPV6_NOT_NEIGHBOUR.
addr-unreach, icmp6-addr-unreachable     - ICMPV6_ADDR_UNREACH.
```

(net/ipv6/netfilter/ip6t_REJECT.c)

第4章

IPv4

第3章讨论了IPv4和IPv6中ICMP的实现，本章讨论IPv4协议，展示某些情况下使用ICMP消息来报告Internet协议错误的方法。IPv4协议（Internet协议第4版）是当今基于标准的Internet中的核心协议之一，大部分流量都是由它传输的。1981年发布的RFC 791（*Internet Protocol*）对IPv4协议做了基本定义，它可在任何两台主机之间提供端到端的连接。IP层的另一项重要功能是转发数据包（也叫路由选择）以及管理路由选择信息表。IPv4路由选择将在第5章和第6章讨论。本章介绍Linux的IPv4实现，即IPv4数据包（包括组播数据包）的接收、发送和转发，以及IPv4选项的处理。有时候，需要发送的数据包会比出站接口的MTU长。此时需要将数据包分成小段。收到分段后的数据包后，需要将它们重组成大数据包。重组而成的数据包必须与分段前的数据包完全相同。IPv4协议的这些重要任务也将在本章中讨论。

　　IPv4数据包的开头都是一个IP报头，其长度不少于20字节。如果使用了IP选项，IPv4报头最长可达60字节。IP报头的后面是传输层报头（如TCP报头或UDP报头），然后是有效载荷。要理解IPv4协议，必须明白IPv4报头的结构。从图4-1可知，IPv4报头由两部分组成。第一部分为基本IPv4报头（IPv4报头中选项字段之前的部分），长20字节；第二部分为IP选项，长度为0~40字节。

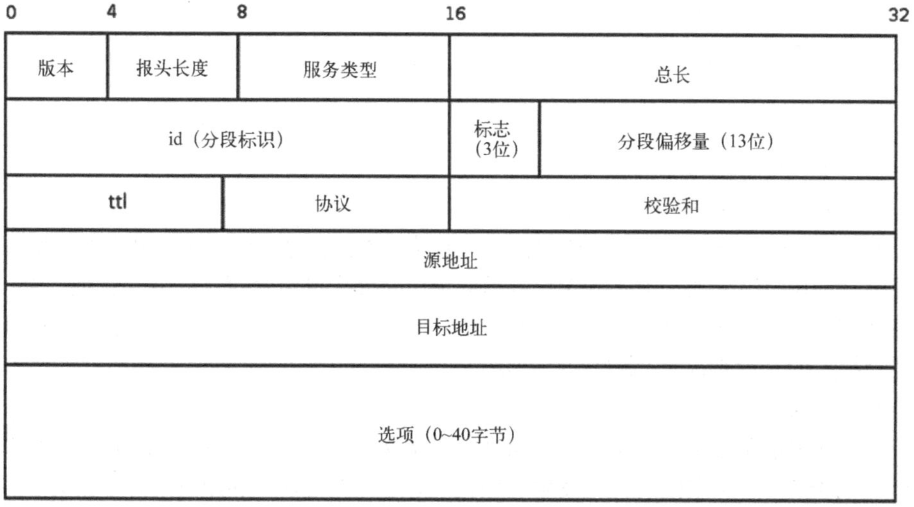

0	4	8	16	32
版本	报头长度	服务类型	总长	
id（分段标识）			标志 （3位）	分段偏移量（13位）
ttl		协议	校验和	
源地址				
目标地址				
选项（0~40字节）				

图4-1　IPv4报头

4.1　IPv4 报头

IPv4报头由那些对内核网络栈处理数据包的过程作出规定的信息组成，包括：使用的协议、源地址和目标地址、校验和、数据包需要分段的标识（id）、ttl（帮助避免数据包因错误而被无休止地转发）等。这些信息存储在IPv4报头的13个成员中（第14个成员为可选的IP选项，它是对IPv4报头的扩展）。接下来将讨论IPv4报头的各个成员以及各种IP选项。IPv4报头由结构iphdr表示。本节讨论IPv4报头的成员（见图4-1），而IP选项及其用途将在4.5节中介绍。

图4-1显示了IPv4报头。除最后一个成员（IP选项）是可选的外，其他所有成员都是必不可少的。IPv4报头成员的内容决定了IPv4网络栈处理数据包的方式。如果存在问题（例如，"版本"即第一个成员的内容不是4或校验和不正确），则数据包将被丢弃。每个IPv4数据包的开头都是一个IPv4报头，然后是有效载荷。

```
struct iphdr {
#if defined(__LITTLE_ENDIAN_BITFIELD)
    __u8      ihl:4,
              version:4;
#elif defined (__BIG_ENDIAN_BITFIELD)
    __u8      version:4,
              ihl:4;
#else
#error      "Please fix <asm/byteorder.h>"
#endif
    __u8      tos;
    __be16    tot_len;
    __be16    id;
    __be16    frag_off;
    __u8      ttl;
    __u8      protocol;
    __sum16   check;
    __be32    saddr;
    __be32    daddr;
    /*选项从这开始*/
};
```

(include/uapi/linux/ip.h)

下面来对IPv4报头的成员进行描述。

❑ ihl：表示Internet报头长度。IPv4报头的长度以4字节为单位。IPv6报头的长度固定为40字节，而IPv4报头的长度不固定。这是因为IPv4报头可包含可选的变长选项。IPv4报头最短为20字节（不包含任何选项时，对应的ihl值为5），最长为60字节（对应的ihl值为15）。IPv4报头的长度必须是4字节的整数倍。

❑ version：必须为4。

❑ tos：tos表示服务类型。最初在IPv4报头中定义tos字段旨在支持服务质量（QoS）。随着时间的推移，这个字段的含义发生了变化。RFC 2474在IPv4和IPv6报头中定义了区分服务（DS）字段，它是tos字段的前6位，也叫区分服务码点（Differentiated Services Code Point，

DSCP）。2001年发布的RFC 3168在IP报头中定义了显式拥塞通知（Explicit Congestion Notification，ECN），它是tos字段的第7~8位。

□ tot_len：包括报头在内的数据包总长度，单位为字节。tot_len字段长16位，可表示的最大长度为64KB。RFC 791规定，数据包最短不得少于576字节。

□ id：IPv4报头标识。对于分段来说，id字段很重要。对SKB进行分段时，所有分段的id值都必须相同；对于分段后的数据包，则要根据各个分段的id对其进行重组。

□ frag_off：分段偏移量，长16位。后13位指出了分段的偏移量。在第一个分段中，偏移量为0。偏移量以8字节为单位。前3位的值不同时，分别表示如下含义。

■ 001表示后面还有其他分段（More Fragments，MF）。除最后一个分段外，其他分段都必须设置这个标志。

■ 010表示不分段（Don't Fragment，DF）。

■ 100表示拥塞（Congestion，CE）。

详情请参阅include/net/ip.h中标志IP_MF、IP_DF和IP_CE的声明。

□ ttl：存活时间。这是一个跳数计数器。每个转发结点都会将ttl减1，当ttl变成0时，将丢弃数据包，并发回一条ICMPv4超时消息，以避免数据包因某种原因而被无休止地转发。

□ protocol：数据包的第4层协议，如IPPROTO_TCP表示TCP流量，而IPPROTO_UDP表示UDP流量（完整的协议清单请参阅include/linux/in.h）。

□ check：校验和，长16位。校验和是仅根据IPv4报头计算得到的。

□ saddr：源IPv4地址，长32位。

□ daddr：目标IPv4地址，长32位。

本节介绍了IPv4报头的各个成员及其含义。下一节将讨论IPv4协议的初始化，明确收到IPv4报头时所调用的回调函数。

4.2　IPv4 的初始化

IPv4数据包的以太类型为0x0800（以太类型存储在14字节的以太网报头的开头两个字节中）。每种协议都必须指定一个协议处理程序并进行初始化，以便让网络栈能够处理归属于该协议的数据包。本节介绍IPv4协议处理程序的注册，让读者了解导致IPv4方法对收到的IPv4数据包进行处理的起因。

```
static struct packet    _type ip_packet_type __read_mostly = {
    .type = cpu_to_be16(ETH_P_IP),
    .func = ip_rcv,
};

static int __init inet_init(void)
{
    . . .
    dev_add_pack(&ip_packet_type);
    . . .
```

```
}
```

(net/ipv4/af_inet.c)

　　方法dev_add_pack()将方法ip_rcv()指定为IPv4数据包的协议处理程序。这些数据包的以太类型为0x0800（ETH_P_IP，这是在include/uapi/linux/if_ether.h中定义的）。方法inet_init()执行各种IPv4初始化工作，在引导阶段被调用。

　　IPv4协议的主要功能体现在接收路径和传输路径两部分。前面介绍了IPv4协议处理程序的注册，你已经知道将由哪个协议处理程序（回调函数ip_rcv）来对IPv4数据包进行处理以及该协议处理程序是如何注册的。现在可以开始学习IPv4接收路径，即对收到的IPv4数据包的处理过程了。关于传输路径，将在4.6节进行介绍。

4.3　接收 IPv4 数据包

　　IPv4数据包的主接收方法是ip_rcv()，它是所有IPv4数据包（包括组播和广播）的处理程序。事实上，这个方法主要执行完整性检查，实际工作是通过调用方法ip_rcv_finish()完成的。在方法ip_rcv()和ip_rcv_finish()之间，是Netfilter钩子NF_INET_PRE_ROUTING，这个钩子是通过NF_HOOK宏调用的（参见本节后面的代码片段）。在本章中，你会遇到很多NF_HOOK宏的调用实例，它们都来自于Netfilter钩子。数据包在网络栈中传输的过程中，Netfilter子系统能够让你在5个挂接点注册回调函数，稍后将指出这些挂接点的名称。添加Netfilter钩子旨在支持在运行阶段加载Netfilter内核模块。NF_HOOK宏调用指定挂接点的回调函数（如果注册了这样的回调函数）。你还可能遇到NF_HOOK_COND宏，它是NF_HOOK宏的变种。在网络栈的某些地方，NF_HOOK_COND宏会接受一个布尔参数（最后一个参数），仅当这个参数为true时才会执行指定的钩子（Netfilter钩子将在第9章讨论）。请注意，Netfilter钩子可能会将数据包丢弃。在这种情况下，数据包的正常旅程将被中断。图4-2展示了网络驱动程序接收数据包的过程。数据包可能被交给当前机器，也可能被转发给其他主机。具体采取哪种措施取决于路由选择表查找结果。

　　图4-2展示了IPv4数据包的接收过程。数据包由IPv4协议处理程序——方法ip_rcv()接收（见图4-2的左侧）。调用方法ip_rcv_finish()后，首先必须在路由选择子系统中进行查找。路由选择查找结果决定了要将数据包交给当前主机还是对其进行转发（路由选择查找将在第5章讨论）。如果数据包的目的地是当前主机，将依次调用方法ip_local_deliver()和ip_local_deliver_finish()。如果数据需要转发，将由方法ip_forward()进行处理。图4-2包含一些Netfilter钩子，如NF_INET_PRE_ROUTING和NF_INET_LOCAL_IN。注意，组播流量由方法ip_mr_input()处理，这一点将在4.4节讨论。一共有5个Netfilter钩子入口。NF_INET_PRE_ROUTING、NF_INET_LOCAL_IN、NF_INET_FORWARD和NF_INET_POST_ROUTING是其中的4个。第5个是NF_INET_LOCAL_OUT，将在4.6节涉及它。这5个入口是在include/uapi/linux/netfilter.h中定义的。请注意，IPv6也使用包含这5个钩子的枚举。例如，在方法ipv6_rcv()中，在NF_INET_PRE_ROUTING处就注册了一个钩子函数（net/ipv6/ip6_input.c）。下面来看看方法ip_rcv()。

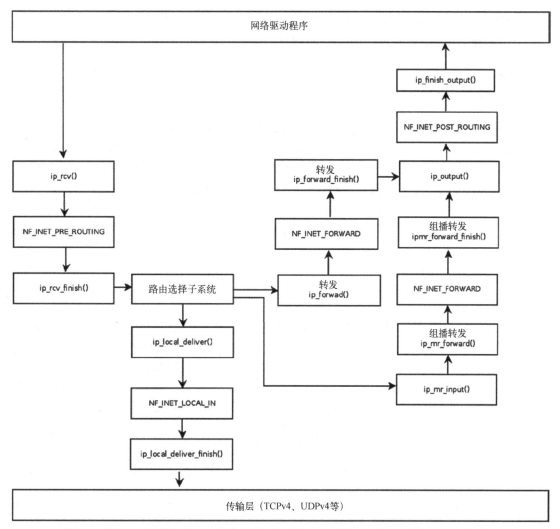

图4-2　接收IPv4数据包（出于简化考虑，该图未包含分段、重组、选项、IPsec方法）

```
int ip_rcv(struct sk_buff *skb, struct net_device *dev, struct packet_type *pt, struct net_device
*orig_dev)
{
```

首先，执行一些完整性检查，本节将提及其中的几个。IPv4报头长度（ihl）以4字节为单位。IPv4报头最短为20字节，这意味着ihl的值最小为5。对IPv4而言，version必须为4。只要这些条件有一个不满足，就将丢弃数据包，并更新统计信息（IPSTATS_MIB_INHDRERRORS）。

```
if (iph->ihl < 5 || iph->version != 4)
        goto inhdr_error;
```

根据RFC 1122的3.2.1.2节的规定，对于收到的每个数据报，主机都必须检查IPv4报头中的校验和。如果校验和不正确，就默默地将数据报丢弃。这是通过调用方法ip_fast_csum()完成的，它在成功时返回0。IPv4报头中的校验和是仅根据IPv4报头计算得到的。

```
if (unlikely(ip_fast_csum((u8 *)iph, iph->ihl)))
        goto inhdr_error;
```

接下来，调用NF_HOOK宏。

```
return NF_HOOK(NFPROTO_IPV4, NF_INET_PRE_ROUTING, skb, dev, NULL,
                ip_rcv_finish);
```

如果注册的Netfilter钩子方法返回NF_DROP，就意味着应将数据包丢弃，数据包的旅程到此结束；如果注册的Netfilter钩子返回NF_STOLEN，则意味着数据包已由Netfilter子系统接管，其旅程也到此结束；如果注册的Netfilter钩子返回NF_ACCEPT，数据包将继续其旅程。Netfilter钩子还可能返回其他值（这些值被称为verdicts），如NF_QUEUE、NF_REPEAT和NF_STOP，但本章不讨论它们（本章前面说过，Netfilter钩子将在第9章讨论）。这里暂时假设在入口NF_INET_PRE_ROUTING没有注册Netfilter回调函数，因此NF_HOOK宏不会调用任何Netfilter回调函数，而是立刻调用方法ip_rcv_finish()。下面来看看方法ip_rcv_finish()。

```
static int ip_rcv_finish(struct sk_buff *skb)
{
        const struct iphdr *iph = ip_hdr(skb);
        struct rtable *rt;
```

方法skb_dst()用于检查是否有与SKB相关联的dst对象。dst是一个dst_entry（include/net/dst.h）实例，表示路由选择子系统的查找结果。查找工作是根据路由选择表和数据包报头进行的。在路由选择子系统中查找时，也会设置dst的input和（或）output回调函数。例如，如果需要对数据包进行转发，在路由选择子系统中查找时将把input回调函数设置为ip_forward()；如果数据包的目的地为当前机器，在路由选择子系统中查找时将把input回调函数设置为ip_local_deliver()。对于组播数据包，在有些情况下可能将input回调函数设置为ip_mr_input()（组播数据包的接收将在下一节讨论）。dst对象的内容决定了数据包的后续旅程。例如，转发数据包时，将根据dst来决定调用dst_input()时应调用哪个input回调函数，或应将数据包从哪个接口发送出去（下一章将深入讨论路由选择子系统）。

如果没有与SKB相关联的dst，将由方法ip_route_input_noref()在路由选择子系统中执行查找。如果查找失败，数据包将被丢弃。请注意，组播数据包的处理方式不同于单播数据包，这将在4.4节讨论。

```
    ...
    if (!skb_dst(skb)) {
```

在路由选择子系统中进行查找：

```
    int err = ip_route_input_noref(skb, iph->daddr, iph->saddr,
                                iph->tos, skb->dev);
    if (unlikely(err)) {
        if (err == -EXDEV)
            NET_INC_STATS_BH(dev_net(skb->dev),
                            LINUX_MIB_IPRPFILTER);
            goto drop;
        }
    }
```

注意　如果设置了反向路径过滤器（Reverse Path Filter，RPF，可通过procfs条目设置），方法
__fib_validate_source()有时会返回-EXDEV（跨设备链接）错误。在这种情况下，方法
ip_rcv_finish()将丢弃数据包、更新统计信息（LINUX_MIB_IPRPFILTER）并返回
NET_RX_DROP。要获悉计数器LINUX_MIB_IPRPFILTER的值，可在cat/proc/net/netstat的输出中
查看IPReversePathFilter列。

接下来，检查IPv4报头是否包含选项。由于IPv4报头长度（ihl）以4字节为单位，因此，如果
它大于5，就说明其包含选项。应调用方法ip_rcv_options()来处理这些选项。IP选项的处理将在4.5
节详细讨论。请注意，正如你稍后将看到的，方法ip_rcv_options()可能失败。如果路由选择条目
是针对组播或广播的，将分别更新IPSTATS_MIB_INMCAST和IPSTATS_MIB_INBCAST。接下来，
调用方法dst_input()。这个方法是通过调用skb_dst(skb)->input(skb)来调用input回调函数的。

```
if (iph->ihl > 5 && ip_rcv_options(skb))
        goto drop;

rt = skb_rtable(skb);
if (rt->rt_type == RTN_MULTICAST) {
    IP_UPD_PO_STATS_BH(dev_net(rt->dst.dev), IPSTATS_MIB_INMCAST,
            skb->len);
} else if (rt->rt_type == RTN_BROADCAST)
    IP_UPD_PO_STATS_BH(dev_net(rt->dst.dev), IPSTATS_MIB_INBCAST,
            skb->len);

return dst_input(skb);
```

本节介绍了IPv4数据包接收过程的各个阶段，包括：完整性检查的执行、路由选择子系统中
的查找以及完成实际工作的方法ip_rcv_finish()。你还学习到数据包在转发时以及数据包目的地
为当前机器时将分别调用哪个方法。IPv4组播比较特殊，其接收过程将在下一节讨论。

4.4　接收 IPv4 组播数据包

方法ip_rcv()也是组播数据包处理程序。前面说过，执行一些完整性检查后，它会调用方法
ip_rcv_finish()，后者调用 ip_route_input_noref() 执行路由选择子系统查找。在方法
ip_route_input_noref()中，首先调用方法ip_check_mc_rcu()来检查当前机器是否属于目标组播
地址指定的组播组。如果是这样的组播组或者当前机器为组播路由器（设置了CONFIG_IP_MROUTE），
就调用方法ip_route_input_mc()。下面来看看实现代码。

```
int ip_route_input_noref(struct sk_buff *skb, __be32 daddr, __be32 saddr,
                        u8 tos, struct net_device *dev)
{
        int res;
        rcu_read_lock();
        . . .
        if (ipv4_is_multicast(daddr)) {
```

```
                 struct in_device *in_dev = __in_dev_get_rcu(dev);
                 if (in_dev) {
                         int our = ip_check_mc_rcu(in_dev, daddr, saddr,
                                                     ip_hdr(skb)->protocol);
                         if (our
#ifdef CONFIG_IP_MROUTE
                              ||
                             (!ipv4_is_local_multicast(daddr) &&
                              IN_DEV_MFORWARD(in_dev))
#endif
                            ) {
                                 int res = ip_route_input_mc(skb, daddr, saddr,
                                                             tos, dev, our);
                                 rcu_read_unlock();
                                 return res;
                         }
                 }
                 . . .
         }
         . . .
```

下面更深入地研究一下方法ip_route_input_mc()。如果当前机器属于目标组播地址指定的组播组（变量our的值为1），就将dst的input回调函数设置为ip_local_deliver。如果当前主机为组播路由器，且设置了IN_DEV_MFORWARD (in_dev)，就将dst的input回调函数设置为ip_mr_input。方法ip_rcv_finish()调用dst_input(skb)，并根据dst的input回调函数调用ip_local_deliver()或ip_mr_input()。IN_DEV_MFORWARD宏会检查procfs组播转发条目。请注意，不同于IPv4 procfs单播转发条目，procfs组播转发条目（/proc/sys/net/ipv4/conf/all/mc_forwarding）是只读的，你不能通过在命令行运行echo 1 > /proc/sys/net/ipv4/conf/all/mc_forwarding来设置它。启动pimd守护程序将把这个条目设置为1，而停止该守护程序将把这个条目设置为0。pimd是一个独立而简单的PIM-SM v2组播路由选择守护程序。如果你想了解组播路由选择守护程序的实现，可参阅pimd的源代码，其网址为https://github.com/troglobit/pimd/。

```
static int ip_route_input_mc(struct sk_buff *skb, __be32 daddr, __be32 saddr,
                             u8 tos, struct net_device *dev, int our)
{
        struct rtable *rth;
        struct in_device *in_dev = __in_dev_get_rcu(dev);

        . . .

        if (our) {
                rth->dst.input= ip_local_deliver;
                rth->rt_flags |= RTCF_LOCAL;
        }

#ifdef CONFIG_IP_MROUTE
        if (!ipv4_is_local_multicast(daddr) && IN_DEV_MFORWARD(in_dev))
                rth->dst.input = ip_mr_input;
#endif
        . . .
```

组播层存储了一种名为组播转发缓存（Multicast Forwarding Cache，MFC）的数据结构。这里不详细讨论MFC和方法ip_mr_input()（将在第6章讨论它们）。这里要说的一个要点是：如果在MFC中找到了有效的条目，将调用方法ip_mr_forward()。方法ip_mr_forward()执行一些检查，并最终调用方法ipmr_queue_xmit()。在方法ipmr_queue_xmit()中，调用方法ip_decrease_ttl()将ttl减1，并更新校验和（在方法ip_forward()中的执行过程与此相同，你将在本章后面看到这一点）。接下来，通过调用NF_HOOK宏NF_INET_FORWARD来调用方法ipmr_forward_finish()（这里假设没有在NF_INET_FORWARD处注册IPv4 Netfilter钩子）。

```
static void ipmr_queue_xmit(struct net *net, struct mr_table *mrt,
                    struct sk_buff *skb, struct mfc_cache *c, int vifi)
{
    . . .

    ip_decrease_ttl(ip_hdr(skb));
    . . .
    NF_HOOK(NFPROTO_IPV4, NF_INET_FORWARD, skb, skb->dev, dev,
                ipmr_forward_finish);
    return;

}
```

方法ipmr_forward_finish()很简短，这里列出了其全部代码。它所做的只是更新统计信息，在IPv4报头包含选项时调用方法ip_forward_options()，以及调用方法dst_output()。

```
static inline int ipmr_forward_finish(struct sk_buff *skb)
{
    struct ip_options *opt = &(IPCB(skb)->opt);

    IP_INC_STATS_BH(dev_net(skb_dst(skb)->dev), IPSTATS_MIB_OUTFORWDATAGRAMS);
    IP_ADD_STATS_BH(dev_net(skb_dst(skb)->dev), IPSTATS_MIB_OUTOCTETS, skb->len);

    if (unlikely(opt->optlen))
            ip_forward_options(skb);

    return dst_output(skb);
}
```

本节讨论了IPv4组播数据包是如何被接收的，提到了组播路由选择守护程序pimd，它在转发组播数据包期间与内核进行交互。下一节将介绍各种IP选项，它们用于实现网络栈的特殊功能，如跟踪数据包的路由、跟踪数据包的时间戳、指定数据包必须经过的网络结点等。该节还将讨论在网络栈中是如何处理这些IP选项的。

4.5　IP 选项

IP选项是IPv4报头中的一个可选字段。出于对安全和处理开销的考虑，IP选项使用得并不多。哪些选项可能很有用呢？假设数据包被某个防火墙丢弃了，你可以使用严格源路由选项或宽松源路由选项指定不同的路由；抑或你想获悉数据包前往某个目标地址时经由的路径，则可使用记录路由（Record Route）选项。

IPv4报头可不包含任何选项，也可以包含一个或多个选项。当不包含选项时，IPv4报头长20字节。IP选项字段最长可达40字节。由于IPv4报头长度是一个4位的字段，即它以4字节为单位来表示长度。故而，该字段的最大取值为15，由此得到IPv4报头的最大长度——60字节。使用多个选项时，这些选项将依次拼接在一起。IPv4报头的长度必须是4字节的整数倍，因此有时需要填充位数。下面的RFC都对IP选项进行了讨论，包括：781（*Timestamp Option*）、791、1063、1108、1393（*Traceroute Using an IP Option*）和2113（*IP Router Alert Option*）。共有如下两种形式的IP选项。

- □ 单字节选项（选项类型）：单字节选项只有两种——"选项列表末尾"和"无操作"。
- □ 多字节选项：在选项类型字节后面使用多字节选项时，其中包含如下3个字段。
  - ■ 长度（1字节）：选项的长度，以字节为单位。
  - ■ 指针（1字节）：相对于选项开头的偏移量。
  - ■ 选项数据：中间主机将数据（如时间戳或IP地址）存储到这里。

图4-3对选项类型进行了描述。

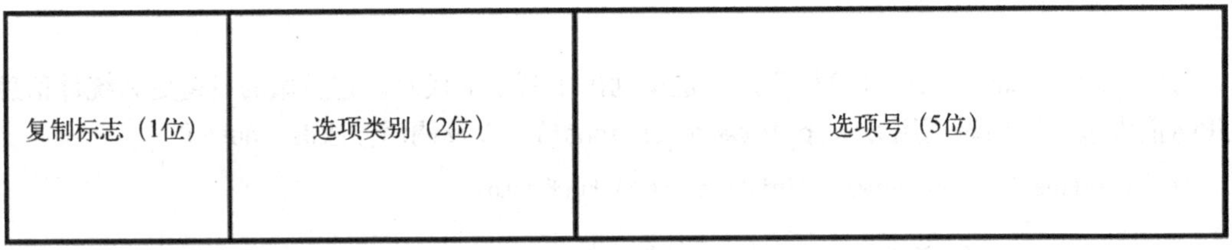

复制标志（1位）	选项类别（2位）	选项号（5位）

图4-3 选项类型

复制标志被设置时，意味着该选项应被复制到所有分段中；如果复制标志未被设置，则选项将只被复制到第一个分段中。IPOPT_COPIED宏用于检查指定IP选项的复制标志是否被设置。方法ip_options_fragment()使用它来检测不被复制的选项并插入IPOPT_NOOP。方法ip_options_fragment()将在本节后面讨论。

选项类别的4种可能取值如下。

- □ 00：控制类别（IPOPT_CONTROL）。
- □ 01：保留类别1（IPOPT_RESERVED1）。
- □ 10：调试和测量类别（IPOPT_MEASUREMENT）。
- □ 11：保留类别2（IPOPT_RESERVED2）。

在Linux网络栈中，只有选项IPOPT_TIMESTAMP属于调试和测量类别，其他所有选项都属于控制类别。选项号使用独一无二的数字来标识选项，其可能取值为0~31。不过，Linux内核并未使用所有这些数字。

表4-1列出了所有的选项及其Linux符号、编号、类别和复制标志。

表4-1　选项表

Linux符号	选项号	类　别	复制标志	描　述
IPOPT_END	0	0	0	选项列表末尾
IPOPT_NOOP	1	0	0	无操作
IPOPT_SEC	2	0	1	安全
IPOPT_LSRR	3	0	1	宽松源记录路由
IPOPT_TIMESTAMP	4	2	0	时间戳
IPOPT_CIPSO	6	0	1	商用Internet协议安全选项
IPOPT_RR	7	0	0	记录路由
IPOPT_SID	8	0	1	流ID
IPOPT_SSRR	9	0	1	严格源记录路由
IPOPT_RA	20	0	1	路由器警告

选项名（IPOPT_*）是在include/uapi/linux/ip.h中声明的。

Linux网络栈并未包含所有的IP选项，完整的IP选项清单请参阅www.iana.org/assignments/ip-parameters/ip-parameters.xml。

这里将简要地介绍5个选项，后面再深入探讨时间戳选项和记录路由选项。

- **选项列表末尾**（IPOPT_END）：用于标识选项字段末尾的1字节选项。这是一个所有位都为0的单字节选项，它后面可以没有任何IP选项。
- **无操作**（IPOPT_NOOP）：用于内部填充的1字节选项，确保IPv4报头为4字节的整数倍。
- **安全**（IPOPT_SEC）：这个选项使得主机能够发送安全信息、处理约束和TCC（闭合用户群）参数，详情请参阅RFC 791和1108。最初，该选项是打算用于军用应用程序的。
- **宽松源记录路由**（IPOPT_LSRR）：这个选项指定了数据包必须经过的路由器清单。在该清单中，任何两台相邻路由器之间都可以存在其他未出现在该清单中的中间路由器，但经过的顺序不能改变。
- **商用Internet协议安全选项**（IPOPT_CIPSO）：CIPSO是一个IETF草案，已被多家厂商采纳。它定义的是一种网络标记标准。CIPSO对套接字进行了标记，即在经该套接字离开系统的数据包中都添加CIPSO IP选项。收到数据包后，将对这个选项进行验证。有关CIPSO选项的更详细信息，请参阅 Documentation/netlabel/draft-ietf-cipso-ipsecurity-01.txt 和 Documentation/netlabel/cipso_ipv4.txt。

4.5.1　时间戳选项

时间戳选项（IPOPT_TIMESTAMP）是由RFC 781（*A Specification of the Internet Protocol (IP) Timestamp Option*）进行规范的，它用于存储数据包所经过的主机的时间戳。存储的时间戳长32位，表示与当天UTC午夜相隔的毫秒数。另外，它还可以存储数据包经过的所有主机的地址或只存储部分主机的时间戳。时间戳选项的最大长度为40字节。时间戳选项不会被复制到各分段中，而只包含在第一个分段中。时间戳选项开头的3字节分别为选项类型、长度和指针（偏移量），第

4字节的前4位为溢出计数器，每当缺少足够的空间来存储必要的数据时，这个计数器都加1。当溢出计数器超过15时，将发回一条ICMP"参数问题"消息。第4字节的后4位是标志位，其可能取值如下。

❏ 0：只包含时间戳（IPOPT_TS_TSONLY）。

❏ 1：包含时间戳和地址（IPOPT_TS_TSANDADDR）。

❏ 3：只包含指定跳的时间戳（IPOPT_TS_PRESPEC）。

注意 使用命令行工具ping时，可指定时间戳选项和上述3个子类型。

❏ ping -T tsonly(IPOPT_TS_TSONLY)

❏ ping -T tsandaddr(IPOPT_TS_TSANDADDR)

❏ ping -T tsprespec(IPOPT_TS_PRESPEC)

图4-4显示了只包含时间戳（设置了IPOPT_TS_TSONLY标志）的时间戳选项。数据包经由的每台路由器都会添加其时间戳。如果没有足够的空间，就会将溢出计数器加1。

选项类型（1字节）	选项长度（1字节）	指针（相对于选项开头的偏移量，1字节）	溢出计数器（4位）	标志（4位，被设置为0）
第1个结点的时间戳（4字节）				
第2个结点的时间戳（4字节）				

图4-4   时间戳选项（标志为0，只包含时间戳）

图4-5显示了包含时间戳和地址（设置了IPOPT_TS_TSANDADDR标志）的时间戳选项。数据包经由的每台路由器都会添加其IPv4地址和时间戳。同样，如果没有足够的空间，也会将溢出计数器加1。

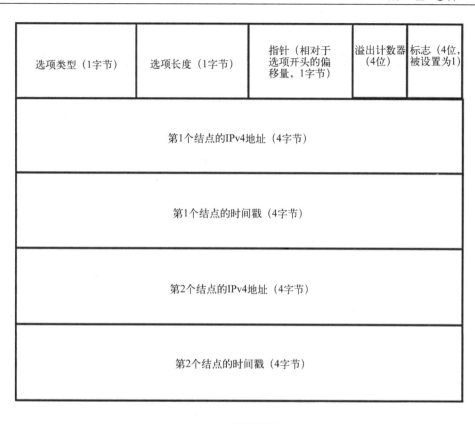

图4-5　时间戳选项（标志为1，包含时间戳和地址）

　　图4-6显示了只包含指定跳的时间戳（设置了IPOPT_TS_PRESPEC标志）的时间戳选项。数据包经由的每台路由器都仅在它出现在指定列表中时才添加时间戳。同样，如果没有足够的空间，也会将溢出计数器加1。

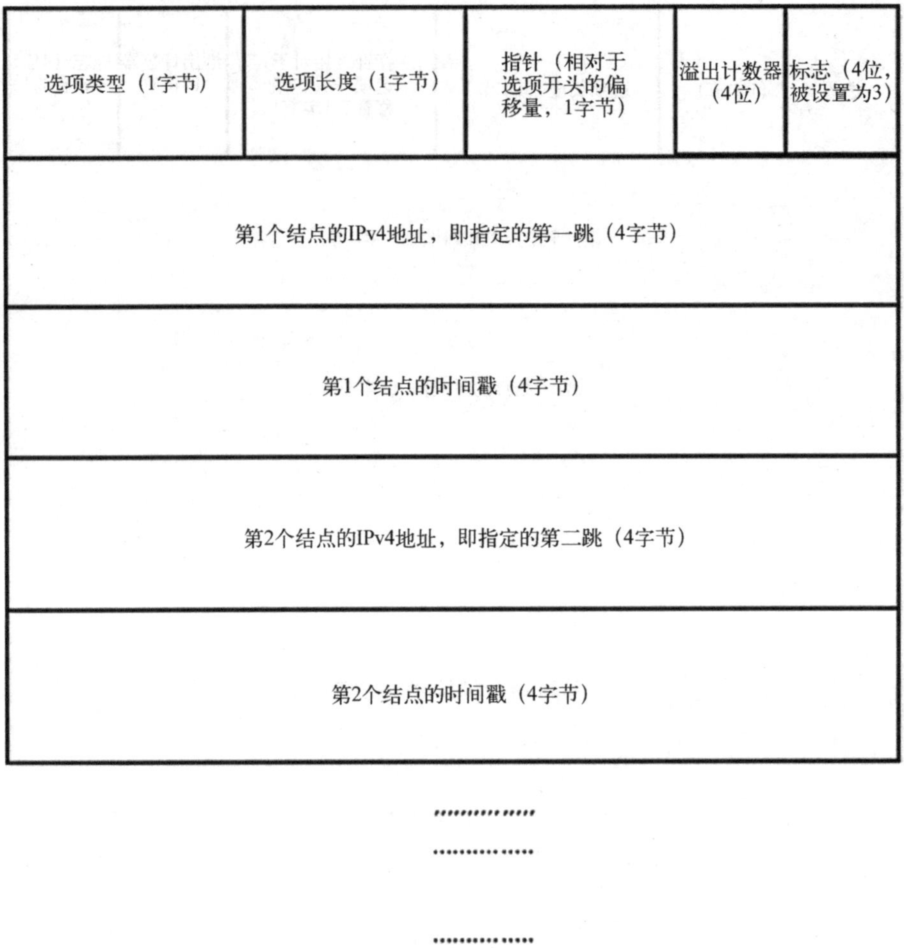

选项类型（1字节）	选项长度（1字节）	指针（相对于选项开头的偏移量，1字节）	溢出计数器（4位）	标志（4位，被设置为3）
第1个结点的IPv4地址，即指定的第一跳（4字节）				
第1个结点的时间戳（4字节）				
第2个结点的IPv4地址，即指定的第二跳（4字节）				
第2个结点的时间戳（4字节）				

图4-6   时间戳选项（标志为3，只包含指定跳的时间戳）

4.5.2   记录路由选项

记录路由（IPOPT_RR）：将数据包的路由记录下来，即途经的每台路由器都添加其地址，如图4-7所示。该选项的长度由发送设备设置。命令行工具ping -R就使用了IP选项"记录路由"。请注意，IPv4报头最多可存储9台路由器的地址（如果还包含其他选项，可存储的地址将更少）。若报头已满，没有空间插入更多地址，将转发数据报，但不会将地址插入到IP选项中，详情请参阅RFC 791的3.1节。

图4-7　记录路由选项

　　虽然ping -R使用了IP选项"记录路由"，但如果你尝试使用这个命令，就会发现，很多情况下都得不到预期的结果——获悉途经的所有结点。这是因为，出于安全考虑，很多网络结点都会忽略这个IP选项。ping命令的手册页明确地指出了这一点，如命令man ping的下述输出所示。

```
. . .
-R
Includes the RECORD_ROUTE option in the ECHO_REQUEST packet and displays the route buffer on
returned packets.
. . .
Many hosts ignore or discard this option.
. . .
```

❑ 流ID（IPOPT_SID）：这个选项提供了一种在数据包穿越不支持流概念的网络时携带16位的SATNET流标识符的方法。

❑ 严格源记录路由（IPOPT_SSRR）：这个选项指定了数据包必须经由的路由器清单。经过的顺序必须保持不变，在传输过程中不能修改。出于安全考虑，很多路由器都不支持宽松源记录路由（LSRR）和严格源记录路由（SSRR）。

❑ 路由器警告（IPOPT_RA）：IP选项"路由器警告"可用于通知路由器对IP数据包的内容进行

更详细的检查。这对于新协议来说很有用，但需要途经的路由器进行更复杂的处理。这个选项是在RFC 2113（*IP Router Alert Option*）中定义的。

在Linux中，IP选项用结构ip_options表示。

```
struct ip_options {
        __be32          faddr;
        __be32          nexthop;
        unsigned char   optlen;
        unsigned char   srr;
        unsigned char   rr;
        unsigned char   ts;
        unsigned char   is_strictroute:1,
        srr_is_hit:1,
        is_changed:1,
        rr_needaddr:1,
        ts_needtime:1,
        ts_needaddr:1;
        unsigned char   router_alert;
        unsigned char   cipso;
        unsigned char   __pad2;
        unsigned char   __data[0];
};
```

(include/net/inet_sock.h)

对IP选项结构的成员简要描述如下。

❑ faddr：存储第一跳的地址。如果不是在接收路径中被调用（SKB为NULL），方法ip_options_compile()将在处理宽松和严格路由选择时设置这个成员。

❑ nexthop：存储LSRR和SSRR中的下一条地址。

❑ optlen：以字节为单位的选项长度，不能超过40字节。

❑ is_strictroute：指定使用严格源路由的标志。这个标志是在方法ip_options_compile()中分析严格路由选项（IPOPT_SSRR）时设置的；对于宽松路由（IPOPT_LSRR），则不会设置这个标志。

❑ srr_is_hit：指定数据包目标地址为当前主机的标志，是在ip_options_rcv_srr()中设置的。

❑ is_changed：IP校验和不再有效（只要有IP选项发生变化，就将设置这个标志）。

❑ rr_needaddr：需要记录外出设备的IP地址，针对记录路由选项（IPOPT_RR）来设置这个标志。

❑ ts_needtime：需要记录时间戳。当设置了时间戳选项标志IPOPT_TS_TSONLY、IPOPT_TS_TSANDADDR或IPOPT_TS_PRESPEC时，将设置这个标志（本节后面详细说明了这些标志的差别）。

❑ ts_needaddr：需要记录外出设备的IPv4地址。仅当设置了标志IPOPT_TS_TSANDADDR时才设置这个标志，它表明必须添加数据包途经的每个结点的IPv4地址。

❑ router_alert：在方法ip_options_compile()中分析路由器警告选项（IPOPT_RR）时设置。

❑ __data[0]：一个缓冲区，用于存储setsockopt()从用户空间获得的选项。请参阅ip_options_get_from_user()和ip_options_get_finish()（**net/ipv4/ip_options.c**）。

下面来看看方法ip_rcv_options()。

```
static inline bool ip_rcv_options(struct sk_buff *skb)
{
        struct ip_options *opt;
        const struct iphdr *iph;
        struct net_device *dev = skb->dev;
        . . .
```

从SKB中获取IPv4报头：

```
iph = ip_hdr(skb);
```

从与SKB相关联的inet_skb_parm对象中获取ip_options对象：

```
opt = &(IPCB(skb)->opt);
```

计算预期的选项长度：

```
opt->optlen = iph->ihl*4 - sizeof(struct iphdr);
```

调用方法ip_options_compile()，根据SKB生成ip_options对象：

```
if (ip_options_compile(dev_net(dev), opt, skb)) {
        IP_INC_STATS_BH(dev_net(dev), IPSTATS_MIB_INHDRERRORS);
        goto drop;
}
```

在接收路径中（从方法ip_rcv_options()中）调用方法ip_options_compile()时，这个方法对指定SKB的IPv4报头进行分析，并在确定选项有效后，根据IPv4报头的内容生成一个ip_options对象。在ip_options_get_finish()中，通过设置了IPPROTO_IP和IP_OPTIONS的系统调用setsockopt()从用户空间获取选项时，也可能调用方法ip_options_compile()。在这种情况下，数据将从用户空间复制到opt->data，而ip_options_compile()的第三个参数(skb)将为NULL。方法ip_options_compile()将根据opt->__data创建ip_options对象。在接收路径中（即ip_options_compile()是从ip_rcv_options()调用的），如果分析选项时发现错误，将发回一条ICMPv4"参数问题"消息（ICMP_PARAMETERPROB）。发生错误时，不管这个方法是如何被调用的，都将返回错误代码-EINVAL。显然，ip_options对象比原始IPv4报头处理起来更方便，因为通过它来访问IP选项字段要简单得多。在接收路径中，方法ip_options_compile()生成的ip_options对象会被存储在SKB的控制缓冲区（cb）中。这是通过将opt对象设置为&(IPCB(skb)->opt)的方法而实现的。IPCB(skb)宏的定义类似于以下内容。

```
#define IPCB(skb) ((struct inet_skb_parm*)((skb)->cb))
```

而结构inet_skb_parm（它包含一个ip_options对象）的定义则类似于如下情况。

```
struct inet_skb_parm {
        struct ip_options        opt;                /* Compiled IP options      */
        unsigned char            flags;
        u16                      frag_max_size;
};
```

(include/net/ip.h)

因此，& (IPCB(skb)->opt将指向inet_skb_parm中的ip_options对象。本书不会深入探讨在方法ip_options_compile()中分析IPv4报头的技术细节。因为这样的细节太多，而且是不言自明的。我将简要地讨论，ip_options_compile()在接收路径中如何分析一些单字节选项（如IPOPT_END和IPOPT_NOOP）及一些较复杂的选项（如IPOPT_RR和IPOPT_TIMESTAMP），并通过一些示例来说明这个方法所执行的检查操作及其实现过程，如下面的代码片段所示。

```
int ip_options_compile(struct net *net, struct ip_options *opt, struct sk_buff *skb)
{

        ...
        unsigned char *pp_ptr = NULL;
        struct rtable *rt = NULL;
        unsigned char *optptr;
        unsigned char *iph;
        int optlen, l;
```

要进行分析，必须让指针optptr指向IP选项对象的开头，在一个循环中迭代所有的选项。对于接收路径（即从方法ip_rcv_options()中调用方法ip_options_compile()），ip_rcv()方法中收到的SKB作为参数传递给了ip_options_compile()，显然它不可能为NULL。在这种情况下，IP选项在IPv4报头中的位置是固定的（紧跟在20字节的基本报头后面）。当ip_options_compile()由ip_options_get_finish() 调用时，指针optptr 会被设置为opt->__data，因为方法ip_options_get_from_user()将来自用户空间的选项复制到了opt->__data中。准确地说，在需要对齐的情况下，方法ip_options_get_finish()也会写入opt->__data（将IPOPT_END写入到合适的位置）。

```
if (skb != NULL) {
    rt = skb_rtable(skb);
    optptr = (unsigned char *)&(ip_hdr(skb)[1]);
} else
    optptr = opt->__data;
```

在这种情况下，不能使用iph = ip_hdr(skb)，因为必须考虑SKB为NULL的情形。不在接收路径中时，正确的赋值方式如下。

```
iph = optptr - sizeof(struct iphdr);
```

将变量1初始化为选项的长度（最多为40字节），再在每次迭代中将其减去当前选项的长度，如下面的循环所示。

```
for (l = opt->optlen; l > 0; ) {
    switch (*optptr) {
```

如果出现选项IPOPT_END，就说明已到达选项列表末尾，它后面不可能有其他选项。在这种情况下，需要将不是IPOPT_END的每个字节都改为IPOPT_END，直到到达选项列表末尾。还需设置布尔标志is_changed，因为它标识出IPv4报头发生了变化（因此，还需重新计算校验和，但此操作不能即刻进行或在for循环中进行，因为在循环期间还可能对IPv4报头做其他修改）。

```
case IPOPT_END:
  for (optptr++, l--; l>0; optptr++, l--) {
    if (*optptr != IPOPT_END) {
       *optptr = IPOPT_END;
       opt->is_changed = 1;
    }
  }
goto eol;
```

如果遇到类型为无操作（IPOPT_NOOP）的单字节选项，只需将变量l减1，并将指针optptr加1，然后处理下一个选项。

```
case IPOPT_NOOP:
  l--;
  optptr++;
  continue;
}
```

将optlen设置为当前读取的选项的长度（选项长度存储在optptr[1]中）。

```
optlen = optptr[1];
```

只有无操作（IPOPT_NOOP）选项和选项列表末尾（IPOPT_END）选项为单字节选项，其他选项都是多字节选项，即至少有两个字节（选项类型和选项长度）。接下来，检查选项，确保其至少包含两个字节且没有到达选项列表末尾。如果发生错误，就让指针pp_ptr指向错误的原因并退出循环。如果是在接收路径中，就发回一条ICMPv4"参数问题"消息，并将问题发生的位置作为参数，以便令对方能够对问题进行分析。

```
if (optlen<2 || optlen>l) {
    pp_ptr = optptr;
    goto error;
}
switch (*optptr) {
    case IPOPT_SSRR:
    case IPOPT_LSRR:
    ...
    case IPOPT_RR:
```

"记录路由"选项的长度至少为3字节：选项类型、选项长度和指针（偏移量）。

```
if (optlen < 3) {
    pp_ptr = optptr + 1;
    goto error;
}
```

"记录路由"选项的偏移量至少为4字节，因为为存储地址列表而保留的空间的前面至少有3个字节（选项类型、选项长度和指针）。

```
if (optptr[2] < 4) {
        pp_ptr = optptr + 2;
        goto error;
}
if (optptr[2] <= optlen) {
```

如果偏移量（optptr[2]）与开头3字节之和超过了选项长度，就说明有错误。

```
if (optptr[2]+3 > optlen) {
    pp_ptr = optptr + 2;
    goto error;
}
if (rt) {
    spec_dst_fill(&spec_dst, skb);
```

将IPv4地址复制到记录路由缓冲区中。

```
memcpy(&optptr[optptr[2]-1], &spec_dst, 4);
```

设置布尔标志is_changed，指出IPv4报头发生了变化（需要重新计算校验和）。

```
    opt->is_changed = 1;
}
```

将指针（偏移量）加4，以指向记录路由缓冲区中的下一个地址（每个IPv4地址长4字节）。

```
optptr[2] += 4;
```

设置标志rr_needaddr（方法ip_forward_options()将检查这个标志）。

```
    opt->rr_needaddr = 1;
}
opt->rr = optptr - iph;
break;

    case IPOPT_TIMESTAMP:
        ...
```

时间戳选项的长度至少为4字节：选项类型、选项长度、指针（偏移量）以及第4字节。第4字节被划分为两个字段：前4位为溢出计数器，每跳在没有足够空间存储必要的数据时都将其加1；后4位为标志，分别表示只包含时间戳、包含时间戳和地址、只包含指定跳的时间戳。

```
if (optlen < 4) {
    pp_ptr = optptr + 1;
    goto error;
}
```

optptr[2]为指针（偏移量）。前面说过，时间戳选项至少包含4字节，这意味着指针的值（偏移量）至少为5。

```
if (optptr[2] < 5) {
    pp_ptr = optptr + 2;
    goto error;
}
if (optptr[2] <= optlen) {
    unsigned char *timeptr = NULL;
    if (optptr[2]+3 > optptr[1]) {
        pp_ptr = optptr + 2;
        goto error;
    }
```

在switch语句中检查optptr[3]&0xF的值，这是时间戳选项的标志（第4个字节的后4位）。

```
switch (optptr[3]&0xF) {
    case IPOPT_TS_TSONLY:
        if (skb)
            timeptr = &optptr[optptr[2]-1];
        opt->ts_needtime = 1;
```

对于只包含时间戳（设置了IPOPT_TS_TSONLY标志）的时间戳选项，需要4字节，因此将指针（偏移量）加4。

```
    optptr[2] += 4;
    break;

case IPOPT_TS_TSANDADDR:
    if (optptr[2]+7 > optptr[1]) {
            pp_ptr = optptr + 2;
            goto error;
    }
    if (rt) {
            spec_dst_fill(&spec_dst, skb);
            memcpy(&optptr[optptr[2]-1],
                &spec_dst, 4);
            timeptr = &optptr[optptr[2]+3];
    }
    opt->ts_needaddr = 1;
    opt->ts_needtime = 1;
```

对于包含时间戳和地址（设置了IPOPT_TS_TSANDADDR标志）的时间戳选项，需要8字节，因此将指针（偏移量）加8。

```
    optptr[2] += 8;
    break;

case IPOPT_TS_PRESPEC:
    if (optptr[2]+7 > optptr[1]) {
            pp_ptr = optptr + 2;
            goto error;
    }
    {
    __be32 addr;
    memcpy(&addr, &optptr[optptr[2]-1], 4);
        if (inet_addr_type(net,addr) == RTN_UNICAST)
            break;
    if (skb)
        timeptr = &optptr[optptr[2]+3];
    }
    opt->ts_needtime = 1;
```

对于只包含指定跳时间戳（设置了IPOPT_TS_PRESPEC标志）的时间戳选项，需要8字节，因此将指针（偏移量）加8。

```
            optptr[2] += 8;
            break;
        default:
            . . .
    }
. . .
```

方法ip_options_compile()创建ip_options对象后，将处理严格路由选择。为此，首先检查设备是否支持源路由选择，即是否设置了/proc/sys/net/ipv4/conf/all/accept_source_route 和 /proc/sys/net/ipv4/conf/<deviceName>/accept_source_route。如果这两个条件都不满足，就将数据包丢弃。

```
    . . .
if (unlikely(opt->srr)) {
    struct in_device *in_dev = __in_dev_get_rcu(dev);

    if (in_dev) {
            if (!IN_DEV_SOURCE_ROUTE(in_dev)) {
            . . .
                    goto drop;
            }
    }

    if (ip_options_rcv_srr(skb))
            goto drop;
}
```

下面来看看方法ip_options_rcv_srr()（同样，这里只关注要点，而不考虑细节）。它迭代源路由地址列表，并在分析期间，在循环中做些完整性检查，以查看是否存在错误。遇到第一个非本地地址后，将退出循环，并采取如下措施。

❑ 设置IP选项对象的标志srr_is_hit (opt->srr_is_hit = 1)。

❑ 将opt->nexthop设置为找到的下一跳地址。

❑ 将标志opt->is_changed设置为1。

现在需要对数据包进行转发。在方法ip_forward_finish()中，将调用方法ip_forward_options()。后者检查IP选项对象的srr_is_hit标志是否被设置，如果该标志已被设置，就将IPv4报头的daddr改为opt->nexthop，将偏移量加4（使其指向源路由地址列表中的下一个地址），并调用方法ip_send_check()重新计算校验和（因为IPv4报头发生了变化）。

4.5.3　IP 选项和分段

在4.5节开头介绍选项类型时说过，选项类型字节中有一个复制标志，其指出了转发分段后的数据包时是否要复制选项。分段时处理IP选项的工作是由方法ip_options_fragment()完成的。这个方法是在用于准备分段的方法ip_fragment()中调用的，但它仅针对第一个分段而调用。下面就来看看方法ip_options_fragment()，它非常简单。

```
void ip_options_fragment(struct sk_buff *skb)
{
        unsigned char *optptr = skb_network_header(skb) + sizeof(struct iphdr);
        struct ip_options *opt = &(IPCB(skb)->opt);
        int l = opt->optlen;
        int optlen;
```

　　while循环迭代各种选项，并读取选项的类型。optptr是一个指向选项列表的指针（选项列表位于IPv4报头开始20字节之后）。l是选项列表的长度，每次循环迭代都减1。

```
while (l > 0) {
        switch (*optptr) {
```

如果选项类型为终结选项字符串的IPOPT_END，就意味着读取选项的工作就此结束。

```
case IPOPT_END:
        return;

case IPOPT_NOOP:
```

如果选项类型是用于在选项间进行填充的IPOPT_NOOP，就将指针optptr加1，而将变量l减1，再接着处理下一个选项。

```
        l--;
        optptr++;
        continue;
}
```

下面的代码用于对选项长度执行完整性检查。

```
optlen = optptr[1];
if (optlen<2 || optlen>l)
  return;
```

接下来检查是否要复制选项。如果不需要复制，就调用函数memset()，用一个或多个IPOPT_NOOP选项替代它。memset()写入的IPOPT_NOOP选项数为当前选项的长度，即optlen的值。

```
if (!IPOPT_COPIED(*optptr))
        memset(optptr, IPOPT_NOOP, optlen);
```

现在处理下一个选项。

```
l -= optlen;
optptr += optlen;    }
```

选项IPOPT_TIMESTAMP和IPOPT_RR的复制标志为0（参见表4-1），它们在前面的循环中被替换为IPOPT_NOOP，而IP选项对象中与它们对应的字段被重置为0。

```
        opt->ts = 0;
        opt->rr = 0;
        opt->rr_needaddr = 0;
        opt->ts_needaddr = 0;
        opt->ts_needtime = 0;
}
```

(net/ipv4/ip_options.c)

　　本节介绍了方法ip_rcv_options()是如何接收包含IP选项的数据包以及方法ip_options_compile()是如何对IP选项进行分析的，还讨论了分段时如何处理IP选项。下一节将介绍创建IPv4选项的过程，即根据指定的ip_options对象设置IPv4报头中的IP选项。

4.5.4 创建 IP 选项

可以认为，方法ip_options_build()的功能与本章前面介绍的方法ip_options_compile()相反，它将一个ip_options对象作为参数，并将其内容写入到IPv4报头中。下面就来看看它。

```
void ip_options_build(struct sk_buff *skb, struct ip_options *opt,
                      __be32 daddr, struct rtable *rt, int is_frag)
{
        unsigned char *iph = skb_network_header(skb);

        memcpy(&(IPCB(skb)->opt), opt, sizeof(struct ip_options));
        memcpy(iph+sizeof(struct iphdr), opt->__data, opt->optlen);
        opt = &(IPCB(skb)->opt);
    if (opt->srr)
            memcpy(iph+opt->srr+iph[opt->srr+1]-4, &daddr, 4);

    if (!is_frag) {
            if (opt->rr_needaddr)
                    ip_rt_get_source(iph+opt->rr+iph[opt->rr+2]-5, skb, rt);
            if (opt->ts_needaddr)
                    ip_rt_get_source(iph+opt->ts+iph[opt->ts+2]-9, skb, rt);
            if (opt->ts_needtime) {
                    struct timespec tv;
                    __be32 midtime;
                    getnstimeofday(&tv);
                    midtime = htonl((tv.tv_sec % 86400) *
                            MSEC_PER_SEC + tv.tv_nsec / NSEC_PER_MSEC);
                    memcpy(iph+opt->ts+iph[opt->ts+2]-5, &midtime, 4);
            }
            return;
    }
    if (opt->rr) {
            memset(iph+opt->rr, IPOPT_NOP, iph[opt->rr+1]);
            opt->rr = 0;
            opt->rr_needaddr = 0;
    }
    if (opt->ts) {
            memset(iph+opt->ts, IPOPT_NOP, iph[opt->ts+1]);
            opt->ts = 0;
            opt->ts_needaddr = opt->ts_needtime = 0;
    }
}
```

方法ip_forward_options()对经过分段的数据包进行转发（net/ipv4/ip_options.c）。这个方法用于处理记录路由选项和严格记录路由选项。对于IPv4报头发生了变化（设置了opt->is_changed标志）的数据包，它调用方法ip_send_check()来计算校验和，并将标志opt->is_changed重置为0。下一节将讨论IPv4传输路径（即发送数据包的过程）。

对接收路径的讨论到此就结束了。下一节讨论传输路径——发送IPv4数据包时发生的情况。

4.6 发送 IPv4 数据包

IPv4层为它上面的层——传输层（L4）提供了将数据包交给数据链路层（L2）来发送的方式。本节讨论该过程是如何实现的。你将看到在IPv4中传输TCPv4数据包和UDPv4数据包的一些差别。从第4层（传输层）发送IPv4数据包的主要方法有两个。一个是方法ip_queue_xmit()，供那些由自己处理分段的传输协议（如TCPv4）使用。TCPv4并非只使用传输方法ip_queue_xmit()，它还使用方法ip_build_and_send_pkt()来发送SYN ACK消息（参见net/ipv4/ tcp_ipv4.c中方法tcp_v4_send_synack()的实现）。另一个方法是ip_append_data()，供不处理分段的传输协议（如UDPv4和ICMPv4）使用。方法ip_append_data()并不发送数据包，而只准备数据包。实际发送数据包的是方法ip_push_pending_frames()，被ICMPv4和原始套接字使用。调用ip_push_pending_frames()后，它将调用方法ip_send_skb()来开始实际的传输过程，而方法ip_send_skb()最终将调用方法ip_local_out()。在2.6.39版之前的内核中，UDPv4使用方法ip_push_pending_frames()来传输数据包，但2.6.39引入新API ip_finish_skb后，转而使用的是方法ip_send_skb()。这两个方法都是在net/ipv4/ip_output.c中实现的。

有时候直接调用方法dst_output()，而不使用方法ip_queue_xmit()或ip_append_data()。例如，利用使用套接字选项IP_HDRINCL的原始套接字发送数据包时，不需要准备IPv4报头。自己创建IPv4报头的用户空间应用程序使用IPv4套接字选项IP_HDRINCL。例如，著名的工具ping（包含在iputils）和nping（包含在nmap中）都允许用户像下面这样设置IPv4报头的ttl。

```
ping -ttl ipDestAddress
```

或：

```
nping -ttl ipDestAddress
```

对于设置了套接字选项IP_HDRINCL的原始套接字发送的数据包，像下面这样进行设置。

```
static int raw_send_hdrinc(struct sock *sk, struct flowi4 *fl4,
              void *from, size_t length,
              struct rtable **rtp,
              unsigned int flags)
{
      ...
      err = NF_HOOK(NFPROTO_IPV4, NF_INET_LOCAL_OUT, skb, NULL,
          rt->dst.dev, dst_output);
      ...
}
```

图4-8说明了从传输层发送IPv4数据包的过程。

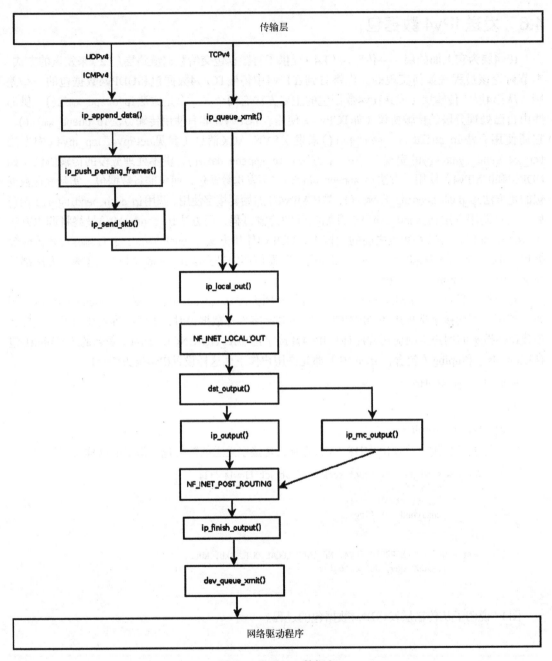

图4-8   发送IPv4数据包

从图4-8可知，对于来自传输层（L4）的数据包，存在不同的传输路径。这些数据包由方法ip_queue_xmit()或ip_append_data()处理。下面先来看看方法ip_queue_xmit()，它在这两个方法中相对简单些。

```
int ip_queue_xmit(struct sk_buff *skb, struct flowi *fl)
    . . .
    /*确保能够路由该数据包*/
    rt = (struct rtable *)__sk_dst_check(sk, 0);
```

rtable对象为路由选择子系统查找结果。首先来讨论rtable实例为NULL，需要执行路由选择子系统查找的情形。如果设置了严格路由选择选项标志，就将目标地址设置为IP选项中的第一个地址。

```
if (rt == NULL) {
    __be32 daddr;

    /*在有IP选项的情况下使用正确的目标地址*/
    daddr = inet->inet_daddr;
    if (inet_opt && inet_opt->opt.srr)
        daddr = inet_opt->opt.faddr;
```

接下来，使用方法ip_route_output_ports()在路由选择子系统中执行查找。如果查找失败，就将数据包丢弃，并返回错误-EHOSTUNREACH。

```
    /*如果失败，传输层的重传机制将不断尝试，直到有可用路由或连接超时*/
    rt = ip_route_output_ports(sock_net(sk), fl4, sk,
                daddr, inet->inet_saddr,
                inet->inet_dport,
                inet->inet_sport,
                sk->sk_protocol,
                RT_CONN_FLAGS(sk),
                sk->sk_bound_dev_if);
    if (IS_ERR(rt))
        goto no_route;
    sk_setup_caps(sk, &rt->dst);
}
skb_dst_set_noref(skb, &rt->dst);
. . .
```

如果查找成功，但选项的is_strictroute标志和路由选择条目的rt_uses_gateway标志都被设置，就将数据包丢弃，并返回错误-EHOSTUNREACH。

```
if (inet_opt && inet_opt->opt.is_strictroute && rt->rt_uses_gateway)
    goto no_route;
```

接下来，生成IPv4报头。你应该还记得，数据包来自第4层，skb->data指向的是传输层报头。方法skb_push()将指针skb->data向后移，移动量为IPv4报头的长度。如果使用了IP选项，还需加上IP选项列表的长度（optlen）。

```
/*知道要将数据包发送到哪里后，分配并创建IP报头*/
skb_push(skb, sizeof(struct iphdr) + (inet_opt ? inet_opt->opt.optlen : 0));
```

设置L3报头（skb->network_header），使其指向skb->data。

```
skb_reset_network_header(skb);
iph = ip_hdr(skb);
```

```
*((__be16 *)iph) = htons((4 << 12) | (5 << 8) | (inet->tos & 0xff));
if (ip_dont_fragment(sk, &rt->dst) && !skb->local_df)
    iph->frag_off = htons(IP_DF);
else
    iph->frag_off = 0;
iph->ttl      = ip_select_ttl(inet, &rt->dst);
iph->protocol = sk->sk_protocol;
ip_copy_addrs(iph, fl4);
```

将选项长度（optlen）除以4，并将结果与IPv4报头长度（iph->ihl）值相加，这是因为IPv4报头长度以4字节为单位。接下来，调用方法ip_options_build()，根据指定IP选项的内容在IPv4报头中创建选项。方法ip_options_build()的最后一个参数（is_frag）表明不会进行分段，这个方法在4.5节讨论过。

```
if (inet_opt && inet_opt->opt.optlen) {
iph->ihl += inet_opt->opt.optlen >> 2;
ip_options_build(skb, &inet_opt->opt, inet->inet_daddr, rt, 0);
}
```

设置IPv报头中的id：

```
ip_select_ident_more(iph, &rt->dst, sk,
        (skb_shinfo(skb)->gso_segs ?: 1) - 1);

skb->priority = sk->sk_priority;
skb->mark = sk->sk_mark;
```

发送数据包：

```
res = ip_local_out(skb);
```

在讨论方法ip_append_data()前，先说说回调函数getfrag()。它是方法ip_append_data()的一个参数。getfrag()是将实际数据从用户空间复制到SKB中的回调函数。在UDPv4中，回调函数getfrag()被设置为通用方法ip_generic_getfrag()；而在ICMPv4中，它被设置为协议专用方法icmp_glue_bits()。这里还得说说另一个问题，那就是UDPv4抑制（corking）功能。2.5.44版内核新增了套接字选项UDP_CORK。在这个选项被启用时，套接字输出的所有数据都将累积为一个数据报，等到这个选项被禁用后再进行传输。要禁用和启用这个套接字选项，可使用系统调用setsockopt()，详情请参阅man 7 udp。在2.6.39版内核中，在UDPv4实现中新增了一条无需加锁的快速传输路径，而不再使用抑制功能和套接字锁。因此，使用系统调用setsockopt()设置了套接字选项UDP_CORK或设置了标志MSG_MORE时，将调用方法ip_append_data()；而没有设置套接字选项UDP_CORK时，将在方法udp_sendmsg()中采取另一条路径——调用方法ip_make_skb()。这条路径不持有套接字锁，因此速度更快。调用方法ip_make_skb()的效果与调用ip_append_data()和ip_push_pending_frames()类似，只是不发送生成的SKB。发送SKB的工作由方法ip_send_skb()完成。

下面来看看方法ip_append_data()。

```
int ip_append_data(struct sock *sk, struct flowi4 *fl4,
                    int getfrag(void *from, char *to, int offset, int len,
```

```
                                int odd, struct sk_buff *skb),
                    void *from, int length, int transhdrlen,
                    struct ipcm_cookie *ipc, struct rtable **rtp,
                    unsigned int flags)
{
        struct inet_sock *inet = inet_sk(sk);
        int err;
```

如果设置了MSG_PROBE标志，就意味着调用者只对部分信息（通常是MTU，用于PMTU发现）感兴趣，因此没必要实际发送数据包，而是直接返回0。

```
if (flags&MSG_PROBE)
        return 0;
```

transhdrlen的值用于确定分段是否为第一个分段。方法ip_setup_cork()创建一个抑制（cork）IP选项对象（如果这个对象不存在），并将指定ipc（ipcm_cookie对象）的IP选项复制到其中。

```
if (skb_queue_empty(&sk->sk_write_queue)) {
        err = ip_setup_cork(sk, &inet->cork.base, ipc, rtp);
        if (err)
                return err;
} else {
        transhdrlen = 0;
}
```

实际工作是由方法__ip_append_data()完成的。这个方法冗长而复杂，无法深入讨论其所有细节。这里要指出的是，这个方法根据网络设备是否支持分散/聚集（Scatter/Gather），即是否设置了NETIF_F_SG标志而采用两种不同的方式处理分段。如果设置了NETIF_F_SG标志，就使用skb_shinfo(skb)->frags，否则使用skb_shinfo(skb)->frag_list。另外，设置了MSG_MORE标志时，内存分配方式也不同。MSG_MORE标志表明应即刻发送另一个数据包。从Linux 2.6起，UDP套接字也支持这个标志。

```
return __ip_append_data(sk, fl4, &sk->sk_write_queue, &inet->cork.base,
                    sk_page_frag(sk), getfrag,
                    from, length, transhdrlen, flags);
}
```

本节介绍了传输路径——IPv4数据包是如何发送的。如果数据包比网络设备的MTU长，就不能原样发送。下一节将讨论传输路径中的分段及其处理方式。

4.7 分段

网络接口对数据包的长度进行了限制，在10/100/1000 Mb/s以太网中，通常为1500B，但有些网络接口允许的MTU高达9KB，这被称为巨型帧。发送长于出站网卡MTU的数据包时，需要将其划分为较小的片段，这是在方法ip_fragment()（net/ipv4/ip_output.c）中完成的。收到分段后的数据包时，需要将其重组为一个数据包，这是由方法ip_defrag()（net/ipv4/ip_fragment.c）完成的，这将在下一节讨论。下面先来看看方法ip_fragment()，其原型如下。

```
int ip_fragment(struct sk_buff *skb, int (*output)(struct sk_buff *))
```

回调函数output是要使用的传输方法。从ip_finish_output()调用方法ip_fragment()时，回调函数output被设置为ip_finish_output2()。方法ip_fragment()包含两条路径：快速路径和慢速路径。其中，快速路径用于SKB的frag_list不为NULL的数据包，而慢速路径用于不符合这个条件的数据包。首先检查是否允许分段。如果不允许，就向发送方发回一条代码为"需要分段"的ICMPv4"目的地不可达"消息，更新统计信息（IPSTATS_MIB_ FRAGFAILS），将数据包丢弃并返回错误代码-EMSGSIZE。

```
int ip_fragment(struct sk_buff *skb, int (*output)(struct sk_buff *))
        {
        unsigned int mtu, hlen, left, len, ll_rs;
        . . .
        struct rtable *rt = skb_rtable(skb);
        int err = 0;

        dev = rt->dst.dev;

        . . .

        iph = ip_hdr(skb);

        if (unlikely(((iph->frag_off & htons(IP_DF)) && !skb->local_df) ||
            (IPCB(skb)->frag_max_size &&
             IPCB(skb)->frag_max_size > dst_mtu(&rt->dst)))) {
            IP_INC_STATS(dev_net(dev), IPSTATS_MIB_FRAGFAILS);
            icmp_send(skb, ICMP_DEST_UNREACH, ICMP_FRAG_NEEDED,
                    htonl(ip_skb_dst_mtu(skb)));
            kfree_skb(skb);
            return -EMSGSIZE;
        }
        . . .
        . . .
```

下一小节将讨论第一条分段路径及其实现。

4.7.1   快速路径

下面来看看快速路径。首先，调用方法skb_has_frag_list()来核实是否应采用快速路径处理数据包。这个方法只是用来检查skb_shinfo(skb)->frag_list是否为NULL。如果为NULL，就执行一些完整性检查；如果发现错误，就退而求其次，转而启用慢速路径机制——调用goto slow_path。接下来，为第一个分段创建IPv4报头。这个IPv4报头的frag_off被设置为htons(IP_MF)，指出后面还有其他分段。IPv4报头的frag_off字段长16位，其中后13位为分段偏移量，前3位为标志。对于第一个分段，偏移量应为0，而标志应为IP_MF（还有其他分段）；对于除最后一个分段外的其他所有分段，都应设置标志IP_MF，其后13位应为分段偏移量（以8字节为单位）；对于最后一个分段，不应设置标志IP_MF，但其后13位存储的也是分段偏移量。

下面演示如何将hlen设置为IPv4报头的长度（以字节为单位）。

```
hlen = iph->ihl * 4;
```

```
. . .
if (skb_has_frag_list(skb)) {
    struct sk_buff *frag, *frag2;
    int first_len = skb_pagelen(skb);
    . . .
    err      = 0;
    offset = 0;
    frag = skb_shinfo(skb)->frag_list;
```

调用skb_frag_list_init(skb)，将skb_shinfo(skb)->frag_list设置为NULL。

```
skb_frag_list_init(skb);
skb->data_len = first_len - skb_headlen(skb);
skb->len = first_len;
iph->tot_len = htons(first_len);
```

设置第一个分段的IP_MF（还有其他分段）标志。

```
iph->frag_off = htons(IP_MF);
```

由于有些IPv4报头字段的值发生了变化，因此需要重新计算校验和。

```
ip_send_check(iph);
```

下面来看看遍历frag_list并创建分段的循环。

```
for (;;) {
    /*处理完一帧后，准备下一帧的报头*/
    if (frag) {
        frag->ip_summed = CHECKSUM_NONE;
        skb_reset_transport_header(frag);
```

ip_fragment()是从传输层（L4）调用的，因此skb->data指向的是传输层报头。应将指针skb->data后移hlen值大小的字节（hlen是以字节为单位的IPv4报头长度），使其指向IPv4报头。

```
__skb_push(frag, hlen);
```

设置L3报头（skb->network_header），使其指向skb->data。

```
skb_reset_network_header(frag);
```

将前面创建的IPv4报头复制到网络层（L3）报头中。在这个for循环的第一次迭代中，复制的是在for循环外面为第一个分段创建的IPv4报头。

```
memcpy(skb_network_header(frag), iph, hlen);
```

接下来，初始化下一个分段的IPv4报头及其tot_len。

```
iph = ip_hdr(frag);
iph->tot_len = htons(frag->len);
```

将各个SKB字段（如pkt_type、priority、protocol）复制到frag中。

```
ip_copy_metadata(frag, skb);
```

仅对第一个分段（其偏移量为0）调用方法ip_options_fragment()。

```
if (offset == 0)
    ip_options_fragment(frag);
```

```
offset += skb->len - hlen;
```

IPv4报头的frag_off字段以8字节为单位，因此将offset除以8。

```
iph->frag_off = htons(offset>>3);
```

对于除最后一个分段外的其他所有字段，都需要设置IP_MF标志。

```
if (frag->next != NULL)
    iph->frag_off |= htons(IP_MF);
```

有些IPv4报头字段的值发生了变化，因此需要重新计算校验和。

```
/*重新计算校验和*/
ip_send_check(iph);
}
```

接下来，调用output回调函数来发送分段。如果发送成功，就将IPSTATS_MIB_FRAGCREATES加
1；如果遇到错误，就退出循环。

```
err = output(skb);

if (!err)
    IP_INC_STATS(dev_net(dev), IPSTATS_MIB_FRAGCREATES);
if (err || !frag)
    break;
```

取回下一个SKB。

```
skb = frag;
frag = skb->next;
skb->next = NULL;
```

下面的右大括号结束for循环。

```
}
```

for循环结束后，需要检查最后一次调用output(skb)的返回值。如果调用成功，就更新统计
信息（IPSTATS_MIB_FRAGOKS）并返回0。

```
if (err == 0) {
    IP_INC_STATS(dev_net(dev), IPSTATS_MIB_FRAGOKS);
    return 0;
}
```

如果在某个循环迭代（包括最后一次迭代）中最后一次调用output(skb)时失败，就释放所
有的SKB，更新统计信息（IPSTATS_MIB_FRAGFAILS）并返回错误代码（err）。

```
while (frag) {
    skb = frag->next;
    kfree_skb(frag);
    frag = skb;
}
IP_INC_STATS(dev_net(dev), IPSTATS_MIB_FRAGFAILS);
return err;
```

至此，你应该对快速分段路径及其实现有了深入的认识。

4.7.2 慢速路径

下面来看看慢速分段路径是如何实现的。

```
. . .

iph = ip_hdr(skb);

left = skb->len - hlen;          /*帧有效载荷的长度*/
. . .

while (left > 0) {
        len = left;
        /*如果装不下，就使用mtu */
        if (len > mtu)
                len = mtu;
```

除最后一个分段外，其他所有分段都必须与8字节边界对齐。

```
if (len < left) {
        len &= ~7;
}
```

分配一个SKB：

```
if ((skb2 = alloc_skb(len+hlen+ll_rs, GFP_ATOMIC)) == NULL) {
        NETDEBUG(KERN_INFO "IP: frag: no memory for new fragment!\n");
        err = -ENOMEM;
        goto fail;
}
```

```
/*生成数据包的数据*/
```

从skb将各个SKB字段（如pkt_type、priority、protocol）复制到skb2。

```
ip_copy_metadata(skb2, skb);
skb_reserve(skb2, ll_rs);
skb_put(skb2, len + hlen);
skb_reset_network_header(skb2);
skb2->transport_header = skb2->network_header + hlen;
```

```
/*为分段分配的内存归占有者所有*/
```

```
if (skb->sk)
        skb_set_owner_w(skb2, skb->sk);
```

```
/*将数据包报头复制到新缓冲区 */
```

```
skb_copy_from_linear_data(skb, skb_network_header(skb2), hlen);
```

```
/*复制IP数据报块 */
```

```
if (skb_copy_bits(skb, ptr, skb_transport_header(skb2), len))
        BUG();
left -= len;
```

```
/*填充新的报头字段*/
iph = ip_hdr(skb2);
```

frag_off以8字节为单位，因此将offset除以8。

```
iph->frag_off = htons((offset >> 3));
...
```

只针对第一个分段来处理一次IP选项。

```
if (offset == 0)
        ip_options_fragment(skb);
```

除最后一个分段外，其他分段都必须设置MF（还有其他分段）标志。

```
if (left > 0 || not_last_frag)
        iph->frag_off |= htons(IP_MF);
ptr += len;
offset += len;
```

```
/*将分段加入发送队列*/
iph->tot_len = htons(len + hlen);
```

由于有些IPv4报头字段的值发生了变化，必须重新计算校验和。

```
ip_send_check(iph);
```

接下来，调用output回调函数发送分段。如果发送成功，就将IPSTATS_MIB_FRAGCREATES加1；如果发生错误，就释放数据包，更新统计信息（IPSTATS_MIB_FRAGFAILS），并返回错误代码。

```
        err = output(skb2);
        if (err)
                goto fail;
        IP_INC_STATS(dev_net(dev), IPSTATS_MIB_FRAGCREATES);
}
```

循环while(left > 0)结束后，调用consume_skb()将SKB释放，更新统计信息（IPSTATS_MIB_FRAGOKS），并返回err的值。

```
consume_skb(skb);
IP_INC_STATS(dev_net(dev), IPSTATS_MIB_FRAGOKS);
return err;
```

本节讨论了慢速分段路径。对传输路径中的分段就讨论到这里。别忘了，主机收到经过分段的数据包后，必须将它们重组，从而将原始数据包交给应用程序进行处理。下一节将讨论分段的逆过程——重组。

4.8　重组

重组指的是将数据包的所有分段重组为一个缓冲区，这些分段的IPv4报头中的id都相同。在接收路径中，处理重组的主方法是在ip_local_deliver()中调用的ip_defrag()（net/ipv4/ip_fragment.c）。在其他地方，也可能需要重组。例如，在防火墙中，要检查数据包就必须知道其内容。可以通过在方法ip_local_deliver()中调用方法ip_is_fragment()来检查数据包是否经过分段。如果是，就调用方法ip_defrag()。方法ip_defrag()接受两个参数：第一个为SKB；第二个是一个32位的字段，它指出了调用这个方法的位置，其可能取值如下。

- ❑ IP_DEFRAG_LOCAL_DELIVER：表明是在ip_local_deliver()中调用的。
- ❑ IP_DEFRAG_CALL_RA_CHAIN：表明是在ip_call_ra_chain()中调用的。
- ❑ IP_DEFRAG_VS_IN、IP_DEFRAG_VS_FWD和IP_DEFRAG_VS_OUT：表明是从IPVS调用的。

关于ip_defrag()的第二个参数的所有可能取值，请参阅include/net/ip.h中枚举ip_defrag_users的定义。

下面来看看在ip_local_deliver()中调用ip_defrag()的情形。

```
int ip_local_deliver(struct sk_buff *skb)
{
    /*重组IP分段*/

    if (ip_is_fragment(ip_hdr(skb))) {
        if (ip_defrag(skb, IP_DEFRAG_LOCAL_DELIVER))
            return 0;
    }

    return NF_HOOK(NFPROTO_IPV4, NF_INET_LOCAL_IN, skb, skb->dev, NULL,
            ip_local_deliver_finish);
}
```

(net/ipv4/ip_input.c)

ip_is_fragment()是一个简单的辅助方法，它将IPv4报头作为唯一的参数，并在其为分段报头的情况下返回true，如下所示。

```
static inline bool ip_is_fragment(const struct iphdr *iph)
{
        return (iph->frag_off & htons(IP_MF | IP_OFFSET)) != 0;
}
```

(include/net/ip.h)

至少满足下面两个条件之一时，方法ip_is_fragment()返回true。
- ❑ 设置了IP_MF标志。
- ❑ 分段偏移量不为0。

因此，对于所有的分段，它都将返回true：
- ❑ 对于第一个分段，frag_off为0，但设置了IP_MF标志。
- ❑ 对于最后一个分段，没有设置IP_MF标志，但frag_off不为0。
- ❑ 对于其他所有分段，frag_off不为0，且设置了IP_MF标志。

重组实现基于由ipq对象组成的散列表。散列函数（ipqhashfn）接受4个参数：数据段ID、源地址、目标地址和协议。

```
struct ipq {
        struct inet_frag_queue q;

        u32                  user;
        __be32               saddr;
        __be32               daddr;
        __be16               id;
        u8                   protocol;
        u8                   ecn;        /*RFC3168支持*/
        int                  iif;
        unsigned int         rid;
        struct inet_peer     *peer;
};
```

请注意,IPv4和IPv6采用相同的重组逻辑。因此,结构inet_frag_queue以及inet_frag_find()和inet_frag_evictor()等方法并非IPv4专用的,它们也用于IPv6(请参见net/ipv6/reassembly.c和net/ipv6/nf_conntrack_reasm.c)。

方法ip_defrag()很简短。它首先调用方法ip_evictor()来确保具有足够的内容。再调用方法ip_find(),以尝试为SKB查找ipq。如果没有找到,就创建一个ipq对象。方法ip_find()返回的ipq对象被赋给变量qp(一个指向ipq对象的指针)。接下来,它调用方法ip_frag_queue()将分段加入到一个分段链表(qp->q.fragments)中。添加到链表中的工作是根据分段偏移量进行的,因为这个链表是根据分段偏移量来排序的。将SKB的所有分段都加入链表后,方法ip_frag_queue()调用方法ip_frag_reasm(),根据这些分段创建一个新的数据包。方法ip_frag_reasm()还调用方法ipq_kill()来停止(ip_expire())的定时器。如果发生错误,且新数据包超过了最大允许长度(65535),方法ip_frag_reasm()将更新统计信息(IPSTATS_MIB_REASMFAILS),并返回-E2BIG。如果在ip_frag_reasm()中调用方法skb_clone()时失败,它将返回–ENOMEM。在这种情况下,还将更新统计信息IPSTATS_MIB_REASMFAILS。根据所有的分段创建数据包的工作必须在指定时间内完成,否则方法ip_expire()将发送一条代码为"重组超时"的ICMPv4"超时"消息。重组时间默认为30秒,但可通过下面的procfs条目设置它:/proc/sys/net/ipv4/ipfrag_time。

下面来看看方法ip_defrag()。

```
int ip_defrag(struct sk_buff *skb, u32 user)
{
        struct ipq *qp;
        struct net *net;

        net = skb->dev ? dev_net(skb->dev) : dev_net(skb_dst(skb)->dev);
        IP_INC_STATS_BH(net, IPSTATS_MIB_REASMREQDS);

        /*首先清理内存*/
        ip_evictor(net);

        /*查找或创建队头*/
        if ((qp = ip_find(net, ip_hdr(skb), user)) != NULL) {
                int ret;

                spin_lock(&qp->q.lock);
```

```
                ret = ip_frag_queue(qp, skb);
                spin_unlock(&qp->q.lock);
                ipq_put(qp);
                return ret;
        }

        IP_INC_STATS_BH(net, IPSTATS_MIB_REASMFAILS);
        kfree_skb(skb);
        return -ENOMEM;
}
```

研究方法ip_frag_queue()之前，先来看看下面的宏，它返回与指定SKB相关联的ipfrag_skb_cb对象。

```
#define FRAG_CB(skb)    ((struct ipfrag_skb_cb *)((skb)->cb))
```

下面来看看方法ip_frag_queue()。这里不会描述所有的细节，因为这个方法非常复杂，同时存在重叠分段可能导致的问题（重传可能导致分段重叠）。在下面的代码片段中，将qp->q.len设置成了数据包的总长度（包括所有分段）。如果没有设置IP_MF标志，就意味着这是最后一个分段。

```
static int ip_frag_queue(struct ipq *qp, struct sk_buff *skb)
{
        struct sk_buff *prev, *next;
        . . .
        /*确定分段的位置*/
        end = offset + skb->len - ihl;
        err = -EINVAL;

        /*这是最后一个分段吗? */
        if ((flags & IP_MF) == 0) {
                /*如果有部分内容超出了结束位置或结束位置不对，就说明分段已受损*/
                if (end < qp->q.len ||
                    ((qp->q.last_in & INET_FRAG_LAST_IN) && end != qp->q.len))
                        goto err;
                qp->q.last_in |= INET_FRAG_LAST_IN;
                qp->q.len = end;
        } else {
                . . .
        }
```

接下来，找出分段的添加位置。方法是：查找分段偏移量后面的第一个位置（因为分段链表是按偏移量排序的）。

```
. . .
prev = NULL;
for (next = qp->q.fragments; next != NULL; next = next->next) {
        if (FRAG_CB(next)->offset >= offset)
                break; /* bingo! */
        prev = next;
}
```

至此，prev指向了新分段的添加位置（如果它不为NULL）。我们跳过处理重叠和执行其他检查的代码，往下看看将分段插入链表的代码。

```
FRAG_CB(skb)->offset = offset;
/*将分段插入分段链表*/
skb->next = next;
if (!next)
    qp->q.fragments_tail = skb;
if (prev)
    prev->next = skb;
else
    qp->q.fragments = skb;
...
qp->q.meat += skb->len;
```

我们注意到，对于每个分段，都将qp->q.meat递增了skb->len。前面说过，qp->q.len是全部分段的总长度，如果它等于qp->q.meat，就意味着已插入了所有分段，应调用方法ip_frag_reasm()将它们重组为一个数据包。

下面来看看重组是在什么地方完成以及如何完成的（重组是调用方法ip_frag_reasm()完成的）。

```
if (qp->q.last_in == (INET_FRAG_FIRST_IN | INET_FRAG_LAST_IN) &&
    qp->q.meat == qp->q.len) {
    unsigned long orefdst = skb->_skb_refdst;

    skb->_skb_refdst = OUL;
    err = ip_frag_reasm(qp, prev, dev);
    skb->_skb_refdst = orefdst;
    return err;
}
```

来看看方法ip_frag_reasm()。

```
static int ip_frag_reasm(struct ipq *qp, struct sk_buff *prev,
                         struct net_device *dev)
{
    struct net *net = container_of(qp->q.net, struct net, ipv4.frags);
    struct iphdr *iph;
    struct sk_buff *fp, *head = qp->q.fragments;
    int len;
    ...
    /*为数据报分配新的缓冲区*/
    ihlen = ip_hdrlen(head);
    len = ihlen + qp->q.len;

    err = -E2BIG;
    if (len > 65535)
        goto out_oversize;
    ...
    skb_push(head, head->data - skb_network_header(head));
```

4.9 转发

数据包转发的主处理程序是方法ip_forward()。

```
int ip_forward(struct sk_buff *skb)
{
    struct iphdr       *iph;   /*头*/
    struct rtable      *rt;    /*所用路径*/
    struct ip_options  *opt  = &(IPCB(skb)->opt);
```

这里需要说说转发时将LRO（Large Receive Offload）数据包丢弃的原因。LRO是一种性能优化技术，它将多个数据包合并成大型SKB，再将其交给更高的网络层。这减少了CPU开销，进而改善了性能。不能转发LRO生成的大型SKB，因为它的长度长于出站接口的MTU。因此，当启用了LRO时，上述方法将释放SKB并返回NET_RX_DROP。GRO（Generic Receive Offload）支持转发，但LRO不支持。

```
    if (skb_warn_if_lro(skb))
        goto drop;
```

如果设置了选项router_alert，就必须调用方法ip_call_ra_chain()来处理数据包。对原始套接字调用setsockopt()时使用IP_ROUTER_ALERT，则该套接字将被加入到全局列表ip_ra_chain（参见include/net/ip.h）中。方法ip_call_ra_chain()会将数据包交给所有的原始套接字。你可能会觉得奇怪，为何将数据包交给所有原始套接字，而不是交给一个原始套接字呢？这是因为，原始套接字不像TCP和UDP，没有包含它们侦听的端口。 如果pkt_type不是PACKET_HOST，数据包将被丢弃。pkt_type是由方法eth_type_trans()确定的，在网络驱动程序中必须调用这个方法，这将在附录A中进行讨论。

```
    if (IPCB(skb)->opt.router_alert && ip_call_ra_chain(skb))
        return NET_RX_SUCCESS;

    if (skb->pkt_type != PACKET_HOST)
        goto drop;
```

IPv4报头的ttl（存活时间）字段是一个计数器，每台转发设备都会将其值减1。当ttl变成0后，就意味着必须将数据包丢弃，并发送代码为"超过TTL"的ICMPv4超时消息。

```
    if (ip_hdr(skb)->ttl <= 1)
        goto too_many_hops;...
    . . .
too_many_hops:
    /*通知发送方，数据包已被丢弃*/
    IP_INC_STATS_BH(dev_net(skb_dst(skb)->dev), IPSTATS_MIB_INHDRERRORS);
    icmp_send(skb, ICMP_TIME_EXCEEDED, ICMP_EXC_TTL, 0);
    . . .
```

接下来，检查是否同时设置了严格路由标志（is_strictroute）和rt_uses_gateway标志。如果同时设置了这两个标志，就不能使用严格路由选择，因此会发回一条代码为"严格路由选择失败"的ICMPv4"目的地不可达"消息。

```
    rt = skb_rtable(skb);

    if (opt->is_strictroute && rt->rt_uses_gateway)
        goto sr_failed;
    . . .
sr_failed:
    icmp_send(skb, ICMP_DEST_UNREACH, ICMP_SR_FAILED, 0);
    goto drop;
    . . .
```

接下来，检查数据包长度是否超过了外出设备的MTU。如果超过了，就不能按原样发送数据包。另外，检查IPv4报头的DF（不分段）字段是否被设置，还有SKB的local_df标志是否被设置。如果设置了DF字段，但没有设置local_df标志，就意味着数据包在由方法ip_output()处理时，不会调用方法ip_fragment()对其进行分段。也就是说，数据包既不能按原样发送，又不能分段，因此将发回一条代码为"需要分段"的ICMPv4"目的地不可达"消息，同时将数据包丢弃并更新统计信息（IPSTATS_MIB_FRAGFAILS）。

```
if (unlikely(skb->len > dst_mtu(&rt->dst) &&
    !skb_is_gso(skb) && (ip_hdr(skb)->frag_off & htons(IP_DF)))
        && !skb->local_df) {
IP_INC_STATS(dev_net(rt->dst.dev), IPSTATS_MIB_FRAGFAILS);
icmp_send(skb, ICMP_DEST_UNREACH, ICMP_FRAG_NEEDED,
        htonl(dst_mtu(&rt->dst)));
goto drop;    }
```

由于IPv4报头的ttl和校验和将被修改，因此需要保留SKB的副本。

```
/*即将修改数据包，因此先复制它*/
if (skb_cow(skb, LL_RESERVED_SPACE(rt->dst.dev)+rt->dst.header_len))
        goto drop;
iph = ip_hdr(skb);
```

前面说过，转发数据包的每个结点都必须将ttl减1。在方法ip_decrease_ttl()中修改ttl后，必须相应地更新校验和。

```
/*调用skb_cow后，将ttl减1*/
ip_decrease_ttl(iph);
```

接下来，发回一条ICMPv4重定向消息。如果路由选择条目设置了RTCF_DOREDIRECT标志，就将这条消息的代码设置为"重定向到主机"（ICMPv4重定向消息将在第5章讨论）。

```
/*接下来生成一条ICMP主机重定向消息，以提供计算得到的路由*/
if (rt->rt_flags&RTCF_DOREDIRECT && !opt->srr && !skb_sec_path(skb))
        ip_rt_send_redirect(skb);
```

在传输路径中，skb->priority被设置为套接字的优先级（sk->sk_priority）——请参阅方法ip_queue_xmit()。而要设置套接字的优先级，可调用系统调用setsockopt()（设置了SOL_SOCKET和SO_PRIORITY）。然而，转发数据包时，并没有与SKB相关联的套接字。因此，在方法ip_forward()中，会根据特殊表ip_tos2prio来设置skb->priority。这个表包含16个条目（参见include/net/route.h）。

```
skb->priority = rt_tos2priority(iph->tos);
```

接下来，假设没有Netfilter NF_INET_FORWARD钩子，因此将调用方法ip_forward_finish()。

```
return NF_HOOK(NFPROTO_IPV4, NF_INET_FORWARD, skb, skb->dev,
               rt->dst.dev, ip_forward_finish);
```

在方法ip_forward_finish()中，更新统计信息，并检查IPv4数据包是否包含IP选项。如果包含，就调用方法ip_forward_options()来处理它们；否则就调用方法dst_output()。这个方法所做的唯一工作是调用skb_dst(skb)->output(skb)。

```
static int ip_forward_finish(struct sk_buff *skb)
    {
    struct ip_options *opt = &(IPCB(skb)->opt);

    IP_INC_STATS_BH(dev_net(skb_dst(skb)->dev), IPSTATS_MIB_OUTFORWDATAGRAMS);

    IP_ADD_STATS_BH(dev_net(skb_dst(skb)->dev), IPSTATS_MIB_OUTOCTETS, skb->len);

    if (unlikely(opt->optlen))
            ip_forward_options(skb);

    return dst_output(skb);
    }
```

本节介绍了用于转发数据包的方法（ip_forward()和ip_forward_finish()），描述了在转发数据包时应将数据包丢弃及发送ICMP重定向消息的情形等。

4.10 总结

本章讨论了IPv4协议，包括：IPv4数据包是如何创建的、IPv4报头的结构和IP选项以及如何处理IPv4报头和IP选项。在此，你学习了如何注册IPv4协议处理程序，还学习了IPv4的接收路径（如何接收IPv4数据包）和传输路径（如何传输IPv4数据包）。有时候，数据包会长于网络接口的MTU，若要发送它们，就必须在发送端对其进行分段，并在接收端对其进行重组。在本章中，你学习了IPv4分段和重组的实现，包括慢速分段路径和快速分段路径的实现以及需要使用它们的情况。本章还介绍了IPv4转发，即通过另一个网络接口将到来的数据包发送出去，而不是将其交给上层，你还看到了一些在转发过程中将数据包丢弃或发送ICMP重定向消息的情形。下一章将讨论IPv4路由选择子系统。4.11节将按本章讨论的主题顺序介绍一些相关的重要方法。

4.11 快速参考

在本章最后，简要地列出了本章提及的IPv4子系统的方法和宏。

4.11.1　方法

下面简要地列出了本章提到的IPv4层方法。

1. int ip_queue_xmit(struct sk_buff *skb, struct flowi *fl);

这个方法将数据包从L4（传输层）移到L3（网络层），由诸如TCPv4等调用。

2. int ip_append_data(struct sock *sk, struct flowi4 *fl4, int getfrag(void *from, char *to, int offset, int len, int odd, struct sk_buff *skb), void *from, int length, int transhdrlen, struct ipcm_cookie *ipc, struct rtable **rtp, unsigned int flags);

这个方法将数据包从L4（传输层）移到L3（网络层），由诸如UDPv4（在使用抑制UDP套接字时）和ICMPv4等调用。

3. struct sk_buff *ip_make_skb(struct sock *sk, struct flowi4 *fl4, int getfrag(void *from, char *to, int offset, int len, int odd, struct sk_buff *skb), void *from, int length, int transhdrlen, struct ipcm_cookie *ipc, struct rtable **rtp, unsigned int flags);

这个方法是在2.6.39版内核中新增的，用于在UDPv4实现中支持不加锁的快速传输路径，在没有使用套接字选项UDP_CORK时调用。

4. int ip_generic_getfrag(void *from, char *to, int offset, int len, int odd, struct sk_buff *skb);

这是将数据从用户空间复制到指定skb的通用方法。

5. static int icmp_glue_bits(void *from, char *to, int offset, int len, int odd, struct sk_buff *skb);

这个方法是ICMPv4 getfrag回调函数。ICMPv4调用方法ip_append_data()时，将icmp_glue_bits()作为getfrag回调函数。

6. int ip_options_compile(struct net *net,struct ip_options *opt, struct sk_buff *skb);

这个方法通过分析IP选项来生成一个ip_options对象。

7. void ip_options_fragment(struct sk_buff *skb);

这个方法使用NOOP来填充没有设置复制标志的选项，并重置这些IP选项的相应字段。仅对第一个分段调用这个方法。

8. void ip_options_build(struct sk_buff *skb, struct ip_options *opt, __be32 daddr, struct rtable *rt, int is_frag);

这个方法将指定ip_options对象的内容写入IPv4报头。实际上，每次调用这个方法时，都将最后一个参数（is_frag）设置为0。

9. void ip_forward_options(struct sk_buff *skb);

这个方法用于处理IP选项的转发。

10. int ip_rcv(struct sk_buff *skb, struct net_device *dev, struct packet_type *pt, struct net_device *orig_dev);

这个方法是接收IPv4数据包时使用的主处理程序。

11. ip_rcv_options(struct sk_buff *skb);
这是接收包含选项的数据包时使用的主方法。

12. int ip_options_rcv_srr(struct sk_buff *skb);
这个方法负责接收包含严格路由选项的数据包。

13. int ip_forward(struct sk_buff *skb);
这个方法是转发IPv4数据包的主处理程序。

14. static void ipmr_queue_xmit(struct net *net, struct mr_table *mrt, struct sk_buff *skb, struct mfc_cache *c, int vifi);
这个方法是组播传输方法。

15. static int raw_send_hdrinc(struct sock *sk, struct flowi4 *fl4, void *from, size_t length, struct rtable **rtp, unsigned int flags);
在设置了套接字选项IPHDRINC时，原始套接字使用这个方法来传输数据。它直接调用方法 dst_output()。

16. int ip_fragment(struct sk_buff *skb, int (*output)(struct sk_buff *));
这个方法是负责分段的主方法。

17. int ip_defrag(struct sk_buff *skb, u32 user);
这个方法是负责重组的主方法，它处理到来的IP分段。第二个参数（user）指出了这个方法是从哪里调用的。有关这个参数所有可能的取值，请参阅include/net/ip.h中枚举ip_defrag_users的定义。

18. bool skb_has_frag_list(const struct sk_buff *skb);
在skb_shinfo(skb)->frag_list不为NULL时，这个方法将返回true。这个方法以前命名为 skb_has_frags()，2.6.37版内核将其重命名为skb_has_frag_list（因为原来的名称令人迷惑）。将SKB分段的方式有两种，即通过页数组（skb_shinfo(skb)->frags[]）分段以及通过SKB列表（skb_shinfo(skb)->frag_list）分段。skb_has_frags()检查的是后者，但该名称让人觉得检查的是前者，令人迷惑。

19. int ip_local_deliver(struct sk_buff *skb);
这个方法负责将数据包交给第4层。

20. int ip_options_get_from_user(struct net *net, struct ip_options_rcu **optp, unsigned char __user *data, int optlen);
这个方法负责设置使用IP_OPTIONS调用系统调用setsockopt()而从用户空间获得的选项。

21. bool ip_is_fragment(const struct iphdr *iph);
这个方法在数据包为分段时返回true。

22. int ip_decrease_ttl(struct iphdr *iph);
这个方法将指定IPv4报头的ttl减1，并重新计算IPv4报头的校验和（因为IPv4报头字段ttl发生了变化）。

23. int ip_build_and_send_pkt(struct sk_buff *skb, struct sock *sk, __be32 saddr, __be32 daddr, struct ip_options_rcu *opt);

这个方法被TCPv4用来发送SYN ACK，详情请参阅net/ipv4/tcp_ipv4.c中的方法tcp_v4_send_synack()。

24. int ip_mr_input(struct sk_buff *skb);

这个方法用于处理到来的组播数据包。

25. int ip_mr_forward(struct net *net, struct mr_table *mrt, struct sk_buff *skb, struct mfc_cache *cache, int local);

这个方法用于转发组播数据包。

26. bool ip_call_ra_chain(struct sk_buff *skb);

这个方法负责处理IP选项"路由器警告"。

4.11.2 宏

本节列出了本章提及的一些处理IPv4栈中的机制（如分段、Netfilter钩子和IP选项）的宏。

1. IPCB(skb)

这个宏返回skb->cb指向的inet_skb_parm对象，用于访问存储在inet_skb_parm对象中的ip_options对象（include/net/ip.h）。

2. FRAG_CB(skb)

这个宏返回skb->cb指向的ipfrag_skb_cb对象（net/ipv4/ip_fragment.c）。

3. int NF_HOOK(uint8_t pf, unsigned int hook, struct sk_buff *skb, struct net_device *in, struct net_device *out, int (*okfn)(struct sk_buff *))

这个宏是Netilter钩子。其中，第一个参数（pf）为协议簇。对于IPv4，该参数被设置为NFPROTO_IPV4，而对于IPv6，该参数被设置为NFPROTO_IPV6。第二个参数为网络栈中的5个挂接点之一。这5个挂接点是在include/uapi/linux/netfilter.h中定义的，IPv4和IPv6都可使用它们。如果没有注册钩子，或者数据包没有被注册的Netfilter钩子丢弃或拒绝，将调用okfn回调函数。

4. int NF_HOOK_COND(uint8_t pf, unsigned int hook, struct sk_buff *skb, struct net_device *in, struct net_device *out, int (*okfn)(struct sk_buff *), bool cond)

这个宏与NF_HOOK()宏相同，只是它多了一个布尔参数（cond）。仅当这个参数为true时，才会调用Netfilter钩子。

5. IPOPT_COPIED()

这个宏返回选项类型中的复制标志。

第 5 章

IPv4路由选择子系统 5

第4章讨论了IPv4子系统，本章和下一章将讨论最重要的Linux子系统之一——路由选择子系统及其实现。Linux路由选择子系统被用于各种路由器，从家庭和小型办公室路由器到连接组织或ISP的企业路由器以及Internet骨干中的核心高速路由器。如果没有这些设备，当今世界将无法想象。这两章的讨论仅限于IPv4路由选择子系统，其实现与IPv6路由选择子系统很像。本章重点介绍IPv4路由选择子系统及其使用的主要数据结构，如路由选择表、转发信息库（Forwarding Information Base，FIB）和FIB别名、FIB TRIE等（顺便说一句，TRIE并非首字母缩写，而是由单词retrieval衍生而来的）。TRIE是一种特殊的树，它替代了FIB散列表。你将在本章学习路由选择子系统查找是如何进行的、在什么情况下生成ICMP重定向消息及如何生成它们、为何将路由选择缓存代码删除。请注意，除两节明确指出了基于其他内核版本外，本章的其他讨论和代码示例都基于3.9版内核。

5.1 转发和 FIB

Linux网络栈最重要的目标之一是转发流量，对于Internet骨干中的核心路由器来说尤其如此。Linux IP栈层被称为路由选择子系统，负责转发数据包和维护转发数据库。对于小型网络，管理FIB的工作可由系统管理员手工完成，因为这种类型的网络拓扑几乎是静态的。而对于核心路由器来说，情况则有所不同，因为其拓扑是动态的，很多信息都在不断变化。在这种情况下，管理FIB的工作通常由用户空间路由选择守护程序负责，有时还结合使用特殊的硬件改进。这些用户空间守护程序通常用于维护独立的路由选择表，偶尔还会与内核路由选择表进行交互。

先来介绍基本知识：何为路由选择？来看一个非常简单的转发示例。你有两个以太网局域网LAN1和LAN2。其中，LAN1包含子网192.168.1.0/24，而LAN2包含子网192.168.2.0/24。在这两个LAN之间，有一台转发路由器，它有两个以太网网络接口卡，其中连接到LAN1的网络接口为eth0，其IP地址为192.168.1.200，而连接到LAN2的网络接口为eth1，其IP地址为192.168.2.200，如图5-1所示。出于简化考虑，咱们假设转发路由器没有运行防火墙守护程序。你开始从LAN1向LAN2发送流量。对到来的数据包（它们从LAN1发送到LAN2或反向发送）进行转发的过程被称为路由选择，是根据被称为路由选择表的数据结构进行的。本章和下一章都将对这个过程以及路由选择表进行讨论。

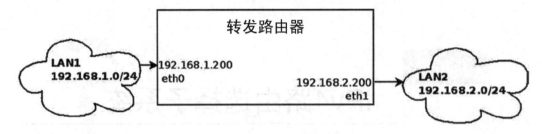

图5-1　在两个LAN之间转发数据包

在图5-1中，来自LAN1并前往LAN2的数据包到达eth0后，通过外出设备eth1转发出去。在这个过程中，来到转发路由器的数据包从内核网络栈的第2层（数据链路层）移到第3层（网络层）。然而，不同于目的地为转发路由器的流量，无需将这些数据包移到第4层（传输层），因为这些流量无需由第4层的传输套接字进行处理，而应直接转发。移到第4层有一定的性能开销，最好尽可能避免。这些流量在第3层被处理。根据转发路由器配置的路由选择表，将这些数据包从出站接口eth1转发出去或将它们丢弃。

图5-2显示了内核负责完成的三层功能，这在本书前面说过。

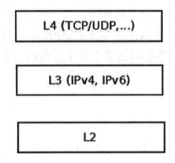

图5-2　内核网络栈负责完成的三层功能

这里还需要说说另外两个常见的路由选择术语：默认网关和默认路由。在路由选择表中指定了默认网关条目时，不与其他路由选择条目匹配的数据包都将转发到默认网关，不管其IP报头中的目标地址是什么。使用无类域间路由选择（Classless Inter-Domain Routing，CIDR）表示法时，默认路由用0.0.0.0/0表示。作为一个简单的示例，可按如下方法将IPv4地址为192.168.2.1的机器指定为默认网关。

```
ip route add default via 192.168.2.1
```

也可以使用如下route命令。

```
route add default gateway 192.168.2.1
```

本节介绍了转发的含义，并通过一个简单示例演示了如何在两个LAN之间转发数据包。还介绍了默认网关和默认路由是什么以及如何添加它们。至此，你了解了基本术语以及转发的含义，下面来看看如何在路由选择子系统中进行查找。

5.2 在路由选择子系统中进行查找

接收或发送每个数据包时，都必须在路由选择子系统中进行查找。在3.6版之前的内核中，无论在接收还是传输路径中，查找都包含两个阶段：首先在路由选择缓存中查找；如果没有找到，再在路由选择表中查找（路由选择缓存将在5.4.3节讨论）。查找工作由方法fib_lookup()完成。如果在路由选择子系统中找到了匹配的条目，方法fib_lookup()将创建一个包含各种路由选择参数的fib_result对象，并返回0。本节以及本章的其他部分都将讨论到fib_result对象。fib_lookup()的原型如下。

```
int fib_lookup(struct net *net, const struct flowi4 *flp, struct fib_result *res)
```

flowi4对象包含对IPv4路由选择查找过程至关重要的字段，如目标地址、源地址、服务类型（TOS）等。事实上，flowi4对象定义了要在路由选择表中查找的键，必须在使用方法fib_lookup()执行查找前对其进行初始化。对于IPv6，有一个类似的对象——flowi6。这两种对象都是在include/net/flow.h中定义的。fib_result对象是在查找过程中生成的。方法fib_lookup()首先在本地FIB表中搜索。如果没有找到，再在主FIB表中查找（这两个表将在5.3节中介绍）。无论是在接收路径还是传输路径中，查找成功后都将创建一个dst对象（include/net/dst.h中定义的结构dst_entry的实例，表示目标缓存）。稍后你将看到，dst对象将被嵌入到结构rtable中。事实上，rtable对象表示一个路由选择条目，可与SKB相关联。在dst_entry对象中，最重要的成员是两个回调函数：input和output。在路由选择查找过程中，需要根据路由选择查找结果将这两个回调函数设置为合适的处理程序。这两个回调函数将SKB作为唯一的参数。

```
struct dst_entry {
    ...
    int  (*input)(struct sk_buff *);
    int  (*output)(struct sk_buff *);
    ...
}
```

结构rtable如下。正如你看到的，其第一个成员就是dst对象。

```
struct rtable {
    struct dst_entry dst;

    int          rt_genid;
    unsigned int rt_flags;
    __u16        rt_type;
    __u8         rt_is_input;
    __u8         rt_uses_gateway;

    int          rt_iif;

    /* 有关邻居的信息 */
    __be32       rt_gateway;

    /* 缓存的其他信息 */
    u32          rt_pmtu;
```

```
    struct list_head rt_uncached;
};
```

(include/net/route.h)

对结构 rtable 的成员描述如下。

❑ rt_flags：rtable 对象的标志。以下是一些重要的标志。

　　■ RTCF_BROADCAST：被设置时，表明目标地址为广播地址。在方法 __mkroute_output() 和 ip_route_input_slow() 中设置这个标志。

　　■ RTCF_MULTICAST：被设置时，表明目标地址为组播地址。在方法 ip_route_input_mc() 和 __mkroute_output() 中设置这个标志。

　　■ RTCF_DOREDIRECT：被设置时，表明必须发送一条 ICMPv4 重定向消息来对到来的数据包做出响应。仅当满足了多个条件时才设置这个标志，其中包括入站设备和出站设备相同，以及设置了对应的 procfs 条目（send_redirects）等。正如你将在本章后面看到的，还有其他一些条件。这个标志是在方法 __mkroute_input() 中设置的。

　　■ RTCF_LOCAL：被设置时，表明目的地为当前主机。这个标志是在下述方法中设置的：ip_route_input_slow()、__mkroute_output()、ip_route_input_mc() 和 __ip_route_output_key()。可同时设置一些 RTCF_XXX 标志。例如，设置了 RTCF_BROADCAST 或 RTCF_MULTICAST 时，可同时设置 RTCF_LOCAL。完整的 RTCF_XXX 标志清单，请参阅 include/uapi/linux/in_route.h。请注意，清单中的一些标志未被使用。

❑ rt_is_input：一个标志，对于输入路由设置为 1。

❑ rt_uses_gateway：按如下方式设置其值。

　　■ 如果下一条为网关，rt_uses_gateway 为 1。

　　■ 如果下一条为直连路由，rt_uses_gateway 为 0。

❑ rt_iif：入站接口的 ifindex（请注意，内核 3.6 删除了结构 rtable 的成员 rt_oif，该成员被设置为指定流键（flow key）的 oif，但只有一个方法可使用它）。

❑ rt_pmtu：路径 MTU（路途上最小的 MTU）。

　　请注意，内核 3.6 新增了方法 fib_compute_spec_dst()，它将一个 SKB 作为参数。这使得结构 rtable 的成员 rt_spec_dst 显得多余，因此将其删除了。在特殊情况下，例如，在方法 icmp_reply() 中将收到的数据包的源地址作为目标地址向发送方发送应答时，需要使用方法 fib_compute_ spec_dst()。

对于目的地为当前主机的单播数据包，将 dst 对象的 input 回调函数设置为 ip_local_deliver()；而对于需要转发的单播数据包，将 input 回调函数设置为 ip_forward()。对于由当前主机生成并要向外发送的数据包，将 output 回调函数设置为 ip_output()。对于组播数据包，在有些情况下（本章不详细讨论）将 input 回调函数设置为 ip_mr_input()。正如你将在本章后面的 PROHIBIT 规则示例中看到的，在有些情况下会将 input 回调函数设置为 ip_error()。下面来看看 fib_result 对象。

```
struct fib_result {
        unsigned char    prefixlen;
        unsigned char    nh_sel;
        unsigned char    type;
        unsigned char    scope;
        u32              tclassid;
        struct fib_info  *fi;
        struct fib_table *table;
        struct list_head *fa_head;
};
```

(include/net/ip_fib.h)

❏ prefixlen：前缀长度，表示子网掩码，其取值为0~32。使用默认路由时，其值为0；使用
命令ip route add 192.168.2.0/24 dev eth0添加路由选择条目时，其值为24，这是根据
添加路由选择条目时指定的子网掩码确定的。prefixlen是在方法check_leaf()
（net/ipv4/fib_trie.c）中设置的。

❏ nh_sel：下一跳数量。只有一个下一跳时，其值为0；使用多路径路由选择（Multipath
Routing）时，可能存在多个下一跳。下一跳对象存储在路由选择条目（fib_info对象）
的一个数组中，将在下一节对此进行讨论。

❏ type：fib_result对象中最重要的字段，它决定了处理数据包的方式，即：将数据包转发
给其他机器、由当前主机接收、默默地丢弃、丢弃并发送一条ICMPv4消息等。fib_result
对象的类型是根据数据包的内容（其中最重要的是目标地址）以及管理员、路由选择守
护程序或重定向消息设置的路由选择规则确定的。在本章和下一章，你将看到fib_result
对象的类型是如何在查找过程中确定的。最常见的两种fib_result对象类型为
RTN_UNICAST和RTN_LOCAL。其中，前者表示数据包需要通过网关或直连路由进行转
发，后者表示数据包是发送给当前主机的。在本书中，你将见到的其他类型包括
RTN_BROADCAST（表示当前主机应接收的广播数据包）、RTN_MULTICAST（表示组
播路由）、RTN_UNREACHABLE（表示会引起一条ICMPv4"目的地不可达消息"发回的
数据包）等。总共有12种路由类型，完整的清单请参阅include/uapi/linux/rtnetlink.h。

❏ fi：一个指向fib_info对象（表示路由选择条目）的指针。fib_info对象存储了指向下一
跳的引用（fib_nh）。结构fib_info将在5.3节讨论。

❏ table：一个指针，指向用于查找的FIB表，是在方法check_leaf()（net/ipv4/fib_trie.c）中
设置的。

❏ fa_head：一个指针，指向一个fib_alias列表（从而将其与路由关联起来）。使用fib_alias
对象旨在优化路由选择条目，避免发生不顾存在其他极其相似的fib_info对象而为每个路
由选择条目创建fib_info对象的情况。所有FIB别名都按fa_tos降序、按fib_priority（指
标）升序排列。fa_tos为0的别名排在最后，与任意TOS都匹配。结构fib_alias将在5.3.4
节讨论。

本节介绍了如何在路由选择子系统中进行查找，还介绍了与路由选择查找过程相关的重要数
据结构，如fib_result和rtable。下一节将讨论FIB表是如何组织的。

5.3   FIB 表

路由选择子系统的主数据结构是路由选择表，由结构fib_table表示。简单地说，路由选择表的每个条目都指定了前往特定子网（或特定IPv4目标地址）的流量所对应的下一跳。当然，这些条目还包含本章将讨论的其他参数。每个路由选择条目都包含一个fib_info对象（include/net/ip_fib.h），其中存储了最重要的路由选择条目参数（但正如你在本章后面将要看到的，并非所有参数都存储在这里）。fib_info对象由方法fib_create_info()（net/ipv4/fib_semantics.c）创建，存储在散列表fib_info_hash中。路由使用prefsrc时，fib_info对象也将被加入到散列表fib_info_laddrhash中。

fib_info对象中有一个全局计数器——fib_info_cnt，方法fib_create_info()每次创建fib_info对象时都会将其加1，而方法free_fib_info()每次释放fib_info对象时又都将其减1。这个散列表增长到指定阈值时会自动调整大小。在散列表fib_info_hash中进行查找的工作是由方法fib_find_info()完成的。它在没有找到条目时返回NULL。以串行方式访问fib_info成员的工作由自旋锁（spinlock）fib_info_lock完成。下面是结构fib_table的代码实现。

```
struct fib_table {
        struct hlist_node    tb_hlist;
        u32                  tb_id;
        int                  tb_default;
        int                  tb_num_default;
        unsigned long        tb_data[0];
};
```

(include/net/ip_fib.h)

❑ tb_id：路由选择表标识符。对于主表，tb_id为254（RT_TABLE_MAIN）；对于本地表，tb_id为255（RT_TABLE_LOCAL）。主表和本地表将稍后介绍。这里需要指出的是，在不使用策略路由选择时，引导阶段将只创建这两个FIB表——主表和本地表。

❑ tb_num_default：表中包含的默认路由数。创建表的方法fib_trie_table()将tb_num_default初始化为0。每添加一条默认路由，方法fib_table_insert()都将tb_num_default加1；每删除一条默认路由，方法fib_table_delete()都将tb_num_default减1。

❑ tb_data[0]：路由选择条目对象（trie）的占位符。

前面介绍了FIB表是如何实现的，接下来你将学习表示路由选择条目的fib_info结构。

5.3.1   FIB 信息

路由选择条目由结构fib_info表示。它包含重要的路由选择条目参数，如出站网络设备（fib_dev）、优先级（fib_priority）、路由选择协议标识符（fib_protocol）等。下面来看看结构fib_info。

```
struct fib_info {
    struct hlist_node    fib_hash;
    struct hlist_node    fib_lhash;
```

```
    struct net         *fib_net;
    int                fib_treeref;
    atomic_t           fib_clntref;
    unsigned int       fib_flags;
    unsigned char      fib_dead;
    unsigned char      fib_protocol;
    unsigned char      fib_scope;
    unsigned char      fib_type;
    __be32             fib_prefsrc;
    u32                fib_priority;
    u32                *fib_metrics;
#define fib_mtu fib_metrics[RTAX_MTU-1]
#define fib_window fib_metrics[RTAX_WINDOW-1]
#define fib_rtt fib_metrics[RTAX_RTT-1]
#define fib_advmss fib_metrics[RTAX_ADVMSS-1]
    int                fib_nhs;
#ifdef CONFIG_IP_ROUTE_MULTIPATH
    int                fib_power;
#endif
    struct rcu_head    rcu;
    struct fib_nh      fib_nh[0];
#define fib_dev        fib_nh[0].nh_dev
};
```

(include/net/ip_fib.h)

❏ fib_net：fib_info对象所属的网络命名空间。

❏ fib_treeref：一个引用计数器，表示包含指向该fib_info对象的引用的fib_alias对象的数量。在方法fib_create_info()和fib_release_info()中，将分别对这个引用计数器进行加1和减1操作。上述两个方法都位于net/ipv4/fib_semantics.c中。

❏ fib_clntref：一个引用计数器，方法fib_create_info()（net/ipv4/fib_semantics.c）会将其加1，而fib_info_put()（include/net/ip_fib.h）则将其减1。方法fib_info_put()将它减1后，如果它变成了0，fib_info对象就会被方法free_fib_info()释放。

❏ fib_dead：一个标志，指出了是否允许方法free_fib_info()将fib_info对象释放。在调用方法free_fib_info()前，必须将fib_dead设置为1。如果没有设置fib_dead标志(其值为0)，fib_info对象将被视为处于活动状态，则若试图调用方法free_fib_info()来释放它，将以失败告终。

❏ fib_protocol：路由的路由选择协议标识符。从用户空间添加路由选择规则时，如果没有指定路由选择协议ID，fib_protocol将被设置为RTPROT_BOOT。管理员添加路由时，可能会使用修饰符proto static，指出路由是由管理员添加的。例如，可以像下面这样做：ip route add proto static 192.168.5.3 via 192.168.2.1。fib_protocol可设置为下面的标志之一。

■ RTPROT_UNSPEC：一个错误值。

■ RTPROT_REDIRECT：被设置时，表明路由选择条目是因收到ICMP重定向消息而创建的。协议标识符RTPROT_REDIRECT仅用于IPv6中。

- RTPROT_KERNEL：被设置时，表明路由选择条目是由内核创建的（例如，创建本地IPv4路由选择表时，这将在稍后讨论）。
- RTPROT_BOOT：被设置时，表明路由是由管理员添加的，但添加时没有使用修饰符 proto static。
- RTPROT_STATIC：表示路由是由系统管理员添加的。
- RTPROT_RA：不要误会，这个协议标识符表示的并非路由器警告，而是RDISC/ND路由器通告，仅供内核中的IPv6子系统使用，详情请参阅net/ipv6/route.c。这个协议标识符将在第8章讨论。

路由选择表也可能是由用户空间路由选择守护程序（如ZEBRA、XORP、MROUTED等）添加的。在这种情况下，将指定相应的协议标识符（请参阅include/uapi/linux/rtnetlink.h中RTPROT_XXX的定义）。例如，对于守护程序XORP，将指定RTPROT_XORP。请注意，这些标志（如RTPROT_KERNEL和RTPROT_STATIC）也被IPv6用来设置相应的字段（结构rt6_info的字段rt6i_protocol，对应于rtable的IPv6对象是rt6_info）。

- ❑ fib_scope：目标地址的范围（scope），它为地址和路由都指定了范围。简单地说，范围指出了主机相对于其他结点的距离。命令ip address show会显示主机配置的所有IP地址的范围，而命令ip route show会显示主表中所有路由条目的范围。范围分下面几种。
  - 主机（RT_SCOPE_HOST）：结点无法与其他网络结点通信。环回地址的范围就是主机。
  - 全局（RT_SCOPE_UNIVERSE）：地址可用于任何地方，这是最常见的情形。
  - 链路（RT_SCOPE_LINK）：地址只能从直连主机访问。
  - 场点（RT_SCOPE_SITE）：仅用于IPv6，这将在第8章讨论。
  - 找不到（RT_SCOPE_NOWHERE）：目的地不存在。

  管理员添加路由时，如果没有指定范围，将根据下述规则设置fib_scope字段的值。
  - 全局（RT_SCOPE_UNIVERSE）：所有使用网关的单播路由。
  - 链路（RT_SCOPE_LINK）：单播和广播直连路由。
  - 主机（RT_SCOPE_HOST）：本地路由。

- ❑ fib_type：路由的类型。fib_type字段是内核3.7在结构fib_info中新增的。它们被用作键，旨在确保能够根据类型区分不同的fib_info对象。以前，只是在FIB别名（fib_alias）的fa_type字段中存储了这种类型。你可以添加规则，禁止特定的流量通过。例如，可以像下面这样做：ip route add prohibit 192.168.1.17 from 192.168.2.103。
  - 在生成的fib_info对象中，fib_type将为RTN_PROHIBIT。
  - 从192.168.2.103向192.168.1.17发送数据包时，将收到ICMPv4 "数据包被过滤掉" 消息（ICMP_PKT_FILTERED）。

- ❑ fib_prefsrc：有时候，你可能想将查找键指定为特定的源地址，为此可设置fib_prefsrc。
- ❑ fib_priority：路由的优先级，默认为0，表示最高优先级。值越大，表示优先级越低。例如，优先级3比最高优先级0低。可使用以下面方式的ip命令之一配置优先级。
  - ip route add 192.168.1.10 via 192.168.2.1 metric 5

■ ip route add 192.168.1.10 via 192.168.2.1 priority 5
■ ip route add 192.168.1.10 via 192.168.2.1 preference 5

这3个命令都将fib_priority设置为了5，它们没有任何差别。另外，命令ip route的参数metric与结构fib_info的字段fib_metrics没有任何关系。

❑ fib_mtu、fib_window、fib_rtt和fib_advmss只是数组fib_metrics中常用元素的别名。fib_metrics是一个包含15（RTAX_MAX）个元素的数组，存储了各种指标，被初始化为net/core/dst.c中定义的dst_default_metrics。很多指标都与TCP协议相关，如初始拥塞窗口（initcwnd）。本章末尾的表5-1列出了所有指标，并指出了它们是否与TCP相关。在用户空间中，可以这样设置TCPv4指标initcwnd。

```
ip route add 192.168.1.0/24 initcwnd 35
```

有些指标并非TCP专用的，如mtu。在用户空间中，可以这样设置指标mtu：

```
ip route add 192.168.1.0/24 mtu 800
```

也可以这样设置它：

```
ip route add 192.168.1.0/24 mtu lock 800
```

这两个命令的差别在于：指定了修饰符lock时，不会尝试路径MTU发现；而没有指定修饰符lock时，内核可能基于路径MTU发现更新MTU。要更详细地了解这是如何实现的，请参阅net/ipv4/route.c中的方法__ip_rt_update_pmtu()。

```
static void __ip_rt_update_pmtu(struct rtable *rt, struct flowi4 *fl4, u32 mtu)
{
```

在指定了修饰符mtu lock时，将调用方法dst_metric_locked()来避免路径MTU更新。

```
. . .
if (dst_metric_locked(dst, RTAX_MTU))
    return;
. . .
}
```

❑ fib_nhs：下一跳的数量。没有设置多路径路由选择（CONFIG_IP_ROUTE_MULTIPATH）时，其值不能超过1。多路径路由选择功能为路由指定了多条替代路径，并可能给这些路径指定不同的权重。这种功能提供了诸如容错、增加带宽和提高安全性等好处，这将在第6章讨论。

❑ fib_dev：将数据包传输到下一跳的网络设备。

❑ fib_nh[0]：表示下一跳。使用多路径路由选择时，可在一条路由中指定多个下一跳。在这种情况下，将有一个下一跳数组。例如，要指定两个下一跳结点，可以这样做：ip route add default scope global nexthop dev eth0 nexthop dev eth1。

前面说过，fib_type为RTN_PROHIBIT时，将发送一条ICMPv4"数据包被过滤掉"消息（ICMP_PKT_FILTERED）。这是如何实现的呢？在net/ipv4/fib_semantics.c中，定义了一个数组，它包含12（RTN_MAX）个fib_props对象。这个数组使用的索引为路由类型。可能的路由类型（如

RTN_PROHIBIT和RTN_UNICAST）可在include/uapi/linux/rtnetlink.h中找到。这个数组的每个元素都是结构fib_prop的实例。结构fib_prop非常简单，其代码实现如下。

```
struct fib_prop {
        int     error;
        u8      scope;
};
```

(net/ipv4/fib_lookup.h)

对于每种路由类型，相应的fib_prop对象都包含其error和scope。例如，对于极其常见的路由类型RTN_UNICAST（经由网关的路由或直连路由），error为0（表示没有错误），而scope为RT_SCOPE_UNIVERSE；对于路由类型RTN_PROHIBIT（系统管理员为禁止流量通过而配置的规则），error为-EACCES，而scope为RT_SCOPE_UNIVERSE。

```
const struct fib_prop fib_props[RTN_MAX + 1] = {
    . . .
        [RTN_PROHIBIT] = {
                .error = -EACCES,
                .scope = RT_SCOPE_UNIVERSE,
        },

    . . .
```

本章末尾的表5-2列出了所有的路由类型及其错误代码和范围。

如果使用ip route add prohibit 192.168.1.17 from 192.168.2.103配置了前面所说的规则，则从192.168.2.103向192.168.1.17发送数据包时，将出现如下情况。在接收路径中，会在路由选择表中执行查找操作。如果找到相应的条目（它实际上是FIB TRIE的一片叶子），将调用方法check_leaf()。这个方法将数据包的路由类型作为索引（fa->fa_type）来访问fib_props数组。

```
static int check_leaf(struct fib_table *tb, struct trie *t, struct leaf *l,
                    t_key key, const struct flowi4 *flp,
                    struct fib_result *res, int fib_flags)
{
    . . .
        fib_alias_accessed(fa);
        err = fib_props[fa->fa_type].error;
        if (err) {
                . . .
                return err;
                }
    . . .
```

就这里介绍的情形而言，方法fib_lookup()（由它发起在IPv4路由选择子系统中进行查找的操作）最终将返回错误-EACCES。这种错误从check_leaf()出发，不断向后传播，经fib_table_lookup()等最终到达触发调用链的方法，即fib_lookup()。在接收路径中，方法fib_lookup()返回错误时，将由方法ip_error()进行处理，根据错误采取相应的措施。就错误-EACCES而言，采取的措施是发回一条代码为"数据包被过滤掉"（ICMP_PKT_FILTERED）的ICMPv4"目的地不可达"消息，同时将数据包丢弃。

本小节介绍了表示路由选择条目的fib_info，下一小节将讨论IPv4路由选择子系统中的缓存。不要将其与IPv4路由选择缓存混为一谈。IPv4路由选择缓存已从网络栈中删除。这些将在5.4.3节讨论。

5.3.2　缓存

缓存路由选择查找结果是一种优化技术，可用于改善路由选择子系统的性能。路由选择查找结果通常缓存在下一跳对象（fib_nh）中，但在数据包不是单播数据包或使用了realms（数据包的itag不为0）时，则不会将查找结果缓存到下一跳中。这是因为，如果缓存所有数据包类型的查找结果，将导致不同类型的路由使用相同的下一跳，而这种情况必须避免。还存在其他一些不那么重要的例外情况，但本章不作讨论。在接收路径和传输路径中进行缓存的过程如下。

- 在接收路径中，通过设置下一跳对象（fib_nh）的nh_rth_input字段，将fib_result对象缓存到下一跳对象（fib_nh）中。
- 在传输路径中，通过设置下一跳对象（fib_nh）的nh_pcpu_rth_output字段，将fib_result对象缓存到下一跳对象（fib_nh）中。
- nh_rth_input和nh_pcpu_rth_output都是结构rtable的实例。
- 在接收和传输路径中，缓存fib_result的工作都是由方法rt_cache_route()（net/ipv4/route.c）完成的。
- 缓存路径MTU和ICMPv4重定向的工作是使用FIB例外（exception）实现的。

nh_pcpu_rth_output是一个基于CPU的变量，用以改善性能。这意味着对于每个CPU，都有一个输出条目dst的副本。几乎在任何情况下都需要使用缓存，只有为数不多的几种例外情形，如发送ICMPv4重定向消息、设置了itag（tclassid）以及没有足够的内存等。

本小节介绍了使用下一跳对象来实现缓存的过程，下一小节将讨论表示下一跳的结构fib_nh以及FIB下一跳例外（FIB nexthop exception）。

5.3.3　下一跳

结构fib_nh表示下一跳，包含诸如外出网络设备（nh_dev）、外出接口索引（nh_oif）、范围（nh_scope）等信息，如下所示。

```
struct fib_nh {
    struct net_device       *nh_dev;
    struct hlist_node       nh_hash;
    struct fib_info         *nh_parent;
    unsigned int            nh_flags;
    unsigned char           nh_scope;
#ifdef CONFIG_IP_ROUTE_MULTIPATH
    int                     nh_weight;
    int                     nh_power;
#endif
#ifdef CONFIG_IP_ROUTE_CLASSID
    __u32                   nh_tclassid;
```

```
#endif
    int                  nh_oif;
    __be32               nh_gw;
    __be32               nh_saddr;
    int                  nh_saddr_genid;
    struct rtable __rcu * __percpu *nh_pcpu_rth_output;
    struct rtable __rcu    *nh_rth_input;
    struct fnhe_hash_bucket *nh_exceptions;
};
```

(include/net/ip_fib.h)

nh_dev字段指出了将流量传输到下一跳所使用的网络设备（net_device对象）。与一条或多条路由相关联的网络设备被禁用时，将发送NETDEV_DOWN通知。处理这种事件的FIB回调函数为方法fib_netdev_event()。它是通知者对象fib_netdev_notifier的回调函数，是在方法ip_fib_init()中调用方法register_netdevice_notifier()注册的（通知链将在第14章讨论）。收到通知NETDEV_DOWN后，方法fib_netdev_event()调用方法fib_disable_ip()。在方法fib_disable_ip()中，执行的步骤如下。

❏ 首先，调用方法fib_sync_down_dev()（net/ipv4/fib_semantics.c）。在方法fib_sync_down_dev()中，设置下一跳标志（nh_flags）中的RTNH_F_DEAD标志以及FIB信息标志（fib_flags）。

❏ 调用方法fib_flush()刷新路由。

❏ 调用方法rt_cache_flush()和arp_ifdown()。方法arp_ifdown()不包含在任何通知链中。

FIB下一跳例外

FIB下一跳例外（nexthop exceptions）是3.6版内核新增的，旨在处理这样的情形，即路由选择条目变更并非用户空间操作引起的，而是ICMPv4重定向消息或路径MTU发现导致的。使用的散列键为目标地址。FIB下一跳例外基于包含2048个条目的散列表。释放散列表条目时，始于长度为5的链条。每个下一跳对象（fib_nh）都包含一个FIB下一跳例外散列表——nh_exceptions，它是一个fnhe_hash_bucket结构实例。来看看结构fib_nh_exception。

```
struct fib_nh_exception {
    struct fib_nh_exception __rcu    *fnhe_next;
    __be32               fnhe_daddr;
    u32                  fnhe_pmtu;
    __be32               fnhe_gw;
    unsigned long        fnhe_expires;
    struct rtable __rcu    *fnhe_rth;
    unsigned long        fnhe_stamp;
};
```

(include/net/ip_fib.h)

fib_nh_exception对象是由方法update_or_create_fnhe()（net/ipv4/route.c）创建的。在什么情况下会生成FIB下一跳例外呢？第一种情形是在方法__ip_do_redirect()中接收ICMPv4重定向消息("重定向到主机")的时候。"重定向到主机"消息包含新网关。在方法update_or_create_fnhe()

中创建FIB下一跳例外对象时，将把fib_nh_exception的fnhe_gw字段设置为下面这个新网关。

```
static void __ip_do_redirect(struct rtable *rt, struct sk_buff *skb, struct flowi4 *fl4,
                bool kill_route)
{
    . . .
    __be32 new_gw = icmp_hdr(skb)->un.gateway;
    . . .
    update_or_create_fnhe(nh, fl4->daddr, new_gw, 0, 0);
    . . .
}
```

会生成FIB下一跳例外的第二种情形是路径MTU发生了变化，此时将调用方法__ip_rt_update_pmtu()。在这种情况下，在方法update_or_create_fnhe()中创建FIB下一跳例外对象时，将把fib_nh_exception对象的fnhe_pmtu字段设置为新的MTU。PMTU值持续10分钟（ip_rt_mtu_expires）未更新时将失效。每次通过方法ipv4_mtu()调用dst_mtu()时，都会检查这个过期时间。方法ipv4_mtu()是一个dst->ops->mtu处理程序。ip_rt_mtu_expires默认为600秒，可通过procfs条目/proc/sys/net/ipv4/route/mtu_expires进行配置。

```
static void __ip_rt_update_pmtu(struct rtable *rt, struct flowi4 *fl4, u32 mtu)
{
    . . .
    if (fib_lookup(dev_net(dst->dev), fl4, &res) == 0) {
        struct fib_nh *nh = &FIB_RES_NH(res);

        update_or_create_fnhe(nh, fl4->daddr, 0, mtu,
                    jiffies + ip_rt_mtu_expires);
    }
    . . .
}
```

注意　FIB下一跳例外以前用于传输路径中，但从Linux 3.11起，也被用于接收路径中，因此删除了成员fnhe_rth，取而代之的是fnhe_rth_input和fnhe_rth_output。

从内核2.4起，开始支持策略路由选择。使用策略路由选择时，仅根据目标地址为数据包选择路由，而不考虑其他因素，如源地址和TOS。系统管理员可添加多达255个路由选择表。

5.3.4　策略路由选择

不使用策略路由选择（没有设置CONFIG_IP_MULTIPLE_TABLES时），将创建两个路由选择表：本地表和主表。主表的ID为254（RT_TABLE_MAIN），本地表的ID为255（RT_TABLE_LOCAL）。本地表包含针对本地地址的路由选择条目，只有内核才能在本地表中添加路由选择条目。在主表（RT_TABLE_MAIN）中添加路由选择条目的工作是由系统管理员完成的（例如，使用命令ip route add）。这些表由net/ipv4/fib_frontend.c中的方法fib4_rules_init()创建，它们在

2.6.25版之前的内核中分别被命名为ip_fib_local_table和ip_fib_main_table,但为了支持以统一的方式(通过方法fib_get_table()和合适的参数)访问路由选择表,现在已不再使用这些名称。所谓以统一的方式访问,指的是无论是否启用了策略路由选择,通过方法fib_get_table()访问路由选择表的方式都相同。方法fib_get_table()只接受两个参数:网络命名空间和表ID。请注意,还有一个用于策略路由选择的方法——fib4_rules_init(),它位于net/ipv4/fib_rules.c中。在支持策略路由选择的情况下将调用它。当支持策略路由选择(设置了CONFIG_IP_MULTIPLE_TABLES)时,默认有3个表(本地表、主表和默认表),且最多可以有255个路由选择表。策略路由选择将在第6章讨论。要访问主表,可以采取如下做法。

- ❑ 使用系统管理员命令ip route或route。
  - ■ 使用命令ip route add添加路由,是通过从用户空间发送RTM_NEWROUTE消息实现的,由方法inet_rtm_newroute()处理。请注意,路由未必都属于允许流量通过的规则,也可以添加禁止流量通过的路由。如,使用命令ip route add prohibit 192.168.1.17 from 192.168.2.103,应用这条规则后,所有从192.168.2.103发送到192.168.1.17的数据包都将被禁止通过。
  - ■ 使用命令ip route del删除路由,是通过从用户空间发送RTM_DELROUTE消息实现的,由方法inet_rtm_delroute()处理。
  - ■ 使用命令转储路由选择表,是通过从用户空间发送RTM_GETROUTE消息实现的,由方法inet_dump_fib()处理。

  请注意,命令ip route show用于显示主表。要显示本地表,应使用命令ip route show table local。
  - ■ 使用命令route add添加路由,是通过发送SIOCADDRT IOCTL消息实现的,由方法ip_rt_ioctl() method(net/ipv4/fib_frontend.c)处理。
  - ■ 使用命令route del删除路由,是通过发送SIOCDELRT IOCTL消息实现的,由方法ip_rt_ioctl()(net/ipv4/fib_frontend.c)处理。
  - ■ 使用实现了BGP(边界网关协议)、EGP(外部网关协议)、OSPF(开放最短路径优先)或其他路由选择协议的路由选择守护程序。这些路由选择守护程序运行在Internet骨干的核心路由器上,能够处理数十万条路由。

这里需要指出的是,因ICMPv4重定向消息或路径MTU发现而变更的路由被缓存到下一跳例外表中,这将稍后讨论。下一节将介绍帮助优化路由选择的FIB别名。

5.3.5 FIB 别名

在有些情况下,会针对同一个目标地址或子网创建多个路由选择条目。这些路由选择条目的唯一差别是其TOS不同。在这种情况下,将为每条路由创建一个fib_alias对象,而不是fib_info对象。fib_alias相对来说更小,可降低内存量的消耗。下面是一个简单示例,它创建了3个fib_alias对象。

```
ip route add 192.168.1.10 via 192.168.2.1 tos 0x2
ip route add 192.168.1.10 via 192.168.2.1 tos 0x4
ip route add 192.168.1.10 via 192.168.2.1 tos 0x6
```

来看看结构fib_alias的定义。

```
struct fib_alias {
        struct list_head        fa_list;
        struct fib_info         *fa_info;
        u8                      fa_tos;
        u8                      fa_type;
        u8                      fa_state;
        struct rcu_head         rcu;
};
```

(net/ipv4/fib_lookup.h)

请注意，结构fib_alias以前还有一个范围字段（fa_scope），但内核2.6.39将其移到了结构fib_info中。fib_alias对象用于存储前往同一个子网但参数不同的路由。多个fib_alias对象可共享同一个fib_info对象。在这种情况下，这些fib_alias对象的fa_info指针都将指向共享的fib_info对象。在图5-3中，一个fib_info对象由3个fib_alias对象共享，这3个fib_alias对象的fa_tos各不相同。我们注意到，该fib_info对象的引用计数器（fib_treeref）的值为3。

在你尝试添加键时，如果它是已添加的fib_node的键，结果将如何呢？这里像前一个示例一样使用TOS值0x2、0x4和0x6，并假设你创建了一条TOS为0x2的规则，并接着创建一条TOS为0x4的规则。fib_alias对象是由负责添加路由选择条目的方法fib_table_insert()创建的。

```
int fib_table_insert(struct fib_table *tb, struct fib_config *cfg)
{
        struct trie *t = (struct trie *) tb->tb_data;
        struct fib_alias *fa, *new_fa;
        struct list_head *fa_head = NULL;
        struct fib_info *fi;
        . . .
```

首先，将创建一个fib_info对象。请注意，在方法fib_create_info()中，分配并创建fib_info对象后，调用方法fib_find_info()检查是否有类似的对象。如果有类似的对象，就释放新创建的对象，并将找到的对象（后续代码片段中的ofi）的引用计数器加1。

```
fi = fib_create_info(cfg);
```

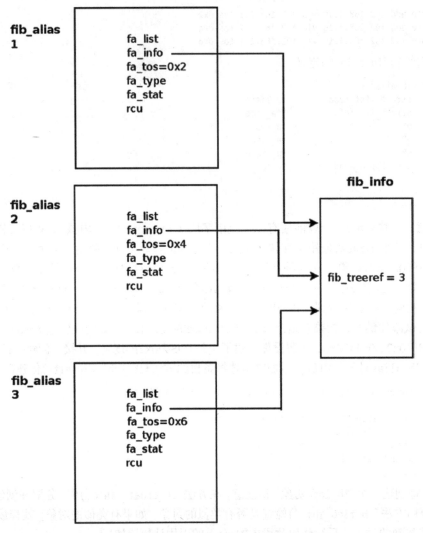

图5-3 3个fib_alias对象共享一个fib_info对象
（每个fib_alias对象的fa_tos值都不同）

来看看方法fib_create_info()中刚才提到的代码片段。创建第二条TOS规则时，需要的
fib_info对象与第一条规则相同。你应该还记得，TOS字段包含在fib_alias对象而不是fib_info
对象中。

```
struct fib_info *fib_create_info(struct fib_config *cfg)
{
    struct fib_info *fi = NULL;
    struct fib_info *ofi;
    . . .
    fi = kzalloc(sizeof(*fi)+nhs*sizeof(struct fib_nh), GFP_KERNEL);
```

```
        if (fi == NULL)
                goto failure;
        ...
link_it:
        ofi = fib_find_info(fi);
```

如果找到了类似的对象，就将新创建的`fib_info`对象释放，并将找到的对象的引用计数（`fib_treeref`）加1。

```
        if (ofi) {
                fi->fib_dead = 1;
                free_fib_info(fi);
                ofi->fib_treeref++;
                return ofi;
        }
        ...
}
```

接下来，检查是否有相应的`fib_info`对象别名。这里没有这样的别名，因为第二条规则的TOS与第一条规则不同。

```
        l = fib_find_node(t, key);
        fa = NULL;

        if (l) {
                fa_head = get_fa_head(l, plen);
                fa = fib_find_alias(fa_head, tos, fi->fib_priority);
        }

if (fa && fa->fa_tos == tos &&
    fa->fa_info->fib_priority == fi->fib_priority) {
        ...
        }
```

接下来，创建一个`fib_alias`对象，并让其`fa_info`指针指向第一条规则的`fib_info`。

```
new_fa = kmem_cache_alloc(fn_alias_kmem, GFP_KERNEL);
if (new_fa == NULL)
    goto out;

new_fa->fa_info = fi;
    ...
```

介绍完FIB别名后，便可以来看看存在次优路由时发送的ICMPv4重定向消息了。

5.4　ICMPv4重定向消息

有时候，路由选择条目可能是次优的。在这种情况下，将发送ICMPv4重定向消息。次优条目的主要判断标准是：输入设备和输出设备相同。但正如你即将在本节看到的，还必须满足其他条件，才会发送ICMPv4重定向消息。ICMPv4重定向消息的代码有如下4种。

❑ ICMP_REDIR_NET：重定向网络。

- ❏ ICMP_REDIR_HOST：重定向主机。
- ❏ ICMP_REDIR_NETTOS：针对TOS重定向网络。
- ❏ ICMP_REDIR_HOSTTOS：针对TOS重定向主机。

图5-4演示了一种存在次优路由的情形。图中有3台机器，它们位于同一个子网（192.168.2.0/24）中，并通过一个网关（192.168.2.1）相连。在AMD服务器（192.168.2.200）中，使用命令ip route add 192.168.2.7 via 192.168.2.10将Windows服务器（192.168.2.10）指定为访问笔记本电脑（192.168.2.7）时使用的网关。接下来，AMD服务器使用ping 192.168.2.7向笔记本电脑发送数据包。由于默认网关为192.168.2.10，流量将发送到192.168.2.10。Windows服务器发现这条路由是次优的（因为AMD服务器可以直接将数据发送到192.168.2.7），因此向AMD服务器发回一条代码为ICMP_REDIR_HOST的ICMPv4重定向消息。

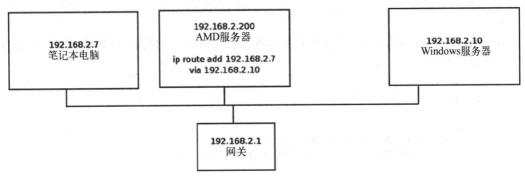

图5-4　一个重定向到主机（ICMP_REDIR_HOST）的简单示例

对重定向有更深入的认识后，来看看ICMPv4重定向消息是如何生成的。

5.4.1　生成 ICMPv4 重定向消息

存在次优路由时，将发送ICMPv4重定向消息。判断次优路由的最重要标准是：输入设备和输出设备相同，但同时还需满足其他一些条件。ICMPv4重定向消息的生成过程分如下两个阶段。

- ❏ 在方法__mkroute_input()中，必要时设置标志RTCF_DOREDIRECT。
- ❏ 在方法ip_forward()中，实际上是通过调用方法ip_rt_send_redirect()来发送ICMPv4重定向消息。

```
static int __mkroute_input(struct sk_buff *skb,
                  const struct fib_result *res,
                  struct in_device *in_dev,
                  __be32 daddr, __be32 saddr, u32 tos)
{
    struct rtable *rth;
    int err;
    struct in_device *out_dev;
    unsigned int flags = 0;
    bool do_cache;
```

仅当满足了下述所有条件时,才会设置RTCF_DOREDIRECT标志。

☐ 输入设备和输出设备相同。

☐ procfs条目/proc/sys/net/ipv4/conf/<deviceName>/send_redirects被设置。

☐ 输出设备为共享介质,或源地址(saddr)和下一跳网关地址(nh_gw)属于同一个子网。

```
if (out_dev == in_dev && err && IN_DEV_TX_REDIRECTS(out_dev) &&
  (IN_DEV_SHARED_MEDIA(out_dev) ||
   inet_addr_onlink(out_dev, saddr, FIB_RES_GW(*res)))) {

    flags |= RTCF_DOREDIRECT;
    do_cache = false;
}
    . . .
```

下面的代码用于设置rtable对象的标志。

```
    rth->rt_flags = flags;
    . . .
}
```

发送ICMPv4重定向消息的工作是在第二个阶段由方法ip_forward()完成的。

```
int ip_forward(struct sk_buff *skb)
{
    struct iphdr        *iph;    /*报头*/
    struct rtable       *rt;     /*使用的路由*/
    struct ip_options   *opt   = &(IPCB(skb)->opt);
```

接下来,检查是否设置了标志RTCF_DOREDIRECT,是否不包含IP选项“严格路由”(参见第4章)且不是IPSec数据包(使用IPsec隧道时,隧道化的数据包的输入设备可以与解封后的数据包的出站设备相同,详情请参阅http://lists.openwall.net/netdev/2007/08/24/29)。

```
if (rt->rt_flags&RTCF_DOREDIRECT && !opt->srr && !skb_sec_path(skb))
    ip_rt_send_redirect(skb);
```

在方法ip_rt_send_redirect()中,来实际发送ICMPv4重定向消息。这个方法的第3个参数位要通告的新网关的IP地址,这里为192.168.2.7(笔记本电脑的IP地址)。

```
void ip_rt_send_redirect(struct sk_buff *skb)
  {
    . . .
    icmp_send(skb, ICMP_REDIRECT, ICMP_REDIR_HOST,
         rt_nexthop(rt, ip_hdr(skb)->daddr))
    . . .
  }
```

(net/ipv4/route.c)

5.4.2 接收 ICMPv4 重定向消息

仅当ICMPv4重定向消息通过了一些完整性检查后,才会对其进行处理。处理ICMPv4重定向消息的工作由方法__ip_do_redirect()完成。

```
static void __ip_do_redirect(struct rtable *rt, struct sk_buff *skb, struct flowi4
    *fl4,bool kill_route)
{
    __be32 new_gw = icmp_hdr(skb)->un.gateway;
    __be32 old_gw = ip_hdr(skb)->saddr;
    struct net_device *dev = skb->dev;
    struct in_device *in_dev;
    struct fib_result res;
    struct neighbour *n;
    struct net *net;
    ...
```

它执行各种检查,如网络设备是否被设置成接受重定向消息状态。必要时可拒绝重定向消息。

```
if (rt->rt_gateway != old_gw)
    return;

in_dev = __in_dev_get_rcu(dev);
if (!in_dev)
    return;

net = dev_net(dev);
if (new_gw == old_gw || !IN_DEV_RX_REDIRECTS(in_dev) ||
    ipv4_is_multicast(new_gw) || ipv4_is_lbcast(new_gw) ||
    ipv4_is_zeronet(new_gw))
    goto reject_redirect;

if (!IN_DEV_SHARED_MEDIA(in_dev)) {
    if (!inet_addr_onlink(in_dev, new_gw, old_gw))
        goto reject_redirect;
    if (IN_DEV_SEC_REDIRECTS(in_dev) && ip_fib_check_default(new_gw, dev))
        goto reject_redirect;
} else {
    if (inet_addr_type(net, new_gw) != RTN_UNICAST)
        goto reject_redirect;
}
```

接下来,在邻接子系统中进行查找。查找时使用的键为通告的网关的地址(new_gw),它是在方法__ip_do_redirect()开头从ICMPv4消息中提取的。

```
n = ipv4_neigh_lookup(&rt->dst, NULL, &new_gw);
if (n) {
    if (!(n->nud_state & NUD_VALID)) {
        neigh_event_send(n, NULL);
    } else {
        if (fib_lookup(net, fl4, &res) == 0) {
            struct fib_nh *nh = &FIB_RES_NH(res);
```

接下来,使用通告的网关的IP地址(new_gw)创建或更新一个FIB下一跳例外。

```
            update_or_create_fnhe(nh, fl4->daddr, new_gw,
                    0, 0);
        }
```

```
        if (kill_route)
            rt->dst.obsolete = DST_OBSOLETE_KILL;
        call_netevent_notifiers(NETEVENT_NEIGH_UPDATE, n);
    }
    neigh_release(n);
}
return;

reject_redirect:
. . .
```

(net/ipv4/route.c)

介绍了如何处理收到的ICMPv4重定向消息后，接下来将介绍IPv4路由选择缓存以及将其删除的原因。

5.4.3　IPv4 路由选择缓存

在3.6版以前的内核中都包含带垃圾收集器的IPv4路由选择缓存，但内核3.6将其删除了（大约是2012年7月）。多年来，内核已经可以选择使用FIB TRIE/FIB散列，但默认并不使用它。有了FIB TRIE后，就可将IPv4路由选择缓存删除了，因为后者容易遭受拒绝服务（DoS）的攻击。FIB TRIE（也叫LC-trie）是一种最长匹配前缀查找算法，在路由选择表较大的情况下，其性能优于FIB散列。它消耗的内存更多，也更复杂，但性能更佳，因此完全可以将路由选择缓存删除。被合并前的很长一段时间内，FIB TRIE代码都位于内核中（但默认并不使用它们）。前面说过，将IPv4路由选择缓存删除的主要原因是，很容易对其发起DoS攻击，因为它会为每个独特的流创建一个缓存条目。基本上这就意味着，通过向随机目的地发送数据包，可创建无数的路由选择缓存条目。

合并FIB TRIE后，就可以将路由选择缓存、一些繁琐的FIB散列表以及路由选择缓存垃圾收集方法都删除了。这里简要地讨论路由选择缓存，因为读者可能想知道它是用来做什么的。在基于Linux的软件行业中，RedHat等公司发布版的内核长期保持不变，并提供长时间的支持服务（例如，RedHat对其发布版提供长达7年的支持服务），因此有些读者很可能涉足基于3.6版之前内核的项目，进而遇到路由选择缓存和基于FIB散列的路由选择表。深入讨论理论和FIB TRIE数据结构的实现细节超出了本书的范围。要深入地了解它们，推荐你阅读Robert Olsson和Stefan Nilsson撰写的文章"TRASH—A dynamic LC-trie and hash data structure"，其网址为www.nada.kth.se/~snilsson/publications/TRASH/trash.pdf。

请注意，在IPv4路由选择缓存的实现中，无论使用了多少个路由选择表，都只有一个缓存（使用策略路由选择时，最多可以有255个路由选择表）。另外，以前还支持IPv4多路径路由选择缓存，但在2007年，内核2.6.23将其删除了。事实上，其效果一直不佳，因此根本没有走出实验阶段。

在3.6版之前的内核中，还没有合并FIB TRIE，在IPv4路由选择系统中进行查找的方式与之后的版本存在差异。对于早期的版本，在访问路由选择表之前，需先访问路由选择缓存；其次，其表的组织方式不同；最后，其具有路由选择缓存垃圾收集器，它既是异步的（定期激活）又是同步的（在特定条件下激活，例如，在缓存条目数超过指定阈值时激活）。路由选择缓存基本上就是一个大型散列表，它将IP流源地址、目标地址和TOS用作键，并将其关联到所有的流信息，如邻居、PMTU、重定向、TCPMSS信息等。其优点在于，查找缓存条目的速度很快，且其中包含高层需要的所有信息。

注意　接下来的两部分内容（"接收路径"和"传输路径"）都是基于内核2.6.38的。

接收路径

在接收路径中，首先调用方法ip_route_input_common()。这个方法在IP路由选择缓存中进行查找。这比在IPv4路由选择表中查找要快得多。路由选择表查找基于搜索算法最长前缀匹配（Longest Prefix Match，LPM）。在LPM搜索中，最具体（子网掩码最长）的条目被称为最长前缀匹配。如果在路由选择缓存中查找失败（"缓存缺失"），将调用方法ip_route_input_slow()在路由选择表中查找，而实际查找工作是通过调用方法fib_lookup()来完成的。如果查找成功，将调用方法ip_mkroute_input()。它执行的操作之一是调用方法rt_intern_hash()将路由选择条目插入路由选择缓存。

传输路径

在传输路径中，首先调用方法ip_route_output_key()。这个方法在IPv4路由选择缓存中进行查找。如果在缓存中查找失败，就调用方法ip_route_output_slow()，它再调用方法fib_lookup()在路由选择系统中查找。如果查找成功，将调用方法ip_mkroute_input()，它执行的操作之一是调用方法rt_intern_hash()将路由选择条目插入路由选择缓存。

5.5　总结

本章介绍了与IPv4路由选择子系统相关的各种主题。从本质上说，路由选择子系统负责处理到来和外出的数据包。在此，你学习了转发、路由选择子系统查找、FIB表的组织、策略路由选择和路由选择子系统、ICMPv4重定向消息等主题，还学习了使用FIB别名实现的优化，了解到路由选择缓存已被删除，并掌握了其中的原因。下一章将讨论与IPv4路由选择子系统相关的高级主题。

5.6　快速参考

在本章最后，列出了一些与IPv4路由选择子系统相关的方法、宏和表格，并简要地描述了路由选择标志。

注意　IPv4路由选择子系统是由net/ipv4下的如下模块实现的：fib_frontend.c、fib_trie.c、fib_semantics.c、route.c。

模块fib_rules.c实现了策略路由选择，仅在设置了CONFIG_IP_MULTIPLE_TABLES时它才被编译。最重要的头文件包括fib_lookup.h、include/net/ip_fib.h和include/net/route.h。

目的地缓存（dst）的实现包含在net/core/dst.c和include/net/dst.h。

要支持多路径路由选择，必须设置CONFIG_IP_ROUTE_MULTIPATH。

5.6.1　方法

本节列出了本章提及的方法。

1. int fib_table_insert(struct fib_table *tb, struct fib_config *cfg);

这个方法将根据指定的fib_config对象在指定FIB表（fib_table对象）中插入一个IPv4路由选择条目。

2. int fib_table_delete(struct fib_table *tb, struct fib_config *cfg);

这个方法将根据指定的fib_config对象从指定FIB表（fib_table对象）中删除一个IPv4路由选择条目。

3. struct fib_info *fib_create_info(struct fib_config *cfg);

这个方法将根据指定的fib_config对象创建一个fib_info对象。

4. void free_fib_info(struct fib_info *fi);

这个方法在fib_info对象不处于活动状态（fib_dead标志不为0）时将其释放，并将fib_info对象全局计数器（fib_info_cnt）减1。

5. void fib_alias_accessed(struct fib_alias *fa);

这个方法将指定fib_alias对象的fa_state标志设置为FA_S_ACCESSED。请注意，FA_S_ACCESSED是唯一的fa_state标志。

6. void ip_rt_send_redirect(struct sk_buff *skb);

这个方法在路径为次优路径时发送一条ICMPV4重定向消息。

7. void __ip_do_redirect(struct rtable *rt, struct sk_buff *skb, struct flowi4*fl4, bool kill_route);

这个方法负责接收ICMPv4重定向消息。

8. void update_or_create_fnhe(struct fib_nh *nh, __be32 daddr, __be32 gw, u32 pmtu, unsigned long expires);

这个方法在指定的下一跳对象（fib_nh）时创建一个FIB下一跳例外表（fib_nh_exception），并对其进行初始化。在因ICMPv4重定向消息或PMTU发现引起路由更新时，调用这个方法。

9. u32 dst_metric(const struct dst_entry *dst, int metric);

这个方法返回指定dst对象的指定指标。

10. struct fib_table *fib_trie_table(u32 id);

这个方法分配并初始化一个FIB TRIE表。

11. struct leaf *fib_find_node(struct trie *t, u32 key);

这个方法使用指定的键执行TRIE查找。查找成功时返回一个leaf对象，失败时返回NULL。

5.6.2　宏

本节列出了IPv4路由选择子系统中的宏，其中一些在本章提到过。

1. FIB_RES_GW()

这个宏返回与指定fib_result对象相关联的nh_gw字段（下一跳网关地址）。

2. FIB_RES_DEV()

这个宏返回与指定fib_result对象相关联的nh_dev字段（下一跳net_device对象）。

3. FIB_RES_OIF()

这个宏返回与指定fib_result对象相关联的nh_oif字段（下一跳输出接口索引）。

4. FIB_RES_NH()

这个宏返回指定fib_result对象中fib_info对象的下一跳（fib_nh对象）。启用了多路径路由选择时，可能有多个下一跳。在这种情况下，将考虑指定fib_result对象的字段nh_sel，并将其作为该fib_info对象中下一跳数组的索引（include/net/ip_fib.h）。

5. IN_DEV_FORWARD()

这个宏检查指定的网络设备（in_device对象）是否支持IPv4转发。

6. IN_DEV_RX_REDIRECTS()

这个宏检查指定的网络设备（in_device对象）是否接受ICMPv4重定向消息。

7. IN_DEV_TX_REDIRECTS()

这个宏检查指定的网络设备（in_device对象）是否支持ICMPv4重定向消息的发送。

8. IS_LEAF()

这个宏检查指定树结点是否为叶子结点。

9. IS_TNODE()

这个宏检查指定的树结点是否为内部结点（trie结点或tnode）。

10. change_nexthops()

这个宏迭代指定fib_info对象的下一跳（net/ipv4/fib_semantics.c）。

5.6.3　表

一共有15个（RTAX_MAX）路由指标，有些与TCP相关，有些是通用的。表5-1指出了哪些指标是与TCP相关的。

表5-1　路由指标（include/uapi/linux/rtnetlink.h）

Linux符号	是否为TCP指标
RTAX_UNSPEC	否
RTAX_LOCK	否
RTAX_MTU	否
RTAX_WINDOW	是

（续）

Linux符号	是否为TCP指标
RTAX_RTT	是
RTAX_RTTVAR	是
RTAX_SSTHRESH	是
RTAX_CWND	是
RTAX_ADVMSS	是
RTAX_REORDERING	是
RTAX_HOPLIMIT	否
RTAX_INITCWND	是
RTAX_FEATURES	否
RTAX_RTO_MIN	是
RTAX_INITRWND	是

表5-2指出了各种路由类型的错误值和范围。

表5-2　路由类型

Linux符号	错误值	范围
RTN_UNSPEC	0	RT_SCOPE_NOWHERE
RTN_UNICAST	0	RT_SCOPE_UNIVERSE
RTN_LOCAL	0	RT_SCOPE_HOST
RTN_BROADCAST	0	RT_SCOPE_LINK
RTN_ANYCAST	0	RT_SCOPE_LINK
RTN_MULTICAST	0	RT_SCOPE_UNIVERSE
RTN_BLACKHOLE	-EINVAL	RT_SCOPE_UNIVERSE
RTN_UNREACHABLE	-EHOSTUNREACH	RT_SCOPE_UNIVERSE
RTN_PROHIBIT	-EACCES	RT_SCOPE_UNIVERSE
RTN_THROW	-EAGAIN	RT_SCOPE_UNIVERSE
RTN_NAT	-EINVAL	RT_SCOPE_NOWHERE
RTN_XRESOLVE	-EINVAL	RT_SCOPE_NOWHERE

5.6.4　路由标志

执行命令route -n时，输出中包含路由标志。在这个命令的输出中，可能包含的标志值如下：
- U（路由处于up状态）
- H（目标为主机）
- G（使用网关）
- R（为动态路由选择恢复路由）
- D（由守护程序或重定向消息动态加入）

❑ M（被路由选择守护程序或重定向消息修改过）

❑ A（由addrconf加入）

❑ !（阻塞路由）

表5-3所示是命令route -n的输出示例（将输出组织成了表格的形式）。

表5-3　内核IP路由选择表

Destination	Gateway	Genmask	Flags	Metric	Ref	Use	Iface
169.254.0.0	0.0.0.0	255.255.0.0	U	1002	0	0	eth0
192.168.3.0	192.168.2.1	255.255.255.0	UG	0	0	0	eth1

第 6 章

高级路由选择

第5章讨论了IPv4路由选择子系统，本章继续往下介绍，讨论组播路由选择、多路径路由选择、策略路由选择等IPv4高级路由选择主题。本书讨论的是Linux内核网络实现，不会深入探讨用户空间组播路由选择守护程序的实现。它非常复杂，超出了本书的范围。然而，本书将简要地讨论用户空间组播选择守护程序与内核组播层之间的交互以及Internet组管理协议（Internet Group Management Protocol，IGMP）。IGMP是组播组成员关系管理的基础，添加和删除组播组成员的工作都由它完成。要明白组播主机和组播路由器之间的交互，需要掌握一些IGMP基本知识。

多路径路由选择指的是能够在路由中添加多条路径。策略路由选择能够让你添加完全基于目标地址的路由选择策略。下面先来介绍组播路由选择。

6.1 组播路由选择

在4.3节中，已经粗略地说了说组播路由选择，下面来做更深入的讨论。发送组播流量意味着将数据包发送给多个接收方。这种功能在流媒体、音频/视频会议等领域很有用。相比于单播流量，它有一个显而易见的优点，那就是能够节省网络带宽。组播地址为D类地址，其无类域间路由选择前缀为224.0.0.0/4，范围为224.0.0.0~239.255.255.255。处理组播路由选择时，必须同与内核交互的用户空间路由选择守护程序协作。在Linux实现中，组播路由选择不像单播路由选择那样可以由内核单独处理。组播守护程序种类繁多，如mrouted和pimd，它们分别基于距离矢量组播路由选择协议（Distance Vector Multicast Routing Protocol，DVMRP）和协议无关组播（Protocol-Independent Multicast，PIM）。DVMRP是在RFC 1075中定义的，是最先面世的组播路由选择协议，它建立在路由选择信息协议（Routing Information Protocol，RIP）的基础之上。

PIM协议有两个版本：CONFIG_IP_PIMSM_V1和CONFIG_IP_PIMSM_V2，内核对这两个版本都支持。PIM有4种不同的模式：PIM-SM（PIM稀疏模式）、PIM-DM（PIM密集模式）、PIM-SSM（PIM指定信源组播）和双向PIM。这种协议之所以被称为**协议无关**，是因为它不依赖于特定路由选择协议来发现拓扑。本节讨论用户空间守护程序与内核组播路由选择层之间的交互。深入探讨PIM协议、DVMPR或其他组播路由选择协议超出了本书的范围。通常，组播路由选择查找是根据源地址和目标地址进行的。内核提供了"组播策略路由选择"功能，它类似于第5章提到的内核功能"单播策略路由选择"，本章也将对其进行讨论。组播策略路由选择协议是使用策略路由选择API实现的。例如，它调用方法fib_rules_lookup()来执行查找、它会创建fib_rules_ops对象、使用方法fib_rules_register()进行注册等。在组播策略路由选择中，可根据其他（如入站网络接口）标准选择路由。另外，可使用多个组播路由选择表。要使用组播策略路由选择，必须设置IP_MROUTE_MULTIPLE_TABLES。

图6-1是一个简单的IPv4组播路由选择场景，其拓扑非常简单。为加入组播组（224.225.0.1），左边的笔记本电脑需要发送IGMP数据包（IP_ADD_MEMBERSHIP）。IGMP将在下一小节讨论。中间的AMD服务器被配置为组播路由器，其运行着一个用户空间组播路由选择守护程序（如pimd或mrouted）。右边的Windows服务器的IP地址为192.168.2.10，它向224.225.0.1发送组播流量，这些流量经组播路由器被转发到笔记本电脑。请注意，Windows服务器本身并未加入组播组224.225.0.1。通过执行命令ip route add 224.0.0.0/4 dev <networkDeviceName>，可以让内核通过指定的网络设备发送所有的组播流量。

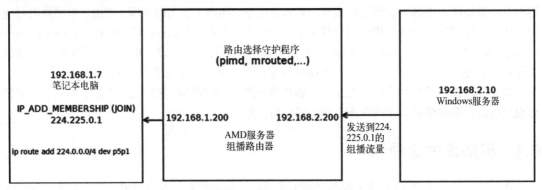

图6-1   简单的组播路由选择场景

下一小节将讨论IGMP，它用于组播组成员的管理。

6.1.1 IGMP

IGMP是IPv4组播的有机组成部分，支持IPv4组播的结点都必须实现它。在IPv6中，组播管理由组播侦听者发现（Multicast Listener Discovery，MLD）协议处理。这种协议使用ICMPv6消息，将在第8章对此进行讨论。IGMP用于确定和管理组播组成员关系，它有以下3个版本。

(1) IGMPv1（RFC 1112）：使用两种类型的消息——主机成员关系报告和主机成员关系查询。主机通过发送成员关系报告消息来加入组播组，而组播路由器则通过发送成员关系查询来确定它连接的本地网络包含哪些组播组的成员。查询的目标地址为表示所有主机的组播地址（224.0.0.1，IGMP_ALL_HOSTS），其TTL为1。这样，成员关系查询将不会传播到LAN的外面。

(2) IGMPv2（RFC 2236）：是对IGMPv1的扩展，它新增了下面3种消息。

a. 成员关系查询（0x11）：成员关系查询消息分两小类——通用查询和特定组查询。其中，通用查询用户可获悉哪些组播组有成员位于连接的网络中，而特定组查询用户可获悉特定组播组是否有成员位于连接的网络中。

b. 成员关系报告第2版（0x16）。

c. 退出组播组（0x17）。

注意 IGMPv2还支持第1版的成员关系报告消息，这样做的目的在于向后与IGMPv1兼容。详情请参阅RFC 2236第2.1节。

（3）IGMPv3（RFC 3376，被RFC 4604更新）：这个版本新增了源过滤功能，这意味着加入组播组时，主机可指定一组源地址，指出它只想接收来自这些地址的组播流量。使用源过滤器还可将特定源地址排除在外。为支持源过滤功能，扩展了套接字API，详情请参阅RFC 3678（*Socket Interface Extensions for Multicast Source Filters*）。这里还需指出的是，组播路由器会定期（每隔大约2分钟）向224.0.0.1（表示所有主机的组播地址）发送成员关系查询。收到成员关系查询后，主机使用成员关系报告进行响应。在内核中，这是由方法igmp_rcv()实现的，即：调用方法igmp_heard_query()来处理收到的IGMP_HOST_MEMBERSHIP_QUERY消息。

注意 在内核中，IPv4 IGMP实现包含在net/core/igmp.c、include/linux/igmp.h和include/uapi/linux/igmp.h中。

下一小节将探讨重要的IPv4组播路由选择数据结构——组播路由选择表及其Linux实现。

6.1.2 组播路由选择表

组播路由选择表由结构mr_table表示，下面就来看看这个结构。

```
struct mr_table {
    struct list_head        list;
#ifdef CONFIG_NET_NS
    struct net              *net;
#endif
    u32                     id;
    struct sock __rcu       *mroute_sk;
    struct timer_list       ipmr_expire_timer;
    struct list_head        mfc_unres_queue;
    struct list_head        mfc_cache_array[MFC_LINES];
    struct vif_device       vif_table[MAXVIFS];
    . . .
};
```

(net/ipv4/ipmr.c)

下面对结构mr_table的一些成员进行描述。

❑ net：与组播路由选择表相关联的网络命名空间，默认为初始网络命名空间init_net。网络命名空间将在第14章讨论。

❑ id：组播路由选择表ID，使用单个表时，其id为RT_TABLE_DEFAULT（253）。

- □ mroute_sk：这个指针是内核存储的用户空间套接字引用。指针mroute_sk是通过在用户空间使用套接字选项MRT_INIT调用setsockopt()来进行初始化的。要将其设置为NULL，可使用套接字选项MRT_DONE调用setsockopt()。用户空间和内核之间的交互是通过调用方法setsockopt()完成的。在用户空间中，该过程是在发送IOCTL时进行的；而在内核中，该过程则是在调用方法sock_queue_rcv_skb()创建IGMP数据包并将其交给组播路由选择守护程序时进行的。
- □ ipmr_expire_timer：未解析组播路由选择条目清除定时器。这个定时器在方法ipmr_new_table()创建组播路由选择表时被初始化，在方法ipmr_free_table()删除组播路由选择表时被删除。
- □ mfc_unres_queue：一个队列，包含未解析的路由选择条目。
- □ mfc_cache_array：路由选择条目缓存，包含64（MFC_LINES）个条目，将在下一小节对此进行讨论。
- □ vif_table[MAXVIFS]：一个数组，包含32（MAXVIFS）个vif_device对象。其中的元素分别由方法vif_add()和vif_delete()进行添加和删除。结构vif_device表示虚拟组播路由选择网络接口。这种接口可基于物理设备，也可基于IPIP（IP over IP）隧道。结构vif_device将在6.1.5节进行讨论。

本小节介绍了组播路由选择表及其重要成员，如组播转发缓存（Multicast Forwarding Cache，MFC）和未解析路由选择条目队列。下面来看看MFC，它嵌入在组播路由选择表对象中，在组播路由选择中扮演着重要角色。

6.1.3 组播转发缓存（MFC）

MFC是组播路由选择表中最重要的数据结构，它实际上是一个缓存条目（mfc_cache对象）数组。这个数组名为mfc_cache_array，嵌入在组播路由选择表对象（mr_table）中。它包含64（MFC_LINES）个元素，索引为散列值（相应的散列函数接受两个参数：组播组地址和源IP地址，详情请参阅6.5节中对MFC_HASH宏的描述）。

通常，只有一个组播路由选择表（结构mr_table的实例），在IPv4网络命名空间中，存储了指向它的引用（net->ipv4.mrt）。方法ipmr_rules_init()创建了这个表，并让net->ipv4.mrt指向它。使用前面提到的组播策略路由选择功能时，可以有多个组播策略路由选择表。在这两种情况下，都使用相同的方法（ipmr_fib_lookup()）来获取路由选择表。方法ipmr_fib_lookup()接受3个参数：网络命名空间、流和一个指针（它指向要填充的mr_table对象）。通常，只需将mr_table指针参数设置为net->ipv4.mrt。使用多个表（设置了IP_MROUTE_MULTIPLE_TABLES）时，实现则更为复杂。下面来看看结构mfc_cache。

```
struct mfc_cache {
    struct list_head list;
    __be32 mfc_mcastgrp;
    __be32 mfc_origin;
    vifi_t mfc_parent;
```

```
        int mfc_flags;
        union {
                struct {
                        unsigned long expires;
                        struct sk_buff_head unresolved; /*未解析的缓冲区*/
                } unres;
                struct {
                        unsigned long last_assert;
                        int minvif;
                        int maxvif;
                        unsigned long bytes;
                        unsigned long pkt;
                        unsigned long wrong_if;
                        unsigned char ttls[MAXVIFS];    /* TTL阈值 */
                } res;
        } mfc_un;
        struct rcu_head rcu;
};
```

(include/linux/mroute.h)

下面来对结构mfc_cache的一些成员进行描述。

❑ mfc_mcastgrp：条目所属组播组的地址。

❑ mfc_origin：路由的源地址。

❑ mfc_parent：源接口。

❑ mfc_flags：条目的标志，可以为下述值之一。

■ MFC_STATIC：路由是静态添加的，且不是由组播路由选择守护程序添加的。

■ MFC_NOTIFY：设置了路由选择条目的RTM_F_NOTIFY标志，更详细的信息请参阅方法rt_fill_info()和ipmr_get_route()。

❑ 联合体mfc_un包含以下两个元素。

■ unres：未解析的缓存条目。

■ res：已解析的缓存条目。

特定流中的SKB刚到达内核时，会被加入到未解析条目队列（mfc_un.unres.unresolved）中，这个队列最多可存储3个SKB。如果这个队列已包含3个SKB，数据包将被释放（而不会附加到队列中），而方法ipmr_cache_unresolved()将返回-ENOBUFS（"没有可用的缓冲区空间"）。

```
static int ipmr_cache_unresolved(struct mr_table *mrt, vifi_t vifi, struct sk_buff *skb)
{
        . . .
        if (c->mfc_un.unres.unresolved.qlen > 3) {
                kfree_skb(skb);
                err = -ENOBUFS;
        } else {
                . . .
}
```

(net/ipv4/ipmr.c)

本小节介绍了MFC及其重要成员，包括已解析条目队列和未解析条目队列。下一小节将简要地描述组播路由器是什么以及如何在Linux中配置它。

6.1.4　组播路由器

要将机器配置为组播路由器，必须设置内核配置选项CONFIG_IP_MROUTE，还必须运行路由选择守护程序，如前面提到的pimd或mrouted。为了与内核通信，这些路由选择守护程序会创建一个套接字。例如，在pimd中，调用socket(AF_INET, SOCK_RAW, IPPROTO_IGMP)来创建原始IGMP套接字。对这个套接字调用setsockopt()来向内核发送命令，这个过程是由方法ip_mroute_setsockopt()来进行处理的。在路由选择守护程序中，使用MRT_INIT对套接字调用setsockopt()时，内核将把指向用户空间套接字的引用存储在mr_table对象的mroute_sk字段中，并调用IPV4_DEVCONF_ALL(net, MC_FORWARDING)++来设置procfs条目mc_forwarding（/proc/sys/net/ipv4/conf/all/mc_forwarding）。请注意，procfs条目mc_forwarding是只读的，不能在用户空间中设置。你不能创建多个组播路由选择守护进程。在处理MRT_INIT选项时，方法ip_mroute_setsockopt()会检查mr_table对象的mroute_sk字段是否已初始化。如果已初始化，就返回-EADDRINUSE。要添加网络接口，可使用MRT_ADD_VIF对套接字调用setsockopt()；要删除网络接口，可使用MRT_DEL_VIF对套接字调用setsockopt()。调用setsockopt()时，要传递网络接口参数，可将系统调用setsockopt()的参数optval设置为一个vifctl对象。下面来看看结构vifctl。

```
struct vifctl {
    vifi_t vifc_vifi;                /* VIF的索引 */
    unsigned char vifc_flags;        /* VIFF_ flags */
    unsigned char vifc_threshold;    /* TTL限制 */
    unsigned int vifc_rate_limit;    /* 速率限制器值 (NI) */
    union {
        struct in_addr vifc_lcl_addr;   /* 本地接口地址 */
        int            vifc_lcl_ifindex; /* 本地接口索引 */
    };
    struct in_addr vifc_rmt_addr; /* IPIP隧道地址 */
};
```

(include/uapi/linux/mroute.h)

下面来对结构vifctl的一些成员进行描述。

❑ vifc_flags的可能取值如下。

- **VIFF_TUNNEL**：要使用IPIP隧道时使用。
- **VIFF_REGISTER**：要注册接口时使用。
- **VIFF_USE_IFINDEX**：要使用本地接口索引而不是本地接口IP地址时使用。在这种情况下，还需将vifc_lcl_ifindex设置为本地接口索引。**VIFF_USE_IFINDEX**标志是2.6.33内核新增的。

❑ vifc_lcl_addr：本地接口IP地址（默认情况下使用它，即要使用它，不能设置任何标志）。

❑ vifc_lcl_ifindex：本地接口索引。在vifc_flags中设置了标志VIFF_USE_IFINDEX时，必须设置它。

❑ vifc_rmt_addr：隧道的远程结点的地址。

组播路由选择守护程序关闭时，将使用选项MRT_DONE调用方法setsockopt()，进而调用方法mrtsock_destruct()，它将所使用的mr_table对象的mroute_sk字段设置为NULL，并执行各种清理操作。

本小节介绍了组播路由器是什么以及在Linux中如何配置它，还探讨了结构vifctl。下面来看看表示组播网络接口的Vif设备。

6.1.5 vif 设备

组播路由选择支持两种模式，即：直接组播；将组播封装在单播数据包中，并通过隧道传输。在这两种情况下，都使用相同的对象（结构vif_device的实例）来表示网络接口。通过隧道传输时，将设置标志VIFF_TUNNEL。添加和删除组播接口的工作分别由方法vif_add()和vif_delete()完成。方法vif_add()调用dev_set_allmulti(dev, 1)将指定网络设备（net_device对象）的allmulti计数器加1，从而让设备支持组播。方法vif_delete()调用dev_set_allmulti(dev, -1)将指定网络设备（net_device对象）的allmulti计数器减1。有关方法dev_set_allmulti()的更详细信息，请参阅附录A。下面来看看结构vif_device，其成员的含义都不言自明。

```
struct vif_device {
        struct net_device      *dev;           /* 使用的设备 */
        unsigned long      bytes_in,bytes_out;
        unsigned long      pkt_in,pkt_out;       /* 统计信息 */
        unsigned long      rate_limit;          /* 流量整形 (NI) */
        unsigned char      threshold;           /* TTL阈值 */
        unsigned short     flags;               /* 控制标志 */
        __be32             local,remote;        /* 地址 (对隧道而言, 还包括远程地址) */
        int                link;                /* 物理接口索引 */
};
```

(include/linux/mroute.h)

要接收组播流量，主机必须加入组播组。这是通过在用户空间中创建一个套接字，并使用IPPROTO_IP和套接字选项IP_ADD_MEMBERSHIP完成的。用户空间应用程序还将创建一个ip_mreq对象，以初始化请求参数，如组播组地址和主机的源IP地址（参见用户空间头文件netinet/in.h）。在内核中，这个setsockopt()调用由net/ipv4/igmp.c中的方法ip_mc_join_group()处理。最终，方法ip_mc_join_group()将把指定的组播地址加入到一个组播地址列表（mc_list）中。这个列表是in_device对象的一个成员。要退出组播组，主机可使用IPPROTO_IP和套接字选项IP_DROP_MEMBERSHIP调用setsockopt()。在内核中，这个过程是由net/ipv4/igmp.c中的方法ip_mc_leave_group()来处理的。一个套接字最多可加入20（sysctl_igmp_max_memberships）个组播组。试图通过同一个套接字加入20多个组播组将会以失败告终，并出现错误-ENOBUFS（"没有可用的缓冲区空间"）。请参阅net/ipv4/igmp.c中方法ip_mc_join_group()的实现。

6.1.6 IPv4 组播接收路径

在4.4节简要地讨论了组播数据包是如何被处理的，这里将做更深入的介绍。在这里的讨论中，将假设机器被配置为组播路由器。这就意味着，正如前面指出的，设置了CONFIG_IP_MROUTE，并在主机上运行着pimd或mrouted等路由选择守护程序。组播数据包由方法ip_route_input_mc()处理。它负责分配一个路由选择表条目（rtable对象）并对其进行初始化，同时在设置了CONFIG_IP_MROUTE时将dst对象的input回调函数设置为ip_mr_input()。下面就来看看方法ip_mr_input() method。

```
int ip_mr_input(struct sk_buff *skb)
{
        struct mfc_cache *cache;
        struct net *net = dev_net(skb->dev);
```

首先，如果数据包需要在本地投递，就将标志local设置为true，因为方法ip_mr_input()也处理本地组播数据包。

```
int local = skb_rtable(skb)->rt_flags & RTCF_LOCAL;
struct mr_table *mrt;

/* 转发数据包后再环回，不得再次转发已转发的数据包，但可在本地投递*/
if (IPCB(skb)->flags & IPSKB_FORWARDED)
        goto dont_forward;
```

通常，使用单个组播路由选择表时，方法ipmr_rt_fib_lookup()只是返回对象net->ipv4.mrt。

```
mrt = ipmr_rt_fib_lookup(net, skb);
if (IS_ERR(mrt)) {
        kfree_skb(skb);
        return PTR_ERR(mrt);
}
if (!local) {
```

发送JOIN或LEAVE数据包时，IGMPv3和某些IGMPv2实现将在IPv4报头中设置路由器警告选项（IPOPT_RA），详情请参阅net/ipv4/igmp.c中的方法igmpv3_newpack()。

```
if (IPCB(skb)->opt.router_alert) {
```

方法ip_call_ra_chain()（net/ipv4/ip_input.c）调用raw_rcv()来将数据包交给侦听的用户空间原始套接字。ip_ra_chain对象包含指向组播路由选择套接字的引用，该引用被作为参数传递给方法raw_rcv()，更详细的信息请参阅net/ipv4/ip_input.c中的方法ip_call_ra_chain()。

```
if (ip_call_ra_chain(skb))
        return 0;
```

有些实现没有设置路由器警告选项，下面的代码注释说明了这一点。在这些情况下，必须直接调用方法raw_rcv()。

```
} else if (ip_hdr(skb)->protocol == IPPROTO_IGMP) {
        /* IGMPv1和有些IGMPv2实现（如11.2(8)及更低版本的Cisco IOS的IGMPv2实现）
```

```
 *  没有在发送到可路由组播组的IGMP数据包中设置路由器警告选项。这太糟糕了,
 *  可能将导致我们转发非IGMP消息
 */
    struct sock *mroute_sk;
```

mrt->mroute_sk是存储在内核中的套接字,它是用户空间组播路由选择应用程序创建的套接字的副本。

```
mroute_sk = rcu_dereference(mrt->mroute_sk);
        if (mroute_sk) {
        nf_reset(skb);
        raw_rcv(mroute_sk, skb);
        return 0;
        }
    }
}
```

首先,调用方法ipmr_cache_find()在组播路由选择缓存(mfc_cache_array)中查找。查找时使用的散列键为从IPv4报头中提取的目标组播地址和源IP地址。

```
cache = ipmr_cache_find(mrt, ip_hdr(skb)->saddr, ip_hdr(skb)->daddr);
if (cache == NULL) {
```

接下来,在虚拟设备数组(vif_table)中查找,看看是否有与入站网络设备(skb->dev)相匹配的条目。

```
int vif = ipmr_find_vif(mrt, skb->dev);
```

方法ipmr_cache_find_any()负责处理高级功能组播代理(本书不讨论这种功能)。

```
if (vif >= 0)
        cache = ipmr_cache_find_any(mrt, ip_hdr(skb)->daddr,
                                    vif);
}

/*
 *      没有可用的缓存条目
 */
if (cache == NULL) {
        int vif;
```

如果数据包是前往本地主机的,就投递它。

```
if (local) {
        struct sk_buff *skb2 = skb_clone(skb, GFP_ATOMIC);
        ip_local_deliver(skb);
        if (skb2 == NULL)
                return -ENOBUFS;
        skb = skb2;
}

read_lock(&mrt_lock);
vif = ipmr_find_vif(mrt, skb->dev);
if (vif >= 0) {
```

方法ipmr_cache_unresolved()调用方法ipmr_cache_alloc_unres()来创建一个组播路由选择条目（mfc_cache对象）。方法ipmr_cache_alloc_unres()会创建一个缓存条目（mfc_cache对象）并通过设置mfc_un.unres.expires来初始化其过期时间。下面来看看方法ipmr_cache_alloc_unres()（它很简单）。

```
static struct mfc_cache *ipmr_cache_alloc_unres(void)
{
    struct mfc_cache *c = kmem_cache_zalloc(mrt_cachep, GFP_ATOMIC);

    if (c) {
        skb_queue_head_init(&c->mfc_un.unres.unresolved);
```

设置过期时间：

```
        c->mfc_un.unres.expires = jiffies + 10*HZ;
    }
    return c;
}
```

如果路由选择守护程序没有在指定的过期时间内解析，路由选择条目将从未解析条目队列中删除。在方法ipmr_new_table()创建组播路由选择表时，设置其定时器（ipmr_expire_timer）。这个定时器会定期地调用方法ipmr_expire_process()。方法ipmr_expire_process()将迭代未解析条目队列（mrtable对象的mfc_unres_queue）中所有的未解析缓存条目，并删除过期的未解析缓存条目。

方法ipmr_cache_unresolved()会将创建的未解析缓存条目加入未解析条目队列（组播表mrtable的mfc_unres_queue）中，并将未解析队列的长度（组播表mrtable的cache_resolve_queue_len）加1。它还调用方法ipmr_cache_report()，后者会生成一条IGMP消息（IGMPMSG_NOCACHE），并调用方法sock_queue_rcv_skb()将消息交给用户空间组播路由选择守护程序。

前面说过，用户空间路由选择守护程序必须在指定的时间内解析路由选择条目，但这里不深入探讨它是如何在用户空间中实现的。然而，需要指出的是，确定应对未解析条目进行解析后，路由选择守护程序将立刻（在mfcctl对象中）创建缓存条目参数，再使用套接字选项MRT_ADD_MFC调用setsockopt()，并将mfcctl对象嵌入到系统调用setsockopt()的参数optval中。这种调用在内核中是由方法ipmr_mfc_add()处理的。

```
                int err2 = ipmr_cache_unresolved(mrt, vif, skb);
                read_unlock(&mrt_lock);

                return err2;
            }
        read_unlock(&mrt_lock);
        kfree_skb(skb);
        return -ENODEV;
    }

    read_lock(&mrt_lock);
```

如果在MFC中找到匹配的缓存条目，就调用方法ip_mr_forward()来处理数据包。

```
        ip_mr_forward(net, mrt, skb, cache, local);
        read_unlock(&mrt_lock);

        if (local)
                return ip_local_deliver(skb);

        return 0;

dont_forward:
        if (local)
                return ip_local_deliver(skb);
        kfree_skb(skb);
        return 0;
}
```

本小节详细讨论了IPv4组播的接收路径及期间与路由选择守护程序的交互，下一小节将介绍组播转发方法ip_mr_forward()。

6.1.7 方法 ip_mr_forward()

下面来看看方法ip_mr_forward()。

```
static int ip_mr_forward(struct net *net, struct mr_table *mrt,
            struct sk_buff *skb, struct mfc_cache *cache,
            int local)
{
    int psend = -1;
    int vif, ct;
    int true_vifi = ipmr_find_vif(mrt, skb->dev);

    vif = cache->mfc_parent;
```

下面的代码用于更新已解析缓存对象的统计信息（mfc_un.res）。

```
cache->mfc_un.res.pkt++;
cache->mfc_un.res.bytes += skb->len;

if (cache->mfc_origin == htonl(INADDR_ANY) && true_vifi >= 0) {
    struct mfc_cache *cache_proxy;
```

表达式(*, G)表示从任意信源发送给组播组G的流量。

```
    /*对于(*, G)条目，只检查入站
     * 接口是否包含在静态树中
     */
    cache_proxy = ipmr_cache_find_any_parent(mrt, vif);
    if (cache_proxy &&
        cache_proxy->mfc_un.res.ttls[true_vifi] < 255)
        goto forward;
}
/*
 * 错误接口：丢弃数据包，还可能发送PIM断言
 */
if (mrt->vif_table[vif].dev != skb->dev) {
    if (rt_is_output_route(skb_rtable(skb))) {
```

```
        /* 数据包是发送给当前主机的, 因此将循环返回。这种情况非常复杂
         *
         * 在路由守护程序修复前, 最佳的规避方案是, 如果数据包是通过错误接口发送的, 则不重新分发它
         * 这意味着组播应用程序将不支持(S, G), 因为其默认组播路由指向的接口不正确
         * 无论如何, 在路由器上使用组播应用程序都是馊主意
         */
        goto dont_forward;
    }

    cache->mfc_un.res.wrong_if++;

    if (true_vifi >= 0 && mrt->mroute_do_assert &&
        /* pimsm使用断言时, 将从RPT切换到SPT,
         * 因此无法检查数据包到达的接口。这很糟糕, 但如果不这样做, 就需要将庞大的pimd移到内核
         */
        (mrt->mroute_do_pim ||
        cache->mfc_un.res.ttls[true_vifi] < 255) &&
        time_after(jiffies,
                cache->mfc_un.res.last_assert + MFC_ASSERT_THRESH)) {
        cache->mfc_un.res.last_assert = jiffies;
```

接下来, 调用方法ipmr_cache_report()来创建一条IGMP消息 (IGMPMSG_WRONGVIF),
并调用方法sock_queue_rcv_skb()将该消息传递给用户空间组播路由选择守护程序。

```
        ipmr_cache_report(mrt, skb, true_vifi, IGMPMSG_WRONGVIF);
    }
    goto dont_forward;
}
```

现在可以对帧进行转发了。

```
forward:
    mrt->vif_table[vif].pkt_in++;
    mrt->vif_table[vif].bytes_in += skb->len;

    /*
     * 转发帧
     */
    if (cache->mfc_origin == htonl(INADDR_ANY) &&
        cache->mfc_mcastgrp == htonl(INADDR_ANY)) {
        if (true_vifi >= 0 &&
            true_vifi != cache->mfc_parent &&
            ip_hdr(skb)->ttl >
                cache->mfc_un.res.ttls[cache->mfc_parent]) {
            /* 这是一个(*, *)条目, 且数据包并非来自上游, 因此只将数据包转发到上游
             */
            psend = cache->mfc_parent;
            goto last_forward;
        }
        goto dont_forward;
    }
    for (ct = cache->mfc_un.res.maxvif - 1;
         ct >= cache->mfc_un.res.minvif; ct--) {
        /* 对于(*, G)条目, 则不转发到入站接口 */
```

```
            if ((cache->mfc_origin != htonl(INADDR_ANY) ||
               ct != true_vifi) &&
            ip_hdr(skb)->ttl > cache->mfc_un.res.ttls[ct]) {
            if (psend != -1) {
                struct sk_buff *skb2 = skb_clone(skb, GFP_ATOMIC);
```

调用方法ipmr_queue_xmit()完成剩下的数据包转发工作。

```
                if (skb2)
                    ipmr_queue_xmit(net, mrt, skb2, cache,
                        psend);
            }
            psend = ct;
        }
    }
last_forward:
    if (psend != -1) {
        if (local) {
            struct sk_buff *skb2 = skb_clone(skb, GFP_ATOMIC);

            if (skb2)
                ipmr_queue_xmit(net, mrt, skb2, cache, psend);
        } else {
            ipmr_queue_xmit(net, mrt, skb, cache, psend);
            return 0;
        }
    }

dont_forward:
    if (!local)
        kfree_skb(skb);
    return 0;
}
```

介绍完组播转发方法ip_mr_forward()后，下面来看看方法ipmr_queue_xmit()。

6.1.8　方法 ipmr_queue_xmit()

来看看方法ipmr_queue_xmit()。

```
static void ipmr_queue_xmit(struct net *net, struct mr_table *mrt,
                        struct sk_buff *skb, struct mfc_cache *c, int vifi)
{
        const struct iphdr *iph = ip_hdr(skb);
        struct vif_device *vif = &mrt->vif_table[vifi];
        struct net_device *dev;
        struct rtable *rt;
        struct flowi4 fl4;
```

字段encap在使用隧道时使用。

```
        int encap = 0;

        if (vif->dev == NULL)
```

```
                  goto out_free;

#ifdef CONFIG_IP_PIMSM
        if (vif->flags & VIFF_REGISTER) {
                vif->pkt_out++;
                vif->bytes_out += skb->len;
                vif->dev->stats.tx_bytes += skb->len;
                vif->dev->stats.tx_packets++;
                ipmr_cache_report(mrt, skb, vifi, IGMPMSG_WHOLEPKT);
                goto out_free;
        }
#endif
```

使用隧道时，根据vif->remote和vif->local执行路由选择查找。它们分别表示目标地址和本地地址。这些地址是隧道的端点。使用表示物理设备的vif_device对象时，要根据IPv4报头中的目标地址和源地址（0）执行路由选择查找。

```
if (vif->flags & VIFF_TUNNEL) {
        rt = ip_route_output_ports (net, &fl4, NULL,
                                    vif->remote, vif->local,
                                    0, 0,
                                    IPPROTO_IPIP,
                                    RT_TOS(iph->tos), vif->link);
        if (IS_ERR(rt))
                goto out_free;
        encap = sizeof(struct iphdr);
} else {
        rt = ip_route_output_ports (net, &fl4, NULL, iph->daddr, 0,
                                    0, 0,
                                    IPPROTO_IPIP,
                                    RT_TOS(iph->tos), vif->link);
        if (IS_ERR(rt))
                goto out_free;
}

dev = rt->dst.dev;
```

请注意，即便数据包比MTU长，也不会像单播转发那样发送ICMPv4消息，而只会更新统计信息，并将数据包丢弃。

```
if (skb->len+encap > dst_mtu(&rt->dst) && (ntohs(iph->frag_off) & IP_DF)) {
        /* 组播数据包比MTU长时，不会进行分段，IPv4也不允许发送ICMP消息
         * 因此，数据包就像消失在黑洞中一样
         */

        IP_INC_STATS_BH(dev_net(dev), IPSTATS_MIB_FRAGFAILS);
        ip_rt_put(rt);
        goto out_free;
}

encap += LL_RESERVED_SPACE(dev) + rt->dst.header_len;

if (skb_cow(skb, encap)) {
```

```
        ip_rt_put(rt);
        goto out_free;
}

vif->pkt_out++;
vif->bytes_out += skb->len;

skb_dst_drop(skb);
skb_dst_set(skb, &rt->dst);
```

转发数据包时，将TTL减1，并重新计算IPv4报头校验和（因为TTL是IPv4报头字段之一），这与方法ip_forward()转发单播数据包时的做法相同。

```
ip_decrease_ttl(ip_hdr(skb));

/* 下面的代码需要修复：这里转发数据包并调用输出防火墙。对于netfilter该如何办呢？
 */
if (vif->flags & VIFF_TUNNEL) {
        ip_encap(skb, vif->local, vif->remote);
        /* 在这里执行额外的输出防火墙步骤 */
        vif->dev->stats.tx_packets++;
        vif->dev->stats.tx_bytes += skb->len;
}

IPCB(skb)->flags |= IPSKB_FORWARDED;

/*
 * RFC 1584规定，DVMRP/PIM路由器不仅要在转发前在本地投递数据包，还必须在所有出站接口转发后也这样做。
 * 显然，如果组播路由器运行着组播程序，它就不应根据程序加入的接口来接收数据包。否则，组播程序就得加
 * 入所有接口。另一方面，多宿主主机（以及除组播路由器外的其他路由器）不能加入多个接口，否则将收到数
 * 据包的多个副本
 */
```

调用钩子NF_INET_FORWARD。

```
        NF_HOOK(NFPROTO_IPV4, NF_INET_FORWARD, skb, skb->dev, dev,
                ipmr_forward_finish);
        return;

out_free:
        kfree_skb(skb);
}
```

6.1.9 方法 ipmr_forward_finish()

下面来看看方法ipmr_forward_finish()。这个方法很简单，事实上，它与方法ip_forward()完全相同。

```
static inline int ipmr_forward_finish(struct sk_buff *skb)
{
        struct ip_options *opt = &(IPCB(skb)->opt);

        IP_INC_STATS_BH(dev_net(skb_dst(skb)->dev), IPSTATS_MIB_OUTFORWDATAGRAMS);
        IP_ADD_STATS_BH(dev_net(skb_dst(skb)->dev), IPSTATS_MIB_OUTOCTETS, skb->len);
```

下面的代码负责处理IPv4选项（如果设置了的话，详情请参阅第4章）。

```
if (unlikely(opt->optlen))
        ip_forward_options(skb);

return dst_output(skb);
}
```

最终，方法dst_output()将调用方法ip_mc_output()来发送数据包，而ip_mc_output()又调用了方法ip_finish_output()（这两个方法都包含在net/ipv4/route.c中）。

介绍完所有的组播方法后，下面来更详细地说说组播流量使用的TTL字段值。

6.1.10　组播流量中的 TTL

对于组播流量，IPv4报头中的TTL字段有双重含义。第一层含义与单播IPv4流量中相同，即TTL是一个跳数计数器，每台转发数据包的设备都将其减1。这个计数器变成0后，数据包将被丢弃。这样做的目的在于避免数据包因某种错误而无休止地传输。TTL的第二层含义是表示阈值，这是组播流量特有的。TTL值被划分为多个范围。路由器给每个接口都指定了TTL阈值，仅当数据包的TTL大于接口的阈值时才转发它。这些阈值如下。

- ❑ 0：仅传输到当前主机，而不通过任何接口发送出去。
- ❑ 1：限定在当前子网内（路由器不转发）。
- ❑ 32：限定在当前场点内。
- ❑ 64：限定在当前地区内。
- ❑ 128：限定在当前大洲内。
- ❑ 255：不受限制（全球）。

请参阅Steve Deering撰写的文章"IP Multicast Extensions for 4.3BSD UNIX and related systems"，其网址为www.kohala.com/start/mcast.api.txt。

注意　IPv4组播路由选择是在net/ipv4/ipmr.c、include/linux/mroute.h和include/uapi/linux/mroute.h中实现的。

关于组播路由选择就讨论到这里。接下来介绍策略路由选择。它可以让你在配置路由选择策略时，不只基于目标地址。

6.2　策略路由选择

使用策略路由选择时，系统管理员最多可定义255个路由选择表。本节讨论IPv4策略路由选择。IPv6策略路由选择将在第8章讨论。在本节中，我将使用术语策略或规则来指代策略路由选择创建的条目，以区分第5章中讨论的常规路由选择条目和策略规则。

6.2.1 策略路由选择的管理

策略路由选择管理是使用iproute2包中的ip rule命令来完成的（不能使用route命令来管理策略路由选择）。下面来看看如何添加、删除和转储所有的策略路由选择规则。

- 要添加规则，可使用命令ip rule add，如ip rule add tos 0x04 table 252。插入这条规则后，所有IPv4 TOS字段为0x04的数据包都将根据表252中的路由选择规则进行处理。要将路由选择条目添加到这个表中，可在添加路由时指定表号，如ip route add default via 192.168.2.10 table 252。在内核中，这个命令由net/core/fib_rules.c中的方法fib_nl_newrule()处理。在前面的ip rule命令中，tos修饰符是ip rule命令支持的选择器（SELECTOR）修饰符之一，详情请参阅man 8 ip rule，也可参阅6.5节中的表6-1。
- 要删除规则，可使用命令ip rule del，如ip rule del tos 0x04 table 252。在内核中，这个命令由net/core/ fib_rules.c中的方法fib_nl_delrule()处理。
- 要转储所有的规则，可使用命令ip rule list或ip rule show。在内核中，这两个命令都由net/core/fib_rules.c中的方法fib_nl_dumprule()处理。

熟悉策略路由选择管理的基本知识后，下面来看看Linux的策略路由选择的实现。

6.2.2 策略路由选择的实现

策略路由选择的核心基础设施为模块fib_rules（net/core/fib_rules.c）。内核网络栈中的3种协议都会使用到该模块，包括：IPv4（包括组播模块，该模块提供了组播策略路由选择功能，这在6.1节中说过）、IPv6和DECnet。在文件fib_rules.c中，也实现了IPv4策略路由选择。不要将这个文件与同名文件net/ipv4/ fib_rules.c混为一谈。在IPv6中，策略路由选择是在net/ipv6/fib6_rules.c中实现的。头文件include/net/fib_rules.h包含策略路由选择核心的数据结构和方法。结构fib4_rule是IPv4策略路由选择的基础，其定义如下。

```
struct fib4_rule {
    struct fib_rule    common;
    u8          dst_len;
    u8          src_len;
    u8          tos;
    __be32          src;
    __be32          srcmask;
    __be32          dst;
    __be32          dstmask;
#ifdef CONFIG_IP_ROUTE_CLASSID
    u32          tclassid;
#endif
};
```

(net/ipv4/fib_rules.c)

在引导期间，默认调用方法fib_default_rules_init()创建了3个策略路由选择表：本地表（RT_TABLE_LOCAL）、主表（RT_TABLE_MAIN）和默认表（RT_TABLE_DEFAULT）。查找工

作由方法fib_lookup()完成。请注意，在include/net/ip_fib.h中，定义了两个不同的fib_lookup()方法。第一个用于非策略路由选择，包装在#ifndef CONFIG_IP_MULTIPLE_TABLES块中；第二个用于策略路由选择。使用策略路由选择时，查找过程如下。如果没有修改初始策略路由选择规则（即没有设置net->ipv4.fib_has_custom_rules），就意味着规则必然包含在这3个初始路由选择表其中之一。因此，首先在本地表中查找，再在主表中查找，最后在默认表中查找。如果没有找到匹配的条目，就返回网络不可达错误（-ENETUNREACH）。如果修改了初始策略路由选择规则（即设置了net->ipv4.fib_has_custom_rules），就调用方法_fib_lookup()。这个方法更复杂，因为它迭代规则列表，并对每条规则调用方法fib_rule_match()，来判断是否与之匹配。详情请参阅net/core/fib_rules.c中方法fib_rules_lookup()的实现（方法_fib_lookup()调用了这个方法）。这里需要指出的是，在初始化阶段，方法fib4_rules_init()会将变量net->ipv4.fib_has_custom_rules设置为false，而方法fib4_rule_configure()和fib4_rule_delete()则会将其设置为true。请注意，要使用策略路由选择，必须设置CONFIG_IP_MULTIPLE_TABLES。

关于策略路由选择就讨论到这里。下一节将讨论多路径路由选择，它指的是在路由中添加多个下一跳。

6.3　多路径路由选择

多路径路由选择能够让你在路由中添加多个下一跳。要指定2个下一跳结点，可以采取如下做法：ip route add default scope global nexthop dev eth0 nexthop dev eth1。系统管理员也可以像下面这样给每个下一跳指定权重：ip route add 192.168.1.10 nexthop via 192.168.2.1 weight 3 nexthop via 192.168.2.10 weight 5。这表示IPv4路由选择条目的结构fib_info可以有多个FIB下一跳。fib_info对象的成员fib_nhs指出了FIB下一跳对象的数量；而fib_info对象的fib_nh成员则表示一个FIB下一跳对象数组。因此，上述命令将创建一个fib_info对象，其中有一个包含2个FIB下一跳对象的数组。内核在FIB下一跳对象（fib_nh）的nh_weight字段中记录了每个下一跳的权重。如果在添加多路径路由时没有指定权重，方法fib_create_info()会默认将其设置为1。使用多路径路由选择时，调用方法fib_select_multipath()来确定下一跳。可以从两个地方调用这个方法：在传输路径中，从方法__ip_route_output_key()中调用它；在接收路径中，从方法ip_mkroute_input()中调用它。请注意，如果在流中设置了输出设备，将不会调用方法fib_select_multipath()，因为已经明确了输出设备。

```
struct rtable *__ip_route_output_key(struct net *net, struct flowi4 *fl4) {
. . .
#ifdef CONFIG_IP_ROUTE_MULTIPATH
    if (res.fi->fib_nhs > 1 && fl4->flowi4_oif == 0)
        fib_select_multipath(&res);
    else
#endif
. . .

}
```

在接收路径中,不需要检查fl4->flowi4_oif是否为0,因为在这个方法开头已将其设置成了0。这里不详细探讨方法fib_select_multipath()的细节,但需要指出的是,这个方法提供了一定的随机性,它使用jiffies帮助实现公平加权路由选择,并会考虑每个下一跳的权重。要使用的FIB下一跳是通过设置fib_result对象的FIB下一跳选择器(nh_sel)指定的。与组播路由选择使用专用模块(net/ipv4/ipmr.c)进行处理不同,没有在源代码中添加专门支持多路径路由选择的专用模块,其代码分散在既有的路由选择代码中,并包含在条件#ifdef CONFIG_IP_ROUTE_MULTIPATH内。第5章说过,以前曾支持过IPv4多路径路由选择缓存,但2007年推出的内核2.6.23删除了这种功能。事实上,这种功能的效果一直不好,从未走出实验阶段。不要将多路径路由选择缓存和路由选择缓存混为一谈,这是两种不同的缓存。删除路由选择缓存是5年后的事情,即在2012年推出的内核3.6中。

注意 要支持多路径路由选择,必须设置CONFIG_IP_ROUTE_MULTIPATH。

6.4 总结

本章介绍了IPv4高级路由选择主题,如组播路由选择、IGMP协议、策略路由选择和多路径路由选择。在此,你学习了组播路由选择涉及的基本结构,如组播表(mr_table)、组播转发缓存、Vif设备等;你还学习了如何将主机设置为组播路由器以及TTL字段在组播路由选择中的用途。第7章将讨论Linux邻接子系统。6.5节将按本章讨论的主题顺序,介绍一些相关的重要方法。

6.5 快速参考

在本章最后,简要地列出了一些重要的路由选择子系统方法(有些在本章提到过)、宏、procfs条目和表。

6.5.1 方法

先从方法开始。

1. int ip_mroute_setsockopt(struct sock *sk, int optname, char __user *optval, unsigned int optlen);

这个方法负责处理组播路由选择守护程序的setsockopt()调用。支持的套接字选项如下:MRT_INIT、MRT_DONE、MRT_ADD_VIF、MRT_DEL_VIF、MRT_ADD_MFC、MRT_DEL_MFC、MRT_ADD_MFC_PROXY、MRT_DEL_MFC_PROXY、MRT_ASSERT、MRT_PIM(设置了PIM时)和MRT_TABLE(设置了组播策略路由选择时)。

2. int ip_mroute_getsockopt(struct sock *sk, int optname, char __user *optval, int __user *optlen);

这个方法负责处理组播路由选择守护程序的getsockopt()调用。支持的套接字选项包括

MRT_VERSION、MRT_ASSERT和MRT_PIM。

3. struct mr_table *ipmr_new_table(struct net *net, u32 id);

这个方法负责新建一个组播路由选择表，其ID为参数id的值。

4. void ipmr_free_table(struct mr_table *mrt);

这个方法用于释放指定的组播路由选择表及相关的资源。

5. int ip_mc_join_group(struct sock *sk , struct ip_mreqn *imr);

这个方法用于加入组播组。要加入的组播组的地址由ip_mreqn对象指定。如果运行成功，这个方法将返回0。

6. static struct mfc_cache *ipmr_cache_find(struct mr_table *mrt, __be32 origin, __be32 mcastgrp);

这个方法负责在IPv4组播路由选择缓存中进行查找。如果没有找到匹配的条目，就返回NULL。

7. bool ipv4_is_multicast(__be32 addr);

这个方法在指定的地址为组播地址时返回true。

8. int ip_mr_input(struct sk_buff *skb);

这个方法是主要的IPv4组播接收方法（net/ipv4/ipmr.c）。

9. struct mfc_cache *ipmr_cache_alloc(void);

这个方法用于分配一个组播转发缓存（mfc_cache）条目。

10. static struct mfc_cache *ipmr_cache_alloc_unres(void);

这个方法将为未解析的缓存分配一个组播缓存（mfc_cache）条目，并设置未解析条目队列的expires字段。

11. void fib_select_multipath(struct fib_result *res);

使用多路径路由选择时，调用这个方法来确定下一跳。

12. int dev_set_allmulti(struct net_device *dev, int inc);

这个方法根据指定的增量（它可以是正数，也可以是负数）将指定网络设备的allmulti计数器递增或递减。

13. int igmp_rcv(struct sk_buff *skb);

这个方法是IGMP数据包的接收处理程序。

14. static int ipmr_mfc_add(struct net *net, struct mr_table *mrt, struct mfcctl *mfc, int mrtsock, int parent);

这个方法用于添加一个组播缓存条目。在用户空间中，使用MRT_ADD_MFC调用setsockopt()时，将调用这个方法。

15. static int ipmr_mfc_delete(struct mr_table *mrt, struct mfcctl *mfc, int parent);

这个方法用于删除一个组播缓存条目。在用户空间中，使用MRT_DEL_MFC调用setsockopt()时，将调用这个方法。

16. static int vif_add(struct net *net, struct mr_table *mrt, struct vifctl *vifc, int mrtsock);

这个方法用于添加一个组播虚拟接口。在用户空间中，使用MRT_ADD_VIF调用setsockopt()时，将调用这个方法。

17. static int vif_delete(struct mr_table *mrt, int vifi, int notify, struct list_head *head);

这个方法用于删除一个组播虚拟接口。在用户空间中，使用MRT_DEL_VIF调用setsockopt()时，将调用这个方法。

18. static void ipmr_expire_process(unsigned long arg);

这个方法用于删除未解析条目队列中过期的条目。

19. static int ipmr_cache_report(struct mr_table *mrt, struct sk_buff *pkt, vifi_t vifi, int assert);

这个方法负责创建一个IGMP数据包，并将IGMP报头中的类型和代码分别设置为参数assert的值和0。将调用方法sock_queue_rcv_skb()将这个IGMP数据包传输给用户空间组播路由选择守护程序。参数assert的可能取值如下：IGMPMSG_NOCACHE（在未解析条目队列中添加一个未解析缓存条目，并想告诉用户空间路由选择守护程序应对其进行解析时设置）、IGMPMSG_WRONGVIF和IGMPMSG_WHOLEPKT。

20. static int ipmr_device_event(struct notifier_block *this, unsigned long event, void *ptr);

这个方法是方法register_netdevice_notifier()注册的通知回调函数。网络设备未注册时，将触发NETDEV_UNREGISTER事件，而这个回调函数将收到这种事件，并将表示未注册设备的vif_device对象从vif_table中删除。

21. static void mrtsock_destruct(struct sock *sk);

这个方法在用户空间路由选择守护程序使用MRT_DONE调用setsockopt()时被调用。它将组播路由选择套接字（组播路由表的mroute_sk）设置为Null，将procfs条目mc_forwarding减1，并调用方法mroute_clean_tables()来释放资源。

6.5.2　宏

本节介绍本章涉及的宏。

1. MFC_HASH(a, b)

这个宏负责计算散列值，供在MFC缓存中添加条目时使用。它将组播组地址和源IPv4地址作为参数。

2. VIF_EXISTS(_mrt, _idx)

这个宏负责检查vif_table是否包含指定的条目。如果指定组播路由选择表（mrt）的组播虚拟设备数组（vif_table）包含索引为指定值（_idx）的条目，它将返回true。

6.5.3　procfs 组播条目

下面介绍两个重要的procfs组播条目。

1. /proc/net/ip_mr_vif

它列出了所有的组播虚拟接口，用于显示组播虚拟设备表（vif_table）中所有的vif_device对象。显示/proc/net/ip_mr_vif条目的工作是由方法ipmr_vif_seq_show()处理的。

2. /proc/net/ip_mr_cache

组播转发缓存（MFC）的状态。这个条目显示所有缓存条目的如下字段：组播组地址（mfc_mcastgrp）、源IP地址（mfc_origin）、输入接口索引（mfc_parent）、转发的数据包数（mfc_un.res.pkt）、转发的字节数（mfc_un.res.bytes）、错误接口索引（mfc_un.res.wrong_if）、转发接口的索引（vif_table中的一个索引）以及数组mfc_un.res.ttls中对应于该索引的条目。显示/proc/net/ip_mr_cache条目的工作是由方法ipmr_mfc_seq_show()处理的。

6.5.4　表

最后是规则选择器表，如表6-1所示。

表6-1　IP规则选择器

Linux符号	选择器	fib_rule的成员	fib4_rule
FRA_SRC	from	src	(fib4_rule)
FRA_DST	to	dst	(fib4_rule)
FRA_IIFNAME	iif	iifname	(fib_rule)
FRA_OIFNAME	oif	oifname	(fib_rule)
FRA_FWMARK	fwmark	mark	(fib_rule)
FRA_FWMASK	fwmark/fwmask	mark_mask	(fib_rule)
FRA_PRIORITY	preference,order,priority	pref	(fib_rule)
-	tos, dsfield	tos	(fib4_rule)

第 7 章

Linux邻接子系统

本章讨论Linux邻接子系统及其实现。邻接子系统负责发现当前链路上的结点，并将L3（网络层）地址转换为L2（数据链路层）地址。正如下一节将要介绍的，在为出站数据包创建L2报头时，需要L2地址。在IPv4中，实现这种转换的协议为地址解析协议（Address Resolutoin Protocol，ARP），而在IPv6中则为邻居发现协议（Neighboutr Discovery Protocol，NDISC或ND）。邻接子系统为执行L3到L2映射提供了独立于协议的基础设施。然而，本章只讨论最常见的情形，即邻接子系统在IPv4和IPv6中的用途。别忘了，ARP与第3章讨论的ICMP一样面临安全威胁，如ARP投毒攻击和ARP欺骗攻击（确保ARP协议的安全不在本书的讨论范围内）。

本章将首先讨论常见的邻接数据结构以及IPv4和IPv6都使用的一些重要的API方法，然后讨论ARP协议和NDISC协议的实现。你将看到邻居是如何创建和释放的，并将了解到用户空间和邻接子系统之间的交互。你还将了解ARP请求和应答、NDISC邻居请求和邻居通告以及重复地址检测（Duplicate Address Detection，DAD）——NDISC协议用来避免重复IPv6地址的机制。

7.1 邻接子系统的核心

邻接子系统是用来做什么的呢？在第2层发送数据包时，为创建L2报头，需要使用L2目标地址。使用邻接系统进行请求和应答，便可根据主机的L3地址获悉其L2地址（或获悉这样的L3地址不存在）。在最常用的数据链路层（L2）——以太网中，主机的L2地址为MAC地址。在IPv4中，使用的邻接协议为ARP，相应的请求和应答分别被称为ARP请求和ARP应答。在IPv6中，使用的邻接协议为NDISC，相应的请求和应答分别被称为邻居请求和邻居通告。

有时候，不需要邻接子系统的帮助也能获悉目标地址，例如，发送广播时。在这种情况下，L2目标地址是固定的，例如，在以太网中为FF:FF:FF:FF:FF:FF。有时候，目标地址是组播地址。L3组播地址和L2组播地址的映射关系是固定的。本章将讨论这些情形。

Linux邻接系统的基本数据结构是邻居，它表示与当前链路相连的网络结点，用结构neighbour来表示。这种表示不随协议而异。然而，正如前面说过的，对结构neighbour的讨论仅限于其在IPv4和IPv6中的用法。下面就来看看结构neighbour。

```
struct neighbour {
        struct neighbour __rcu  *next;
        struct neigh_table      *tbl;
```

```
struct neigh_parms          *parms;
unsigned long               confirmed;
unsigned long               updated;
rwlock_t                    lock;
atomic_t                    refcnt;
struct sk_buff_head         arp_queue;
unsigned int                arp_queue_len_bytes;
struct timer_list           timer;
unsigned long               used;
atomic_t                    probes;
__u8                        flags;
__u8                        nud_state;
__u8                        type;
__u8                        dead;
seqlock_t                   ha_lock;
unsigned char               ha[ALIGN(MAX_ADDR_LEN, sizeof(unsigned long))];
struct hh_cache             hh;
int                         (*output)(struct neighbour *, struct sk_buff *);
const struct neigh_ops      *ops;
struct rcu_head             rcu;
struct net_device           *dev;
u8                          primary_key[0];
};
```

(include/net/neighbour.h)

对结构neighbour的一些重要成员描述如下。

❑ next：指向散列表的同一个桶中的下一个邻居。

❑ tbl：与邻居相关联的邻接表。

❑ parms：与邻居相关联的neigh_parms对象，由相关联的邻接表的构造函数对其进行初始化。例如，在IPv4中，方法arp_constructor()将parms初始化为相关联的网络设备的arp_parms。不要将其与邻接表的neigh_parms对象混为一谈。

❑ confirmed：确认时间戳，将在本章后面对其进行讨论。

❑ refcnt：引用计数器。neigh_hold()宏会将其加1，而neigh_release()宏则将其减1。仅当这个引用计数器的值被减为0时，方法neigh_release()才会调用方法neigh_destroy()来释放邻居对象。

❑ arp_queue：一个未解析SKB队列。虽然名称中包含"arp"，但这个成员并非ARP专用的，其他协议（如NDISC）也可使用它。

❑ timer：每个neighbour对象都有一个定时器。定时器回调函数为方法neigh_timer_handler()，它可以修改邻居的网络不可达检测（NUD）状态。在发送请求时，邻居的状态为NUD_INCOMPLETE或NUD_PROBE。如果请求数达到或超过neigh_max_probes()的值，将把邻居的状态设置为NUD_FAILED，并调用方法neigh_invalidate()。

❑ ha_lock：对邻居硬件地址（ha）提供访问保护。

❑ ha：邻居对象的硬件地址。在以太网中，它为邻居的MAC地址。

❑ hh：L2报头的硬件报头缓存（一个hh_cache对象）。

❑ output：一个指向传输方法（如方法neigh_resolve_output()或neigh_direct_output()）
的指针。其值取决于NUD状态，因此在邻居的生命周期内可赋给其不同的值。在方法
neigh_alloc()中初始化邻居对象时，会将其设置为方法neigh_blackhole()。这个方法将
丢弃数据包并返回-ENETDOWN。下面是设置output回调函数的辅助方法。

■ void neigh_connect(struct neighbour *neigh)：将指定邻居的output回调函数设置为
neigh->ops->connected_output。

■ void neigh_suspect(struct neighbour *neigh)：将指定邻居的output回调函数设置为
neigh->ops->output。

❑ nud_state：邻居的NUD状态。在邻居的生命周期内，可动态地修改nud_state的值。在7.5
节中，表7-1描述了基本的NUD状态及其Linux符号。NUD状态机非常复杂，本书不探讨
其细节。

❑ dead：一个标志，在邻居对象处于活动状态时被设置。创建邻居对象时，在方法
__neigh_create()末尾将其设置为0。对于dead标志未被设置的邻居对象，调用方法
neigh_destroy()将会失败。方法neigh_flush_dev()将dead标志设置为1，但不会删除邻居。
被标记为失效（dead标志被设置）的邻居由垃圾收集器删除。

❑ primary_key：邻居的IP地址（L3地址）。邻接表查找是根据primary_key进行的。primary_key
的长度因协议而异。例如，对于IPv4来说，其长度为4字节；对于IPv6来说，其长度为
sizeof(struct in6_addr)，因为结构in6_addr表示IPv6地址。因此，primary_key被定义为
0字节的数组，分配邻居时，必须考虑使用的协议。详情请参阅后面描述结构neigh_table
的成员时，对entry_size和key_len的解释。

为避免在每次传输数据包时都发送请求，内核将L3地址和L2地址之间的映射存储在了被称
为邻接表的数据结构中。在IPv4中，这个表就是ARP表，有时被称为ARP缓存，但它们指的是一
回事。这与你在介绍IPv4路由选择子系统的第5章看到的不同，当时的情况是：被删除前的路由
选择缓存和路由选择表是两种不同的实体，由两个不同的数据结构表示。在IPv6中，邻接表就是
NDISC表（也叫NDISC缓存）。ARP表（arp_tbl）和NDISC表（nd_tbl）都是结构neigh_table的
实例。下面就来看看结构neigh_table。

```
struct neigh_table {
    struct neigh_table      *next;
    int                     family;
    int                     entry_size;
    int                     key_len;
    __u32                   (*hash)(const void *pkey,
                                    const struct net_device *dev,
                                    __u32 *hash_rnd);
    int                     (*constructor)(struct neighbour *);
    int                     (*pconstructor)(struct pneigh_entry *);
    void                    (*pdestructor)(struct pneigh_entry *);
    void                    (*proxy_redo)(struct sk_buff *skb);
    char                    *id;
    struct neigh_parms      parms;
```

```
                   /* gc_*必须紧跟在parms后面 */
    int                      gc_interval;
    int                      gc_thresh1;
    int                      gc_thresh2;
    int                      gc_thresh3;
    unsigned long            last_flush;
    struct delayed_work      gc_work;
    struct timer_list        proxy_timer;
    struct sk_buff_head      proxy_queue;
    atomic_t                 entries;
    rwlock_t                 lock;
    unsigned long            last_rand;
    struct neigh_statistics  __percpu *stats;
    struct neigh_hash_table  __rcu *nht;
    struct pneigh_entry      **phash_buckets;
};
```

(include/net/neighbour.h)

下面是对结构neigh_table的一些重要成员的描述。

❏ next：每种协议都会创建自己的neigh_table实例。系统中有一个包含所有邻接表的链表，全局变量neigh_tables就是指向这个链表开头的指针。变量next指向这个链表中的下一项。

❏ family：协议簇。对于IPv4邻接表（arp_tbl）来说，其为AF_INET；对于IPv6邻接表（nd_tbl）来说，其为AF_INET6。

❏ entry_size：在方法neigh_alloc()分配邻居条目时，分配的空间为tbl->entry_size + dev->neigh_priv_len。通常，neigh_priv_len的值为0。在内核3.3之前，对于ARP来说，entry_size被显式地初始化为sizeof(struct neighbor) + 4；而对于NDISC来说，entry_size被初始化为sizeof(struct neighbor) + sizeof(struct in6_addr)。这样初始化的原因是，在分配邻居时，需要给成员primary_key[0]分配空间。从内核3.3起，在静态初始化arp_tbl和ndisc_tbl时就不再初始化enrty_size。在核心邻接层，使用方法neigh_table_init_no_netlink()，根据key_len来初始化entry_size。

❏ key_len：查找键长度。对于IPv4来说，它为4字节，因为IPv4地址长4字节；对于IPv6来说，它为sizeof(struct in6_addr)。结构in6_addr表示的是IPv6地址。

❏ hash：将键（L3地址）映射到特定散列值的散列函数。对于ARP来说，它为方法arp_hash()；对于NDISC来说，它为方法ndisc_hash()。

❏ constructor：这个方法在创建邻居对象时执行因协议而异的初始化。对于IPv4中的ARP来说，它为arp_constructor()；而对于IPv6中的NDISC来说，它为ndisc_constructor()。constructor回调函数由方法__neigh_create()调用，它在成功时返回0。

❏ pconstructor：创建邻居代理条目的方法，在ARP中不予使用，而对于NDISC来说，它则为pndisc_constructor。这个方法必须在成功时返回0。如果查找失败，且调用方法pneigh_lookup()时使用的creat参数为1，这个方法就将调用pconstructor回调函数。

❏ pdestructor：销毁邻居代理条目的方法。与pconstructor回调函数一样，ARP也不使用

pdestructor，而对于NDISC来说，它为pndisc_destructor。pdestructor回调函数是在方法pneigh_delete()和pneigh_ifdown()中调用的。

❑ id：邻接表的名称。对于IPv4来说，它为arp_cache；对于IPv6来说，它为ndisc_cache。

❑ parms：一个neigh_parms对象。每个邻接表都有一个相关联的neigh_parms对象，其中包含各种配置信息，如可靠性信息、各种超时时间等。在ARP表和NDICS表中，初始化neigh_parms的方式不同。

❑ gc_interval：邻接核心不直接使用它。

❑ gc_thresh1、gc_thresh2、gc_thresh3：邻接表条目阈值，用作激活同步垃圾收集器（neigh_forced_gc）的条件，还用于异步垃圾收集处理程序neigh_periodic_work()之中。详情请参阅7.1.1节对分配邻居对象的介绍。在ARP表中，默认值如下：gc_thresh1为128，gc_thresh2为512，gc_thresh3为1024。这些值可通过procfs条目进行设置。在IPv6的NDISC表中，使用的默认值相同。相应的IPv4 procfs条目如下：

■ /proc/sys/net/ipv4/neigh/default/gc_thresh1
■ /proc/sys/net/ipv4/neigh/default/gc_thresh2
■ /proc/sys/net/ipv4/neigh/default/gc_thresh3

相应的IPv6 procfs条目如下：

■ /proc/sys/net/ipv6/neigh/default/gc_thresh1
■ /proc/sys/net/ipv6/neigh/default/gc_thresh2
■ /proc/sys/net/ipv6/neigh/default/gc_thresh3

❑ last_flush：最近一次运行方法neigh_forced_gc()的时间。在方法neigh_table_init_no_netlink()中将其设置为当前时间（jiffies）。

❑ gc_work：异步垃圾收集处理程序。方法neigh_table_init_no_netlink()将其设置为neigh_periodic_work()。结构delayed_work是一种工作队列。在内核2.6.32之前，异步垃圾收集处理程序为方法neigh_periodic_timer()，它只处理一个桶，而不是整个邻接散列表。方法neigh_periodic_work()首先检查表中的条目数是否少于gc_thresh1。如果是，它就退出，什么也不做。然后，它重新计算可达时间（与邻接表关联的neigh_parms对象parms的字段reachable_time）。接下来，它扫描邻接散列表，并删除状态满足如下条件的条目：状态既不是NUD_PERMANENT也不是NUD_IN_TIMER；引用计数为1；状态为NUD_FAILED，或时间戳used + gc_staletime（gc_staletime是邻居的parms对象的一个成员）小于当前时间。邻居条目的删除是这样完成的：将其dead标志设置为1，并调用方法neigh_cleanup_and_release()。

❑ proxy_timer：主机被配置为ARP代理时，它可能不会立即处理请求，而是过一段时间再处理。这是因为，对于ARP代理主机来说，可能有大量的请求需要处理（这不同于不是ARP代理的主机，通常它们需要处理的ARP请求较少）。有时候，你可能希望延迟对这种广播做出应答，让拥有要解析的IP地址的主机先收到请求。这种延迟是随机的，最长不超过参数proxy_delay的值。对于ARP来说，代理定时器处理程序为方法neigh_proxy_process()。

proxy_timer由方法neigh_table_init_no_netlink()进行初始化。

❑ proxy_queue：由SKB组成的代理ARP队列。SKB是使用方法pneigh_enqueue()添加的。

❑ stats：邻居统计信息（neigh_statistics）对象，包含针对每个CPU的计数器，如allocs
（方法neigh_alloc()分配的邻居对象数）、destroys（方法neigh_destroy()释放的邻居对
象数）等。邻居统计信息计数器由NEIGH_CACHE_STAT_INC宏进行递增操作。请注意，由于
这些统计信息是针对每个CPU的计数器的，因此NEIGH_CACHE_STAT_INC宏将调用
this_cpu_inc()宏。要显示ARP统计信息和NDISC统计信息，可分别使用cat /proc/net/
stat/arp_cache和cat/proc/net/stat/ndisc_cache。在7.5节中，描述了结构neigh_statistics，
并指出了每个计数器的递增方法。

❑ nht：邻居散列表（neigh_hash_table对象）。

❑ phash_buckets：邻接代理散列表，是在方法neigh_table_init_no_netlink()中分配的。
邻接表的初始化工作是使用方法neigh_table_init()完成的。

❑ 在IPv4中， ARP模块定义了ARP 表（一个名为arp_tbl的neigh_table结构实例），并将
其作为参数传递给方法neigh_table_init()（参见net/ipv4/arp.c中的方法arp_init()）。

❑ 在IPv6中，NDISC模块定义了NDSIC表（一个名为nd_tbl的neigh_table结构实例），并将
其作为参数传递给方法neigh_table_init()（参见net/ipv6/ndisc.c中的方法ndisc_init()）。
方法neigh_table_init()还可调用方法neigh_table_init_no_netlink()，后者将调用方法
neigh_hash_alloc()创建邻接散列表（对象nht），以便为8个散列条目分配空间。

```
static void neigh_table_init_no_netlink(struct neigh_table *tbl)
{
    . . .
    RCU_INIT_POINTER(tbl->nht, neigh_hash_alloc(3));
    . . .
}

static struct neigh_hash_table *neigh_hash_alloc(unsigned int shift)
{
```

这个散列表的长度为1<<shift，且不能大于PAGE_SIZE。

```
size_t size = (1 << shift) * sizeof(struct neighbour *);
struct neigh_hash_table *ret;
struct neighbour __rcu **buckets;
int i;
    ret = kmalloc(sizeof(*ret), GFP_ATOMIC);
    if (!ret)
        return NULL;
    if (size <= PAGE_SIZE)
        buckets = kzalloc(size, GFP_ATOMIC);
    else
        buckets = (struct neighbour __rcu **)
            __get_free_pages(GFP_ATOMIC | __GFP_ZERO,
                get_order(size));
    . . .

}
```

你可能会问，为何需要方法neigh_table_init_no_netlink()呢？在方法neigh_table_init()中执行所有初始化不就可以了吗？方法neigh_table_init_no_netlink()执行邻接表的所有初始化工作——将其添加到全局邻接表链表（neigh_tables）中的工作除外。最初，ATM要求进行这样的初始化——不添加到链表neigh_tables中，并最终将方法neigh_table_init()分成了多个方法。ATM clip模块调用的是方法neigh_table_init_no_netlink()而不是neigh_table_init()。然而，随着时间的推移，人们为ATM找到了新的解决方案。虽然ATM clip模块现在已不再调用方法neigh_table_init_no_netlink()，但依然保留了分离出来的方法，这样做也许是为了方便以后使用。

这里需要指出的是，使用邻接子系统的每种L3协议都还注册了一个协议处理程序。对于IPv4来说，ARP数据包（以太网报头中类型为0x0806的数据包）处理程序为方法arp_rcv()。

```
static struct packet_type arp_packet_type __read_mostly = {
        .type = cpu_to_be16(ETH_P_ARP),
        .func = arp_rcv,
};

void __init arp_init(void)
{
    . . .
        dev_add_pack(&arp_packet_type);
    . . .
}
```

(net/ipv4/arp.c)

对于IPv6来说，邻接消息为ICMPv6消息，由ICMPv6处理程序（方法icmpv6_rcv()）进行处理。一共有5种ICMPv6邻接消息。在方法icmpv6_rcv()接收这些消息时，将调用方法ndisc_rcv()来处理它们（参见net/ipv6/icmp.c）。方法ndisc_rcv()将在本章后面进行讨论。每个邻居对象都在结构neigh_ops中定义了一组方法。结构neigh_ops是由邻接表的constructor方法设置的，它包含一个协议簇成员和4个函数指针。

```
struct neigh_ops {
        int        family;
        void       (*solicit)(struct neighbour *, struct sk_buff *);
        void       (*error_report)(struct neighbour *, struct sk_buff *);
        int        (*output)(struct neighbour *, struct sk_buff *);
        int        (*connected_output)(struct neighbour *, struct sk_buff *);
};
```

(include/net/neighbour.h)

❑ family：对于IPv4来说，它为AF_INET；对于IPv6来说，它为AF_INET6。

❑ solicit：这个方法负责发送邻居请求。在ARP中它为方法arp_solicit()，而在NDISC中它为方法ndisc_solicit()。

❑ error_report：在邻居状态为NUD_FAILED时，将在方法neigh_invalidate()中调用这个方法。例如，在请求的应答时间超时后就将出现这种情况。

- output：在下一跳的L3地址已知，但未能解析出L2地址时，应将output回调函数设置为
  neigh_resolve_output()。
- connected_output：邻居状态为**NUD_REACHABLE**或**NUD_CONNECTED**时，应将output
  方法设置为connected_output指定的方法。参见方法neigh_update()和neigh_timer_
  handler()中对neigh_connect()的调用。

7.1.1 创建和释放邻居

邻居是由方法__neigh_create()创建的。

struct neighbour *__neigh_create(struct neigh_table *tbl, const void *pkey, struct
net_device *dev, bool want_ref)

方法__neigh_create()首先调用方法neigh_alloc()，以分配一个邻居对象并执行各种初始
化。在某些情况下，方法neigh_alloc()还将调用同步垃圾收集器（方法neigh_forced_gc()）。

```
static struct neighbour *neigh_alloc(struct neigh_table *tbl, struct net_device *dev)
{
        struct neighbour *n = NULL;
        unsigned long now = jiffies;
        int entries;

        entries = atomic_inc_return(&tbl->entries) - 1;
```

如果表条目数大于gc_thresh3（默认为1024），或者表条目数大于gc_thresh2（默认为512），
且最后一次的刷新频率高于5Hz，将调用同步垃圾收集器（方法neigh_forced_gc()）。如果运行
方法neigh_forced_gc()后，表条目数依然大于gc_thresh3（1024），将不分配邻居对象并返回
NULL。

```
if (entries >= tbl->gc_thresh3 ||
    (entries >= tbl->gc_thresh2 &&
    time_after(now, tbl->last_flush + 5 * HZ))) {
        if (!neigh_forced_gc(tbl) &&
            entries >= tbl->gc_thresh3)
                goto out_entries;
}
```

接下来，方法__neigh_create()将调用指定邻接表的constructor方法（对于ARP来说，该方
法为arp_constructor()；对于NDISC来说，该方法为ndisc_constructor()），以执行因协议而异
的设置工作。在constructor方法中，将处理组播地址和环回地址等特殊情况。例如，在方法
arp_constructor()中，需调用方法arp_mc_map()，来根据邻居的IPv4 primary_key地址设置邻居的
硬件地址（ha），再将nud_state设置为**NUD_NOARP**，因为组播地址不需要ARP。在方法
ndisc_constructor()中，也以类似的方式处理组播地址，即：调用ndisc_mc_map()来根据邻居的
IPv6 primary_key地址设置邻居的硬件地址（ha），再将nud_state设置为**NUD_NOARP**。对于广播
地址也需特殊对待。例如，在方法arp_constructor()中，如果邻居类型为**RTN_BROADCAST**，
就将其硬件地址（ha）设置为网络设备的广播地址（net_device对象的broadcast字段），并将

nud_state设置为NUD_NOARP。IPv6协议没有实现传统的IP广播,因此不存在广播地址的概念(但它使用地址ff02::1来表示包含当前链路上所有结点的组播组)。在下面两种特殊情况下,还需做额外的设置。

❑ 如果在netdev_ops中定义了回调函数ndo_neigh_construct(),就调用它。实际上,仅在classical IP over ATM(clip)代码中这样做,详情请参见net/atm/clip.c。

❑ 如果在neigh_parms中定义了回调函数neigh_setup(),就调用它。例如,在绑定(bonding)驱动程序中就会这样做,详情请参阅drivers/net/bonding/bond_main.c。

在尝试使用方法__neigh_create()创建邻居对象时,如果邻居条目数超过了散列表的长度,就必须增大散列表。这是通过调用方法neigh_hash_grow()完成的,如下所示。

```
struct neighbour *__neigh_create(struct neigh_table *tbl, const void *pkey,
                struct net_device *dev, bool want_ref)
{
    . . .
```

散列表长度为1 << nht->hash_shift,超过该长度后,必须增大散列表。

```
    if (atomic_read(&tbl->entries) > (1 << nht->hash_shift))
        nht = neigh_hash_grow(tbl, nht->hash_shift + 1);
    . . .
}
```

如果参数want_ref为true,将在这个方法中将邻居引用计数器加1,并将初始化邻居对象的confirmed字段。

```
n->confirmed = jiffies - (n->parms->base_reachable_time << 1);
```

这个字段被初始化为比当前时间jiffies早一点,这样做的原因很简单:需要早点确认可达性。在方法__neigh_create()的最后,将dead标志初始化为0,并将邻居对象添加到邻居散列表中。

方法neigh_release()将邻居的引用计数器减1。如果它变成了0,就调用方法neigh_destroy()将邻居对象释放。方法neigh_destroy()会检查邻居的dead标志。如果该标志为0,就不会将邻居删除。

在本节中,你学习了用于创建和释放邻居的内核方法。接下来,你将学习如何在用户空间触发添加和删除邻居条目,以及如何使用命令arp(仅用于IPv4)和ip(可用于IPv4和IPv6)显示邻接表。

7.1.2　用户空间和邻接子系统之间的交互

要管理ARP表,可使用iproute2包中的命令ip neigh,也可使用net-tools包中的arp命令。因此,要显示ARP表,可在命令行运行下面的命令之一。

❑ arp:由net/ipv4/arp.c中的方法arp_seq_show()处理。

❑ ip neigh show(或ip neighbour show):由net/ core/neighbour.c中的方法neigh_dump_info()处理。

请注意，命令ip neigh show显示邻接表条目的NUD状态，如NUD_REACHABLE或NUD_STALE。另外，命令arp只显示IPv4邻接表（ARP表），而命令ip显示IPv4 ARP表和IPv6邻接表。如果只想显示IPv6邻接表，可使用命令ip -6 neigh show。

ARP和NDISC模块还可通过procfs导出数据。这意味着，要显示ARP表，还可执行命令cat /proc/net/arp（这个procfs条目由方法arp_seq_show()处理，该方法也用于处理前面提到的命令arp）。要显示ARP统计信息，可使用命令cat /proc/net/stat/ arp_cache；而要显示NDISC统计信息，可使用命令cat /proc/net/stat/ndisc_cache（这两个命令都由方法neigh_stat_seq_show()处理）。

要添加邻居条目，可使用命令ip neigh add。这个命令由方法neigh_add()处理。执行命令ip neigh add时，可指定要添加的邻居条目的状态（如NUD_PERMANENT、NUD_STALE、NUD_REACHABLE等），如下所示。

```
ip neigh add 192.168.0.121 dev eth0 lladdr 00:30:48:5b:cc:45 nud permanent
```

要删除邻居条目，可使用命令ip neigh del（这个命令由方法neigh_delete()处理），如下所示。

```
ip neigh del 192.168.0.121 dev eth0
```

要在代理ARP表中添加条目，可使用命令ip neigh add proxy，如下所示。

```
ip neigh add proxy 192.168.2.11 dev eth0
```

这种添加工作也可由方法neigh_add()进行处理，但该方法将在从用户空间传递而来的数据中设置标志NTF_PROXY（参见对象ndm的ndm_flags字段），因此将调用方法pneigh_lookup()在代理邻接表（phash_buckets）中执行查找。如果没有找到，方法pneigh_lookup()将在代理邻接散列表中添加一个条目。

要从代理ARP表中删除条目，可使用命令ip neigh del proxy，如下所示。

```
ip neigh del proxy 192.168.2.11 dev eth0
```

这种删除工作由方法neigh_delete()处理。同样，在这种情况下，将在从用户空间传递而来的数据中设置NTF_PROXY标志（参见对象ndm的ndm_flags字段），因此将调用方法pneigh_delete()，将条目从代理邻接表中删除。

使用命令ip ntable可显示和控制邻接表的参数，如下所示。

❑ ip ntable show：显示所有邻接表的参数。

❑ ip ntable change：修改邻接表参数的值，由方法neightbl_set()处理，如ip ntable change name arp_cache queue 20 dev eth0。

还可以使用命令arp add在ARP表中添加条目。另外，还可以像下面这样在ARP表中添加静态条目：arp -s <IPAddress> <MacAddress>。静态ARP条目不会被邻接子系统垃圾收集器删除，但会在重启后消失。

下一节将简要地介绍邻接子系统处理网络事件的具体方法。

7.1.3 处理网络事件

邻接核心不会使用方法register_netdevice_notifier()注册任何事件，而ARP和NDISC模块则会注册网络事件。在ARP中，方法arp_netdev_event()将被注册为netdev事件的回调函数，它调用通用方法neigh_changeaddr()以及方法rt_cache_flush()来处理MAC地址变更事件。从内核3.11起，在IFF_NOARP标志发生变化时，将调用方法neigh_changeaddr()来处理NETDEV_CHANGE事件。当设备使用方法__dev_notify_flags()修改其标志或使用方法netdev_state_change()修改其状态时，都将触发NETDEV_CHANGE事件。在NDISC中，方法ndisc_netdev_event()被注册为netdev事件的回调函数，它处理NETDEV_CHANGEADDR、NETDEV_DOWN和NETDEV_NOTIFY_PEERS事件。

前面介绍了IPv4和IPv6都用到了的基本数据结构，如邻接表（neigh_table）和结构neighbour，并讨论了邻居对象是如何被创建和释放的，现在该介绍第一种邻接协议——ARP协议的实现了。

7.2 ARP 协议（IPv4）

ARP协议是在RFC 826中定义的。在以太网中，硬件地址称为MAC地址，长48位。MAC地址必须是独一无二的，但必须考虑这样的情形，即可能会遇到并非独一无二的MAC地址。导致这种情形的一种常见原因是，在大多数网络接口上，系统管理员都可使用诸如ifconfig或ip等用户空间工具配置MAC地址。

发送IPv4数据包时，目标IPv4地址是已知的，但需要创建以太网报头，其中包含目标MAC地址。根据给定IPv4地址确定MAC地址的工作由ARP协议完成，稍后你讲看到这一点。如果MAC地址未知，就以广播方式发送ARP请求，其中包含已知的IPv4地址。如果有主机配置了这个IPv4地址，它将使用单播ARP响应进行应答。ARP表（arp_tbl）是一个neigh_table结构实例。ARP报头用结构arphdr表示。

```
struct arphdr {
    __be16          ar_hrd;        /* 硬件地址的格式    */
    __be16          ar_pro;        /* 协议地址的格式    */
    unsigned char   ar_hln;        /* 硬件地址的长度    */
    unsigned char   ar_pln;        /* 协议地址的长度    */
    __be16          ar_op;         /* ARP操作码（命令）*/
#if 0
 *
 *      在以太网中，类似于下面这样，但这部分的长度并不是固定的
 */
    unsigned char   ar_sha[ETH_ALEN];    /* 发送方的硬件地址 */
    unsigned char   ar_sip[4];           /* 发送方的IP地址   */
    unsigned char   ar_tha[ETH_ALEN];    /* 目标硬件地址     */
    unsigned char   ar_tip[4];           /* 目标IP地址       */
#endif
};
```

(include/uapi/linux/if_arp.h)

下面描述了结构arphdr的一些重要成员。

- ☐ ar_hrd是硬件地址类型，对于以太网来说，其为0x01。关于可在ARP报头中使用的硬件地址标识符完整列表，请参阅include/uapi/linux/if_arp.h中的ARPHRD_XXX定义。
- ☐ ar_pro是协议ID，对于IPv4来说，其为0x80。关于可使用的协议ID完整列表，请参阅include/uapi/linux/if_ether.h中的ETH_P_XXX定义。
- ☐ ar_hln是硬件地址长度，单位为字节。对于以太网地址来说，其为6字节。
- ☐ ar_pln是协议地址长度，单位为字节。对于IPv4地址来说，其为4字节。
- ☐ ar_op是操作码。ARP请求表示为ARPOP_REQUEST，ARP应答表示为ARPOP_REPLY。关于可在ARP报头中使用的操作码完整列表，请参阅include/uapi/linux/if_arp.h。

紧跟在ar_op后面的是发送方的硬件（MAC）地址和IPv4地址，以及目标硬件（MAC）地址和IPv4地址。这些地址并非ARP报头（结构arphdr）的组成部分。在方法arp_process()中，通过读取ARP报头相应的偏移量来提取它们。在7.2.2节中讨论方法arp_process()时，你将看到这一点。图7-1显示了ARP以太网数据包的ARP报头。

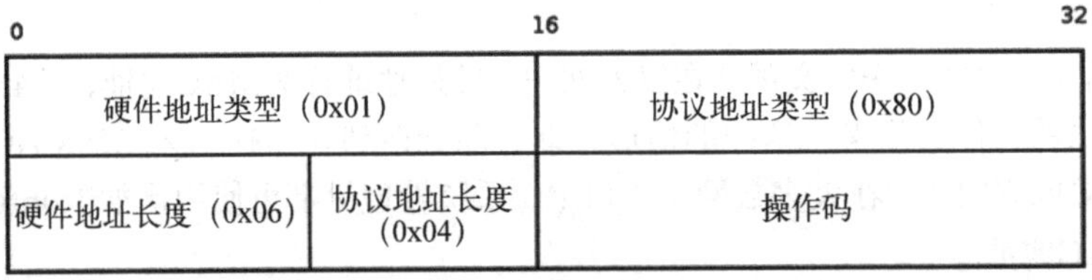

图7-1　以太网ARP报头

在ARP中，定义了4种neigh_ops对象：arp_direct_ops、arp_generic_ops、arp_hh_ops和arp_broken_ops。ARP表的neigh_ops对象的初始化是由方法arp_constructor()根据网络设备的特征完成的。

- ☐ 如果net_device对象的header_ops为NULL，对象neigh_ops将被设置为arp_direct_ops。在这种情况下，将使用方法neigh_direct_output()来发送数据包。这个方法实际上是一个dev_queue_xmit()包装器。然而，在大多数以太网设备中，net_device对象的header_ops都被通用方法ether_setup()设置为eth_header_ops，详情请参阅net/ethernet/eth.c。
- ☐ 如果net_device对象的header_ops包含一个NULL cache()回调函数，对象neigh_ops将被设置为arp_generic_ops。
- ☐ 如果net_device对象的header_ops包含一个非NULL cache()回调函数，对象neigh_ops将被设置为arp_hh_ops。使用通用对象eth_header_ops时，cache()回调函数为eth_header_cache()。
- ☐ 对于如下3种设备，对象neigh_ops将被设置为arp_broken_ops，即net_device对象的类型为ARPHRD_ROSE、ARPHRD_AX25或ARPHRD_NETROM。

介绍完ARP协议和ARP报头（arphdr）后，来看看ARP请求是如何发送的。

7.2.1　ARP：发送请求

请求是在哪里发送的呢？最常见的场景是在传输路径中。在离开网络层（L3）进入数据链路层（L2）之前。在方法ip_finish_output2()中，首先调用方法__ipv4_neigh_lookup_noref()，在ARP表中查找下一跳IPv4地址。如果没有找到匹配的邻居条目，就调用方法__neigh_create()来创建一个。

```
static inline int ip_finish_output2(struct sk_buff *skb)
{
        struct dst_entry *dst = skb_dst(skb);
        struct rtable *rt = (struct rtable *)dst;
        struct net_device *dev = dst->dev;
        unsigned int hh_len = LL_RESERVED_SPACE(dev);
        struct neighbour *neigh;
        u32 nexthop;
        . . .
        . . .
        nexthop = (__force u32) rt_nexthop(rt, ip_hdr(skb)->daddr);
        neigh = __ipv4_neigh_lookup_noref(dev, nexthop);
        if (unlikely(!neigh))
                neigh = __neigh_create(&arp_tbl, &nexthop, dev, false);
        if (!IS_ERR(neigh)) {
                int res = dst_neigh_output(dst, neigh, skb);
        . . .
}
```

下面来看看方法dst_neigh_output()。

```
static inline int dst_neigh_output(struct dst_entry *dst, struct neighbour *n,
                              struct sk_buff *skb)
{
        const struct hh_cache *hh;

        if (dst->pending_confirm) {
                unsigned long now = jiffies;

                dst->pending_confirm = 0;
                /* 避免污染邻居 */
                if (n->confirmed != now)
                        n->confirmed = now;
        }
```

当首次到达该流程的上述方法时，nud_state并非NUD_CONNECTED，output回调函数为方法neigh_resolve_output() method。

```
        hh = &n->hh;
        if ((n->nud_state & NUD_CONNECTED) && hh->hh_len)
                return neigh_hh_output(hh, skb);
        else
                return n->output(n, skb);
}
```

(include/net/dst.h)

在方法neigh_resolve_output()中，将调用方法neigh_event_send()，这个方法会调用__skb_queue_tail (&neigh->arp_queue, skb)，将SKB加入邻居的arp_queue中。稍后，邻居定时器处理程序neigh_timer_handler()将调用方法neigh_probe()，而这个方法又将调用solicit方法（在这里，neigh->ops->solicit为方法arp_solicit()）来发送数据包。

```
static void neigh_probe(struct neighbour *neigh)
        __releases(neigh->lock)
{
        struct sk_buff *skb = skb_peek(&neigh->arp_queue);
        . . .
        neigh->ops->solicit(neigh, skb);
        atomic_inc(&neigh->probes);
        kfree_skb(skb);
}
```

下面来看看实际发送ARP请求的方法arp_solicit()。

```
static void arp_solicit(struct neighbour *neigh, struct sk_buff *skb)
{
        __be32 saddr = 0;
        u8 dst_ha[MAX_ADDR_LEN], *dst_hw = NULL;
        struct net_device *dev = neigh->dev;
        __be32 target = *(__be32 *)neigh->primary_key;
        int probes = atomic_read(&neigh->probes);
        struct in_device *in_dev;

        rcu_read_lock();
        in_dev = __in_dev_get_rcu(dev);
        if (!in_dev) {
                rcu_read_unlock();
                return;
        }
```

通过procfs条目arp_announce，可指定哪些本地IP地址可用作ARP数据包的源地址。

❑ 0：可使用在任何接口上配置的本地地址。这是默认设置。

❑ 1：首先尝试使用属于目标子网的地址。如果没有这样的地址，就使用主IP地址。

❑ 2：使用主IP地址。

请注意，将会用到下面两个条目中的最大值：

❑ /proc/sys/net/ipv4/conf/all/arp_announce

❑ /proc/sys/net/ipv4/conf/<netdeviceName>/arp_announce

另请参见7.5节中对IN_DEV_ARP_ANNOUNCE宏的描述。

```
switch (IN_DEV_ARP_ANNOUNCE(in_dev)) {
default:
case 0:          /* 默认通知任何本地IP地址 */
        if (skb && inet_addr_type(dev_net(dev),
                                  ip_hdr(skb)->saddr) == RTN_LOCAL)
                saddr = ip_hdr(skb)->saddr;
        break;
case 1:          /* 通知属于目标子网的源地址 */
```

```
                if (!skb)
                break;
                saddr = ip_hdr(skb)->saddr;
                if (inet_addr_type(dev_net(dev), saddr) == RTN_LOCAL) {
```

方法inet_addr_onlink()用于检查指定的目标地址和源地址是否属于同一个子网。

```
                        /* 对于目标设备来说，源地址必须是已知的*/
                        if (inet_addr_onlink(in_dev, target, saddr))
                                break;
                }
                saddr = 0;
                break;
case 2:         /* 避免使用辅助IP地址，获取主/首选IP地址 */
                break;
        }
        rcu_read_unlock();

        if (!saddr)
```

方法inet_select_addr()用于指定设备的第一个主接口的地址。该地址的范围小于指定范围（这里为RT_SCOPE_LINK），且与目标地址属于同一个子网。

```
        saddr = inet_select_addr(dev, target, RT_SCOPE_LINK);

        probes -= neigh->parms->ucast_probes;
        if (probes < 0) {
                if (!(neigh->nud_state & NUD_VALID))
                        pr_debug("trying to ucast probe in NUD_INVALID\n");
                neigh_ha_snapshot(dst_ha, neigh, dev);
                dst_hw = dst_ha;
        } else {
                probes -= neigh->parms->app_probes;
                if (probes < 0) {
```

使用用户空间ARP守护程序时，需要设置CONFIG_ARPD，因为有些项目（如OpenNHRP）是基于ARPD的。在通过非广播多路访问（Non-Broadcast Multiple Access，NBMA）网络路由网络流量时，使用下一跳解析协议（Next Hop Resolution Protocol，NHRP）来提高效率（本书不讨论ARPD用户空间守护程序）。

```
#ifdef CONFIG_ARPD
                                neigh_app_ns(neigh);
#endif
                                return;
                        }
                }
```

接下来，调用方法arp_send()来发送ARP请求。我们注意到最后一个参数（target_hw）为NULL，因为还不知道目标硬件（MAC）地址。在调用arp_send()时，如果参数target_hw为NULL，将以广播方式发送ARP请求。

```
        arp_send(ARPOP_REQUEST, ETH_P_ARP, target, dev, saddr,
                dst_hw, dev->dev_addr, NULL);
}
```

来看看方法arp_send()，它很简单。

```
void arp_send(int type, int ptype, __be32 dest_ip,
              struct net_device *dev, __be32 src_ip,
              const unsigned char *dest_hw, const unsigned char *src_hw,
              const unsigned char *target_hw)
{
        struct sk_buff *skb;

        /*
         *      这个接口上没有启用ARP
         */
```

必须检查网络设备是否设置了IFF_NOARP。有时候ARP会被禁用。例如，管理员可使用
ifconfig eth1 -arp或ip link set eth1 arp off禁用ARP。有些网络设备在创建时就设置了标志
IFF_NOARP，如不需要ARP的IPv4隧道设备和PPP设备。详情请参阅net/ipv4/ipip.c中的方法
ipip_tunnel_setup()或drivers/net/ppp_generic.c中的方法ppp_setup()。

```
if (dev->flags&IFF_NOARP)
        return;
```

方法arp_create()用于创建包含ARP报头的SKB，并根据指定的参数对其进行初始化。

```
skb = arp_create(type, ptype, dest_ip, dev, src_ip,
                 dest_hw, src_hw, target_hw);
if (skb == NULL)
        return;
```

方法arp_xmit()所完成的唯一工作是，通过NF_HOOK()宏调用dev_queue_xmit()：

```
    arp_xmit(skb);
}
```

下面该介绍ARP请求和应答是如何处理的了。

7.2.2 ARP：接收请求和应答

前面说过，在IPv4中，方法arp_rcv()负责处理ARP数据包，下面就来看看这个方法。

```
static int arp_rcv(struct sk_buff *skb, struct net_device *dev,
                   struct packet_type *pt, struct net_device *orig_dev)
{
        const struct arphdr *arp;
```

如果收到ARP数据包的网络设备设置了标志IFF_NOARP，或者数据包不是发送给当前主机
的，抑或数据包是发送给环回设备的，就必须将数据包丢弃。接下来，需要执行其他完整性检查。
如果一切正常，就接着调用方法arp_process()，由它执行处理ARP数据包的实际工作。

```
if (dev->flags & IFF_NOARP ||
    skb->pkt_type == PACKET_OTHERHOST ||
    skb->pkt_type == PACKET_LOOPBACK)
        goto freeskb;
```

如果SKB是共享的，就必须复制它，因为在方法arp_rcv()进行处理期间，它可能被其他人

修改。如果SKB是共享的，方法skb_share_check()就将创建其副本（参见附录A）。

```
skb = skb_share_check(skb, GFP_ATOMIC);
if (!skb)
        goto out_of_mem;

/* ARP报头、两个设备地址以及两个IP地址. */
if (!pskb_may_pull(skb, arp_hdr_len(dev)))
        goto freeskb;

arp = arp_hdr(skb);
```

ARP报头的ar_hln表示硬件地址的长度。对于以太网报头来说，其应为6字节，并与net_device对象的addr_len相等。ARP报头的ar_pln表示协议地址的长度，它应与IPv4地址的长度相等，即为4字节。

```
if (arp->ar_hln != dev->addr_len || arp->ar_pln != 4)
        goto freeskb;

memset(NEIGH_CB(skb), 0, sizeof(struct neighbour_cb));
return NF_HOOK(NFPROTO_ARP, NF_ARP_IN, skb, dev, NULL, arp_process);
freeskb:
        kfree_skb(skb);
out_of_mem:
        return 0;
}
```

在处理ARP请求时，并非只处理目标地址为当前主机的数据包。如果当前主机被配置为代理ARP或专用VLAN代理ARP（参见RFC 3069），还需处理目标地址不是当前主机的数据包。对专用VLAN代理ARP的支持是在内核2.6.34中新增的。

在方法arp_process()中，只处理ARP请求和ARP响应。对于ARP请求，将使用方法ip_route_input_noref()执行路由选择子系统查找。如果ARP数据包是发送给当前主机的（路由选择条目的rt_type为RTN_LOCAL），就接着检查一些条件（这将稍后介绍）。如果这些检查都通过了，就使用方法arp_send()发回ARP应答。如果ARP数据包不是发送给当前主机但需要进行转发的（路由选择条目的rt_type为RTN_UNICAST），也需要检查一些条件（也将在稍后介绍）。如果这些条件都满足，就调用方法pneigh_lookup()在代理ARP表中进行查找。

下面介绍处理ARP请求的主方法arp_process()的实现细节。

方法arp_process()
来看看完成实际工作的方法arp_process()。

```
static int arp_process(struct sk_buff *skb)
{
        struct net_device *dev = skb->dev;
        struct in_device *in_dev = __in_dev_get_rcu(dev);
        struct arphdr *arp;
        unsigned char *arp_ptr;
        struct rtable *rt;
        unsigned char *sha;
        __be32 sip, tip;
```

```
u16 dev_type = dev->type;
int addr_type;
struct neighbour *n;
struct net *net = dev_net(dev);

/*arp_rcv验证ARP报头并确认设备启用了ARP*/
if (in_dev == NULL)
        goto out;
```

从SKB中取回ARP报头（这是网络层报头，参见方法arp_hdr()）。

```
arp = arp_hdr(skb);

switch (dev_type) {
default:
        if (arp->ar_pro != htons(ETH_P_IP) ||
                        htons(dev_type) != arp->ar_hrd)
                    goto out;
            break;
        case ARPHRD_ETHER:
            . . .
            if ((arp->ar_hrd != htons(ARPHRD_ETHER) &&
                arp->ar_hrd != htons(ARPHRD_IEEE802)) ||
                arp->ar_pro != htons(ETH_P_IP))
                    goto out;
            break;
            . . .
```

在方法arp_process()中，只处理ARP请求和响应。对于其他数据包，都将其丢弃。

```
        /* 只处理下述消息类型 */

        if (arp->ar_op != htons(ARPOP_REPLY) &&
            arp->ar_op != htons(ARPOP_REQUEST))
                goto out;

/*
 *      提取字段
 */
        arp_ptr = (unsigned char *)(arp + 1);
```

方法arp_process()：提取报头

在ARP报头后面，紧跟着如下字段（参见前面的ARP报头定义）。

❑ sha：源硬件地址（即MAC地址，长6字节）。

❑ sip：源IPv4地址（4字节）。

❑ tha：目标硬件地址（即MAC地址，长6字节）。

❑ tip：目标IPv4地址（4字节）。

提取sip和tip。

```
Sha     = arp_ptr;
arp_ptr += dev->addr_len;
```

将arp_ptr前移相应的偏移量，再将sip设置为源IPv4地址。

```
memcpy(&sip, arp_ptr, 4);
```

```
arp_ptr += 4;
switch (dev_type) {
...
default:
        arp_ptr += dev->addr_len;
}
```

将arp_ptr前移相应的偏移量，再将tip设置为目标IPv4地址。

```
memcpy(&tip, arp_ptr, 4);
```

将丢弃下面两种数据包。

❏ 组播数据包。

❏ 发送给环回设备的数据包（如果禁用了使用环回地址的本地路由选择）。参见7.5节中对
　IN_DEV_ROUTE_LOCALNET宏的描述。

```
/*
 *    检查发送给127.x.x.x和组播地址的请求。如果请求如下，则将其删除
 */
     if (ipv4_is_multicast(tip) ||
        (!IN_DEV_ROUTE_LOCALNET(in_dev) && ipv4_is_loopback(tip)))
            goto out;
     ...
```

使用重复地址检测（DAD）时，源IP地址（sip）为0。DAD能够让你检查出L3地址是否已
被LAN中的其他主机使用。在IPv6中，DAD是地址配置过程的有机组成部分，但对于IPv4来说则
不然。不过，稍后你将看到，IPv4支持正确地处理DAD请求。iputils包中的工具arping就是一个IPv4
中使用DAD的例子。使用arping -D发送ARP请求时，ARP报头中的sip为0（修饰符-D将arping切
换到DAD模式），而tip通常为发送方的IPv4地址（因为你要检查当前LAN中是否有其他主机使用
你的IPv4地址）。如果有主机使用的IP地址与DAD ARP请求中的tip相同，它将发回ARP应答（而
不将发送方加入其邻接表中）。

```
/* 特殊情形：IPv4重复地址检测数据包 (RFC 2131)  */
if (sip == 0) {
        if (arp->ar_op == htons(ARPOP_REQUEST) &&
```

方法arp_process()：方法arp_ignore()和arp_filter()

procfs条目arp_ignore支持使用不同的模式发送ARP应答以响应ARP请求。使用的值为
/proc/sys/net/ipv4/conf/all/arp_ignore 和 /proc/sys/net/ipv4/conf/<netDeviceName>/arp_ignore
中较大的那个。procfs条目的值默认为0。在这种情况下，方法arp_ignore()将返回0。正如你将
在下面的代码片段中看到的那样，需要使用方法arp_send()来对ARP请求进行应答（假设
inet_addr_type(net, tip)返回RTN_LOCAL）。方法arp_ignore()用于检查IN_DEV_ARP_IGNORE
(in_dev)的值。更多细节请参阅net/ipv4/arp.c中方法 arp_ignore() 的实现以及7.5节中对
IN_DEV_ARP_IGNORE宏的描述。

```
                inet_addr_type(net, tip) == RTN_LOCAL &&
                !arp_ignore(in_dev, sip, tip))
                arp_send(ARPOP_REPLY, ETH_P_ARP, sip, dev, tip, sha,
```

```
                              dev->dev_addr, sha);
              goto out;
    }
    if (arp->ar_op == htons(ARPOP_REQUEST) &&
        ip_route_input_noref(skb, tip, sip, 0, dev) == 0) {

              rt = skb_rtable(skb);
              addr_type = rt->rt_type;
```

如果addr_type为**RTN_LOCAL**，说明数据包需要在本地投递。

```
    if (addr_type == RTN_LOCAL) {
              int dont_send;

              dont_send = arp_ignore(in_dev, sip, tip);
```

在下述两种情况下，方法arp_filter()将失败（返回1）。

❑ 使用方法ip_route_output()在路由选择表中查找时以失败告终。

❑ 路由选择条目的出站网络设备不同于收到ARP请求的网络设备。

如果成功，方法arp_filter()将返回0（另请参见7.5节中对IN_DEV_ARPFILTER宏的描述）。

```
        if (!dont_send && IN_DEV_ARPFILTER(in_dev))
              dont_send = arp_filter(sip, tip, dev);
    if (!dont_send) {
```

发送ARP应答前，需要将发送方加入邻接表或对其进行更新。这是使用方法neigh_event_ns()完成的。方法neigh_event_ns()新建一个邻接表条目，并将其状态设置为NUD_STALE。如果已经有这样的条目，就使用方法neigh_ update()将其状态更新为NUD_STALE。以这种方式添加条目被称为被动侦听。

```
                    n = neigh_event_ns(&arp_tbl, sha, &sip, dev);
                    if (n) {
                            arp_send(ARPOP_REPLY, ETH_P_ARP, sip,
                                    dev, tip, sha, dev->dev_addr,
                                    sha);
                          neigh_release(n);
                    }
              }
              goto out;
    } else if (IN_DEV_FORWARD(in_dev)) {
```

如果设备可用作ARP代理，方法arp_fwd_proxy()将返回1；如果设备可用作ARP VLAN代理，方法arp_fwd_pvlan()将返回1。

```
    if (addr_type == RTN_UNICAST &&
        (arp_fwd_proxy(in_dev, dev, rt) ||
         arp_fwd_pvlan(in_dev, dev, rt, sip, tip) ||
         (rt->dst.dev != dev &&
          pneigh_lookup(&arp_tbl, net, &tip, dev, 0)))) {
```

同样，调用方法neigh_event_ns()来创建一个表示发送方的邻居条目，并将其状态设置为NUD_STALE。如果这样的条目已存在，就将其状态更新为NUD_STALE。

```
n = neigh_event_ns(&arp_tbl, sha, &sip, dev);
if (n)
        neigh_release(n);

if (NEIGH_CB(skb)->flags & LOCALLY_ENQUEUED ||
    skb->pkt_type == PACKET_HOST ||
    in_dev->arp_parms->proxy_delay == 0) {
        arp_send(ARPOP_REPLY, ETH_P_ARP, sip,
                dev, tip, sha, dev->dev_addr,
                sha);
} else {
```

调用方法pneigh_enqueue()将SKB放在proxy_queue的末尾，以推迟发送ARP应答。请注意，延迟时间为0到in_dev->arp_parms->proxy_delay之间的随机数。

```
                pneigh_enqueue(&arp_tbl,
                            in_dev->arp_parms, skb);
                return 0;
        }
        goto out;
    }
  }
}
    /* 更新ARP表 */
```

请注意，调用方法__neigh_lookup()时，最后一个参数被设置为0。这意味着将只在邻接表中查找（即便查找失败，也不创建新邻居）。

```
n = __neigh_lookup(&arp_tbl, &sip, dev, 0);
```

IN_DEV_ARP_ACCEPT宏用于指出网络设备是否被设置为了接受ARP请求（另请参见7.5节中对IN_DEV_ARP_ACCEPT宏的描述）。

```
if (IN_DEV_ARP_ACCEPT(in_dev)) {
    /* 默认不接受ARP非信息收集请求
        对于某些设备（如strip设备），可能需要启用该选项
    */
```

ARP非信息收集请求只用于更新邻接表。在这种请求中，tip和sip相同（工具arping支持使用arping -U发送ARP非信息收集请求）。

```
    if (n == NULL &&
        (arp->ar_op == htons(ARPOP_REPLY) ||
         (arp->ar_op == htons(ARPOP_REQUEST) && tip == sip)) &&
        inet_addr_type(net, sip) == RTN_UNICAST)
            n = __neigh_lookup(&arp_tbl, &sip, dev, 1);
}
if (n) {
    int state = NUD_REACHABLE;
    int override;

    /* 如果连续收到多个ARP应答，将使用第一个应答。如果有多个代理处于活动状态，就可能出现这种情况。
        使用第一个应答可避免ARP受损，并确保选择的是最快的路由器
    */
```

```
        override = time_after(jiffies, n->updated + n->parms->locktime);

        /* 不能根据广播型应答和请求数据包确定邻居的可达性*/
        if (arp->ar_op != htons(ARPOP_REPLY) ||
            skb->pkt_type != PACKET_HOST)
                state = NUD_STALE;
```

调用neigh_update()来更新邻接表。

```
        neigh_update(n, sha, state,
                        override ? NEIGH_UPDATE_F_OVERRIDE : 0);
        neigh_release(n);
    }

out:
    consume_skb(skb);
    return 0;
}
```

　　了解IPv4 ARP协议的实现后，该学习IPv6 NDISC协议的实现了。你很快就会发现，在IPv4和IPv6中，邻接子系统的实现是存在一些差别的。

7.3　NDISC 协议（IPv6）

　　邻居发现（Neighbour Discovery，NDISC）协议基于RFC 2461（*Neighbour Discovery for IP Version 6*（*IPv6*）），而该RFC已于2007年被RFC 4861所替代。位于同一条链路上的IPv6结点（主机或路由器）使用邻居发现协议来发现对方、发现路由器、确定对方的L2地址以及维护邻居可达性信息。为避免在同一个LAN中使用重复的L3地址，添加了重复地址检测（Duplicate Address Detection，DAD）机制。稍后将讨论DAD以及NDISC邻居请求和通告。

　　接下来，你将学习IPv6邻居发现协议如何避免创建重复的IPv6地址。

7.3.1　重复地址检测（DAD）

　　如何确保LAN上没有其他主机使用相同的IPv6地址呢？同一LAN中出现相同IPv6地址的可能性很低，但一旦出现，就可能带来麻烦。DAD提供了该问题的解决方案。在主机配置地址时，首先会创建一个链路本地地址（链路本地地址以FE80打头）。这个地址是临时性的（IFA_F_TENTATIVE），即主机只能使用它来传输ND消息。接下来，主机调用方法addrconf_dad_start()（net/ipv6/addrconf.c）来开启DAD过程。主机会发送邻居请求DAD消息，其目标地址为临时地址，源地址为全零地址（未指定地址）。如果在指定时间内没有得到应答，该地址的状态将变成永久性的（IFA_F_PERMANENT）。如果设置了乐观DAD（CONFIG_IPV6_OPTIMISTIC_DAD），就不用等待DAD结束，在DAD成功结束前就可让主机与对等体通信，详情请参阅2006年发布的RFC 4429，即*Optimistic Duplicate Address Detection (DAD) for IPv6*。

　　IPv6邻接表名为nd_tbl。

```
struct neigh_table nd_tbl = {
```

```
            .family =           AF_INET6,
            .key_len =          sizeof(struct in6_addr),
            .hash =             ndisc_hash,
            .constructor =      ndisc_constructor,
            .pconstructor =     pndisc_constructor,
            .pdestructor =      pndisc_destructor,
            .proxy_redo =       pndisc_redo,
            .id =               "ndisc_cache",
            .parms = {
                    .tbl                    = &nd_tbl,
                    .base_reachable_time    = ND_REACHABLE_TIME,
                    .retrans_time           = ND_RETRANS_TIMER,
                    .gc_staletime           = 60 * HZ,
                    .reachable_time         = ND_REACHABLE_TIME,
                    .delay_probe_time       = 5 * HZ,
                    .queue_len_bytes        = 64*1024,
                    .ucast_probes           = 3,
                    .mcast_probes           = 3,
                    .anycast_delay          = 1 * HZ,
                    .proxy_delay            = (8 * HZ) / 10,
                    .proxy_qlen             = 64,
            },
            .gc_interval =      30 * HZ,
            .gc_thresh1 =       128,
            .gc_thresh2 =       512,
            .gc_thresh3 =       1024,
    };
    (net/ipv6/ndisc.c)
```

我们注意到，NDISC表中有些成员的值与ARP表相应成员相同，如垃圾收集器阈值 gc_thresh1、gc_thresh2和gc_thresh3的值。

Linux的IPv6邻居发现实现使用ICMPv6消息来管理邻接结点之间的交互。邻居发现协议定义了下面5种ICMPv6消息。

```
#define NDISC_ROUTER_SOLICITATION       133
#define NDISC_ROUTER_ADVERTISEMENT      134
#define NDISC_NEIGHBOUR_SOLICITATION    135
#define NDISC_NEIGHBOUR_ADVERTISEMENT   136
#define NDISC_REDIRECT                  137

(include/net/ndisc.h)
```

我们注意到这5种ICMPv6消息都是信息型消息。类型值为0~127的ICMPv6消息为错误消息，类型值为128~255的ICMPv6消息为信息型消息。有关这方面的更详细信息，请参阅第3章内容，其对ICMP协议进行了讨论。本章只讨论邻居请求和邻居通告消息。

本章开头说过，邻居发现消息属于ICMPv6消息，由方法icmpv6_rcv()处理。而对于消息类型为上述5种类型之一的ICMPv6数据包，这个方法将调用方法ndisc_rcv()（参见net/ipv6/icmp.c）。

在NDISC中,定义了3种neigh_ops对象,即:ndisc_generic_ops、ndisc_hh_ops和ndisc_direct_ops。

❑ 如果net_device对象的header_ops为NULL, 对象neigh_ops将被设置为ndisc_direct_ops。

在这种情况下，将使用方法neigh_direct_output()来发送数据包。这个方法实际上是一个dev_queue_xmit()包装器。请注意，在大多数以太网网络设备中，net_device对象的header_ops都不为NULL，这在前面介绍ARP时说过。

□ 如果net_device对象的header_ops包含一个NULL cache()回调函数，对象neigh_ops将被设置为ndisc_generic_ops。

□ 如果net_device对象的header_ops包含一个非NULL cache()回调函数，对象neigh_ops将被设置为ndisc_hh_ops。

本节讨论了DAD机制及其帮助避免重复地址的原理。下一节将介绍请求的发送过程。

7.3.2　NIDSC：发送请求

与IPv4中类似，也将执行查找。如果没有找到匹配的条目，就会创建一个。

```
static int ip6_finish_output2(struct sk_buff *skb)
{
        struct dst_entry *dst = skb_dst(skb);
        struct net_device *dev = dst->dev;
        struct neighbour *neigh;
        struct in6_addr *nexthop;
        int ret;
                . . .


                . . .

        nexthop = rt6_nexthop((struct rt6_info *)dst, &ipv6_hdr(skb)->daddr);
        neigh = __ipv6_neigh_lookup_noref(dst->dev, nexthop);
        if (unlikely(!neigh))
                neigh = __neigh_create(&nd_tbl, nexthop, dst->dev, false);
        if (!IS_ERR(neigh)) {
                ret = dst_neigh_output(dst, neigh, skb);
                . . .
```

与IPv4传输路径一样，最终将在方法neigh_probe()中调用请求方法neigh->ops->solicit (neigh, skb)。在这里，neigh->ops->solicit为方法ndisc_solicit()。这个方法很简短，它实际上是方法ndisc_send_ns()的包装器。

```
static void ndisc_solicit(struct neighbour *neigh, struct sk_buff *skb)
{
        struct in6_addr *saddr = NULL;
        struct in6_addr mcaddr;
        struct net_device *dev = neigh->dev;
        struct in6_addr *target = (struct in6_addr *)&neigh->primary_key;
        int probes = atomic_read(&neigh->probes);

        if (skb && ipv6_chk_addr(dev_net(dev), &ipv6_hdr(skb)->saddr, dev, 1))
                saddr = &ipv6_hdr(skb)->saddr;

        if ((probes -= neigh->parms->ucast_probes) < 0) {
                if (!(neigh->nud_state & NUD_VALID)) {
```

```
                              ND_PRINTK(1, dbg,
                                        "%s: trying to ucast probe in NUD_INVALID: %pI6\n",
                                        __func__, target);
                        }
                        ndisc_send_ns(dev, neigh, target, target, saddr);
                } else if ((probes -= neigh->parms->app_probes) < 0) {
#ifdef CONFIG_ARPD
                        neigh_app_ns(neigh);
#endif
                } else {
                        addrconf_addr_solict_mult(target, &mcaddr);
                        ndisc_send_ns(dev, NULL, target, &mcaddr, saddr);
                }
        }
```

为发送请求，需要创建一个nd_msg对象。

```
struct nd_msg {
        struct icmp6hdr icmph;
        struct in6_addr target;
        __u8            opt[0];
};
```

(include/net/ndisc.h)

　　对于NDISC请求，ICMPv6报头类型应设置为NDISC_NEIGHBOUR_SOLICITATION；对于应答，ICMPv6报头类型应设置为NDISC_NEIGHBOUR_ADVERTISEMENT。请注意，对于邻居通告消息，有时需要设置ICMPv6报头中的标志。ICMPv6报头包含一个名为icmpv6_nd_advt的结构，其中包含标志override、solicited和router。

```
struct icmp6hdr {
        __u8            icmp6_type;
        __u8            icmp6_code;
        __sum16         icmp6_cksum;
        union {
                . . .
                . . .
                struct icmpv6_nd_advt {
#if defined(__LITTLE_ENDIAN_BITFIELD)
                        __u32           reserved:5,
                                        override:1,
                                        solicited:1,
                                        router:1,
                                        reserved2:24;
. . .
#endif
                } u_nd_advt;
        } icmp6_dataun;
. . .
#define icmp6_router            icmp6_dataun.u_nd_advt.router
#define icmp6_solicited         icmp6_dataun.u_nd_advt.solicited
#define icmp6_override          icmp6_dataun.u_nd_advt.override
. . .
```

(include/uapi/linux/icmpv6.h)

- ❏ 发送响应邻居请求的消息时，设置标志solicited（icmp6_solicited）。
- ❏ 要覆盖邻接缓存条目（更新L2地址）时，设置标志override（icmp6_override）。
- ❏ 发送邻居通告消息的主机为路由器时，设置标志router（icmp6_router）。

方法ndisc_send_na()使用了上述3个标志，下面就来看看这个方法。

```
void ndisc_send_ns(struct net_device *dev, struct neighbour *neigh,
                   const struct in6_addr *solicit,
                   const struct in6_addr *daddr, const struct in6_addr *saddr)
{
        struct sk_buff *skb;
        struct in6_addr addr_buf;
        int inc_opt = dev->addr_len;
        int optlen = 0;
        struct nd_msg *msg;

        if (saddr == NULL) {
                if (ipv6_get_lladdr(dev, &addr_buf,
                                    (IFA_F_TENTATIVE|IFA_F_OPTIMISTIC)))
                        return;
                saddr = &addr_buf;
        }

        if (ipv6_addr_any(saddr))
                inc_opt = 0;
        if (inc_opt)
                optlen += ndisc_opt_addr_space(dev);

        skb = ndisc_alloc_skb(dev, sizeof(*msg) + optlen);
        if (!skb)
                return;
```

下面的代码用于创建嵌入在nd_msg对象中的ICMPv6报头。

```
msg = (struct nd_msg *)skb_put(skb, sizeof(*msg));
*msg = (struct nd_msg) {
        .icmph = {
                .icmp6_type = NDISC_NEIGHBOUR_SOLICITATION,
        },
        .target = *solicit,
};

if (inc_opt)
        ndisc_fill_addr_option(skb, ND_OPT_SOURCE_LL_ADDR,
                               dev->dev_addr);

    ndisc_send_skb(skb, daddr, saddr);
}
```

下面来看看方法ndisc_send_na()。

```
static void ndisc_send_na(struct net_device *dev, struct neighbour *neigh,
                          const struct in6_addr *daddr,
                          const struct in6_addr *solicited_addr,
```

```
                          bool router, bool solicited, bool override, bool inc_opt)
{
        struct sk_buff *skb;
        struct in6_addr tmpaddr;
        struct inet6_ifaddr *ifp;
        const struct in6_addr *src_addr;
        struct nd_msg *msg;
        int optlen = 0;

        . . .

        skb = ndisc_alloc_skb(dev, sizeof(*msg) + optlen);
        if (!skb)
                return;
```

创建嵌入nd_msg对象中的ICMPv6报头。

```
        msg = (struct nd_msg *)skb_put(skb, sizeof(*msg));
        *msg = (struct nd_msg) {
                .icmph = {
                        .icmp6_type = NDISC_NEIGHBOUR_ADVERTISEMENT,
                        .icmp6_router = router,
                        .icmp6_solicited = solicited,
                        .icmp6_override = override,
                },
                .target = *solicited_addr,
        };

        if (inc_opt)
                ndisc_fill_addr_option(skb, ND_OPT_TARGET_LL_ADDR,
                                        dev->dev_addr);

        ndisc_send_skb(skb, daddr, src_addr);
}
```

本节介绍了请求的发送，下一节将讨论邻居请求和通告的接收。

7.3.3　NDISC：接收邻居请求和通告

前面说过，全部5种邻居发现消息都由方法ndisc_rcv()处理，下面就来看看这个方法。

```
int ndisc_rcv(struct sk_buff *skb)
{
        struct nd_msg *msg;

        if (skb_linearize(skb))
                return 0;

        msg = (struct nd_msg *)skb_transport_header(skb);

        __skb_push(skb, skb->data - skb_transport_header(skb));
```

RFC 4861规定，邻居消息的跳数限制应为255。跳数限制字段长8位，支持的最大跳数限制为255。跳数限制为255表明数据包未被转发过，这种检查可防范安全风险。不满足这种条件的数据包将被丢弃。

```
if (ipv6_hdr(skb)->hop_limit != 255) {
        ND_PRINTK(2, warn, "NDISC: invalid hop-limit: %d\n",
                ipv6_hdr(skb)->hop_limit);
        return 0;
}
```

RFC 4861规定，邻居消息的ICMPv6代码应为0，因此需要丢弃不符合这种条件的数据包。

```
if (msg->icmph.icmp6_code != 0) {
        ND_PRINTK(2, warn, "NDISC: invalid ICMPv6 code: %d\n",
                msg->icmph.icmp6_code);
        return 0;
}

memset(NEIGH_CB(skb), 0, sizeof(struct neighbour_cb));

switch (msg->icmph.icmp6_type) {
case NDISC_NEIGHBOUR_SOLICITATION:
        ndisc_recv_ns(skb);
        break;
case NDISC_NEIGHBOUR_ADVERTISEMENT:
        ndisc_recv_na(skb);
        break;

case NDISC_ROUTER_SOLICITATION:
        ndisc_recv_rs(skb);
        break;

case NDISC_ROUTER_ADVERTISEMENT:
        ndisc_router_discovery(skb);
        break;

case NDISC_REDIRECT:
        ndisc_redirect_rcv(skb);
        break;
}

return 0;
}
```

本章不讨论路由器请求和路由器通告，它们将在第8章进行讨论。现在来看看方法ndisc_recv_ns()。

```
static void ndisc_recv_ns(struct sk_buff *skb)
{
        struct nd_msg *msg = (struct nd_msg *)skb_transport_header(skb);
        const struct in6_addr *saddr = &ipv6_hdr(skb)->saddr;
        const struct in6_addr *daddr = &ipv6_hdr(skb)->daddr;
        u8 *lladdr = NULL;
        u32 ndoptlen = skb->tail - (skb->transport_header +
                                offsetof(struct nd_msg, opt));
        struct ndisc_options ndopts;
```

```
struct net_device *dev = skb->dev;
struct inet6_ifaddr *ifp;
struct inet6_dev *idev = NULL;
struct neighbour *neigh;
```

如果saddr为全零的未指定地址（IPV6_ADDR_ANY），方法ipv6_addr_any()将返回1。如果源地址为未指定地址（全零地址），就表明请求为DAD。

```
int dad = ipv6_addr_any(saddr);
bool inc;
int is_router = -1;
```

执行一些有效性检查。

```
if (skb->len < sizeof(struct nd_msg)) {
        ND_PRINTK(2, warn, "NS: packet too short\n");
        return;
}
if (ipv6_addr_is_multicast(&msg->target)) {
        ND_PRINTK(2, warn, "NS: multicast target address\n");
        return;
}

/*
 * 根据RFC 2461 7.1.1节的规定：
 * DAD的目标地址必须是请求节点组播地址
 */
if (dad && !ipv6_addr_is_solict_mult(daddr)) {
        ND_PRINTK(2, warn, "NS: bad DAD packet (wrong destination)\n");
        return;
}

if (!ndisc_parse_options(msg->opt, ndoptlen, &ndopts)) {
        ND_PRINTK(2, warn, "NS: invalid ND options\n");
        return;
}

if (ndopts.nd_opts_src_lladdr) {
        lladdr = ndisc_opt_addr_data(ndopts.nd_opts_src_lladdr, dev);
        if (!lladdr) {
                ND_PRINTK(2, warn,
                          "NS: invalid link-layer address length\n");
                return;
        }

        /* 根据RFC 2461 7.1.1节的规定：
         * 如果源IP地址为未指定地址，
         * 消息肯定不包含源链路层地址选项
         */
        if (dad) {
                ND_PRINTK(2, warn,
                          "NS: bad DAD packet (link-layer address option)\n");
                return;
        }
```

```
}

inc = ipv6_addr_is_multicast(daddr);

ifp = ipv6_get_ifaddr(dev_net(dev), &msg->target, dev, 1);
if (ifp) {

        if (ifp->flags & (IFA_F_TENTATIVE|IFA_F_OPTIMISTIC)) {
                if (dad) {
                        /*与另一个执行DAD的结点发生了冲突，因此DAD过程失败*/
                        addrconf_dad_failure(ifp);
                        return;
                } else {
                        /*
                         * 这不是DAD请求
                         * 如果当前结点不是乐观结点，应响应该消息
                         * 否则应忽略它
                         */
                        if (!(ifp->flags & IFA_F_OPTIMISTIC))
                                goto out;
                }
        }

        idev = ifp->idev;
} else {
        struct net *net = dev_net(dev);

        idev = in6_dev_get(dev);
        if (!idev) {
                /* XXX: count this drop? */
                return;
        }

        if (ipv6_chk_acast_addr(net, dev, &msg->target) ||
            (idev->cnf.forwarding &&
             (net->ipv6.devconf_all->proxy_ndp || idev->cnf.proxy_ndp) &&
             (is_router = pndisc_is_router(&msg->target, dev)) >= 0)) {
                if (!(NEIGH_CB(skb)->flags & LOCALLY_ENQUEUED) &&
                    skb->pkt_type != PACKET_HOST &&
                    inc != 0 &&
                    idev->nd_parms->proxy_delay != 0) {
                        /*
                         * 对于任意播或代理，发送方应推迟响应
                         * 推迟时间为0到MAX_ANYCAST_DELAY的随机数，单位为秒
                         */
                        struct sk_buff *n = skb_clone(skb, GFP_ATOMIC);
                        if (n)
                                pneigh_enqueue(&nd_tbl, idev->nd_parms, n);
                        goto out;
                }
        } else
                goto out;
}
```

```
        if (is_router < 0)
                is_router = idev->cnf.forwarding;

        if (dad) {
```
发送邻居通告消息。
```
                ndisc_send_na(dev, NULL, &in6addr_linklocal_allnodes, &msg->target,
                                !!is_router, false, (ifp != NULL), true);
                goto out;
        }

        if (inc)
                NEIGH_CACHE_STAT_INC(&nd_tbl, rcv_probes_mcast);
        else
                NEIGH_CACHE_STAT_INC(&nd_tbl, rcv_probes_ucast);

        /*
         *      为源地址更新/创建缓存条目
         */
        neigh = __neigh_lookup(&nd_tbl, saddr, dev,
                                !inc || lladdr || !dev->addr_len);
        if (neigh)
```
使用发送方的L2地址更新邻接表，nud_state将被设置为NUD_STALE。
```
                neigh_update(neigh, lladdr, NUD_STALE,
                                NEIGH_UPDATE_F_WEAK_OVERRIDE|
                                NEIGH_UPDATE_F_OVERRIDE);
        if (neigh || !dev->header_ops) {
```
发送邻居通告消息。
```
                ndisc_send_na(dev, neigh, saddr, &msg->target,
                                !!is_router,
                                true, (ifp != NULL && inc), inc);
                if (neigh)
                        neigh_release(neigh);
        }
out:
        if (ifp)
                in6_ifa_put(ifp);
        else
                in6_dev_put(idev);
}
```
来看看处理邻居通告的方法ndisc_recv_na()。
```
static void ndisc_recv_na(struct sk_buff *skb)
{
        struct nd_msg *msg = (struct nd_msg *)skb_transport_header(skb);
        const struct in6_addr *saddr = &ipv6_hdr(skb)->saddr;
        const struct in6_addr *daddr = &ipv6_hdr(skb)->daddr;
        u8 *lladdr = NULL;
        u32 ndoptlen = skb->tail - (skb->transport_header +
                                offsetof(struct nd_msg, opt));
```

```
struct ndisc_options ndopts;
struct net_device *dev = skb->dev;
struct inet6_ifaddr *ifp;
struct neighbour *neigh;

if (skb->len < sizeof(struct nd_msg)) {
        ND_PRINTK(2, warn, "NA: packet too short\n");
        return;
}

if (ipv6_addr_is_multicast(&msg->target)) {
        ND_PRINTK(2, warn, "NA: target address is multicast\n");
        return;
}

if (ipv6_addr_is_multicast(daddr) &&
    msg->icmph.icmp6_solicited) {
        ND_PRINTK(2, warn, "NA: solicited NA is multicasted\n");
        return;
}

if (!ndisc_parse_options(msg->opt, ndoptlen, &ndopts)) {
        ND_PRINTK(2, warn, "NS: invalid ND option\n");
        return;
}
if (ndopts.nd_opts_tgt_lladdr) {
        lladdr = ndisc_opt_addr_data(ndopts.nd_opts_tgt_lladdr, dev);
        if (!lladdr) {
                ND_PRINTK(2, warn,
                        "NA: invalid link-layer address length\n");
                return;
        }
}
ifp = ipv6_get_ifaddr(dev_net(dev), &msg->target, dev, 1);
if (ifp) {
        if (skb->pkt_type != PACKET_LOOPBACK
            && (ifp->flags & IFA_F_TENTATIVE)) {
                        addrconf_dad_failure(ifp);
                        return;
        }
        /* 在这种情况下该如何处理呢?
         * 通告无效, 但NDISC规范对此未作任何规定
         * 这可能是错误配置导致的, 也可能是使用了智能代理
         * 如果邻居通告是在环回接口上收到的, 不应显示错误
         * 因为这是当前主机发送的非信息收集通告
         */
        if (skb->pkt_type != PACKET_LOOPBACK)
                ND_PRINTK(1, warn,
                        "NA: someone advertises our address %pI6 on %s!\n",
                        &ifp->addr, ifp->idev->dev->name);
        in6_ifa_put(ifp);
        return;
}
```

```
        neigh = neigh_lookup(&nd_tbl, &msg->target, dev);

        if (neigh) {
                u8 old_flags = neigh->flags;
                struct net *net = dev_net(dev);

                if (neigh->nud_state & NUD_FAILED)
                        goto out;

                /*
                 * 收到自己发送的代理邻居通告时，不应更新邻居缓存条目
                 * 因为被代理的结点要么不在当前链路上，
                 * 要么已经向当前主机发送了邻居通告
                 */
                if (lladdr && !memcmp(lladdr, dev->dev_addr, dev->addr_len) &&
                    net->ipv6.devconf_all->forwarding &&
                    net->ipv6.devconf_all->proxy_ndp &&
                    pneigh_lookup(&nd_tbl, net, &msg->target, dev, 0)) {
                            /* XXX: idev->cnf.proxy_ndp */
                            goto out;
                }
```

更新邻接表。收到的消息为邻居请求时，如果设置了标志icmp6_solicited，需要将状态设置为NUD_REACHABLE；如果设置了标志icmp6_override，就需要使用指定的lladdr更新L2地址：

```
        neigh_update(neigh, lladdr,
                        msg->icmph.icmp6_solicited ? NUD_REACHABLE : NUD_STALE,
                        NEIGH_UPDATE_F_WEAK_OVERRIDE|
                        (msg->icmph.icmp6_override ? NEIGH_UPDATE_F_OVERRIDE : 0)|
                        NEIGH_UPDATE_F_OVERRIDE_ISROUTER|
                        (msg->icmph.icmp6_router ? NEIGH_UPDATE_F_ISROUTER : 0));

        if ((old_flags & ~neigh->flags) & NTF_ROUTER) {
                /*
                 * 将路由器改为主机
                 */
                struct rt6_info *rt;
                rt = rt6_get_dflt_router(saddr, dev);
                if (rt)
                        ip6_del_rt(rt);
        }
out:
        neigh_release(neigh);
        }
}
```

7.4 总结

本节介绍了IPv4和IPv6邻接子系统。你首先学习了邻接子系统的目标，接着学习了IPv4中的ARP请求和ARP应答以及IPv6中的NDISC邻居请求和邻居通告，你还了解了DAD实现是如何避免重复的IPv6地址的，同时学习了各种处理邻接子系统请求和应答的方法。第8章将讨论IPv6子系

统的实现。7.5节将按本章讨论的主题顺序介绍一些相关的重要方法和宏，还将介绍结构neigh_statistics，它表示邻接子系统收集的统计信息。

7.5 快速参考

下面将要介绍邻接子系统的一些重要方法和宏，以及结构neigh_statistics。

注意 核心邻接代码位于net/core/neighbour.c 、 include/net/neighbour.h 和 include/uapi/linux/neighbour.h中。

ARP代码（IPv4）位于net/ipv4/arp.c、include/net/arp.h 和include/uapi/linux/if_arp.h中。

NDISC代码（IPv6）位于net/ipv6/ndisc.c和include/net/ndisc.h中。

7.5.1 方法

先从方法开始。

1. void neigh_table_init(struct neigh_table *tbl)
这个方法调用方法neigh_table_init_no_netlink()来初始化邻接表，再将邻接表添加到全局邻接表链表（neigh_tables）中。

2. void neigh_table_init_no_netlink(struct neigh_table *tbl)
这个方法执行所有的邻接表初始化工作，将邻接表添加到全局邻接表链表中的工作除外，这项工作是由方法neigh_table_init()完成的。

3. int neigh_table_clear(struct neigh_table *tbl)
这个方法用于释放指定邻接表占用的资源。

4. struct neighbour *neigh_alloc(struct neigh_table *tbl, struct net_device *dev)
这个方法用于分配一个邻居对象。

5. struct neigh_hash_table *neigh_hash_alloc(unsigned int shift)
这个方法用于分配一个邻接散列表。

6. struct neighbour *__neigh_create(struct neigh_table *tbl, const void *pkey, struct net_device *dev, bool want_ref)
这个方法用于创建一个邻居对象。

7. int neigh_add(struct sk_buff *skb, struct nlmsghdr *nlh, void *arg)
这个方法用于添加一个邻居条目，它是Netlink RTM_NEWNEIGH消息的处理程序。

8. int neigh_delete(struct sk_buff *skb, struct nlmsghdr *nlh, void *arg)
这个方法用于删除一个邻居条目，它是Netlink RTM_DELNEIGH消息的处理程序。

9. void neigh_probe(struct neighbour *neigh)
这个方法将从邻居arp_queue中取回一个SKB，并调用相应的solicit()方法来发送它。对于

ARPl来说，solicit()方法为arp_solicit()。它将邻居探测计数器加1，并释放数据包。

10. int neigh_forced_gc(struct neigh_table *tbl)

这个方法是一个同步垃圾收集方法。它会将不处于永久性状态（NUD_PERMANENT）且引用计数为1的邻居条目删除。在删除和清理邻居时，首先要将其标志dead设置为1，再调用方法neigh_cleanup_and_release()，这个方法将以一个邻居对象作为参数。在有些情况下，会在方法neigh_alloc()中调用方法neigh_forced_gc()，这在7.1.1节中介绍过。如果至少删除了一个邻居对象，方法neigh_forced_gc()将返回1，否则返回0。

11. void neigh_periodic_work(struct work_struct *work)

这个方法是异步垃圾收集处理程序。

12. static void neigh_timer_handler(unsigned long arg)

这个方法是针对每个邻居的定时垃圾收集处理程序。

13. struct neighbour *__neigh_lookup(struct neigh_table *tbl, const void *pkey, struct net_device *dev, int creat)

这个方法会根据给定的键在指定邻接表中进行查找。如果参数creat为1且查找失败，将调用方法neigh_create()，在指定邻接表中创建一个邻居条目，并返回该条目。

14. neigh_hh_init(struct neighbour *n, struct dst_entry *dst)

这个方法会根据指定的路由选择缓存条目初始化指定邻居的L2缓存（对象hh_cache）。

15. void __init arp_init(void)

这个方法用于设置ARP协议，包括：初始化ARP表、将arp_rcv()注册为接收ARP数据包的处理程序、初始化procfs条目、注册sysctl条目，以及注册ARP netdev通知回调函数arp_netdev_event()。

16. int arp_rcv(struct sk_buff *skb, struct net_device *dev, struct packet_type *pt, struct net_device *orig_dev)

这个方法是接收ARP数据包（类型为0x0806的以太网数据包）的处理程序。

17. int arp_constructor(struct neighbour *neigh)

这个方法用于初始化ARP邻居。

18. int arp_process(struct sk_buff *skb)

这个方法由方法arp_rcv()调用，是处理ARP请求和响应的主方法。

19. void arp_solicit(struct neighbour *neigh, struct sk_buff *skb)

这个方法在执行完一些检查和初始化工作后，会调用方法arp_send()来发送请求（ARPOP_REQUEST）。

20. void arp_send(int type, int ptype, __be32 dest_ip, struct net_device *dev, __be32 src_ip, const unsigned char *dest_hw, const unsigned char *src_hw, const unsigned char *target_hw)

这个方法调用方法arp_create()来创建一个ARP数据包并使用指定的参数对其进行初始化，之后再调用方法arp_xmit()来发送它。

21. void arp_xmit(struct sk_buff *skb)

这个方法使用dev_queue_xmit()来调用NF_HOOK宏，从而实现数据包的实际发送工作。

22. struct arphdr *arp_hdr(const struct sk_buff *skb)

这个方法用于取回指定SKB的ARP报头。

23. int arp_mc_map(__be32 addr, u8 *haddr, struct net_device *dev, int dir)

这个方法可根据网络设备类型将IPv4地址转换为L2（数据链路层）地址。例如，如果设备为以太网设备，将调用方法ip_eth_mc_map()来完成这项工作；如果设备为Infiniband设备，将调用方法ip_ib_mc_map()来完成这项工作。

24. static inline int arp_fwd_proxy(struct in_device *in_dev, struct net_device *dev, struct rtable *rt)

如果指定设备能够对指定路由选择条目使用代理ARP，该方法将返回1。

25. static inline int arp_fwd_pvlan(struct in_device *in_dev, struct net_device *dev, struct rtable *rt, __be32 sip, __be32 tip)

如果指定设备能够对指定路由选择条目以及指定IPv4源地址和目标地址使用代理ARP VLAN，该方法将返回1。

26. int arp_netdev_event(struct notifier_block *this, unsigned long event, void *ptr)

这个方法是netdev通知事件的ARP处理程序。

27. int ndisc_netdev_event(struct notifier_block *this, unsigned long event, void *ptr)

这个方法是netdev通知事件的NDISC处理程序。

28. int ndisc_rcv(struct sk_buff *skb)

这个方法是接收5种NDISC数据包的主处理程序。

29. static int neigh_blackhole(struct neighbour *neigh, struct sk_buff *skb)

这个方法将丢弃数据包并返回-ENETDOWN错误（网络故障）。

30. static void ndisc_recv_ns(struct sk_buff *skb)和static void ndisc_recv_na(struct sk_buff *skb)

这些方法分别用于接收邻居请求和邻居通告。

31. static void ndisc_recv_rs(struct sk_buff *skb)和static void ndisc_router_discovery (struct sk_buff *skb)

这些方法分别用于接收路由器请求和路由器通告。

32. int ndisc_mc_map(const struct in6_addr *addr, char *buf, struct net_device *dev, int dir)

这个方法可根据网络设备类型将IPv4地址转换为L2（数据链路层）地址。在使用IPv6的以太网中，这项工作是由方法ipv6_eth_mc_map()完成的。

33. int ndisc_constructor(struct neighbour *neigh)

这个方法用于初始化NDISC邻居。

34. void ndisc_solicit(struct neighbour *neigh, struct sk_buff *skb)

这个方法在执行完一些检查和初始化工作后，会调用方法ndisc_send_ns()来发送请求。

35. int icmpv6_rcv(struct sk_buff *skb)

这个方法是接收ICMPv6消息的处理程序。

36. bool ipv6_addr_any(const struct in6_addr *a)

这个方法在给定IPv6地址为全零的未指定地址（IPV6_ADDR_ANY）时返回1。

37. int inet_addr_onlink(struct in_device *in_dev, __be32 a, __be32 b)

这个方法用于检查两个指定的地址是否属于同一个子网。

7.5.2 宏

下面来看看宏。

1. IN_DEV_PROXY_ARP(in_dev)

这个宏在/proc/sys/net/ipv4/conf/<netDevice>/proxy_arp或/proc/sys/net/ipv4/conf/all/proxy_arp被设置时返回true。其中，netDevice为与指定in_dev相关联的网络设备。

2. IN_DEV_PROXY_ARP_PVLAN(in_dev)

这个宏在/proc/sys/net/ipv4/conf/<netDevice>/proxy_arp_pvlan被设置时返回true。其中，netDevice为与指定in_dev相关联的网络设备。

3. IN_DEV_ARPFILTER(in_dev)

这个宏在/proc/sys/net/ipv4/conf/<netDevice>/arp_filter或/proc/sys/net/ipv4/conf/all/ arp_filter被设置时返回true。其中，netDevice为与指定in_dev相关联的网络设备。

4. IN_DEV_ARP_ACCEPT(in_dev)

这个宏在/proc/sys/net/ipv4/conf/<netDevice>/arp_accept或/proc/sys/net/ipv4/ conf/all/arp_accept被设置时返回true。其中，netDevice为与指定in_dev相关联的网络设备。

5. IN_DEV_ARP_ANNOUNCE(in_dev)

这个宏返回/proc/sys/net/ipv4/conf/<netDevice>/arp_announce和/proc/sys/net/ipv4/conf/all/arp_announce中的较大者。其中，netDevice为与指定in_dev相关联的网络设备。

6. IN_DEV_ARP_IGNORE(in_dev)

这个宏返回/proc/sys/net/ipv4/conf/<netDevice>/arp_ignore和/proc/sys/net/ipv4/conf/all/arp_ignore中的较大者。其中，netDevice为与指定in_dev相关联的网络设备。

7. IN_DEV_ARP_NOTIFY(in_dev)

这个宏返回/proc/sys/net/ipv4/conf/<netDevice>/arp_notify和/proc/sys/net/ipv4/conf/all/arp_notify中的较大者。其中，netDevice为与指定in_dev相关联的网络设备。

8. IN_DEV_SHARED_MEDIA(in_dev)

这个宏在/proc/sys/net/ipv4/conf/<netDevice>/shared_media或/proc/sys/net/ipv4/conf/all/shared_media被设置时返回true。其中，netDevice为与指定in_dev相关联的网络设备。

9. IN_DEV_ROUTE_LOCALNET(in_dev)

这个宏在 /proc/sys/net/ipv4/conf/<netDevice>/route_localnet或 /proc/sys/net/ipv4/conf/all/route_localnet被设置时返回true。其中，netDevice为与指定in_dev相关联的网络设备。

10. neigh_hold()

这个宏用于将指定邻居的引用计数加1。

7.5.3　结构 neigh_statistics

结构neigh_statistics对于监视邻接子系统来说至关重要。本章开头说过，ARP和NDISC都通过procfs条目（分别为/proc/net/stat/arp_cache和/proc/net/stat/ndisc_cache）导出这个结构的成员。下面将描述这个结构的成员，并指出它们各自进行递增的方法。

```
struct neigh_statistics {
        unsigned long allocs;             /* 分配的邻居数                    */
        unsigned long destroys;           /* 删除的邻居数                    */
        unsigned long hash_grows;         /* 调整散列表长度的次数             */
        unsigned long res_failed;         /* 解析失败的次数                  */
        unsigned long lookups;            /* 查找次数                       */
        unsigned long hits;               /* 查找成功的次数                  */
        unsigned long rcv_probes_mcast;   /* 收到的组播IPv6数据包数          */
        unsigned long rcv_probes_ucast;   /* 收到的单播IPv6数据包数          */
        unsigned long periodic_gc_runs;   /* 定期运行垃圾收集器的次数         */
        unsigned long forced_gc_runs;     /* 强制运行垃圾收集器的次数         */
        unsigned long unres_discards;     /* 因解析失败而丢弃的数据包数       */
};
```

下面来描述结构neigh_statistics的成员。

❑ allocs：分配的邻居数，由方法neigh_alloc()将其递增。

❑ destroys：删除的邻居数，由方法neigh_destroy()将其递增。

❑ hash_grows：调整散列表长度的次数，由方法neigh_hash_grow()将其递增。

❑ res_failed：解析失败的次数，由方法neigh_invalidate()将其递增。

❑ lookups：查找邻居的次数，由方法neigh_lookup()和neigh_lookup_nodev()将其递增。

❑ hits：查找邻居成功的次数，由方法neigh_lookup()和neigh_lookup_nodev()在查找成功时将其递增。

❑ rcv_probes_mcast：收到的组播探测消息（只考虑IPv6消息）数，由方法ndisc_recv_ns()将其递增。

❑ rcv_probes_ucast：收到的单播探测消息（只考虑IPv6消息）数，由方法ndisc_recv_ns()将其递增。

❑ periodic_gc_runs：调用定期垃圾收集器的次数，由方法neigh_periodic_work()将其递增。

❑ forced_gc_runs：调用强制垃圾收集器的次数，由方法neigh_forced_gc()将其递增。

❑ unres_discards：因解析失败而丢弃的数据包数，由方法__neigh_event_send()在数据包因解析失败而被丢弃时将其递增。

7.5.4 表

下面是本章涉及的表。

表7-1 网络不可达性检测状态

Linux符号	描　述
NUD_INCOMPLETE	正在解析地址，邻居的数据链路层地址还未得到确定。这意味着已经发送了请求，正在等待应答或已超时
NUD_REACHABLE	知道邻居最近是可达的
NUD_STALE	自从最后一次收到转发路径正常的确认之后，时间已经过去了ReachableTime所指定的毫秒数
NUD_DELAY	不再确定邻居是可达的。将推迟发送探测消息，以便让高层协议有机会提供可达性确认
NUD_PROBE	不再确定邻居是可达的，而是通过发送单播邻居请求探测消息来确认可达性
NUD_FAILED	将邻居设置为不可达。删除邻居时，将其状态设置为NUD_FAILED

7

第 8 章

IPv6

第7章讨论了Linux邻接子系统及其实现，本章将讨论IPv6协议及其Linux实现。IPv6是TCP/IP协议栈中的下一代网络层协议，由Internet工程任务小组（Interner Engineering Task Force，IETF）开发，旨在取代目前依然在传输大部分Internet流量的IPv4。20世纪90年代初，考虑到Internet的扩容，IETF开始致力于下一代IP协议的开发。第一个IPv6 RFC来自1995年发表的第1883号RFC——*Internet Protocol, Version 6 (IPv6) Specification*，不过它已在1998年被RFC 2460所取代。IPv6解决的主要是地址短缺问题。IPv6地址长128位，提供的地址空间要大得多。IPv6提供的地址为2^{128}个，而IPv4只提供了2^{32}个。这确实极大地增大了地址空间，远远超过了未来几十年内的需求。但不像某些人认为的那样，地址空间的扩大并非是IPv6的唯一优点。基于从IPv4获得的经验，IPv6做了很多修改，以改善IP协议，本章将讨论其中的一些修改。

作为一种经过改进的网络层协议，IPv6协议正蓄势待发。随着Internet在全球各地的日益普及，以及智能移动设备和平板电脑市场的日益增长，IPv4地址耗尽的问题显得更加明显。这使得过渡到IPv6协议的需求变得更加迫切。

8.1 IPv6 简介

IPv6子系统无疑是一个非常庞大的主题，而且仍在不断扩大。最近10年内，它又新增了一些激动人心的功能，其中有一些是基于IPv4的，如ICMPv6套接字、IPv6组播路由选择和IPv6 NAT。IPsec在IPv6中是必不可少的，而在IPv4中则是可选的，虽然大多数操作系统在IPv4中也实现了IPsec。当我们深入到IPv6内核内部时，将发现它与IPv4有很多相似之处。有些方法和变量的名称是相似的，只是加上了v6或6。不过，对于有些地方的实现，还是做了一些修改。

本章将讨论IPv6一些重要的新功能，展示一些不同于IPv4的地方，并阐述这样修改的原因。本章将讨论扩展报头、组播侦听者发现（Multicast Listener Discovery，MLD）协议和自动配置过程等新功能，并通过用户空间示例来进行演示。本章还将讨论IPv6数据包的接收和转发及其不同于IPv4的地方。总体而言，IPv6开发者根据以往的IPv4经验做了大量的改进，为IPv6带来了很多IPv4没有的好处以及很多优于IPv4的地方。下一节将讨论IPv6地址，包括组播地址和特殊地址。

8.2　IPv6 地址

学习IPv6的第一步是熟悉IPv6编址架构，这是在RFC 4291中定义的。IPv6地址分为以下3类。

- 单播地址：这种地址可唯一地标识一个接口。发送给单播地址的数据包将被传输到该地址标识的接口。
- 任意播地址：这种地址可分配给多个接口（它们通常位于不同的结点上）。IPv4中没有这种地址。事实上，它是单播地址和组播地址的混合物。发送给任意播地址的数据包将传输到该地址标识的一个接口（在路由选择协议看来最近的那个接口）。
- 组播地址：这种地址可分配给多个接口（它们通常位于不同的结点上）。发送给组播地址的数据包将传输到该地址标识的所有接口。接口可属于任意数量的组播组。

IPv6中没有广播地址。在IPv6中，要实现广播效果，可将数据包发送给表示所有结点的组播地址ff02::1。在IPv4中，地址解析协议（ARP）的大部分功能都依赖于广播。IPv6子系统使用邻居发现而不是ARP来将L3地址映射到L2地址。IPv6邻居发现基于ICMPv6，它使用组播地址而不是广播地址，这一点你在前一章看到过。在本章后面，你将看到更多使用组播流量的示例。

IPv6地址由8部分组成，每部分16位，总共128位。IPv6地址的格式类似于：xxxx:xxxx:xxxx:xxxx:xxxx:xxxx:xxxx:xxxx（其中的x为十六进制位）。有时候你会在IPv6地址中看到"::"，它是表示前导零的简写方式。

在IPv6中，需要使用地址前缀。前缀实际上相当于IPv4子网掩码。IPv6前缀是在RFC 4291（*IP Version 6 Addressing Architecture*）中定义的。IPv6地址前缀采用的表示法为：IPv6地址/前缀长度。

前缀长度是一个十进制值，它指出了前缀是由地址最左边的多少位组成的。我们使用"/n"表示长n位的前缀。例如，对于开头32位为2001:0da7的所有IPv6地址，使用的前缀为2001:da7::/32。

介绍完IPv6地址类型后，下面介绍一些特殊的IPv6地址及其用途。

8.2.1　特殊地址

本节将介绍一些特殊的IPv6地址及其用途。建议你熟悉这些特殊地址，因为在阅读本章后面的内容以及浏览代码时，你将遇到其中一些，如用于重复地址检测（DAD）的全零未指定地址。下面列出了特殊的IPv6地址，并对它们的用途做了说明。

- 每个接口都必须至少有一个链路本地单播地址。使用链路本地地址可与当前物理网络中的其他结点通信。邻居发现、自动地址配置等都需要链路本地地址。路由器不得转发源地址或目标地址为链路本地地址的数据包。链路本地地址的前缀为fe80::/64。
- 全局单播地址的通用格式如下：开头n位为全局路由选择前缀，接下来的m位为子网ID，余下的128-n-m位为接口ID。
- 全局路由选择前缀：分配给场点的值，表示网络ID（地址前缀）。
- 子网ID：场点中子网的标识符。

❑ 接口ID：一种标识符，其值在子网中必须是独一无二的，这是在RFC 3513第2.5.1节定义的。

全局单播地址是在RFC 3587（*IPv6 Global Unicast Address Format*）中定义的。RFC 4291定义了可分配的全局单播地址空间。

❑ IPv6环回地址为0:0:0:0:0:0:0:1，简写为::1。

❑ 全零地址（0:0:0:0:0:0:0:0）被称为未指定地址，用于DAD（重复地址检测），这一点你在前一章见到过。这个地址不能用作目标地址，也不能使用用户空间工具（如ip命令或ifconfig命令）将它分配给接口。

❑ 映射IPv4地址的IPv6地址格式为：开头80位全为0，接下来的16位全为1，余下的32位为IPv4地址。例如，::ffff:192.0.2.128表示IPv4地址192.0.2.128。关于这些地址的用途，请参阅RFC 4038（*Application Aspects of IPv6 Transition*）。

❑ IPv4兼容格式现已摒弃。在这种格式中，IPv6地址的最后32位为IPv4地址，其他位全为0。对于前面提到的地址，使用这种格式时为::192.0.2.128。详情请参阅RFC 4291的2.5.5.1节。

❑ 场点本地地址最初用于场点内部编址，使得场点不再需要全局前缀，但2004年发布的RFC 3879（*Deprecating Site Local Addresses*）已将其摒弃。

在Linux中，IPv6地址用结构in6_addr表示。为帮助执行位操作运算，这个结构使用了一个联合体，该联合体包含3个数组（它们分别包含8位、16位和32位的元素）。

```
struct in6_addr {
    union {
        __u8        u6_addr8[16];
        __be16      u6_addr16[8];
        __be32      u6_addr32[4];
    } in6_u;
#define s6_addr         in6_u.u6_addr8
#define s6_addr16       in6_u.u6_addr16
#define s6_addr32       in6_u.u6_addr32
};
```

(include/uapi/linux/in6.h)

组播在IPv6中扮演着重要角色，对于基于ICMPv6的协议（如第7章讨论的NDISC以及本章后面将讨论的MLD）来说尤其如此。下一节将讨论IPv6组播地址。

8.2.2　组播地址

组播地址提供了一种定义组播组的方式。一个结点可以属于一个或多个组播组。目标地址为组播地址的数据包应投递到该组播组中的所有结点。在IPv6中，所有组播地址都以FF（前8位）打头。接下来的4位为标志位，再接下来的4位表示范围，最后112位表示组ID。标志字段中4位的含义如下。

❑ 第0位：保留，以后使用。

❑ 第1位：为1时表示地址嵌入了汇聚点（Rendezvous Point）。汇聚点主要与用户空间守护程序相关，它不在本书的讨论范围内。更详细的信息请参阅RFC 3956（*Embedding the*

Rendezvous Point(RP) Address in an IPv6 Multicast Address)。这一位有时被称为R标志（R表示汇聚点）。

❑ 第2位：为1时表示组播地址是根据网络前缀分配的（参见RFC 3306）。这一位有时被称为P标志（P表示前缀信息）。

❑ 第3位：为0时表示Internet编号分配机构（IANA）永久性分配的（著名）组播地址。为1时表示非永久性分配（临时）的组播地址。这一位有时被称为T标志（T表示临时）。

范围可以是表8-1所示的选项之一。这个表列出了各种IPv6范围及其Linux符号和值。

表8-1　IPv6范围

十六进制值	描　　述	Linux符号
0x01	节点本地	IPV6_ADDR_SCOPE_NODELOCAL
0x02	链路本地	IPV6_ADDR_SCOPE_LINKLOCAL
0x05	场点本地	IPV6_ADDR_SCOPE_SITELOCAL
0x08	组织	IPV6_ADDR_SCOPE_ORGLOCAL
0x0e	全局	IPV6_ADDR_SCOPE_GLOBAL

至此你学习了IPv6组播地址，接下来你将学习一些特殊的组播地址。

特殊的组播地址

本章会提及一些特殊的组播地址。这些组播地址是在RFC 4291第2.7.1节定义的。

❑ 表示所有结点的组播地址：ff01::1和ff02::1。

❑ 表示所有路由器的组播地址：ff01::2、ff02::2和ff05::2。

RFC 3810定义了一个特殊的组播地址——ff02::16，它表示所有支持MLDv2的路由器。第2版组播侦听者报告将发送到这个特殊地址，这将在8.9节中讨论。

对于在接口上配置（手动或自动）的所有单播和任意播地址，结点都必须计算与之相关联的请求结点组播地址，并在合适的接口上加入相应的组播组。请求结点组播地址是这样得到的，即将单播或任意播地址的最后24位附加到前缀ff02:0:0:0:0:1:ff00::/104后面。这样得到的组播地址位于范围ff02:0:0:0:0:1:ff00:0000~ff02:0:0:0:0:1:ffff:ffff内。详情请参阅RFC 4291。

方法addrconf_addr_solict_mult()用于计算链路本地请求结点组播地址（include/net/addrconf.h），而方法addrconf_join_solict()则用于加入请求结点组播地址表示的组播组（net/ipv6/addrconf.c）。

在前面一章你看到过，方法ndisc_send_na()会将邻居通告消息发送到地址ff02::1，它表示当前链路上所有的结点。在本章后面，你将看到更多使用特殊地址（如表示所有结点的组播地址或表示所有路由器的组播地址）的示例。本节介绍了一些组播地址，在学习本章后面的内容以及浏览IPv6源代码时，你将遇到它们。下一节将讨论IPv6报头。

8.3　IPv6 报头

每个IPv6数据包都以IPv6报头打头，了解IPv6报头的结构对全面认识Linux的IPv6实现至关重要。IPv6报头的长度固定为40字节，因此没有指示IPv6报头长度的字段，这不同于IPv4（在IPv4报头中，成员ihl指出了报头长度）。请注意，IPv6报头中也没有校验和字段，本章后面将解释其中的原因。在IPv6中，没有IPv4那样的IP选项机制。IPv4中的IP选项处理机制对性能有一定的影响。相反，IPv6使用了效率更高的扩展报头机制，这将在8.4节进行讨论。图8-1显示了IPv6报头及其字段。

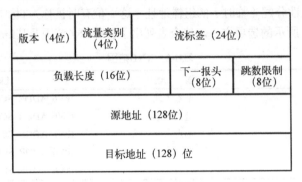

图8-1   IPv6报头

请注意，在最初的IPv6标准（RFC 2460）中，优先级（流量类别）和流标签字段分别为8位和20位，而在结构ipv6hdr的定义中，优先级（流量类别）字段长4位。事实上，在Linux的IPv6实现中，将flow_lbl的前4位与优先级（流量类别）字段进行了合并，以得到类别。图8-1反映的是Linux结构ipv6hdr的定义。

```
struct ipv6hdr {
#if defined(__LITTLE_ENDIAN_BITFIELD)
        __u8                    priority:4,
                                version:4;
#elif defined(__BIG_ENDIAN_BITFIELD)
        __u8                    version:4,
                                priority:4;
#else
#error "Please fix <asm/byteorder.h>"
#endif
        __u8                    flow_lbl[3];

        __be16                  payload_len;
        __u8                    nexthdr;
        __u8                    hop_limit;

        struct in6_addr         saddr;
        struct in6_addr         daddr;
};
```

(include/uapi/linux/ipv6.h)

下面来对结构ipv6hdr的成员进行描述。

❑ version：长4位的字段，必须将其设置为6。

- □ priority：指出了IPv6数据包的流量类别（优先级）。IPv6基本规范RFC 2460没有定义具体的流量类别（优先级）值。
- □ flow_lbl：在当初编写IPv6基本规范（RFC 2460）时，流标签字段被视为实验性的。它提供了一种对特定流中的数据包顺序进行标记的方式，这种标记可被高层应用于各种目的。2011年发布的RFC 6437（*IPv6 Flow Label Specification*）建议使用流标签来检测地址欺骗。
- □ payload_len：长16位的字段。数据包的长度（不包括IPv6报头）最大可达65535字节。下一节介绍逐跳选项报头时，将讨论较大的数据包（巨型帧）。
- □ nexthdr：如果没有扩展报头，这将是上层协议的编号，如UDP编号IPPROTO_UDP（17）或TCP编号IPPROTO_TCP（6）。关于支持的协议清单，请参阅include/uapi/linux/in.h。使用了扩展报头时，这将是紧跟在IPv6报头后面的下一报头的类型，将在下一节讨论扩展报头。
- □ hop_limit：长1字节的字段。每台转发设备都会将hop_limit计数器减1。如果它变成了0，就发送一条ICMPv6消息，并将数据包丢弃。这个字段相当于IPv4报头的成员TTL。详情请参阅net/ipv6/ip6_output.c中的方法ip6_forward()。
- □ saddr：IPv6源地址，长128位。
- □ daddr：IPv6目标地址，长128位。如果使用了路由选择报头，这可能不是数据包的最终目的地。

请注意，不同于IPv4报头，IPv6报头不包含校验和。我们假定第2层和第4层都支持校验和。在IPv4中，UDP校验和可以为0，这表示没有校验和；而在IPv6中，通常要求UDP必须有自己的校验和，不过在一些特殊情况下，允许IPv6 UDP隧道的UDP校验和为0，详情请参阅RFC 6935（*IPv6 and UDP Checksums for Tunneled Packets*）。在讨论IPv4子系统的第4章中，你看到，转发数据包时将调用方法ip_decrease_ttl()。这个方法会重新计算IPv4报头的校验和，因为ttl的值发生了变化。在IPv6中，转发数据包时不需要重新计算校验和，因为IPv6报头根本就不包含校验和。这改善了基于软件的路由器的性能。

本节介绍了IPv6报头的结构，以及IPv4报头和IPv6报头的一些不同之处，例如，IPv6报头没有校验和字段和报头长度字段。下一节将讨论IPv6扩展报头，它们相当于IPv4中的IP选项。

8.4 扩展报头

IPv4报头可包含IP选项，这使IPv4报头可以从最短20字节增加到60字节。在IPv6中，使用的是可选的扩展报头。除一个扩展报头（逐跳选项报头）外，其他扩展报头都不会被数据包传输路径中的结点处理，直到到达最终目的地。这极大地改善了转发过程的性能。IPv6基本标准定义了扩展报头。IPv6数据包可包含0、1或多个扩展报头。在数据包中，这些报头被放置在IPv6报头和上层报头之间。IPv6报头的字段nexthdr指出了紧跟在IPv6报头后面的下一个报头的编号。这些扩展报头可以串接起来，每个扩展报头都包含下一报头字段。在最后一个扩展报头中，下一报头字段指出了上层协议，如TCP、UDP或ICMPv6。扩展报头的另一个优点是，未来若要添加新的扩展报头将易如反掌，无需对IPv6报头做任何修改。

扩展报头必须按它们在数据包中出现的顺序进行处理。每种扩展报头最多只能出现一次，但目标选项报头除外，它最多可出现两次。更详细的信息请参阅本节后面对目标选项报头的描述。逐跳选项报头必须紧跟在IPv6报头的后面，其他选项可以任何顺序出现。RFC 2460的4.1节（"Extension Header Order"）提供了推荐的扩展报头排列顺序，但这不是强制性的。在处理数据包时，如果遇到未知的下一报头编号，将调用方法icmpv6_param_prob()，向发送方发回一条代码为"未知下一报头"（ICMPV6_UNK_NEXTHDR）的ICMPv6"参数问题"消息。在8.13节中，表8-4描述了所有的ICMPv6参数问题代码。

每个扩展报头都必须与8字节边界对齐。变长的扩展报头包含报头扩展长度字段，它会在必要时通过填充来确保与8字节边界对齐。在8.13节中，表8-2列出了所有的IPv6扩展报头及其Linux内核符号。

对于除逐跳选项报头外的其他每个扩展报头，都使用方法inet6_add_protocol()为它注册了一个协议处理程序。没有为逐跳选项报头注册协议处理程序的原因是，有一个专门用于分析逐跳选项报头的方法，它就是ipv6_parse_hopopts()。调用协议处理程序前，会先调用这个方法（参见net/ipv6/ip6_input.c中的方法ipv6_rcv()）。前面说过，逐跳选项报头必须是第一个扩展报头，它紧跟在IPv6报头后面。下面演示了如何为分段扩展报头注册协议处理程序。

```
static const struct inet6_protocol frag_protocol =
{
    .handler    =    ipv6_frag_rcv,
    .flags      =    INET6_PROTO_NOPOLICY,
};


int __init ipv6_frag_init(void)
{
    int ret;

    ret = inet6_add_protocol(&frag_protocol, IPPROTO_FRAGMENT);
```

(net/ipv6/reassembly.c)

下面来对所有的IPv6扩展报头进行描述。

❑ 逐跳选项（Hop-by-Hop Options）报头：逐跳选项报头必须在每个结点上进行处理，这是由方法ipv6_parse_hopopts()（net/ipv6/exthdrs.c）完成的。

逐跳选项报头必须紧跟在IPv6报头后面。例如，组播侦听者发现协议就使用了它，你将在8.9节看到这一点。逐跳选项报头包含一个变长的选项字段。这个字段的第一个字节表示类型，可以设置为如下几种类型。

■ 路由器警告（Linux内核符号为IPV6_TLV_ROUTERALERT，值为5）。详情请参阅RFC 6398（*IP Router Alert Considerations and Usage*）。

■ 巨型帧（Linux内核符号为IPV6_TLV_JUMBO，值为194）。IPv6数据包的负载长度通常可高达65535字节，但当设置了巨型帧选项时，可长达2^{32}字节，详情请参阅RFC 2675（*IPv6 Jumbograms*）。

- Pad1（Linux内核符号为IPV6_TLV_PAD1，值为0）。Pad1选项用于填充1字节。需要填充多个字节时，应使用选项PadN，而不是使用多个Pad1选项。详情请参阅RFC 2460第4.2节。
- PadN（Linux内核符号为IPV6_TLV_PADN，值为1）。选项PadN用于在报头的选项部分填充多个字节。

❏ 路由选择选项报头：它相当于IPv4的宽松源记录路由（IPOPT_LSRR）选项，这在4.5节讨论过。它能够让你指定数据包前往最终目的地时必须经由的一台或多台路由器。

❏ 分段选项报头：不同于IPv4，IPv6分段只能在发送数据包的主机上进行，而不能在中间结点上进行。分段是由方法ip6_fragment()实现的，而这个方法是由方法ip6_finish_output()调用的。在方法ip6_fragment()中，包含一条慢速路径和一条快速路径，这与IPv4分段很像。IPv6分段的实现代码包含在net/ipv6/ip6_output.c中，IPv6重组的实现代码包含在net/ipv6/reassembly.c中。

❏ 身份验证报头：身份验证报头（AH）提供了数据身份验证、数据完整性和反重放保护。它是在RFC 4302（*IP Authentication Header*）中定义的，这个RFC取代了RFC 2402。

❏ 封装安全负载选项报头：这个报头是在RFC 4303也即*IP Encapsulating Security Payload*（*ESP*）中定义的，该RFC取代了RFC 2406。注意，封装安全负载（ESP）协议将在讨论IPsec子系统的第10章进行介绍。

❏ 目标选项报头：目标选项报头可在数据包中出现两次——路由选择选项报头的前后。位于路由选择选项报头前面时，它包含这个报头指定的路由器必须处理的信息；位于路由选择选项报头后面时，它包含最终目的地必须处理的信息。

下一节将介绍如何将IPv6协议处理程序（方法ipv6_rcv()）与IPv6数据包关联起来。

8.5　IPv6 初始化

方法inet6_init()执行各种IPv6初始化工作（如初始化procfs条目，为TCPv6、UDPv6和其他协议注册协议处理程序）及IPv6子系统（如IPv6邻居发现、IPv6组播路由选择、IPv6路由选择子系统）初始化工作等。更详细的信息请参阅net/ipv6/af_inet6.c。

方法ipv6_rcv()被注册为IPv6数据包的协议处理程序。这是通过为IPv6定义一个packet_type对象，并调用方法dev_add_pack()注册它来实现的，这与IPv4中很像。

```
static struct packet_type ipv6_packet_type __read_mostly = {
        .type = cpu_to_be16(ETH_P_IPV6),
        .func = ipv6_rcv,
};

static int __init ipv6_packet_init(void)
{
```

```
        dev_add_pack(&ipv6_packet_type);
        return 0;
}
```

(net/ipv6/af_inet6.c)

经过上述注册后，每个以太类型为ETH_P_IPV6（0x86DD）的以太网数据包都将由方法
ipv6_rcv()来处理。下面讨论用于设置IPv6地址的IPv6自动配置机制。

8.6 自动配置

自动配置是一种能够让主机为其每个接口获取或创建独一无二的地址的机制。IPv6自动配置
过程是在系统启动时发起的。节点（包括主机和路由器）会为其接口生成本地链路地址。这种地
址被视为临时性的（设置接口标志IFA_F_TENTATIVE），这意味着它只能用于交换邻居发现消息。
必须确保该地址未被链路上的其他节点使用，这项工作是利用DAD（重复地址检测）机制完成的，
这种机制在前一章讨论Linux邻接子系统时介绍过。如果这个地址不是独一无二的，那么自动配
置过程将停止，需要手动进行配置。如果该地址是独一无二的，自动配置过程就将继续。在主机
进行自动配置的下一个阶段，需要向表示所有路由器的组播地址（ff02::2）发送一个或多个路由
器请求，这是通过在方法addrconf_dad_completed()中调用方法ndisc_send_rs()来完成的。路由
器会通过路由器通告消息进行应答，这种应答将被发送到表示所有主机的组播地址ff02::1。路由
器请求和路由器通告都使用基于ICMPv6消息的邻居发现协议。路由器请求的ICMPv6类型为
NDISC_ROUTER_SOLICITATION（133），路由器通告的ICMPv6类型为NDISC_ROUTER_
ADVERTISEMENT（134）。

守护程序radvd是一个开源的路由器通告守护程序，用于无状态自动配置（http://www.litech.
org/radvd/）。在radvd配置文件中可设置前缀，该前缀将通过路由器通告消息发送。守护程序radvd
会定期地发送路由器通告。它还会侦听路由器请求，并使用路由器通告进行应答。路由器通告消
息包含一个前缀字段，该字段在自动配置过程中扮演着至关重要的角色，这一点你马上就会看到。
这个前缀的长度必须为64位。收到路由器通告消息后，主机将根据其中的前缀以及自己的MAC
地址配置IP地址。如果设置了保密扩展（Privacy Extensions）功能（CONFIG_IPV6_PRIVACY），
IPv6地址的创建还将具有一定的随机性。保密扩展机制会在使用计算机的MAC地址和前缀生成
IPv6地址时加入一定的随机性，可防止根据IPv6地址获悉有关计算机身份的细节。有关保密扩
展的更详细信息，请参阅RFC 4941（*Privacy Extensions for Stateless Address Autoconfiguration in
IPv6*）。

收到路由器通告消息后，主机可自动配置其地址和其他一些参数，还可根据这些通告选择默
认路由器。主机还可设置自动配置的地址的首选寿命和有效寿命。首选寿命指定了由前缀通过无
状态自动配置生成的地址保持首选状态的时长，单位为秒。首选寿命过后，这个地址将停止通信
（不应答ping6等）。有效寿命指定了地址有效的时长，即使用它的应用程序可继续使用它的时长。
这个时间过后，地址将被删除。在内核中，首选寿命和有效寿命分别由inet6_ifaddr对象的字段

prefered_lft和valid_lft表示（include/net/if_inet6.h）。

重新编号指的是将旧前缀替换为新前缀，并根据新前缀修改主机IPv6地址的过程。使用radvd进行重新编号也非常容易，只需将新前缀加入配置设置中，设置首选寿命和有效寿命，再重启守护程序radvd即可。另请参见RFC 4192（*Procedures for Renumbering an IPv6 Network without a Flag Day*）、5887、6866和6879。动态主机配置协议第6版（DHCPv6）是典型的有状态地址配置。在有状态自动配置模型中，主机从服务器那里获取接口地址和（或）配置信息和参数。服务器中维护着一个数据库，对哪些地址已分配给了哪些主机进行跟踪。本书不深入介绍DHCPv6协议的细节。DHCPv6协议是在RFC 3315也即*Dynamic Host Configuration Protocol for IPv6*（*DHCPv6*）中定义的。RFC 4862（*IPv6 Stateless Address Autoconfiguration*）则对IPv6无状态自动配置进行了描述。

在本节中，你学习了自动配置过程，并了解到，将旧前缀替换为新前缀易如反掌，只需配置新前缀并重启radvd即可。下一节将讨论IPv6协议处理程序（方法ipv6_rcv()）是如何接收IPv6数据包的，这与接收IPv4数据包的方式有些类似。

8.7　接收 IPv6 数据包

IPv6数据包的主接收方法为ipv6_rcv()，它是所有IPv6数据包（包括组播，前面说过，IPv6没有广播）的处理程序。IPv4和IPv6的接收路径有很多相似之处。与IPv4一样，它会首先执行一些完整性检查，如确认IPv6报头的版本字段为6且源地址不是组播地址（RFC 4291第2.7节禁止将组播地址用作源地址）。如果有逐跳选项报头，那么它必须是第一个扩展报头。如果IPv6报头字段nexthdr的值为0，就表明有逐跳选项报头，因此调用方法ipv6_parse_hopopts()对其进行分析。实际工作是由方法ip6_rcv_finish()完成的，这个方法是通过NF_HOOK()宏调用的。如果在挂接点NF_INET_PRE_ROUTING注册了Netfilter回调函数，将调用它。Netfilter钩子将在下一章讨论，现在来看看方法ipv6_rcv()。

```
int ipv6_rcv(struct sk_buff *skb, struct net_device *dev, struct packet_type *pt,
        struct net_device *orig_dev)
{
    const struct ipv6hdr *hdr;
    u32           pkt_len;
    struct inet6_dev *idev;
```

从与套接字缓冲区（SKB）关联的网络设备中取回网络命名空间。

```
struct net *net = dev_net(skb->dev);

        . . .
```

从SKB中取回IPv6报头。

```
hdr = ipv6_hdr(skb);
```

执行一些完整性检查，必要时将SKB丢弃。

```
    if (hdr->version != 6)
```

```
            goto err;

    /*
     * RFC 4291第2.5.3节规定:
     * 在接口上收到目标地址为环回地址的数据包时, 必须将其丢弃
     */
    if (!(dev->flags & IFF_LOOPBACK) &&
        ipv6_addr_loopback(&hdr->daddr))
            goto err;

    . . .

    /*
     * RFC 4291第2.7节规定:
     * 组播地址不得用作IPv6数据包的源地址,
     * 也不能出现在路由选择选项报头中
     */
    if (ipv6_addr_is_multicast(&hdr->saddr))
            goto err;

    . . .

    if (hdr->nexthdr == NEXTHDR_HOP) {
            if (ipv6_parse_hopopts(skb) < 0) {
                    IP6_INC_STATS_BH(net, idev, IPSTATS_MIB_INHDRERRORS);
                    rcu_read_unlock();
                    return NET_RX_DROP;
            }
    }
    . . .

    return NF_HOOK(NFPROTO_IPV6, NF_INET_PRE_ROUTING, skb, dev, NULL,
                    ip6_rcv_finish);
err:
    IP6_INC_STATS_BH(net, idev, IPSTATS_MIB_INHDRERRORS);
drop:
    rcu_read_unlock();
    kfree_skb(skb);
    return NET_RX_DROP;
}
```

(net/ipv6/ip6_input.c)

如果没有与SKB相关联的dst, 方法ip6_rcv_finish()将首先调用方法ip6_route_input(), 在路由选择子系统中查找。方法ip6_route_input()最终将调用方法fib6_rule_lookup()。

```
int ip6_rcv_finish(struct sk_buff *skb)
{
    . . .
    if (!skb_dst(skb))
            ip6_route_input(skb);
```

调用与SKB相关联的dst的input回调函数。

```
    return dst_input(skb);
```

```
}
    (net/ipv6/ip6_input.c)
```

注意 方法 `fib6_rule_lookup()` 有两种不同的实现：一种用于设置了策略路由选择（CONFIG_IPV6_MULTIPLE_TABLES）的情况，位于 net/ipv6/fib6_rules.c 中；另一种用于未设置策略路由选择的情况，位于 net/ipv6/ip6_fib.c 中。

正如你在讨论IPv4路由选择子系统高级主题的第5章看到的，在路由选择子系统中查找时，将创建一个dst对象，并设置其input和output回调函数。在IPv6中，也将执行类似的任务。在路由选择子系统中查找后，方法ip6_rcv_finish()将调用方法dst_input()，实际上，会由后者调用与数据包相关联的dst对象的input回调函数。

图8-2显示了网络驱动程序收到的数据包的接收路径。数据包要么需要投递到当前主机，要么需要转发给其他主机，具体采取哪种措施取决于路由选择表的查找结果。

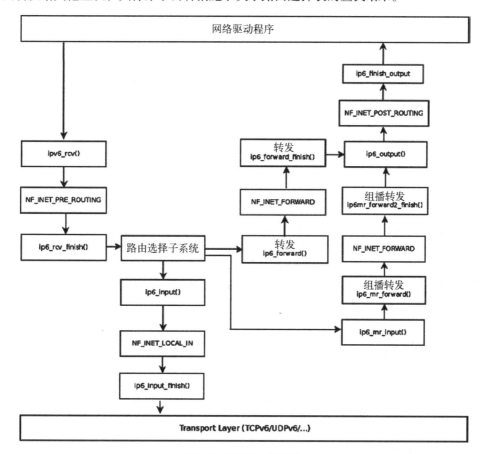

图8-2　接收IPv6数据包

注意   出于简化考虑，这个示意图没有包含扩展报头的分段/重组分析以及IPsec方法。

在IPv6路由选择子系统中查找时，将设置目标缓存（dst）的input回调函数。

❑ 如果数据包是发送给当前主机的，将其设置为ip6_input()。

❑ 如果数据包需要转发，将其设置为ip6_forward()。

❑ 如果数据包的目标地址为组播地址，将其设置为ip6_mc_input()。

❑ 如果数据包需要丢弃，将其设置为ip6_pkt_discard()。方法ip6_pkt_discard()负责将数据包丢弃，并向 发送方发送一条ICMPv6目的地不可达（ICMPV6_DEST_UNREACH）消息。

到来的IPv6数据包可能需要在本地投递，也可能需要进行转发，下一节将介绍IPv6数据包的本地投递。

8.7.1 本地投递

先来看看需要在本地投递的情形，当中调用的方法ip6_input()很简短。

```
int ip6_input(struct sk_buff *skb)
{
        return NF_HOOK(NFPROTO_IPV6, NF_INET_LOCAL_IN, skb, skb->dev, NULL,
                        ip6_input_finish);
}
```

(net/ipv6/ip6_input.c)

如果在挂接点NF_INET_LOCAL_IN注册了Netfilter回调函数，将调用它；否则继续执行方法ip6_input_finish()。

```
static int ip6_input_finish(struct sk_buff *skb)
{
        struct net *net = dev_net(skb_dst(skb)->dev);
        const struct inet6_protocol *ipprot;
```

结构inet6_dev（include/net/if_inet6.h）相当于IPv4结构in_device，它包含了与IPv6相关的配置，如网络接口单播地址列表（addr_list）以及网络接口组播地址列表（mc_list）。用户可使用ip命令或ifconfig命令设置这些与IPv6相关的配置。

```
        struct inet6_dev *idev;
        unsigned int nhoff;
        int nexthdr;
        bool raw;

        /*
         *    分析扩展报头
         */

        rcu_read_lock();
resubmit:
```

```
        idev = ip6_dst_idev(skb_dst(skb));
        if (!pskb_pull(skb, skb_transport_offset(skb)))
                goto discard;
        nhoff = IP6CB(skb)->nhoff;
```

从SKB中取回下一报头编号。

```
nexthdr = skb_network_header(skb)[nhoff];
```

首先，如果是原始套接字数据包，则尝试将其投递到原始套接字。

```
raw = raw6_local_deliver(skb, nexthdr);
```

除逐跳扩展报头外，其他每种报头都有一个协议处理程序，它是由方法inet6_add_protocol()注册的。这个方法的实质就是在全局数组inet6_protos中添加一个条目（参见net/ipv6/protocol.c）。

```
if ((ipprot = rcu_dereference(inet6_protos[nexthdr])) != NULL) {
        int ret;

        if (ipprot->flags & INET6_PROTO_FINAL) {
                const struct ipv6hdr *hdr;

                /* 提早释放引用：我们将不再需要它，它可能无限期地存储加载的ip_conntrack模块 */
                nf_reset(skb);

                skb_postpull_rcsum(skb, skb_network_header(skb),
                                     skb_network_header_len(skb));
                hdr = ipv6_hdr(skb);
```

MLDv2规范RFC 3810指出："请注意，MLDv2消息不受源过滤的影响，主机和路由器在任何时候都必须处理它们。"不应根据源过滤将MLD组播数据包丢弃，因为根据RFC 3810的规定，在任何情况下都必须处理MLD数据包。因此，在丢弃数据包前，必须确保数据包的目标地址为组播地址，数据包不是MLD数据包。这是通过在丢弃数据包前调用方法ipv6_is_mld()实现的。如果这个方法指出数据包为MLD数据包，就不将其丢弃。有关这方面的更详细信息，请参阅8.9节。

```
        if (ipv6_addr_is_multicast(&hdr->daddr) &&
            !ipv6_chk_mcast_addr(skb->dev, &hdr->daddr,
            &hdr->saddr) &&
            !ipv6_is_mld(skb, nexthdr, skb_network_header_len(skb)))
                goto discard;
}
```

如果设置了标志INET6_PROTO_NOPOLICY，就表明不需要为该协议执行IPsec策略检查。

```
        if (!(ipprot->flags & INET6_PROTO_NOPOLICY) &&
            !xfrm6_policy_check(NULL, XFRM_POLICY_IN, skb))
                goto discard;
        ret = ipprot->handler(skb);
        if (ret > 0)
                goto resubmit;
        else if (ret == 0)
                IP6_INC_STATS_BH(net, idev, IPSTATS_MIB_INDELIVERS);
} else {
        if (!raw) {
```

```
                    if (xfrm6_policy_check(NULL, XFRM_POLICY_IN, skb)) {
                            IP6_INC_STATS_BH(net, idev,
                                            IPSTATS_MIB_INUNKNOWNPROTOS);
                            icmpv6_send(skb, ICMPV6_PARAMPROB,
                                        ICMPV6_UNK_NEXTHDR, nhoff);
                    }
                    kfree_skb(skb);
            } else {
```

如果一切正常，就将INDELIVERS SNMP MIB计数器（/proc/net/snmp6/Ip6InDelivers）加1，再调用方法consume_skb()将数据包释放。

```
                            IP6_INC_STATS_BH(net, idev, IPSTATS_MIB_INDELIVERS);
                            consume_skb(skb);
                    }
            }
            rcu_read_unlock();
            return 0;

    discard:
            IP6_INC_STATS_BH(net, idev, IPSTATS_MIB_INDISCARDS);
            rcu_read_unlock();
            kfree_skb(skb);
            return 0;
    }
```

(net/ipv6/ip6_input.c)

至此，你已了解了本地投递（它是由方法ip6_input()和ip6_input_finish()完成的）的实现细节。下面来看看IPv6转发的实现细节。同样，IPv4和IPv6转发也有很多相似指出。

8.7.2 转发

IPv6转发与IPv4转发很像，但有一些细微的变化。例如，在IPv6中转发数据包时，不必重新计算校验和（前面说过，IPv6报头根本就没有校验和字段）。来看看方法ip6_forward()。

```
    int ip6_forward(struct sk_buff *skb)
    {
            struct dst_entry *dst = skb_dst(skb);
            struct ipv6hdr *hdr = ipv6_hdr(skb);
            struct inet6_skb_parm *opt = IP6CB(skb);
            struct net *net = dev_net(dst->dev);
            u32 mtu;
```

这里必须设置IPv6 procfs转发条目（/proc/sys/net/ipv6/conf/all/forwarding）。

```
    if (net->ipv6.devconf_all->forwarding == 0)
            goto error;
```

使用LRO（Large Receive Offload，大型接收卸载）时，数据包长度将超过最大传输单元（Maximum Transmission Unit MTU）。与IPv4中一样，在启用了LRO时，将释放SKB并返回错误-EINVAL。

```
if (skb_warn_if_lro(skb))
        goto drop;

if (!xfrm6_policy_check(NULL, XFRM_POLICY_FWD, skb)) {
        IP6_INC_STATS(net, ip6_dst_idev(dst), IPSTATS_MIB_INDISCARDS);
        goto drop;
}
```

对于不是发送给当前主机的数据包，需要将其丢弃。与SKB相关联的pkt_type是根据到来的数据包的以太网报头中的目标MAC地址而确定的。这个过程由方法eth_type_trans()来完成。在网络设备驱动程序处理到来的数据包时，通常会调用这个方法，详情请参阅net/ethernet/eth.c中的方法eth_type_trans()。

```
if (skb->pkt_type != PACKET_HOST)
        goto drop;

skb_forward_csum(skb);

/*
 *      不对RA数据包做任何处理，将其原样交给用户层级，但不能保证应用程序能够解读它们
 *      之所以这样做，是因为没有更好的办法
 *
 *      我们不是终端结点，因此如果数据包包含AH/ESP，我们就什么都做不了，进行分段也不行
 *      RA数据包不能分段，因为无法保证不同分段会沿同一条路径传输
 */
if (opt->ra) {
        u8 *ptr = skb_network_header(skb) + opt->ra;
```

应尝试将数据包投递到由setsockopt()设置了套接字选项IPV6_ROUTER_ALERT的套接字。这是通过调用方法ip6_call_ra_chain()完成的。如果ip6_call_ra_chain()投递成功，方法ip6_forward()将返回0，且不对数据包进行转发。请参阅net/ipv6/ip6_output.c中方法ip6_call_ra_chain()的实现。

```
        if (ip6_call_ra_chain(skb, (ptr[2]<<8) + ptr[3]))
                return 0;
}

/*
 *      检查ttl并将其减1
 */
if (hdr->hop_limit <= 1) {
        /* 将输出设备用作源地址 */
        skb->dev = dst->dev;
```

如果跳数限制不大于1，则将发送一条ICMP错误消息。这与IPv4中转发数据包时TTL变成了0的情形很像。在这种情况下，应将数据包丢弃。

```
        icmpv6_send(skb, ICMPV6_TIME_EXCEED, ICMPV6_EXC_HOPLIMIT, 0);
        IP6_INC_STATS_BH(net,
                         ip6_dst_idev(dst), IPSTATS_MIB_INHDRERRORS);

        kfree_skb(skb);
```

```
                return -ETIMEDOUT;
        }
        /* XXX: idev->cnf.proxy_ndp? */
        if (net->ipv6.devconf_all->proxy_ndp &&
            pneigh_lookup(&nd_tbl, net, &hdr->daddr, skb->dev, 0)) {
                int proxied = ip6_forward_proxy_check(skb);
                if (proxied > 0)
                        return ip6_input(skb);
                else if (proxied < 0) {
                        IP6_INC_STATS(net, ip6_dst_idev(dst),
                                      IPSTATS_MIB_INDISCARDS);
                        goto drop;
                }
        }

        if (!xfrm6_route_forward(skb)) {
                IP6_INC_STATS(net, ip6_dst_idev(dst), IPSTATS_MIB_INDISCARDS);
                goto drop;
        }
        dst = skb_dst(skb);

        /* 显然, 对于源路由帧, 不能发送重定向
           对于从IPsec解封得到的帧, 也不能发送重定向,
           虽然IPv6规范在这方面并没有做任何规定
         */
        if (skb->dev == dst->dev && opt->srcrt == 0 && !skb_sec_path(skb)) {
                struct in6_addr *target = NULL;
                struct inet_peer *peer;
                struct rt6_info *rt;

                /*
                 *      入站设备和出站设备相同
                 *      发送重定向
                 */

                rt = (struct rt6_info *) dst;
                if (rt->rt6i_flags & RTF_GATEWAY)
                        target = &rt->rt6i_gateway;
                else
                        target = &hdr->daddr;

                peer = inet_getpeer_v6(net->ipv6.peers, &rt->rt6i_dst.addr, 1);

                /* 根据目标地址 (在这里) 和源地址 (在ndisc_send_redirect中) 限制重定向*/
                if (inet_peer_xrlim_allow(peer, 1*HZ))
                ndisc_send_redirect(skb, target);
                if (peer)
                inet_putpeer(peer);
        } else {
                int addrtype = ipv6_addr_type(&hdr->saddr);
                /* 下面的检查对于确保安全至关重要 */
                if (addrtype == IPV6_ADDR_ANY ||
                    addrtype & (IPV6_ADDR_MULTICAST | IPV6_ADDR_LOOPBACK))
```

```
                goto error;
        if (addrtype & IPV6_ADDR_LINKLOCAL) {
                        icmpv6_send(skb, ICMPV6_DEST_UNREACH,
                                ICMPV6_NOT_NEIGHBOUR, 0);
                        goto error;
        }
}
```

请注意，IPV6_MIN_MTU为1280字节，这是IPv6基本标准RFC 2460第5节（"Packet Size Issues"）的规定。

```
mtu = dst_mtu(dst);
if (mtu < IPV6_MIN_MTU)
        mtu = IPV6_MIN_MTU;

if ((!skb->local_df && skb->len > mtu && !skb_is_gso(skb)) ||
        (IP6CB(skb)->frag_max_size && IP6CB(skb)->frag_max_size > mtu)) {
        /* 同样，将输出设备用作源地址 */
        skb->dev = dst->dev;
```

向发送方发送ICMPv6 "数据包太大"消息，并释放SKB。在这种情况下，方法ip6_forward()将返回-EMSGSIZ。

```
                icmpv6_send(skb, ICMPV6_PKT_TOOBIG, 0, mtu);
                IP6_INC_STATS_BH(net,
                                ip6_dst_idev(dst), IPSTATS_MIB_INTOOBIGERRORS);
                IP6_INC_STATS_BH(net,
                                ip6_dst_idev(dst), IPSTATS_MIB_FRAGFAILS);
                kfree_skb(skb);
                return -EMSGSIZE;
}
if (skb_cow(skb, dst->dev->hard_header_len)) {
        IP6_INC_STATS(net, ip6_dst_idev(dst), IPSTATS_MIB_OUTDISCARDS);
        goto drop;
}

hdr = ipv6_hdr(skb);
```

需要转发数据包，因此将IPv6报头的hop_limit减1。

```
/* 复制skb后再修改跳数限制 */
hdr->hop_limit--;

IP6_INC_STATS_BH(net, ip6_dst_idev(dst), IPSTATS_MIB_OUTFORWDATAGRAMS);
IP6_ADD_STATS_BH(net, ip6_dst_idev(dst), IPSTATS_MIB_OUTOCTETS, skb->len);
return NF_HOOK(NFPROTO_IPV6, NF_INET_FORWARD, skb, skb->dev, dst->dev,
                ip6_forward_finish);
error:
        IP6_INC_STATS_BH(net, ip6_dst_idev(dst), IPSTATS_MIB_INADDRERRORS);
drop:
        kfree_skb(skb);
        return -EINVAL;
}
```

(net/ipv6/ip6_output.c)

方法ip6_forward_finish()只有一行代码——调用目标缓存（dst）的output回调函数。

```
static inline int ip6_forward_finish(struct sk_buff *skb)
{
return dst_output(skb);
}
```

(net/ipv6/ip6_output.c)

本节介绍了IPv6数据包的接收。对于IPv6数据包，要么在本地投递，要么转发。本节还介绍了IPv6数据包接收和IPv4数据包接收的一些不同之处。下一节将讨论组播流量的接收路径。

8.8 接收 IPv6 组播流量

方法ipv6_rcv()既是IPv6单播数据包的处理程序，也是IPv6组播数据包的处理程序。前面说过，这个方法会在执行完一些完整性检查后调用方法ip6_rcv_finish()，而方法ip6_rcv_finish()又将调用方法ip6_route_input()来执行路由选择子系统查找。在方法ip6_route_input()中，如果接收的是组播数据包，将把input回调函数设置为方法ip6_mc_input()。下面来看看方法ip6_mc_input()。

```
int ip6_mc_input(struct sk_buff *skb)
{
        const struct ipv6hdr *hdr;
        bool deliver;

        IP6_UPD_PO_STATS_BH(dev_net(skb_dst(skb)->dev),
                        ip6_dst_idev(skb_dst(skb)), IPSTATS_MIB_INMCAST,
                        skb->len);

        hdr = ipv6_hdr(skb);
```

方法ipv6_chk_mcast_addr()（net/ipv6/mcast.c）会检查指定网络设备的组播地址列表（mc_list）中是否包含指定的组播地址（这里为IPv6报头中的目标地址hdr->daddr）。请注意，由于第3个参数为NULL，因此在这个调用过程中将不检查是否存在针对源地址的源过滤。源过滤的处理将在本章后面讨论。

```
        deliver = ipv6_chk_mcast_addr(skb->dev, &hdr->daddr, NULL);
```

如果当前机器是组播路由器（即设置了CONFIG_IPV6_MROUTE），将在执行完一些检查后再调用方法ip6_mr_input()。IPv6组播路由选择的实现与第6章讨论的IPv4组播路由选择的实现很像，因此本书不再作讨论。IPv6组播路由选择的实现代码位于net/ipv6/ip6mr.c中。对IPv6组播路由选择的支持是在内核2.6.26（2008年）中添加的，它基于Mickael Hoerdt开发的一个补丁。

```
#ifdef CONFIG_IPV6_MROUTE
...
        if (dev_net(skb->dev)->ipv6.devconf_all->mc_forwarding &&
            !(ipv6_addr_type(&hdr->daddr) &
```

```
        (IPV6_ADDR_LOOPBACK|IPV6_ADDR_LINKLOCAL)) &&
    likely(!(IP6CB(skb)->flags & IP6SKB_FORWARDED))) {
        /*
         * 尝试转发，即分离和复制数据包
         */
        struct sk_buff *skb2;

        if (deliver)
                skb2 = skb_clone(skb, GFP_ATOMIC);
        else {
                skb2 = skb;
                skb = NULL;
        }

        if (skb2) {
```

下面是IPv6组播路由选择代码，它将调用方法ip6_mr_input() method（net/ipv6/ip6mr.c）。

```
                ip6_mr_input(skb2);
        }

    }
#endif
    if (likely(deliver))
            ip6_input(skb);
    else {
            /* 丢弃 */
            kfree_skb(skb);
    }

    return 0;
}
```

(net/ipv6/ip6_input.c)

　　如果组播数据包无需使用组播路由选择进行转发（例如，如果没有设置CONFIG_IPV6_MROUTE），将调用方法ip6_input()。这个方法实际上是前面介绍过的方法ip6_input_finish()的包装器。在方法ip6_input_finish()中，也调用方法ipv6_chk_mcast_addr()，但第3个参数不再为NULL，而是IPv6报头中的源地址。在这种情况下，方法ipv6_chk_mcast_addr()将检查是否设置了源过滤，并根据检查结果来相应地处理数据包。源过滤将在8.9.3节中进行讨论。下面来介绍组播侦听者发现协议，它相当于IPv4 IGMPv3协议。

8.9　组播侦听者发现（MLD）

　　MLD（Multicast Listener Discovery，组播侦听者发现）协议用于在组播主机和组播路由器之间交换组播组信息。MLD协议是一种不对称协议，它为组播路由器和组播侦听者规定的行为不同。在IPv4中，组播组管理由Internet组管理协议（Internet Group Management Protocol，IGMP）处理，这在第6章中曾介绍过。在IPv6中，组播组管理由MLDv2协议处理，这种协议是在2004年发布的RFC 3810中定义的。MLDv2协议是从IPv4使用的IGMPv3协议演化而来的，但不同于

IGMPv3协议,MLDv2是ICMPv6协议的一部分,而IGMPv3是一种独立的协议,不使用任何ICMPv4
服务,这正是IPv6不使用IGMPv3协议的主要原因。请注意,你可能见到过术语GMP(Group
Management Protocol,组管理协议),它是IGMP和MLD的统称。

组播侦听者发现协议的前一个版本为MLDv1,在RFC 2710中对其进行了规范。它由IGMPv2
演化而来。MLDv1基于任意源组播(Any-Source Multicast,ASM)模型。这意味着,你将无法指
定你想接收的来自一个或一组源地址的组播流量。MLDv2扩展了MLDv1——支持特定源组播
(Source Specific Multicast,SSM)。这意味着,结点可以指定它想或不想侦听的来自特定单播源地
址的数据包。这种功能被称为源过滤。本章后面将通过一个简短而详尽的用户空间示例,演示如
何使用源过滤。更详细的信息请参阅RFC 4604也即 *Using Internet Group Management Protocol
Version 3*(*IGMPv3*)*and Multicast Listener Discovery Protocol Version 2*(*MLDv2*)*for Source-Specific
Multicast*。

MLDv2协议基于组播侦听者报告和组播侦听者查询。MLDv2路由器(有时也叫查询者)会
定期发送组播侦听者查询,以获悉组播组的状态。如果同一条链路上有多台MLDv2路由器,将
只选择其中一台作为查询者,其他路由器都处于非查询者状态。这是由查询者选举机制完成的,
RFC 3810第7.6.2节描述了这种机制。结点使用组播侦听者报告来响应查询,其中指出了有关结点
属于哪些组播组的信息。当侦听者不想再侦听某个组播组时,它会将这种想法告诉查询者。查询
者必须向该组播组的其他侦听者查询之后,再决定是否将其从组播地址侦听者状态中删除。
MLDv2路由器可向组播路由选择协议提供有关侦听者的状态信息。

对MLD协议有了大致了解后,下面将注意力转向如何加入和退出组播组。

8.9.1　加入和退出组播组

在IPv6中,加入和退出组播组的方式有两种。一是在内核中调用方法ipv6_dev_mc_inc(),它
将一个网络设备对象和一个组播组地址作为参数。例如,注册网络设备时,将调用方法
ipv6_add_dev(),每个设备都应加入接口本地所有节点组播组(ff01::1)和链路本地所有节点组
播组(ff02::1)。

```
static struct inet6_dev *ipv6_add_dev(struct net_device *dev) {

. . .

        /* 加入接口本地所有节点组播组 */
        ipv6_dev_mc_inc(dev, &in6addr_interfacelocal_allnodes);

        /* 加入链路本地所有节点组播组 */
        ipv6_dev_mc_inc(dev, &in6addr_linklocal_allnodes);

. . .
}

(net/ipv6/addrconf.c)
```
路由器是设置了procfs转发条目(/proc/sys/net/ipv6/conf/all/forwarding)的设备。除前面提及

的每台主机都加入的2个组播组外，路由器还将加入其他3个组播组：链路本地所有路由器组播组（ff02::2）、接口本地所有路由器组播组（ff01::2）和场点本地所有路由器组播组（ff05::2）。

请注意，设置IPv6 procfs转发条目的工作由方法addrconf_fixup_forwarding()处理，它最终会调用方法dev_forward_change()，使得指定网络接口根据这个procfs条目的值（从下面的代码片段可知，它由idev->cnf.forwarding表示）加入或退出上述3个组播组。

```
static void dev_forward_change(struct inet6_dev *idev)
{
        struct net_device *dev;
        struct inet6_ifaddr *ifa;
    . . .
        dev = idev->dev;
    . . .
        if (dev->flags & IFF_MULTICAST) {
                if (idev->cnf.forwarding) {
                        ipv6_dev_mc_inc(dev, &in6addr_linklocal_allrouters);
                        ipv6_dev_mc_inc(dev, &in6addr_interfacelocal_allrouters);
                        ipv6_dev_mc_inc(dev, &in6addr_sitelocal_allrouters);
                } else {
                        ipv6_dev_mc_dec(dev, &in6addr_linklocal_allrouters);
                        ipv6_dev_mc_dec(dev, &in6addr_interfacelocal_allrouters);
                        ipv6_dev_mc_dec(dev, &in6addr_sitelocal_allrouters);
                }
        }
    . . .
}
```

(net/ipv6/addrconf.c)

在内核中，要退出组播组，应调用方法ipv6_dev_mc_dec()。第二种加入组播组的方式如下。在用户空间中打开一个IPv6套接字，创建一个组播请求（ipv6_mreq对象），将其ipv6mr_multiaddr设置为主机要加入的组播组的地址，并将ipv6mr_interface设置为要设置的网络接口的ifindex，再使用套接字选项IPV6_JOIN_GROUP调用setsockopt()。

```
int             sockd;
struct ipv6_mreq  mcgroup;
struct addrinfo   *results;
. . .

/* 将要加入的组播组的地址读取到地址信息对象 (results) 中 */
. . .
```

设置要使用的网络接口（使用该接口的ifindex值）。

```
mcgroup.ipv6mr_interface=3;
```

在请求（ipv6mr_multiaddr）中设置要加入的组播组的地址。

```
memcpy( &(mcgroup.ipv6mr_multiaddr),
    &(((struct sockaddr_in6 *) results->ai_addr)->sin6_addr),
    sizeof(struct in6_addr));
```

```
sockd = socket(AF_INET6, SOCK_DGRAM,0);
```

使用IPV6_JOIN_GROUP调用setsockopt()，以加入指定的组播组。在内核中，该调用由方法ipv6_sock_mc_join()（net/ipv6/mcast.c）处理。

```
status = setsockopt(sockd, IPPROTO_IPV6, IPV6_JOIN_GROUP,
                    &mcgroup, sizeof(mcgroup));
...
```

也可使用套接字选项IPV6_ADD_MEMBERSHIP代替IPV6_JOIN_GROUP（它们是等价的）。请注意，可以在多个网络设备上设置相同的组播组地址。为此，只需将mcgroup.ipv6mr_interface设置为不同的网络接口值即可。mcgroup.ipv6mr_interface的值将赋予参数ifindex传递给方法ipv6_sock_mc_join()。在这种情况下，内核将创建并发送MLDv2组播侦听者报告数据包（ICMPV6_MLD2_REPORT）。这种数据包的目标地址为ff02::16（表示所有MLDv2路由器的组播地址）。根据RFC 3810中5.2.14节的规定，MLDv2组播路由器都必须侦听这个组播地址。在MLDv2报头（见图8-3）中，组播地址记录数将为1，因为只使用了一条组播地址记录。该组播地址记录中包含要加入的组播组的地址。主机要加入的组播组的地址包含在ICMPv6报头中。在这个数据包中，包含设置了路由器警告的逐跳选项报头。MLD数据包包含逐跳选项报头，逐跳选项报头又包含一个路由器警告选项报头。该逐跳扩展报头的下一报头字段为IPPROTO_ICMPV6（58），因为它后面是ICMPv6数据包，其中包含MLDv2消息。

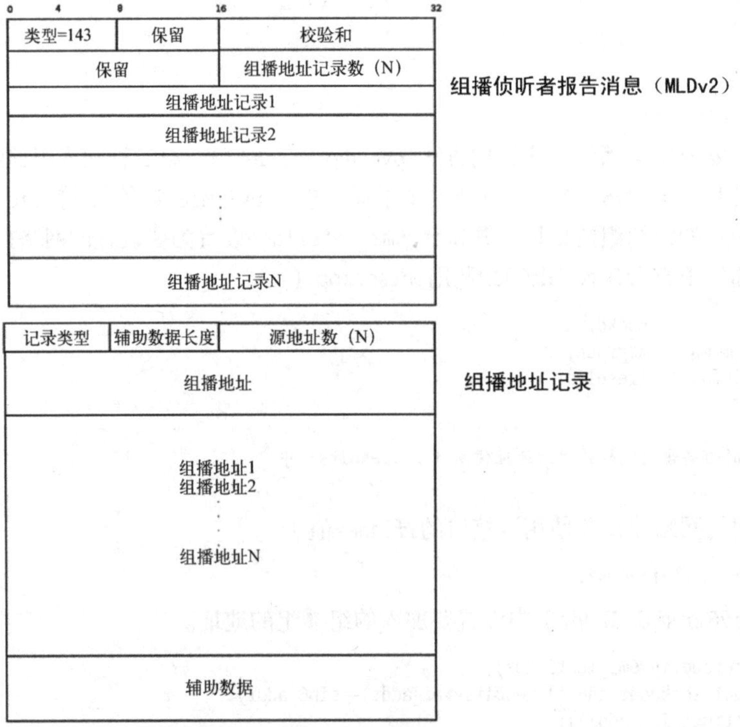

图8-3　MLDv2组播侦听者报告

要退出组播组，主机可使用套接字选项IPV6_DROP_MEMBERSHIP调用setsockopt()，这在内核中将通过调用方法ipv6_sock_mc_drop()或关闭套接字进行处理。请注意，IPV6_LEAVE_GROUP与IPV6_DROP_MEMBERSHIP等价。

讨论完如何加入和退出组播组后，该说说MLDv2组播侦听者报告是什么了。

8.9.2　MLDv2组播侦听者报告

在内核中，用结构mld2_report表示MLDv2组播侦听者报告。

```
struct mld2_report {
        struct icmp6hdr    mld2r_hdr;
        struct mld2_grec   mld2r_grec[0];
};
```

(include/net/mld.h)

结构mld2_report的第一个成员是mld2r_hdr，它表示ICMPv6报头，其icmp6_type应设置为ICMPV6_MLD2_REPORT（143）。结构mld2_report的第二个成员是mld2r_grec[0]，这是一个mld2_grec结构示例，表示MLDv2组播组记录（即图8-3中的组播地址记录）。结构mld2_grec的定义如下。

```
struct mld2_grec {
        __u8               grec_type;
        __u8               grec_auxwords;
        __be16             grec_nsrcs;
        struct in6_addr grec_mca;
        struct in6_addr grec_src[0];
};
```

(include/net/mld.h)

下面描述结构mld2_grec的成员。

❑ grec_type：指出了组播地址记录的类型，参见8.13节中的表8-3。
❑ grec_auxwords：辅助数据的长度（即图8-3中的辅助数据长度）。辅助数据字段包含有关组播地址记录的额外信息。grec_auxwords通常为0。另请参见RFC 3810的5.2.10节。
❑ grec_nsrcs：源地址数。
❑ grec_mca：组播地址记录针对的组播地址。
❑ grec_src[0]：一个单播源地址或一个单播源地址数组。这些地址是我们想要过滤出来的（阻断或允许）。

下一节将讨论组播源过滤，它通过详尽的示例说明了如何在源过滤中使用组播地址记录。

8.9.3　组播源过滤

启用了组播源过滤（Multicast Source Filtering，MSF）时，内核会丢弃并非来自指定源的组播。这种功能也称为特定源组播（Source-Specific Multicast，SSM），它并非MLDv1的组成部分，而是在MLDv2中引入的，详情请参阅RFC 3810。它不像任意源组播（Any-Source Multicast, ASM）那样，由接收方表达有意接收的前往特定目标组播地址的流量。为帮助你更好地理解组播源过滤，下面将通过一个用户空间应用程序示例，演示如何通过源过滤加入和退出组播组。

通过源过滤加入和退出组播组

要通过源过滤来加入组播组，主机可在用户空间打开一个IPv6套接字，创建一个组播组源请求（group_source_req对象），并在请求中设置如下3个参数。

❑ gsr_group：主机要加入的组播组的地址。

❑ gsr_source：主机要接收的组播的源地址。

❑ ipv6mr_interface：要设置的网络接口的接口索引。

然后，使用套接字选项MCAST_JOIN_SOURCE_GROUP调用setsockopt()。下面的用户空间应用程序代码片段演示了这一点（出于简洁考虑，删除了检查系统调用是否成功的代码）。

```
int                    sockd;
struct group_source_req    mreq;
struct addrinfo            *results1;
struct addrinfo            *results2;

/* 将要加入的IPv6组播组地址读取到results1中 */
/* 将要接收的组播的IPv6源地址读取到results2中 */
memcpy(&(mreq.gsr_group), results1->ai_addr, sizeof(struct sockaddr_in6));
memcpy(&(mreq.gsr_source), results2->ai_addr, sizeof(struct sockaddr_in6));

mreq.gsr_interface = 3;

sockd = socket(AF_INET6, SOCK_DGRAM, 0);
setsockopt(sockd, IPPROTO_IPV6, MCAST_JOIN_SOURCE_GROUP, &mreq, sizeof(mreq));
```

在内核中，这种请求首先由方法ipv6_sock_mc_join()处理，再由方法ip6_mc_source()处理。要退出组播组，可使用套接字选项MCAST_LEAVE_SOURCE_GROUP调用setsockopt()或将打开的套接字关闭。

还可指定想要接收的其他源地址，并再次使用套接字选项MCAST_UNBLOCK_SOURCE调用setsockopt()。这将在源过滤列表中添加额外的地址。每当使用上述方法调用setsockopt()时，都将发送一条MLDv2组播侦听者报告消息。其中只有一条组播地址记录，其记录类型为5（"允许新源"），源地址数为1（允许的单播地址）。下面将通过一个使用套接字选项MCAST_MSFILTER的示例来演示如何设置源过滤。

示例：使用MCAST_MSFILTER设置源过滤

还可一次性禁止或允许来自多个地址的组播流量，为此，可使用MCAST_MSFILTER和一个group_filter对象来调用setsockopt()。首先，来看看用户空间中结构group_filter的定义，它几乎是不言自明的。

```
struct group_filter
  {
    /* 接口索引 */
    uint32_t gf_interface;
```

```
    /* 组播组地址 */
    struct sockaddr_storage gf_group;

    /* 过滤模式 */
    uint32_t gf_fmode;

    /* 源地址数 */
    uint32_t gf_numsrc;

    /* 源地址 */
    struct sockaddr_storage gf_slist[1];
};
```

(include/netinet/in.h)

过滤模式（gf_fmode）可以是MCAST_INCLUDE（表示要接受来自某个单播地址的组播流量）或MCAST_EXCLUDE（表示要拒绝来自某个单播地址的组播流量）。下面是2个示例，第一个指定接受来自3个源的组播流量，第二个指定拒绝来自2个源的组播流量。

```
struct ipv6_mreq      mcgroup;
struct group_filter   filter;
struct sockaddr_in6   *psin6;

int                   sockd[2];
```

将要加入的组播组的地址设置为ffff::9。

```
inet_pton(AF_INET6,"ffff::9", &mcgroup.ipv6mr_multiaddr);
```

使用ifindex指定要使用的网络接口（这里使用的是eth0，其ifindex值为2）。

```
mcgroup.ipv6mr_interface=2;
```

设置过滤器参数。使用前面的ifindex（2）设置接口；将过滤模式设置为MCAST_INCLUDE，以允许来自指定源的组播流量；将gf_numsrc设置为3，因为要指定3个单播源地址。

```
filter.gf_interface = 2;
```

我们要准备2个过滤器。第一个允许来自3个源地址的组播流量，第二个允许来自2个源地址的组播流量。首先，将过滤模式设置为MCAST_INCLUDE，这意味着允许来自过滤器指定源地址的流量。

```
filter.gf_fmode = MCAST_INCLUDE;
```

将过滤器的源地址数（gf_numsrc）设置为3。

```
filter.gf_numsrc = 3;
```

将过滤器的组播组地址（gf_group）设置为前面用于mcgrouop的地址（ffff::9）：

```
psin6 = (struct sockaddr_in6 *)&filter.gf_group;
psin6->sin6_family = AF_INET6;
inet_pton(PF_INET6, "ffff::9", &psin6->sin6_addr);
```

我们要允许的3个单播源地址为2000::1、2000::2和2000::3，依此来相应地设置filter.gf_slist[0]、filter.gf_slist[1]和filter.gf_slist[2]。

```
psin6 = (struct sockaddr_in6 *)&filter.gf_slist[0];
psin6->sin6_family = AF_INET6;
inet_pton(PF_INET6, "2000::1", &psin6->sin6_addr);

psin6 = (struct sockaddr_in6 *)&filter.gf_slist[1];
psin6->sin6_family = AF_INET6;
inet_pton(PF_INET6, "2000::2", &psin6->sin6_addr);

psin6 = (struct sockaddr_in6 *)&filter.gf_slist[2];
psin6->sin6_family = AF_INET6;
inet_pton(PF_INET6, "2000::3",&psin6->sin6_addr);
```

创建一个套接字，并加入组播组。

```
sockd[0] = socket(AF_INET6, SOCK_DGRAM,0);
status = setsockopt(sockd[0], IPPROTO_IPV6, IPV6_JOIN_GROUP,
        &mcgroup, sizeof(mcgroup));
```

激活前面创建的过滤器。

```
status=setsockopt(sockd[0], IPPROTO_IPV6, MCAST_MSFILTER, &filter,
    GROUP_FILTER_SIZE(filter.gf_numsrc));
```

这将向表示所有MLDv2路由器的组播地址ff02::16发送一个MLDv2组播侦听者报告（ICMPV6_MLD2_REPORT）。该报告中包含一个组播地址记录对象（mld2_grec）（参见本章前面图8-3对结构mld2_report的描述）。这个mld2_grec对象的值如下。

❑ grec_type为MLD2_CHANGE_TO_INCLUDE（3）。

❑ grec_auxwords为0（没有使用辅助数据）。

❑ grec_nsrcs为3（因为我们要使用包含3个源地址的过滤器，因此将gf_numsrc设置成了3）。

❑ grec_mca为ffff::9，这是组播地址记录所针对的组播组的地址。

3个单播源地址如下。

❑ grec_src[0]为2000::1。

❑ grec_src[1]为2000::2。

❑ grec_src[2]为2000::3。

下面创建一个将两个单播源地址排除在外的过滤器。为此，首先创建一个用户空间套接字。

```
sockd[1] = socket(AF_INET6, SOCK_DGRAM,0);
```

将过滤模式设置为EXCLUDE，并将过滤器的源地址数设置为2。

```
filter.gf_fmode = MCAST_EXCLUDE;
filter.gf_numsrc = 2;
```

指定两个要排除在外的源地址2001::1和2001::2。

```
psin6 = (struct sockaddr_in6 *)&filter.gf_slist[0];
psin6->sin6_family = AF_INET6;
inet_pton(PF_INET6, "2001::1", &psin6->sin6_addr);
```

```
psin6 = (struct sockaddr_in6 *)&filter.gf_slist[1];
psin6->sin6_family = AF_INET6;
inet_pton(PF_INET6, "2001::2", &psin6->sin6_addr);
```

创建一个套接字，并加入一个组播组。

```
status = setsockopt(sockd[1], IPPROTO_IPV6, IPV6_JOIN_GROUP,
    &mcgroup, sizeof(mcgroup));
```

激活过滤器。

```
status=setsockopt(sockd[1], IPPROTO_IPV6, MCAST_MSFILTER, &filter,
    GROUP_FILTER_SIZE(filter.gf_numsrc));
```

同样，这也将向表示所有MLDv2路由器的组播地址ff02::16发送一个MLDv2组播侦听者报告（ICMPV6_MLD2_REPORT），但它包含的组播地址记录对象（mld2_grec）的内容不同。

❑ grec_type为MLD2_CHANGE_TO_EXCLUDE（4）。

❑ grec_auxwords为0（没有使用辅助数据）。

❑ grec_nsrcs为2（因为我们要指定两个源地址，因此将gf_numsrc设置成了2）。

❑ grec_mca也为ffff::9，这是组播地址记录所针对的组播组的地址。

下面是两个单播源地址。

❑ grec_src[0]为2001::1。

❑ grec_src[1]为2002::2。

注意　要显示源过滤器映射，可使用cat /proc/net/mcfilter6。在内核中，这是由方法 igmp6_mcf_seq_show()处理的。

例如，在下面显示的过滤器映射中，前3个条目表明，对于组播地址ffff::9，我们允许（INCLUDE）来自2000::1、2000::2和2000::3的组播流量。我们注意到在前3个条目中，INC（Include）列的值为1。第4个和第5个条目表明，我们拒绝来自2001::1和2001::2组播流量。我们注意到在这两个条目中，EX（Exclude）列的值为1。

```
cat /proc/net/mcfilter6
Idx Device Multicast Address                   Source Address                    INC  EXC
2   eth0 ffff00000000000000000000000000009 20000000000000000000000000000001 1    0
2   eth0 ffff00000000000000000000000000009 20000000000000000000000000000002 1    0
2   eth0 ffff00000000000000000000000000009 20000000000000000000000000000003 1    0
2   eth0 ffff00000000000000000000000000009 20010000000000000000000000000001 0    1
2   eth0 ffff00000000000000000000000000009 20010000000000000000000000000002 0    1
```

注意　使用 MCAST_MSFILTER 调用方法 setsockopt() 来创建过滤器时，在内核中将由 net/ipv6/mcast.c 中的方法ip6_mc_msfilter()来处理。

MLD路由器（有时也叫查询者）启动时，将加入包含所有MLDv2路由器的组播组（ff02::16）。它会定期发送组播侦听者查询，以获悉，各个组播组都包含哪些主机以及各台主机都属于哪些组播组。这些查询是类型为ICMPV6_MGM_QUERY的ICMPv6数据包，其目标地址为表示所有主机的组播地址（ff02::1）。主机收到ICMPv6组播侦听者查询数据包后，ICMPv6接收处理程序（方法icmpv6_rcv()）将调用方法igmp6_event_query()来处理。请注意，方法igmp6_event_query()负责处理MLDv2查询和MLDv1查询，因为它们的ICMPv6类型都是ICMPV6_MGM_QUERY。方法igmp6_event_query()会检查消息的长度，以确定它是MLDv1查询还是MLDv2查询。MLDv1查询长24字节，而MLDv2查询的长度至少为28字节。处理MLDv1消息和MLDv2消息的方式不同。对于MLDv2，必须支持源过滤（这在本节前面说过）；而MLDv1则不支持这项功能。主机会调用方法igmp6_send()发回一个组播侦听者报告，它是一个ICMPv6数据包。

有一个IPv6 MLD路由器示例，那就是开源项目XORP（http://www.xorp.org）中的守护程序mld6igmp。MLD路由器会保存有关组播组及其包含的网络结点（MLD侦听者）的信息，并动态地更新这些信息。这些信息可提供给组播路由选择守护程序。MLDv2路由选择守护程序（如守护程序mld6igmp）和其他组播路由选择守护程序是在用户空间中实现的，这不在本书的讨论范围之内。

RFC 3810规定，MLDv2必须能够与实现MLDv1的结点进行互操作。MLDv2实现必须支持下面两种MLDv1消息。

❑ MLDv1组播侦听者报告（ICMPV6_MGM_REPORT，十进制值为131）。

❑ MLDv1组播侦听者退出（ICMPV6_MGM_REDUCTION，十进制值为132）。

可使用MLDv1（而不是MLDv2）来发送组播侦听者消息，为此采取如下做法。

```
echo 1 > /proc/sys/net/ipv6/conf/all/force_mld_version
```

在这种情况下，主机加入组播组时，将由方法igmp6_send()发送组播侦听者报告消息。这种消息使用MLDv1定义的ICMPv6类型ICMPV6_MGM_REPORT（131），而不是MLDv2定义的ICMPV6_MLD2_REPORT（143）。请注意，在这种情况下，不能在消息中指定源过滤，因为MLDv1不支持。在加入组播组时，将调用方法igmp6_join_group()。退出组播组时，将发送一条组播侦听者退出消息，这种消息的ICMPv6类型为ICMPV6_MGM_REDUCTION（132）。

下一节将简要地介绍IPv6传输路径，它与IPv4传输路径很像，因此本章不深入讨论。

8.10　发送 IPv6 数据包

IPv6传输路径很像IPv4传输路径，连使用的方法的名称都很像。在IPv6中，也有两个从第4层（传输层）发送IPv6数据包的主方法：一个是方法ip6_xmit()，由TCP、流控制传输协议（Stream Control Transmission Protocol，SCTP）和数据报拥塞控制协议（Datagram Congestion Control Protocol，DCCP）使用；另一个是方法ip6_append_data()，由UDP和原始套接字等使用。当前主机创建的数据包由方法ip6_local_out()发送出去。方法ip6_output()被指定为协议无关dst_entry的output回调函数。它首先使用钩子NF_INET_POST_ROUTING调用NF_HOOK()宏，再调用方法

ip6_finish_output()。如果需要分段，方法ip6_finish_output()将调用方法ip6_fragment()进行处理，否则调用方法ip6_finish_output2()来发送数据包。有关实现细节，请参阅IPv6传输路径代码，它们大都包含在net/ipv6/ip6_output.c中。

下一节将简要地介绍IPv6路由选择，它也与IPv4路由选择很像，因此本章不深入讨论。

8.11　IPv6路由选择

IPv6路由选择的实现与IPv4路由选择的实现很像,后者在介绍IPv4路由选择子系统的第5章中讨论过。与IPv4路由选择子系统一样，IPv6也支持策略路由选择（如果设置了CONFIG_IPV6_MULTIPLE_TABLES）。在IPv6中，路由选择条目用结构rt6_info（include/net/ip6_fib.h）来表示。rt6_info对象类似于IPv4结构rtable，而结构flowi6（include/net/flow.h）类似于IPv4结构flowi4（事实上，它们的第一个成员都是flowi_common对象）。有关实现细节请参阅IPv6路由选择模块（net/ipv6/route.c和net/ipv6/ip6_fib.c）以及策略路由选择模块（net/ipv6/fib6_rules.c）。

8.12　总结

本章讨论了IPv6子系统及其实现，包括各种IPv6主题，如IPv6地址（包括特殊地址和组播地址）、IPv6报头的结构、IPv6扩展报头、自动配置过程、IPv6接收路径和MLD协议。下一章将继续内核网络之旅，讨论Netfilter子系统及其实现。在8.13节中，将按本章讨论的主题顺序介绍一些相关的重要方法。

8.13　快速参考

在本章最后，简要地列出了一些重要的IPv4子系统方法，其中一些在本章提到过。随后，给出了3个表，并分两部分，简要地介绍了Pv6特殊地址和IPv6路由选择表的管理。

8.13.1　方法

先从方法开始。

1. bool ipv6_addr_any(const struct in6_addr *a);
这个方法在指定地址为全零地址（未指定地址）时返回true。

2. bool ipv6_addr_equal(const struct in6_addr *a1, const struct in6_addr *a2);
这个方法在两个指定的IPv6地址相同时返回true。

3. static inline void ipv6_addr_set(struct in6_addr *addr, __be32 w1, __be32 w2, __be32 w3, __be32 w4);
这个方法将根据4个32位的输入参数设置IPv6地址。

4. bool ipv6_addr_is_multicast(const struct in6_addr *addr);
这个方法在指定地址为组播地址时返回true。

5. bool ipv6_ext_hdr(u8 nexthdr);

这个方法在指定的nexthdr为著名扩展报头时返回true。

6. struct ipv6hdr *ipv6_hdr(const struct sk_buff *skb);

这个方法返回指定skb的IPv6报头（ipv6hdr）。

7. struct inet6_dev *in6_dev_get(const struct net_device *dev);

这个方法返回与指定设备相关联的inet6_dev对象。

8. bool ipv6_is_mld(struct sk_buff *skb, int nexthdr, int offset);

这个方法在指定nexthdr为ICMPv6（IPPROTO_ICMPV6），且指定offset处的ICMPv6报头类型为MLD类型时返回true。MLD类型类型包括：

❑ ICMPV6_MGM_QUERY

❑ ICMPV6_MGM_REPORT

❑ ICMPV6_MGM_REDUCTION

❑ ICMPV6_MLD2_REPORT

9. bool raw6_local_deliver(struct sk_buff *, int);

这个方法会尝试将数据包投递到一个原始套接字，并在成功时返回true。

10. int ipv6_rcv(struct sk_buff *skb, struct net_device *dev, struct packet_type *pt, struct net_device *orig_dev);

这个方法是接收IPv6数据包的主处理程序。

11. bool ipv6_accept_ra(struct inet6_dev *idev);

这个方法在主机被配置为接受路由器通告时（即在下述情形下）返回true。

❑ 如果启用了转发，必须设置特殊的混合模式，即/proc/sys/net/ipv6/conf/<deviceName>/accept_ra为2。

❑ 如果没有启用转发，/proc/sys/net/ipv6/conf/<deviceName>/accept_ra必须为1。

12. void ip6_route_input(struct sk_buff *skb);

这个方法是在接收路径中执行IPv6路由选择子系统查找的主方法。它根据路由选择子系统查找结果设置指定skb的dst条目。

13. int ip6_forward(struct sk_buff *skb);

这个方法是主转发方法。

14. struct dst_entry *ip6_route_output(struct net *net, const struct sock *sk, struct flowi6 *fl6);

这个方法是传输路径中执行IPv6路由选择子系统查找的主方法，它返回目标缓存条目（dst）的值。

注意　方法ip6_route_input()和ip6_route_output()最终都将调用方法fib6_lookup()来执行查找。

15. void in6_dev_hold(struct inet6_dev *idev)和void __in6_dev_put(struct inet6_dev *idev);
这些方法分别将指定idev对象的引用计数器加1和减1。

16. int ip6_mc_msfilter(struct sock *sk, struct group_filter *gsf);
这个方法用于处理使用MCAST_MSFILTER的setsockopt()调用。

17. int ip6_mc_input(struct sk_buff *skb);
这个方法是接收组播数据包的主处理程序。

18. int ip6_mr_input(struct sk_buff *skb);
这个方法是要转发的组播数据包的主接收处理程序。

19. int ipv6_dev_mc_inc(struct net_device *dev, const struct in6_addr *addr);
这个方法将指定设备添加到addr指定的组播组中。如果没有这样的组播组,就创建一个。

20. int __ipv6_dev_mc_dec(struct inet6_dev *idev, const struct in6_addr *addr);
这个方法将指定设备从指定组播组中删除。

21. bool ipv6_chk_mcast_addr(struct net_device *dev, const struct in6_addr *group, const struct in6_addr *src_addr);
这个方法用于检查指定的网络设备是否属于指定的组播组。如果第3个参数不为NULL,它还将检查源过滤是否允许接收从指定地址(src_addr)发送到指定组播地址的组播流量。

22. inline void addrconf_addr_solict_mult(const struct in6_addr *addr, struct in6_addr *solicited);
这个方法用于计算链路本地请求结点组播地址。

23. void addrconf_join_solict(struct net_device *dev, const struct in6_addr *addr);
这个方法用于加入请求结点组播组。

24. int ipv6_sock_mc_join(struct sock *sk, int ifindex, const struct in6_addr *addr);
这个方法用于处理套接字加入组播组的请求。

25. int ipv6_sock_mc_drop(struct sock *sk, int ifindex, const struct in6_addr *addr);
这个方法用于处理套接字退出组播组的请求。

26. int inet6_add_protocol(const struct inet6_protocol *prot, unsigned char protocol);
这个方法用于注册IPv6协议处理程序。它用于注册第4层协议(UDPv6、TCPv6等)处理程序,还用于注册扩展报头(如分段扩展报头)处理程序。

27. int ipv6_parse_hopopts(struct sk_buff *skb);
这个方法用于分析逐跳选项报头。这种报头必须是紧跟在IPv6后面的第一个扩展报头。

28. int ip6_local_out(struct sk_buff *skb);
这个方法会将当前主机生成的数据包发送出去。

29. int ip6_fragment(struct sk_buff *skb, int(*output)(struct sk_buff *));
这个方法用于处理IPv6分段,它是从方法ip6_finish_output()中调用的。

30. void icmpv6_param_prob(struct sk_buff *skb, u8 code, int pos);
这个方法用于发送ICMPv6"参数问题"(ICMPV6_PARAMPROB)消息,在分析扩展报头或重组过程中遇到问题时被调用。

31. int do_ipv6_setsockopt(struct sock *sk, int level, int optname, char __user *optval, unsigned int optlen)和static int do_ipv6_getsockopt(struct sock *sk, int level, int optname, char __user *optval, int __user *optlen, unsigned int flags);

这些方法是通用的IPv6处理程序，分别用于对IPv6套接字调用setsockopt()和getsockopt()的情况（net/ipv6/ipv6_sockglue.c）。

32. int igmp6_event_query(struct sk_buff *skb);

这个方法用于处理MLDv2和MLDv1查询。

33. void ip6_route_input(struct sk_buff *skb);

这个方法将执行路由选择查找。它是通过创建一个基于指定skb的flow6对象并调用方法ip6_route_input_lookup()来完成的。

8.13.2　宏

下面来看看宏。

1. IPV6_ADDR_MC_SCOPE( )

这个宏返回指定IPv6组播地址的范围设置（组播地址的第11~14位）。

2. IPV6_ADDR_MC_FLAG_TRANSIENT( )

这个宏在指定组播地址的T标志位被设置时返回1。

3. IPV6_ADDR_MC_FLAG_PREFIX( )

这个宏在指定组播地址的P标志位被设置时返回1。

4. IPV6_ADDR_MC_FLAG_RENDEZVOUS( )

这个宏在指定组播地址的R标志位被设置时返回1

8.13.3　表

下面是表。

表8-2列出了IPv6扩展报头及其Linux符号、值和描述。更详细的信息请参阅8.4节。

表8-2　IPv6扩展报头

Linux符号	值	描　　述
NEXTHDR_HOP	0	逐跳选项报头
NEXTHDR_TCP	6	TCP分段
NEXTHDR_UDP	17	UDP消息
NEXTHDR_IPV6	41	IPv6中的IPv6
NEXTHDR_ROUTING	43	路由选择报头
NEXTHDR_FRAGMENT	44	分段/重组报头
NEXTHDR_GRE	47	GRE报头

（续）

Linux符号	值	描　述
NEXTHDR_ESP	50	封装安全负载
NEXTHDR_AUTH	51	身份验证报头
NEXTHDR_ICMP	58	ICMPv6
NEXTHDR_NONE	59	没有下一报头
NEXTHDR_DEST	60	描述选项报头
NEXTHDR_MOBILITY	135	移动性报头

表8-3列出了组播地址记录类型的Linux符号和值。更详细的信息请参阅8.9.2节。

表8-3　组播地址记录类型(include/uapi/linux/icmpv6.h)

Linux符号	值
MLD2_MODE_IS_INCLUDE	1
MLD2_MODE_IS_EXCLUDE	2
MLD2_CHANGE_TO_INCLUDE	3
MLD2_CHANGE_TO_EXCLUDE	4
MLD2_ALLOW_NEW_SOURCES	5
MLD2_BLOCK_OLD_SOURCES	6

表8-4列出了ICMPv6“参数问题”消息代码的Linux符号和值。这些代码提供了有关问题类型的进一步信息。

表8-4　ICMPv6参数问题代码

Linux符号	值
ICMPV6_HDR_FIELD	0（遇到错误的报头字段）
ICMPV6_UNK_NEXTHDR	1（遇到未知的报头字段）
ICMPV6_UNK_OPTION	2（遇到未知的IPv6选项）

8.13.4　特殊地址

下面的变量都是结构in6_addr的实例。（include/linux/in6.h）

❑ in6addr_any：表示全零的未指定地址（::）。

❑ in6addr_loopback：表示环回设备（::1）。

❑ in6addr_linklocal_allnodes：表示当前链路上所有结点的组播地址（ff02::1）。

❑ in6addr_linklocal_allrouters：表示当前链路上所有路由器的组播地址（ff02::2）。

❑ in6addr_interfacelocal_allnodes：表示接口本地所有结点的组播地址（ff01::1）。

❑ in6addr_interfacelocal_allrouters：表示接口本地所有路由器的组播地址（ff01::2）。

❑ in6addr_sitelocal_allrouters：表示当前场点内所有路由器的组播地址（ff05::2）。

8.13.5 IPv6 路由选择表的管理

与IPv4中一样，使用iproute2命令ip route和net-tools命令route，可添加和删除路由选择条目，以及显示路由选择表。

- 要添加路由，可使用ip -6 route，这是由方法inet6_rtm_newroute()调用方法ip6_route_add()来处理的。

- 要删除路由，可使用ip -6 route del，这是由方法inet6_rtm_delroute()调用方法ip6_route_del()来处理的。

- 要显示路由选择表，可使用ip -6 route show，这是由方法inet6_dump_fib()来处理的。

- 要添加路由，还可使用route -A inet6 add，这是通过发送SIOCADDRT IOCTL实现的。SIOCADDRT IOCTL是由方法ipv6_route_ioctl()调用方法ip6_route_add()来处理的。

- 要删除路由，还可使用route -A inet6 del，这是通过发送SIOCDELRT IOCTL实现的。SIOCDELRT IOCTL是由方法ipv6_route_ioctl()调用方法ip6_route_del()来处理的。

第 9 章

Netfilter

第8章讨论了IPv6子系统的实现，本章讨论Netfilter子系统。Netfilter框架由最著名的Linux内核开发人员Rusty Russell于1998年开发，旨在改进以前的实现ipchains（Linux 2.2.x）和ipfwadm（Linux 2.0.x）。Netfilter子系统提供了一个框架，它支持数据包在网络栈传输路径的各个地方（Netfilter挂接点）注册回调函数，从而对数据包执行各种操作，如修改地址或端口、丢弃数据包、写入日志等。这些Netfilter挂接点为Netfilter内核模块提供了基础设施，让它能够通过注册回调函数来执行Netfilter子系统的各种任务。

9.1 Netfilter 框架

Netfilter子系统提供了本章将讨论的下述功能：
- 数据包选择（iptables）
- 数据包过滤
- 网络地址转换（NAT）
- 数据包操纵（在路由选择之前或之后修改数据包报头的内容）
- 连接跟踪
- 网络统计信息收集

下面是一些基于Linux内核Netfilter子系统的常见框架。

- IPVS（IP Virtual Server）：一种传输层负载均衡解决方案（net/netfilter/ipvs）。很久以前，内核就支持IPv4 IPVS，从内核2.6.28起，开始支持IPv6 IPVS。对IPv6 IPVS的支持是由Google的Julius Volz和Vince Busam开发的。更详细的信息请参阅IPVS官方网站：www.linuxvirtualserver.org。

- IP sets：一个由用户空间工具ipset和内核部分（net/netfilter/ipset）组成的框架。IP集合（IP set）本质上就是一组IP地址。IP sets框架由Jozsef Kadlecsik开发，更详细的信息请参阅http://ipset.netfilter.org。

- iptables：iptables可能是最受欢迎的Linux防火墙了，它是Netfilter前端，为Netfilter提供了管理层，让你能够添加和删除Netfilter规则、显示统计信息、添加表、将表中的计数器重置为0，等等。

内核包含针对不同协议的iptables实现：

❑ 用于IPv4的iptables（net/ipv4/netfilter/ip_tables.c）

❑ 用于IPv6的ip6tables（net/ipv6/netfilter/ip6_tables.c）

❑ 用于ARP的arptables（net/ipv4/netfilter/arp_tables.c）

❑ 用于以太网的ebtables（net/bridge/netfilter/ebtables.c）

在用户空间中，可使用命令行工具iptables和ip6tables，它们分别用于设置、维护和查看IPv4和IPv6表，详情请参阅man 8 iptables和man 8 ip6tables。iptables和ip6tables都使用系统调用setsockopt()或getsockopt()来完成用户空间与内核的通信。这里必须提及两个正在开发的非常有趣的Netfilter项目。第一个是xtables2项目，主要由Jan Engelhardt开发，它使用基于Netlink的接口来与内核Netfilter子系统通信，更详细的信息请参阅这个项目的网站：http://xtables.de。第二个是nftables项目。这是一个新的数据包过滤引擎，有望取代iptables。它基于虚拟机，使用统一的实现，而不是上述4个iptables对象（iptables、ip6tables、arptables和ebtables）。Patrick McHardy在2008年的一次研讨会上首次展示了nftables项目，其内核基础设施和用户空间工具已由Patrick McHardy和Pablo Neira Ayuso开发出来，更详细的信息请参阅网站http://netfilter.org/projects/nftables和文章"Nftables: a new packet filtering engine"（http://lwn.net/Articles/324989/）。

有很多Netfilter模块来对核心Netfilter子系统的核心功能进行扩展，但本章不会深入讨论这些模块。网上有很多资源，从管理角度来对这些Netfilter扩展进行了探讨。此外，还有各种管理指南。另请参见Netfilter项目官方网站：www.netfilter.org。

9.2　Netfilter 挂接点

在网络栈中有5个地方设置了Netfilter挂接点。在本书前面，讨论IPv4和IPv6的接收路径和传输路径时，你见过这些挂接点。请注意，在IPv4和IPv6中，挂接点的名称相同。

❑ NF_INET_PRE_ROUTING：在IPv4中，这个挂接点位于方法ip_rcv()中，而在IPv6中，它位于方法ipv6_rcv()中。方法ip_rcv()是IPv4的协议处理程序，方法ipv6_rcv()是IPv6的协议处理程序。这是所有入站数据包遇到的第一个挂接点，它处于路由选择子系统查找之前。

❑ NF_INET_LOCAL_IN：在IPv4中，这个挂接点位于方法ip_local_deliver()中，而在IPv6中位于方法ip6_input()中。对于所有发送给当前主机的入站数据包，经过挂接点NF_INET_PRE_ROUTING并执行路由选择子系统查找后，都将到达这个挂接点。

❑ NF_INET_FORWARD：在IPv4中，这个挂接点位于方法ip_forward()中，而在IPv6中位于方法ip6_forward()中。对于所有要转发的数据包，经过挂接点NF_INET_PRE_ROUTING并执行路由选择子系统查找后，都将到达这个挂接点。

❑ NF_INET_POST_ROUTING：在IPv4中，这个挂接点位于方法ip_output()中，而在IPv6中位于方法ip6_finish_output2()中。所有要转发的数据包都在经过挂接点NF_INET_FORWARD后到达这个挂接点。另外，当前主机生成的数据包经过挂接点NF_INET_LOCAL_OUT后将到达这个挂接点。

❑ **NF_INET_LOCAL_OUT**：在IPv4中，这个挂接点位于方法__ip_local_out()中，而在IPv6中位于方法__ip6_local_out()中。当前主机生成的所有出站数据包都在经过这个挂接点后到达挂接点NF_INET_POST_ROUTING。

当数据包在内核网络栈中传输时，会在某些地方调用本书前面提到的NF_HOOK宏。这个宏是在include/linux/netfilter.h中定义的。

```
static inline int NF_HOOK(uint8_t pf, unsigned int hook, struct sk_buff *skb,
                struct net_device *in, struct net_device *out,
                int (*okfn)(struct sk_buff *))
{
    return NF_HOOK_THRESH(pf, hook, skb, in, out, okfn, INT_MIN);
}
```

NF_HOOK()宏的参数如下。

❑ pf：协议簇。对于IPv4来说，它为NFPROTO_IPV4，对于IPv6来说，它为NFPROTO_IPV6。
❑ hook：上述5个挂接点之一，如NF_INET_PRE_ROUTING或NF_INET_LOCAL_OUT。
❑ skb：表示要处理的数据包的SKB对象。
❑ in：输入网络设备（net_device对象）。
❑ out：输出网络设备（net_device对象）。在有些情况下，输出设备未知，因此为NULL。例如，在执行路由选择查找前调用的方法ip_rcv()（net/ipv4/ip_input.c）中，还不知道要使用的输出设备，因此在这个方法中调用NF_HOOK()宏时，将输出设备设置为NULL。
❑ okfn：一个函数指针，指向钩子回调方法执行完毕后将调用的方法。它接受一个参数——SKB。

Netfilter钩子回调函数的返回值必须为下述值之一（这些值也被称为netfilter verdicts，在include/uapi/linux/netfilter.h下定义）：

❑ NF_DROP（0）：默默地丢弃数据包。
❑ NF_ACCEPT（1）：数据包像通常那样继续在内核网络栈中传输。
❑ NF_STOLEN（2）：数据包不继续传输，由钩子方法进行处理。
❑ NF_QUEUE（3）：将数据包排序，供用户空间使用。
❑ NF_REPEAT（4）：再次调用钩子函数。

前面介绍了各种Netfilter挂接点，下面将介绍如何注册Netfilter钩子回调函数。

注册 Netfilter 钩子回调函数

要在前面所述5个挂接点注册钩子回调函数，首先需要定义一个nf_hook_ops对象（或nf_hook_ops对象数组），然后再进行注册。结构nf_hook_ops是在include/linux/ netfilter.h中定义的。

```
struct nf_hook_ops {
    struct list_head list;

    /* 下面的内容由用户填充。 */
    nf_hookfn    *hook;
```

```
struct module *owner;
u_int8_t      pf;
unsigned int  hooknum;
/* 根据优先级，升序排列回调函数。 */
int           priority;
};
```

下面介绍结构nf_hook_ops的一些重要成员。

❑ hook：要注册的钩子回调函数，其原型如下。

```
unsigned int nf_hookfn(unsigned int hooknum,
                       struct sk_buff *skb,
                       const struct net_device *in,
                       const struct net_device *out,
                       int (*okfn)(struct sk_buff *));
```

❑ pf：协议簇，对于IPv4来说，它为NFPROTO_IPV4，对于IPv6来说，它为NFPROTO_IPV6。

❑ hooknum：前面所述5个Nitfilter挂接点之一。

❑ priority：在同一个挂接点可注册多个回调函数，优先级越低的回调函数越早被调用。枚举nf_ip_hook_priorities定义了IPv4钩子回调函数优先级的可能取值（include/uapi/linux/netfilter_ipv4.h），另请参见9.5节中的表9-4。

注册Netfilter钩子回调函数的方法有下面两个。

❑ int nf_register_hook(struct nf_hook_ops *reg)：注册一个nf_hook_ops对象。

❑ int nf_register_hooks(struct nf_hook_ops *reg, unsigned int n)：注册一个nf_hook_ops对象数组，其中第2个参数指出了该数组的元素数。

在接下来的两节中，你将看到两个注册nf_hook_ops对象数组的示例。下一节的图9-1说明了在同一个挂接点注册了多个钩子回调函数时，优先级的用途。

9.3   连接跟踪

在现代网络中，仅根据L4和L3报头来过滤流量还不够，还应考虑流量基于会话（如FTP会话或SIP会话）的情形。这里说的FTP会话指的是如下的事件序列。客户端首先在TCP端口21（默认的FTP端口）上建立TCP控制连接。FTP客户端通过这个控制端口向服务器发送命令（如列出目录的内容）。FTP服务器在端口20上打开一个数据套接字，其中，客户端的目标端口是动态分配的。应根据其他参数对流量进行过滤，如连接的状态以及超时情况。这是使用连接跟踪层的主要原因之一。

连接跟踪能够让内核跟踪会话。连接跟踪的主要目标是为NAT打下基础。如果没有设置CONFIG_NF_CONNTRACK_IPV4，就不能构建IPv4 NAT模块（net/ipv4/netfilter/iptable_nat.c）。同理，如果没有设置CONFIG_NF_CONNTRACK_IPV6，就不能构建IPv6 NAT模块（net/ipv6/netfilter/ip6table_nat.c）。然而，连接跟踪并不依赖于NAT。即便没有激活任何NAT规则，也可以运行连接跟踪模块。IPv4和IPv6 NAT模块将在本章后面讨论。

注意 有一些用于管理连接跟踪的用户空间工具，它们可以帮助你更好地理解连接跟踪层。9.5
节中介绍了其中一个工具（conntrack-tools）。

9.3.1 连接跟踪的初始化

以下代码片段定义了一个名为ipv4_conntrack_ops的nf_hook_ops对象数组。

```
static struct nf_hook_ops ipv4_conntrack_ops[] __read_mostly = {
        {
                .hook        = ipv4_conntrack_in,
                .owner       = THIS_MODULE,
                .pf          = NFPROTO_IPV4,
                .hooknum     = NF_INET_PRE_ROUTING,
                .priority    = NF_IP_PRI_CONNTRACK,
        },
        {
                .hook        = ipv4_conntrack_local,
                .owner       = THIS_MODULE,
                .pf          = NFPROTO_IPV4,
                .hooknum     = NF_INET_LOCAL_OUT,
                .priority    = NF_IP_PRI_CONNTRACK,
        },
        {
                .hook        = ipv4_helper,
                .owner       = THIS_MODULE,
                .pf          = NFPROTO_IPV4,
                .hooknum     = NF_INET_POST_ROUTING,
                .priority    = NF_IP_PRI_CONNTRACK_HELPER,
        },
        {
                .hook        = ipv4_confirm,
                .owner       = THIS_MODULE,
                .pf          = NFPROTO_IPV4,
                .hooknum     = NF_INET_POST_ROUTING,
                .priority    = NF_IP_PRI_CONNTRACK_CONFIRM,
        },
        {
                .hook        = ipv4_helper,
                .owner       = THIS_MODULE,
                .pf          = NFPROTO_IPV4,
                .hooknum     = NF_INET_LOCAL_IN,
                .priority    = NF_IP_PRI_CONNTRACK_HELPER,
        },
        {
                .hook        = ipv4_confirm,
                .owner       = THIS_MODULE,
                .pf          = NFPROTO_IPV4,
                .hooknum     = NF_INET_LOCAL_IN,
                .priority    = NF_IP_PRI_CONNTRACK_CONFIRM,
        },
```

9

```
};
(net/ipv4/netfilter/nf_conntrack_l3proto_ipv4.c)
```

注册的两个最重要的连接跟踪回调函数是，NF_INET_PRE_ROUTING钩子回调函数ipv4_conntrack_in()和NF_INET_LOCAL_OUT钩子回调函数ipv4_conntrack_local()。这两个钩子回调函数的优先级为NF_IP_PRI_CONNTRACK（−200）。数组ipv4_conntrack_ops定义的其他钩子回调函数的优先级为NF_IP_PRI_CONNTRACK_HELPER（300）或NF_IP_PRI_CONNTRACK_CONFIRM（INT_MAX，其值为$2^{31}-1$）。在Netfilter挂接点处，优先级值越小的回调函数越先执行（include/uapi/linux/netfilter_ipv4.h中定义的枚举nf_ip_hook_priorities指定了IPv4回调函数优先级的可能取值）。方法 ipv4_conntrack_local() 和 ipv4_conntrack_in() 都会调用方法 nf_conntrack_in()，并将相应的hooknum作为参数传递给它。方法nf_conntrack_in()包含在协议无关NAT核心中，同时用于IPv4连接跟踪和IPv6连接跟踪。它的第二个参数为协议簇，用于指明是IPv4（PF_INET）还是IPv6（PF_INET6）。下面来讨论回调函数nf_conntrack_in()，其他回调函数（ipv4_confirm()和ipv4_help()）将在本节后面讨论。

注意　在构建内核时，如果指明了要支持连接跟踪（即设置了CONFIG_NF_CONNTRACK），则即便没有激活任何iptables规则，也会调用连接跟踪钩子回调函数。这显然会影响性能。如果说性能至关重要，而你又知道设备不会使用Netfilter子系统，应考虑构建不支持连接跟踪的内核，或者将连接跟踪构建为内核模块，而不加载它。

IPv4连接跟踪钩子回调函数的注册工作，是在方法nf_conntrack_l3proto_ipv4_init()（net/ipv4/netfilter/nf_conntrack_l3proto_ipv4.c）中通过调用方法nf_register_hooks()来完成的。

```
in nf_conntrack_l3proto_ipv4_init(void) {
    . . .
    ret = nf_register_hooks(ipv4_conntrack_ops,
                            ARRAY_SIZE(ipv4_conntrack_ops))
    . . .
}
```

图9-1显示了连接跟踪回调函数（ipv4_conntrack_in()、ipv4_conntrack_local()、ipv4_helper()和ipv4_confirm()）及其挂接点。

注意　出于简化考虑，图9-1中不包含更复杂的情形，如使用IPsec、分段或组播的情形。该图还省略了在当前主机上生成并发送数据包时调用的方法，如ip_queue_xmit()和ip_build_and_send_pkt()。

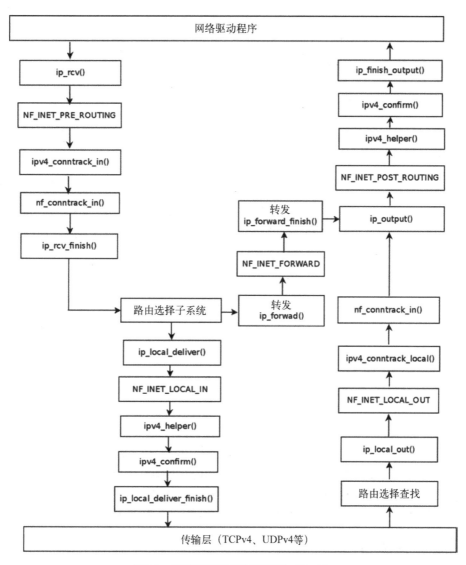

图9-1 连接跟踪钩子回调函数（IPv4）

连接跟踪的基本元素是结构nf_conntrack_tuple。

```
struct nf_conntrack_tuple {
        struct nf_conntrack_man src;

        /* 下面是这个元组的固定部分 */
        struct {
                union nf_inet_addr u3;
                union {
                        /* 在这里添加其他协议 */
                        __be16 all;
```

```
                            struct {
                                    __be16 port;
                            } tcp;
                            struct {
                                    __be16 port;
                            } udp;
                            struct {
                                    u_int8_t type, code;
                            } icmp;
                            struct {
                                    __be16 port;
                            } dccp;
                            struct {
                                    __be16 port;
                            } sctp;
                            struct {
                                    __be16 key;
                            } gre;
                    } u;

                    /* 协议 */
                    u_int8_t protonum;

                    /* 方向 */
                    u_int8_t dir;
            } dst;
    };
```

(include/net/netfilter/nf_conntrack_tuple.h)

结构nf_conntrack_tuple表示特定方向上的流。结构dst的联合体包含各种协议对象，如TCP、UDP、ICMP等。每种传输层（L4）协议都有一个连接跟踪模块，这个模块实现了那些因协议而异的部分。例如，有用于TCP协议的net/netfilter/nf_conntrack_proto_tcp.c、用于UDP协议的net/netfilter/nf_conntrack_proto_udp.c，用于FTP协议的net/netfilter/nf_conntrack_ftp.c，等等。这些模块同时支持IPv4和IPv6。在本节后面你将看到，连接跟踪模块的协议特定实现有何不同。

9.3.2   连接跟踪条目

结构nf_conn表示连接跟踪条目。

```
struct nf_conn {
        /* 引用计数，散列表/析构定时器包含它，每个skb也包含它。
            每创建一个相关联的期望连接，该计数器都加1 */
        struct nf_conntrack ct_general;

        spinlock_t lock;

        /* XXX should I move this to the tail ? - Y.K */
        /* 连接方向元组：原始方向和应答方向 */
        struct nf_conntrack_tuple_hash tuplehash[IP_CT_DIR_MAX];
```

```
        /* 在两个方向都看到了流量吗？ */
        unsigned long status;

        /* 如果是期望连接，它将指向主连接 */
        struct nf_conn *master;

        /* 定时器函数：超时后将引用计数减1 */
        struct timer_list timeout;

    . . .

        /* 扩展 */
        struct nf_ct_ext *ext;
#ifdef CONFIG_NET_NS
        struct net *ct_net;
#endif

        /* 保留，用于其他模块，必须是最后一个成员 */
        union nf_conntrack_proto proto;
};
(include/net/netfilter/nf_conntrack.h)
```

下面描述结构nf_conn的一些重要成员。

☐ ct_general：引用计数。

☐ tuplehash：有两个tuplehash对象——tuplehash[0]表示原始方向，而tuplehash[1]表示应答方向。它们通常被称为tuplehash[IP_CT_DIR_ORIGINAL]和tuplehash[IP_CT_DIR_REPLY]。

☐ status：条目的状态。刚开始跟踪连接时为IP_CT_NEW，连接建立后将变成IP_CT_ESTABLISHED。详情请参阅include/uapi/linux/netfilter/nf_conntrack_common.h中定义的枚举ip_conntrack_info。

☐ master：期望连接的主连接。由init_conntrack()方法在期望数据包到达（即init_conntrack()调用的方法nf_ct_find_expectation()找到期望连接）时设置。另请参见9.3.3节。

☐ timeout：连接条目的定时器。每个连接条目都会在连续一段时间内没有流量的情况下过期。这个时间段随协议而异。在方法__nf_conntrack_alloc()分配nf_conn对象时，将定时器函数timeout设置为方法death_by_timeout()。

了解结构nf_conn及其一些成员后，来看看方法nf_conntrack_in()。

```
unsigned int nf_conntrack_in(struct net *net, u_int8_t pf, unsigned int hooknum,
                            struct sk_buff *skb)
{
        struct nf_conn *ct, *tmpl = NULL;
        enum ip_conntrack_info ctinfo;
        struct nf_conntrack_l3proto *l3proto;
        struct nf_conntrack_l4proto *l4proto;
        unsigned int *timeouts;
        unsigned int dataoff;
        u_int8_t protonum;
```

```
        int set_reply = 0;
        int ret;

        if (skb->nfct) {
                /* 以前见过（环回或未跟踪）？忽略 */
                tmpl = (struct nf_conn *)skb->nfct;
                if (!nf_ct_is_template(tmpl)) {
                        NF_CT_STAT_INC_ATOMIC(net, ignore);
                        return NF_ACCEPT;
                }
                skb->nfct = NULL;
        }
```

首先检查能否跟踪网络层（L3）协议。

```
l3proto = __nf_ct_l3proto_find(pf);
```

接下来检查能否跟踪传输层（L4）协议。对于IPv4，这是由方法ipv4_get_l4proto()（net/ipv4/netfilter/nf_conntrack_l3proto_ipv4）完成的。

```
ret = l3proto->get_l4proto(skb, skb_network_offset(skb),
                &dataoff, &protonum);
if (ret <= 0) {
    . . .
        ret = -ret;
        goto out;
}
l4proto = __nf_ct_l4proto_find(pf, protonum);

/* 可能是特殊数据包、错误等
 * 对返回码取负，让Netfilter核心知道如何处理数据包*/
```

接下来检查协议特定的错误条件（参见net/netfilter/nf_conntrack_proto_udp.c中的方法udp_error()或net/netfilter/nf_conntrack_proto_tcp.c中的方法tcp_error()，前者用于检查数据包是否受损、校验和是否有效等）。

```
if (l4proto->error != NULL) {
        ret = l4proto->error(net, tmpl, skb, dataoff, &ctinfo,
                                pf, hooknum);
        if (ret <= 0) {
                NF_CT_STAT_INC_ATOMIC(net, error);
                NF_CT_STAT_INC_ATOMIC(net, invalid);
                ret = -ret;
                goto out;
        }
        /* ICMPv6协议跟踪模块可能分配conntrack */
        if (skb->nfct)
                goto out;
}
```

接下来将调用方法resolve_normal_ct()，它执行如下任务。

❑ 调用方法hash_conntrack_raw()，计算元组的散列值。

- 调用方法__nf_conntrack_find_get()，并将计算得到的散列值作为参数，以查找匹配的元组。
- 如果没有找到匹配的元组，就调用方法init_conntrack()创建一个nf_conntrack_tuple_hash对象。这个nf_conntrack_tuple_hash对象会被加入到未确定tuplehash对象列表中。该列表包含在网络命名空间对象中。结构net包含一个netns_ct对象，该对象中包含网络命名空间的连接跟踪信息。netns_ct的成员之一就是unconfirmed，这是一个未确认tuplehash对象列表（参见include/net/netns/conntrack.h）。随后，在方法__nf_conntrack_confirm()中，将把新创建的nf_conntrack_tuple_hash对象从未确认列表中删除。方法__nf_conntrack_confirm()将在本节后面讨论。
- 每个SKB都有一个名为nfctinfo的成员，它表示连接状态（例如，对于新连接来说，它为IP_CT_NEW）；还有一个名为nfct的成员（一个nf_conntrack结构实例），它实际上是一个引用计数。这两个成员都由方法resolve_normal_ct()进行初始化。

```
ct = resolve_normal_ct(net, tmpl, skb, dataoff, pf, protonum,
                       l3proto, l4proto, &set_reply, &ctinfo);
if (!ct) {
        /* 连接参数无效 */
        NF_CT_STAT_INC_ATOMIC(net, invalid);
        ret = NF_ACCEPT;
        goto out;
}
if (IS_ERR(ct)) {
        /* 太紧张，没法处理 */
        NF_CT_STAT_INC_ATOMIC(net, drop);
        ret = NF_DROP;
        goto out;
}

NF_CT_ASSERT(skb->nfct);
```

接下来，调用方法nf_ct_timeout_lookup()来确定要用于这个流的超时策略。例如，对于UDP，单向连接的超时时间为30秒，而双向连接超时时间为180秒，请参阅net/netfilter/nf_conntrack_proto_udp.c中数组udp_timeouts的定义。对于复杂得多的协议TCP，数组tcp_timeouts（net/netfilter/nf_conntrack_proto_tcp.c）包含11个元素。

```
/* 确定要应用于这个流的超时策略 */
timeouts = nf_ct_timeout_lookup(net, ct, l4proto);
```

接下来，调用随协议而异的packet()方法。例如，对于UDP，该方法为udp_packet()；对于TCP，该方法为tcp_packet()。方法udp_packet()会调用方法nf_ct_refresh_acct()，根据连接的状态来延长超时时间。对于未应答的连接（未设置标志IPS_SEEN_REPLY_BIT），应将超时时间设置为30秒；对于已应答的连接，则将超时时间设置为180秒。对于TCP，调用的方法tcp_packet()要复杂得多，这是因为TCP使用了复杂的状态机。另外，方法udp_packet()总是返回verdict NF_ACCEPT，而方法tcp_packet()则可能失败。

```
ret = l4proto->packet(ct, skb, dataoff, ctinfo, pf, hooknum, timeouts);
```

```
if (ret <= 0) {
        /* 无效：对返回码求员，告诉Netfilter核心该如何做 */
        pr_debug("nf_conntrack_in: Can't track with proto module\n");
        nf_conntrack_put(skb->nfct);
        skb->nfct = NULL;
        NF_CT_STAT_INC_ATOMIC(net, invalid);
        if (ret == -NF_DROP)
                NF_CT_STAT_INC_ATOMIC(net, drop);
        ret = -ret;
        goto out;
}

if (set_reply && !test_and_set_bit(IPS_SEEN_REPLY_BIT, &ct->status))
        nf_conntrack_event_cache(IPCT_REPLY, ct);
out:
if (tmpl) {
        /* 特殊情形：必须再次调用这个钩子回调函数，并再次给数据包指定模板。
         * 这里假设没有给数据包指定供ne_ct_tcp使用的conntrack */
        if (ret == NF_REPEAT)
                skb->nfct = (struct nf_conntrack *)tmpl;
        else
                nf_ct_put(tmpl);
}

return ret;
}
```

方法ipv4_confirm()在挂接点NF_INET_POST_ROUTING和NF_INET_LOCAL_IN被调用，它通常调用方法__nf_conntrack_confirm()，来将元组从未确认列表中删除。

9.3.3　连接跟踪辅助方法和期望连接

有些协议的数据流和控制流不同，如文件传输协议（FTP）和会话发起协议（Session Initiation Protocol，SIP，这是一种VoIP协议）。在这些协议中，控制信道通常会与另一端协商一些配置设置，并就用于数据流的参数达成一致。对于Netfilter子系统来说，这些协议更难处理，因为Netfilter子系统需要知道彼此相关的流。为了支持这些协议，Netfilter子系统提供了连接跟踪辅助方法，它们扩展了连接跟踪的基本功能。这些模块会创建期望对象（nf_conntrack_expect对象），让内核知道，指定连接将出现流量，且两条连接是彼此相关的。内核在获悉两条连接彼此相关后，就能够在主连接上定义也适用于相关连接的规则。可使用基于连接跟踪状态的简单规则来接收连接跟踪状态为RELATED的数据包。

```
iptables -A INPUT -m conntrack --ctstate RELATED -j ACCEPT
```

注意　并非只有期望会导致连接彼此相关。例如，如果Netfilter找到了与ICMP内嵌的L3/L4报头中的元组匹配的conntrack条目，则诸如ICMP"需要分段"消息等ICMPv4错误数据包也会是相关的。详情请参阅方法icmp_error_message()（net/ipv4/netfilter/nf_conntrack_proto_icmp.c）。

连接跟踪辅助方法用结构nf_conntrack_helper（include/net/netfilter/ nf_conntrack_helper.h）
表示。它们由方法nf_conntrack_helper_register()和nf_conntrack_helper_unregister()进行注
册和注销。因此，为了注册FTP连接跟踪辅助方法，nf_conntrack_ftp_init()（net/netfilter/nf_
conntrack_ftp.c）将调用方法nf_conntrack_helper_register()。连接跟踪辅助方法存储在一个散列
表（nf_ct_helper_hash）中。在两个挂接点（NF_INET_POST_ROUTING和NF_INET_LOCAL_IN）
注册了钩子回调方法ipv4_helper()（参见9.3.1节中数组ipv4_conntrack_ops的定义），因此FTP数
据包在到达NF_INET_POST_ROUTING回调函数ip_output()或NF_INET_LOCAL_IN回调函数
ip_local_deliver()时，将调用方法ipv4_helper()，而这个方法最终将调用注册的连接跟踪辅助
方法。就FTP而言，注册的辅助方法为help()（net/netfilter/nf_conntrack_ftp.c）。这个方法可查找
FTP特有的模式，如FTP命令PORT。详情请参阅下面的代码片段（net/netfilter/nf_conntrack_ftp.c）
中，在方法help()中对方法find_pattern()的调用。如果没有匹配的条目，将调用方法
nf_ct_expect_init()创建一个nf_conntrack_expect对象。

```
static int help(struct sk_buff *skb,
        unsigned int protoff,
        struct nf_conn *ct,
        enum ip_conntrack_info ctinfo)
{
    struct nf_conntrack_expect *exp;
    . . .
    for (i = 0; i < ARRAY_SIZE(search[dir]); i++) {
        found = find_pattern(fb_ptr, datalen,
                    search[dir][i].pattern,
                    search[dir][i].plen,
                    search[dir][i].skip,
                    search[dir][i].term,
                    &matchoff, &matchlen,
                    &cmd,
                    search[dir][i].getnum);
        if (found) break;
    }

    if (found == -1) {
        /* 通常不丢弃数据包，
           因为这是连接跟踪，而不是数据包过滤。
           但在这里，必须丢弃数据包才能实现准确跟踪。 */
        nf_ct_helper_log(skb, ct, "partial matching of `%s'",
                    search[dir][i].pattern);
```

注意　通常，连接跟踪不会丢弃数据包，但有时会因错误或异常而丢弃数据包。例如，在调用
find_pattern()时返回−1，意味着只有部分匹配，数据包将因没有找到完整的匹配模式而
被丢弃。

```
        ret = NF_DROP;
        goto out;
```

```
        } else if (found == 0) { /* No match */
                ret = NF_ACCEPT;
                goto out_update_nl;
        }

        pr_debug("conntrack_ftp: match `%.*s' (%u bytes at %u)\n",
                matchlen, fb_ptr + matchoff,
                matchlen, ntohl(th->seq) + matchoff);

        exp = nf_ct_expect_alloc(ct);
    . . .
        nf_ct_expect_init(exp, NF_CT_EXPECT_CLASS_DEFAULT, cmd.l3num,
                        &ct->tuplehash[!dir].tuple.src.u3, daddr,
                        IPPROTO_TCP, NULL, &cmd.u.tcp.port);
    . . .
}
```

(net/netfilter/nf_conntrack_ftp.c)

接下来，在调用方法init_conntrack()创建新连接时，检查它有没有期望。如果有，就设置标志IPS_EXPECTED_BIT，并将主连接（ct->master）设置为创建该期望的连接。

```
static struct nf_conntrack_tuple_hash *
init_conntrack(struct net *net, struct nf_conn *tmpl,
                const struct nf_conntrack_tuple *tuple,
                struct nf_conntrack_l3proto *l3proto,
                struct nf_conntrack_l4proto *l4proto,
                struct sk_buff *skb,
                unsigned int dataoff, u32 hash)
{
        struct nf_conn *ct;
        struct nf_conn_help *help;
        struct nf_conntrack_tuple repl_tuple;
        struct nf_conntrack_ecache *ecache;
        struct nf_conntrack_expect *exp;
        u16 zone = tmpl ? nf_ct_zone(tmpl) : NF_CT_DEFAULT_ZONE;
        struct nf_conn_timeout *timeout_ext;
        unsigned int *timeouts;

        . . .
        ct = __nf_conntrack_alloc(net, zone, tuple, &repl_tuple, GFP_ATOMIC,
                                hash);
    . . .
        exp = nf_ct_find_expectation(net, zone, tuple);
        if (exp) {
                pr_debug("conntrack: expectation arrives ct=%p exp=%p\n",
                        ct, exp);
                /* 欢迎你，邦德先生，我们期待已久……*/
                __set_bit(IPS_EXPECTED_BIT, &ct->status);
                ct->master = exp->master;
                if (exp->helper) {
                        help = nf_ct_helper_ext_add(ct, exp->helper,
                                                GFP_ATOMIC);
```

```
                              if (help)
                                      rcu_assign_pointer(help->helper, exp->helper);
                      }
          . . .
```

请注意，辅助方法会侦听预定义的端口。例如，FTP连接跟踪辅助方法将侦听端口21（参见include/linux/netfilter/nf_conntrack_ftp.h中FTP_PORT的定义）。要指定其他端口，可使用如下两种方法。一是使用一个模块参数，即提供一个到modprobe命令的单端口或用逗号分隔的端口列表，以覆盖默认的端口值。

```
modprobe nf_conntrack_ftp ports=2121
modprobe nf_conntrack_ftp ports=2022,2023,2024
```

第二种方法是使用CT目标。

```
iptables -A PREROUTING -t raw -p tcp --dport 8888 -j CT --helper ftp
```

请注意，CT目标（net/netfilter/xt_CT.c）是在内核2.6.34中添加的。

注意　Xtables目标扩展用结构xt_target表示，并由方法xt_register_target()和xt_register_targets()注册。其中，前者注册单个目标，而后者注册一个目标数组。Xtables匹配扩展用结构xt_match表示，并由方法xt_register_match()和xt_register_matches()注册。其中，后者用于注册一个匹配数组。匹配扩展会根据匹配扩展模块定义的一些标准来检查数据包。例如，匹配模块xt_length（net/netfilter/xt_length.c）用于检查数据包的长度（对于IPv4数据包，数据包长度为SKB的tot_len），而模块xt_connlimit（net/netfilter/xt_connlimit.c）用于限制每个IP地址的并行TCP连接数量。

本节详细介绍了连接跟踪的初始化，下一节将讨论iptables，它可能是Netfilter框架中最广为人知的部分。

9

9.3.4　iptables

iptables由两部分组成：内核部分和用户空间部分。内核部分是核心。用于IPv4的内核部分位于net/ipv4/netfilter/ip_tables.c中，而用于IPv6的内核部分位于net/ipv6/netfilter/ip6_tables.c中。用户空间部分提供了用于访问iptables内核层的前端（例如，使用iptables命令添加和删除规则）。每个表都由include/linux/netfilter/x_tables.h中定义的结构xt_table表示。注册和注销表的工作分别由方法ipt_register_table()和ipt_unregister_table()完成。这些方法是在net/ipv4/netfilter/ip_tables.c中实现的。在IPv6中，也使用结构xt_table来创建表，但注册和注销表的工作分别由方法ip6t_register_table()和ip6t_unregister_table()完成。

网络命名空间对象包含IPv4和IPv6专用的对象，分别是netns_ipv4和netns_ipv6，而netns_ipv4和netns_ipv6又包含指向xt_table对象的指针。例如，结构netns_ipv4包含iptable_filter、iptable_mangle、nat_table等（include/net/netns/ipv4.h），而结构netns_ipv6包含

ip6table_filter、ip6table_mangle、ip6table_nat等（include/net/netns/ipv6.h）。有关IPv4和IPv6网络命名空间Netfilter表及相应内核模块的完整列表，请参阅9.5节中的表9-2和表9-3。

　　为理解iptables的工作原理，现在来看一个真实的过滤表。出于简化考虑，这里假设只创建了这个过滤表，另外还支持LOG目标。所用的唯一一条规则是用于日志的，稍后你将看到这一点。首先来看看这个过滤表的定义。

```
#define FILTER_VALID_HOOKS ((1 << NF_INET_LOCAL_IN) | \
                            (1 << NF_INET_FORWARD) | \
                            (1 << NF_INET_LOCAL_OUT))

static const struct xt_table packet_filter = {
        .name           = "filter",
        .valid_hooks    = FILTER_VALID_HOOKS,
        .me             = THIS_MODULE,
        .af             = NFPROTO_IPV4,
        .priority       = NF_IP_PRI_FILTER,
};
```

(net/ipv4/netfilter/iptable_filter.c)

　　为了初始化这个表，首先调用方法xt_hook_link()，它将packet_filter表的nf_hook_ops对象的钩子回调函数设置为方法iptable_filter_hook()。

```
static struct nf_hook_ops *filter_ops __read_mostly;
static int __init iptable_filter_init(void)
{
    . . .
        filter_ops = xt_hook_link(&packet_filter, iptable_filter_hook);
    . . .
}
```

　　接下来，调用方法ipt_register_table()（请注意，IPv4 netns对象net->ipv4包含一个指向过滤表iptable_filter的指针）。

```
static int __net_init iptable_filter_net_init(struct net *net)
{
    . . .
        net->ipv4.iptable_filter =
                ipt_register_table(net, &packet_filter, repl);
    . . .

        return PTR_RET(net->ipv4.iptable_filter);
}
```

(net/ipv4/netfilter/iptable_filter.c)

　　请注意，这个过滤表有如下3个钩子：

❑ NF_INET_LOCAL_IN

❑ NF_INET_FORWARD

❑ NF_INET_LOCAL_OUT

在这个示例中，使用iptable命令行设置如下规则。

```
iptables -A INPUT -p udp --dport=5001 -j LOG --log-level 1
```

这条规则的意思是，将目标端口为5001的UDP入站数据包转储到系统日志中。修饰符log-level可指定0~7的系统日志标准等级。其中0表示紧急，7表示调试。请注意，运行iptables命令时，应使用修饰符-t来指定要使用的表。例如，`iptables -t nat -A POSTROUTING -o eth0 -j MASQUERADE`会在NAT表中添加一条规则。如果没有使用修饰符-t指定表，默认将使用过滤表。因此，命令`iptables -A INPUT -p udp --dport=5001 -j LOG --log-level 1`将在过滤表中添加一条规则。

注意 可以为iptables规则指定目标，这个目标通常是Linux Netfilter子系统定义的目标（参见前面使用目标LOG的示例）。你还可以编写自己的目标，并通过扩展iptables用户空间代码来支持它们。详情请参阅Jan Engelhardt和Nicolas Bouliane撰写的文章"Writing Netfilter Modules"，其网址为http://inai.de/documents/Netfilter_Modules.pdf。

请注意，要像前面的示例那样在iptables规则中使用目标LOG，必须设置CONFIG_NETFILTER_XT_TARGET_LOG。有关iptables目标模块的示例，请参阅net/netfilter/xt_LOG.c的代码。

目标端口为5001的UDP数据包在到达网络驱动程序，并向上传递到网络层（L3）后，将遇到第一个挂接点NF_INET_PRE_ROUTING，但这里的过滤表并没有注册这个挂接点。它只有3个挂接点：NF_INET_LOCAL_IN、NF_INET_FORWARD和NF_INET_LOCAL_OUT，这在前面说过。因此，将接着执行方法ip_rcv_finish()，在路由选择子系统中查找。此时可能出现的情况有两种：数据包需要投递到当前主机或数据包需要转发（这里不考虑数据包需要丢弃的情形）。图9-2说明了数据包在这两种情形下的旅程。

9.3.5 投递到当前主机

首先到达的是方法ip_local_deliver()。来大致地看看这个方法。

```
int ip_local_deliver(struct sk_buff *skb)
{
    . . .
        return NF_HOOK(NFPROTO_IPV4, NF_INET_LOCAL_IN, skb, skb->dev, NULL,
                        ip_local_deliver_finish);
}
```

正如你看到的，这个方法包含钩子NF_INET_LOCAL_IN。前面说过，NF_INET_LOCAL_IN是这个过滤表的钩子之一，因此NF_HOOK()宏将调用方法iptable_filter_hook()。来看看方法iptable_filter_hook()。

```
static unsigned int iptable_filter_hook(unsigned int hook, struct sk_buff *skb,
                            const struct net_device *in,
                        const struct net_device *out,
```

```
                          int (*okfn)(struct sk_buff *))
{
      const struct net *net;
      . . .
      net = dev_net((in != NULL) ? in : out);
      . . .

      return ipt_do_table(skb, hook, in, out, net->ipv4.iptable_filter);
}
```

(net/ipv4/netfilter/iptable_filter.c)

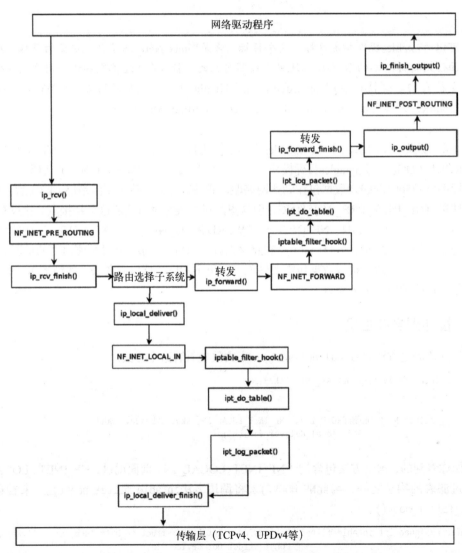

图9-2   发送给当前主机的流量以及使用过滤表规则进行转发的流量

方法ipt_do_table()实际上是通过调用LOG目标回调函数ipt_log_packet()，将数据包报头写入系统日志。如果还有其他规则，也将调用相应的回调函数。由于没有其他规则，将接着执行方法ip_local_deliver_finish()，把数据包交给传输层（L4），由相应的套接字进行处理。

9.3.6　转发数据包

第二种情形是，在路由选择子系统中查找后，发现数据包需要转发，因此调用方法ip_forward()。

```
int ip_forward(struct sk_buff *skb)
  {
  . . .
    return NF_HOOK(NFPROTO_IPV4, NF_INET_FORWARD, skb, skb->dev,
                        rt->dst.dev, ip_forward_finish);
  . . .
```

前面说过，这个过滤表在挂接点NF_INET_FORWARD注册了钩子回调函数，因此也调用方法iptable_filter_hook()。与前面一样，这个方法将调用方法ipt_do_table()，后者再调用方法ipt_log_packet()。接下来，将调用方法ip_forward_finish()（我们注意到，前面在调用NF_HOOK宏时，最后一个参数为ip_forward_finish，它表示接下来要调用的方法）。然后，调用方法ip_output()。由于这个过滤表没有钩子NF_INET_POST_ROUTING，因此接着执行方法ip_finish_output()。

注意　可以根据连接跟踪状态来过滤数据包。下面的规则会将连接状态为ESTABLISHED的数据包转储到系统日志中。

```
iptables -A INPUT -p tcp -m conntrack --ctstate ESTABLISHED -j LOG --log-level 1
```

9.3.7　网络地址转换（NAT）

顾名思义，网络地址转换（NAT，Network Address Translation）模块主要用于处理IP地址转换或端口操纵。NAT最常见的用途之一是，让局域网中一组使用私有IP地址的主机能够通过内部网关访问Internet。为此，可设置NAT规则。安装在网关上的NAT可使用这样的规则，从而让主机能够访问Web。Netfilter子系统包含用于IPv4和IPv6的NAT实现。IPv6 NAT实现主要基于IPv4实现，在用户看来，它提供的接口与IPv4类似。对IPv6 NAT的支持是在内核3.7中添加的，它提供了诸如负载均衡简易解决方案（通过给入站流量设置DNAT）等功能。IPv6 NAT模块包含在net/ipv6/netfilter/ip6table_nat.c中。NAT配置类型很多，网上有大量NAT管理方面的文档。这里讨论两种常见的配置：SNAT和DNAT。其中，前者指的是源NAT，修改的是源IP地址；而后者指的是目标NAT，修改的是目标IP地址。要指定使用SNAT还是DNAT，可使用-j标志。DNAT和SNAT的实现都包含在net/netfilter/xt_nat.c中。下面来讨论NAT的初始化。

NAT的初始化

与上一节介绍的过滤表一样，NAT表也是一个xt_table对象，在除NF_INET_FORWARD外的所有挂接点都注册了它。

```
static const struct xt_table nf_nat_ipv4_table = {
        .name          = "nat",
        .valid_hooks   = (1 << NF_INET_PRE_ROUTING) |
                         (1 << NF_INET_POST_ROUTING) |
                         (1 << NF_INET_LOCAL_OUT) |
                         (1 << NF_INET_LOCAL_IN),
        .me            = THIS_MODULE,
        .af            = NFPROTO_IPV4,
};
(net/ipv4/netfilter/iptable_nat.c)
```

NAT表的注册和注销是分别通过调用ipt_register_table()和ipt_unregister_table()（net/ipv4/netfilter/iptable_nat.c）完成的。9.3.4节中说过，网络命名空间（结构net）包含一个IPv4专用对象（netns_ipv4），其中包含指向IPv4 NAT表（nat_table）的指针。表示NAT表的xt_table对象由方法ipt_register_table()创建，并被分配给指针nat_table。此外，还定义并注册了一个nf_hook_ops对象数组。

```
static struct nf_hook_ops nf_nat_ipv4_ops[] __read_mostly = {
        /* 过滤数据包前修改目标地址 */
        {
                .hook          = nf_nat_ipv4_in,
                .owner         = THIS_MODULE,
                .pf            = NFPROTO_IPV4,
                .hooknum       = NF_INET_PRE_ROUTING,
                .priority      = NF_IP_PRI_NAT_DST,
        },
        /* 过滤数据包后修改源地址 */
        {
                .hook          = nf_nat_ipv4_out,
                .owner         = THIS_MODULE,
                .pf            = NFPROTO_IPV4,
                .hooknum       = NF_INET_POST_ROUTING,
                .priority      = NF_IP_PRI_NAT_SRC,
        },
        /* 过滤数据包前修改目标地址 */
        {
                .hook          = nf_nat_ipv4_local_fn,
                .owner         = THIS_MODULE,
                .pf            = NFPROTO_IPV4,
                .hooknum       = NF_INET_LOCAL_OUT,
                .priority      = NF_IP_PRI_NAT_DST,
        },
        /* 过滤数据包后修改源地址 */
        {
                .hook          = nf_nat_ipv4_fn,
                .owner         = THIS_MODULE,
                .pf            = NFPROTO_IPV4,
```

```
                    .hooknum         = NF_INET_LOCAL_IN,
                    .priority        = NF_IP_PRI_NAT_SRC,
            },
    };
```

注册数组nf_nat_ipv4_ops的工作是在方法iptable_nat_init()中完成的。

```
static int __init iptable_nat_init(void)
{
        int err;
        . . .
        err = nf_register_hooks(nf_nat_ipv4_ops, ARRAY_SIZE(nf_nat_ipv4_ops));
        if (err < 0)
                goto err2;
        return 0;
        . . .
}
```

(net/ipv4/netfilter/iptable_nat.c)

9.3.8 NAT 钩子回调函数和连接跟踪钩子回调函数

在有些挂接点处，同时注册了NAT回调函数和连接跟踪回调函数。例如，在挂接点 NF_INET_PRE_ROUTING（入站数据包遇到的第一个挂接点）处，注册了两个回调函数：连接 跟踪回调函数ipv4_conntrack_in()和NAT回调函数nf_nat_ipv4_in()。连接跟踪回调函数 ipv4_conntrack_in()的优先级为NF_IP_PRI_CONNTRACK（-200），而NAT回调函数 nf_nat_ipv4_in()的优先级为NF_IP_PRI_NAT_DST（-100）。在同一个挂接点，优先级越低的回 调函数越先被调用，因此优先级为-200的连接跟踪回调函数ipv4_conntrack_in()将先于优先级为 -100的NAT回调函数nf_nat_ipv4_in()被调用。图9-1和图9-4分别说明了方法ipv4_conntrack_in() 和nf_nat_ipv4_in()的位置。它们的位置相同，都位于挂接点NF_INET_PRE_ROUTING处。这是 因为NAT在连接跟踪层查找，如果没有找到匹配的条目，NAT将不会执行地址转换。

```
static unsigned int nf_nat_ipv4_fn(unsigned int hooknum,
                            struct sk_buff *skb,
                            const struct net_device *in,
                            const struct net_device *out,
                            int (*okfn)(struct sk_buff *))
{
        struct nf_conn *ct;
        . . .
        /* 如果数据包未被跟踪，就不进行NAT */
        if (nf_ct_is_untracked(ct))
                return NF_ACCEPT;
        . . .
}
```

(net/ipv4/netfilter/iptable_nat.c)

注意 方法nf_nat_ipv4_fn()是在NAT PRE_ROUTING回调函数nf_nat_ipv4_in()中调用的。

在挂接点NF_INET_POST_ROUTING处，注册了两个连接跟踪回调函数：ipv4_helper()和ipv4_confirm()，它们的优先级分别为NF_IP_PRI_CONNTRACK_HELPER（300）和NF_IP_PRI_CONNTRACK_CONFIRM（INT_MAX，最大的优先级整数值）。该挂接点处还注册了一个NAT回调函数nf_nat_ipv4_out()，其优先级为NF_IP_PRI_NAT_SRC（100）。因此，到达挂接点NF_INET_POST_ROUTING后，将首先调用NAT回调函数nf_nat_ipv4_out()，然后调用方法ipv4_helper()，最后调用ipv4_confirm()，如图9-4所示。

下面来看一条简单的DNAT规则、被转发的数据包的旅程以及连接跟踪回调函数和NAT回调函数的调用顺序（出于简化考虑，这里假设内核映像不包含过滤表功能）。在图9-3所示的网络中，中间的主机（AMD服务器）运行下面这条DNAT规则。

```
iptables -t nat -A PREROUTING -j DNAT -p udp --dport 9999 --to-destination 192.168.1.8
```

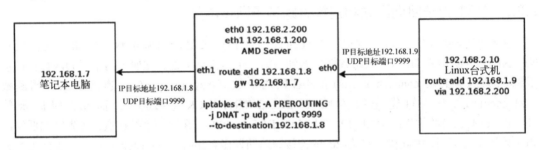

图9-3　使用DNAT规则的简单网络

这条DNAT规则的意思是，对于前往UDP目标端口9999的入站UDP数据包，会将其目标地址改为192.168.1.8。右边的机器（Linux台式机）向192.168.1.9发送UDP目标端口为9999的数据包。在AMD服务器中，根据DNAT规则，会将这个IPv4目标地址改为192.168.1.8，并将数据包发送给左边的笔记本电脑。

图9-4说明了第一个UDP数据包的旅程，这个数据包是根据上述配置发送的。

通用的NAT模块为net/netfilter/nf_nat_core.c。NAT实现的基本元素为结构nf_nat_l4proto（include/net/netfilter/nf_nat_l4proto.h）和nf_nat_l3proto。在3.7之前的内核中，使用的是结构nf_nat_protocol，但在添加IPv6 NAT支持时用上述两个结构替代了结构nf_nat_protocol。这两个结构提供了协议无关的NAT核心支持。

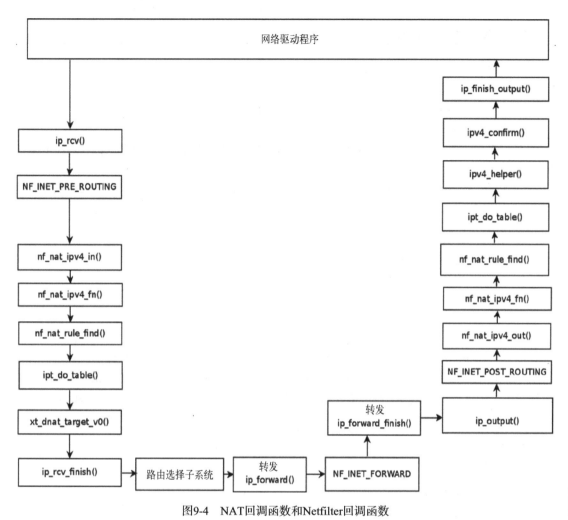

图9-4　NAT回调函数和Netfilter回调函数

这两个结构都包含函数指针manip_pkt()，它会修改数据包报头。来看看TCP协议的manip_pkt()实现（net/netfilter/nf_nat_proto_tcp.c）.

```
static bool tcp_manip_pkt(struct sk_buff *skb,
            const struct nf_nat_l3proto *l3proto,
            unsigned int iphdroff, unsigned int hdroff,
            const struct nf_conntrack_tuple *tuple,
            enum nf_nat_manip_type maniptype)
{
        struct tcphdr *hdr;
        __be16 *portptr, newport, oldport;
        int hdrsize = 8; /* TCP连接跟踪控制的报头的长度 */

        /* 这可能是ICMP数据包的内部报头，在这种情况下，
            无法更新校验和字段，因为它不在我们控制的8字节传输层报头内*/
        if (skb->len >= hdroff + sizeof(struct tcphdr))
                hdrsize = sizeof(struct tcphdr);
```

```
        if (!skb_make_writable(skb, hdroff + hdrsize))
                return false;

        hdr = (struct tcphdr *)(skb->data + hdroff);
```

根据maniptype来设置newport。

❑ 如果maniptype为NF_NAT_MANIP_SRC，说明需要修改源端口，因此从tuple->src中提取源端口。

❑ 如果maniptype为NF_NAT_MANIP_DST，说明需要修改目标端口，因此从tuple->dst中提取目标端口。

```
        if (maniptype == NF_NAT_MANIP_SRC) {
                /* 提取源端口 */
                newport = tuple->src.u.tcp.port;
                portptr = &hdr->source;
        } else {
                /* 提取目标端口 */
                newport = tuple->dst.u.tcp.port;
                portptr = &hdr->dest;
        }
```

接下来修改TCP报头的源端口（maniptype为NF_NAT_MANIP_SRC时）或目标端口（maniptype为NF_NAT_MANIP_DST时），并重新计算校验和。必须保留原来的端口，以供重新计算校验和时使用。重新计算校验和的工作是通过调用方法csum_update()和inet_proto_csum_replace2()完成的。

```
oldport = *portptr;
*portptr = newport;

if (hdrsize < sizeof(*hdr))
        return true;
```

重新计算校验和。

```
        l3proto->csum_update(skb, iphdroff, &hdr->check, tuple, maniptype);
        inet_proto_csum_replace2(&hdr->check, skb, oldport, newport, 0);
        return true;
}
```

9.3.9   NAT 钩子回调函数

IPv4协议的专用NAT模块为net/ipv4/netfilter/iptable_nat.c，而IPv6协议的专用NAT模块为net/ipv6/ netfilter/ip6table_nat.c。这两个NAT模块都有4个钩子回调函数，如表9-1所示。

表9-1   IPv4和IPv6 NAT回调函数

挂接点	为 IPv4回调函数	为 IPv6回调函数
NF_INET_PRE_ROUTING	nf_nat_ipv4_in	nf_nat_ipv6_in
NF_INET_POST_ROUTING	nf_nat_ipv4_out	nf_nat_ipv6_out
NF_INET_LOCAL_OUT	nf_nat_ipv4_local_fn	nf_nat_ipv6_local_fn
NF_INET_LOCAL_IN	nf_nat_ipv4_fn	nf_nat_ipv6_fn

在这些IPv4回调函数中,最重要的是方法nf_nat_ipv4_fn(),其他3个方法(nf_nat_ipv4_in()、nf_nat_ipv4_out()和lnf_nat_ipv4_local_fn())都调用它。下面就来看看方法nf_nat_ipv4_fn()。

```
static unsigned int nf_nat_ipv4_fn(unsigned int hooknum,
                          struct sk_buff *skb,
                          const struct net_device *in,
                          const struct net_device *out,
                          int (*okfn)(struct sk_buff *))
{
        struct nf_conn *ct;
        enum ip_conntrack_info ctinfo;
        struct nf_conn_nat *nat;
        /* 对于挂接点NF_INET_POST_ROUTING的回调函数, mainiptype为SRC */
        enum nf_nat_manip_type maniptype = HOOK2MANIP(hooknum);
        /* 不可能遇到分段。连接跟踪在挂接点NF_INET_PRE_ROUTING和NF_INET_LOCAL_OUT重组分段,
         * 而nf_nat_out是在挂接点NF_INET_POST_ROUTING执行的
         */
        NF_CT_ASSERT(!ip_is_fragment(ip_hdr(skb)));

        ct = nf_ct_get(skb, &ctinfo);
        /* 无法跟踪? 这肯定不是因为紧张, 否则连接跟踪会丢弃数据包
         * 因此用户必须负责过滤数据包, 或为该协议实现连接跟踪/NAT
         */
        if (!ct)
                return NF_ACCEPT;

        /* 如果未对数据包进行连接跟踪, 就不对其进行NAT*/
        if (nf_ct_is_untracked(ct))
                return NF_ACCEPT;

        nat = nfct_nat(ct);
        if (!nat) {
                /* 最近加载了NAT模块 */
                if (nf_ct_is_confirmed(ct))
                        return NF_ACCEPT;
                nat = nf_ct_ext_add(ct, NF_CT_EXT_NAT, GFP_ATOMIC);
                if (nat == NULL) {
                        pr_debug("failed to add NAT extension\n");
                        return NF_ACCEPT;
                }
        }

        switch (ctinfo) {
        case IP_CT_RELATED:
        case IP_CT_RELATED_REPLY:
                if (ip_hdr(skb)->protocol == IPPROTO_ICMP) {
                        if (!nf_nat_icmp_reply_translation(skb, ct, ctinfo,
                                                    hooknum))
                                return NF_DROP;
                        else
                                return NF_ACCEPT;
                }
                /* 继续往下执行, 因为只有ICMP数据包可能为IP_CT_IS_REPLY */
```

```
case IP_CT_NEW:
        /* 以前见过? 环回、重传和本地数据包可能出现这种情况
         */
        if (!nf_nat_initialized(ct, maniptype)) {
                unsigned int ret;
```

方法nf_nat_rule_find()会调用方法ipt_do_table(),后者将在指定表中查找匹配条目。如果找到就调用目标(target)回调函数。

```
                ret = nf_nat_rule_find(skb, hooknum, in, out, ct);
                if (ret != NF_ACCEPT)
                        return ret;
        } else {
                pr_debug("Already setup manip %s for ct %p\n",
                        maniptype == NF_NAT_MANIP_SRC ? "SRC" : "DST",
                        ct);
                if (nf_nat_oif_changed(hooknum, ctinfo, nat, out))
                        goto oif_changed;
        }
        break;

default:
        /* ESTABLISHED */
        NF_CT_ASSERT(ctinfo == IP_CT_ESTABLISHED ||
                        ctinfo == IP_CT_ESTABLISHED_REPLY);
        if (nf_nat_oif_changed(hooknum, ctinfo, nat, out))
                goto oif_changed;
}

return nf_nat_packet(ct, ctinfo, hooknum, skb);

oif_changed:
        nf_ct_kill_acct(ct, ctinfo, skb);
        return NF_DROP;
}
```

9.3.10   连接跟踪扩展

连接跟踪(CT)扩展是在内核2.6.23中添加的,其主旨是只分配必要的资源。例如,如果没有加载NAT模块,就不分配连接跟踪层中的NAT所需的内存。有些扩展由sysctls启用或依赖于特定的iptables规则(如-m connlabel)。每个连接跟踪扩展模块都必须定义一个nf_ct_ext_type对象,并使用方法nf_ct_extend_register()进行注册(注销工作由方法nf_ct_extend_unregister()完成)。每个扩展都必须定义一个将连接跟踪扩展关联到连接(nf_conn)对象的方法,并在方法init_conntrack()中调用它。例如,时间戳连接跟踪扩展的这种方法为nf_ct_tstamp_ext_add(),而标签连接扩展的这种方法为nf_ct_labels_ext_add()。连接跟踪扩展基础设施是在net/netfilter/nf_conntrack_extend.c中实现的。在编写本书期间,已有如下连接跟踪扩展模块,它们都在目录net/netfilter下。

❑ nf_conntrack_timestamp.c

❑ nf_conntrack_timeout.c
❑ nf_conntrack_acct.c
❑ nf_conntrack_ecache.c
❑ nf_conntrack_labels.c
❑ nf_conntrack_helper.c

9.4 总结

本章介绍了Netfilter子系统的实现，包括Netfilter钩子及其注册方式，以及一些重要的主题，如连接跟踪机制、iptables和NAT。第10章将讨论IPsec子系统及其实现。

9.5 快速参考

本节按本章讨论的主题顺序列出了一些相关的重要方法，然后是3个表以及对工具和库的简要介绍。

9.5.1 方法

下面简要地列出了一些重要的Netfilter子系统方法，有些在本章提到过。

1. struct xt_table *ipt_register_table(struct net *net, const struct xt_table *table, const struct ipt_replace *repl);

这个方法用于在Netfilter子系统中注册一个表。

2. void ipt_unregister_table(struct net *net, struct xt_table *table);

这个方法用于在Netfilter子系统中注销一个表。

3. int nf_register_hook(struct nf_hook_ops *reg);

这个方法用于注册一个nf_hook_ops对象。

4. int nf_register_hooks(struct nf_hook_ops *reg, unsigned int n);

这个方法用于注册一个nf_hook_ops对象数组，其中第二个参数指出了该数组包含的元素数。

5. void nf_unregister_hook(struct nf_hook_ops *reg);

这个方法用于注销一个nf_hook_ops对象。

6. void nf_unregister_hooks(struct nf_hook_ops *reg, unsigned int n);

这个方法用于注销一个nf_hook_ops对象数组，其中第二个参数指出了该数组包含的元素数。

7. static inline void nf_conntrack_get(struct nf_conntrack *nfct);

这个方法用于将相关联的nf_conntrack对象的引用计数加1。

8. static inline void nf_conntrack_put(struct nf_conntrack *nfct);

这个方法用于将相关联的nf_conntrack对象的引用计数减1。如果引用计数变成了0，就调用方法nf_conntrack_destroy()。

9. int nf_conntrack_helper_register(struct nf_conntrack_helper *me);

这个方法用于注册一个nf_conntrack_helper对象。

10. static inline struct nf_conn *resolve_normal_ct(struct net *net, struct nf_conn *tmpl, struct sk_buff *skb, unsigned int dataoff, u_int16_t l3num, u_int8_t protonum, struct nf_conntrack_l3proto *l3proto, struct nf_conntrack_l4proto *l4proto, int *set_reply, enum ip_conntrack_info *ctinfo);

这个方法将调用方法__nf_conntrack_find_get()，根据指定的SKB查找相应的nf_conntrack_tuple_hash对象。如果没有找到这样的条目，就调用init_conntrack()创建一个。方法resolve_normal_ct()是在方法nf_conntrack_in()（net/netfilter/nf_conntrack_core.c）中调用的。

11. struct nf_conntrack_tuple_hash *init_conntrack(struct net *net, struct nf_conn *tmpl, const struct nf_conntrack_tuple *tuple, struct nf_conntrack_l3proto *l3proto, struct nf_conntrack_l4proto *l4proto, struct sk_buff *skb, unsigned int dataoff, u32 hash);

这个方法用于分配一个nf_conntrack_tuple_hash对象。它是在方法resolve_normal_ct()中被调用的。它会尝试调用方法nf_ct_find_expectation()来为指定连接查找期望。

12. static struct nf_conn *__nf_conntrack_alloc(struct net *net, u16 zone, const struct nf_conntrack_tuple *orig, const struct nf_conntrack_tuple *repl, gfp_t gfp, u32 hash);

这个方法用于分配一个nf_conn对象，并将其超时定时器函数设置为方法death_by_timeout()。

13. int xt_register_target(struct xt_target *target);

这个方法用于注册一个Xtable目标扩展。

14. void xt_unregister_target(struct xt_target *target);

这个方法用于注销一个Xtable目标扩展。

15. int xt_register_targets(struct xt_target *target, unsigned int n);

这个方法用于注册一个Xtable目标扩展数组，其中的参数n指出了目标数。

16. void xt_unregister_targets(struct xt_target *target, unsigned int n);

这个方法用于注销一个Xtable目标数组，其中的参数n指出了目标数。

17. int xt_register_match(struct xt_match *target);

这个方法用于注册一个Xtable匹配扩展。

18. void xt_unregister_match(struct xt_match *target);

这个方法用于注销一个Xtable匹配扩展。

19. int xt_register_matches(struct xt_match *match, unsigned int n);

这个方法用于注册一个Xtable匹配扩展数组，其中的参数*n*指出了匹配数。

20. void xt_unregister_matches(struct xt_match *match, unsigned int n);

这个方法用于注销一个Xtable匹配扩展数组，其中参数*n*指出了匹配数。

21. int nf_ct_extend_register(struct nf_ct_ext_type *type);

这个方法用于注册一个连接跟踪扩展对象。

22. void nf_ct_extend_unregister(struct nf_ct_ext_type *type);

这个方法用于注销一个连接跟踪扩展对象。

23. int __init iptable_nat_init(void);

这个方法用于初始化IPv4 NAT表。

24. int __init nf_conntrack_ftp_init(void);

这个方法用于初始化FTP连接跟踪辅助方法。它调用方法nf_conntrack_helper_register()来注册FTP辅助方法。

9.5.2 宏

来看看本章用到的宏。

NF_CT_DIRECTION(hash)

这个宏将一个nf_conntrack_tuple_hash对象作为参数，并返回相关联的元组的目标（dst对象）的方向（IP_CT_DIR_ORIGINAL（0）或IP_CT_DIR_REPLY（1））（include/net/netfilter/nf_conntrack_tuple.h）。

9.5.3 表

下面的表列出了IPv4和IPv6网络命名空间中的Netfilter表以及Netfilter钩子回调函数优先级。

表9-2　IPv4网络命名空间（netns_ipv4）中的表（xt_table对象）

Linux符号（netns_ipv4）	Linux模块
iptable_filter	net/ipv4/netfilter/iptable_filter.c
iptable_mangle	net/ipv4/netfilter/iptable_mangle.c
iptable_raw	net/ipv4/netfilter/iptable_raw.c
arptable_filter	net/ipv4/netfilter/arp_tables.c
nat_table	net/ipv4/netfilter/iptable_nat.c
iptable_security	net/ipv4/netfilter/iptable_security.c（请注意，必须设置CONFIG_SECURITY）

表9-3　IPv6网络命名空间（netns_ipv6）中的表（xt_table对象）

Linux符号（netns_ipv6）	Linux模块
ip6table_filter	net/ipv6/netfilter/ip6table_filter.c
ip6table_mangle	net/ipv6/netfilter/ip6table_mangle.c
ip6table_raw	net/ipv6/netfilter/ip6table_raw.c
ip6table_nat	net/ipv6/netfilter/ip6table_nat.c
ip6table_security	net/ipv6/netfilter/ip6table_security.c（请注意，必须设置CONFIG_SECURITY）

9

表9-4   Netfilter钩子回调函数优先级

Linux符号	值
NF_IP_PRI_FIRST	INT_MIN
NF_IP_PRI_CONNTRACK_DEFRAG	−400
NF_IP_PRI_RAW	−300
NF_IP_PRI_SELINUX_FIRST	−225
NF_IP_PRI_CONNTRACK	−200
NF_IP_PRI_MANGLE	−150
NF_IP_PRI_NAT_DST	−100
NF_IP_PRI_FILTER	0
NF_IP_PRI_SECURITY	50
NF_IP_PRI_NAT_SRC	100
NF_IP_PRI_SELINUX_LAST	225
NF_IP_PRI_CONNTRACK_HELPER	300
NF_IP_PRI_CONNTRACK_CONFIRM	INT_MAX
NF_IP_PRI_LAST	INT_MAX

参见include/uapi/linux/netfilter_ipv4.h中枚举nf_ip_hook_priorities的定义。

9.5.4   工具和库

conntrack-tools包含用户空间守护程序conntrackd和命令行工具conntrack，它能够让系统管理员与Netfilter连接跟踪层交互，详情请参阅http://conntrack-tools.netfilter.org/。

Netfilter项目还提供了一些库，让你能够执行各种用户空间任务。这些库的名称使用前缀libnetfilter，如libnetfilter_conntrack、libnetfilter_log和libnetfilter_queue。更详细的信息请参阅Netfilter官方网站www.netfilter.org。

第 10 章

IPsec

10

第9章讨论了Netfilter子系统及其内核实现，本章讨论Internet协议安全（IPsec）子系统。IPsec是一组协议，它们对通信会话中的每个数据包进行身份验证和加密，以确保IP流量的安全。大部分安全服务都是由两个主要的IPsec协议提供的：验证头（Authentication Header，AH）协议和封装安全负载（Encapsulating Security Payload，ESP）协议。另外，IPsec还可防止窃听以及数据包的重新发送（重放攻击）。IPsec在IPv6中是必须实现的，而在IPv4中则是可选的。不过，包括Linux在内的大多数现代操作系统在IPv4和IPv6中都支持IPsec。第一批IPsec协议是1995年定义的（RFC 1825~1829）。1998年，这些RFC被RFC 2401~2412取代了，而在2005年，RFC 2401~2412又被RFC 4301~4309取代了。

IPsec子系统非常复杂，它可能是Linux内核网络栈中最复杂的部分。鉴于组织和个人日益增长的安全需求，IPsec非常重要。本章将为你深入探索这个复杂的子系统打下坚实的基础。

10.1 概述

IPsec已成为大多数IPVPN技术的标准配置。即便如此，还是有一些基于其他技术的VPN，如安全套接字层（Secure Sockets Layer，SSL）和PPTP（基于GRE协议的PPP隧道连接）。IPsec有多种运行模式，其中最重要的是传输模式和隧道模式。在传输模式下，对IP数据包的有效负载进行加密；而在隧道模式下，对整个IP数据包进行加密，并使用新的IP报头将其封装到新的IP数据包中。使用基于IPsec的VPN时，通常采用隧道模式，虽然有些情况下也采用传输模式（如L2TP/IPsec）。

我将首先简要地讨论Internet密钥交换（Internet Key Exchange，IKE）用户空间守护程序以及IPsec加密。这些主题并不属于内核网络栈，但与IPsec的工作原理相关。要更好地理解内核IPsec子系统，必须熟悉它们。然后，我将讨论XFRM框架（它是IPsec用户空间部分和IPsec内核组件之间的配置和监视接口），并阐述IPsec数据包在接收路径和传输路径中的旅程。最后，本章将简要地介绍IPsec中重要而有趣的功能——NAT穿越。下一节讨论IKE协议。

10.2 Internet 密钥交换（IKE）

在Linux IPsec开源解决方案中，最受欢迎的是Openswan（以及从Openswan分立出来的

libreswan)、strongSwan和racoon（ipsec-tools）。racoon 是Kame项目的一部分，旨在为BSD变种提供免费的IPv6和IPsec协议栈实现。

要建立IPsec连接，需要设置安全关联（Security Association，SA），这是借助上述用户空间项目完成的。SA有两个参数标识：源地址和32位的安全参数索引（Security Parameter Index，SPI）。双方（IPsec称之为发起方和响应方）必须就密钥（可能有多个）、身份验证、加密、数据完整性和密钥交换算法、密钥寿命（仅用于IKEv1）等参数达成一致。这可通过两个不同的密钥分发方式来完成，即手动密钥交换和IKE协议。前者因为不太安全而很少使用。Openswan和strongSwan实现提供了IKE守护程序（在Openswan中为pluto，而在strongSwan中为charon）。它们使用UDP端口500（源端口和目标端口都为500）来发送和接收IKE消息，且都使用XFRM Netlink接口来与Linux内核的原生IPsec栈通信。strongSwan项目是唯一一个完整的RFC 5996（*Internet Key Exchange Protocol Version 2*（*IKEv2*））开源实现，而Openswan只实现了必须实现的功能。

在Openswan和strongSwan 5.x中，可使用IKEv1激进模式（Aggressive Mode）（在strongSwan中，必须显式地配置，且守护程序charon的名称将变为weakSwan），但这种模式被认为是不安全的。Apple操作系统（iOS和Mac OS X）依然在使用IKEv1，因为它们内置了以前的racoon客户端。尽管很多实现都使用IKEv1，但IKEv2还是做了很多改进，它具有很多优点。这里简要介绍其中一些：在IKEv1中，建立SA需要交换的消息比IKEv2多。IKEv1非常复杂，而IKEv2则要简单得多，也健壮得多。这主要是因为，对于每条IKEv2请求消息，都必须使用IKEv2响应消息进行确认。IKEv1没有确认，但有回退算法，它在数据包丢失时会不断尝试重传。然而，在IKEv1中，可能出现两端同时试图重传的竞态条件，而IKEv2中则不会出现这样的情况，因为重传是由发起方负责的。IKEv2的其他重要的功能包括，NAT穿越、自动缩小流量选择器范围（两端的 left|rightsubnet不必完全相同，而允许一个提议为另一个提议的子集）、IKEv2配置负载（支持分配虚拟IPv4/IPv6地址和内部DNS信息，取代了IKEv1模式配置）和IKEv2 EAP身份验证。IKEv2 EAP身份验证取代了危险的IKEv1 XAUTH协议，它在客户端使用脆弱的EAP身份验证算法（如 EAP-MSCHAPv2）前，先申请VPN服务器证书和数字签名，从而解决了PSK可能较弱的问题。

IKE包含两个阶段。第一个阶段被称为主模式。在这个阶段，双方彼此验证身份，并使用Diffie-Hellman密钥交换算法确定通用的会话密钥。这种相互之间的身份验证使用的是RSA（或ECDSA）证书或预共享密钥。预共享密钥就是密码，它比较脆弱。在这个阶段，还要协商其他将要使用的参数，如加密算法和身份验证方法。如果成功地完成了这个阶段，两个对等体便确定了ISAKMP SA（Internet安全关联密钥管理协议安全关联）。第二个阶段被称为快速模式。在这个阶段，双方就要对使用的加密算法达成一致。IKEv2协议不区分第一阶段和第二阶段，而是在 IKE_AUTH消息交换期间确定第一个CHILD_SA。CHILD_SA_CREATE消息交换只用于确定其他 CHILD_SA或定期更换IKE和IPsec SA密钥。正是由于这个原因，IKEv1确定一个IPsec SA需要交换9条消息，而IKEv2只需交换4条消息。

下一节将从IPsec的角度来简要地讨论加密（详细讨论这个主题不在本书的范围内）。

10.3 IPsec 和加密

有两个应用广泛的Linux IPsec栈：2.6内核引入的原生Netkey栈（由Alexey Kuznetsov和David S. Miller开发）和最初为2.0内核开发的KLIPS栈（比Netfilter还早）。Netkey使用Linux内核Crypto API，而KLIPS则是通过开放加密框架（Open Cryptography Framework，OCF）来支持更多的加密硬件。OCF的优点在于，它支持使用异步调用来加密和解密数据。在Linux内核中，大部分Crypto API都执行同步调用。这里有必要说说acrypto内核代码，它是Linux内核的异步加密层。所有算法类型都有异步实现。很多硬件加密加速器都使用异步加密接口来减轻加密请求的负担。这是因为，它们在加密作业完成前不能阻塞，因此必须使用异步API。

也可在软件实现的算法中使用异步API。例如，加密模板cryptd可在任何算法中以异步模式运行。在多核环境中，可使用加密模板。这个模板将到来的加密请求发送给一组可配置的CPU，从而将加密层并行化。它还负责管理加密请求的顺序，因此将其用于IPsec时不需要重新排列数据包。在有些情况下，使用pcrypt可将IPsec的速度提高几个数量级。加密层包含一个用户管理API。工具crconf（http://sourceforge.net/projects/crconf/）可使用它来配置加密层，因此可随时根据需要对异步加密算法进行配置。在2008年发布的2.6.25内核中，XFRM框架开始支持效率极高的AEAD（Authenticated Encryption with Associated Data）算法（如AES-GCM），在可以使用Intel AES-NI指令集且几乎可以免费获得数据完整性时尤其如此。深入探讨IPsec加密不在本书的范围内。要更深入地了解这方面的信息，建议你阅读William Stallings的著作*Network Security Essentials, Fifth Edition*的相关章节。

下一节将讨论XFRM框架，它是IPsec的基础设施。

10.4 XFRM 框架

IPsec是由XFRM（发音为"transform"）框架实现的。这个框架源自USAGI项目。该项目旨在提供适用于生产环境的IPv6和IPsec协议栈。术语变换指的是，在内核栈中根据IPsec规则对入站或出站数据包进行变换。内核2.5引入了XFRM框架。这个基础设施独立于协议簇。这意味着，它包含可同时用于IPv4和IPv6的通用部分，这部分位于net/xfrm中。IPv4和IPv6都有自己的ESP、AH和IPCOMP实现。例如，IPv4 ESP模块为net/ipv4/esp4.c，IPv6 ESP模块为net/ipv6/esp6.c。另外，IPv4和IPv6都实现了一些支持XFRM基础设施的专用模块，如net/ipv4/xfrm4_policy.c和net/ipv6/xfrm6_policy.c。

XFRM框架支持网络命名空间。这是一种轻型的进程虚拟化，它令一个或一组进程有了自己的网络栈（网络命名空间将在第14章讨论）。每个网络命名空间（结构net的实例）都包含一个名为xfrm的成员——一个netns_xfrm结构实例。这个对象包含很多你将在本章中见到的数据结构和变量，如XFRM策略散列表、XFRM状态散列表、sysctl参数、XFRM状态垃圾收集器、计数器等。

```
struct netns_xfrm {
```

```
        struct hlist_head       *state_bydst;
        struct hlist_head       *state_bysrc;
        struct hlist_head       *state_byspi;
        . . .
        unsigned int            state_num;
        . . .

        struct work_struct      state_gc_work;
    . . .

        u32                     sysctl_aevent_etime;
        u32                     sysctl_aevent_rseqth;
        int                     sysctl_larval_drop;
        u32                     sysctl_acq_expires;
};
```

(include/net/netns/xfrm.h)

10.4.1　XFRM 的初始化

在IPv4中，XFRM的初始化是通过在方法ip_rt_init()（位于net/ipv4/route.c中）中调用方法xfrm_init()和xfrm4_init()完成的。而在IPv6中，在方法ip6_route_init()中调用方法xfrm6_init()可以初始化XFRM。用户空间和内核之间的通信是通过创建NETLINK_XFRM Netlink套接字以及发送和接收Netlink消息来完成的。内核NETLINK_XFRM Netlink套接字是在下面的方法中创建的。

```
static int __net_init xfrm_user_net_init(struct net *net)
{
        struct sock *nlsk;
        struct netlink_kernel_cfg cfg = {
                .groups = XFRMNLGRP_MAX,
                .input = xfrm_netlink_rcv,
        };

        nlsk = netlink_kernel_create(net, NETLINK_XFRM, &cfg);
        . . .
        return 0;
}
```

来自用户空间的消息（如用于创建安全策略的XFRM_MSG_NEWPOLICY消息或用于创建安全关联的XFRM_MSG_NEWSA消息）由方法xfrm_netlink_rcv()（net/xfrm/xfrm_user.c）处理，这个方法又会调用方法xfrm_user_rcv_msg()（第2章讨论了Netlink套接字）。

XFRM策略和XFRM状态是XFRM框架中基本的数据结构。下面先介绍XFRM策略，再介绍XFRM状态。

10.4.2　XFRM 策略

安全策略是告诉IPsec是否要对特定流进行处理的规则，它由结构xfrm_policy表示。策略包含一个选择器（一个xfrm_selector对象），用于指定要将策略应用于哪些流。XFRM选择器包含源地址和目标地址、源端口和目标端口、协议等字段，这些字段都可用来标识流。

```
struct xfrm_selector {
        xfrm_address_t  daddr;
        xfrm_address_t  saddr;
        __be16  dport;
        __be16  dport_mask;
        __be16  sport;
        __be16  sport_mask;
        __u16   family;
        __u8    prefixlen_d;
        __u8    prefixlen_s;
        __u8    proto;
        int     ifindex;
        __kernel_uid32_t        user;
};
(include/uapi/linux/xfrm.h)
```

方法xfrm_selector_match()以一个XFRM选择器、一个流和一个协议簇（表示IPv4的AF_INET或表示IPv6的AF_INET6）为参数，并在指定流与指定XFRM选择器匹配时返回true。请注意，xfrm_selector结构也用于XFRM状态中，在本节后面你将看到这一点。安全策略由结构xfrm_policy表示。

```
struct xfrm_policy {
        . . .
        struct hlist_node               bydst;
        struct hlist_node               byidx;

        /* 这个锁只影响除条目外的元素. */
        rwlock_t                        lock;
        atomic_t                        refcnt;
        struct timer_list               timer;

        struct flow_cache_object        flo;
        atomic_t                        genid;
        u32                             priority;
        u32                             index;
        struct xfrm_mark                mark;
        struct xfrm_selector            selector;
        struct xfrm_lifetime_cfg        lft;
        struct xfrm_lifetime_cur        curlft;
        struct xfrm_policy_walk_entry   walk;
        struct xfrm_policy_queue        polq;
        u8                              type;
        u8                              action;
        u8                              flags;
        u8                              xfrm_nr;
        u16                             family;
        struct xfrm_sec_ctx             *security;
        struct xfrm_tmpl                xfrm_vec[XFRM_MAX_DEPTH];
};
```

10

(include/net/xfrm.h)

下面描述结构xfrm_policy的一些重要成员。

- □ refcnt：XFRM策略引用计数器。由方法xfrm_policy_alloc()将其初始化为1，并由方法 xfrm_pol_hold()和xfrm_pol_put()分别对其进行递增和递减操作。
- □ timer：策略定时器。方法xfrm_policy_alloc()会将定时器回调函数设置为 xfrm_policy_timer()。方法xfrm_policy_timer()负责处理策略过期的情况，即负责在策略过期时调用方法xfrm_policy_delete()将其删除，并调用方法km_policy_expired()向注册的所有密钥管理器发送一个事件（XFRM_MSG_POLEXPIRE）。
- □ lft：XFRM策略的寿命（xfrm_lifetime_cfg对象）。每个XFRM策略都有寿命（用时间或字节数表示的时长）。

要设置XFRM策略的寿命，可在ip命令中使用参数limit。例如，下面的命令会将XFRM策略寿命（lft）的soft_byte_limit设置为6000，详情请参阅man 8 ip xfrm。

```
ip xfrm policy add src 172.16.2.0/24 dst 172.16.1.0/24 limit byte-soft 6000 ...
```

要获悉XFRM策略的寿命（lft），可使用命令ip -stat xfrm policy show，并查看输出中的寿命配置条目。

- □ curlft：XFRM策略的当前寿命，它反映了策略寿命的当前状态。curlft是一个 xfrm_lifetime_cur对象，包含以下4个成员（这些成员都是64位的无符号字段）。
  - ■ bytes：IPsec子系统已处理的字节数，在传输路径中由方法xfrm_output_one()递增，在接收路径中由方法xfrm_input()递增。
  - ■ packets：IPSec子系统已处理的数据包数，在传输路径中由方法xfrm_output_one()递增，在接收路径中由方法xfrm_input()递增。
  - ■ add_time：表示策略添加的时间，添加策略时在方法xfrm_policy_insert()和xfrm_sk_policy_insert()中进行初始化。
  - ■ use_time：表示策略最后一次被访问的时间。在方法xfrm_lookup()和__xfrm_policy_check()中，会更新时间戳use_time。添加XFRM策略时，在方法xfrm_policy_insert()和xfrm_sk_policy_insert()中将其初始化为0。

注意　要获悉XFRM策略的当前寿命（curlft），可使用命令ip -stat xfrm policy show，并查看输出中的当前寿命条目。

- □ polq：一个队列，用于存储这样的数据包，即发送时策略没有相关联的XFRM状态。默认情况下，调用方法make_blackhole()将这样的数据包丢弃。在sysctl条目xfrm_larval_drop （/proc/sys/net/core/xfrm_larval_drop）被设置为0时，这些数据包将存储在一个SKB队列 （polq.hold_queue）中。这个队列最多可存储100（XFRM_MAX_QUEUE_LEN）个数据包。这是通过调用方法xfrm_create_dummy_bundle()创建一个XFRM虚拟束（dummy

bundle）来实现的（详情请参阅10.8节）。默认情况下，sysctl条目xfrm_larval_drop被设置
为1（参见net/xfrm/xfrm_sysctl.c中的方法__xfrm_sysctl_init()）。

❑ type：通常为XFRM_POLICY_TYPE_MAIN（0）。当内核支持子策略（设置了
CONFIG_XFRM_SUB_POLICY）时，可将两个策略应用于同一个数据包，并将type设置
为XFRM_POLICY_TYPE_SUB（1）。对于在内核中存在时间较短的策略，应将其作为子
策略。通常，只在开发/调试移动IPv6时需要这种功能，因为你可能对IPsec应用一种策略，
而对移动IPv6应用另一种策略。在这种情况下，IPsec策略通常为主策略，其寿命比移动
IPv6子策略长。

❑ action：可以是下面两种取值之一。
  ■ XFRM_POLICY_ALLOW（0）：允许流量通过。
  ■ XFRM_POLICY_BLOCK（1）：禁止流量通过（例如，在/etc/ipsec.conf中使用type=reject
    或type=drop时）。

❑ xfrm_nr：与策略相关联的模板数，最多为6（XFRM_MAX_DEPTH）个。这个xfrm_tmpl
  结构是XFRM状态和XFRM策略之间的过渡结构，是在方法copy_templates()
  （net/xfrm/xfrm_user.c）中进行初始化的。

❑ family：IPv4或IPv6。

❑ security：一个安全上下文（xfrm_sec_ctx对象），让XFRM子系统能够限制通过安全关联
  （XFRM状态）收发数据包的套接字。更详细的信息请参阅http://lwn.net/Articles/156604/。

❑ xfrm_vec：一个XFRM模板（xfrm_tmpl对象）数组。

内核将IPsec安全策略存储在安全策略数据库中。管理该数据库的工作是通过从用户空间套接
字发送消息来完成的，具体如下。

❑ XFRM策略的添加（XFRM_MSG_NEWPOLICY）由方法xfrm_add_policy()处理。

❑ XFRM策略的删除（XFRM_MSG_DELPOLICY）由方法xfrm_get_policy()处理。

❑ SPD的显示（XFRM_MSG_GETPOLICY）由方法xfrm_dump_policy()处理。

❑ SPD的刷新（XFRM_MSG_FLUSHPOLICY）由方法xfrm_flush_policy()处理。

下一节将介绍XFRM状态。

10.4.3 XFRM 状态（安全关联）

结构xfrm_state表示IPsec安全关联（include/net/xfrm.h）。它表示的是单向流量，包含加密密
钥、标志、请求ID、统计信息、重放参数等信息。要添加XFRM状态，可从用户空间套接字发送
请求（XFRM_MSG_NEWSA）。在内核中，这种请求由方法xfrm_state_add()（net/xfrm/xfrm_user.c）
处理。同样，要删除状态，可发送XFRM_MSG_DELSA消息。这种消息在内核中由方法xfrm_del_sa()
处理。

```
struct xfrm_state {
    . . .
    union {
```

```
                struct hlist_node gclist;
                struct hlist_node bydst;
        };
        struct hlist_node      bysrc;
        struct hlist_node      byspi;

        atomic_t               refcnt;
        spinlock_t             lock;

        struct xfrm_id         id;
        struct xfrm_selector   sel;
        struct xfrm_mark       mark;
        u32                    tfcpad;
u32                genid;

/* 密钥管理器位 */
struct xfrm_state_walk  km;

/* 状态的参数 */
struct {
        u32            reqid;
        u8             mode;
        u8             replay_window;
        u8             aalgo, ealgo, calgo;
        u8             flags;
        u16            family;
        xfrm_address_t saddr;
        int            header_len;
        int            trailer_len;
} props;

struct xfrm_lifetime_cfg lft;

/* 变换器数据 */
struct xfrm_algo_auth   *aalg;
struct xfrm_algo        *ealg;
struct xfrm_algo        *calg;
struct xfrm_algo_aead   *aead;

/* 封装器数据 */
struct xfrm_encap_tmpl *encap;

/* 转交地址数据 */
xfrm_address_t  *coaddr;

/* IPComp需要IPIP隧道来处理未压缩的数据包 */
struct xfrm_state       *tunnel;

/* 隧道的用户数加1 */
atomic_t               tunnel_users;

/* 重放检测状态 */
struct xfrm_replay_state replay;
```

```
struct xfrm_replay_state_esn *replay_esn;

/* 最后一次发送通知时的重放检测状态 */
struct xfrm_replay_state preplay;
struct xfrm_replay_state_esn *preplay_esn;

/* 重放检测函数 */
struct xfrm_replay       *reply;
        /* 内部标志, 只保存当前延迟事件的状态*/
        u32                      xflags;

        /* 重放检测通知设置 */
        u32                      replay_maxage;
        u32                      replay_maxdiff;

        /* 重放检测通知定时器 */
        struct timer_list        rtimer;

        /* 统计信息 */
        struct xfrm_stats        stats;

        struct xfrm_lifetime_cur curlft;
        struct tasklet_hrtimer   mtimer;

        /* 修改日期时用于修复curlft->add_time */
        long                     saved_tmo;

        /* 最后一次使用的时间 */
        unsigned long            lastused;

        /* 变换器的所有实例都有的数据 */
        const struct xfrm_type   *type;
        struct xfrm_mode         *inner_mode;
        struct xfrm_mode         *inner_mode_iaf;
        struct xfrm_mode         *outer_mode;

        /* 安全上下文 */
        struct xfrm_sec_ctx      *security;

        /* 变换器的私有数据, 格式是不透明的, 由xfrm_type方法进行解读*/
        void                     *data;
};
```

(include/net/xfrm.h)

下面详细描述了结构xfrm_state的一些重要成员。

❑ refcnt: 一个引用计数器, 由方法xfrm_state_hold()递增, 并由方法__xfrm_state_put()或xfrm_state_put()递减 (这些方法还在这个引用计数器为0时调用方法__xfrm_state_destroy()来释放XFRM状态)。

❑ id: xfrm_id对象, 包含3个字段: 目标地址、SPI和安全协议 (AH、ESP或IPCOMP)。这3个字段定义了其独特性。

❑ props：XFRM状态的属性。
- mode：有5种选择模式，如表示传输模式的XFRM_MODE_TRANSPORT或表示隧道模式的XFRM_MODE_TUNNEL，详情请参阅include/uapi/linux/xfrm.h。
- flag：可能的一种取值是XFRM_STATE_ICMP，完整的取值清单请参阅include/uapi/linux/xfrm.h。在用户空间中，可使用ip命令和flag选项设置这些标志，如ip xfrm add state flag icmp...。
- family：IPv4或IPv6。
- saddr：XFRM状态的源地址。
- lft：XFRM状态的寿命（xfrm_lifetime_cfg对象）。
- stats：一个用来表示XFRM状态统计信息的xfrm_stats对象。要显示XFRM状态的统计信息，可使用命令ip -stat xfrm show。

内核将IPsec安全关联存储在安全关联数据库中。xfrm_state对象存储在netns_xfrm（XFRM命名空间，前面讨论过）中的3个散列表（state_bydst、state_bysrc和state_byspi）中。这些表的键是分别由方法xfrm_dst_hash()、xfrm_src_hash()和xfrm_spi_hash()计算得到的。在添加xfrm_state对象时，它被插入到这3个散列表中。如果SPI的值为0（通常不将SPI的值设置为0，稍后将介绍什么情况下将其设置为0），xfrm_state对象将不会被添加到state_byspi散列表中（参见net/xfrm/xfrm_state.c中的方法__xfrm_state_insert()）。

注意　只有获取（acquire）状态的SPI为0。内核向密钥管理器发送获取消息，如果流量与某个策略匹配，就添加一个SPI为0的临时获取状态，但这个状态还未得到解析。只要获取状态存在，内核就不会再发送获取消息。获取状态的寿命可通过net->xfrm.sysctl_acq_expires进行配置。如果获取状态得以解析，它将被实际状态取代。

在SAD中，查找的工作由下述方法之一完成。
❑ 方法xfrm_state_lookup()：在散列表state_byspi中查找。
❑ 方法xfrm_state_lookup_byaddr()：在散列表state_bysrc中查找。
❑ 方法xfrm_state_find()：在散列表state_bydst中查找。

ESP是最常用的IPsec协议，它支持加密和身份验证。下一节将讨论IPv4 ESP的实现。

10.5　IPv4 ESP 的实现

ESP是在RFC 4303中规范的，它支持加密和身份验证。虽然它提供了仅加密模式和仅身份验证模式，但通常会使用它来同时进行加密和身份验证，因为这样更安全。这里有必要说说新的身份验证加密方法，如AES-GCM。它们能够一次性完成加密和数据完整性计算，在多核系统中的并行性极高。因此，在系统采用Intel AES-NI指令集时，IPsec吞吐量可高达数Gb/s。ESP支持隧道模式和传输模式，其协议标识符为50（IPPROTO_ESP）。ESP会给每个数据包添加新的报头和报尾。图10-1给出了ESP的格式，其中包含如下字段。

- □ SPI：32位的安全参数索引，与源地址一道用来标识SA。
- □ 序列号：长32位，每传输一个数据包，加1，旨在防范重放攻击。
- □ 有效负载数据：经过加密的数据块，长度可变。
- □ 填充：填充加密的数据块，使其满足对齐要求，长0~255字节。
- □ 填充长度：长1字节，表示填充部分的长度（单位为字节）。
- □ 下一报头：长1字节，指出了下一个报头的类型。
- □ 身份验证数据：完整性检查值。

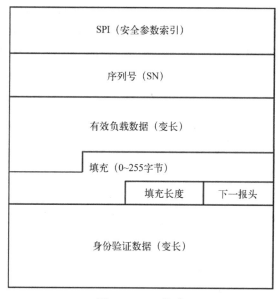

图10-1　ESP格式

下面来讨论IPv4 ESP的初始化。

IPv4 ESP 的初始化

首先，定义esp_type（xfrm_type对象）和esp4_protocol（net_protocol对象）并注册它们。

```
static const struct xfrm_type esp_type =
{
        .description    = "ESP4",
        .owner          = THIS_MODULE,
        .proto          = IPPROTO_ESP,
        .flags          = XFRM_TYPE_REPLAY_PROT,
        .init_state     = esp_init_state,
        .destructor     = esp_destroy,
        .get_mtu        = esp4_get_mtu,
        .input          = esp_input,
```

```
        .output          = esp_output
};

static const struct net_protocol esp4_protocol = {
        .handler     =       xfrm4_rcv,
        .err_handler =       esp4_err,
        .no_policy   =       1,
        .netns_ok    =       1,
};

static int __init esp4_init(void)
{
```

每个协议簇都有一个xfrm_state_afinfo对象实例，其中包含随协议簇而异的方法。因此，有用于IPv4的xfrm4_state_afinfo（net/ipv4/xfrm4_state.c），还有用于IPv6的xfrm6_state_afinfo。这些对象包含一个名为type_map的xfrm_type对象数组。调用方法xfrm_register_type()注册XFRM类型时，将把指定的xfrm_type加入到这个数组中。

```
if (xfrm_register_type(&esp_type, AF_INET) < 0) {
        pr_info("%s: can't add xfrm type\n", __func__);
        return -EAGAIN;
}
```

IPv4 ESP的注册方式与其他IPv4协议类似，也是调用方法inet_add_protocol()。请注意，IPv4 ESP使用的协议处理程序为方法xfrm4_rcv()。IPv4 AH（net/ipv4/ah4.c）和IPv4 IPCOMP（IP有效负载压缩协议）（net/ipv4/ ipcomp.c）也将其用作协议处理程序。

```
        if (inet_add_protocol(&esp4_protocol, IPPROTO_ESP) < 0) {
                pr_info("%s: can't add protocol\n", __func__);
                xfrm_unregister_type(&esp_type, AF_INET);
                return -EAGAIN;
        }
        return 0;
}
```

(net/ipv4/esp4.c)

10.6　接收 IPsec 数据包（传输模式）

这里假设使用的是IPv4传输模式，且收到的ESP数据包需要投递到当前主机。在传输模式下，ESP不加密IP报头，而只加密IP有效负载。图10-2描绘了入站IPv4 ESP数据包的旅程，其中的各个阶段将在本节介绍。这种数据包将经过本地投递的所有正常阶段——从方法ip_rcv()到方法ip_local_deliver_finish()。接下来，由于IPv4报头的协议字段的值为ESP（50），因此调用其处理程序——方法xfrm4_rcv()，这在前面已经说过。方法xfrm4_rcv()会调用通用方法xfrm_input()。后者将调用方法xfrm_state_lookup()在SAD中查找。如果查找失败，就将数据包丢弃；如果查找成功，就调用相应IPsec协议的input回调函数。

```
int xfrm_input(struct sk_buff *skb, int nexthdr, __be32 spi, int encap_type)
{
```

```
struct xfrm_state *x;
do {
        . . .
```

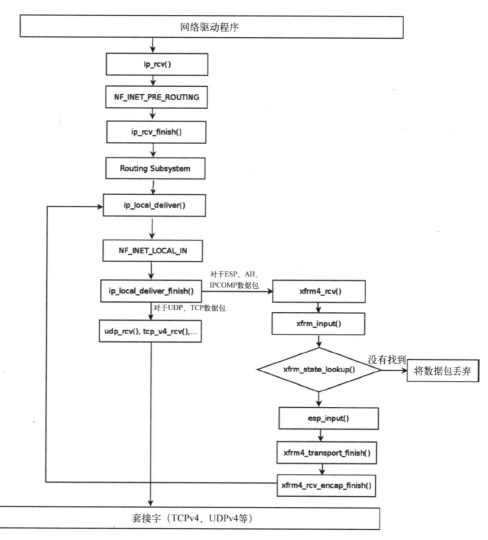

图10-2　接收IPv4 ESP数据包（传输模式下的本地投递）

注意　图10-2针对的是IPv4 ESP数据包。对于IPv4 AH数据包，将调用方法ah_input()而不是
esp_input()；同理，对于IPv4 IPCOMP数据包，将调用方法ipcomp_input()而不是
esp_input()。

在散列表state_byspi中查找。

```
x = xfrm_state_lookup(net, skb->mark, daddr, spi, nexthdr, family);
```

如果查找失败，就默默地丢弃数据包。

```
if (x == NULL) {
        XFRM_INC_STATS(net, LINUX_MIB_XFRMINNOSTATES);
        xfrm_audit_state_notfound(skb, family, spi, seq);
        goto drop;
}
```

对于IPv4 ESP入站流量，与状态相关联的XFRM类型（x->type）为ESP XFRM类型（esp_type），其input回调函数被设置为esp_input()，这在10.5节说过。

在下面的代码行中，x->type->input()调用的是方法esp_input()。这个方法返回ESP加密前的原始数据包的协议号。

```
nexthdr = x->type->input(x, skb);
. . .
```

使用XFRM_MODE_SKB_CB宏将原始协议号存储到SKB的控制缓冲区（cb）中，后面将使用它来修改数据包的IPv4报头。

```
XFRM_MODE_SKB_CB(skb)->protocol = nexthdr;
```

方法esp_input()执行完毕后，将调用方法xfrm4_transport_finish()，它用来修改IPv4报头的各个字段。来看看方法xfrm4_transport_finish()。

```
int xfrm4_transport_finish(struct sk_buff *skb, int async)
{
        struct iphdr *iph = ip_hdr(skb);
```

当前IPv4报头的协议号（iph->protocol）为50（ESP），必须将其设置为ESP加密前的原始数据包的协议号，这样L4套接字才会处理它。正如你在本节前面看到的，原始数据包的协议号存储在XFRM_MODE_SKB_CB(skb)->protocol中。

```
iph->protocol = XFRM_MODE_SKB_CB(skb)->protocol;

. . .
__skb_push(skb, skb->data - skb_network_header(skb));
iph->tot_len = htons(skb->len);
```

重新计算校验和，因为修改了IPv4报头。

```
ip_send_check(iph);
```

调用Netfilter NF_INET_PRE_ROUTING钩子回调函数，再调用方法xfrm4_rcv_encap_finish()。

```
        NF_HOOK(NFPROTO_IPV4, NF_INET_PRE_ROUTING, skb, skb->dev, NULL,
                xfrm4_rcv_encap_finish);
        return 0;
}
```

方法xfrm4_rcv_encap_finish()会调用方法ip_local_deliver()。此时，IPv4报头的协议号指出了原始传输协议（UDPv4、TCPv4等），因此数据包的旅程将恢复正常，它会将数据包交给传输层（L4）。

10.7　发送 IPsec 数据包（传输模式）

图10-3显示了在传输模式下通过IPv4 ESP发送的出站数据包的传输路径。调用方法
ip_route_output_flow()在路由选择子系统中查找后，第一步就是查找可应用于当前流的XFRM
策略，这是调用方法xfrm_lookup()（其细节将在本节后面讨论）完成的。如果查找成功，就调
用方法ip_local_out()。从图10-3可知，在调用其他几个方法后，最终将调用方法esp_output()，
它会将数据包加密，然后再调用方法ip_output()将其发送出去。

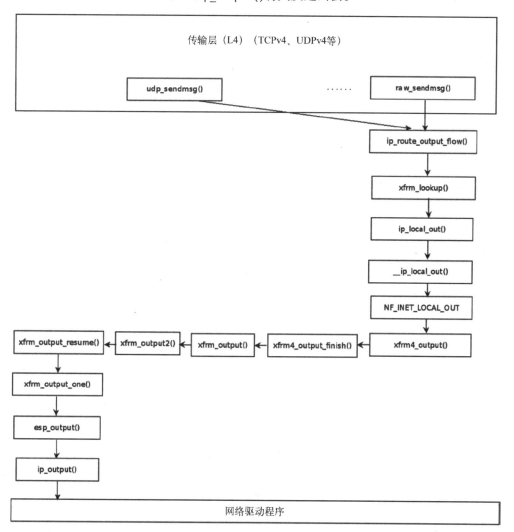

图10-3　在传输模式下传输IPv4 ESP数据包

出于简化考虑，图10-3省略了（在没有XFRM状态时）创建虚拟束的情形以及其他一些细节。

下一节将讨论XFRM查找过程。

10.8   XFRM 查找

对于向外发送的每个数据包，都将调用方法xfrm_lookup()。这种查找应尽可能高效，为此使用了束（bundle）。束能够让你缓存重要的信息，如路由、策略、策略数等。这些束是xfrm_dst结构的实例，是使用流缓存存储的。流的第一个数据包到达时，将在通用流缓存中创建一个条目，从而创建一个束（xfrm_dst对象）。由于这是流的第一个数据包，束查找将以失败告终，因此要创建相应的束。流的后续数据包到达时，将能够在流缓存中找到相应的束。

```
struct xfrm_dst {
        union {
                struct dst_entry        dst;
                struct rtable           rt;
                struct rt6_info         rt6;
        } u;
        struct dst_entry *route;
        struct flow_cache_object flo;
        struct xfrm_policy *pols[XFRM_POLICY_TYPE_MAX];
        int num_pols, num_xfrms;
#ifdef CONFIG_XFRM_SUB_POLICY
        struct flowi *origin;
        struct xfrm_selector *partner;
#endif
        u32 xfrm_genid;
        u32 policy_genid;
        u32 route_mtu_cached;
        u32 child_mtu_cached;
        u32 route_cookie;
        u32 path_cookie;
};
```

(include/net/xfrm.h)

方法xfrm_lookup()非常复杂，这里只讨论其重要部分，而不深究所有的细节。图10-4所示的方框图说明了方法xfrm_lookup()的内部构造。

下面就来看看方法xfrm_lookup()。

```
struct dst_entry *xfrm_lookup(struct net *net, struct dst_entry *dst_orig,
                              const struct flowi *fl, struct sock *sk, int flags)
{
```

方法xfrm_lookup()只用于处理传输路径，因此需要将流方向(dir)设置为FLOW_DIR_OUT。

```
u8 dir = policy_to_flow_dir(XFRM_POLICY_OUT);
```

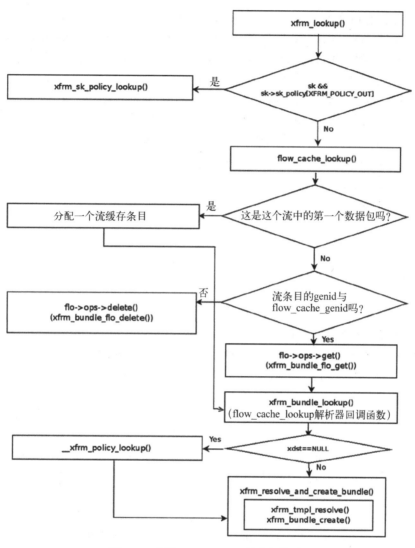

图10-4 方法xfrm_lookup()的内部构造

　　如果套接字有相关联的策略，就调用方法xfrm_sk_policy_lookup()来执行查找，它会检查数据包流是否与指定的策略选择器相匹配。请注意，如果数据包是需要转发的，则说明已经在方法__xfrm_route_forward()中调用了方法xfrm_lookup()，且不存在与之相关联的套接字，因为它不是由当前主机生成的。在这种情况下，sk参数为NULL。

```
if (sk && sk->sk_policy[XFRM_POLICY_OUT]) {
        num_pols = 1;
        pols[0] = xfrm_sk_policy_lookup(sk, XFRM_POLICY_OUT, fl);
    ...
}
```

如果套接字没有相关联的策略，就在通用流缓存中查找，即调用方法flow_cache_lookup()，并将一个指向方法xfrm_bundle_lookup（解析器回调函数）的函数指针作为参数传递给它。用于查找的键为流对象（参数fl）。如果在流缓存中没有找到匹配的条目，就创建一个流缓存条目。如果找到genid为指定值的条目，就使用代码flo->ops->get(flo)调用方法xfrm_bundle_flo_get()。最终，将通过调用解析器回调函数来调用方法xfrm_bundle_lookup()，这个方法将流对象作为参数（oldflo）。详情请参阅net/core/flow.c中方法flow_cache_lookup()的实现。

```
flo = flow_cache_lookup(net, fl, family, dir, xfrm_bundle_lookup, dst_orig);
```

取回束（xfrm_dst对象）。它包含一个流缓存对象。

```
xdst = container_of(flo, struct xfrm_dst, flo);
```

取回缓存的数据，如策略数、模板数、策略和路由。

```
        num_pols = xdst->num_pols;
        num_xfrms = xdst->num_xfrms;
        memcpy(pols, xdst->pols, sizeof(struct xfrm_policy*) * num_pols);
        route = xdst->route;
}

dst = &xdst->u.dst;
```

接下来需要处理虚拟束。虚拟束是路由成员为NULL的束。方法xfrm_bundle_lookup()在查找XFRM束时，如果没有找到XFRM状态，将调用方法xfrm_create_dummy_bundle()来创建虚拟束。在这种情况下，将根据sysctl_larval_drop（/proc/sys/net/core/xfrm_larval_drop）的值采取如下两种措施之一。

- 如果sysctl_larval_drop被设置（即其值为1，本章前面说过，此为默认状态），则必须将数据包丢弃。
- 如果sysctl_larval_drop未被设置（其值为0），将把数据包存储到针对每个策略的队列（polq.hold_queue）中。这种队列最多可包含100（XFRM_MAX_QUEUE_LEN）个SKB。保存工作是由方法xdst_queue_output()完成的。这些数据包将一直保存在队列中，直到XFRM状态得到解析或超时。状态得到解析后，这些数据包将立即从队列中发送出去。如果XFRM状态在指定时间（xfrm_policy_queue对象的超时时间）内未被解析，将调用方法xfrm_queue_purge()来清空队列。

```
if (route == NULL && num_xfrms > 0) {
        /*仅当模板无法解析时，方法xfrm_bundle_lookup()才会返回路由为NULL的束。这意味着，虽然有策略，
        但无法创建束，因为还没有xfrm_state。因此，需要等待KM来协商新的SA，或者退出并返回错误*/
        if (net->xfrm.sysctl_larval_drop) {
```

对于IPv4，方法make_blackhole()将调用方法ipv4_blackhole_route()；而对于IPv6，它将调用方法ip6_blackhole_route()。

```
        return make_blackhole(net, family, dst_orig);
}
```

下一节来讨论IPsec最重要的功能之一——NAT穿越，阐述何为NAT穿越，以及为何需要这种功能。

10.9　IPsec 的 NAT 穿越功能

NAT设备为何禁止IPsec流量通过呢？NAT会修改数据包的IP地址，有时还会修改端口号，因此它会重新计算TCP或UDP报头的校验和。在计算传输层校验和时，需要考虑IP源地址和目标地址。因此，即便只修改了IP地址，也必须重新计算TCP/UDP校验和。然而，在传输模式下使用ESP加密时，NAT设备无法更新校验和，因为TCP/UDP报头被ESP加密了。在有些协议（如SCTP）中，校验和不涉及IP报头，因此不存在上述问题。为解决这些问题，特为IPsec制定了NAT穿越标准，这就是RFC 3948（*UDP Encapsulation of IPsec ESP Packets*）。UDP封装可用于IPv4数据包和IPv6数据包。NAT穿越解决方案并非只针对IPsec流量，这些技术的典型应用还包括客户端到客户端联网应用程序，尤其是点对点和IP语音（VoIP）应用程序。

有一些不全面的VoIP NAT穿越解决方案，如STUN、TURN、ICE等。这里需要指出的是，strongSwan实现了IKEv2中介扩展（Mediation Extension）服务（http://tools.ietf.org/html/draftbrunner-ikev2-mediation-00），使得位于NAT路由器后面的VPN端点能够使用类似于TURN和ICE的机制建立IPsec点对点直达隧道，例如STUN VoIP开源客户端Ekiga（其前身为Gnomemeeting）。这些解决方案存在的问题是，它们无法控制NAT设备。会话边界控制器（SBC）提供了全面的VoIP NAT穿越解决方案。SBC可在硬件中实现（例如，Juniper Networks公司可提供集成了SBC解决方案的路由器），也可在软件中实现。这些SBC解决方案能够让实时协议（RTP）发送的多媒体流量穿越NAT，有时还能够让会话发起协议（SIP）发送的信令流量穿越NAT。在IKEv2中，NAT穿越是可选的。Openswan、strongSwan和racoon都支持NAT穿越，但Openswan和racoon只在IKEv1中支持NAT穿越，而strongSwan则在IKEv1和IKEv2中都支持NAT穿越。

NAT 穿越的工作原理

NAT穿越（NAT-T）是如何工作的呢？首先需要牢记的是，NAT-T只对于ESP流量而言是不错的解决方案，对于AH来说却并非如此。另一个限制是，在手动交换密钥时不能使用NAT-T，它只能用于IKEv1和IKEv2。这是因为NAT-T依赖于IKEv1/IKEv2消息交换。首先，你必须告诉用户空间守护程序（pluto），你要使用NAT穿越功能，因为这项功能默认是被禁用的。在Openswan中，这可通过在/etc/ipsec.conf中的连接参数中添加nat_traversal=yes来实现。不在NAT路由器后面的客户端则不受这个条目的影响。在strongSwan中，IKEv2守护程序charon则将始终支持NAT穿越，且这项功能不能被禁用。在IKE的第一个阶段（主模式），检查两个对等体是否都支持NAT-T。在IKEv1中，若对等体支持NAT-T，则将由ISAKAMP报头的一个成员（厂商ID）来指明。而在IKEv2中，NAT-T是标准的一部分，无需通告。如果两个IPsec对等体都支持NAT-T，就发送NAT-D有效负载消息，以检查它们之间是否有NAT设备。如果有，NAT-T将在IPsec数据包的IP报头和ESP报头之间插入一个UDP报头，以保护这种数据包。在这个UDP报头中，源端口和目标端口都是4500。

10

另外，NAT-T还会每隔20秒发送一条存活消息，让NAT保留其映射。存活消息也是在UDP端口4500上发送的，但可根据内容和值（内容长1字节，其值为0xFF）来识别它们。数据包穿越NAT到达IPsec对等体后，内核会将UDP报头剥除，并对ESP有效负载进行解密。详情请参阅net/ipv4/xfrm4_input.c中的方法xfrm4_udp_encap_rcv()。

10.10　总结

本章介绍了IPsec、XFRM框架（IPsec基础设施）以及XFRM策略和状态（XFRM框架中的重要数据结构），还讨论了IKE、ESP4实现、传输模式下的ESP4接收和传输路径，以及IPsec中的NAT穿越功能。第11章将讨论下述传输层（L4）协议：UDP、TCP、SCTP和DCCP。10.11节将按本章讨论的主题顺序列出一些相关的重要方法。

10.11　快速参考

本章最后简要地列出了一些重要的IPsec方法（有些在本章提到过），随后给出了XFRM SNMP MIB计数器列表。

10.11.1　方法

先来看方法。

1. bool xfrm_selector_match(const struct xfrm_selector *sel, const struct flowi *fl, unsigned short family);

这个方法在指定流与指定XFRM选择器匹配时返回true。对于IPv4，它会调用方法__xfrm4_selector_match()；对于IPv6，它则调用方法__xfrm6_selector_match()。

2. int xfrm_policy_match(const struct xfrm_policy *pol, const struct flowi *fl, u8 type, u16 family, int dir);

这个方法在指定策略可应用于指定流时返回0，否则返回-errno。

3. struct xfrm_policy *xfrm_policy_alloc(struct net *net, gfp_t gfp);

这个方法用于分配并初始化一个XFRM策略。它将XFRM策略的引用计数器设置为1，初始化读写锁，将策略命名空间（xp_net）设置为指定的网络命名空间，将定时器回调函数设置为xfrm_policy_timer()，并将状态解析数据包队列的定时器回调函数（policy->polq.hold_timer）设置为xfrm_policy_queue_process()。

4. void xfrm_policy_destroy(struct xfrm_policy *policy);

这个方法用于删除指定的XFRM策略对象，并释放它占用的内存。

5. void xfrm_pol_hold(struct xfrm_policy *policy);

这个方法用于将指定XFRM策略的引用计数加1。

6. `static inline void xfrm_pol_put(struct xfrm_policy *policy);`

这个方法用于将指定XFRM策略的引用计数减1。如果引用计数变成了0，就调用方法the
`xfrm_policy_destroy()`。

7. `struct xfrm_state_afinfo *xfrm_state_get_afinfo(unsigned int family);`

这个方法返回与指定协议簇相关联的`xfrm_state_afinfo`对象。

8. `struct dst_entry *xfrm_bundle_create(struct xfrm_policy *policy, struct xfrm_state **xfrm, int nx, const struct flowi *fl, struct dst_entry *dst);`

这个方法用于创建一个XFRM束，它是在方法`xfrm_resolve_and_create_bundle()`中调用的。

9. `int policy_to_flow_dir(int dir);`

这个方法返回指定策略方向对应的流方向。例如，指定策略方向为XFRM_POLICY_IN时，
返回FLOW_DIR_IN。

10. `static struct xfrm_dst *xfrm_create_dummy_bundle(struct net *net, struct dst_entry *dst, const struct flowi *fl, int num_xfrms, u16 family);`

这个方法用于创建一个虚拟束，它是在方法`xfrm_bundle_lookup()`找到了策略，但没有匹配
的状态时调用的。

11. `struct xfrm_dst *xfrm_alloc_dst(struct net *net, int family);`

这个方法用于分配一个XFRM束对象，它是在方法`xfrm_bundle_create()`和`xfrm_create_dummy_bundle()`中调用的。

12. `int xfrm_policy_insert(int dir, struct xfrm_policy *policy, int excl);`

这个方法会将一个XFRM策略加入SPD，它是在方法`xfrm_add_policy()`（net/xfrm/xfrm_user.c）
或`pfkey_spdadd()`（net/key/af_key.c）中调用的。

13. `int xfrm_policy_delete(struct xfrm_policy *pol, int dir);`

这个方法用于释放指定XFRM策略对象占用的资源。方向参数（dir）用于将命名空间对象
`netns_xfrm`中`policy_count`的相应XFRM策略计数器减1。

14. `int xfrm_state_add(struct xfrm_state *x);`

这个方法用于将指定XFRM状态加入SAD。

15. `int xfrm_state_delete(struct xfrm_state *x);`

这个方法用于将指定XFRM状态从SAD中删除。

16. `void __xfrm_state_destroy(struct xfrm_state *x);`

这个方法会将XFRM状态加入XFRM状态垃圾列表，并激活XFRM状态垃圾收集器，从而将
XFRM状态删除。

17. `int xfrm_state_walk(struct net *net, struct xfrm_state_walk *walk, int(*func)(struct xfrm_state *, int, void*), void *data);`

这个方法将迭代所有的XFRM状态（net->xfrm.state_all），并对每个状态调用指定的func
回调函数。

18. struct xfrm_state *xfrm_state_alloc(struct net *net);

这个方法用于分配并初始化一个XFRM状态。

19. void xfrm_queue_purge(struct sk_buff_head *list);

这个方法用于清空策略的状态解析队列（polq.hold_queue）。

20. int xfrm_input(struct sk_buff *skb, int nexthdr, __be32 spi, int encap_type);

这个方法是IPsec接收路径中的主处理程序。

21. static struct dst_entry *make_blackhole(struct net *net, u16 family, struct dst_entry *dst_orig);

如果没有已解析的状态，且设置了sysctl_larval_drop，将从方法xfrm_lookup()中调用这个方法。对于IPv4，这个方法将调用方法ipv4_blackhole_route()；对于IPv6，将调用方法ip6_blackhole_route()。

22. int xdst_queue_output(struct sk_buff *skb);

这个方法会将数据包加入到策略的状态解析数据包队列（pq->hold_queue），这种队列最多可包含100（XFRM_MAX_QUEUE_LEN）个数据包。

23. struct net *xs_net(struct xfrm_state *x);

这个方法返回与指定xfrm_state对象相关联的命名空间对象（xs_net）。

24. struct net *xp_net(const struct xfrm_policy *xp);

这个方法返回与指定xfrm_policy对象相关联的命名空间对象（xs_net）。

25. int xfrm_policy_id2dir(u32 index);

这个方法返回指定索引对应的策略的方向。

26. int esp_input(struct xfrm_state *x, struct sk_buff *skb);

这个方法是IPv4 ESP的主协议处理程序。

27. struct ip_esp_hdr *ip_esp_hdr(const struct sk_buff *skb);

这个方法返回指定SKB的ESP报头。

28. int verify_newpolicy_info(struct xfrm_userpolicy_info *p);

这个方法用于检查从用户空间传递而来的xfrm_userpolicy_info对象是否包含有效的值。如果是有效的对象，就返回0，否则就返回-EINVAL或-EAFNOSUPPORT。

10.11.2　表

表10-1　列出了XFRM SNMP MIB计数器。

Linux符号	SNMP（procfs）符号	可能将计数器递增的方法
LINUX_MIB_XFRMINERROR	XfrmInError	xfrm_input()
LINUX_MIB_XFRMINBUFFERERROR	XfrmInBufferError	xfrm_input()，__xfrm_policy_check()
LINUX_MIB_XFRMINHDRERROR	XfrmInHdrError	xfrm_input()，__xfrm_policy_check()
LINUX_MIB_XFRMINNOSTATES	XfrmInNoStates	xfrm_input()
LINUX_MIB_XFRMINSTATEPROTOERROR	XfrmInStateProtoError	xfrm_input()

（续）

Linux符号	SNMP（procfs）符号	可能将计数器递增的方法
LINUX_MIB_XFRMINSTATEMODEERROR	XfrmInStateModeError	xfrm_input()
LINUX_MIB_XFRMINSTATESEQERROR	XfrmInStateSeqError	xfrm_input()
LINUX_MIB_XFRMINSTATEEXPIRED	XfrmInStateExpired	xfrm_input(),
LINUX_MIB_XFRMINSTATEMISMATCH	XfrmInStateMismatch	__xfrm_policy_check()
LINUX_MIB_XFRMINSTATEINVALID	XfrmInStateInvalid	xfrm_input()
LINUX_MIB_XFRMINTMPLMISMATCH	XfrmInTmplMismatch	__xfrm_policy_check()
LINUX_MIB_XFRMINNOPOLS	XfrmInNoPols	__xfrm_policy_check()
LINUX_MIB_XFRMINPOLBLOCK	XfrmInPolBlock	__xfrm_policy_check()
LINUX_MIB_XFRMINPOLERROR	XfrmInPolError	__xfrm_policy_check()
LINUX_MIB_XFRMOUTERROR	XfrmOutError	xfrm_output_one(),xfrm_output()
LINUX_MIB_XFRMOUTBUNDLEGENERROR	XfrmOutBundleGenError	xfrm_resolve_and_create_bundle()
LINUX_MIB_XFRMOUTBUNDLECHECKERROR	XfrmOutBundleCheckError	xfrm_resolve_and_create_bundle()
LINUX_MIB_XFRMOUTNOSTATES	XfrmOutNoStates	xfrm_lookup()
LINUX_MIB_XFRMOUTSTATEPROTOERROR	XfrmOutStateProtoError	xfrm_output_one()
LINUX_MIB_XFRMOUTSTATEMODEERROR	XfrmOutStateModeError	xfrm_output_one()
LINUX_MIB_XFRMOUTSTATESEQERROR	XfrmOutStateSeqError	xfrm_output_one()
LINUX_MIB_XFRMOUTSTATEEXPIRED	XfrmOutStateExpired	xfrm_output_one()
LINUX_MIB_XFRMOUTPOLBLOCK	XfrmOutPolBlock	xfrm_lookup()
LINUX_MIB_XFRMOUTPOLDEAD	XfrmOutPolDead	n/a
LINUX_MIB_XFRMOUTPOLERROR	XfrmOutPolError	xfrm_bundle_lookup(), xfrm_resolve_and_create_bundle()
LINUX_MIB_XFRMFWDHDRERROR	XfrmFwdHdrError	__xfrm_route_forward()
LINUX_MIB_XFRMOUTSTATEINVALID	XfrmOutStateInvalid	xfrm_output_one()

注意 IPsec Git树为git://git.kernel.org/pub/scm/linux/kernel/git/klassert/ipsec.git，它包含对IPsec网络子系统的修复代码，针对的是David Miller的net Git树。

ipsec-next Git树为git://git.kernel.org/pub/scm/linux/kernel/git/klassert/ipsec-next.git，它包含对IPsec的修改代码，针对的是David Miller的net-next Git树。

IPsec子系统的维护者为Steffen Klassert、Herbert Xu和David S. Miller。

10

第 11 章

第4层协议

11

第10章讨论了Linux IPsec子系统及其实现，本章将讨论4种传输层（L4）协议。我将首先讨论两种最常用的传输层（L4）协议，即使用了很多年的用户数据报协议（User Dantagram Protocol，UDP）和传输控制协议（Transmission Control Protocol，TCP）；再讨论较新的流控制传输协议（Stream Control Transmission Protocol，SCTP）和数据报拥塞控制协议（Datagram Congestion Control Protocol，DCCP），它们兼具TCP和UDP的功能。本章首先介绍套接字API，它是传输层（L4）和用户空间之间的接口。还将讨论套接字在内核中是如何实现的，以及数据如何在传输层和用户空间之间传输。另外，还将讨论，在使用这些协议时，数据包是如何从网络层（L3）传递到传输层（L4）的。本章讨论的重点是这4种协议的IPv4实现，虽然有些代码可同时用于IPv4和IPv6。

11.1 套接字

每个操作系统都必须提供网络子系统入口和API。Linux内核网络子系统提供的标准POSIX套接字API向用户空间提供了接口，这个API是由IEEE规范的（描述联网API的标准IEEE 1003.1g-2000，也被称为POSIX.1g）。这个API基于Berkeley套接字API（也叫BSD套接字）。Berkeley套接字API源于4.2BSD Unix操作系统，它是多款操作系统所采用的行业标准。在Linux中，传输层之上的一切都属于用户空间。Linux遵循Unix范式——"一切皆文件"，因此套接字也与文件相关联，你将在本章后面看到这一点。使用统一的套接字API会令应用程序移植起来更容易。下面是可用的套接字类型。

- ❑ 流套接字（SOCK_STREAM）：提供可靠的字节流通信信道。TCP套接字就属于流套接字。
- ❑ 数据报套接字（SOCK_DGRAM）：支持消息（数据报）交换。数据报套接字提供的通信信道不可靠，因为数据包可能被丢弃、不按顺序到达或重复。UDP套接字属于数据报套接字。
- ❑ 原始套接字（SOCK_RAW）：直接访问IP层，支持使用协议无关的传输层格式收发数据流。
- ❑ 可靠传输的消息（SOCK_RDM）：用于透明进程间通信（Transparent Inter-Process Communication，TIPC）。TIPC最初是由爱立信于1996~2005年间开发的，被用于集群应用程序。详情请参阅http://tipc.sourceforge.net。

□ 顺序数据包流（SOCK_SEQPACKET）：这种套接字类似于SOCK_STREAM，也是面向连接的。这两种套接字的唯一差别在于，SOCK_SEQPACKET维护着记录边界，接收方可通过标志MSG_EOR（记录末尾）确定记录边界。本章不讨论顺序数据包流。

□ DCCP套接字（SOCK_DCCP）：数据报拥塞控制协议是一种传输层协议，提供了不可靠数据报拥塞控制流。它兼具TCP和UDP的特点，将在本章后面对其进行讨论。

□ 数据链路套接字（SOCK_PACKET）：在AF_INET协议簇中，SOCK_PACKET已被摒弃。请参阅net/socket.c中的方法__sock_create()。

下面来描述套接字API提供的一些方法（这里提及的所有内核方法都是在net/socket.c中实现的）。

□ socket()：用于创建一个套接字，将在11.2节对其进行讨论。

□ bind()：将套接字与本地端口和IP地址关联起来，在内核中由方法sys_bind()实现。

□ send()：发送消息，在内核中由方法sys_send()实现。

□ recv()：接收消息，在内核中由方法sys_recv()实现。

□ listen()：能够让套接字接收来自其他套接字的连接请求，在内核中由方法sys_listen()实现。不适用于数据报套接字。

□ accept()：接受套接字连接请求，在内核中由方法sys_accept()实现。仅适用于基于连接的套接字类型（SOCK_STREAM、SOCK_SEQPACKET）。

□ connect()：建立到对等套接字的连接，在内核中由方法sys_connect()实现。仅适用于基于连接的套接字类型（SOCK_STREAM或SOCK_SEQPACKET）以及无连接的套接字类型（SOCK_DGRAM）。

本书的重点是内核网络实现，因此不会深究用户空间套接字API。要更深入地了解这个主题，推荐你阅读下面的著作：

□ W. Richard Stevens、Bill Fenner和Andrew M. Rudoff编著的*Unix Network Programming, Volume 1: The Sockets Networking API*（*3rd Edition*）

□ Michael Kerrisk编著的*The Linux Programming Interface*

注意 所有套接字API调用都由net/socket.c中的方法socketcall()来处理。

了解完一些套接字类型后，来学习创建套接字时内核中所发生的情况。下一节将介绍两个实现套接字的结构——结构socket和sock，以及它们之间的差别，还将介绍结构msghdr及其成员。

11.2 创建套接字

在内核中，有两个表示套接字的结构。一个是结构socket。它向用户空间提供了一个接口，是由方法sys_socket()创建的。关于方法sys_socket()，将在本节后面讨论。第二个是结构sock，它向网络层（L3）提供了一个接口。结构sock位于网络层，是一个与协议无关的结构。关于结构sock，也将在本节后面讨论。结构socket很简短。

```
struct socket {
    socket_state            state;

    kmemcheck_bitfield_begin(type);
    short                   type;
    kmemcheck_bitfield_end(type);

    unsigned long           flags;

    . . .

    struct file             *file;
    struct sock             *sk;
    const struct proto_ops  *ops;
};
```

(include/linux/net.h)

下面描述结构socket的成员。

❑ state：套接字可处于多种状态之一，如SS_UNCONNECTED、SS_CONNECTED等。刚创建时，INET套接字的状态为SS_UNCONNECTED，请参见方法inet_create()。流套接字成功连接到另一台主机后，其状态为SS_CONNECTED，请参见include/uapi/linux/net.h中的枚举socket_state。

❑ type：套接字的类型，如SOCK_STREAM或SOCK_RAW，请参见include/linux/net.h中的枚举sock_type。

❑ flags：套接字标志。例如，在TUN设备中分配套接字时，如果套接字不是由系统调用socket()来分配的，将设置SOCK_EXTERNALLY_ALLOCATED标志，请参见drivers/net/tun.c中的方法tun_chr_open()。套接字标志是在include/linux/net.h中定义的。

❑ file：与套接字相关联的文件。

❑ sk：与套接字相关联的sock对象。sock对象向网络层（L3）提供了接口。创建套接字时，将同时创建与之相关联的sk对象。例如，在IPv4中，创建套接字时将调用方法inet_create()，它会分配一个sock对象（sk），并将其关联到指定的套接字。

❑ ops：这个对象（一个proto_ops对象实例）包含套接字的大部分回调函数，如connect()、listen()、sendmsg()、recvmsg()等。这些回调函数就是向用户空间提供的接口。回调函数sendmsg()实现了多个库级例程，如write()、send()、sendto()和sendmsg()。同样，回调函数recvmsg()也实现了多个库级例程，如read()、recv()、recvfrom()和recvmsg()。每种协议都根据其需求定义了一个proto_ops对象，因此TCP的proto_ops对象包含listen回调函数inet_listen()和accept回调函数inet_accept()。另一方面，UDP协议不使用客户-服务器模型，它将listen回调函数设置为方法sock_no_listen()，并将accept回调函数设置为方法sock_no_accept()。这两个方法所做的唯一工作是返回错误-EOPNOTSUPP。有关TCP和UDP proto_ops对象的定义，请参阅11.8节中的表11-1。结构proto_ops是在include/linux/net.h中定义的。

结构sock是套接字的网络层表示，它的实现代码篇幅较长，下面列出的只是一些对于本章的讨论来说很重要的字段。

```
struct sock {
        struct sk_buff_head    sk_receive_queue;
        int                    sk_rcvbuf;

        unsigned long          sk_flags;

        int                    sk_sndbuf;
        struct sk_buff_head    sk_write_queue;
        ...
        unsigned int           sk_shutdown : 2,
                               sk_no_check : 2,
                               sk_protocol : 8,
                               sk_type     : 16;
        ...
        void                   (*sk_data_ready)(struct sock *sk, int bytes);
        void                   (*sk_write_space)(struct sock *sk);
};
```

(include/net/sock.h)

下面描述结构sock的成员。

❑ sk_receive_queue：一个存储入站数据包的队列。

❑ sk_rcvbuf：接收缓冲区的大小，单位为字节。

❑ sk_flags：各种标志，如SOCK_DEAD或SOCK_DBG，请参见include/net/sock.h中枚举sock_flags的定义。

❑ sk_sndbuf：发送缓冲区的大小，单位为字节。

❑ sk_write_queue：一个存储出站数据包的队列。

注意 在11.4.4节中你将看到，sk_rcvbuf和sk_sndbuf是如何初始化的，另外，可通过写入procfs条目来修改它们。

11

❑ sk_no_check：禁用校验和标志，可使用套接字选项SO_NO_CHECK进行设置。

❑ sk_protocol：协议标识符，是根据socket()系统调用的第3个参数（protocol）设置的。

❑ sk_type：套接字类型，如SOCK_STREAM或SOCK_RAW，请参见include/linux/net.h中的枚举sock_type。

❑ sk_data_ready：一个回调函数，用于通知套接字有新数据到达。

❑ sk_write_space：一个回调函数，用于指出可用来处理数据传输的内存。

套接字是通过在用户空间中调用系统调用socket()来创建的。

```
sockfd = socket(int socket_family, int socket_type, int protocol);
```

下面描述系统调用socket()的参数。

❑ socket_family：可以是表示IPv4的AF_INET、表示IPv6的AF_INET6、表示UNIX域套接字的AF_UNIX等（UNIX域套接字是一种进程间通信（IPC）方式，能够让运行在同一台主机上的进程进行通信）。

❑ socket_type：可以是表示流套接字的SOCK_STREAM、表示数据报套接字的SOCK_DGRAM、表示原始套接字的SOCK_RAW等。

❑ protocol：可以是下面的任何值。

　■ 表示TCP套接字的0或IPPROTO_TCP。

　■ 表示UDP套接字的0或IPPROTO_UDP。

　■ 表示原始套接字的IP协议标识符（如IPPROTO_TCP或IPPROTO_ICMP），请参见RFC 1700（*Assigned Numbers*）。

系统调用socket()的返回值（sockfd）是一个文件描述符，应将其作为参数传递给这个套接字的后续调用。系统调用socket()在内核中由方法sys_socket()处理。下面来看看系统调用socket()的实现。

```
SYSCALL_DEFINE3(socket, int, family, int, type, int, protocol)
{
        int retval;
        struct socket *sock;
        int flags;

        . . .
        retval = sock_create(family, type, protocol, &sock);
        if (retval < 0)
                goto out;
        . . .
        retval = sock_map_fd(sock, flags & (O_CLOEXEC | O_NONBLOCK));
        if (retval < 0)
                goto out_release;
out:
        . . .
        return retval;

}
```

(net/socket.c)

方法sock_create()会调用随地址簇而异的套接字创建方法。对于IPv4，所调用的方法为方法inet_create()（请参见**net/ipv4/af_inet.c**中inet_family_ops的定义）。方法inet_create()用于创建与套接字相关联的sock对象（sk），这个sock对象表示套接字的网络层接口。方法sock_map_fd()将返回与套接字相关联的fd（文件描述符）。通常，系统调用socket()也返回这个fd。

从用户空间套接字发送数据或在用户空间套接字中接收来自传输层的数据，这些工作分别是通过在内核中调用方法sendmsg()和recvmsg()来处理的。它们会将一个msghdr对象作为参数，这个Msghdr对象包含要发送或填充的数据块以及其他参数。

```
struct msghdr {
        void            *msg_name;      /* Socket name                                          */
        int             msg_namelen;    /* Length of name                                       */
        struct iovec    *msg_iov;       /* Data blocks                                          */
        __kernel_size_t msg_iovlen;     /* Number of blocks                                     */
        void            *msg_control;   /* Per protocol magic (eg BSD file descriptor passing)  */
        __kernel_size_t msg_controllen; /* Length of cmsg list                                  */
        unsigned int    msg_flags;
};
```

(include/linux/socket.h)

下面描述结构msghdr的重要成员。

❑ msg_name：目标套接字地址。为获取目标套接字，通常会将不透明指针msg_name转换为指向结构sockaddr_in的指针，请参阅方法udp_sendmsg()。

❑ msg_namelen：地址的长度。

❑ iovec：数据块矢量。

❑ msg_iovlen：矢量iovec包含的数据块数。

❑ msg_control：控制信息（也叫辅助数据（ancillary data））。

❑ msg_controllen：控制信息的长度。

❑ msg_flags：收到的消息的标志，如MSG_MORE（参见11.3.2节）。

请注意，对于每个套接字，内核可处理的最大控制缓存区长度大小为sysctl_optmem_max（/proc/sys/net/core/optmem_max）的值。

本节介绍了套接字的内核实现以及收发数据包时使用的结构msghdr。下一节将开始讨论传输层（L4）协议，将介绍UDP协议，在本章要讨论的协议中，它是最简单的。

11.3 用户数据包协议（UDP）

UDP是在1980年发布的RFC 768中定义的，它是环绕IP层的一个薄层，其只添加了端口、长度和校验和信息。UDP的历史可追溯到20世纪80年代初。它可提供面向消息的不可靠传输，但没有拥塞控制功能。很多协议都使用UDP，如用于通过IP网络传输音频和视频的实时传输协议（Real-time Transport Protocol，RTP），这些流量类型可容许一定的数据包丢失。RTP常用于VoIP应用程序，通常与基于会话发起协议（SIP）的客户端结合使用。需要指出的是，根据RFC 4571的规定，RTP实际上也可使用TCP，但很少会这样做。这里有必要提及UDP-Lite，它是一个UDP扩展，用于支持变长校验和（RFC 3828）。UDP-Lite的大部分实现代码都位于net/ipv4/udplite.c中，但有些位于主UDP模块（net/ipv4/udp.c）中。UDP报头长8字节。

```
struct udphdr {
        __be16 source;
        __be16 dest;
        __be16 len;
        __sum16 check;
};
(include/uapi/linux/udp.h)
```

下面描述UDP报头的成员。

❑ source：源端口，长16位，取值范围为1~65535。

❑ dest：目标端口，长16位，取值范围为1~65535。

❑ len：有效负载和UDP报头的总长度，单位为字节。

❑ checksum：数据包的校验和。

图11-1显示了UDP报头的结构。

图11-1　UDP报头（IPv4）

本节介绍了UDP报头及其成员，要理解使用套接字API的用户空间应用程序是如何与内核进行通信（收发数据包）的，必须知道UDP是如何初始化的，这将在下一节介绍。

11.3.1　UDP 的初始化

定义对象udp_protocol（net_protocol对象）并使用方法inet_add_protocol()来添加它，这将使对象udp_protocol成为全局协议数组（inet_protos）的一个元素。

```
static const struct net_protocol udp_protocol = {
        .handler =      udp_rcv,
        .err_handler =  udp_err,
        .no_policy =    1,
        .netns_ok =     1,
};
(net/ipv4/af_inet.c)
static int __init inet_init(void)
{
        . . .
        if (inet_add_protocol(&udp_protocol, IPPROTO_UDP) < 0)
                pr_crit("%s: Cannot add UDP protocol\n", __func__);
        . . .
}
(net/ipv4/af_inet.c)
```

接下来，定义一个udp_prot对象，并调用方法proto_register()来注册它。这个对象包含的几乎都是回调函数，在用户空间打开UDP套接字和使用套接字API时，将调用这些回调函数。例如，对UDP套接字调用系统调用setsockopt()时，将调用回调函数udp_setsockopt()。

```
struct proto udp_prot = {
        .name             = "UDP",
        .owner            = THIS_MODULE,
        .close            = udp_lib_close,
        .connect          = ip4_datagram_connect,
        .disconnect       = udp_disconnect,
        .ioctl            = udp_ioctl,
        . . .
        .setsockopt       = udp_setsockopt,
        .getsockopt       = udp_getsockopt,
        .sendmsg          = udp_sendmsg,
        .recvmsg          = udp_recvmsg,
        .sendpage         = udp_sendpage,
        . . .
};

(net/ipv4/udp.c)
int __init inet_init(void)
{
    int rc = -EINVAL;
    . . .
    rc = proto_register(&udp_prot, 1);
    . . .

}
(net/ipv4/af_inet.c)
```

注意　UDP和其他核心协议都是在启动阶段通过方法inet_init()来初始化的。

了解UDP的初始化及其用于发送数据包的回调函数（udp_prot对象中的回调函数udp_sendmsg()）后，该学习IPv4 UDP是如何发送数据包的了。

11.3.2 发送 UDP 数据包

要从UDP用户空间套接字中发送数据，可使用多个系统调用：send()、sendto()、sendmsg()和write()。这些系统调用最终都由内核中的方法udp_sendmsg()来处理。用户空间应用程序创建包含数据块的msghdr对象，并将其传递给内核。下面来看看方法udp_sendmsg()。

```
int udp_sendmsg(struct kiocb *iocb, struct sock *sk, struct msghdr *msg,
                size_t len)
{
```

UDP数据包通常会被立即发送。要修改这种行为，可使用内核2.5.44引入的套接字选项UDP_CORK。它导致的结果是，数据包会被交给方法udp_sendmsg()进行累积，直到取消设置该套接字选项（这表明最后一个数据包已到达）。设置标志MSG_MORE也可获得同样的效果。

```
int corkreq = up->corkflag || msg->msg_flags&MSG_MORE;
struct inet_sock *inet = inet_sk(sk);
    . . .
```

首先执行一些完整性检查。例如，指定的len不能超过65535（别忘了，UDP报头的len字段长16位）。

```
if (len > 0xFFFF)
        return -EMSGSIZE;
```

还需要知道目标地址和目标端口，这样才能创建使用方法udp_send_skb()或ip_append_data()发送SKB所需的flowi4对象。目标端口不能为0。这里有两种情形：在msghdr的msg_name中指定了目标端口；或者套接字已连接，其状态为TCP_ESTABLISHED。请注意，UDP不同于TCP，它是一种无状态协议。在UDP中，状态TCP_ESTABLISHED意味着套接字已经通过了一些完整性检查。

```
if (msg->msg_name) {
        struct sockaddr_in *usin = (struct sockaddr_in *)msg->msg_name;
        if (msg->msg_namelen < sizeof(*usin))
                return -EINVAL;
        if (usin->sin_family != AF_INET) {
                if (usin->sin_family != AF_UNSPEC)
                        return -EAFNOSUPPORT;
        }

        daddr = usin->sin_addr.s_addr;
        dport = usin->sin_port;
```

Linux代码遵循IANA的规定，将UDP/TCP端口0保留。在TCP和UDP中保留端口0的规定可追溯到1987年发布的RFC 1010（*Assigned Numbers*），RFC 1700延续了这种规定。RFC 1700虽然已被在线数据库取代（参阅RFC 3232），但保留TCP/UDP端口0的规定还在。请参阅www.iana.org/assignments/service-names-port-numbers/service-names-port -numbers.xhtml。

```
        if (dport == 0)
                return -EINVAL;
} else {
        if (sk->sk_state != TCP_ESTABLISHED)
                return -EDESTADDRREQ;
     daddr = inet->inet_daddr;
     dport = inet->inet_dport;
     /* Open fast path for connected socket.
        Route will not be used, if at least one option is set.
      */
     connected = 1;
}

        ...
```

用户空间应用程序可通过设置msghdr对象中的msg_control和msg_controllen来发送控制信息（也叫*辅助数据*）。辅助数据实际上是一系列包含附加数据的cmsghdr对象（更详细的信息请参阅man 3 cmsg）。要发送和接收辅助数据，可分别调用方法sendmsg()和recvmsg()。例如，可创建IP_PKTINFO辅助消息，将源路由设置为未连接的UDP套接字（参见man 7 ip）。如果msg_controllen不为0，说明消息为控制信息消息，将由方法ip_cmsg_send()进行处理。方法ip_cmsg_send()分析指定的msghdr对象，并创建一个ipcm_cookie（IP控制消息Cookie）对象。结构ipcm_cookie包含可供处理数据包时使用的信息。例如，在使用IP_PKTINFO辅助消息时，可通过设置控制消息中的一个地址字段来设置源地址，进而最终完成ipcm_cookie对象的addrin的设置。结构ipcm_cookie很简短。

```
struct ipcm_cookie {
        __be32                  addr;
        int                     oif;
        struct ip_options_rcu   *opt;
        __u8                    tx_flags;
};
(include/net/ip.h)
```

下面接着讨论方法udp_sendmsg()。

```
if (msg->msg_controllen) {
        err = ip_cmsg_send(sock_net(sk), msg, &ipc);
        if (err)
                return err;
        if (ipc.opt)
                free = 1;
        connected = 0;
}
. . .
if (connected)
        rt = (struct rtable *)sk_dst_check(sk, 0);
. . .
```

如果路由选择条目为NULL，就必须执行路由选择查找。

```
if (rt == NULL) {
        struct net *net = sock_net(sk);

        fl4 = &fl4_stack;
        flowi4_init_output(fl4, ipc.oif, sk->sk_mark, tos,
                        RT_SCOPE_UNIVERSE, sk->sk_protocol,
                        inet_sk_flowi_flags(sk)|FLOWI_FLAG_CAN_SLEEP,
                        faddr, saddr, dport, inet->inet_sport);
        security_sk_classify_flow(sk, flowi4_to_flowi(fl4));
        rt = ip_route_output_flow(net, fl4, sk);
        if (IS_ERR(rt)) {
                err = PTR_ERR(rt);
                rt = NULL;
                if (err == -ENETUNREACH)
                        IP_INC_STATS_BH(net, IPSTATS_MIB_OUTNOROUTES);
                goto out;
        }
. . .
```

内核2.6.39添加了不加锁的快速传输路径。这意味着，在没有设置corking功能时，将不获取套接字锁，并调用方法udp_send_skb()；如果设置了corking功能，就调用方法lock_sock()来获取套接字锁，之后再发送数据包。

```
/* 没有设置corking功能时的不加锁快速路径 */
if (!corkreq) {
```

```
            skb = ip_make_skb(sk, fl4, getfrag, msg->msg_iov, ulen,
                            sizeof(struct udphdr), &ipc, &rt,
                            msg->msg_flags);
            err = PTR_ERR(skb);
            if (!IS_ERR_OR_NULL(skb))
                    err = udp_send_skb(skb, fl4);
             goto out;
    }
```

下面来处理设置了corking功能的情形。

```
        lock_sock(sk);
do_append_data:
        up->len += ulen;
```

方法ip_append_data()会将数据加入缓冲区，但不立即传输它们。接着，调用方法udp_push_pending_frames()来完成传输工作。请注意，方法udp_push_pending_frames()应使用指定的getfrag回调函数来处理分段。

```
    err = ip_append_data(sk, fl4, getfrag, msg->msg_iov, ulen,
                        sizeof(struct udphdr), &ipc, &rt,
                        corkreq ? msg->msg_flags|MSG_MORE : msg->msg_flags);
```

如果方法ip_append_data()失败，则必须清空所有等待传输的SKB。这是通过调用方法udp_flush_pending_frames()实现的。它将调用方法ip_flush_pending_frames()来释放套接字写入队列中的所有SKB。

```
    if (err)
            udp_flush_pending_frames(sk);
    else if (!corkreq)
            err = udp_push_pending_frames(sk);
    else if (unlikely(skb_queue_empty(&sk->sk_write_queue)))
            up->pending = 0;
    release_sock(sk);
```

本节介绍了使用UDP发送数据包的情况。为结束IPv4 UDP的讨论，下面介绍IPv4 UDP如何接收来自网络层（L3）的数据包。

11.3.3   接收来自网络层（L3）的 UDP 数据包

方法udp_rcv()是负责接收来自网络层（L3）的UDP数据包的主处理程序。它所做的唯一工作就是调用方法__udp4_lib_rcv()（net/ipv4/udp.c）。

```
int udp_rcv(struct sk_buff *skb)
{
        return __udp4_lib_rcv(skb, &udp_table, IPPROTO_UDP);
}
```

来看看方法__udp4_lib_rcv()。

```
int __udp4_lib_rcv(struct sk_buff *skb, struct udp_table *udptable,
                    int proto)
{
```

```
struct sock *sk;
struct udphdr *uh;
unsigned short ulen;
struct rtable *rt = skb_rtable(skb);
__be32 saddr, daddr;
struct net *net = dev_net(skb->dev);
...
```

从SKB中取回UDP报头、报头长度以及源地址和目标地址。

```
uh   = udp_hdr(skb);
ulen = ntohs(uh->len);
saddr = ip_hdr(skb)->saddr;
daddr = ip_hdr(skb)->daddr;
```

这里跳过一些完整性检查，如确保UDP报头不超过数据包长度以及核实指定的proto为UDP协议标识符（IPPROTO_UDP）。如果数据包为广播或组播，就调用方法__udp4_lib_mcast_deliver()来处理。

```
if (rt->rt_flags & (RTCF_BROADCAST|RTCF_MULTICAST))
    return __udp4_lib_mcast_deliver(net, skb, uh,
                                    saddr, daddr, udptable);
```

接下来，在UDP套接字散列表中查找。

```
sk = __udp4_lib_lookup_skb(skb, uh->source, uh->dest, udptable);
    if (sk != NULL) {
```

如果找到了匹配的套接字，就调用方法udp_queue_rcv_skb()对SKB做进一步处理。这个方法将调用通用方法sock_queue_rcv_skb()，后者会调用方法__skb_queue_tail()将指定的SKB添加到队列sk->sk_receive_queue末尾。

```
int ret = udp_queue_rcv_skb(sk, skb);
sock_put(sk);

/* 返回值大于0意味着需要重新提交输入，但这里希望返回值为-protocol或0 */
if (ret > 0)
    return -ret;
```

一切正常，因此返回0，表示成功。

```
    return 0;
}
...
```

如果没有找到匹配的套接字，就不对数据包进行处理。在目标端口上没有侦听的UDP套接字时，就会出现这种情况。如果校验和不对，应默默地丢弃数据包；如果校验和正确无误，应向发送方发回ICMP应答，它是代码为"端口不可达"的ICMP"目的地不可达"消息。另外，还必须释放SKB并更新一个SNMP MIB计数器。

```
/* 没有匹配的套接字。如果校验和不对，就默默地丢弃数据包 */
if (udp_lib_checksum_complete(skb))
    goto csum_error;
```

11

下面的命令会将MIB计数器UDP_MIB_NOPORTS（NoPorts）加1。请注意，要查询各种UDP MIB计数器，可使用cat /proc/net/snmp或netstat -s。

```
UDP_INC_STATS_BH(net, UDP_MIB_NOPORTS, proto == IPPROTO_UDPLITE);
icmp_send(skb, ICMP_DEST_UNREACH, ICMP_PORT_UNREACH, 0);

/*收到的UDP数据包将前往我们不想侦听的端口，因此将其忽略*/
kfree_skb(skb);
return 0;
```

图11-2表明了本节讨论的UDP数据包的接收过程。

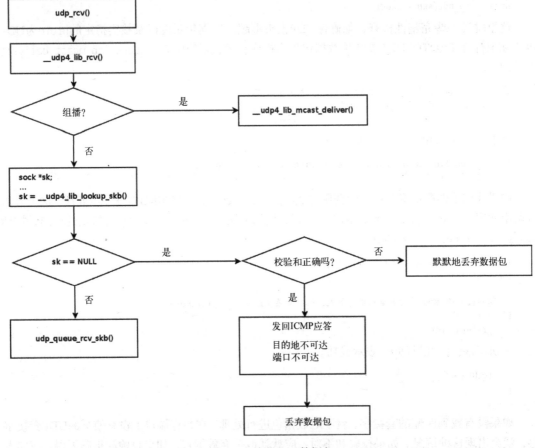

图11-2　接收UDP数据包

对UDP的讨论到这里就结束了。下一节将介绍TCP。在本章讨论的协议中，它最为复杂。

11.4　传输控制协议（TCP）

　　TCP是在1981年发布的RFC 793中定义的。从那时起，做了很多修订和增补。有些增补是针对特定网络类型的（如高速网络、卫星网络），而有些则旨在改善性能。

　　TCP是Internet中最常用的传输协议，很多著名协议都基于TCP。其中最著名的可能就是HTTP，但这里有必要提及其他一些著名协议，如FTP、SSH、Telnet、SMTP和SSL。不同于UDP，TCP提供面向连接的可靠传输，这种可靠性是通过使用序列号和确认来实现的。

　　TCP非常复杂，本章不讨论TCP实现的所有细节、优化和微秒之处，因为这些足够写一部专著。TCP功能由两部分组成：连接管理和数据收发。本节重点介绍TCP的初始化和TCP连接的建立（它们属于连接管理部分）以及数据包的接收和发送（它们属于数据收发部分）。这些是重要的基础知识，能够让你更深入地探索TCP的实现。需要指出的是，TCP通过拥塞控制来对字节流进行自我管控。拥塞控制算法很多，Linux提供了一个可插拔、可配置的架构，以支持各种拥塞控制算法。深入探讨各种拥塞控制算法的细节不在本书的范围之内。每个TCP数据包的开头都是一个TCP报头。要理解TCP的工作原理，必须了解TCP报头。下面就来描述IPv4 TCP报头。

11.4.1　TCP 报头

　　TCP报头长20字节，不过在使用TCP选项时它最长可达60字节。

```
struct tcphdr {
        __be16   source;
        __be16   dest;
        __be32   seq;
        __be32   ack_seq;
#if defined(__LITTLE_ENDIAN_BITFIELD)
        __u16    res1:4,
                 doff:4,
                 fin:1,
                 syn:1,
                 rst:1,
                 psh:1,
                 ack:1,
                 urg:1,
                 ece:1,
                 cwr:1;
#elif defined(__BIG_ENDIAN_BITFIELD)
        __u16    doff:4,
                 res1:4,
                 cwr:1,
                 ece:1,
                 urg:1,
                 ack:1,
                 psh:1,
                 rst:1,
                 syn:1,
                 fin:1;
#else
```

11

```
#error   "Adjust your <asm/byteorder.h> defines"
#endif
        __be16 window;
        __sum16 check;
        __be16 urg_ptr;
};
```

(include/uapi/linux/tcp.h)

下面描述结构tcphdr的成员。

❑ source：源端口，长16位，取值范围为1~65535。

❑ dest：目标端口，长16位，取值范围为1~65535。

❑ seq：序列号，长32位。

❑ ack_seq：确认号，长32位。如果设置了ACK标志，这个字段的值为接收方期望收到的下一个数据包的序列号。

❑ res1：保留，供以后使用，长4位，必须将其设置为0。

❑ doff：数据偏移量，长4位，以4字节为单位的TCP报头长度，因此这个字段的最小取值为5（20字节），最大为15（60字节）。

下面是TCP标志，各占1位。

❑ fin：后面没有来自发送方的其他数据（在一方想关闭连接时使用）。

❑ syn：在双方进行三次握手时发送SYN标志。

❑ rst：在收到并非当前连接的数据段时使用。

❑ psh：指出应尽快将数据交给用户空间。

❑ ack：指出TCP报头中的确认号（ack_seq）是有意义的。

❑ urg：指出紧急指针是有意义的。

❑ ece：ECN-Echo标志。ECN表示显式拥塞通知，它提供了一种发送有关网络拥塞的端到端的通知而不丢弃数据包的机制。它是在2001年发布的RFC 3168（*The Addition of Explicit Congestion Notification（ECN）to I*）中定义的。

❑ cwr：拥塞窗口缩小标志。

❑ window：长16位，表示TCP接收窗口的大小，单位为字节。

❑ check：TCP报头和TCP数据的校验和。

❑ urg_ptr：长16位，仅当设置了urg标志时才有意义。它表示相对于序列号的偏移量，指出了最后一个紧急数据字节。

图11-3显示了TCP报头。

本节介绍了IPv4 TCP报头及其成员。不像UDP报头那样只有4个成员，TCP报头的成员要多得多，这是因为TCP要复杂得多。下一节将介绍TCP的初始化，你将学习到，用于接收和发送TCP数据包的回调函数是在哪里进行初始化以及如何初始化的。

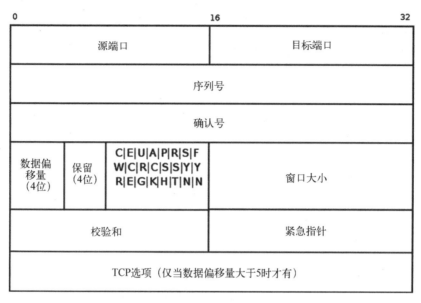

图11-3　IPv4 TCP报头

11.4.2　TCP 的初始化

定义对象tcp_protocol（net_protocol对象），并使用方法inet_add_protocol()来添加它。

```
static const struct net_protocol tcp_protocol = {
        .early_demux    =       tcp_v4_early_demux,
        .handler        =       tcp_v4_rcv,
        .err_handler    =       tcp_v4_err,
        .no_policy      =       1,
        .netns_ok       =       1,
};
```

(net/ipv4/af_inet.c)

```
static int __init inet_init(void)
  {
        . . .
        if (inet_add_protocol(&tcp_protocol, IPPROTO_TCP) < 0)
            pr_crit("%s: Cannot add TCP protocol\n", __func__);
        . . .
  }
```

(net/ipv4/af_inet.c)

接下来，像UDP一样，定义一个tcp_prot对象并调用方法proto_register()来注册它。

```
struct proto tcp_prot = {
        .name           = "TCP",
        .owner          = THIS_MODULE,
```

```
        .close                  = tcp_close,
        .connect                = tcp_v4_connect,
        .disconnect             = tcp_disconnect,
        .accept                 = inet_csk_accept,
        .ioctl                  = tcp_ioctl,
        .init                   = tcp_v4_init_sock,
        . . .
};
```

(net/ipv4/tcp_ipv4.c)

```
static int __init inet_init(void)
{
        int rc;
        . . .
        rc = proto_register(&tcp_prot, 1);
        . . .
}
```

(net/ipv4/af_inet.c)

请注意，在tcp_prot的定义中，函数指针init被设置为回调函数tcp_v4_init_sock()，它用于执行各种初始化工作，如调用方法tcp_init_xmit_timers()来设置定时器、设置套接字状态等。在相对简单得多的协议UDP中，根本就没有设置函数指针init，因为UDP不需要执行特殊的初始化。回调函数tcp_v4_init_sock()将在本节后面讨论。

下一节将简要地介绍TCP使用的定时器。

11.4.3 TCP 定时器

TCP 定时器是在net/ipv4/tcp_timer.c中处理的。TCP使用的定时器有4个。

- 重传定时器：负责重传在指定时间内未得到确认的数据包。数据包丢失或受损时就会出现这种情况。这个定时器在每个数据段发送后都会启动。如果定时器到期后未收到确认，将取消该定时器。
- 延迟确认定时器：推迟发送确认数据包。在TCP收到必须确认但无需马上确认的数据时得到设置。
- 存活定时器：检查连接是否断开。在有些情况下，会话会空闲很长时间，此时一方可能会断开连接。存活定时器会检测这样的情形，并调用方法tcp_send_active_reset()来重置连接。
- 零窗口探测定时器（也叫持续定时器）：缓冲区满后，接收方会通告零窗口，发送方将停止发送数据。接下来，如果发送方发送包含新窗口大小的数据段，但该数据段在传输过程中丢失了，发送方将永远地等待下去。这种问题的解决方案如下。发送方获悉接收方的窗口大小为零后，使用持续定时器来探测接收方的窗口大小。如果获悉窗口大小不为零，就将停止持续定时器。

11.4.4 TCP 套接字的初始化

要使用TCP套接字，用户空间应用程序必须创建一个SOCK_STREAM套接字，并调用系统调用 socket()。这在内核中是由回调函数 tcp_v4_init_sock() 来处理的。它将调用方法 tcp_init_sock() 来完成实际工作。请注意，方法tcp_init_sock()用于执行随地址簇而异的初始化。方法tcp_v6_init_sock()也可调用它。方法tcp_init_sock()执行的重要任务如下。

- 将套接字的状态设置为TCP_CLOSE。
- 调用方法tcp_init_xmit_timers()来初始化TCP定时器。
- 初始化套接字的发送缓冲区（sk_sndbuf）和接收缓冲区（sk_rcvbuf）。sk_sndbuf被设置为sysctl_tcp_wmem[1]（默认为16384字节），而sk_rcvbuf被设置为sysctl_tcp_rmem[1]（默认为87380字节）。这些默认值是在方法 tcp_init() 中设置的。要覆盖数组 sysctl_tcp_wmem和sysctl_tcp_rmem的默认值，可分别设置/proc/sys/net/ipv4/tcp_wmem 和/proc/sys/net/ipv4/tcp_rmem。请参阅Documentation/networking/ ip-sysctl.txt的"TCP变量"一节。
- 初始化无序队列和预备队列（prequeue）。
- 初始化各种参数。例如，根据2013年发布的RFC 6928（*Increasing TCP's Initial Window*），将TCP初始拥塞窗口初始化为10（TCP_INIT_CWND）个数据段。

了解TCP套接字是如何初始化的后，来学习TCP连接是如何建立的。

11.4.5 TCP 连接的建立

TCP连接的建立和拆除以及TCP连接的属性都被描述为状态机的状态。在给定时点，TCP套接字将处于指定的任何一种状态。例如，调用系统调用listen()后，套接字进入TCP_LISTEN状态。sock对象的状态由其成员sk_state表示。完整的状态清单请参阅include/net/tcp_states.h。

在TCP客户端和TCP服务器之间，使用三次握手来建立TCP连接。

- 首先，客户端向服务器发送SYN请求，其状态变为TCP_SYN_SENT。
- 侦听的服务器套接字（其状态为TCP_LISTEN）创建一个处于TCP_SYN_RECV状态的请求套接字，来表示新的连接，并发回一个SYN ACK。
- 客户端收到SYN ACK后，将其状态变为TCP_ESTABLISHED，并向服务器发送一个ACK。
- 服务器收到ACK后，将请求套接字修改为处于TCP_ESTABLISHED状态的子套接字，因为此时连接已建立，可以发送数据。

注意 要更详细地了解TCP状态机，请参阅方法tcp_rcv_state_process()（net/ipv4/tcp_input.c）。它是用于IPv4和IPv6的状态机引擎（在方法tcp_v4_do_rcv()和tcp_v6_do_rcv()中都调用了它）。

下一节介绍如何接收来自网络层（L3）的IPv4 TCP数据包。

11

11.4.6 接收来自网络层（L3）的 TCP 数据包

方法tcp_v4_rcv()（net/ipv4/tcp_ipv4.c）是负责接收来自网络层（L3）的TCP数据包的主处理程序，下面就来看看它。

```
int tcp_v4_rcv(struct sk_buff *skb)
{
        struct sock *sk;
        . . .
```

首先，做一些完整性检查（例如，检查数据包类型是否为PACKET_HOST、TCP报头是否比数据包还长）。如果发现问题，就将数据包丢弃。接下来，做一些初始化工作，并调用方法 __inet_lookup_skb()查找匹配的套接字。这个方法首先调用方法 __inet_lookup_established()，在已建立的套接字散列表中查找。如果没有找到，则调用方法 __inet_lookup_listener()在侦听套接字散列表中查找。如果也没有找到，就将数据包丢弃。

```
sk = __inet_lookup_skb(&tcp_hashinfo, skb, th->source, th->dest);
. . .
if (!sk)
        goto no_tcp_socket;
```

接下来，检查套接字是否属于某个应用程序。如果套接字归某个应用程序所有，sock_owned_by_user()宏就返回1，否则返回0。

```
if (!sock_owned_by_user(sk)) {
. . .
        {
```

如果套接字不归任何应用程序所有，它便可以接收数据包。在这种情况下，首先调用方法tcp_prequeue()来尝试将数据包加入预备队列，因为在预备队列中处理数据包的效率更高。如果无法在预备队列中处理（例如，这个队列没有空间时），tcp_prequeue()将返回false。在这种情况下，将调用稍后将讨论的方法tcp_v4_do_rcv()。

```
        if (!tcp_prequeue(sk, skb))
                ret = tcp_v4_do_rcv(sk, skb);
}
```

当套接字归某个应用程序所有时，意味着它处于锁定状态，不能接收数据包。在这种情况下，将调用方法sk_add_backlog()将其加入后备队列（backlog）。

```
        } else if (unlikely(sk_add_backlog(sk, skb,
                                        sk->sk_rcvbuf + sk->sk_sndbuf))) {
                bh_unlock_sock(sk);
                NET_INC_STATS_BH(net, LINUX_MIB_TCPBACKLOGDROP);
                goto discard_and_relse;
        }
}
```

来看看方法tcp_v4_do_rcv()。

```
int tcp_v4_do_rcv(struct sock *sk, struct sk_buff *skb)
{
```

如果套接字处于TCP_ESTABLISHED状态，就调用方法tcp_rcv_established()。

```
if (sk->sk_state == TCP_ESTABLISHED) { /* 快速路径 */
. . .
        if (tcp_rcv_established(sk, skb, tcp_hdr(skb), skb->len)) {
                rsk = sk;
                goto reset;
        }
        return 0;
```

如果套接字处于TCP_LISTEN状态，则调用方法tcp_v4_hnd_req()。

```
if (sk->sk_state == TCP_LISTEN) {
        struct sock *nsk = tcp_v4_hnd_req(sk, skb);

}
```

如果套接字并非处于TCP_LISTEN状态，则调用方法tcp_rcv_state_process()。

```
        if (tcp_rcv_state_process(sk, skb, tcp_hdr(skb), skb->len)) {
                rsk = sk;
                goto reset;
        }
        return 0;

reset:
        tcp_v4_send_reset(rsk, skb);

}
```

本节介绍了TCP数据包的接收，下一节将介绍IPv4 TCP数据包是如何发送的，从而结束有关TCP讨论。

11.4.7 发送 TCP 数据包

与UDP一样，要从用户空间中创建的TCP套接字发送数据包，可使用多个系统调用，包括：send()、sendto()、sendmsg()和write()。这些系统调用最终都由方法tcp_sendmsg()（net/ipv4/tcp.c）来处理。它将来自用户空间的有效负载复制到内核，并将其作为TCP数据段进行发送。这个方法比方法udp_sendmsg()要复杂得多。

```
int tcp_sendmsg(struct kiocb *iocb, struct sock *sk, struct msghdr *msg,
                size_t size)
{
        struct iovec *iov;
        struct tcp_sock *tp = tcp_sk(sk);
        struct sk_buff *skb;
        int iovlen, flags, err, copied = 0;
        int mss_now = 0, size_goal, copied_syn = 0, offset = 0;
        bool sg;
        long timeo;
        . . .
```

这里不深究这个方法将来自用户空间的数据复制到SKB中的细节。创建SKB后，将调用方法tcp_push_one()来发送它。方法tcp_push_one()将调用方法tcp_write_xmit()，而tcp_write_xmit()

又将调用方法tcp_transmit_skb()。

```
static int tcp_transmit_skb(struct sock *sk, struct sk_buff *skb, int clone_it,
                            gfp_t gfp_mask)
{
```

icsk_af_ops（INET连接套接字选项）是一个随地址簇而异的对象。对于IPv4 TCP，方法 tcp_v4_init_sock()将其设置为一个名为ipv4_specific的inet_connection_sock_af_ops对象。 queue_xmit回调函数被设置为通用方法ip_queue_xmit()。请参见net/ipv4/tcp_ipv4.c。

```
    . . .
    err = icsk->icsk_af_ops->queue_xmit(skb, &inet->cork.fl);
    . . .
}
```
(net/ipv4/tcp_output.c)

学习完TCP和UDP后，便为阅读下一节做好了准备。该节将介绍流控制传输协议（SCTP）。 SCTP兼具UDP和TCP的特点，其面世时间比UDP和TCP都晚。

11.5　流控制传输协议（SCTP）

SCTP（Stream Control Transmission，流控制传输协议）是在2007年发布的RFC 4960中定义 的，但它首次被定义则是在2000年。SCTP设计用于通过IP网络传输公共交换电话网络（Public Switched Telephone Network，PSTN）信令，也可用于其他应用。SCTP最初由IETF SIGTRAN（信 令传输）工作组开发，但后来移交给了传输领域工作组，最终演变为一种通用的传输协议。长期 演进（Long Term Evolution，LTE）使用了SCTP。这样做的一个主要原因是，当链路发生故障或 数据包被快速丢弃时，SCTP能够检得到，而TCP则没有这样的功能。SCTP使用的流量控制和 拥塞控制算法与TCP很像。它将一个变量用于通告的接收方窗口大小（a_rwnd），这个变量表示接 收方缓冲区的当前可用空间。如果接收方指出发送方a_rwnd为0（没有接收空间），发送方就不能 再发送任何数据。SCTP的主要特征如下。

- SCTP兼具TCP和UDP的特点。它像TCP一样，是一种具备拥塞控制功能的可靠传输协议； 它又像UDP一样是一种面向消息的协议，而TCP却是面向流的。
- SCTP使用四次握手（而TCP使用三次握手）来防范SYN泛洪攻击，从而提高了安全性。 四次握手将在11.5.5节讨论。
- SCTP支持多宿主，即两端都有多个IP地址。这提供了网络级容错功能。
- SCTP支持多流。这意味着它能够同时发送多个数据块流。在有些环境中，这可降低流媒 体的延迟。SCTP块（chunk）将在本节后面讨论。
- SCTP在多宿主情形下使用心跳（heartbeat）机制来检测空闲/不可达的对等体。SCTP心跳 机制将在本章后面讨论。

简要地介绍过SCTP后，下面来讨论SCTP的初始化。方法sctp_init()可为各种结构分配内存， 初始化一些sysctl变量，并在IPv4和IPv6中注册SCTP：

```
int sctp_init(void)
```

```
{
        int status = -EINVAL;
         . . .
         status = sctp_v4_add_protocol();
        if (status)
                goto err_add_protocol;

        /* 向inet6层注册SCTP */
        status = sctp_v6_add_protocol();
        if (status)
                goto err_v6_add_protocol;
        . . .
}
```

(net/sctp/protocol.c)

注册SCTP的方法是，定义一个net_protocol实例（对于IPv4，其名为sctp_protocol；对于IPv6，其名为sctpv6_protocol），并调用方法inet_add_protocol()。这与其他传输协议（如UDP）的注册很像。另外，还要调用方法register_inetaddr_notifier()，以便收到网络地址增删通知。这些事件将由方法sctp_inetaddr_event()来处理，它将相应地更新SCTP全局地址列表（sctp_local_addr_list）。

```
static const struct net_protocol sctp_protocol = {
        .handler      = sctp_rcv,
        .err_handler = sctp_v4_err,
        .no_policy    = 1,
};
```

(net/sctp/protocol.c)

```
static int sctp_v4_add_protocol(void)
{
        /* 注册网络地址增删通知者 */
        register_inetaddr_notifier(&sctp_inetaddr_notifier);

        /* 向inet层注册SCTP */
        if (inet_add_protocol(&sctp_protocol, IPPROTO_SCTP) < 0)
                return -EAGAIN;
        return 0;
}
```

(net/sctp/protocol.c)

11

注意 方法sctp_v6_add_protocol()（net/sctp/ipv6.c）与sctp_v4_add_protocol()很像，因此这里不再介绍它。

每个SCTP数据包的开头都是一个SCTP报头。下面介绍SCTP报头的结构，然后再讨论SCTP块。

11.5.1 SCTP 数据包和数据块

每个SCTP数据包都有一个通用的SCTP报头，它后面紧跟着一个或多个块。块包含数据或

SCTP控制信息。可将多个块捆绑成一个SCTP数据包，但有3个用于建立和终止连接的块除外，它们是INIT、INIT_ACK和SHUTDOWN_COMPLETE。这些块使用第2章介绍过的类型-长度-值（TLV）格式。

SCTP通用报头

```
typedef struct sctphdr {
        __be16 source;
        __be16 dest;
        __be32 vtag;
        __le32 checksum;
} __attribute__((packed)) sctp_sctphdr_t;
```

(include/linux/sctp.h)

下面描述结构sctphdr的成员。

❑ source：SCTP源端口。

❑ dest：SCTP目标端口。

❑ vtag：验证标签，是一个32位的随机值。

❑ checksum：SCTP通用报头和所有块的校验和。

11.5.2 SCTP 块头

SCTP块头（chunk header）由结构sctp_chunkhdr表示。

```
typedef struct sctp_chunkhdr {
        __u8 type;
        __u8 flags;
        __be16 length;
} __packed sctp_chunkhdr_t;
```

(include/linux/sctp.h)

下面描述结构sctp_chunkhdr的成员。

❑ type：SCTP块的类型。例如，数据块（data chunk）的类型为SCTP_CID_DATA。关于块类型，请参阅11.8节中的表11-2以及include/linux/sctp.h中块ID枚举（sctp_cid_t）的定义。

❑ flags：通常，发送方应将该字段的全部8位都设置为0，而接收方则忽略该字段。在有些情况下，会使用不同的值。例如，在ABORT块中，使用了T位（LSB），因此如果发送方填充了验证标签，将会把它设置为0，否则将它设置为1。

❑ length：SCTP块的长度。

11.5.3 SCTP 块

SCTP块由结构sctp_chunk表示。每个块对象都包含源地址和目标地址以及一个随块类型而异的子头（联合体subh的成员）。例如，数据块包含sctp_datahdr子头，而INIT块包含sctp_inithdr子头。

```
struct sctp_chunk {
```

```
    . . .
    atomic_t refcnt;

    union {
            __u8 *v;
            struct sctp_datahdr        *data_hdr;
            struct sctp_inithdr        *init_hdr;
            struct sctp_sackhdr        *sack_hdr;
            struct sctp_heartbeathdr   *hb_hdr;
            struct sctp_sender_hb_info *hbs_hdr;
            struct sctp_shutdownhdr    *shutdown_hdr;
            struct sctp_signed_cookie  *cookie_hdr;
            struct sctp_ecnehdr        *ecne_hdr;
            struct sctp_cwrhdr         *ecn_cwr_hdr;
            struct sctp_errhdr         *err_hdr;
            struct sctp_addiphdr       *addip_hdr;
            struct sctp_fwdtsn_hdr     *fwdtsn_hdr;
            struct sctp_authhdr        *auth_hdr;
    } subh;

    struct sctp_chunkhdr    *chunk_hdr;
    struct sctphdr          *sctp_hdr;

    struct sctp_association *asoc;

    /* 块是由哪个端点收到的？ */
    struct sctp_ep_common   *rcvr;

    . . .

    /* 块的源IP地址是谁？ */
    union sctp_addr source;
    /* 块的目标IP地址 */
    union sctp_addr dest;

    . . .
    /* 对于入站块，指出了它来自何方
     * 对于出站块，指出了我们希望它去往何方
     * 如果没有偏好，则为NULL
     */
    struct sctp_transport *transport;
};
```

(include/net/sctp/structs.h)

下面介绍SCTP关联，它相当于TCP连接。

11.5.4　SCTP 关联

SCTP使用术语关联而不是连接。连接指的是两个IP地址之间的通信，而关联指的是两个端点之间的通信，端点可能有多个IP地址。SCTP关联由结构sctp_association表示。

```
struct sctp_association {
        . . .
```

```
        sctp_assoc_t assoc_id;

        /* cookie需要的关联元素 */
        struct sctp_cookie c;

        /* 有关对等体的所有信息. */
        struct {
                struct list_head transport_addr_list;

                . . .
                __u16 transport_count;
                __u16 port;
                . . .

                struct sctp_transport *primary_path;
                struct sctp_transport *active_path;

        } peer;

        sctp_state_t state;
        . . .
        struct sctp_priv_assoc_stats stats;
};
```

(include/net/sctp/structs.h).

下面描述结构sctp_association的一些重要成员。

❑ assoc_id：关联的唯一id，由方法sctp_assoc_set_id()设置。

❑ c：与关联相关的状态cookie（sctp_cookie对象）。

❑ peer：一个内部结构，表示关联的对等端点。添加和删除对等体的工作分别由方法
　sctp_assoc_add_peer()和sctp_assoc_rm_peer()完成。下面描述结构peer的一些重要成员。

　■ transport_addr_list：表示对等体的一个或多个地址。关联建立后，要在这个列表中
　　增删地址，可使用方法sctp_connectx()。

　■ transport_count：对等体地址列表（transport_addr_list）中的地址数。

　■ primary_path：表示建立初始连接（交换INIT和INIT_ACK）时使用的地址。只要主路
　　径处于活动状态，关联就将尽可能使用它。

　■ active_path：当前发送数据时使用的对等体地址。

　■ state：关联的状态，如SCTP_STATE_CLOSED或SCTP_STATE_ESTABLISHED。本节
　　后面将讨论各种SCTP状态。

　　为了支持前面提到的多宿主，可使用sctp_bindx()在关联中添加多个本地地址。这个方法也
可用于从关联中删除多个本地地址。每个SCTP关联都包含一个peer对象，它表示远程端点。peer
对象有一个列表（transport_addr_list），其中包含远程端点的一个或多个地址。要在建立关联
时在这个列表中添加一个或多个地址，可使用系统调用sctp_connectx()。SCTP关联由方法
sctp_association_new()创建，并由方法sctp_association_init()初始化。在给定时点，　SCTP

关联处于8种状态之一。例如，刚创建时状态为SCTP_STATE_CLOSED。随后，状态可能发生变化，详情请参阅11.5.5节。这些状态由枚举sctp_state_t（include/net/sctp/constants.h）表示。

　　初始化过程完成后，才能在两个端点之间发送数据。在这个过程中，将在两个端点之间建立SCTP关联。为防范同步攻击，使用了一种cookie机制。下一节将讨论这个过程。

11.5.5　建立 SCTP 关联

　　初始化是一个四次握手过程，包含如下步骤。

□ 端点（A）向要与之通信的端点（Z）发送INIT块。INIT块的发起标签字段包含本地生成的标签，还包含一个值为0的验证标签（SCTP报头中的vtag）。

□ 发送INIT块后，关联进入SCTP_STATE_COOKIE_WAIT状态。

□ 作为应答，端点Z会向端点A发送一个INIT-ACK块。这个块的发起标签字段包含一个本地生成的标签，同时，它还会将远程端点的发起标签用作验证标签（SCTP报头中的vtag）。端点Z还需生成一个状态cookie，并通过INIT-ACK应答发送它。

□ 端点A收到INIT-ACK块后，它会退出SCTP_STATE_COOKIE_WAIT状态。从现在开始，在传输的所有数据报中，A都会将远程端点的发起标签用作验证标签（SCTP报头中的vtag）。接下来，A将通过一个COOKIE ECHO块发送状态cookie，并进入SCTP_STATE_COOKIE_ECHOED状态。

□ 收到COOKIE ECHO块后，端点Z将创建一个传输控制块（Transmission Control Block，TCB）。TCB是包含SCTP连接一端的连接信息的数据结构。接下来，Z将切换到状态SCTP_STATE_ESTABLISHED，并使用COOKIE ACK块进行应答。至此，在Z端点处就建立了关联，该关联将使用保存的标签。

□ 收到 COOKIE ACK后，A端点将从状态SCTP_STATE_COOKIE_ECHOED切换到SCTP_STATE_ESTABLISHED状态。

注意　如果缺失必不可少的参数或收到的参数值无效，端点可能会使用ABORT块来响应INIT、INIT ACK或COOKIE ECHO块。在应答中，必须指出使用ABORT块的原因。

11

　　了解过SCTP关联以及它们是如何创建的后，来看看SCTP数据包是如何发送和接收的。

11.5.6　接收 SCTP 数据包

　　负责接收SCTP数据包的主处理程序是方法sctp_rcv()，它将一个SKB作为唯一的参数（net/sctp/input.c）。首先做一些完整性检查（长度、校验和等）。如果一切正常，再接着检查数据报是否为不速之客（Out of the Blue，OOTB）。不速之客指的是数据包正确无误（校验和正确），但接收方无法确定它所属的SCTP关联（参见 RFC 4960第8.4节）。OOTB数据包由方法sctp_rcv_ootb()来处理。它将迭代数据包中的所有块，并根据块类型采取RFC 4960指定的措施。

例如，对于ABORT块，会将其丢弃。如果数据包不是OOTB数据包，则调用方法sctp_inq_push()将其加入一个SCTP输入队列（inqueue）中。这样，数据包将接着由方法sctp_assoc_bh_rcv()或sctp_endpoint_bh_rcv()进行处理。

11.5.7　发送 SCTP 数据包

写入用户空间SCTP套接字的工作由方法sctp_sendmsg()（net/sctp/socket.c）来处理。它调用方法 sctp_primitive_SEND() 将数据包交给下层，而方法 sctp_primitive_SEND() 将使用SCTP_ST_PRIMITIVE_SEND调用状态机回调函数sctp_do_sm()（net/sctp/sm_sideeffect.c）。接下来，将调用方法sctp_side_effects()。最后调用方法sctp_packet_transmit()。

11.5.8　SCTP 心跳

心跳机制通过交换SCTP数据包HEARTBEAT和HEARTBEAT-ACK来检测路径的连接性。到达无返回心跳确认阈值后，它将宣布IP地址失效。默认每隔30秒将发送一个HEARTBEAT块，用来对空闲的目标传输地址进行监视。要配置这个时间间隔，可设置/proc/sys/net/ sctp/hb_interval，默认值为30000毫秒（30秒）。发送HEARTBEAT块的工作由方法sctp_sf_sendbeat_8_3()完成。这个方法名称中的8_3表示RFC 4960第8.3节（"Path Heartbeat"）。端点收到HEARTBEAT块后，如果它处于 SCTP_STATE_COOKIE_ECHOED 或 SCTP_STATE_ESTABLISHED 状态，将使用HEARTBEAT-ECHO块进行应答。

11.5.9　SCTP 多流

流指的是单个关联中的单向数据流。建立关联期间，使用INIT块声明出站流（Outbound Stream）数和入站流（Inbound Stream）数。这些流在关联的整个生命周期内都有效。用户空间应用程序可这样设置流数：创建一个sctp_initmsg对象并初始化其sinit_num_ostreams和sinit_max_instreams，再使用SCTP_INITMSG调用方法setsockopt()。还可使用系统调用sendmsg()来初始化流数。这将设置sctp_sock对象中initmsg对象的相应字段。添加流的最重要目的之一是避免队头阻塞（Head-of-Line blocking）。队头阻塞是一种影响性能的现象，它指的是，一系列数据包被第一个数据包阻塞，例如，HTTP管道中包含多个请求。使用SCTP多流时，则不存在这样的问题，因为每个流都是分开的，并会依次传输它们的数据。这样，即便一个流因丢失/拥塞而阻塞，其他流也不会阻塞，其数据会继续被传输。

注意　在将套接字用于SCTP方面时，有必要提及lksctp-tools项目（http://lksctp.sourceforge. et/）。这个项目提供了一个Linux用户空间SCTP库（libsctp），其中包括C语言头文件（netinet/sctp.h）——可用于访问标准套接字没有提供的SCTP应用程序编程接口，还有一些SCTP辅助工具。还需提及RFC 6458（*Sockets API Extensions for Stream Control Transmission Protocol* (*SCTP*)），它描述了流控制传输协议（SCTP）到套接字API的映射。

11.5.10　SCTP 多宿主

SCTP多宿主指的是两个端点都有多个IP地址。SCTP的优点之一是，如果本地IP地址是使用通配符指定的，则端点默认将是多宿主的。然而，多宿主功能也有很多令人迷惑的地方，因为大家会简单地认为，只要绑定多个地址，关联就将是多宿主的。情况并非如此，因为这只实现了目标多宿主。换句话说，仅当连接的两个端点都是多宿主的时，才具备故障切换功能。如果本地关联只知道一个目标地址，将只有一条路径，根本谈不上多宿主。

本节介绍了SCTP多宿主。本章有关SCTP的讨论就到此结束了。下一节将讨论DCCP，这是本章讨论的最后一种传输协议。

11.6　数据报拥塞控制协议（DCCP）

DCCP是一种不可靠的拥塞控制传输协议，它借鉴了UDP和TCP，并添加了新功能。与UDP一样，它是面向消息且不可靠的；与TCP一样，它是面向连接的，且将使用三次握手来建立连接。DCCP的开发借鉴了学术界的理念，有多个研究机构参与其中，但至今还未在大型网络中测试过。DCCP适合用于要求延迟较短但允许少量数据丢失的应用程序，如电话应用程序和流媒体应用程序。

相比于TCP，DCCP拥塞控制的不同之处在于，两个端点可协商拥塞控制算法，并可将拥塞控制应用于连接的正向路径和逆向路径（DCCP称之为半连接）。目前，定义了两种可插拔的拥塞控制算法。第一种是基于速率的TCP友好平滑算法（CCID-3，参见RFC 4342和5348），这种算法还有一个实验性的小型数据包变种——CCID-4（参见RFC 5622和RFC 4828）。第二种是类TCP（TCP-like）拥塞控制算法（参见RFC 4341），它会对DDCP流应用基本的TCP拥塞控制算法和选择性确认（SACK，参见RFC 2018）。要正常运行，端点至少需要实现一种CCID。第一个Linux DCCP实现是在Linux内核2.6.14（2005年）中发布的。本章介绍DCCPv4（IPv4）的实现原理。深入探讨各种DDCP拥塞控制算法的细节不在本书的范围之内。

大致介绍完DCCP后，下面来说说DDCP报头。

11.6.1　DCCP 报头

每个DCCP数据包开头都是一个DCCP报头。DCCP报头最短12字节。DCCP使用12~1020字节的变长报头，具体长度取决于使用的是否是短序列号以及包含哪些TLV数据包选项。DCCP序列号为已发送的数据包数（而不像TCP中那样为已发送的字节数），可从6字节缩短到3字节。

```
struct dccp_hdr {
        __be16  dccph_sport,
                dccph_dport;
        __u8    dccph_doff;
#if defined(__LITTLE_ENDIAN_BITFIELD)
        __u8    dccph_cscov:4,
                dccph_ccval:4;
```

```
#elif defined(__BIG_ENDIAN_BITFIELD)
        __u8    dccph_ccval:4,
                dccph_cscov:4;
#else
#error "Adjust your <asm/byteorder.h> defines"
#endif
        __sum16 dccph_checksum;
#if defined(__LITTLE_ENDIAN_BITFIELD)
        __u8    dccph_x:1,
                dccph_type:4,
                dccph_reserved:3;
#elif defined(__BIG_ENDIAN_BITFIELD)
        __u8    dccph_reserved:3,
                dccph_type:4,
                dccph_x:1;
#else
#error "Adjust your <asm/byteorder.h> defines"
#endif
        __u8    dccph_seq2;
        __be16  dccph_seq;
};
```

(include/uapi/linux/dccp.h)

下面描述结构dccp_hdr的成员。

❑ dccph_sport：源端口（16位）。

❑ dccph_dport：目标端口（16位）。

❑ dccph_doff：数据偏移量（8位），以4字节为单位，指出了DCCP报头的长度。

❑ dccph_cscov：指出校验和涵盖了数据包的哪部分。对于可容许少量数据包不正确的应用程序，使用部分校验和可改善性能。

❑ dccph_ccval：发送方提供给接收方的拥塞控制算法信息（并非总是使用）。

❑ dccph_x：扩展序列号位（1位）。设置了这个标志时，使用48位的扩展序列号和确认号。

❑ dccph_type：DDCP数据包类型（4位），可以是DCCP_PKT_DATA（表示数据包包含的是数据）或DCCP_PKT_ACK（表示数据包为ACK）。完整的DDCP数据包类型列表，请参阅11.8节中的表11-3。

❑ dccph_reserved：保留，供以后使用（1位）。

❑ dccph_checksum：校验和（16位）。DDCP报头和数据的校验和，计算方式类似于UDP和TCP。如果使用的是部分校验和，计算校验和时将只考虑dccph_cscov指定的那部分数据。

❑ dccph_seq2：序列号（8位），用于使用扩展序列号的情况。

❑ dccph_seq：序列号（16位），每发送一个数据包都加1。

注意 DCCP序列号字段的长度取决于dccph_x（详情请参阅include/linux/dccp.h中的方法dccp_hdr_seq()）。

在图11-4显示的DDCP报头中，设置了标志dccph_x，因此使用48位的扩展序列号。

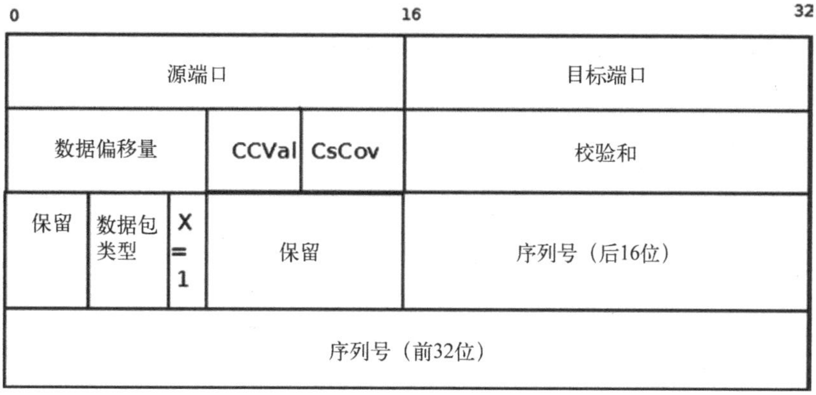

图11-4　DDCP报头（设置了扩展序列号位，即dccph_x为1）

在图11-5显示的DCCP报头中，没有设置标志dccph_x，因此使用24位的序列号。

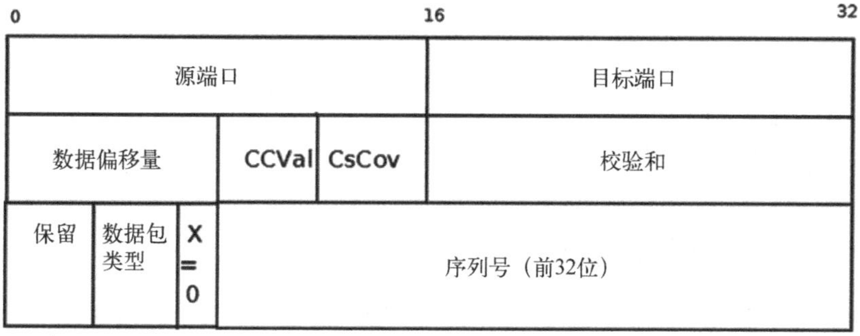

图11-5　DDCP报头（没有设置扩展序列号位，即dccph_x为0）

11.6.2　DCCP 的初始化

DCCP初始化与TCP和UDP初始化很像。对于DCCPv4（net/dccp/ipv4.c），首先定义一个proto对象（dccp_v4_prot）并设置DCCP回调函数，同时定义并初始化一个net_protocol对象（dccp_v4_protocol）。

```
static struct proto dccp_v4_prot = {
        .name            = "DCCP",
        .owner           = THIS_MODULE,
        .close           = dccp_close,
        .connect         = dccp_v4_connect,
        .disconnect      = dccp_disconnect,
        .ioctl           = dccp_ioctl,
        .init            = dccp_v4_init_sock,
. . .
```

```
        .sendmsg              = dccp_sendmsg,
        .recvmsg              = dccp_recvmsg,
        . . .
}
```

(net/dccp/ipv4.c)

```
static const struct net_protocol dccp_v4_protocol = {
        .handler        = dccp_v4_rcv,
        .err_handler    = dccp_v4_err,
        .no_policy      = 1,
        .netns_ok       = 1,
};
```

(net/dccp/ipv4.c)

接下来，在方法dccp_v4_init()中注册对象dccp_v4_prot和dccp_v4_protocol。

```
static int __init dccp_v4_init(void)
{
        int err = proto_register(&dccp_v4_prot, 1);

        if (err != 0)
                goto out;

        err = inet_add_protocol(&dccp_v4_protocol, IPPROTO_DCCP);
        if (err != 0)
                goto out_proto_unregister;
```

(net/dccp/ipv4.c)

11.6.3 DCCP 套接字的初始化

在用户空间中，使用系统调用socket()来创建DDCP套接字，其中的域参数（SOCK_DCCP）指明要创建的是DCCP套接字。在内核中，这将导致使用回调函数dccp_v4_init_sock()来初始化DDCP套接字。这个回调函数依赖方法dccp_init_sock()来完成实际工作。

```
static int dccp_v4_init_sock(struct sock *sk)
{
        static __u8 dccp_v4_ctl_sock_initialized;
        int err = dccp_init_sock(sk, dccp_v4_ctl_sock_initialized);

        if (err == 0) {
                if (unlikely(!dccp_v4_ctl_sock_initialized))
                        dccp_v4_ctl_sock_initialized = 1;
                inet_csk(sk)->icsk_af_ops = &dccp_ipv4_af_ops;
        }

        return err;
}
```

(net/dccp/ipv4.c)

方法dccp_init_sock()执行的最重要任务如下。

- 将DCCP套接字的字段初始化为合理的默认值。例如，将套接字状态设置为DCCP_CLOSED。
- 通过调用方法dccp_init_xmit_timers()初始化DCCP定时器。
- 通过调用方法dccp_feat_init()初始化功能协商部分。功能协商是DCCP的一项突出功能，它能够让端点就连接两端的属性达成一致。它扩展了TCP功能协商。该功能在RFC 4340第6节有进一步的描述。

11.6.4 接收来自网络层（L3）的 DCCP 数据包

方法dccp_v4_rcv()是负责接收来自网络层（L3）的DCCP数据包的主处理程序。

```
static int dccp_v4_rcv(struct sk_buff *skb)
{
        const struct dccp_hdr *dh;
        const struct iphdr *iph;
        struct sock *sk;
        int min_cov;
```

首先，丢弃无效的数据包。例如，如果数据包不是发送给当前主机的（数据包类型不是PACKET_HOST）或者数据包长度比DCCP报头（12字节）还短，就将其丢弃。

```
if (dccp_invalid_packet(skb))
        goto discard_it;
```

接下来，根据流查找套接字。

```
sk = __inet_lookup_skb(&dccp_hashinfo, skb,
                       dh->dccph_sport, dh->dccph_dport);
```

如果没有找到匹配的套接字，就将数据包丢弃。

```
if (sk == NULL) {
        . . .
        goto no_dccp_socket;
}
```

然后，再执行一些与校验和最小覆盖范围相关的检查。如果一切正常，就调用通用方法sk_receive_skb()将数据包交给传输层（L4）。我们注意到，方法dccp_v4_rcv()的结构和功能都与方法tcp_v4_rcv()很像。这是因为最初编写Linux DCCP代码的人（Arnaldo Carvalho de Melo）尽了最大努力，来确保TCP和DCCP的代码间的相似性明显而清晰。

```
        . . .
        return sk_receive_skb(sk, skb, 1);
        }
```

(net/dccp/ipv4.c)

11.6.5 发送 DCCP 数据包

当从DCCP用户空间套接字发送数据时，在内核中，最终将由方法dccp_sendmsg()（net/dccp/proto.c）进行处理。这与TCP类似。从TCP用户空间套接字发送数据时，最终由内核方法tcp_sendmsg()

处理。来看看方法dccp_sendmsg()。

```
int dccp_sendmsg(struct kiocb *iocb, struct sock *sk, struct msghdr *msg,
                 size_t len)
{
        const struct dccp_sock *dp = dccp_sk(sk);
        const int flags = msg->msg_flags;
const int noblock = flags & MSG_DONTWAIT;
struct sk_buff *skb;
int rc, size;
long timeo;
```

分配SKB。

```
skb = sock_alloc_send_skb(sk, size, noblock, &rc);
lock_sock(sk);
if (skb == NULL)
        goto out_release;

skb_reserve(skb, sk->sk_prot->max_header);
```

将数据块从msghdr对象复制到SKB。

```
rc = memcpy_fromiovec(skb_put(skb, len), msg->msg_iov, len);
if (rc != 0)
        goto out_discard;

if (!timer_pending(&dp->dccps_xmit_timer))
        dccp_write_xmit(sk);
```

方法dccp_write_xmit()可能会推迟发送数据包（调用dccps_xmit_timer()），也可能调用方法dccp_xmit_packet()立即发送数据包，这取决于为连接所选择的拥塞控制类型（基于窗口的还是基于速率）。dccp_xmit_packet()调用方法dccp_transmit_skb()来初始化出站DCCP数据包报头，并将数据包交给L3 queue_xmit发送回调函数（对于IPv4，使用的是方法ip_queue_xmit()；对于IPv6，使用的是方法inet6_csk_xmit()）。结束对DCCP的讨论前，将简要地介绍一下DCCP和NAT。

11.6.6 DCCP 和 NAT

有些NAT设备禁止DCCP数据包通过（这通常是因为它们的固件较小，不支持怪异的IP协议，如DCCP）。2009年发布的RFC 5597就NAT在支持DDCP通信方面的行为提出了建议。然而，设备采纳这些建议的程度不得而知。鉴于没有NAT设备允许DCCP数据包通过，开发了DCCP-UDP（RFC 6773第1节）。如果将DCCP与TCP作比较，将发现一个有趣的细节：TCP默认支持同时打开（simultaneous open）（RFC 793第3.4节），而最初的DCCP规范（RFC 4340第4.6节）禁止使用同时打开。为支持NAPT穿越，2009年发布的RFC 5596修订了RFC 4340，它新增了一种"近似同时打开"技术。为支持近似同时打开，添加了一种数据包类型（DCCP-LISTEN，RFC 5596的2.2.1节），并修改了状态机，使其支持另外两种状态。这是一种NAT"打洞"技术，对NAT的要求与原来的DCCP相同。鉴于这种因果难分的问题，DCCP很少用于Internet。也许UDP封装将改变这种现状，但使用UDP封装后，DCCP就不再是真正的传输层协议了。

11.7　总结

本章讨论了4种传输协议：最常用的UDP和TCP，以及较新的SCTP和DCCP。在此，你学习了这些协议的基本差别，并了解到TCP比UDP要复杂得多，因为它需要使用状态机和多个定时器，并要求确认。你还学习了这些协议的报头及其数据包的收发，以及SCTP的独特功能，如多宿主和多流。

下一章将讨论Linux无线子系统及其实现。在11.8节中，将按本章介绍主题的顺序列出相关的重要方法，以及本章前面提及的2个表格。

11.8　快速参考

在本章最后，将列出重要的套接字方法以及本章讨论过的传输层协议方法，其中一些在本章前面提到过。然后，介绍1个宏和3个表格。

11.8.1　方法

下面是方法。

1. int ip_cmsg_send(struct net *net, struct msghdr *msg, struct ipcm_cookie *ipc);
这个方法通过分析指定的msghdr对象来创建一个ipcm_cookie对象。

2. void sock_put(struct sock *sk);
这个方法用于将指定sock对象的引用计数减1。

3. void sock_hold(struct sock *sk);
这个方法用于将指定sock对象的引用计数加1。

4. int sock_create(int family, int type, int protocol, struct socket **res);
这个方法将执行一些完整性检查。如果一切正常，将调用方法sock_alloc()分配一个套接字，之后再调用net_families[family]->create（对于IPv4，为方法inet_create()）。

5. int sock_map_fd(struct socket *sock, int flags);
这个方法用于分配一个文件描述符并填充文件条目。

6. bool sock_flag(const struct sock *sk, enum sock_flags flag);
这个方法在指定sock对象中设置了指定标志时返回true。

7. int tcp_v4_rcv(struct sk_buff *skb);
这个方法是负责接收来自网络层（L3）的TCP数据包的主处理程序。

8. void tcp_init_sock(struct sock *sk);
这个方法用于执行不依赖于地址簇的套接字初始化。

9. struct tcphdr *tcp_hdr(const struct sk_buff *skb);
这个方法返回与指定skb相关联的TCP报头。

11

10. int tcp_sendmsg(struct kiocb *iocb, struct sock *sk, struct msghdr *msg, size_t size);

这个方法用于发送来自用户空间的TCP数据包。

11. struct tcp_sock *tcp_sk(const struct sock *sk);

这个方法会返回与指定sock对象（sk）相关联的tcp_sock对象。

12. int udp_rcv(struct sk_buff *skb);

这个方法是负责接收来自网络层（L3）的UDP数据包的主处理程序。

13. struct udphdr *udp_hdr(const struct sk_buff *skb);

这个方法会返回与指定skb相关联的UDP报头。

14. int udp_sendmsg(struct kiocb *iocb, struct sock *sk, struct msghdr *msg, size_t len);

这个方法用于处理从用户空间发送的UDP数据包。

15. struct sctphdr *sctp_hdr(const struct sk_buff *skb);

这个方法会返回与指定skb相关联的SCTP报头。

16. struct sctp_sock *sctp_sk(const struct sock *sk);

这个方法会返回与指定sock对象相关联的SCTP套接字（sctp_sock对象）。

17. int sctp_sendmsg(struct kiocb *iocb, struct sock *sk, struct msghdr *msg, size_t msg_len);

这个方法用于处理从用户空间发送的SCTP数据包。

18. struct sctp_association *sctp_association_new(const struct sctp_endpoint *ep, const struct sock *sk, sctp_scope_t scope, gfp_t gfp);

这个方法用于分配并初始化一个SCTP关联。

19. void sctp_association_free(struct sctp_association *asoc);

这个方法用于释放SCTP关联占用的资源。

20. void sctp_chunk_hold(struct sctp_chunk *ch);

这个方法会将指定SCTP块的引用计数加1。

21. void sctp_chunk_put(struct sctp_chunk *ch);

这个方法会将指定SCTP块的引用计数减1。如果该引用计数变成了0，就调用方法sctp_chunk_destroy()释放指定的SCTP块。

22. int sctp_rcv(struct sk_buff *skb);

这个方法是负责接收SCTP数据包的主处理程序。

23. static int dccp_v4_rcv(struct sk_buff *skb);

这个方法是负责接收来自网络层的DCCP数据包的主处理程序。

24. int dccp_sendmsg(struct kiocb *iocb, struct sock *sk, struct msghdr *msg, size_t len);

这个方法负责处理从用户空间发送的DCCP数据包。

11.8.2　宏

下面是宏。

❑ sctp_chunk_is_data()

这个宏在指定块为数据块时返回1，否则返回0。

11.8.3　表

来看看本章使用的表。

表11-1　TCP和UDP prot_ops对象

prot_ops回调函数	TCP	UDP
release	inet_release	inet_release
bind	inet_bind	inet_bind
connect	inet_stream_connect	inet_dgram_connect
socketpair	sock_no_socketpair	sock_no_socketpair
accept	inet_accept	sock_no_accept
getname	inet_getname	inet_getname
poll	tcp_poll	udp_poll
ioctl	inet_ioctl	inet_ioctl
listen	inet_listen	sock_no_listen
shutdown	inet_shutdown	inet_shutdown
setsockopt	sock_common_setsockopt	sock_common_setsockopt
getsockopt	sock_common_getsockopt	sock_common_getsockopt
sendmsg	inet_sendmsg	inet_sendmsg
recvmsg	inet_recvmsg	inet_recvmsg
mmap	sock_no_mmap	sock_no_mmap
sendpage	inet_sendpage	inet_sendpage
splice_read	tcp_splice_read	-
compat_setsockopt	compat_sock_common_setsockopt	compat_sock_common_setsockopt
compat_getsockopt	compat_sock_common_getsockopt	compat_sock_common_getsockopt
compat_ioctl	inet_compat_ioctl	inet_compat_ioctl

注意　请参阅net/ipv4/af_inet.c中inet_stream_ops和inet_dgram_ops的定义。

表11-2　块类型

块类型	Linux符号	值
有效负载数据	SCTP_CID_DATA	0
发起	SCTP_CID_INIT	1
发起确认	SCTP_CID_INIT_ACK	2
选择性确认	SCTP_CID_SACK	3

11

（续）

块类型	Linux符号	值
心跳请求	SCTP_CID_HEARTBEAT	4
心跳确认	SCTP_CID_HEARTBEAT_ACK	5
中止	SCTP_CID_ABORT	6
关闭	SCTP_CID_SHUTDOWN	7
关闭确认	SCTP_CID_SHUTDOWN_ACK	8
操作错误	SCTP_CID_ERROR	9
状态Cookie	SCTP_CID_COOKIE_ECHO	10
Cookie确认	SCTP_CID_COOKIE_ACK	11
显式拥塞通知回应（ECNE）	SCTP_CID_ECN_ECNE	12
拥塞窗口缩小（CWR）	SCTP_CID_ECN_CWR	13
关闭完成	SCTP_CID_SHUTDOWN_COMPLETE	14
SCTP身份验证块（RFC 4895）	SCTP_CID_AUTH	0x0F
传输序列号	SCTP_CID_FWD_TSN	0xC0
地址配置变更块	SCTP_CID_ASCONF	0xC1
地址配置确认块	SCTP_CID_ASCONF_ACK	0x80

表11-3　DCCP数据包类型

Linux符号	描　　述
DCCP_PKT_REQUEST	由客户端发送，用于发起建立连接（三次发起握手的第一部分）
DCCP_PKT_RESPONSE	由服务器发送，用于响应 DCCP请求（三次发起握手的第二部分）
DCCP_PKT_DATA	用于传输应用程序数据
DCCP_PKT_ACK	用于传输独立的确认
DCCP_PKT_DATAACK	用于传输应用程序数据和附带的确认信息
DCCP_PKT_CLOSEREQ	由服务器发送，用于请求客户端关闭连接
DCCP_PKT_CLOSE	由客户端或服务器用来关闭连接，引发对方使用DCCP请求数据包做出响应
DCCP_PKT_RESET	用于终止连接（正常或不正常）
DCCP_PKT_SYNC	大量数据包丢失后，用于重新同步序列号
DCCP_PKT_SYNCACK	用于确认DCCP_PKT_SYNC

第 12 章

无线子系统

第11章讨论了第4层协议，它们能够让我们与用户空间进行通信。本章将讨论Linux内核中的无线栈。我将介绍Linux无线栈（mac80211子系统），并讨论其中的重要机制的一些实现细节，如IEEE 802.11n使用的数据包聚合和块确认以及省电模式。要理解无线子系统的实现，必须熟悉802.11 MAC帧头。本章将深入讨论802.11 MAC帧头及其成员，以及这些成员的用途，还将讨论一些常见的无线拓扑，如基础设施BSS、独立BSS和网状（Mesh）网络。

12.1 mac80211 子系统

20世纪90年代末，IEEE开始就WLAN协议展开讨论。最初的WLAN规范为IEEE 802.11，它发布于1997年，并于1999年进行了修订。在接下来的几年中，新增了一些扩展——被称为802.11附件。这些扩展分为物理层扩展、MAC（介质访问控制）层扩展、管制扩展等。物理层扩展包括1999年发布的802.11b和802.11a，以及2003年发布的802.11g；MAC层扩展包括802.11e（QoS规范）和802.11s（网状网络规范）。12.9节将讨论附件IEEE802.11s的Linux内核实现。2007年，发布了长达1232页的IEEE802.11规范（第2版）。2012年，发布了长达2793页的规范（网址为http://standards.ieee.org/findstds/standard/802.11-2012.html），本章称之为IEEE 802.11-2012。下面是一些重要的802.11附件。

- ❑ IEEE 802.11d：国际漫游扩展（2001）。
- ❑ IEEE 802.11e：QoS扩展，包括数据包突发（2005）。
- ❑ IEEE 802.11h：与欧洲标准兼容的频谱管理型802.11a（2004）。
- ❑ IEEE 802.11i：改善安全性（2004）。
- ❑ IEEE 802.11j：日本扩展（2004）。
- ❑ IEEE 802.11k：无线资源测量改进（2008）。
- ❑ IEEE 802.11n：使用MIMO（多输入多输出天线）提高吞吐量（2009）。
- ❑ IEEE 802.11p：车载环境（如救护车和客车）无线接入。它有一些独特之处，如不使用BSS概念和较窄（5/10 MHz）的频道。本书编写期间，Linux还不支持IEEE 802.11p。
- ❑ IEEE 802.11v：无线网络管理。
- ❑ IEEE 802.11w：保护管理帧。

- ❑ **IEEE 802.11y**：在美国使用频段为3650~3700 MHz（2008）。
- ❑ **IEEE 802.11z**：直接链路建立扩展（2007年8月—2011年12月）。

2001年，即最初的IEEE 802.11规范获得批准4年后，笔记本电脑已经普及，很多笔记本电脑都内置了无线网络接口（当前，WiFi是笔记本电脑的标准配置）。为与其他操作系统（如Windows、Mac OS等）竞争，Linux必须为这些无线网络接口提供驱动程序，并提供Linux无线网络栈。在架构和设计方面，Linux社区几乎没做什么工作，而只是"让这些硬件能够正常运行"——当时的Linux内核无线维护者Jeff Garzik如是说。第一款Linux无线驱动程序应运而生，但没有通用的无线API，开发人员实现驱动程序时不得不白手起家。因此不同驱动程序包含很多相同的代码。有些驱动程序基于FullMAC，即管理层的大部分工作都由硬件完成。几年后，开发了一个新的802.11无线栈——mac80211，并于2007年7月将其集成到了Linux内核2.6.22中。mac80211栈基于d80211栈。后者是一个采用GPL许可方式的开源栈，由Devicescape公司开发。

这里无法深究物理层，因为这个主题过于庞大，足以出专著探讨。然而，必须指出的是，802.11和802.3有线以太网有很多不同之处，其中两个重要的差别如下。

- ❑ 有线以太网使用CSMA/CD，而802.11使用CSMA/CA。CSMA/CA指的是载波侦听多路访问/冲突避免，而CSMA/CD指的是载波侦听多路访问/冲突检测。你可能猜到了，差别就在于冲突检测。在有线以太网中，工作站在介质空闲时开始传输。如果传输期间检测到冲突，就回退一段随机时间。无线客户端无法在传输期间检测冲突，而有线工作站却能够这样做。使用CSMA/CA时，无线客户端等待介质空闲后才传输帧。客户端并不能检测到冲突，但由于没有得到确认，无线客户端将在确认超时时间过后重传。
- ❑ 无线流量很容易受到干扰。因此，802.11规范要求在收到每个帧（广播和组播除外）后都进行确认。如果没有得到及时确认，必须重传数据包。请注意，从IEEE 802.11e起，新增了一种不要求确认的模式——QoSNoAck模式，但它很少使用。

12.2   802.11 MAC 帧头

每个MAC帧都包含一个MAC帧头、一个变长的帧体和一个帧校验序列（32位的CRC）。图12-1显示了802.11帧头。

帧控制 (2字节)	持续时间/ID (2字节)	地址1 (6字节)	地址2 (3字节)	地址3 (6字节)	顺序控制 (2字节)	地址4 (6字节)	QoS控制 (2字节)	HT控制 (4字节)

图12-1   IEEE 802.11帧头（请注意，正如稍后将解释的，并非总是使用所有的成员）

在mac80211中，用结构ieee80211_hdr表示802.11帧头。

```
struct ieee80211_hdr {
        __le16 frame_control;
```

```
        __le16 duration_id;
        u8 addr1[6];
        u8 addr2[6];
        u8 addr3[6];
        __le16 seq_ctrl;
        u8 addr4[6];
} __packed;
```

(include/linux/ieee80211.h)

不像以太网帧头（结构ethhdr）那样只包含3个字段（源MAC地址、目标MAC地址和以太类型），802.11帧头可包含多达6个地址以及其他一些字段。然而，在典型的数据帧（如接入点（AP）和客户端通信）中，只使用3个地址；在ACK帧中，只使用接收方地址。请注意，图12-1只显示了4个地址，但在网状网络中，将使用包含另外2个地址的网状扩展报头。

下面介绍802.11帧头的字段，从第一个字段——帧控制开始。这个字段很重要，在很多情况下，其内容都决定了802.11 MAC帧头中其他字段（尤其是地址字段）的含义。

帧控制

帧控制长16位，图12-2显示了它包含的字段以及每个字段的长度。

协议版本 （2位）	类型（2位）	子类型 （4位）	前往DS （1位）	来自DS （1位）	更多分段 （1位）	重传 （1位）	电源 管理 （1位）	更多 数据 （1位）	受保护帧 （1位）	顺序 （1位）

图12-2   帧控制字段

下面描述帧控制成员。

❑ 协议版本：使用的MAC 802.11版本。当前只有一个MAC版本，因此这个字段的值总是0。
❑ 类型：802.11中有3种数据包——管理、控制和数据。

- 管理数据包（IEEE80211_FTYPE_MGMT）用于执行管理操作，如关联、身份验证、扫描等。
- 控制数据包（IEEE80211_FTYPE_CTL）通常与数据数据包相关，例如，PS-Poll数据包用于从AP缓冲区中取回数据包。另一个例子是，想传输数据的客户端首先会发送一个名为RTS（请求发送）的控制数据包。如果介质空闲，目标客户端将发回一个名为允许发送（CTS）的控制数据包。
- 数据数据包（IEEE80211_FTYPE_DATA）是包含原始数据的数据包。空数据包是一种特殊的原始数据包，它不包含任何数据，主要用于电源管理。空数据包将在12.5节讨论。

❑ 子类型：上述3种数据包（管理、控制和数据）都有一个子类型字段，它指出了数据包的特征，具体如下。

- 在管理帧中，子类型值0100表示这是探测请求（IEEE80211_STYPE_PROBE_REQ）管

12

理数据包，这种数据包用于扫描操作。

- 在控制数据包中，子类型值1011表示这是请求发送（IEEE80211_STYPE_RTS）控制数据包。
- 在数据数据包中，子类型值0100表示这是空（IEEE80211_STYPE_NULLFUNC）数据包，这种数据包用于电源管理控制。在数据数据包中，子类型值1000（IEEE80211_STYPE_QOS_DATA）表示这是QoS数据数据包。这个子类型是QoS改进扩展IEEE802.11e新增的。

- ☐ 前往DS：这一位被设置时，表示数据包是发送给分布系统的。
- ☐ 来自DS：这一位被设置时，表示数据包来自分布系统。
- ☐ 更多分段：使用分段时，这一位被设置为1。
- ☐ 重传：对于重传的数据包，这一位被设置为1。一种需要重传的典型情形是，发送数据包后没有及时收到确认。确认通常由无线驱动程序固件发送。
- ☐ 电源管理：设置了电源管理位时，意味着客户端将进入省电模式。省电模式将在12.5节讨论。
- ☐ 更多数据：当AP发送为休眠客户端缓冲的数据包时，如果缓冲区非空，将把更多数据位设置为1，让客户端知道还有其他数据包需要接收。如果缓冲区已空，就将这一位设置为0。
- ☐ 受保护帧：帧体被加密时，将这一位设置为1。只能对数据帧和身份验证帧进行加密。
- ☐ 顺序：对于MAC服务严格顺序（strict ordering）来说，帧的顺序非常重要。使用了这种服务时，顺序位将被设置为1。不过很少使用这种服务。

注意 操作帧（IE80211_STYPE_ACTION）是附件802.11h新增的，用于管理频谱和传输功率。然而，由于管理数据包子类型有限，很多较新的附件也使用操作帧。例如，802.11n使用HT操作帧。

12.3 802.11 MAC 帧头的其他成员

下面描述mac802.11帧头中帧控制后面的其他成员。

- ☐ 持续时间/ID：包含单位为微秒的网络分配矢量（Network Allocation Vector，NAV）值，前15位为持续时间/ID，第16位为0。在省电模式下，PS-Poll帧的这个字段为客户端的AID（关联ID）（参见IEEE 802.11-2012第8.2.4.2(a)节）。网络分配矢量（NAV）是一种虚拟的载波侦听机制，这里不详细讨论其细节，因为这不在本书的范围内。
- ☐ 顺序控制：这个2字节的字段指定了顺序控制。在802.11中，可能会多次收到同一个数据包，导致这种结果的最常见原因是没有收到确认。顺序控制字段包含分段号（4位）和序列号（12位），其中序列号是由传输客户端在方法ieee80211_tx_h_sequence()中生成的。

收到重复的帧后，将把它丢弃，并将丢弃的重复帧计数器（dot11FrameDuplicateCount）加1，这是在方法ieee80211_rx_h_check()中完成的。控制数据包不包含顺序控制字段。

❑ 地址1~地址4：有4个地址字段，但并非总是使用它们。地址1为接收地址，所有数据包都包含它。地址2为传输地址，除ACK和CTS数据包外的其他所有数据包都包含它。地址3只用于管理数据包和数据数据包。在无线分布系统模式下，将设置帧控制字段中的前往DS和来自DS字段，此时将使用地址4。

❑ QoS控制：QoS控制字段是802.11e附件新增的，只出现在QoS数据数据包中。由于它不是在最初的802.11规范中定义的，因此最初的mac80211实现没有包含它，所以它并非IEEE802.11帧头（结构ieee80211_hdr）的成员。实际上，它被添加到了IEEE802.11帧头的末尾，可通过方法ieee80211_get_qos_ctl()来访问它。QoS控制字段包含tid（流量标识）、ACK策略和字段AMSDU（指出是否包含AMSDU）。AMSDU将在本章后面的12.8一节讨论。

❑ HT控制：HT（High Throughput，高吞吐量）控制字段是802.11n附件新增的（请参见802.11n-2009规范7.1.3.5(a)节）。

本节介绍了802.11 MAC帧头，描述了其成员以及它们的用途。要理解mac802.11栈，必须熟悉802.11 MAC帧头。

12.4 网络拓扑

在802.11无线网络中，常用的网络拓扑有两种。第一种是基础设施BSS模式，这是最常见的。在家庭和办公室，使用的就是基础设施BSS无线网络。第二种是IBSS（对等）模式。请注意，IBSS指的是独立BSS，而不是基础设施BSS。这是一种对等网络，将在本节后面对其进行讨论。

12.4.1 基础设施 BSS

在基础设施BSS模式下，有一台中央设备——接入点（Access Point，AP）和一些客户端，它们组成一个BSS基本服务集。要通过AP传输数据包，客户端必须先与AP关联，并对AP进行身份验证。在很多情况下，客户端会在执行身份验证和关联前进行扫描，以获悉AP的细节。关联具有排他性，即在给定时点，客户端只能关联到一个AP。客户端成功关联到AP后，将获取一个AID（Association ID，关联ID），这是当前BSS中独一无二的取值范围为1~2007的数字。AP实际上是配置了额外硬件（如以太网端口、LED、重置为出厂设置的按钮等）的无线网络设备，运行着一个管理守护程序，如hostapd守护程序。这个软件负责处理MLME层的一些管理任务，如身份验证和关联请求。这些任务是通过注册以便通过nl80211接收相关的管理帧实现的。hostapd是一个开源项目，能够以多种无线网络设备作为AP。

为了与其他客户端（或AP连接到的其他网络中的工作站）通信，客户端会将数据包发送给AP，再由AP将其转发到最终目的地。为覆盖较大的区域，可部署多个AP，并使用电缆将它们连接起来。这种部署被称为扩展服务集（Extended Service Set，ESS），其中包含多个BSS。在一个BSS中发送的组播和广播可能到达附近的BSS，但将被其中的客户端拒绝（因为802.11帧头中的

bssid不匹配）。在这种部署中，各个AP通常使用不同的信道，以期最大程度地减少干扰。

12.4.2　IBSS（对等模式）

　　IBSS网络通常是在需要WLAN时临时组建的，没有预先规划。IBSS网络也被称为对等网络。创建IBSS的过程非常简单。要设置IBSS，可在命令行运行下面的iw命令（请注意，其中的参数2412指定使用信道1）。

```
iw wlan0 ibss join AdHocNetworkName 2412
```

　　也可使用工具iwconfig，执行下面两个命令。

```
iwconfig wlan0 mode ad-hoc
iwconfig wlan0 essid AdHocNetworkrName
```

　　这将调用方法ieee80211_sta_create_ibss()（net/mac80211/ibss.c）来创建IBSS。在这种情况下，必须将ssid（这里为AdHocNetworkName）手动（或以其他方式）分发给要连接到对等网络的每个人。使用IBSS时，不需要AP。IBSS的bssid是一个48位的随机地址，这是调用方法get_random_bytes()生成的。在对等模式下，电源管理要比在基础设施BSS模式下复杂，它将使用通告流量指示映射（Announcement Traffic Indication Map，ATIM）消息。mac802.11不支持ATIM，因此本章不讨论它。

　　下一节将介绍省电模式，这是mac80211网络栈中最重要的机制之一。

12.5　省电模式

　　除转发数据包外，AP还有一个重要的功能，那就是，对于发送给处于省电模式的客户端的数据包，会将其存储到缓冲区。客户端通常由电池供电，其无线网络接口会时不时地进入省电模式。

12.5.1　进入省电模式

　　客户端进入省电模式时，通常会发送一个空的数据数据包，以便将此告知AP。事实上，从技术上说，这种数据包没有必要为空，而只需将PM（帧控制中的电源管理标志）设置为1就够了。AP在收到空数据包后，将把前往客户端的单播数据包存储在一个特殊缓冲区（ps_tx_buf）中。对于每个客户端，都有一个这样的缓冲区。这个缓冲区实际上是一个数据包链表，最多可存储128（STA_MAX_TX_BUFFER）个数据包。缓冲区满后，将丢弃最先收到的数据包（FIFO）。另外，还有一个名为bc_buf的缓冲区，用于存储组播和广播数据包（在802.11栈中，所有客户端都必须接收并处理当前BSS的组播数据包）。缓冲区bc_buf也是最多能存储128（AP_MAX_BC_BUFFER）个数据包。处于省电模式时，无线网络接口不能收发数据包。

12.5.2　退出省电模式

　　客户端会被（通过某种定时器）时不时地唤醒，然后它将检查AP定期发送的特殊的管理数据包——信标。一般情况下，AP每秒将发送10个信标，不过对于大多数AP而言，这是一个可配置的参数。这些信标在信息元素中包含着数据，而信息元素又构成了管理数据包的数据。唤醒的客户端将调用方法ieee80211_check_tim()（include/linux/ieee80211.h）检查被称为TIM（Traffic Indication Map，流量指示映射）的特殊信息元素。TIM是一个数组，包含2008个元素。由于TIM长251字节（2008位），你可以发送更短的部分虚拟位映射。如果在TIM中，对应于客户端的条目被设置了，就说明AP为客户端存储了单播数据包，因此客户端应取回AP为其存储的所有数据包。为从AP取回这些缓存的数据包，客户端首先会发送空数据包（或被称为PS-Poll数据包的控制数据包，但比较少见）。清空缓冲区后，客户端通常会进入休眠状态（但规范并没有要求必须这样做）。

12.5.3   处理组播/广播缓冲区

只要有一个客户端处于休眠模式，AP就会将组播和广播数据包存储到缓冲区。对于组播/广播，目标客户端AID为0，因此将TIM[0]设置为true。传输小组（Delivery Team，DTIM）是一种特殊的TIM。不会在每个信标中都发送它，而是每隔指定数量的信标（DTIM间隔）发送一次。发送DTIM后，AP将发送缓冲的广播和组播数据包。要从组播/广播缓冲区（bc_buf）中取回数据包，可调用方法ieee80211_get_buffered_bc()。图12-3显示了一个AP，它包含一个客户端（sta_info对象）链表。其中，每个客户端都有一个单播缓冲区（ps_tx_buf），但所有客户端共享一个用于存储组播和广播数据包的bc_buf缓冲区。

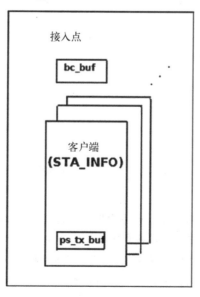

图12-3   在AP中缓存数据包

在mac80211中，AP用ieee80211_if_ap对象来表示。每个ieee80211_if_ap对象都包含成员ps

（一个ps_data实例），其中存储了省电模式数据。结构ps_data的一个成员为bc_buf，它用于存储广播/组播数据包的缓冲区。

在图12-4中，客户端会发送一系列PS-Poll数据包，以便从AP的单播缓冲区（ps_tx_buf）中取回数据包。我们注意到，在AP发送的数据包中，都设置了标志IEEE80211_FCTL_MOREDATA，只有最后一个除外。这会让客户端明白，它应该继续发送PS-Poll数据包，直到缓冲区为空。出于简化考虑，这个示意图中不包含ACK数据包，但应指出的是，必须对数据包进行确认。

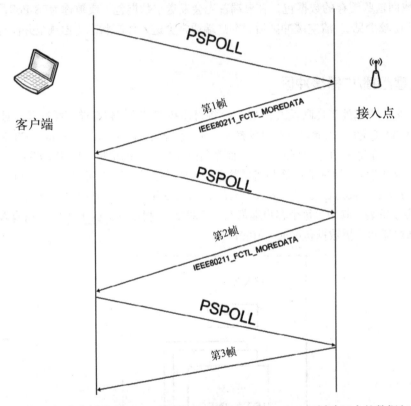

图12-4   客户端发送PS-Poll数据包，以取回AP的ps_tx_buf缓冲区中的数据包

注意   电源管理和省电模式是两码事。电源管理指的是让计算机挂起，包括挂起到内存、挂起到硬盘（即睡眠）以及挂起到内存和休眠（混合挂起），这是在net/mac80211/pm.c中处理的。在驱动程序中，电源管理是由恢复/挂起方法处理的。而省电模式指的是让客户端进入休眠模式以及唤醒它们，与挂起和睡眠毫无关系。

本节介绍了省电模式和缓冲机制，下一节将讨论管理层及其完成的各种任务。

12.6　管理层

802.11管理架构包含下面3个组件。
- 物理层管理实体（Physical Layer Management Entity，PLME）。
- 系统管理实体（System Management Entity，SME）。
- MAC层管理实体（MAC Layer Management Entity，MLME）。

12.6.1　扫描

扫描分两种：被动扫描和主动扫描。被动扫描指的是被动地侦听信标，而不为扫描传输任何数据包。执行被动扫描（扫描信道标志包含IEEE80211_CHAN_PASSIVE_SCAN）时，客户端在信道之间进行切换，试图收到信标。在一些802.11a高频段下，被动扫描必不可少，因为在侦听到AP信标前不能发送任何数据。在主动扫描中，客户端会发送探测请求数据包。这是一种管理数据包，其子类型为探测请求（IEEE80211_STYPE_PROBE_REQ）。在主动扫描中，客户端也会在信道之间进行切换，并在每个信道中调用方法ieee80211_send_probe_req()来发送探测请求管理数据包。整个扫描是通过调用方法ieee80211_request_scan()完成的，而信道切换是调用方法ieee80211_hw_config()，并传入参数IEEE80211_CONF_CHANGE_CHANNEL来完成的。请注意，信道和信率之间存在一一对应关系。方法ieee80211_channel_to_frequency()（net/wireless/util.c）将返回指定信道对应的频率。

12.6.2　身份验证

身份验证是通过调用方法ieee80211_send_auth()（net/mac80211/util.c）来完成的。它会发送一个子类型为身份验证（IEEE80211_STYPE_AUTH）的管理帧。身份验证的方法有很多，最初的IEEE802.11规范只讨论了两种，即开放系统身份验证和共享密钥身份验证。开放系统身份验证（WLAN_AUTH_OPEN）是IEEE802.11规范规定的唯一一种必须实现的身份验证。这种身份验证算法非常简单，事实上，它根本就不验证身份，任何请求使用这种身份验证算法的客户端都将通过身份验证。另一种身份验证算法是共享密钥身份验证（WLAN_AUTH_SHARED_KEY），客户端必须使用有线等效保密（WEP）密钥来验证身份。

12.6.3　关联

为了关联到AP，客户端将发送子类型为关联（IEEE80211_STYPE_ASSOC_REQ）的管理帧。关联是通过调用方法ieee80211_send_assoc()（net/mac80211/mlme.c）来完成的。

12.6.4　重新关联

客户端在ESS中的AP之间进行切换时，称之为漫游。漫游的客户端会向新的AP请求重新关联，即发送子类型为重新关联（IEEE80211_STYPE_REASSOC_REQ）的管理帧。重新关联是通过调用方法ieee80211_send_assoc()来完成的。关联和重新关联有很多相似之处，因此它们都由这个方法处理。另外，如果重新关联成功，AP将向客户端发回一个AID。

本节讨论了管理层（MLME）及其支持的一些操作，如扫描、身份验证、关联等。下一节将介绍mac80211的一些实现细节。这些细节对于理解无线栈很重要。

12.7 mac80211 的实现

mac80211是一个用于与下层设备驱动程序交互的API。其实现非常复杂，充斥着大量的细节。这里无法详尽地描述mac80211 API和实现，而只讨论一些要点，旨在帮助欲深究这些代码的读者打下坚实的基础。在mac80211 API中，有一个重要结构，那就是ieee80211_hw（include/net/mac80211.h），它表示硬件信息。在ieee80211_hw中，有一个指向私有区域的priv指针，它是不透明的（void *）。大多数无线设备驱动程序都定义了一个私有结构来表示这个私有区域，如lbtf_private（Marvell无线驱动程序）或iwl_priv（Intel的iwlwifi）。方法ieee80211_alloc_hw()用于为结构ieee80211_hw分配内存并对其进行初始化。下面是一些与结构ieee80211_hw相关的方法。

- ❑ int ieee80211_register_hw(struct ieee80211_hw *hw)：注册指定的ieee80211_hw对象，由驱动程序调用。
- ❑ void ieee80211_unregister_hw(struct ieee80211_hw *hw)：注销指定的802.11硬件设备。
- ❑ struct ieee80211_hw *ieee80211_alloc_hw(size_t priv_data_len, const struct ieee80211_ops *ops)：分配并初始化一个ieee80211_hw对象。
- ❑ ieee80211_rx_irqsafe()：这个方法用于接收数据包，是在net/mac80211/rx.c中实现的，由底层无线驱动程序调用。

传递给方法ieee80211_alloc_hw()的ieee80211_ops对象包含一些指针，这些指针指向驱动程序中实现的回调函数。驱动程序并不一定要实现所有的回调函数。下面简要地描述这些回调函数。

- ❑ tx()：传输处理程序。在传输每个数据包时都将调用它。它通常返回NETDEV_TX_OK（为数不多的几种情况下除外）。
- ❑ start()：激活硬件设备，在第一台硬件设备启用前调用，在收到帧后返回。
- ❑ stop()：禁止接收帧，通常用于关闭硬件。
- ❑ add_interface()：在与硬件相关联的网络设备启用时调用。
- ❑ remove_interface()：告知驱动程序，接口即将关闭。
- ❑ config()：处理配置请求，如硬件信道配置。
- ❑ configure_filter()：配置设备的接收过滤器。

图12-5的方框图说明了Linux无线子系统的架构。从该图可知，无线设备驱动程序层和mac80211层之间的接口为ieee80211_ops对象及其回调函数。

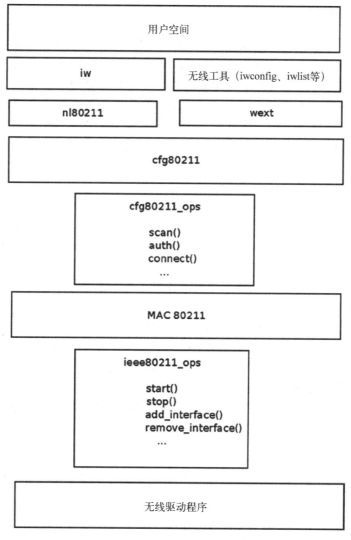

图12-5　Linux无线架构

　　另一个重要的结构是sta_info（net/mac80211/sta_info.h），它表示客户端。这个结构包含各种统计信息计数器、各种标志、debugfs条目、缓冲单播数据包的ps_tx_buf数组等。客户端存储在一个散列表（sta_hash）和一个列表（sta_list）中。下面是与结构sta_info相关的重要方法。

- ❑ int sta_info_insert(struct sta_info *sta)：添加一个客户端。
- ❑ int sta_info_destroy_addr(struct ieee80211_sub_if_data *sdata, const u8 *addr)：调用方法__sta_info_destroy()来删除一个客户端。
- ❑ struct sta_info *sta_info_get(struct ieee80211_sub_if_data *sdata, const u8 *addr)：取回一个客户端，将客户端的地址（bssid）作为参数。

12

12.7.1　接收路径

方法ieee80211_rx()（net/mac80211/rx.c）是负责接收数据包的主处理程序。无线驱动程序会将收到的数据包的状态（ieee80211_rx_status）传递给mac80211，它内嵌在SKB控制缓冲区（cb）中。使用IEEE80211_SKB_RXCB()宏来获取该状态，其中的标志字段指出了数据包是否未通过FCS检查（RX_FLAG_FAILED_FCS_CRC）等。12.12节中的表12-1列出了该标志字段的可能取值。在方法ieee80211_rx()中，调用方法ieee80211_rx_monitor()来删除FCS（校验和）及无线接口处于监视模式时可能添加的radiotap报头——结构ieee80211_radiotap_header（例如，执行嗅探时，会在监视模式下使用网络接口，然而并非所有的无线网络接口都支持监视模式，详情请参阅12.7.4节）。

使用HT（802.11n）时，将在必要时调用方法ieee80211_rx_reorder_ampdu()重排AMPDU。然后，调用方法__ieee80211_rx_handle_packet()，这个方法最终将调用方法ieee80211_invoke_rx_handlers()。接下来，使用宏CALL_RXH逐个调用各个接收处理程序。这些处理程序的调用顺序很重要。每个处理程序都会检查确认自己是否应对数据包进行处理。如果确定不应进行处理，就返回RX_CONTINUE，并接着执行下一个处理程序；如果确定应对数据包进行处理，就返回RX_QUEUED。

在有些情况下，处理程序会发现需要将数据包丢弃。在这种情况下，它将返回RX_DROP_MONITOR或RX_DROP_UNUSABLE。例如，收到PS-Poll数据包时，如果接收方的类型表明它不是AP，就会返回RX_DROP_UNUSABLE。另外，对于管理帧，如果其SKB长度小于最小可能值（24），就将丢弃它并返回RX_DROP_MONITOR；如果发现它不是管理帧，也将丢弃它并返回RX_DROP_MONITOR。下面的代码片段摘自执行这种检查的方法ieee80211_rx_h_mgmt_check()。

```
ieee80211_rx_h_mgmt_check(struct ieee80211_rx_data *rx)
{
        struct ieee80211_mgmt *mgmt = (struct ieee80211_mgmt *) rx->skb->data;
        struct ieee80211_rx_status *status = IEEE80211_SKB_RXCB(rx->skb);

        . . .
        if (rx->skb->len < 24)
                return RX_DROP_MONITOR;

        if (!ieee80211_is_mgmt(mgmt->frame_control))
                return RX_DROP_MONITOR;
                        . . .
}

(net/mac80211/rx.c)
```

12.7.2　传输路径

方法ieee80211_tx()（net/mac80211/tx.c）是负责传输数据包的主处理程序。它首先会调用方法__ieee80211_tx_prepare()来执行一些检查并设置一些标志，接着再调用方法invoke_tx_ handlers()。后者使用宏CALL_TXH来逐个地执行各种传输处理程序。在确定不应对数据包做任何处理时，传输处理程序将返回TX_CONTINUE，进而接着执行下一个处理程序；如果确定应对数据包进行处理，它将返回TX_QUEUED；如果确定应将数据包丢弃，它将返回TX_DROP。方法invoke_tx_handlers()在成功时返回0。下面来大致地看看方法ieee80211_tx()的实现。

```
static bool ieee80211_tx(struct ieee80211_sub_if_data *sdata,
                         struct sk_buff *skb, bool txpending,
                         enum ieee80211_band band)
{
        struct ieee80211_local *local = sdata->local;
        struct ieee80211_tx_data tx;
        ieee80211_tx_result res_prepare;
        struct ieee80211_tx_info *info = IEEE80211_SKB_CB(skb);
        bool result = true;
        int led_len;
```

执行完整性检查，如果SKB的长度小于10，就将其丢弃。

```
if (unlikely(skb->len < 10)) {
        dev_kfree_skb(skb);
        return true;
}

/* 初始化tx */
led_len = skb->len;

res_prepare = ieee80211_tx_prepare(sdata, &tx, skb);

if (unlikely(res_prepare == TX_DROP)) {
        ieee80211_free_txskb(&local->hw, skb);
        return true;
} else if (unlikely(res_prepare == TX_QUEUED)) {
        return true;
}
```

调用传输处理程序。如果一切正常，就接着调用方法__ieee80211_tx()。

```
        . . .
        if (!invoke_tx_handlers(&tx))
                result = __ieee80211_tx(local, &tx.skbs, led_len,
                                        tx.sta, txpending);

        return result;
}
```

(net/mac80211/tx.c)

12.7.3 分段

在802.11中，只对单播数据包进行分段。对于每个客户端，都为其指定了一个分段阈值（单位为字节）。长度超过阈值的数据包必须进行分段。为减少冲突，可降低分段阈值，让数据包更小。要查看客户端的分段阈值，可执行iwconfig命令，也可查看相应的debugfs条目（参见12.7.4

节)。要设置分段阈值,可使用iwconfig命令。例如,下面的命令将分段阈值设置为了512字节。

```
iwconfig wlan0 frag 512
```

每个分段都需要确认。如果分段后面还有其他分段,其报头中的更多分段字段将设置为1。每个分段都有分段号（帧控制中顺序控制字段的一个子字段）。在接收方,根据分段号来对分段进行重组。在传输端,分段工作由方法ieee80211_tx_h_fragment()（net/mac80211/tx.c）完成;在接收端,重组工作由方法ieee80211_rx_h_defragment()（net/mac80211/rx.c）完成。分段和聚合（用于高吞吐量）不能同时使用。鉴于现在无线网络的速度很高,每个数据包的传输时间很短,因此很少使用分段。

12.7.4　mac80211 debugfs

debugfs是一种支持将调试信息导出到用户空间的技术,它会在文件系统sysfs下创建条目。debugfs是一个专用于存储调试信息的虚拟文件系统。在mac80211中,处理mac80211 debugfs的代码大都位于net/mac80211/debugfs.c中。安装debugfs后,便可查看各种mac802.11统计信息条目。debugfs的安装方法如下。

```
mount -t debugfs none_debugs /sys/kernel/debug
```

注意　要安装并使用debugfs,必须在构建内核时设置CONFIG_DEBUG_FS。

下面讨论/sys/kernel/debug/ieee80211/phy0下的一些条目（这里假设phy为phy0）。

❑ total_ps_buffered：这是AP为客户端缓存的数据包（单播数据包和组播/广播数据包）总数。对于单播,由方法ieee80211_tx_h_unicast_ps_buf()将计数器total_ps_buffered递增;对于广播或组播,由方法ieee80211_tx_h_multicast_ps_buf()将该计数器递增。

❑ 在设置了条目/sys/kernel/debug/ieee80211/phy0/statistics的情况下,包含各种统计信息,如下所示。

■ frame_duplicate_count指出了重复帧数。这个debugfs条目表示重复帧计数器dot11FrameDuplicateCount,由方法ieee80211_rx_h_check()将其递增。

■ transmitted_frame_count指出了传输的数据包数。这个debugfs条目表示dot11TransmittedFrameCount,由方法ieee80211_tx_status()将其递增。

■ retry_count指出了重传次数。这个debugfs条目表示dot11RetryCount,也由方法ieee80211_tx_status()将其递增。

■ fragmentation_threshold为分段阈值,单位为字节。请参阅12.7.3节。

❑ 在设置了条目/sys/kernel/debug/ieee80211/phy0/netdev:wlan0的情况下,会有一些提供接口信息的条目。例如,如果接口处于客户端模式,将有aid（表示客户端关联ID）、assoc_tries（表示客户端尝试关联的次数）、bssid（客户端bssid）等。

❑ 每个客户端都将使用一种速率控制算法,该算法的名称会被导出到下面的条目中:

/sys/kernel/debug/ieee80211/phy1/rc/name。

12.7.5 无线模式

可根据无线网络接口的用途及其所属网络使用的拓扑，使它在多种不同的模式下运行。在有些情况下，可使用iwconfig命令来设置模式，而在其他情况下，则必须使用hostapd等工具。请注意，并非所有设备都支持所有的模式。要了解Linux驱动程序支持哪些模式，请参阅www.linuxwireless.org/en/users/Drivers。另一种方法是，查看wiphy成员（ieee80211_hw对象中）的interface_modes字段被驱动程序代码所初始化的结果。interface_modes将被初始化为枚举nl80211_iftype所定义的一个或多个值，如NL80211_IFTYPE_STATION或NL80211_IFTYPE_ADHOC（请参见include/uapi/linux/nl80211.h）。下面来详细描述这些无线模式。

- ❏ AP模式：在这种模式下，设备讲用来充当AP（NL80211_IFTYPE_AP）。AP维护并管理关联的客户端列表。网络（BSS）名为AP的MAC地址（bssid）。还有适于阅读的BSS名称——SSID。
- ❏ 客户端基础设置模式：处于基础设施模式的托管客户端（NL80211_IFTYPE_STATION）。
- ❏ 监视模式：在监视模式（NL80211_IFTYPE_MONITOR）下，原封不动地转交所有的入站数据包。这对执行嗅探很有帮助。通常可在监视模式下传输数据包，这被称为数据包注入。将使用特殊标志（IEEE80211_TX_CTL_INJECTED）来标记这些数据包。
- ❏ 对等（IBSS）模式：对等（IBSS）网络中的客户端（NL80211_IFTYPE_ADHOC）。使用对等模式时，网络中没有AP设备。
- ❏ 无线分布系统（Wireless Distribution System, WDS）模式：WDS网络中的客户端（NL80211_IFTYPE_WDS）。
- ❏ 网状模式：网状网络中的客户端（NL80211_IFTYPE_MESH_POINT）。将在12.9节对其进行讨论。

下一节讨论ieee802.11n（它提供了更高的性能）及其在Linux无线栈中的实现。你还将学习802.11n中的块确认和数据包聚合，以及这些技术改善性能的原理。

12.8 高吞吐量（IEEE 802.11n）

802.11g获得批准后不久，IEEE成立了一个新的任务小组——高吞吐量任务小组（TGn）。2009年底，最终规范IEEE 802.11n出炉，它支持遗留设备。802.11n官方标准出炉前，有些厂商已经开始销售基于802.11n草案的设备了。Broadcom公司开了基于草案推出无线接口的先例，它于2003年推出了基于802.11g草案的无线设备芯片组。有了这种先例后，在2005年，就有一些厂商推出了基于802.11n草案的产品。例如，Intel Santa Rose平台就搭载了支持802.11n的Intel Next-Gen Wireless-N（Intel WiFI Link 5000系列），其他Intel无线网络接口（如4965AGN）也都支持802.11n。包括Atheros和Ralink在内的其他厂商也都推出了基于802.11n草案的无线设备。2007年6月，WiFi联盟开始认证基于802.11n草案的设备。很多厂商都推出了遵循WiFi CERTIFIED 802.11n草案2.0的产品。

12

802.11n可使用2.4 GHz和/或5 GHz频段，802.11g和802.11b只能使用2.4 GHz射频频段，而802.11a只能使用5 GHz射频频段。802.11n MIMO（多输入多输出）技术提高了无线网络的覆盖范围和流量的可靠性。MIMO技术在AP和客户端都使用多条发射和接收天线，从而支持多个数据流，这增大了其覆盖范围和吞吐量。802.11n的理论速率高达600 Mb/s，但由于介质访问规则等因素，其实际吞吐量要低得多。

802.11n对802.11 MAC层做了很多改进，其中最著名的是数据包聚合。它会将多个应用程序数据包合并成一个传输帧。它还新增了块确认（BA）机制，这将在下一节讨论。BA支持使用一个数据包确认多个数据包，而不是对收到的每个数据包都使用一个ACK进行确认。这消除了相邻数据包之间的等待时间，并降低了确认开销——多个数据包的确认开销只有一个数据包。BA是在2005年发布的802.11e附件中引入的。

数据包聚合

有如下两种数据包聚合形式。

❑ AMSDU：聚合的MAC服务数据单元。

❑ AMPDU：聚合的MAC协议数据单元。

请注意，只在接收路径上支持AMSDU，在传输路径上则不支持，它完全独立于本节将介绍的块确认机制。因此本节的讨论，只与AMPDU相关。

块确认会话包含两方：发起方和接收方。每个块会话都有不同的流量标识符（TID）。发起方调用方法ieee80211_start_tx_ba_session()来启动块确认会话，这通常是在驱动程序的速率控制算法方法中进行的。例如，在ath9k无线驱动程序中，速率控制回调函数ath_tx_status()（drivers/net/wireless/ath/ath9k/rc.c）会调用方法ieee80211_start_tx_ba_session()。方法ieee80211_start_tx_ba_session()将状态设置为HT_ADDBA_REQUESTED_MSK，并调用方法ieee80211_send_addba_request()来发送ADDBA请求数据包。在调用方法ieee80211_send_addba_request()时，将传入会话参数，如重排缓冲区长度以及会话的TID。

重排缓冲区长度最大为64KB（参见include/linux/ieee80211.h中ieee80211_max_ampdu_length_exp的定义）。这些参数包含在结构addba_req的功能成员（capab）中。发送ADDBA请求后，必须在1Hz（在x86_64机器中为1秒，ADDBA_RESP_INTERVAL）内收到响应。如果没有及时收到响应，方法sta_addba_resp_timer_expired()将调用方法___ieee80211_stop_tx_ba_session()来停止BA会话。另一方（接收方）在收到ADDBA请求后，首先将发送一个ACK（前面说过，在ieee802.11中，每个数据包都需要确认），再调用方法ieee80211_process_addba_request()来处理ADDBA请求。如果一切正常，就将聚合状态设置为正常（HT_AGG_STATE_OPERATIONAL），并调用方法ieee80211_send_addba_resp()，发送一个响应。它还调用del_timer_sync()来停止响应定时器。该定时器的回调函数为方法sta_addba_resp_timer_expired()。会话建立后，将发送一个包含多个MPDU数据包的数据块。随后，发起方将调用方法ieee80211_send_bar()发送一个块确认请求（Block Ack Request，BAR）数据包。

块确认请求（BAR）

BAR是子类型为块确认请求（IEEE80211_STYPE_BACK_REQ）的控制数据包。其中包含SSN（起始序列号），这是块中需要确认的第一个MSDU的序列号。接收方在收到BAR后，必要时将重排ampdu缓冲区。图12-6显示了BAR。

帧控制 （2字节）	持续时间 （2字节）	RA （6字节）	TA （6字节）	控制 （2字节）	起始序列号 （2字节）

图12-6　BAR

在BAR中，帧控制中的类型字段为控制（IEEE80211_FTYPE_CTL），而子类型字段为块确认请求（IEEE80211_STYPE_BACK_REQ）。BAR由结构ieee80211_bar表示。

```
struct ieee80211_bar {
        __le16 frame_control;
        __le16 duration;
        __u8 ra[6];
        __u8 ta[6];
        __le16 control;
        __le16 start_seq_num;
} __packed;
```

(include/linux/ieee80211.h)

RA是接收方地址，而TA是传输方（发起方）地址。BAR的控制字段包含TID。

块确认

块确认有两种：立即块确认和延迟块确认。图12-7显示了立即块确认。

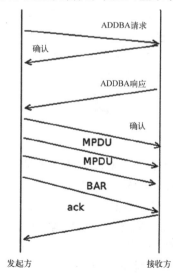

图12-7　立即块确认

立即块确认和延迟块确认的区别在于，使用延迟块确认时，先使用确认来响应BAR，过段时间后再发送BA（块确认）。使用延迟块确认时，有更多时间来处理BAR，使用基于软件的处理时，有时必须这样。使用立即块确认可获得更高的性能。BA本身也需要确认。发起方没有更多数据要发送时，可调用方法ieee80211_send_delba()来终止块确认会话，这个方法向对方发送一个DELBA请求数据包。DELBA请求由方法ieee80211_process_delba()处理。DELBA消息导致块确认会话终止，块会话的发送方和接收方都可发送它。AMPDU最长为65535字节。请注意，只为AP和托管客户端实现了数据包聚合，IBSS不支持数据包聚合。

12.9   网状网络（802.11s）

IEEE 802.11s源自2003年9月成立的一个IEEE研究小组。这个研究小组于2004年演变为任务小组TG。2006年，该小组将15个提议中的两个（提议SEEMesh和Wi-Mesh）合并成一个，从而得到草案D0.01。2011年7月，802.11s获得批准，现为IEEE 802.11-2012的一部分。网状网络支持使用全互联和部分互联网状拓扑组建802.11基本服务集，这是对要求使用互联网状拓扑的802.11对等网络的改进。图12-8和12-9说明了这两种网状拓扑的差别。

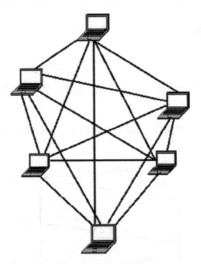

图12-8   全互联网状拓扑

在部分互联网状拓扑中，结点只连接到部分结点，而不是全部结点。在无线网状网络中，这种拓扑更常见。图12-9显示了一个部分互联网状拓扑。

无线网状网络经由多个无线跳来转发数据包，每个结点都可充当其他结点的中继点/路由器。在内核2.6.26（2008年）中，在无线栈中新增了对无线网状网络（802.11s）草案的支持。这要归功于项目open80211s。open80211s项目旨在开发第一个802.11s实现。它得到了项目OLPC和一些商业公司的资助。Linux mac80211中的网状网络代码由Cozybit的Luis Carlos Cobo、Javier Cardona和其他开发人员开发。

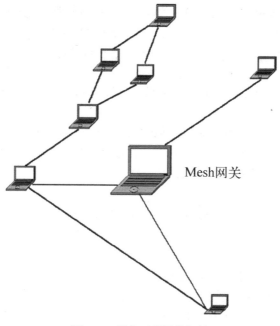

图12-9　部分互联网状拓扑

大致了解过网状网络和网状拓扑后，便可进入下一节，来学习用于网状网络的HWMP路由选择协议。

12.9.1 HWMP

802.11s定义了一种默认路由选择协议——HWMP（Hybrid Wireless Mesh Protocol，混合无线网状协议）。HWMP处理的是第2层帧，使用的是MAC地址，而不像IPV4路由选择协议那样处理第3层数据包，使用IP地址。HWMP基于两种路由选择机制（"混合"因此而来）：一是按需路由选择，二是先验式（proactive）路由选择。这两种机制的差别在于确定路径的时间上（路径指的是第2层路由）。在按需路由选择中，仅在协议栈收到前往某个目的地的帧以后，才确定前往这个目的地的路径。这最大限度地减少了维护网状网络所需的管理流量，但代价是增加了数据流量的延迟。如果已知某个结点是大量流量的接收方，可使用先验式路由选择。在这种情况下，这个结点将定期地在网状网络中对自己发出通知，从而导致网状网络中的所有结点都需确定前往该结点的路径。Linux实现了按需路由选择和先验式路由选择。有以下4种路由选择消息。

- PREQ（Path Request，路径请求）：需要前往某个目的地，但没有前往它的路由时，以广播方式发送这种消息。PREQ消息在网状网络中不断传播，直到到达目的地。每个结点都调用方法mesh_path_lookup()来查找路径，直到到达最终目的地。如果查找失败，就以广播方式将PREQ转发给其他结点。PREQ消息是在子类型为操作（IEEE80211_STYPE_ACTION）的管理数据包中发送的，由方法hwmp_preq_frame_process()进行处理。

12

- PREP（Path Reply, 路径应答）：这是为应答PREQ消息发送的单播数据包，沿相反的路径传输。PREP消息也是在子类型为操作（IEEE80211_STYPE_ACTION）的管理数据包中发送的，由方法hwmp_prep_frame_process()进行处理。PREQ和PREP消息都是由方法mesh_path_sel_ frame_tx()发送的。
- PERR（Path Error, 路径错误）：如果查找路径的过程中出现问题，将发送PERR消息。PERR消息由方法mesh_path_error_tx()来处理。
- RANN（Root Announcement, 根通告）：根接点定期地广播这种帧。其他结点在收到它后，向根结点发送单播PREQ，其下一跳为将RANN转发给它的结点。对于收到的每个PREQ，根节点都使用PREP进行响应。

注意   路由考虑了无线度量值（airtime度量值）。airtime度量值由方法airtime_link_metric_get()根据速率和其他硬件参数计算得到。结点不断地监视其链路，并更新前往邻居的度量值。

发送PREQ的结点可能会在还不确定去往目的地的路由时就向它发送数据包。这些数据包将存储在一个名为frame_queue的SKB缓冲区中。frame_queue是mesh_path对象（net/mac80211/mesh.h）的一个成员。在这种情况下，将在收到PREP后，再调用方法mesh_path_tx_pending()将这个缓冲区中的数据包发送到最终目的地。对于每个未解析的目的地，最多可为其缓存10个（MESH_FRAME_QUEUE_LEN）帧。网状网络具有如下优点。

- 部署快捷。
- 配置少，价格低廉。
- 易于部署到难以布线的环境中。
- 结点移动时连接不会中断。
- 可靠性更高，不存在单点故障，且能够自行修复。

其缺点如下。

- 大量广播会影响网络的性能。
- 当前，并非所有无线驱动程序都支持网状模式。

12.9.2   组建网状网络

在Linux中，有两组用于管理无线设备和网络的用户空间工具。其一是较旧的Wireless Tools for Linux，这是一个基于IOCTL的开源项目。无线命令行工具包括iwconfig、iwlist、ifrename等。其二是较新的工具iw，它基于第2章介绍过的Netlink通用套接字。然而，有些任务只能使用较新的工具iw来完成。要让无线设备在网状模式下运行，只能使用iw命令。

要让无线网络接口（wlan0）在网状模式下运行，可以采取如下做法。

```
iw wlan0 set type mesh
```

注意　要让无线网络接口（wlan0）在网状模式下运行，也可以采取如下做法。

```
iw wlan0 set type mp
```

其中mp表示结点（Mesh Point），详情请参阅http://wireless.kernel.org/en/users/Documentation/ iw 中的"Adding interfaces with iw"一节。

要加入网状网络，可这样做：iw wlan0 mesh join "my-mesh-ID"。

要显示结点的统计信息，可以这样做：

❑ iw wlan0 station dump

❑ iw wlan0 mpath dump

这里有必要提及工具authsae和wpa_supplicant，它们可用于创建安全的网状网络，且不依赖于iw。

12.10　Linux 无线开发流程

与众多其他的Linux子系统一样，大部分开发工作都是使用分布式版本控制系统Git来完成的。有3个Git主树。最前沿的是无线测试树，还有常规无线树和wireless-next树。下面是这些开发树的Git仓库链接。

❑ 无线测试开发树：git://git.kernel.org/pub/scm/linux/kernel/git/linville/wireless- testing.git

❑ 无线开发树：git://git.kernel.org/pub/scm/linux/kernel/git/linville/wireless-2.6.git

❑ wireless-next开发树：git://git.kernel.org/pub/scm/linux/kernel/git/linville/ wireless- next-2.6.git

补丁是通过无线邮件列表linux-wireless@vger.kernel.org发送和讨论的。第1章说过，时不时地会通过内核网络邮件列表（netdev）发送合并请求。

12.1节中说过，有些无线网络接口厂商会在自己的网站上维护其Linux驱动程序开发树。在有些情况下，不会使用mac80211 API，如有些Ralink和Realtek无线设备驱动程序。从2006年1月起，Linux无线子系统维护者为John W. Linville，他取代了Jeff Garzik。从2007年10月起，mac80211的维护者为Johannes Berg。曾经举办过一些Linux无线年度峰会，其中，第一届是2006年在比佛顿（Beaverton）举办的。http://wireless.kernel.org/提供了非常详尽的维基页面，其中包含大量重要的文档（如各种无线网络接口支持的模式），还有众多无线设备驱动程序、硬件和工具（如CRDA、hostapd、iw等）的详尽信息。

12.11　总结

最近几年，Linux无线栈有了长足发展。其中最重要的变化是，集成了mac8021栈，并将无线驱动程序移植为使用mac80211 API的形式，从而使代码变得更有序。现在情况比以前好多了，Linux支持的无线设备变得多得多了。拜open802.11s项目所赐，最近对网状网络的支持更强了，它已经集成到了Linux 2.6.26内核中。未来将有更多驱动程序会支持新标准IEEE802.11ac和P2P。

IEEE802.11ac是一种只使用5 GHz频段的技术，其最大吞吐量远高于1Gb/s。

第13章将讨论Linux内核中的InfiniBand和RDMA。12.12节将按本章介绍主题的顺序列出重要的相关方法。

12.12 快速参考

在本章最后，将列出Linux无线子系统中的重要方法，其中一些在本章前面提到过。表12-1列出了ieee80211_rx_status对象的flag成员的可能取值。

12.12.1 方法

本节讨论方法如下。

1. void ieee80211_send_bar(struct ieee80211_vif *vif, u8 *ra, u16 tid, u16 ssn);
这个方法用于发送块确认请求。

2. int ieee80211_start_tx_ba_session(struct ieee80211_sta *pubsta, u16 tid, u16 timeout);
这个方法将调用无线驱动程序回调函数ampdu_action()，并传入IEEE80211_AMPDU_TX_START，以启动块确认会话。这将导致驱动程序随后调用回调函数ieee80211_start_tx_ba_cb()或ieee80211_start_tx_ba_cb_irqsafe()来启动聚合会话。

3. int ieee80211_stop_tx_ba_session(struct ieee80211_sta *pubsta, u16 tid);
这个方法将调用无线驱动程序回调函数ampdu_action()，并传入IEEE80211_AMPDU_TX_STOP，以停止块确认会话。驱动程序随后必须调用回调函数ieee80211_stop_tx_ba_cb()或ieee80211_stop_tx_ba_cb_irqsafe()。

4. static void ieee80211_send_addba_request(struct ieee80211_sub_if_data *sdata, const u8 *da, u16 tid, u8 dialog_token, u16 start_seq_num, u16 agg_size, u16 timeout);
这个方法用于发送ADDBA请求消息。ADDB消息是子类型为操作的管理消息。

5. void ieee80211_process_addba_request(struct ieee80211_local *local, struct sta_info *sta, struct ieee80211_mgmt *mgmt, size_t len);
这个方法用于处理ADDBA消息。

6. static void ieee80211_send_addba_resp(struct ieee80211_sub_if_data *sdata, u8 *da, u16 tid, u8 dialog_token, u16 status, u16 policy, u16 buf_size, u16 timeout);
这个方法用于发送ADDBA响应消息。ADDBA响应消息是子类型为操作（IEEE80211_STYPE_ACTION）的管理数据包。

7. static ieee80211_rx_result debug_noinline ieee80211_rx_h_amsdu(struct ieee80211_rx_data *rx);
这个方法负责处理AMSDU聚合（接收路径）。

8. void ieee80211_process_delba(struct ieee80211_sub_if_data *sdata, struct sta_info *sta, struct ieee80211_mgmt *mgmt, size_t len);

这个方法负责处理DELBA消息。

9. void ieee80211_send_delba(struct ieee80211_sub_if_data *sdata, const u8 *da, u16 tid, u16 initiator, u16 reason_code);

这个方法用于发送DELBA消息。

10. void ieee80211_rx_irqsafe(struct ieee80211_hw *hw, struct sk_buff *skb);

这个方法负责接收数据包，可在硬件中断上下文中调用。

11. static void ieee80211_rx_reorder_ampdu(struct ieee80211_rx_data *rx, struct sk_buff_head *frames);

这个方法负责处理AMPDU重排缓冲区。

12. static bool ieee80211_sta_manage_reorder_buf(struct ieee80211_sub_if_data *sdata, struct tid_ampdu_rx *tid_agg_rx, struct sk_buff_head *frames);

这个方法负责处理AMPDU重排缓冲区。

13. static ieee80211_rx_result debug_noinline ieee80211_rx_h_check(struct ieee80211_rx_data *rx);

这个方法负责丢弃重传的重复帧，并将dot11FrameDuplicateCount和客户端计数器 num_duplicates加1。

14. void ieee80211_send_nullfunc(struct ieee80211_local *local, struct ieee80211_sub_if_data *sdata, int powersave);

这个方法用于发送特殊的空数据帧。

15. void ieee80211_send_pspoll(struct ieee80211_local *local, struct ieee80211_sub_if_data *sdata);

这个方法用于向AP发送PS-Poll控制数据包。

16. static void ieee80211_send_assoc(struct ieee80211_sub_if_data *sdata);

这个方法用于发送子类型为IEEE80211_STYPE_ASSOC_REQ或IEEE80211_STYPE_REASSOC_REQ的管理数据包，以执行关联或重新关联。它是在方法ieee80211_do_assoc()中调用的。

17. void ieee80211_send_auth(struct ieee80211_sub_if_data *sdata, u16 transaction, u16 auth_alg, u16 status, const u8 *extra, size_t extra_len, const u8 *da, const u8 *bssid, const u8 *key, u8 key_len, u8 key_idx, u32 tx_flags);

这个方法用于发送子类型为身份验证（IEEE80211_STYPE_AUTH）的管理数据包，以执行身份验证。

18. static inline bool ieee80211_check_tim(const struct ieee80211_tim_ie *tim, u8 tim_len, u16 aid);

这个方法用于检查是否设置了tim[aid]，通过参数传递的aid是客户端的关联ID。

19. int ieee80211_request_scan(struct ieee80211_sub_if_data *sdata, struct cfg80211_scan_request *req);

12

这个方法用于启动主动扫描。

20. void mesh_path_tx_pending(struct mesh_path *mpath);

这个方法用于发送frame_queue中的数据包。

21. struct mesh_path *mesh_path_lookup(struct ieee80211_sub_if_data *sdata, const u8 *dst);

这个方法会在结点的路径表（路由表）中查找路径。其中，第2个参数是目的地的地址。如果没有找到匹配的条目，将返回NULL；否则返回一个指针，它指向找到的路径。

22. static void ieee80211_sta_create_ibss(struct ieee80211_sub_if_data *sdata);

这个方法用于创建一个IBSS。

23. int ieee80211_hw_config(struct ieee80211_local *local, u32 changed);

这个方法将被驱动程序调用以设置各种配置。在大多数情况下，它会将这种任务委托给驱动程序方法config()（如果实现了这个方法）。第2个参数指定了要执行的操作（例如，IEEE80211_CONF_CHANGE_CHANNEL表示调整信道，而IEEE80211_CONF_CHANGE_PS表示修改驱动程序的省电模式）。

24. struct ieee80211_hw *ieee80211_alloc_hw(size_t priv_data_len, const struct ieee80211_ops *ops);

这个方法用于分配一个802.11硬件设备。

25. int ieee80211_register_hw(struct ieee80211_hw *hw);

这个方法用于注册一个802.11硬件设备。

26. void ieee80211_unregister_hw(struct ieee80211_hw *hw);

这个方法用于注销一个802.11硬件设备，并释放分配给它的资源。

27. int sta_info_insert(struct sta_info *sta);

这个方法会将一个客户端加入客户端散列表和客户端列表中。

28. int sta_info_destroy_addr(struct ieee80211_sub_if_data *sdata, const u8 *addr);

这个方用于法删除一个客户端，并释放它占用的资源。

29. struct sta_info *sta_info_get(struct ieee80211_sub_if_data *sdata, const u8 *addr);

这个方法会在客户端散列表中查找，并返回一个指向客户端的指针。

30. void ieee80211_send_probe_req(struct ieee80211_sub_if_data *sdata, u8 *dst, const u8 *ssid, size_t ssid_len, const u8 *ie, size_t ie_len, u32 ratemask, bool directed, u32 tx_flags, struct ieee80211_channel *channel, bool scan);

这个方法用于发送探测请求管理数据包。

31. static inline void ieee80211_tx_skb(struct ieee80211_sub_if_data *sdata, struct sk_buff *skb);

这个方法用于传输SKB。

32. int ieee80211_channel_to_frequency(int chan, enum ieee80211_band band);

这个方法将根据信道返回对应的频率。信道和频率是一一对应的。

33. static int mesh_path_sel_frame_tx(enum mpath_frame_type action, u8 flags, const u8 *orig_addr, __le32 orig_sn, u8 target_flags, const u8 *target, __le32 target_sn, const u8 *da, u8 hop_count, u8 ttl, __le32 lifetime, __le32 metric, __le32 preq_id, struct ieee80211_sub_if_data *sdata);

这个方法用于发送管理数据包PREQ或PREP。

34. static void hwmp_preq_frame_process(struct ieee80211_sub_if_data *sdata, struct ieee80211_mgmt *mgmt, const u8 *preq_elem, u32 metric);

这个方法负责处理PREQ消息。

35. struct ieee80211_rx_status *IEEE80211_SKB_RXCB(struct sk_buff *skb);

这个方法将返回一个与指定SKB的控制缓冲区（cb）相关联的ieee80211_rx_status对象。

36. static bool ieee80211_tx(struct ieee80211_sub_if_data *sdata, struct sk_buff *skb, bool txpending, enum ieee80211_band band);

这个方法是负责传输的主处理程序。

12.12.2　表

表12-1列出了结构ieee80211_rx_status的flag成员（32位字段）各位的Linux符号。

表12-1　接收标志（ieee 80211_rx_status对象的flag字段的可能取值）

Linux符号	位	描　　述
RX_FLAG_MMIC_ERROR	0	发现帧存在Michael MIC错误
RX_FLAG_DECRYPTED	1	使用硬件对帧进行了加密
RX_FLAG_MMIC_STRIPPED	3	从帧中剥离了Michael MIC，并由硬件进行了验证
RX_FLAG_IV_STRIPPED	4	从帧中剥离了IV/ICV
RX_FLAG_FAILED_FCS_CRC	5	帧未能通过FCS检查
RX_FLAG_FAILED_PLCP_CRC	6	帧未能通过PCLP检查
RX_FLAG_MACTIME_START	7	RX状态中传递的时间戳有效，其中包含收到MPDU中第一个符号的时间
RX_FLAG_SHORTPRE	8	这个帧使用的是短前导码
RX_FLAG_HT	9	使用了HT MCS，且rate_idx为MCS索引
RX_FLAG_40MHZ	10	使用了HT40（40 MHz）
RX_FLAG_SHORT_GI	11	使用了短防护间隔
RX_FLAG_NO_SIGNAL_VAL	12	没有信号强度值
RX_FLAG_HT_GF	13	这个帧是在HT-greenfield传输中收到的
RX_FLAG_AMPDU_DETAILS	14	知道AMPDU细节，必须填充引用数（对于每个AMPDU都不同）
RX_FLAG_AMPDU_REPORT_ZEROLEN	15	驱动程序报告长度为0的子帧
RX_FLAG_AMPDU_IS_ZEROLEN	16	这是长度为0的子帧，只用于监视

12

（续）

Linux符号	位	描　述
RX_FLAG_AMPDU_LAST_KNOWN	17	知道最后一个子帧，AMPDU的所有子帧都必须设置这个标志 -This subframe is the last subframe of the A-MPDU. 译为 这是AMPDU的最后一个子帧
RX_FLAG_AMPDU_IS_LAST	18	
RX_FLAG_AMPDU_DELIM_CRC_ERROR	19	在这个子帧中发现分隔符CRC错误 The delimiter CRC field is known (the CRC is stored in the ampdu_delimiter_crc field of the ieee80211_rx_status) 译为 分隔符CRC字段已知（CRC存储在ieee80211_rx_status的ampdu_delimiter_crc字段中）
RX_FLAG_AMPDU_DELIM_CRC_KNOWN	20	
RX_FLAG_MACTIME_END	21	RX状态中传递的时间戳有效，其中包含收到MPDU（包括FCS）中最后一个符号的时间
RX_FLAG_VHT	22	使用了VHT MCS，rate_index为MCS索引
RX_FLAG_80MHZ	23	使用的是80 MHz
RX_FLAG_80P80MHZ	24	使用的是80+80 MHz
RX_FLAG_160MHZ	25	使用的是160 MHz

InfiniBand *13*

本章由InfiniBand专家Dotan Barak撰写。Dotan是Mellanox Technologies公司从事RDMA技术的资深软件经理。Dotan在Mellanox公司工作了10多年，任过多种职位，包括开发人员和经理。另外，Dotan维护着一个探讨RDMA技术的博客网站：http://www.rdmamojo.com。

第12章讨论了Linux无线子系统及其实现，本章将讨论Linux InfiniBand子系统及其实现。对于不熟悉InfiniBand的人来说，这种技术好像非常复杂，但它背后的概念其实非常简单，你将在本章看到这一点。本章将首先讨论远程直接内存访问（RDMA），包括其主要数据结构和API。然后，我将通过一些示例演示如何使用RDMA。最后，将简要地讨论如何在内核和用户空间中使用RDMA API。

13.1 RDMA 和 InfiniBand 概述

远程直接内存访问（Remote Direct Memory Access，RDMA）指的是能够访问（即读写）远程机器的内存。有多种支持RDMA的网络协议，包括：InfiniBand、RoCE（RDMA over Converged Ethernet）和iWARP（internet Wide Area RDMA Protocol）。它们使用相同的API。InfiniBand是一种全新的网络协议，其规范可在InfiniBand 行业协会维护的文档 "InfiniBand Architecture Specifications" 中找到。RoCE能够让你通过以太网使用RDMA，其规范可在InfiniBand规范的一个附件中找到。iWARP能够让你通过TCP/IP网络使用RDMA，其规范可在RDMA联盟维护的文档 "An RDMA Protocol Specification" 中找到。Verbs指的是能够让你在客户端代码中使用RDMA的API。Linux内核2.6.11添加了RDMA API实现。最初它只支持InfiniBand，经过多个版本后，它也可以支持iWARP和RoCE。在描述这个API时，我这只会提到InfiniBand、iWARP和RoCE中的一个，不过下面的内容对它们都是适用的。这个API的定义包含在include/rdma/ib_verbs.h中。下面是对这个API和RMDA栈实现的一些说明。

❑ 有些函数是内联的，有些则不是，未来的实现可能会改变这种情况。

❑ 大多数API函数名都包含前缀ib，但它们支持InfiniBand、iWARP和RoCE。

❑ 头文件ib_verbs.h中包含的函数和结构可供以下内容使用。

■ RDMA栈本身。

■ RDMA设备的低级驱动程序。

■ 作为消费者使用RMDA栈的内核模块。

我将只讨论与作为消费者使用RDMA栈的内核模块相关的函数和结构。下一节将讨论RDMA栈在内核树中的组织结构。

13.1.1　RDMA 栈的组织结构

内核RDMA栈的所有代码几乎都位于内核树的drivers/infiniband中。下面列出了它的一些重要模块（本章不会讨论整个RDMA栈，因此这里并没有列出它的所有模块）。

- CM：通信管理器（drivers/infiniband/core/cm.c）。
- IPoIB：IP over InfiniBand（drivers/infiniband/ulp/ipoib/）。
- iSER：iSCSI RDMA扩展（drivers/infiniband/ulp/iser/）。
- RDS：可靠数据报套接字（net/rds/）。
- SRP：SCSI RDMA协议（drivers/infiniband/ulp/srp/）。
- 各个厂商的硬件低级处理程序（drivers/infiniband/hw）。
- verbs：内核verbs（drivers/infiniband/core/verbs.c）。
- uverbs：用户verbs（drivers/infiniband/core/uverbs_*.c）。
- MAD：管理数据报（drivers/infiniband/core/mad.c）。

图13-1所示为Linux InfiniBand栈的架构。

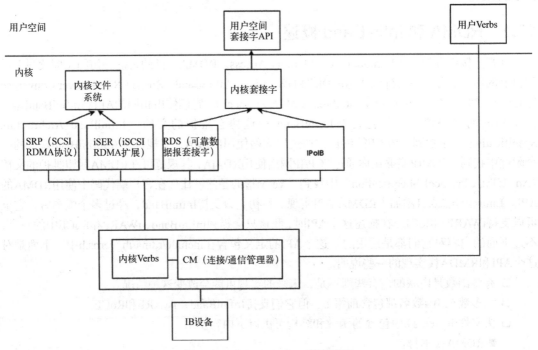

图13-1　Linux InfiniBand栈的架构

本节介绍了Linux内核中RDMA栈的组织结构及其内核模块。

13.1.2　RDMA 技术的优点

下面介绍RDMA技术的优点，并阐述令其在众多市场中大行其道的特色。

- 零复制：能够读写远程内存，能够让你直接访问远程缓冲区，而无需在不同软件层之间复制数据。
- 跳过内核：可在相同的代码上下文（即用户空间或内核）中收发数据，节省了上下文切换的时间。
- 减轻CPU的负担：可使用专用硬件收发数据，而不需要CPU干预。这可降低远程端的CPU使用率，因为不需要它执行任何主动操作。
- 低延迟：RDMA技术使得简短消息的延迟非常低（在最新的硬件和服务器上，发送数十字节的延迟只有几百纳秒）。
- 高带宽：在以太网设备中，最高带宽受限于以太网技术（为10或40 Gb/s）。使用InfiniBand后，最高带宽可达2.5~120 Gb/s（在最新的硬件和服务器上，带宽可高达56 Gb/s）。

13.1.3　InfiniBand 硬件组件

与其他互联技术一样，InfiniBand规范也描述了多种硬件组件，其中一些是数据包端点（数据包的始发站或目的地），有些会在子网内部或子网之间转发数据包。下面介绍最常见的组件。

- 主机信道适配器（Host Channel Adapter，HCA）：可安装在主机或其他任何系统（如存储设备）上的网络适配器。这种组件为数据包的始发地或目的地。
- 交换机：知道如何将一个端口上收到的数据包发送到另一个端口的组件。必要时，它还能够复制组播消息（InfiniBand不支持广播）。不同于其他技术，InfiniBand中的每台交换机都是非常简单的设备，包含由子网管理器配置的转发表。子网管理器是配置和管理子网的实体（本节后面将更详细地讨论它扮演的角色）。交换机本身不会学习任何东西，也不会分析数据包，而只是在子网内部转发数据包。
- 路由器：与多个InfiniBand子网相连的组件。

子网由一系列连接在一起的HCA、交换机和路由器端口组成。本节介绍了各种InfiniBand硬件组件，下面讨论InfiniBand中设备、系统和端口的编址。

13.1.4　InfiniBand 中的编址

下面是一些InfiniBand编址规则。

- 在InfiniBand，组件的唯一标识符是全局唯一标识符（Globally Unique Identifier，GUID），这是全球唯一的64位值。
- 子网中的每个结点都有一个结点GUID。这是结点的标识符，是一个始终不变的结点属性。
- 子网中的每个端口（包括HCA和交换机的端口）都有一个端口GUID。这是端口的标识符，是一个始终不变的端口属性。
- 在由多个组件组成的系统中，可以有一个系统GUID。在同一个系统中，所有组件的系统

13

GUID都相同。

下面的示例演示了上述所有GUID：一个由多个交换芯片组成的大型交换系统，每个交换芯片都有独一无二的结点GUID，每个交换端口都有独一无二的端口GUID，该系统中所有芯片的系统GUID都相同。

- 全局标识符（Global IDentifier，GID）用于标识端点端口或组播组。每个端口都至少有一个有效的GID，它在GUD表中位于索引0处，是根据端口的GUID以及端口所属子网的标识符生成的。
- 本地标识符（Local IDentifier，LID）是一个16位的值。子网管理器给每个子网端口都分配了一个LID，但交换机比较特殊，它只给其管理端口分配LID，而不给其他端口分配。每个端口都只能分配一个LID或一系列连续的LID（或者旨在提供前往该端口的多条路径）。在特定时点，每个LID在当前子网中都是唯一的。交换机转发数据包时将根据LID来确定要使用的出站端口。单播LID的范围为0x001~0xbfff，而组播LID的范围为0xc000~0xfffe。

13.1.5　InfiniBand 的功能

下面介绍InfiniBand协议的一些功能。

- InfiniBand允许你配置HCA、交换机和路由器的端口所属的分区，从而在物理子网内部实现虚拟隔离。分区键（P_Key）是一个16位的值，它由两部分组成：后15位为键值，第1位为成员等级。第一位为0表示受限，为1表示全权。每个端口都有一个由SM配置的P_Key表，每个队列对（Queue Pair，QP，InfiniBand中收发数据的对象）都与这个表中的一个P_Key索引相关联。仅当两个QP相关联的P_Key满足如下条件时，它们才能相互收发数据包。
  - 键值相同。
  - 至少有一个P_Key是全权的。
- 队列键（Queue Key，Q_Key）：仅当两个不可靠QP的Q_Key相同时，它们才能相互接收对方的单播或组播消息。
- 虚拟通道（Virtual Lanes，VL）：这是一种在一条物理链路上创建多条虚链路的机制。虚拟通道表示端口的一组用于收发数据包的缓冲区。支持的VL数是端口的一个属性。
- 服务等级（Service Level，SL）：InfiniBand支持多达16个服务等级，但没有指定每个等级的策略。在InfiniBand中，QoS是通过将SL映射到VL并给每个VL分配资源实现的。
- 故障切换：连接的QP是只能与一个远程QP收发数据包的QP。InfiniBand允许为连接的QP定义一条主路径和一条替代路径。如果主路径出现故障，将自动使用替代路径，而不报告错误。

下一节将介绍InfiniBand数据包的结构，这对调试InfiniBand故障很有帮助。

13.1.6　InfiniBand 数据包

每个InfiniBand数据包都包含多个报头，在很多情况下还包含有效负载，即客户端要发送的消息。只包含ACK或长度为0（如只发送立即数据时）的消息没有有效负载。这些报头指出了数据包的源和目的地、使用的操作、将数据包划分为消息所需的信息以及检测数据包丢失错误的信息。

图13-2显示了InfiniBand数据包的报头。

| LRH | GRH | BTH | ETH | 有效负载 | 立即数据 | ICRC | VCRC |

图13-2　InfiniBand数据包的报头

下面描述这些InfiniBand报头。

- 本地路由选择报头（Local Routing Header，LRH）：长8字节，必不可少。它指出了数据包的本地源端口和目标端口，还指定了请求的QoS属性（SL和VL）。
- 全局路由选择报头（Global Routing Header，GRH）：长40字节，是可选的，用于组播数据包以及需要穿越多个子网的数据包。它使用GID描述了源端口和目标端口，其格式与IPv6报头相同。
- 基本传输报头（Base Transport Header，BTH）：长12字节，必不可少。它指定了源QP和目标QP、操作、数据包序列号和分区。
- 扩展传输报头（Extended Transport Header，ETH）：长4~28字节，是可选的。根据使用的服务类别和操作，可能还会有一系列其他的报头。
- 有效负载：可选，包含客户端要发送的数据。
- 立即数据：长4字节，可选。这是可给RDMA发送和写入操作添加的32位带外值。
- 不可变CRC（Invariant CRC，ICRC）：长4字节，必不可少。它涵盖数据包在子网中传输时不应变化的字段。
- 可变CRC（Variant CRC，VCRC）：2字节，必不可少。它涵盖数据包的所有字段。

13.1.7　管理实体

SM是子网中负责分析和配置子网的实体，下面是它的一些职责。

- 发现子网的物理拓扑。
- 给子网中的每个端口分配LID和其他属性（如活动MTU、活动速度等）。
- 给子网交换机配置转发表。
- 检测拓扑变化（如子网中结点的增删）。
- 处理子网中的各种错误。

子网管理器通常是一个软件实体，可在交换机（托管交换机）或子网中的任何结点中运行。

在同一个子网中，可以有多个SM，但只有一个处于活动状态，其他都处于备用模式。有一个执行主SM选择的内部协议，由它决定哪个SM处于活动状态。如果活动SM出现故障，备用SM之一将成为活动SM。子网中的每个端口都有一个子网管理代理（Subnet Management Agent，

13

SMA）。这个代理知道如何接收和处理SM发送的消息并返回响应。子网管理员（Subnet Administrator，SA）是SM中的一项服务，下面是它的一些职责。

□ 提供有关子网的信息，如有关如何从一个端口前往另一个端口的信息（路径查询）。

□ 允许你通过注册来收到事件通知。

□ 提供子网管理服务，如加入或退出组播组。这些服务可能导致SM配置或重新配置子网。

通信管理器（Communication Manager，CM）是能够在各个端口上运行（如果端口支持）的实体，它负责建立、维护和拆除QP连接。

13.2　RDMA 资源

在RDMA API中，收发数据前必须创建并处理大量的资源。所有这些资源都归特定RDMA设备所有，不能由多个本地设备共享或使用，即便同一台机器中有多个设备。图13-3显示了RDMA资源创建层次结构。

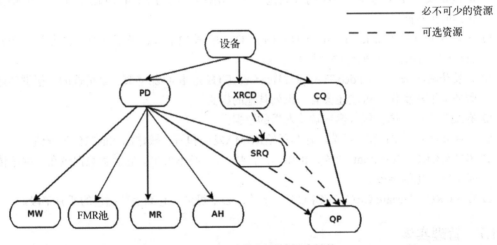

图13-3　RDMA资源创建层次结构

13.2.1　RDMA 设备

客户端需要向RDMA栈注册，以便在系统中增删RDMA设备时得到通知。注册后，客户端将获悉所有既有的RDMA设备。对于每台RDMA设备，都将调用一个回调函数，以便让客户端能够开始以如下方式使用这些设备。

□ 查询设备的各种属性。

□ 修改设备的属性。

□ 创建、使用和释放资源。

方法ib_register_client()用于注册要使用RDMA栈的内核客户端。对于系统当前既有的每个InfiniBand设备以及将使用热插拔增删的每个设备，都将调用指定的回调函数。方法 ib_unregister_client()会将要停止使用RMDA栈的内核客户端注销。通常在卸载驱动程序时调用它。下面的示例代码演示了如何在内核客户端中注册RDMA栈。

```
static void my_add_one(struct ib_device *device)
{
...
}

static void my_remove_one(struct ib_device *device)
{
...
}

static struct ib_client my_client = {
    .name    = "my RDMA module",
    .add     = my_add_one,
    .remove = my_remove_one
};

static int __init my_init_module(void)
{
    int ret;

    ret = ib_register_client(&my_client);
    if (ret) {
        printk(KERN_ERR "Failed to register IB client\n");
        return ret;
    }

    return 0;
}

static void __exit my_cleanup_module(void)
{
    ib_unregister_client(&my_client);
}

module_init(my_init_module);
module_exit(my_cleanup_module);
```

下面来描述其他几个处理InfiniBand设备的方法。

❑ 方法ib_set_client_data()用于将客户端上下文关联至一个InfiniBand设备。

❑ 方法ib_get_client_data()返回使用方法ib_set_client_data()关联到InfiniBand设备的客户端上下文。

❑ 方法ib_register_event_handler()用于注册一个回调函数，每个InfiniBand设备发送异步事件时都将调用这个回调函数。必须使用INIT_IB_EVENT_HANDLER宏初始化回调函数结构。

❑ 方法ib_unregister_event_handler()用于注销事件处理程序。

❑ 方法ib_query_device()用于查询InfiniBand设备的属性。这些属性都是常量。以后再调用

13

这个方法时，查询得到的属性值不会改变。

- 方法ib_query_port()用于查询InfiniBand设备端口的属性。在这些属性中，有些是常量，有些则可能发生变化，如端口的LID、状态等。
- 方法rdma_port_get_link_layer()返回设备端口的链路层。
- 方法ib_query_gid()用于查询InfiniBand设备端口的GID表中指定索引处的GID值。方法ib_find_gid()返回端口的GID表中指定GID值的索引。
- 方法ib_query_pkey()查询InfiniBand设备端口的P_Key表中指定索引处的P_Key值；方法ib_find_pkey()返回端口的P_Key表中指定P_Key值的索引。

13.2.2　PD

保护域（Protection Domain，PD）可关联到多个其他的RDMA资源，如SRQ、QP、AH或MR，以便对它们提供保护。不能混合使用与不同PD相关联的RDMA资源，否则将导致错误。通常，每个模块都有一个PD，但如果模块要提高安全性，可对其使用的每个远程QP或服务使用一个PD。PD的分配和释放方法如下。

- 方法ib_alloc_pd()负责分配一个PD。它将一个指针作为参数，这个指针指向注册设备后调用的驱动程序回调函数返回的设备对象。
- 方法ib_dealloc_pd()负责释放一个PD。通常在卸载驱动程序或与PD关联的资源被释放时调用它。

13.2.3　AH

地址句柄（Address Handle，AH）用于UD QP的发送请求中，它描述了消息从本地端口到远程端口的路径。相同的AH可用于多个QP——如果这些QP使用相同的属性向同一个远程端口发送消息。下面来描述与AH相关的4个方法。

- 方法ib_create_ah()用于创建一个AH。它将一个PD以及AH的属性作为参数。AH的属性可直接填充，也可调用方法ib_init_ah_from_wc()来填充。这个方法将一个收到的工作完成（Work Completion，ib_wc对象）作为参数，其中包含成功完成的入站消息的属性以及收到该消息的端口。可以不依次调用方法ib_init_ah_from_wc()和ib_create_ah()，而调用方法ib_create_ah_from_wc()。
- 方法ib_modify_ah()用于修改既有AH的属性。
- 方法ib_query_ah()用于查询既有AH的属性。
- 方法ib_destroy_ah()用于销毁一个AH，在不再需要向这样的结点发送消息时调用，即AH描述了前往它的路径。

13.2.4　MR

RDMA设备访问的每个内存缓冲区都必须注册。在注册过程中，将对内存缓冲区执行如下操作。

❑ 将连续的内存缓冲区分成内存页。

❑ 将虚拟内存映射到物理内存。

❑ 检查内存页权限，确保它们支持为MR（Memory Region，内存区）发出请求的权限。

❑ 锁定内存页，以防它们被换出。这将确保虚拟内存到物理内存的映射不变。

成功注册后，内存有两个键。

❑ 本地键（lkey）：供本地工作请求用来访问内存的键。

❑ 远程键（rkey）：供远程机器通过RDMA操作来访问内存的键。

在工作请求中，将使用这些键来指定内存缓冲区。同一个内存缓冲区可注册多次，即便指定的权限不同。下面来描述一些与MR相关的方法。

❑ 方法ib_get_dma_mr()将返回一个内存区，它表示可供DMA使用的系统内存。这个方法将一个PD以及请求的MR访问权限作为参数。

❑ 方法ib_dma_map_single()将一个内核虚拟地址（由kmalloc()方法系列分配的）映射到一个DMA地址。这个DMA地址将用于访问本地和远程内存。应使用方法ib_dma_mapping_error()来检查是否成功地完成了映射。

❑ 方法ib_dma_unmap_single()用于取消方法ib_dma_map_single()建立的DMA映射。对于不再需要使用的内存，应调用这个方法。

注意　方法ib_dma_map_single()有一些变种：ib_dma_map_page()、ib_dma_map_single_attrs()、ib_dma_map_sg()和ib_dma_map_sg_attrs()。它们能够分别让你映射页面、根据DMA属性进行映射、根据scatter/gather列表进行映射、根据scatter/gather列表和DMA属性进行映射。这些方法都有对应的映射取消方法。

在访问DMA映射内存前，必须调用如下方法。

❑ 如果DMA区将被CPU访问，调用方法ib_dma_sync_single_for_cpu()；如果DMA区将被InfiniBand设备访问，调用方法ib_dma_sync_single_for_device()。

❑ 方法ib_dma_alloc_coherent()用于分配一个可供CPU访问的内存块，并为DMA建立映射。

❑ 方法ib_dma_free_coherent()用于释放使用方法ib_dma_alloc_coherent()分配的内存块。

❑ 方法ib_reg_phys_mr()用于注册一组物理页，并创建一个虚拟地址，供RDMA设备访问这些物理页。创建这种地址后，要修改它，就必须调用方法ib_rereg_phys_mr()。

❑ 方法ib_query_mr()用于检索指定MR的属性。请注意，大多数低级驱动程序都没有实现这个方法。

❑ 方法ib_dereg_mr()用于注销一个MR。

13.2.5　FMR 池

注册内存区是一项繁重的任务，可能需要较长的时间才能完成。如果执行这项任务时所需的资源不可用，执行任务的上下文甚至会进入休眠状态。在有些情况下（如在中断处理程序中），这是个问题。通过使用FMR（Fast Memory Region，快速内存区）池，可使用FMR，它们注册起来比较容易，可在任何情况下完成。FMR池API位于include/rdma/ib_fmr_pool.h中。

13.2.6　MW

启用远程内存访问的方式有以下两种。

- 注册允许远程访问的内存缓冲区。
- 注册内存区并将其绑定到内存窗口。

这两种方式都将创建一个远程键（rkey），可用来访问指定的内存。然而，若要让这个rkey无效，以禁止访问该内存时，采用注销内存区的方式来达成目的，实现起来将比较繁琐。通过使用内存窗口，并根据需要进行绑定和解除绑定，可能是一种启用和禁用远程内存访问的简单方式。下面来描述3个与内存窗口（Memory Window，MW）相关的方法。

- 方法ib_alloc_mw()用于分配一个内存窗口，它将PD和MW类型作为参数。
- 方法ib_bind_mw()用于向QP发送特殊的工作请求，将内存窗口绑定到具有特定地址、大小和远程权限的内存区，在需要暂时允许远程访问内存时调用。在QP的发送队列中，将生成一个工作完成来描述这种操作的状态。如果调用ib_bind_mw()将已绑定的内存窗口绑定到原来或其他的内存区，原来的绑定将失效。
- 方法ib_dealloc_mw()用于释放指定的MW对象。

13.2.7　CQ

发送到发送队列或接收队列的每个工作请求都被视为未完成的，直到有相应的工作完成或再发送了其他工作请求为止。在工作请求未完成期间，它指向的内存缓冲区的内容是不确定的。

- 如果RDMA设备读取该内存并发送其内存，客户端将无法确定可以使用它们还是必须释放它们。对于可靠QP，成功的工作完成意味着远程端已收到消息；对于不可靠QP，成功的工作完成意味着消息已发送出去。
- 如果RDMA设备将消息写入该内存，客户端将无法确定该缓冲区是否包含入站消息。

工作完成（Work Completion）会指出相应的工作请求已完成，并提供一些有关工作请求的信息，如状态、使用的操作码、大小等。完成队列（Completion Queue，CQ）是包含工作完成的对象，客户端需要轮询CQ，以读取其中的工作完成。CQ以先进先出（FIFO）的方式工作，即客户端从CQ中取出工作完成的顺序与RDMA设备将它们加入CQ的顺序相同。客户端可使用轮询模式来读取工作完成，也可请求在有新的工作完成被加入CQ时通知它。CQ存储的工作完成不能超过其容量。如果添加的工作完成超出了其容量，将添加一个包含错误的工作完成，并触发CQ错误异步事件，且与之相关联的所有工作队列都会出错。下面是一些与CQ相关的方法。

- 方法ib_create_cq()用于创建一个CQ。它接收如下参数：一个指针，它指向注册后调用的驱动程序回调函数返回的设备对象；CQ的属性，包括CQ的大小以及CQ发生异步事件或在其中添加了工作完成时将调用的回调函数。

- ❑ 方法ib_resize_cq()用于修改CQ的大小。新条目数不得小于CQ当前包含得工作完成数。
- ❑ 方法ib_modify_cq()用于修改CQ的调节（moderation）参数。有指定数量的工作完成进入CQ或超时后，将触发完成（Completion）事件。使用这个参数有助于减少RDMA设备中发生的中断次数。
- ❑ 方法ib_peek_cq()将返回CQ中的工作完成数。
- ❑ 方法ib_req_notify_cq()用于请求在下一个工作完成被加入CQ或有包含主动事件指示的工作请求被加入CQ时发送完成事件通知。调用方法ib_req_notify_cq()后，如果没有工作完成加入CQ，就不会发出完成事件通知。
- ❑ 方法ib_req_ncomp_notif()用于请求在CQ包含指定数量的工作完成时发出完成事件通知。不同于方法ib_req_notify_cq()，调用方法ib_req_ncomp_notif()时将发出完成事件通知，即便CQ当前包含的工作完成没有达到指定的数量。
- ❑ 方法ib_poll_cq()用于向CQ轮询工作完成。它按工作完成加入CQ的顺序读取并删除它们。

下面的示例代码用于清空CQ（即读取CQ中所有的工作完成），并检查工作完成的状态。

```
struct ib_wc wc;
int num_comp = 0;

while (ib_poll_cq(cq, 1, &wc) > 0) {
    if (wc.status != IB_WC_SUCCESS) {
        printk(KERN_ERR "The Work Completion[%d] has a bad status %d\n",
                        num_comp, wc.status);
        return -EINVAL;
    }
    num_comp ++;
}
```

13.2.8 XRC

XRC（eXtended Reliable Connected，扩展可靠连接域）域是对入站消息可进入的XRC SRQ进行限制的对象。XRC域可关联到多种与XRC协同工作的RDMA资源，如SRQ和QP。

13.2.9 SRQ

SRQ（Shared Receive Queue，共享接收队列）是一种让RDMA架构在接收端的可扩展性变得更强的方式。它将一个共享接收队列用于所有QP，而不是让每个QP都使用独立的接收队列。这些QP需要使用接收请求时，就从SRQ中取回。图13-4显示了一些与同一个SRQ相关联的QP。

13

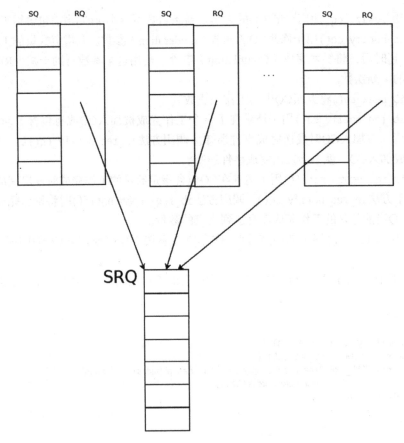

图13-4   关联到同一个SRQ的QP

如果有 N 个QP，每个QP都随机地收到 M 条消息，结果将如下。

❏ 不使用SRQ时，将发送 NM 个接收请求。

❏ 使用SRQ时，将发送 KM 个接收请求（其中 K 远小于 N ）。

QP没有确定其包含的未处理工作请求数的机制，SRQ则与此不同，你可以设置水位限制。接收请求数下降到低于该限制时，将触发SRQ限制异步事件。使用SRQ的缺点在于，无法预测SRQ中的各个接收请求将由哪个QP使用，因此每个接收请求都必须足够长，以确保能够存储所有QP可能收到的最长消息。要避免这种局限性，可创建多个SRQ（每种最大消息长度一个），并根据QP的预期消息长度将相应的SRQ与之相关联。

下面来描述一些与SRQ相关的方法。

❏ 方法ib_create_srq()用于创建一个SRQ，它将一个PD和SRQ属性作为参数。

❏ 方法ib_modify_srq()用于修改SRQ的属性，从而设置触发SRQ限制事件的新水位或调整SRQ的长度。

下面的示例用于设置水位值，使得在SRQ包含的RR数少于5个时触发一个异步事件。

```
struct ib_srq_attr srq_attr;
int ret;

memset(&srq_attr, 0, sizeof(srq_attr));
srq_attr.srq_limit = 5;

ret = ib_modify_srq(srq, &srq_attr, IB_SRQ_LIMIT);
if (ret) {
    printk(KERN_ERR "Failed to set the SRQ's limit value\n");
    return ret;
}
```

下面来描述其他几个处理SRQ的方法。

- ❑ 方法ib_query_srq()负责查询SRQ的当前属性，通常用于检查SRQ的水位限制。如果ib_srq_attr对象的成员srq_limit的值为0，就意味着没有给SRQ设置水位限制。
- ❑ 方法ib_destroy_srq()用于销毁一个SRQ。
- ❑ 方法ib_post_srq_recv()将一个接收请求链表作为参数，并将它们加入共享接收队列，供以后进行处理。

下面的示例会将一个接收请求加入SRQ。它根据单个gather条目中注册的DMAR地址将一条消息存储到内存缓冲区中。

```
struct ib_recv_wr wr, *bad_wr;
struct ib_sge sg;
int ret;

memset(&sg, 0, sizeof(sg));
sg.addr   = dma_addr;
sg.length = len;
sg.lkey   = mr->lkey;
memset(&wr, 0, sizeof(wr));
wr.next    = NULL;
wr.wr_id   = (uintptr_t)dma_addr;
wr.sg_list = &sg;
wr.num_sge = 1;

ret = ib_post_srq_recv(srq, &wr, &bad_wr);
if (ret) {
    printk(KERN_ERR "Failed to post Receive Request to an SRQ\n");
    return ret;
}
```

13.2.10 QP

队列对（Queue Pair，QP）是InfiniBand中用来收发数据的对象，它有两个独立的工作队列：发送队列和接收队列。每个工作队列都有如下属性：可存储的工作请求（Work Requests，WR）数、为每个WR支持的scatter/gather元素数、工作请求处理结束后将在其中添加工作完成的CQ。创建这两个工作队列时，指定的属性（如可存储的WR数）可以类似，也可以不同。在每个工作队列中，处理顺序是有保证的，即对于发送队列中的工作请求，将按发送请求的提交顺序进行处

13

理；对于接收队列，亦如此。然而，这两个队列互不干扰，即便发送请求是在接收请求之后提交的，它也可能在接收请求之前被处理。图13-5显示了一个QP。

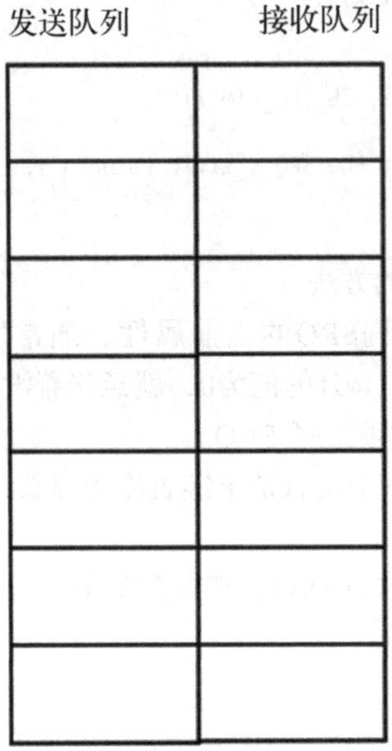

发送队列　　　　　接收队列

图13-5　QP（队列对）

被创建时，每个QP都有一个编号。该编号在特定时点、在RDMA设备中是唯一的。

QP的传输类型

InfiniBand支持多种传输类型，如下所示。

❑ 可靠连接（Reliable Connected，RC）：RC QP连接到一个远程RC QP，能保证可靠性，即所有数据包都按顺序到达，且内容与发送时相同。在发送端，每条消息都被划分为长度为路径MTU的数据包，而接收方则将数据包重组为消息。这种QP支持发送、RDMA写入、RDMA读取和原子操作。

❑ 不可靠连接（Unreliable Connected，UC）：UC QP连接到一个远程UC QP，不能保证可靠性。另外，只要消息中有一个数据包丢失，整条消息都将丢失。在发送端，每条消息都被划分为长度为路径MTU的数据包，而接收方则将数据包重组为消息。这种QP支持发送和RDMA写入操作。

❑ 不可靠数据报（Unreliable Datagram，UD）：UD QP可将单播消息发送给子网中的任何UD QP。此外，还支持组播消息，但不能保证可靠性。每条消息都只能包含一个数据包，长度不能超过路径MTU。这种QP只支持发送操作。

❑ 扩展可靠连接（eXtended Reliable Connected，XRC）：同一个结点的多个QP可向指定结点的远程SRQ发送消息，这有助于将两个结点之间的QP数从CPU内核数减少到1个。这种QP支持RC QP支持的所有操作。它只能用于用户空间应用程序中。

❑ 原始数据包（Raw packet）：能够让客户端创建完整的数据包（包括L2报头），并原样发送。在接收端，RDMA设备无需剥除报头。

❑ 原始IPv6/原始以太类型（Raw IPv6/Raw Ethertype）：支持发送IB设备无法解读的原始数据包。当前，所有RDMA设备都不支持这两种类型。

还有一些用于子网管理和特殊服务的特殊QP传输类型，如下所示。

❑ SMI/QP0：用于传输子网管理数据包的QP。

❑ GSI/QP1：用于传输常规服务数据包的QP。

方法ib_create_qp()用于创建一个QP，它将PD以及要创建的QP的属性作为参数。下面的示例使用一个现成的PD来创建一个RC QP。它包含两个CQ，一个是发送队列，一个是接收队列。

```
struct ib_qp_init_attr init_attr;
struct ib_qp *qp;

memset(&init_attr, 0, sizeof(init_attr));
init_attr.event_handler       = my_qp_event;
init_attr.cap.max_send_wr     = 2;
init_attr.cap.max_recv_wr     = 2;
init_attr.cap.max_recv_sge    = 1;
init_attr.cap.max_send_sge    = 1;
init_attr.sq_sig_type         = IB_SIGNAL_ALL_WR;
init_attr.qp_type             = IB_QPT_RC;
init_attr.send_cq             = send_cq;
init_attr.recv_cq             = recv_cq;
qp = ib_create_qp(pd, &init_attr);
if (IS_ERR(qp)) {
    printk(KERN_ERR "Failed to create a QP\n");
    return PTR_ERR(qp);
}
```

QP状态机

QP有一个状态机，用于指定QP在各种状态下能做什么。

❑ 重置状态：QP刚创建时处于这种状态。QP处于这种状态时，不能在其中添加发送请求或接收请求。所有入站消息都被默默地丢弃。

❑ 已初始化状态：在这种状态下，不能添加发送请求。然而，可添加接收请求，但请求不会被处理。所有入站消息都将被默默地丢弃。最好在QP处于这种状态时将接收请求加入其中，再切换到RTR（接收就绪）状态。这样做可避免发送消息的远程QP在需要使用接收请求时没有接收请求可用的情况发生。

❑ 接收就绪（Ready To Receive，RTR）状态：在这种状态下，不能添加发送请求，但可添加并处理接收请求。所有入站消息都将得到处理。在这种状态下收到的第一条消息，将触发异步事件"通信已建立"。只接收消息的QP可保持这种状态。

❑ 发送就绪（Ready To Send，RTS）状态：在这种状态下，可添加和处理发送请求和接收请求。所有入站消息都将得到处理。这是常见的QP状态。

❑ 发送队列干涸（Send Queue Drained，SQD）状态：在这种状态下，QP将完成所有已进入

13

处理程序的发送请求的处理工作。有些QP属性仅在没有消息可发送时才能被修改。这个
状态包含两个内部状态。

- **即将干涸（Draining）：还在发送消息。**
- **已干涸（Drained）：消息发送已结束。**

□ 发送队列错误（Send Queue Error，SQE）状态：传输类型为不可靠的QP。当其发送队列
出现错误时，RDMA设备会自动将其切换到这个状态。导致错误的发送请求将以失败告
终（并指出错误原因），而后面的所有发送请求都被删除。接收队列将继续工作，即可添
加接收请求，而入站消息将得到处理。客户端可从这种状态恢复，并将QP状态改为RTS。

□ 错误状态：在这种状态下，所有未处理的工作请求都被删除。在下面两种情况下，RDMA
设备都可将QP切换到这种状态。一种情况是，发送请求存在错误且QP的传输类型是可靠
的；另一种情况是，接收队列出现错误。所有入站消息都被默默丢弃。

可使用ib_modify_qp()将QP从任何状态切换到重置状态或错误状态。将QP切换到错误状态，
将删除所有未处理的工作请求；将QP切换到重置状态，将清除以前配置的所有属性，并删除所
有未处理的工作请求，以及该QP使用的完成队列中相关的工作完成。图13-6是一个QP状态机示
意图。

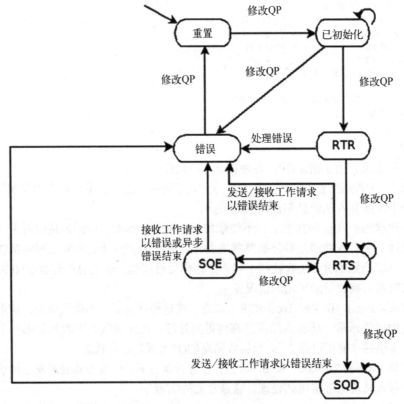

图13-6　QP状态机

方法ib_modify_qp()用于修改QP的属性。它将要修改的QP以及要修改的QP属性作为参数。可按图13-6显示的那样修改QP的状态机。在每种QP状态切换中，每种QP传输类型要求设置的属性都不同。

下面的示例将一个新创建的RC QP切换到了RTS状态。在这种状态下，可发送和接收数据包。本地属性包括出站端口、使用的SL以及发送队列的起始数据包序列号。需要设置的远程属性包括接收PSN、QP编号以及使用的端口的LID。

```c
struct ib_qp_attr attr = {
    .qp_state       = IB_QPS_INIT,
    .pkey_index     = 0,
    .port_num       = port,
    .qp_access_flags = 0
};

ret = ib_modify_qp(qp, &attr,
        IB_QP_STATE         |
        IB_QP_PKEY_INDEX    |
        IB_QP_PORT          |
        IB_QP_ACCESS_FLAGS);

if (ret) {
        printk(KERN_ERR "Failed to modify QP to INIT state\n");
        return ret;
}

attr.qp_state             = IB_QPS_RTR;
attr.path_mtu             = mtu;
attr.dest_qp_num          = remote->qpn;
attr.rq_psn               = remote->psn;
attr.max_dest_rd_atomic   = 1;
attr.min_rnr_timer        = 12;
attr.ah_attr.is_global    = 0;
attr.ah_attr.dlid         = remote->lid;
attr.ah_attr.sl           = sl;
attr.ah_attr.src_path_bits = 0,
attr.ah_attr.port_num     = port

ret = ib_modify_qp(ctx->qp, &attr,
        IB_QP_STATE             |
        IB_QP_AV                |
        IB_QP_PATH_MTU          |
        IB_QP_DEST_QPN          |
        IB_QP_RQ_PSN            |
        IB_QP_MAX_DEST_RD_ATOMIC |
        IB_QP_MIN_RNR_TIMER);
if (ret) {
  printk(KERN_ERR "Failed to modify QP to RTR state\n");
  return ret;
}

attr.qp_state       = IB_QPS_RTS;
```

13

```
attr.timeout        = 14;
attr.retry_cnt      = 7;
attr.rnr_retry      = 6;
attr.sq_psn         = my_psn;
attr.max_rd_atomic  = 1;
ret = ib_modify_qp(ctx->qp, &attr,
        IB_QP_STATE         |
        IB_QP_TIMEOUT       |
        IB_QP_RETRY_CNT     |
        IB_QP_RNR_RETRY     |
        IB_QP_SQ_PSN        |
        IB_QP_MAX_QP_RD_ATOMIC);
if (ret) {
    printk(KERN_ERR "Failed to modify QP to RTS state\n");
    return ret;
}
```

下面描述其他几个处理QP的方法。

❑ 方法ib_query_qp()用于查询当前的QP属性。有些属性是常量（客户端指定的值），有些是可以修改的（如状态）。

❑ 方法ib_destroy_qp()用于销毁一个QP，在QP不再需要时调用。

13.2.11　工作请求的处理

对于每个加入到发送或接收队列的工作请求，在与其所属工作队列关联的CQ具有相应的工作完成，或者在其所属的工作队列中添加入其他工作请求之前，它们都被视为未完成的。在接收队列中，每个工作请求最终都会有相应的工作完成。图13-7说明了工作队列中工作请求的处理流程。

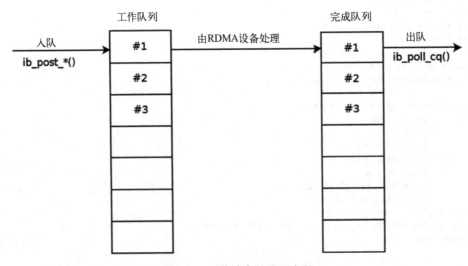

图13-7　工作请求的处理流程

在发送队列中，可以指定（在创建QP时），是要求全部发送请求最终都有相应的工作完成，还是只要求部分发送请求最终有相应的工作完成，后者被称为选择性通知（selective signaling）。对于未被通知的发送请求，可能会出现错误。在这种情况下，将为它生成状态为错误的工作完成。

工作请求未得到处理时，不能重用或释放在添加它时指定的资源，如下所示。

❑ 对于添加到UD QP中的发送请求，不能释放其AH。

❑ 对于接收请求，不能读取scatter/gather（s/g）列表中指定的内存缓冲区，因为如果RDMA设备没有在其中写入数据，其内容将是不确定的。

隔离（Fencing）指的是在前面的RDMA读取和原子操作结束前，禁止对发送请求进行处理。例如，使用RDMA从远程地址读取数据并发送它（或其一部分时）时，给当前发送队列中的发送请求添加隔离标记会很有用。如果不隔离，发送操作可能会在数据还未取回到本地内存中就开始了。将发送请求加入UC或RC QP时，前往目的地的路径是已知的，因为将QP切换到RTR状态时提供了这种路径。然而，将发送请求加入UD QP时，需要添加一个AH来描述前往消息目的地的路径。如果传输类型为不可靠的发送队列出现了错误，它将切换到错误状态（即SQE状态），但接收队列依然能够正常运行。客户端可以从这种错误中恢复，将QP重新切换到RTS状态。如果接收队列出现了错误，QP将切换到错误状态，因为无法从这种错误中恢复。工作队列切换到错误状态后，导致错误的工作请求将以错误结束，其状态指出了错误的性质，而队列中的其他工作请求将被删除。

13.2.12 RDMA 架构支持的操作

InfiniBand支持多种操作类型。

❑ 发送（Send）：通过线路发送消息。远程端必须有接收请求，消息才会被写入缓冲区。

❑ 带立即数据发送（Send with Immediate）：通过线路发送消息和32位的带外数据。远程端必须有接收请求，消息才会被写入缓冲区。立即数据将包含在接收端的工作完成中。

❑ RDMA写入（RDMA Write）：通过线路向远程地址发送消息。

❑ 带立即数据RDMA写入（Write with Immediate）：通过线路发送消息，并将其写入一个远程地址。远程端必须有接收请求。立即数据将包含在接收端的工作完成中。这种操作可视为RDMA写入 + 消息长度为0字节的带立即数据发送。

❑ RDMA读取（RDMA Read）：从远程地址读取，并用读取的内容填充本地缓冲区。

❑ 比较并交换（Compare and Swap）：将远程地址的内容与valueX比较。如果相等，就将内容替换为valueY。这些操作是以原子方式执行的。远程内存的原始内容被发送并存储在本地。

❑ 取回并添加（Fetch and Add）：以原子方式在远程地址的内容中添加一个值。远程内存的原始内容被发送并存储在本地。

❑ 部分比较并交换（Masked Compare and Swap）：将远程地址处maskX指定的那部分内容同valueX进行比较。如果它们相等，就将maskY指定的位替换为valueY。这些操作是以原子

13

方式执行的。远程内存的原始内容被发送并存储在本地。

- □ 部分取回并添加（Masked Fetch and Add）：以原子方式将一个值添加到远程地址处的内容中，但只修改掩码指定的位。远程内存的原始内容被发送并存储在本地。
- □ 绑定内存窗口（Bind Memory Window）：将内存窗口绑定到特定的内存区。
- □ 快速注册（Fast registration）：使用工作请求注册快速内存区。
- □ 本地失效（Local invalidate）：使用工作请求令快速内存区失效。如果此后使用其原来的lkey/rkey，将被视为错误。它可与发送/RDMA读取合并。在这种情况下，将先执行发送/读取操作，再令快速内存区失效。

接收请求指定了入站消息将被存放的位置，以供消费接收请求的操作使用。在scatter列表中指定的内存缓冲区总长度不能小于入站消息的长度。

对于UD QP，由于消息源事先未知（位于当前子网还是其他子网，是单播还是组播消息），必须将接收请求缓冲区再增加40字节——GRH的长度。缓冲区的前40字节将填充为消息的GRH（如果有的话），这些GRH信息描述了如何向发送方发回消息。在scatter列表指定的内存缓冲区中，消息本身将从偏移量40处开始。

方法ib_post_recv()会将一个接收请求链表作为参数，并将它们添加到QP的接收队列中，供以后进行处理。下面的示例会将一个接收请求加入QP，它根据单个gather条目中注册的DMA地址将入站消息存储到内存缓冲区。qp是一个指针，指向使用ib_create_qp()创建的一个QP。内存缓冲区是使用kmalloc()分配的内存块，其地址被ib_dma_map_single()映射到了DMA地址。使用的lkey来自于使用ib_get_dma_mr()注册的MR。

```
struct ib_recv_wr wr, *bad_wr;
struct ib_sge sg;
int ret;

memset(&sg, 0, sizeof(sg));
sg.addr   = dma_addr;
sg.length = len;
sg.lkey   = mr->lkey;

memset(&wr, 0, sizeof(wr));
wr.next    = NULL;
wr.wr_id   = (uintptr_t)dma_addr;
wr.sg_list = &sg;
wr.num_sge = 1;

ret = ib_post_recv(qp, &wr, &bad_wr);

if (ret) {
    printk(KERN_ERR "Failed to post Receive Request to a QP\n");
    return ret;
}
```

方法ib_post_send()会将一个发送请求链表作为参数，并将它们添加到QP的发送队列中，供以后进行处理。下面的示例将一个操作为发送的发送请求添加到了QP中。它将根据单个gatehr条目中注册的DMA地址发送缓冲区的内容。

```
struct ib_sge sg;
struct ib_send_wr wr, *bad_wr;
int ret;

memset(&sg, 0, sizeof(sg));
sg.addr    = dma_addr;
sg.length  = len;
sg.lkey    = mr->lkey;

memset(&wr, 0, sizeof(wr));
wr.next       = NULL;
wr.wr_id      = (uintptr_t)dma_addr;
wr.sg_list    = &sg;
wr.num_sge    = 1;
wr.opcode     = IB_WR_SEND;
wr.send_flags = IB_SEND_SIGNALED;

ret = ib_post_send(qp, &wr, &bad_wr);
if (ret) {
    printk(KERN_ERR "Failed to post Send Request to a QP\n");
    return ret;
}
```

工作完成的状态

工作完成可能成功，也可能会有错误。如果成功，说明操作已结束，并按照传输类型可靠性等级发送了数据。如果工作完成有错误，内存缓冲区的内容将是不确定的。会有很多原因将导致由工作请求的状态来指明存在错误，如保护违规、错误地址等。出现违规错误时，不会重传。然而，这里有必要说说两种特殊的重传流程。它们都是由RDMA设备自动完成的。RDMA设备不断重传数据包，直到问题得以解决或超过了指定的重传次数。如果问题得以解决，客户端代码将根本意识不到发生了问题，只是性能会发生短暂的下降。重传只与可靠的传输类型相关。

重传流程

如果在指定的超时时间内，接收方没有向发送方返回ACK或NACK，发送方可能重传消息。这取决于QP的超时时间和重传次数属性。可能导致这种问题的原因有多个。

❑ 远程QP的属性或前往该QP的路径不对。

❑ 远程QP还未进入RTR状态。

❑ 远程QP处于错误状态。

❑ 消息本身在从发送方前往接收方的途中被丢弃（如由于CRC错误）。

❑ 消息的ACK或NACK在从接收方前往发送方的途中被丢弃（如由于CRC错误）。

图13-8显示了因数据包丢失导致的重传流程。这种流程可解决数据包被丢弃的问题。

13

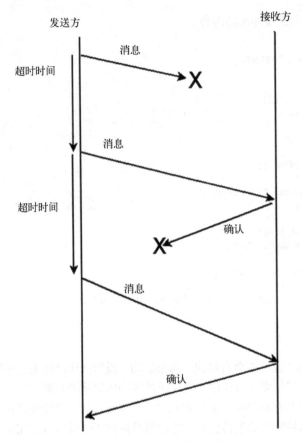

图13-8　重传流程（仅用于可靠的传输类型）

如果发送方QP最终收到了ACK或NACK，它将接着发送余下的消息。如果后面的消息也出现了前面讲的问题，将再次执行重传流程，而不考虑以前是否这样做过。如果重传多次后接收方依然没有响应，发送方将生成一个状态为重传错误的工作完成。

接收方未就绪（Receiver Not Ready，RNR）重传流程

如果接收方收到一条消息，需要消费接收队列中的一个接收请求，但又没有任何未完成的接收请求，它将向发送方发送一个RNR NACK。过段时间（RNR NACK指定的时间）后，发送方将尝试再次发送这条消息。

如果最终接收端及时地添加了接收请求，到来的消息将消费它，而接收方将向发送方发送一个ACK，指出成功地存储了消息。如果后面的消息也出现这种问题，将再次执行RNR重传流程，而不考虑以前是否这样做过。如果多次重传后接收方依然没有添加接收请求，且对于每条发送的消息，接收方都向发送方发送了RNR NACK，发送方将生成一个状态为RNR重传错误的工作完成。图13-9显示了RNR重传流程，这种流程可解决接收方没有接收请求的问题。

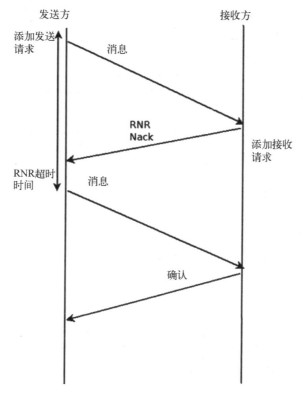

图13-9　RNR重传流程（仅用于可靠的传输类型）

本节介绍了工作请求的状态以及消息可能遇到的异常情况。下一节将讨论组播组。

13.2.13　组播组

组播组是一种从一个UD QP将消息发送给众多UD QP的方式。在接收这种消息的每个UD QP时都必须关联到组播组。设备收到组播数据包后，将其复制到属于相应组播组的所有QP。下面描述两个与组播组相关的方法。

- □ 方法ib_attach_mcast()用于将UD QP关联到InfiniBand设备中的一个组播组，它将要关联的QP以及组播组属性作为参数。
- □ 方法ib_detach_mcast()用于取消UD QP与组播组的关联。

13.2.14　用户空间 RDMA API 和内核级 RDMA API 的差别

用户空间和内核级RDMA栈API很像，因为它们涵盖相同的技术，同时需要提供相同的功能。在用户空间调用RDMA API中的控制路径方法时，将把上下文切换到内核级，以保护特权资源并同步需要同步的对象（例如，不能同时将同一个QP编号分配给多个QP）。

13

然而，用户空间和内核级RDMA API之间也存在一些差别。

❑ 内核级API的前缀都为"ib_"，而用户空间API的前缀为"ibv_"。

❑ 有些枚举和宏只包含在内核级RDMA API中。

❑ 有些QP类型只存在于内核级（如SMI QP和GSI QP）。

❑ 有些特权操作只能在内核级执行，如注册物理内存、使用WR注册MR以及注册FMR。

❑ 有些功能在用户空间RDMA API中没有，如Request for N通知。

❑ 内核API是异步的，包含发生异步事件或完成事件时调用的回调函数。在用户空间中，一切都是同步的，用户必须在运行上下文（即线程）中显式地检查是否有异步事件或完成事件。

❑ XRC不适用于内核级客户端。

❑ 内核级引入了一些新功能，而其在用户空间中是不可用的。

用户空间API由用户空间库libibverbs提供。虽然有些用户空间RDMA功能没有相应的内核级功能强，但足以让你享受InfiniBand技术带来的好处。

13.3　总结

本章介绍了InfiniBand技术的优点，讨论了RDMA栈的组织结构、其资源创建层次结构以及编写使用InfiniBand的客户端代码所需的重要对象和API，并提供了一些使用该API的示例。下一章将讨论高级主题，如网络命名空间和蓝牙子系统。

13.4　快速参考

在本章最后，简要地列出RDMA API中的重要方法，其中一些在本章前面提到过。

方法

下面是一些方法。

1. int ib_register_client(struct ib_client *client);
这个方法用于注册一个要使用RDMA栈的内核客户端。

2. void ib_unregister_client(struct ib_client *client);
这个方法用于注销一个不想再使用RDMA栈的内核客户端。

3. void ib_set_client_data(struct ib_device *device, struct ib_client *client, void *data);
这个方法用于将一个客户端上下文关联到一个InfiniBand设备。

4. void *ib_get_client_data(struct ib_device *device, struct ib_client *client);
这个方法用于读取与InfiniBand设备关联的客户端上下文。

5. int ib_register_event_handler(struct ib_event_handler *event_handler);
这个方法用于注册一个每当InfiniBand设备发生异步事件时都将调用的回调函数。

6. nt ib_unregister_event_handler(struct ib_event_handler *event_handler);
这个方法用于注销一个每当InfiniBand设备发生异步事件时都将调用的回调函数。

7. int ib_query_device(struct ib_device *device, struct ib_device_attr *device_attr);
这个方法用于查询InfiniBand设备的属性。

8. int ib_query_port(struct ib_device *device, u8 port_num, struct ib_port_attr *port_attr);
这个方法用于查询InfiniBand设备的端口的属性。

9. enum rdma_link_layer rdma_port_get_link_layer(struct ib_device *device, u8 port_num);
这个方法用于查询InfiniBand设备的端口的链路层。

10. int ib_query_gid(struct ib_device *device, u8 port_num, int index, union ib_gid *gid);
这个方法用于查询InfiniBand设备端口的GID表中指定索引处的GID。

11. int ib_query_pkey(struct ib_device *device, u8 port_num, u16 index, u16 *pkey);
这个方法用于查询InfiniBand设备端口的P_Key表中指定索引处的P_Key。

12. int ib_find_gid(struct ib_device *device, union ib_gid *gid, u8 *port_num, u16 *index);
这个方法用于查询InfiniBand设备端口的GID表中指定GID值的索引。

13. int ib_find_pkey(struct ib_device *device, u8 port_num, u16 pkey, u16 *index);
这个方法用于查询InfiniBand设备端口的P_Key表中指定P_Key值的索引。

14. struct ib_pd *ib_alloc_pd(struct ib_device *device);
这个方法用于分配一个PD，供以后创建其他InfiniBand资源时使用。

15. int ib_dealloc_pd(struct ib_pd *pd);
这个方法用于释放一个PD。

16. struct ib_ah *ib_create_ah(struct ib_pd *pd, struct ib_ah_attr *ah_attr);
这个方法用于创建一个AH，供将发送请求添加到UD QP中时使用。

17. int ib_init_ah_from_wc(struct ib_device *device, u8 port_num, struct ib_wc *wc, struct ib_grh *grh, struct ib_ah_attr *ah_attr);
这个方法将根据一条收到的消息的工作完成和一个GRH缓冲区来创建AH属性，供调用方法ib_create_ah()时使用。

18. struct ib_ah *ib_create_ah_from_wc(struct ib_pd *pd, struct ib_wc *wc, struct ib_grh *grh, u8 port_num);
这个方法将根据一条收到的消息的工作完成和一个GRH缓冲区来创建一个AH。

19. int ib_modify_ah(struct ib_ah *ah, struct ib_ah_attr *ah_attr);
这个方法用于修改一个既有AH的属性。

20. int ib_query_ah(struct ib_ah *ah, struct ib_ah_attr *ah_attr);
这个方法用于查询一个既有AH的属性。

21. int ib_destroy_ah(struct ib_ah *ah);
这个方法用于销毁一个AH。

22. struct ib_mr *ib_get_dma_mr(struct ib_pd *pd, int mr_access_flags);

这个方法会返回一个可供DMA使用的MR。

23. static inline int ib_dma_mapping_error(struct ib_device *dev, u64 dma_addr);

这个方法用于检查DMA内存指向的地址是否无效，即检查DMA映射操作是否失败。

24. static inline u64 ib_dma_map_single(struct ib_device *dev, void *cpu_addr, size_t size, enum dma_data_direction direction);

这个方法用于将一个内核虚拟地址映射到一个DMA地址。

25. static inline void ib_dma_unmap_single(struct ib_device *dev, u64 addr, size_t size, enum dma_data_direction direction);

这个方法用于取消虚拟地址到DMA地址的映射。

26. static inline u64 ib_dma_map_single_attrs(struct ib_device *dev, void *cpu_addr, size_t size, enum dma_data_direction direction, struct dma_attrs *attrs)

这个方法将根据DMA属性将一个内核虚拟地址映射到一个DMA地址。

27. static inline void ib_dma_unmap_single_attrs(struct ib_device *dev, u64 addr, size_t size, enum dma_data_direction direction, struct dma_attrs *attrs);

这个方法用于取消根据DMA属性建立的从内核虚拟地址到DMA地址的映射。

28. static inline u64 ib_dma_map_page(struct ib_device *dev, struct page *page, unsigned long offset, size_t size, enum dma_data_direction direction);

这个方法用于将一个物理页映射到一个DMA地址。

29. static inline void ib_dma_unmap_page(struct ib_device *dev, u64 addr, size_t size, enum dma_data_direction direction);

这个方法用于取消物理页到DMA地址的映射。

30. static inline int ib_dma_map_sg(struct ib_device *dev, struct scatterlist *sg, int nents, enum dma_data_direction direction);

这个方法用于将一个scatter/gather列表映射到一个DMA地址。

31. static inline void ib_dma_unmap_sg(struct ib_device *dev, struct scatterlist *sg, int nents, enum dma_data_direction direction);

这个方法用于取消scatter/gather列表到DMA地址的映射。

32. static inline int ib_dma_map_sg_attrs(struct ib_device *dev, struct scatterlist *sg, int nents, enum dma_data_direction direction, struct dma_attrs *attrs);

这个方法将根据DMA属性将一个scatter/gather 列表映射到一个DMA地址。

33. static inline void ib_dma_unmap_sg_attrs(struct ib_device *dev, struct scatterlist *sg, int nents, enum dma_data_direction direction, struct dma_attrs *attrs);

这个方法用于取消根据DMA属性建立的从scatter/gather列表到DMA地址的映射。

34. static inline u64 ib_sg_dma_address(struct ib_device *dev, struct scatterlist *sg);

这个方法会返回scatter/gather条目的地址属性。

35. static inline unsigned int ib_sg_dma_len(struct ib_device *dev, struct scatterlist *sg);

这个方法会返回scatter/gather条目的长度属性。

36. static inline void ib_dma_sync_single_for_cpu(struct ib_device *dev, u64 addr, size_t size, enum dma_data_direction dir);

这个方法用于将DMA区的所有权移交给CPU。在CPU访问归设备所有的DMA映射区前，必须调用这个方法。

37. static inline void ib_dma_sync_single_for_device(struct ib_device *dev, u64 addr, size_t size, enum dma_data_direction dir);

这个方法用于将DMA区的所有权移交给设备。在设备访问归CPU所有的DMA映射区前，必须调用这个方法。

38. static inline void *ib_dma_alloc_coherent(struct ib_device *dev, size_t size, u64 *dma_handle, gfp_t flag);

这个方法用于分配一个可供CPU访问的内存块，并为DMA建立映射。

39. static inline void ib_dma_free_coherent(struct ib_device *dev, size_t size, void *cpu_addr, u64 dma_handle);

这个方法用于释放一个使用ib_dma_alloc_coherent()分配的内存块。

40. struct ib_mr *ib_reg_phys_mr(struct ib_pd *pd, struct ib_phys_buf *phys_buf_array, int num_phys_buf, int mr_access_flags, u64 *iova_start);

这个方法将一个物理页列表作为参数，对它们进行处理，让InfiniBand设备能够访问它们。

41. int ib_rereg_phys_mr(struct ib_mr *mr, int mr_rereg_mask, struct ib_pd *pd, struct ib_phys_buf *phys_buf_array, int num_phys_buf, int mr_access_flags, u64 *iova_start);

这个方法用于修改MR的属性。

42. int ib_query_mr(struct ib_mr *mr, struct ib_mr_attr *mr_attr);

这个方法用于查询MR的属性。

43. int ib_dereg_mr(struct ib_mr *mr);

这个方法用于注销一个MR。

44. struct ib_mw *ib_alloc_mw(struct ib_pd *pd, enum ib_mw_type type);

这个方法用于分配一个MW，以允许远程访问MR。

45. static inline int ib_bind_mw(struct ib_qp *qp, struct ib_mw *mw, struct ib_mw_bind *mw_bind);

这个方法用于将一个MW绑定到一个MR，以允许按指定权限远程访问本地内存。

46. int ib_dealloc_mw(struct ib_mw *mw);

这个方法用于释放一个MW。

47. struct ib_cq *ib_create_cq(struct ib_device *device, ib_comp_handler comp_handler, void(*event_handler)(struct ib_event *, void *), void *cq_context, int cqe, int comp_vector);

这个方法用于创建一个CQ，以指出发送队列或接收队列中完成的工作请求的状态。

13

48. int ib_resize_cq(struct ib_cq *cq, int cqe);
这个方法用于修改CQ可包含的工作完成数。

49. int ib_modify_cq(structib_cq *cq, u16 cq_count, u16 cq_period);
这个方法负责修改CQ的调节属性，用于减少InfiniBand设备中的中断次数。

50. int ib_peek_cq(structib_cq *cq, intwc_cnt);
这个方法会返回CQ中可用的工作完成数。

51. static inline int ib_req_notify_cq(struct ib_cq *cq, enum ib_cq_notify_flags flags);
这个方法用于请求在下一个工作完成被加入到CQ时触发完成通知事件。

52. static inline int ib_req_ncomp_notif(struct ib_cq *cq, int wc_cnt);
这个方法用于请求在CQ包含特定数量的工作完成时触发完成通知事件。

53. static inline int ib_poll_cq(struct ib_cq *cq, int num_entries, struct ib_wc *wc);
这个方法用于从CQ中读取并删除一个或多个工作完成，按照工作完成加入CQ的顺序来读取它们。

54. struct ib_srq *ib_create_srq(struct ib_pd *pd, struct ib_srq_init_attr *srq_init_attr);
这个方法用于创建一个SRQ，它将用作多个QP的共享接收队列。

55. int ib_modify_srq(struct ib_srq *srq, struct ib_srq_attr *srq_attr, enum ib_srq_attr_mask srq_attr_mask);
这个方法用于修改SRQ的属性。

56. int ib_query_srq(struct ib_srq *srq, struct ib_srq_attr *srq_attr);
这个方法用于查询SRQ的属性。每次调用这个方法时，SRQ的水位限制值都可能不同。

57. int ib_destroy_srq(struct ib_srq *srq);
这个方法用于销毁一个SRQ。

58. struct ib_qp *ib_create_qp(struct ib_pd *pd, struct ib_qp_init_attr *qp_init_attr);
这个方法用于创建一个QP。每个新QP都将分配一个未被其他QP使用的QP编号。

58. int ib_modify_qp(struct ib_qp *qp, struct ib_qp_attr *qp_attr, int qp_attr_mask);
这个方法用于修改QP的属性，包括发送队列和接收队列属性以及QP状态。

59. int ib_query_qp(struct ib_qp *qp, struct ib_qp_attr *qp_attr, int qp_attr_mask, struct ib_qp_init_attr *qp_init_attr);
这个方法用于查询QP的属性。有些属性在每次调用这个方法时可能会不同。

60. int ib_destroy_qp(struct ib_qp *qp);
这个方法用于销毁一个QP。

61. static inline int ib_post_srq_recv(struct ib_srq *srq, struct ib_recv_wr *recv_wr, struct ib_recv_wr **bad_recv_wr);
这个方法用于将一个接收请求链表添加到SRQ中。

62. static inline int ib_post_recv(struct ib_qp *qp, struct ib_recv_wr *recv_wr, struct ib_recv_wr **bad_recv_wr);

这个方法用于将一个接收请求链表添加到一个QP的接收队列中。

63. static inline int ib_post_send(struct ib_qp *qp, struct ib_send_wr *send_wr, struct ib_send_wr **bad_send_wr);

这个方法用于将一个发送请求链表添加到一个QP的发送队列中。

64. int ib_attach_mcast(struct ib_qp *qp, union ib_gid *gid, u16 lid);

这个方法用于将一个UD QP与一个组播组相关联。

65. int ib_detach_mcast(struct ib_qp *qp, union ib_gid *gid, u16 lid);

这个方法用于解除UD QP和组播组之间的关联。

第 14 章

高级主题

14

第13章讨论了Linux InfiniBand子系统及其实现，本章讨论多个高级主题以及一些不适合在其他地方讨论的主题。首先讨论网络命名空间。这是一种轻量级进程虚拟化机制，几年前被添加到了Linux中。我将大致讨论命名空间的实现，并详尽地讨论网络命名空间的实现。你将了解到，为实现命名空间，只需两个新的系统调用即可。你还将看到一些示例，它们表明使用iproute2命令ip来创建和管理网络命名空间将非常简单，另外，将网络设备从一个命名空间移到另一个命名空间也非常简单，将进程关联到网络命名空间亦如此。cgroups子系统也提供了资源管理解决方案，但它不同于命名空间。我将介绍cgroups子系统及其两个网络模块——net_prio和cls_cgroup，并通过两个示例演示如何使用这些cgroup网络模块。

接下来，本章将介绍频繁轮询套接字（Busy Poll Sockets）以及调整它们的方法。频繁轮询套接字提供了一种有趣的性能优化技术，适用于要求延迟低，并愿意为此付出高CPU使用率代价的套接字。频繁轮询套接字是内核3.11新增的。我还将介绍蓝牙子系统、IEEE 802.15.4子系统和近场通信（Near Field Communication，NFC）子系统。这3个子系统通常用于覆盖范围较小的网络。为这些子系统开发新功能的工作正在快速推进。我还将讨论通知链（Notification Chain，开发或调试内核网络代码时，你可能遇到这种重要的机制）和PCI子系统（因为很多网络设备都是PCI设备），但不会深入探讨PCI子系统的细节，因为本书并非用来讨论设备驱动程序的。最后，本章将通过3小节分别讨论组合（teaming）网络驱动程序（一种新的内核链路聚合解决方案）、以太网点对点（PPPoE）协议和Android。

14.1 网络命名空间

本节介绍Linux命名空间及其用途和实现，深入讨论了其中的网络命名空间，并通过一些示例演示了其用途。从本质上说，Linux命名空间就是一种虚拟化解决方案。在Xen和KVM面世前的很多年，就已经在大型机中实现了操作系统虚拟化。Linux命名空间是一种进程虚拟化。这种理念一点也不新颖，Plan 9操作系统早就尝试过（请参见1992年发表的文章"The Use of Name Spaces in Plan 9"，其网址为www.cs.bell-labs.com/sys/doc/names.html）。

命名空间是一种轻量级进程虚拟化，它提供了资源隔离功能。不同于KVM和Xen等虚拟化解决方案，使用命名空间时，不会在主机上创建额外的操作系统实例，而只使用一个操作系统实例。

这里需要指出的是，Solaris操作系统提供了一种名为Solaris Zones的虚拟化解决方案。它也使用单个操作系统实例，但资源分区方案与Linux命名空间有些不同。例如，在Solaris Zones中，有一个全局区域，它是功能更多的主区域。在FreeBSD操作系统中，有一种名为jails的机制，它也在不运行多个内核实例的情况下提供了资源分区功能。

　　Linux命名空间的主要理念是，将资源分区并分配给不同的进程组，让不同进程组中的进程看到的系统视图不同。例如，在Linux容器项目（http://lxc.sourceforge.net/）中，就使用了这种功能来提供资源隔离。Linux容器项目还使用了另一种资源管理机制，它是由本章后面将介绍的cgroups子系统提供的。通过使用容器，可在同一台主机中运行不同的Linux版本，但只使用一个操作系统实例。检查点/恢复功能也需要使用命名空间。这种功能被用于高性能计算。例如，CRIU（http://criu.org/Main_Page）就使用了这种功能。它是OpenVZ（http://openv z.org/Main_Page）开发的一个软件工具，为Linux用户空间进程实现了检查点/恢复功能，不过在内核中集成CRIU内核补丁的情形很少。这里需要指出的是，有数个项目在内核中都实现了检查点/恢复功能，但这些项目都太复杂，未被纳入到主线（mainline）版本中。例如，CKPT项目（https://ckpt.wiki.kernel.org/index.php/Main_Page）的检查点/恢复功能（有时被称为检查点/重启）支持停止多个进程，并将其保存到文件系统中，以供日后从文件系统恢复这些进程（可以是在其他主机上），并从停止的地方开始继续执行。如果没有命名空间，检查点/恢复的用途将极其有限。要实现实时迁移，命名空间更是必不可少。网络命名空间的另一种用途是，让你能够搭建这样的环境，即模拟不同的网络栈以方便测试、调试等。如果你想更详细地了解检查点/恢复，推荐阅读Sukadev Bhattiprolu、Eric W. Biederman、Serge Hallyn和Daniel Lezcano撰写的文章"Virtual Servers and Checkpoint/Restart in Mainstream Linux"。

　　挂载（Mount）命名空间是被纳入Linux内核的第一种命名空间，于2002年被纳入到内核2.4.19中。用户命名空间是最后实现的，在内核3.8中才被纳入，几乎适用于任何文件系统类型。还可能开发其他命名空间，这将在本节后面讨论。要创建除用户命名空间之外的其他任何命名空间，都必须有CAP_SYS_ADMIN权限。在没有CAP_SYS_ADMIN权限的情况下试图创建除用户命名空间外的其他命名空间，将导致-EPRM错误（操作被禁止）。参与开发命名空间的开发人员很多，其中包括Eric W. Biederman、Pavel Emelyanov、Al Viro、Cyrill Gorcunov、Andrew Vagin等。

　　对进程虚拟化和Linux命名空间的背景及其用途有大致了解后，便可深入探究其实现细节了。

14.1.1　命名空间的实现

　　编写本书期间，Linux内核已经实现了6种命名空间。下面介绍为在Linux内核实现命名空间以及在用户空间包中支持命名空间所做的主要增补和修改。

- 新增了一个名为nsproxy（命名空间代理）的结构。这个结构包含5个指针，它们指向已实现的6种命名空间中的5种。在结构nsproxy中，没有指向用户命名空间的指针，但其他5种命名空间对象都包含一个指针，指向它们所属的用户命名空间对象。在这5种命名空间对象中，该指针都被命名为user_ns。用户命名空间比较特殊，它是凭证结构（cred）的一个成员，名为user_ns。结构cred表示进程的安全上下文，每个进程描述符（task_struct）

都包含两个cred对象，分别表示进程描述符主体凭证和客体凭证。我不会深入探讨用户命名空间实现的全部细节，这不在本书的范围之内。nsproxy对象是分别由方法create_nsproxy()和free_nsproxy()进行创建和释放的。在进程描述符（由include/linux/ sched.h中定义的结构task_struct表示）中，添加了一个指向nsproxy对象的指针，这个指针也被命名为nsproxy。下面来看看结构nsproxy，它包含的成员很少且几乎都是不言自明的。

```
struct nsproxy {
      atomic_t count;
      struct uts_namespace *uts_ns;
      struct ipc_namespace *ipc_ns;
      struct mnt_namespace *mnt_ns;
      struct pid_namespace *pid_ns;
      struct net           *net_ns;
};
(include/linux/nsproxy.h)
```

由此可见，结构nsproxy包含5个命名空间指针（没有指向用户命名空间的指针）。在进程描述符（task_struct对象）中，使用nsproxy对象而不是5个命名空间对象，这是一种优化。调用fork()时，新创建的子进程很可能与父进程位于同一组命名空间内。在这种情况下，不用递增5个（每个命名空间一个）而只需递增一个引用计数器（nsproxy对象的引用计数器）即可。nsproxy的成员count是一个引用计数器，它在方法create_nsproxy()创建nsproxy对象时被初始化为1，并被方法put_nsproxy()和get_nsproxy()进行减1和加1处理。请注意，在内核3.11中，nsproxy对象的成员pid_ns被重命名了为pid_ns_for_children。

❑ 新增了系统调用unshare()。这个系统调用接受单个参数——表示CLONE*标志的位掩码。如果这个标志参数包含一个或多个CLONE_NEW*命名空间标志，系统调用unshare()将执行如下步骤。

■ 它首先根据指定的标志新建一个或多个命名空间。这是通过调用方法unshare_nsproxy_namespaces()完成的。这个方法将新建一个nsproxy对象，并调用方法create_new_namespaces()创建一个或多个命名空间。新命名空间的类型由指定的CLONE_NEW*标志决定。方法create_new_namespaces()返回一个新的nsproxy对象，其中包含新创建的命名空间。

■ 然后，它调用方法switch_task_namespaces()，将调用进程关联到新创建的nsproxy对象。

设置了CLONE_NEWPID标志时，系统调用unshare()的工作原理不同。CLONE_NEWPID是fork()的一个隐式参数，只有子任务才位于新的PID命名空间内，而调用系统调用unshare()的进程则不同。其他CLONE_NEW*标志会将调用进程立即加入新命名空间。

为支持命名空间的创建，新增了6个CLONE_NEW*标志，这将在本节后面讨论。系统调用unshare()的实现包含在kernel/fork.c中。

❑ 新增了系统调用setns()。它将调用线程关联到一个既有的命名空间，其原型为int setns(int fd, int nstype);，对其中的参数介绍如下。

■ fd：一个文件描述符，指向一个命名空间。这是通过打开目录/proc/<pid>/ns/下的链接获得的。

- nstype：一个可选参数。当它为新增的命名空间标志CLONE_NEW*之一时，表明文件描述符指向的命名空间类型必须与指定的CLONE_NEW*标志相同。如果没有设置nstype（其值为0），参数fd可指向任何类型的命名空间。如果nstype与参数fd执行的命名空间类型不匹配，将返回-EINVAL。

系统调用setns()的实现包含在kernel/nsproxy.c中。

- 为支持命名空间，新增了下面6个克隆（clone）标志：
    - CLONE_NEWNS（表示挂载命名空间）
    - CLONE_NEWUTS（表示UTS命名空间）
    - CLONE_NEWIPC（表示IPC命名空间）
    - CLONE_NEWPID（表示PID命名空间）
    - CLONE_NEWNET（表示网络命名空间）
    - CLONE_NEWUSER（表示用户命名空间）

    以前，系统调用clone()用于新建进程。为了支持这些新标志，对其做了调整，使其能够新建与新命名空间相关联的进程。请注意，在本章后面的一些示例中，你将见到使用标志CLONE_NEWNET来新建网络命名空间的情形。

- 6个支持命名空间的子系统都实现了独特的命名空间。例如，挂载命名空间由结构mnt_namespace表示，而网络命名空间由结构net表示，这将在本节后面讨论。本节后面还将提及其他命名空间。

- 为创建命名空间，新增了方法create_new_namespaces()（kernel/nsproxy.c）。这个方法的第一个参数为CLONE_NEW*标志或表示CLONE_NEW*标志的位掩码。它首先调用方法create_nsproxy()来创建一个nsproxy对象，再根据指定的标志关联一个命名空间。由于标志可以是表示标志的位掩码，方法create_new_namespaces()可能会创建多个命名空间。下面来看看方法create_new_namespaces()。

```
static struct nsproxy *create_new_namespaces(unsigned long flags,
        struct task_struct *tsk, struct user_namespace *user_ns,
        struct fs_struct *new_fs)
{
        struct nsproxy *new_nsp;
        int err;
```

分配一个nsproxy对象，并将其引用计数器初始化为1。

```
new_nsp = create_nsproxy();
if (!new_nsp)
        return ERR_PTR(-ENOMEM);
. . .
```

成功地创建一个nsproxy对象后，必须根据指定的标志创建命名空间，或将既有的命名空间关联到新创建的nsproxy对象。为此，首先调用copy_mnt_ns()来新建挂载命名空间，再调用copy_utsname()来新建UTS命名空间。下面介绍方法copy_utsname()，因为14.1.2节将讨论UTS命名空间。如果调用方法copy_utsname()时，在指定的标志中没有设置CLONE_NEWUTS，这个方法将不会新建UTS命名空间，而返回通过最后一个参数tsk->nsproxy->uts_ns传入的UST命名空间；如果设置了CLONE_NEWUTS，方法copy_utsname()将调用方法clone_uts_ns()来复制指定的UTS命名空间。方法clone_uts_ns()用于分配一个新的UTS命名空间对象，将指定UTS命名空间（tsk->nsproxy->uts_ns）的new_utsname对象复制到新创建的UTS命名空间的new_utsname对象中。14.1.2节将更详细地介绍结构new_utsname。

```
new_nsp->uts_ns = copy_utsname(flags, user_ns, tsk->nsproxy->uts_ns);
if (IS_ERR(new_nsp->uts_ns)) {
        err = PTR_ERR(new_nsp->uts_ns);
        goto out_uts;
}
...
```

处理完UTS命名空间后，接着调用方法copy_ipcs()、copy_pid_ns()和copy_net_ns()，它们分别用于处理IPC命名空间、PID命名空间和网络命名空间。请注意，没有调用方法copy_user_ns()，因为前面说过，nsproxy不包含指向用户命名空间的指针。这里简要地介绍一下方法copy_net_ns()。如果调用方法create_new_namespaces()时，在指定的标志中没有设置CLONE_NEWNET，方法copy_net_ns()将返回通过它的第3个参数tsk->nsproxy->net_ns传入的网络命名空间，这与本节前面介绍的方法copy_utsname()很像。如果设置了CLONE_NEWNET，方法copy_net_ns()将调用方法net_alloc()分配一个新的网络命名空间，调用方法setup_net()初始化这个网络命名空间，并将其添加到包含所有网络命名空间的全局列表net_namespace_list中。

```
    new_nsp->net_ns = copy_net_ns(flags, user_ns, tsk->nsproxy->net_ns);
    if (IS_ERR(new_nsp->net_ns)) {
            err = PTR_ERR(new_nsp->net_ns);
            goto out_net;
    }
    return new_nsp;
}
```

请注意，系统调用setns()不创建新的命名空间，而只是将调用线程关联到指定的命名空间。它也调用方法create_new_namespaces()，但会将第1个参数设置为0。这意味着将只调用方法create_nsproxy()创建一个nsproxy（而不创建新的命名空间），但调用线程将被关联到一个既有的网络命名空间。这个网络命名空间是由系统调用setns()的参数fd指定的。在系统调用setns()的实现中，后面调用了方法switch_task_namespaces()，它将新创建的nsproxy赋给调用线程（请参见kernel/nsproxy.c）。

❑ 在kernel/nsproxy.c中，新增了方法exit_task_namespaces()。进程终止时，方法do_exit()（kernel/exit.c）将调用它。方法exit_task_namespaces()将进程描述符（task_struct对象）作为唯一的参数。事实上，它只是调用了方法switch_task_namespaces()，并将指定的进程描述符和一个NULL nsproxy对象作为参数传递给这个方法。方法switch_task_namespaces()会将要终止的进程的进程描述符的nsproxy对象设置为NULL。如果没有其他进程使用该nsproxy，就释放它。

❑ 新增了方法get_net_ns_by_fd()。它将一个文件描述符作为唯一的参数，并返回与该文件描述符对应的inode相关联的网络命名空间。如果你不熟悉文件系统和inode语义，建议阅读Daniel P. Bovet和Marco Cesati的著作*Understanding the Linux Kernel*的第12章的"Inode Objects"一节。

❑ 新增了方法get_net_ns_by_pid()。它将一个PID号作为唯一的参数，并返回与该进程相关联的网络命名空间。

❑ 在/proc/<pid>/ns下，新增了6个条目，每种命名空间一个。可打开这些文件，并将其作为参数传递给系统调用setns()。要显示命名空间的唯一proc inode号，可使用ls -al或readlink，这种唯一的proc inode号在创建命名空间时由方法proc_alloc_inum()创建，并在释放命名空间时由方法proc_free_inum()释放。请参阅kernel/pid_namespace.c中的方法create_pid_namespace()。在下面的示例中，最右边的方括号内的数字是命名空间唯一的proc inode号。

```
ls -al /proc/1/ns/
total 0
dr-x--x--x 2 root root 0 Nov 3 13:32 .
dr-xr-xr-x 8 root root 0 Nov 3 12:17 ..
lrwxrwxrwx 1 root root 0 Nov 3 13:32 ipc -> ipc:[4026531839]
lrwxrwxrwx 1 root root 0 Nov 3 13:32 mnt -> mnt:[4026531840]
lrwxrwxrwx 1 root root 0 Nov 3 13:32 net -> net:[4026531956]
lrwxrwxrwx 1 root root 0 Nov 3 13:32 pid -> pid:[4026531836]
lrwxrwxrwx 1 root root 0 Nov 3 13:32 user -> user:[4026531837]
lrwxrwxrwx 1 root root 0 Nov 3 13:32 uts -> uts:[4026531838]
```

❑ 只要满足下面的条件之一，命名空间就将处于活动状态。

■ /proc/<pid>/ns/下包含命名空间的文件描述符。

■ 在其他地方挂载了命名空间的proc文件。例如，对于PID命名空间，可使用如下命令：
mount --bind /proc/self/ns/pid /some/filesystem/path。

❑ 对于6种命名空间，全部为它们定义了一个proc命名空间操作对象（proc_ns_operations结构实例）。这种对象包含回调函数，如返回命名空间唯一的proc inode号的inum和安装命名空间的install（在install回调函数中，执行与命名空间相关的操作，如将命名空间关联到nsproxy对象等。install回调函数由系统调用setns()调用）。结构proc_ns_operations是在include/linux/proc_fs.h中定义的。下面列出了上述6个proc_ns_operations对象：

■ 用于UTS命名空间的utsns_operations（kernel/utsname.c）

■ 用于IPC命名空间的ipcns_operations（ipc/namespace.c）

■ 用于挂载命名空间的mntns_operations（fs/namespace.c）

■ 用于PID命名空间的pidns_operations（kernel/pid_namespace.c）

■ 用于用户命名空间的userns_operations（kernel/user_namespace.c）

■ 用于网络命名空间的netns_operations（net/core/net_namespace.c）

❑ 对于除挂载命名空间外的其他每种命名空间，都有一个初始命名空间。

■ init_uts_ns：初始UTS命名空间（init/version.c）。

14

- init_ipc_ns：初始IPC命名空间（ipc/msgutil.c）。
- init_pid_ns：初始PID命名空间（kernel/pid.c）。
- init_net：初始网络命名空间（net/core/net_namespace.c）。
- init_user_ns：初始用户命名空间（kernel/user.c）。

☐ 定义了一个初始默认nsproxy对象。它名为init_nsproxy，包含指向5个初始命名空间的指针。这些指针都被初始化为相应的初始命名空间，但指向挂载命名空间的指针除外，它被初始化为NULL。

```
struct nsproxy init_nsproxy = {
        .count  = ATOMIC_INIT(1),
        .uts_ns = &init_uts_ns,
#if defined(CONFIG_POSIX_MQUEUE) || defined(CONFIG_SYSVIPC)
        .ipc_ns = &init_ipc_ns,
#endif
        .mnt_ns = NULL,
        .pid_ns = &init_pid_ns,
#ifdef CONFIG_NET
        .net_ns = &init_net,
#endif
};
(kernel/nsproxy.c)
```

☐ 新增了方法task_nsproxy()，它将一个进程描述符（task_struct对象）作为唯一的参数，并返回与指定task_struct对象相关联的nsproxy。请参见include/linux/nsproxy.h。

编写本书期间，Linux内核中已有6种命名空间。

☐ **挂载命名空间**：挂载命名空间能够让进程看到自己的文件系统和挂载点视图。在一个挂载命名空间中挂载文件系统时，不会传播到其他挂载命名空间。挂载命名空间是通过在调用系统调用clone()或unshare()时设置标志CLONE_NEWNS来创建的。为实现挂载命名空间，添加了结构mnt_namespace（fs/mount.h），而nsproxy包含一个名为mnt_ns的指针，它指向一个mnt_namespace对象。从内核2.4.19起，就支持挂载命名空间，它主要是在fs/namespace.c中实现的。创建新的挂载命名空间时，适用下面的规则。

  - 在新的挂载命名空间中，以前的挂载都可见。
  - 新挂载命名空间中的挂载和卸载对系统的其他部分来说不可见。
  - 对新挂载命名空间来说，全局挂载命名空间中的挂载和卸载是可见的。

    挂载命名空间使用了一种VFS改进——共享子树，这是Linux 2.6.15内核引入的。共享子树功能引入了一些新标志：MS_PRIVATE、MS_SHARED、MS_SLAVE和MS_UNBINDABLE（请参见 http://lwn.net/Articles/159077/和Documentation/filesystems/sharedsubtree.txt）。这里不会详细讨论挂载命名空间实现的细节，如果你想更深入地了解挂载命名空间的用法，建议你阅读Serge E. Hallyn和Ram Pai撰写的文章"Applying Mount Namespaces"（http://www.ibm.com/developerworks/ linux/library/ l-mount-namespaces/ index.html）。

☐ **PID命名空间**：PID命名空间让位于不同PID命名空间中的不同进程可以有相同的PID。这种功能是Linux容器的基石，对于为进程创建检查点和恢复进程来说很重要，因为在一台主机上为进程建立检查点后，可在另一台主机上恢复该进程，即便这台主机上有PID相同的进程。在新PID命名空间中，创建的第一个进程的PID为1。这个进程的行为有点像init进程。这意味着，一个进程消亡后，其所有孤儿进程都会将PID为1的进程作为父进程（收获子进程）。向PID 1的进程发送SIGKILL信号并不能杀死它，不管这个SIGKILL信号是从哪个命名空间中发送的——无论是初始PID命名空间还是其他PID命名空间都如此。然后，可以从其他命名空间（父命名空间）杀死PID命名空间中的init进程。在这种情况下，这个PID命名空间中的进程都将被杀死，而这个PID命名空间本身将停止。要创建PID命名空间，可在调用系统调用clone()或unshare()时设置CLONE_NEWPID标志。为实现PID命名空间，添加了结构pid_namespace（include/linux/pid_namespace.h）。nsproxy包含一个pid_ns指针，它指向一个pid_namespace对象。要支持PID命名空间，必须设置CONFIG_PID_NS。PID命名空间是内核2.6.24新增的，它主要是在kernel/pid_namespace.c中实现的。

❑ **网络命名空间**：网络命名空间能够让你营造出有多个内核网络栈实例的假象。要创建网络命名空间，可在调用系统调用clone()或unshare()时设置标志CLONE_NEWNET。为实现网络命名空间，新增了结构net（include/net/net_namespace.h）。nsproxy包含一个net_ns指针，它指向一个net对象。要支持网络命名空间，必须设置CONFIG_NET_NS。本节后面将深入讨论网络命名空间。网络命名空间是内核2.6.29新增的，它主要是在net/core/net_namespace.c中实现的。

❑ **IPC命名空间**：IPC命名空间允许进程有自己的System V IPC资源和POSIX消息队列资源。要创建IPC命名空间，可在调用系统调用clone()或unshare()时设置标志CLONE_NEWIPC。为实现IPC命名空间，添加了结构ipc_namespace（include/linux/ipc_namespace.h）。nsproxy包含一个ipc_ns指针，它指向一个ipc_namespace对象。
要支持IPC命名空间，必须设置CONFIG_IPC_NS。从内核2.6.19起，IPC命名空间就支持System V IPC资源，而在IPC命名空间中支持POSIX消息队列资源的功能是在内核2.6.30中添加的。IPC命名空间主要是在ipc/namespace.c中实现的。

❑ **UTS命名空间**：UTS命名空间使得不同的UTS命名空间有不同的主机名和域名（以及系统调用uname()返回的其他信息）。要创建UTS命名空间，可在调用系统调用clone()或unshare()时设置CLONE_NEWUTS标志。在已实现的6种命名空间中，UTS命名空间的实现最简单。为实现UTS命名空间，添加了结构uts_namespace（include/linux/utsname.h），而nsproxy包含一个uts_ns指针，它指向一个uts_namespace对象。要支持UTS命名空间，必须设置CONFIG_UTS_NS。从内核2.6.19起就支持UTS命名空间，它主要是在kernel/utsname.c中实现的。

❑ **用户命名空间**：用户命名空间支持用户ID和组ID映射。这种映射是通过写入为支持用户命名空间而添加的两个procfs条目（/proc/sys/kernel/overflowuid和/proc/sys/kernel/overflowgid）实现的。与用户命名空间关联的进程的权限可以与主机不同。要创建用户命名空间，可在调用系统调用clone()或unshare()时设置CLONE_NEWUSER标志。为实现用户命名空间，添加了结构user_namespace（include/linux/user_namespace.h）。user_namespace

对象包含一个指针，这个指针指向创建它的用户命名空间对象（父用户命名空间）。不同于其他5种命名空间，nsproxy不包含指向user_namespace对象的指针。我不会深入讨论用户命名空间的实现细节，因为它可能是最复杂的命名空间，而且这不在本书的范围之内。要支持用户命名空间，必须设置CONFIG_USER_NS。用户命名空间是内核3.8新增的，几乎适用于所有文件系统类型。用户命名空间主要是在kernel/user_namespace.c中实现的。

在下面4个用户空间包中，添加了对命名空间的支持。

❑ 在util-linux中：
  ■ 工具unshare可创建全部6种命名空间，它是2.17版新增的；
  ■ 工具nsenter是系统调用setns()的轻量级包装器，它是2.23版新增的。

❑ 在iproute2中，网络命名空间管理是由命令ip netns完成的，本章后面提供了多个示例。另外，还可使用命令ip link将网络接口移到其他网络命名空间中，这将在14.1.4节中进行介绍。

❑ 在ethtool中，可判断是否为网络接口设置了特征NETIF_F_NETNS_LOCAL。如果设置了NETIF_F_NETNS_LOCAL特征，就表明网络接口是网络命名空间本地的，不能将其移到其他网络命名空间中。NETIF_F_NETNS_LOCAL特征将在本节后面讨论。

❑ 在无线包iw中，添加了一个允许将无线接口移到其他命名空间中的选项。

注意   在2006年的渥太华Linux研讨会（OLS）上，Eric W. Biederman（主要的Linux命名空间开发人员之一）在其论文"Multiple Instances of the Global Linux Namespaces"中提到了10种命名空间，其中还未实现的4种命名空间如下：设备命名空间、安全命名空间、安全密钥命名空间和时间命名空间（请参见https://www.kernel.org/doc/ols/2006/ols2006v1-pages-101-112.pdf）。要更详细地了解命名空间，建议你阅读Michael Kerrisk撰写的6篇命名空间系列文章（https://lwn.net/Articles/531114/）。移动OS虚拟化项目促使大家致力于设备命名空间的支持工作。设备命名空间还未集成到内核中，有关这方面的更详细信息，请参阅Jake Edge撰写的文章"Device Namespaces"（http://lwn.net/Articles/564854/或http://lwn.net/Articles/564977/）。还有人为实现系统日志命名空间做了些工作，请参阅文章"Stepping Closer to Practical Containers: 'syslog' namespaces"（http://lwn.net/Articles/527342/）。

下面3个系统调用可用于命名空间。

❑ clone()：创建一个新进程，并将其关联到一个或多个新的命名空间。命名空间的类型是由作为参数传递的CLONE_NEW*标志指定的。请注意，也可使用表示CLONE_NEW*标志的位掩码。系统调用clone()的实现包含在kernel/fork.c中。

❑ unshare()：本节前面讨论过。

❑ setns()：本节前面讨论过。

注意　在内核中，命名空间并没有可供用户空间进程与之通信的名称。如果命名空间有名称，就需要在一个特殊的命名空间中全局存储它们。这将使实现变得更加复杂，还会给检查点/恢复等功能带来问题。用户空间进程必须打开/proc/<pid>/ns/下的命名空间文件，并使用文件描述符来与命名空间通信，以确保命名空间处于活动状态。命名空间由独一无二的proc inode号标识。proc inode号是在创建命名空间时生成的，并在命名空间释放时被释放。全部6种命名空间结构都包含一个名为proc_inum的整数成员，这个成员是命名空间独一无二的proc inode号，它是通过调用方法proc_alloc_inum()来设置的。每种命名空间还都有一个proc_ns_operations对象。这个对象包含随命名空间而异的回调函数，其中一个回调函数名为inum，它返回命名空间的proc_inum(有关结构proc_ns_operations的定义，请参见include/linux/proc_fs.h)。

在讨论网络命名空间前，先介绍一下最简单的命名空间——UTS命名空间是如何实现的。这为理解其他更复杂的命名空间提供了不错的起点。

14.1.2　UTS 命名空间的实现

为实现UTS命名空间，添加了结构uts_namespace。

```
struct uts_namespace {
        struct kref kref;
        struct new_utsname name;
        struct user_namespace *user_ns;
        unsigned int proc_inum;
};
(include/linux/utsname.h)
```

下面简要地描述结构uts_namespace的成员。

□ kref：一个引用计数器。这是一个通用引用计数器，由方法kref_get()和kref_put()分别递增和递减。除UTS命名空间外，PID命名空间也将一个kref对象用作引用计数器，其他4种命名空间都将原子计数器用于引用计数。有关kref API的更详细信息，请参阅Documentation/kref.txt。

□ name：一个new_utsname对象，包含domainname和Inodename等字段（稍后将讨论这些字段）。

□ user_ns：与UTS命名空间相关联的用户命名空间。

□ proc_inum：UTS命名空间独一无二的proc inode号。

结构nsproxy包含一个指向uts_namespace的指针。

```
struct nsproxy {
        . . .
        struct uts_namespace *uts_ns;
        . . .
};
(include/linux/nsproxy.h)
```

14

前面说过，uts_namespace对象包含一个new_utsname结构实例。下面来看看结构new_utsname，它是UTS命名空间的精髓所在。

```
struct new_utsname {
        char sysname[__NEW_UTS_LEN + 1];
        char nodename[__NEW_UTS_LEN + 1];
        char release[__NEW_UTS_LEN + 1];
        char version[__NEW_UTS_LEN + 1];
        char machine[__NEW_UTS_LEN + 1];
        char domainname[__NEW_UTS_LEN + 1];
};
(include/uapi/linux/utsname.h)
```

new_utsname的成员nodename表示主机名，而成员domainname表示域名。添加了方法utsname()，它返回与当前运行的进程（current）相关联的new_utsname对象。

```
static inline struct new_utsname *utsname(void)
{
        return &current->nsproxy->uts_ns->name;
}
(include/linux/utsname.h)
```

添加了系统调用gethostname()，其实现如下。

```
SYSCALL_DEFINE2(gethostname, char __user *, name, int, len)
{
        int i, errno;
        struct new_utsname *u;

        if (len < 0)
                return -EINVAL;
        down_read(&uts_sem);
```

调用方法utsname()，它访问与当前进程相关联的UTS命名空间的new_utsname对象。

```
u = utsname();
i = 1 + strlen(u->nodename);
if (i > len)
        i = len;
errno = 0;
```

将方法utsname()返回的new_utsname对象的成员nodename复制到用户空间。

```
        if (copy_to_user(name, u->nodename, i))
                errno = -EFAULT;
        up_read(&uts_sem);
        return errno;
}
(kernel/sys.c)
```

系统调用sethostbyname()和uname()的做法与此类似，它们也是在kernel/sys.c中定义的。这里必须指出的是，UTS命名空间的实现还负责处理UTS procfs条目。这样的条目只有两个：/proc/sys/kernel/domainname和/proc/sys/kernel/hostname。它们都是可写的，这意味着可在用户空间中修改它们。还有其他不可写的UTS procfs条目，如/proc/sys/kernel/ostype和/proc/sys/kernel/

osrelease。如果查看UTS procfs条目表uts_kern_table（kernel/utsname_sysctl.c），将发现其中有些条目（如ostype和osrelease）的模式为0444，这意味着它们是不可写的；还有有两个条目（hostname和domainname）的模式为0644，这意味着它们是可写的。读写UTS procfs条目的工作由方法proc_do_uts_string()处理。要更深入地了解UTS procfs条目是如何处理的，请参阅方法proc_do_uts_string()和get_uts()，它们都包含在kernel/utsname_sysctl.c中。学习最简单的命名空间——UTS命名空间是如何实现的后，该学习网络命名空间及其实现了。

14.1.3　网络命名空间的实现

从逻辑上说，网络命名空间是网络栈的副本，有其自己的网络设备、路由选择表、邻接表、Netfilter表、网络套接字、网络procfs条目、网络sysfs条目和其他网络资源。网络命名空间的一项实用功能是，运行在给定网络命名空间（ns1）网络应用程序首先在/etc/netns/ns1下查找配置文件，然后才在/etc下查找。因此，如果你创建了网络命名空间ns1，并创建了/etc/netns/ns1/hosts，则试图访问文件hosts的每个用户空间应用程序都将首先访问/etc/netns/ns1/hosts。仅当其中不包含要查找的条目时才读取/etc/hosts。这种功能是使用绑定挂载（bind mounts）实现的，只有使用命令ip netns add创建的网络命名空间才有此功能。

网络命名空间对象（结构net）

下面来看看结构net的定义。这是一个重要的数据结构，表示网络命名空间。

```
struct net {
    . . .
    struct user_namespace    *user_ns;        /* 所属的用户命名空间 */
    unsigned int             proc_inum;
    struct proc_dir_entry    *proc_net;
    struct proc_dir_entry    *proc_net_stat;
    . . .
    struct list_head         dev_base_head;
    struct hlist_head        *dev_name_head;
    struct hlist_head        *dev_index_head;
    . . .
    int                      ifindex;
    . . .
    struct net_device        *loopback_dev;   /* 环回设备 */
    . . .
    atomic_t                 count;           /* 决定关闭该网络命名空间的时间 */

    struct netns_ipv4        ipv4;
#if IS_ENABLED(CONFIG_IPV6)
    struct netns_ipv6        ipv6;
#endif
#if defined(CONFIG_IP_SCTP) || defined(CONFIG_IP_SCTP_MODULE)
    struct netns_sctp        sctp;
#endif
    . . .

#if defined(CONFIG_NF_CONNTRACK) || defined(CONFIG_NF_CONNTRACK_MODULE)
```

```
        struct netns_ct          ct;
#endif
#if IS_ENABLED(CONFIG_NF_DEFRAG_IPV6)
        struct netns_nf_frag    nf_frag;
#endif
        . . .
        struct net_generic __rcu *gen;
#ifdef CONFIG_XFRM
        struct netns_xfrm        xfrm;
#endif
        . . .
};
(include/net/net_namespace.h)
```

下面简单地描述结构net的几个成员。

- □ user_ns表示创建网络命名空间的用户命名空间。网络命名空间及其所有资源都归它所有。这是在方法setup_net()中指定的。对于初始网络命名空间对象（init_net），创建它的用户命名空间为初始用户命名空间init_user_ns。

- □ proc_inum是网络命名空间独一无二的proc inode号。proc inode号由方法proc_alloc_inum()创建，这个方法还会将它赋给proc_inum。方法proc_alloc_inum()由网络命名空间初始化方法net_ns_net_init()调用。网络命名空间清理方法net_ns_net_exit()调用方法proc_free_inum()来释放proc inode号。

- □ proc_net表示网络命名空间procfs条目（/proc/net），因为每个网络命名空间都维护着自己的procfs条目。

- □ proc_net_stat表示网络命名空间procfs统计信息条目（/proc/net/stat）。每个网络命名空间都维护着自己的procfs统计信息条目。

- □ dev_base_head指向一个包含所有网络设备的链表。

- □ dev_name_head指向一个包含所有网络设备的散列表，该散列表中的键为网络设备名。

- □ dev_index_head指向一个包含所有网络设备的散列表，该散列表的键为网络设备索引。

- □ ifindex是网络命名空间中分配的最后一个设备索引。在网络命名空间中，索引被虚拟化。这意味着环回设备在所有网络命名空间中的索引都为1，位于不同网络命名空间中的网络设备则可能会有相同的索引。

- □ loopback_dev表示环回设备。网络命名空间刚创建时，只有一个网络设备——环回设备。网络命名空间的成员loopback_dev是在方法loopback_net_init()（drivers/net/loopback.c）中设置的。不能将环回设备从一个网络命名空间移到另一个网络命名空间。

- □ count是网络命名空间的引用计数器。在网络命名空间创建时由方法setup_net()将其设置为1。在方法put_net()中，如果发现引用计数器count为0，将调用方法__put_net()。方法__put_net()会将网络命名空间加入要删除的网络命名空间全局列表cleanup_list。

- □ ipv4是一个netns_ipv4结构实例，用于IPv4子系统。结构netns_ipv4包含IPv4特有的字段，这些字段的值随命名空间而异。例如，第6章介绍过，网络命名空间net的组播路由选择表存储在net->ipv4.mrt中。netns_ipv4将在本节后面讨论。

❑ ipv6是一个netns_ipv6结构实例，用于IPv6子系统。

❑ sctp是一个netns_sctp结构实例，用于SCTP套接字。

❑ ct是一个netns_ct（第9章讨论过）结构实例，用于Netfilter连接跟踪子系统。

❑ gen是一个net_generic（include/net/netns/generic.h）结构实例。它包含一组指针，这些指针指向的结构描述了网络命名空间的可选子系统上下文。例如，SIT模块（Simple Internet Transition，简单Internet过渡）是一种IPv6隧道，其实现包含在net/ipv6/sit.c中，它将使用这个成员在结构net中添加私有数据。引入这个成员旨在避免结构net包含所有网络子系统的网络命名空间上下文。

❑ xfrm是一个netns_xfrm结构（这个结构在第10章多次提到过）实例，用于IPsec子系统。

下面来看看IPv4网络命名空间——结构netns_ipv4。

```
struct netns_ipv4 {
    . . .
#ifdef CONFIG_IP_MULTIPLE_TABLES
    struct fib_rules_ops    *rules_ops;
    bool                    fib_has_custom_rules;
    struct fib_table        *fib_local;
    struct fib_table        *fib_main;
    struct fib_table        *fib_default;
#endif
    . . .
    struct hlist_head       *fib_table_hash;
    struct sock             *fibnl;

    struct sock             **icmp_sk;
    . . .
#ifdef CONFIG_NETFILTER
    struct xt_table         *iptable_filter;
    struct xt_table         *iptable_mangle;
    struct xt_table         *iptable_raw;
    struct xt_table         *arptable_filter;
#ifdef CONFIG_SECURITY
    struct xt_table         *iptable_security;
#endif
    struct xt_table         *nat_table;
#endif

    int sysctl_icmp_echo_ignore_all;
    int sysctl_icmp_echo_ignore_broadcasts;
    int sysctl_icmp_ignore_bogus_error_responses;
    int sysctl_icmp_ratelimit;
    int sysctl_icmp_ratemask;
    int sysctl_icmp_errors_use_inbound_ifaddr;

    int sysctl_tcp_ecn;

    kgid_t sysctl_ping_group_range[2];
    long sysctl_tcp_mem[3];

    atomic_t dev_addr_genid;
```

```
#ifdef CONFIG_IP_MROUTE
#ifndef CONFIG_IP_MROUTE_MULTIPLE_TABLES
        struct mr_table        *mrt;
#else
        struct list_head       mr_tables;
        struct fib_rules_ops   *mr_rules_ops;
#endif
#endif
};
```
(net/netns/ipv4.h)

从上面的定义可知，结构netns_ipv4包含很多IPv4专用的表和变量，如路由选择表、Netfilter表、组播路由选择表等。

其他数据结构

为支持网络命名空间，在网络设备对象（结构net_device）中添加了成员nd_net，这是一个指向网络命名空间的指针。设置网络设备的网络命名空间的工作是通过调用方法dev_net_set()完成的，而获取与网络设备相关联的网络命名空间的工作是通过调用方法dev_net()完成的。请注意，在给定时点，一个网络设备只能属于一个网络命名空间。nd_net通常是在注册网络设备或网络设备被移到其他网络命名空间时设置的。例如，注册VLAN设备时，用到了前面提及的两个方法。

```
static int register_vlan_device(struct net_device *real_dev, u16 vlan_id)
{
    struct net_device *new_dev;
```

给新VLAN设备指定的网络命名空间为与实际设备相关联的网络命名空间。实际设备是传递给方法register_vlan_device()的一个参数。为获取网络命名空间，调用了方法dev_net(real_dev)。

```
struct net *net = dev_net(real_dev);
. . .
new_dev = alloc_netdev(sizeof(struct vlan_dev_priv), name, vlan_setup);

if (new_dev == NULL)
    return -ENOBUFS;
```

调用方法dev_net_set()来切换网络命名空间。

```
    dev_net_set(new_dev, net);

    . . .
}
```

在表示套接字的结构sock中，添加了成员sk_net。这是一个指向网络命名空间的指针。设置sock对象的网络命名空间的工作是通过调用方法sock_net_set()完成的，而获取与sock对象相关联的网络命名空间的工作是通过调用方法sock_net()完成的。与nd_net对象一样，一个sock对象在给定时点只能属于一个网络命名空间。

在系统启动时，将创建一个默认的网络命名空间init_net。启动后，所有的物理网络设备和套接字都属于这个初始网络命名空间，网络环回设备亦如此。

有些网络设备和网络子系统必须有独特的网络命名空间数据。为了提供这种支持，添加了结构pernet_operations，它包含回调函数init和exit。

```
struct pernet_operations {
        . . .
        int (*init)(struct net *net);
        void (*exit)(struct net *net);
        . . .
        int *id;
        size_t size;
};
(include/net/net_namespace.h)
```

对于需要独特网络命名空间数据的网络设备，必须定义一个pernet_operations对象，并将其回调函数init()和exit()定义为用来执行设备要求的初始化和清理工作。同时，在其模块初始化和被删除时分别调用方法register_pernet_device()和unregister_pernet_device()，并将这个pernet_operations对象作为唯一的参数传递给这两个方法。例如，PPPoE模块可通过一个procfs条目（/proc/net/pppoe）导出有关PPPoE会话的信息。这个procfs条目导出的信息取决于PPPoE设备所属的网络命名空间（因为不同的PPPoE设备可属于不同的网络命名空间）。因此，PPPoE模块定义了一个名为pppoe_net_ops的pernet_operations对象。

```
static struct pernet_operations pppoe_net_ops = {
        .init = pppoe_init_net,
        .exit = pppoe_exit_net,
        .id   = &pppoe_net_id,
        .size = sizeof(struct pppoe_net),
}
(net/ppp/pppoe.c)
```

在init回调函数pppoe_init_net()中，只是调用方法proc_create()来创建PPPoE procfs条目（/proc/net/pppoe）.

```
static __net_init int pppoe_init_net(struct net *net)
{
        struct pppoe_net *pn = pppoe_pernet(net);
        struct proc_dir_entry *pde;

        rwlock_init(&pn->hash_lock);

        pde = proc_create("pppoe", S_IRUGO, net->proc_net, &pppoe_seq_fops);
#ifdef CONFIG_PROC_FS
        if (!pde)
                return -ENOMEM;
#endif

        return 0;
}
(net/ppp/pppoe.c)
```

在exit回调函数pppoe_exit_net()中，只是调用方法remove_proc_entry()将PPPoE procfs条目（/proc/net/pppoe）删除。

```
static __net_exit void pppoe_exit_net(struct net *net)
```

14

```
{
        remove_proc_entry("pppoe", net->proc_net);
}
```
(net/ppp/pppoe.c)

需要专用网络命名空间数据的网络子系统应在其初始化时将调用register_pernet_subsys()，并在其被删除时调用unregister_pernet_subsys()。有关这方面的示例，请参阅net/ipv4/route.c。另外，还有很多评论这两个方法的文章。网络命名空间模块也定义了一个net_ns_ops对象，并在启动阶段注册它。

```
static struct pernet_operations __net_initdata net_ns_ops = {
        .init = net_ns_net_init,
        .exit = net_ns_net_exit,
};

static int __init net_ns_init(void)
{
    . . .
    register_pernet_subsys(&net_ns_ops);
    . . .
}
```
(net/core/net_namespace.c)

创建新的网络命名空间时，都将调用init回调函数（net_ns_net_init）；删除网络命名空间时，都将调用exit回调函数（net_ns_net_exit）。net_ns_net_init()所做的唯一工作是，调用方法proc_alloc_inum()，为新创建的网络命名空间分配独一无二的proc inode号。新创建的proc inode号被赋给net->proc_inum。

```
static __net_init int net_ns_net_init(struct net *net)
{
        return proc_alloc_inum(&net->proc_inum);
}
```

方法net_ns_net_exit()所做的唯一工作是，调用方法proc_free_inum()，将proc inode号删除。

```
static __net_exit void net_ns_net_exit(struct net *net)
{
        proc_free_inum(net->proc_inum);
}
```

网络命名空间刚创建时，只包含网络环回设备。最常见的网络命名空间创建方式如下。

- 由用户空间应用程序创建。它调用系统调用clone()或unshare()，并设置标志CLONE_NEWNET。
- 使用iproute2命令ip netns（稍后将提供一个这样的示例）。
- 使用util-linux中的实用程序unshare，并指定标志--net。

14.1.4 网络命名空间的管理

下面你将看到一些示例，它们使用iproute2命令ip netns来执行创建网络命名空间、删除网络命名空间、显示所有网络命名空间等操作。

❑ 要创建网络命名空间ns1，可使用命令ip netns add ns1。 运行这个命令时，将首先创建文件/var/run/netns/ns1，再创建命名空间。调用系统调用unshare()，并传入标志CLONE_NEWNET。接下来,使用绑定挂载(调用系统调用mount()并指定标志MS_BIND)，将/var/run/netns/ns1关联到网络命名空间(/proc/self/ns/net)。请注意，网络命名空间可以嵌套。这意味着在ns1中也可创建新的网络命名空间。依此类推。

❑ 要删除网络命名空间ns1，可使用命令ip netns del ns1。请注意，如果有一个或多个进程与这个网络命名空间相关联，将不会删除它。如果没有这样的进程，将删除文件/var/run/netns/ns1。另外，网络命名空间被删除时，其所有网络设备都将移到默认的初始网络命名空间init_net中，但网络命名空间的本地设备(设置了NETIF_F_NETNS_LOCAL的网络设备)除外，它们将被删除。有关这方面的更详细信息，请参阅本节"将网络接口移到另一个网络命名空间"部分以及附录A。

❑ 要显示使用命令ip netns add添加到系统中的所有网络命名空间，可使用命令ip netns list。事实上，命令ip netns list只是显示/var/run/netns下文件的名称。请注意，命令ip netns list不会显示并非使用命令ip netns add添加的网络命名空间。因为创建这些网络命名空间时，没有在/var/run/netns下创建任何文件。例如，运行命令ip netns list时，不会显示unshare --net bash创建的网络命名空间。

❑ 要监视网络命名空间的创建和删除，可使用命令ip netns monitor。运行命令ip netns monitor后，如果使用命令ip netns add ns2新建了一个网络命名空间，将在屏幕上看到如下消息：add ns2。使用命令ip netns delete ns2删除这个网络命名空间时，将在屏幕上看到如下消息：delete ns2。请注意，如果添加和删除网络命名空间时，使用的并非命令ip netns add和ip netns delete，ip netns monitor将不会在屏幕上显示任何消息。命令ip netns monitor是通过给/var/run/netns设置inotify监视实现的。请注意，如果运行命令ip netns monitor前没有使用命令ip netns add添加任何网络命名空间，将出现如下错误消息：inotify_add_watch failed: No such file or directory。这是因为它在试图给/var/run/netns设置监视，可/var/run/netns根本不存在，导致这种操作以失败告终。详情请参阅man inotify_init()和man inotify_add_watch()。

❑ 要在指定网络命名空间(ns1)中启动shell，可使用命令ip netns exec ns1 bash。 请注意，使用ip netns exec可在指定网络命名空间中执行任何命令。例如，下面的命令将显示网络命名空间ns1中的所有网络接口。

```
ip netns exec ns1 ifconfig -a
```

在较新的iproute2版本(3.8及更高的版本)中，还可使用下面两个很有用的命令。

❑ 要显示与指定pid相关联的网络命名空间，可使用命令ip netns identify #pid。这个命令是这样实现的：读取/proc/<pid>/ns/net，并迭代/var/run/netns下的文件，以查找匹配的网络命名空间(使用系统调用stat())。

❑ 要显示与网络命名空间ns1相关联的进程的PID，可使用命令ip netns pids ns1。这个命令是这样实现的：读取/var/run/netns/ns1，并迭代/proc/下的条目，以查找匹配的

/proc/pid/ns/net条目（使用系统调用stat()）。

注意　有关命令ip netns的各种选项的更详细信息，请参阅man ip netns。

将网络接口移到另一个网络命名空间

要将网络接口移到网络命名空间ns1中，可使用ip命令，如ip link set eth0 netns ns1。为了实现网络命名空间，在net_device对象中添加了新特征NETIF_F_NETNS_LOCAL（结构net_device表示网络接口。有关结构net_device及其特征的更详细信息，请参阅附录A）。要获悉是否为网络设备设置了NETIF_F_NETNS_LOCAL特征，可查看命令ethtool -k eth0 或ethtool --show-features eth0（这两个命令等价）的输出中的netns-local标志。请注意，不能使用ethtool来设置NETIF_F_NETNS_LOCAL特征。这个特征被设置时，表示网络设备是网络命名空间的本地设备。例如，环回设备、网桥、VXLAN和PPP设备都是网络命名空间的本地设备。试图将设置了NETIF_F_NETNS_LOCAL特征的网络设备移到其他网络命名空间将以失败告终，会出现错误-EINVAL，如下面的代码片段所示。将网络设备移到其他的网络命名空间（如使用命令ip link set eth0 netns ns1）时，将调用方法dev_change_net_namespace()。下面来看看这个方法。

```
int dev_change_net_namespace(struct net_device *dev, struct net *net, const char *pat)
{
        int err;
        ASSERT_RTNL();

        /* 禁止移动网络命名空间的本地设备 */
        err = -EINVAL;
```

如果设备为本地设备（即net_device对象的NETIF_F_NETNS_LOCAL标志被设置），就返回-EINVAL。

```
        if (dev->features & NETIF_F_NETNS_LOCAL)
                goto out;
        . . .
```

将net_device对象的nd_net设置为指定的命名空间，以真正切换网络命名空间。

```
        dev_net_set(dev, net)
                . . .

out:
        return err;
}
(net/core/dev.c)
```

注意 将网络接口移到其他网络命名空间时，可指定与该网络命名空间相关联的进程的PID，而不显式地指定网络命名空间。例如，如果知道有一个与网络命名空间ns1相关联的进程，其PID为，则可使用命令ip link set eth1 netns <pidNumber>将eth1移到网络命名空间ns1中。在指定与网络命名空间相关联的进程的PID时，将调用方法get_net_ns_by_pid()来获取网络命名空间对象；而在指定网络命名空间名时，将调用方法get_net_ns_by_fd()来获取网络命名空间对象。这两个方法都包含在net/core/net_namespace.c中。要将无线网络接口移到其他网络命名空间，应使用iw命令。例如，如果你要将wlan0移到一个网络命名空间，并知道有一个PID为的进程与这个名称空间相关联，则可使用命令iw phy phy0 set netns <pidNumber> 来 完 成 这 项 任 务 。 有 关 这 个 命 令 的 实 现 细 节 ， 请 参 阅 net/wireless/nl80211.c中的方法nl80211_wiphy_netns()。

在网络命名空间之间通信

结束有关网络命名空间的讨论前，我将通过一个简短的示例来说明网络命名空间是如何相互通信的。要在网络命名空间之间通信，可使用Unix套接字，也可使用虚拟以太网（Virtual Ethernet，VETH）网络驱动程序来创建一对虚拟网络设备，再将其中一个移到另一个网络命名空间中。例如，首先来添加两个命名空间——ns1和ns2。

```
ip netns add ns1
ip netns add ns2
```

在ns1中启动shell。

```
ip netns exec ns1 bash
```

创建一个虚拟以太网设备（其类型为veth）。

```
ip link add name if_one type veth peer name if_one_peer
```

将if_one_peer移到ns2中。

```
ip link set dev if_one_peer netns ns2
```

现在可以像往常一样使用ifconfig或ip命令来设置if_one和 if_one_peer的地址，再将数据包从一个网络命名空间发送到另一个网络命名空间。

注意 内核映像并非一定要支持网络命名空间。大多数版本默认都启用了网络命名空间（设置了CONFIG_NET_NS），但完全可以构建并启动禁用了网络命名空间的内核。

本节讨论了命名空间（尤其是网络命名空间）是什么，指出了为实现命名空间所做的主要修改，如新增了6个CLONE_NEW*标志、新增了两个系统调用、在进程描述符中新增了一个nsproxy对象等。还描述了UTS命名空间（它是所有命名空间中最简单的）和网络命名空间的实现。另外，通过多个示例，说明了，使用iproute2包中的命令ip netns来操纵网络命名空间是多么地易如反掌。接下来将介绍cgroups子系统（它提供了另一种资源管理解决方案）及其两个网络模块。

14

14.2   cgroup

cgroup子系统是Paul Menage、Rohit Seth以及Google其他开发人员于2006年发起的一个项目. 最初将其命名为进程容器（process containers），后改为控制组（Control Groups）。它为进程组提供了资源管理和资源记录功能。从内核2.6.2.4起它就是主线内核的一部分，并被多个项目使用，如systemd（一种服务管理器，取代了SysV初始化脚本，被Fedora和openSUSE等采用）、本章前面提到的Linux容器项目、Google容器项目（https://github.com/google/lmctfy/）、libvirt（http://libvirt.org/cgroups.html）等。cgroups内核实现大多位于从性能上说不重要的路径中。cgroups子系统实现了一种新的虚拟文件系统——cgroups。所有cgroup操作都是由文件系统操作完成的，如在cgroup文件系统中创建cgroup目录、读写这些目录中的条目、挂载cgroup文件系统等。有一个名为libcgroup（也叫libcg）的库，它提供了一组用于管理cgroup的用户空间工具，如cgcreate（用于创建cgroup）、cgdelete（用于删除cgroup）、cgexec（在指定控制组中执行任务）等。这实际上是通过调用libcg库中的cgroup文件系统操作完成的。libcg库以后可能会用得越来越少，因为对于试图使用cgroup控制器的多方成员，它并没有提供对其进行协调的功能。未来，可能所有cgroup文件操作都将由一个库或守护程序执行，而不能直接执行。当前的cgroup子系统需要某种形式的协调，因为每种资源类型只有一个控制器，当多方同时修改它时，必然导致冲突。cgroups控制器可能会被众多项目（如libvirt、systemd、lxc等）同时使用。如果它们都只通过cgroup文件系统操作来完成工作，并通过cgroup在底层添加策略，但又不知道其他项目的存在，就可能导致冲突。如果每个项目都通过守护程序进行通信，则可以避免这种冲突。有关libcg的更详细信息，请参阅http://libcg.sourceforge.net/。

不同于命名空间，没有为实现cgroup子系统添加任何系统调用。与命名空间一样，cgroup也可以嵌套。在启动阶段以及各种子系统（如内存子系统和安全子系统中）中，添加了用于初始化cgroup子系统的代码。下面是使用cgroup可执行的一些任务。

- ❏ 使用cgroup控制器cpusets可以将一组CPU分配给一组进程，还可以控制NUMA结点内存的分配。
- ❏ 使用cgroup内存控制器memcg可以操控内存不足杀手的行为，还可以创建只能使用指定内存量的进程。本章后面提供了一个这样的示例。
- ❏ 使用cgroup控制器devices可以给/dev下的设备指定权限。14.2.2节提供了一个使用它的示例。
- ❏ 给流量指定优先级（参见14.2.4节）。
- ❏ 使用cgroup控制器freezer可以冻结进程。
- ❏ 使用cgroup控制器cpuacct可以报告任务的CPU资源使用情况。请注意，还有一个CPU控制器，它可以根据优先级或绝对带宽分配CPU周期，并提供不少于cpuacct值的统计信息。
- ❏ 使用类别标识符（classid）可以标记网络流量，请参见14.2.5节。

下面简要地介绍一下为支持cgroup所做的一些修改。

14.2.1　cgroup 的实现

cgroup子系统非常复杂。下面是cgroup子系统的一些实现细节，这足以为深入探索其内部原理打下坚实的基础。

添加了结构cgroup_subsys（include/linux/cgroup.h），它表示cgroup控制器（也叫cgroup子系统）。实现了下述cgroup子系统。

- ❑ mem_cgroup_subsys：mm/memcontrol.c。
- ❑ blkio_subsys：block/blk-cgroup.c。
- ❑ cpuset_subsys：kernel/cpuset.c。
- ❑ devices_subsys：security/device_cgroup.c。
- ❑ freezer_subsys：kernel/cgroup_freezer.c。
- ❑ net_cls_subsys：net/sched/cls_cgroup.c。
- ❑ net_prio_subsys：net/core/netprio_cgroup.c。
- ❑ perf_subsys：kernel/events/core.c。
- ❑ cpu_cgroup_subsys：kernel/sched/core.c。
- ❑ cpuacct_subsys：kernel/sched/core.c。
- ❑ hugetlb_subsys：mm/hugetlb_cgroup.c。

添加了结构cgroup（linux/cgroup.h），它表示控制组。

添加了一种虚拟文件系统。这是通过定义cgroup_fs_type对象和cgroup_ops对象（super_operations实例）实现的。

```
static struct file_system_type cgroup_fs_type = {
        .name = "cgroup",
        .mount = cgroup_mount,
        .kill_sb = cgroup_kill_sb,
};
static const struct super_operations cgroup_ops = {
        .statfs = simple_statfs,
        .drop_inode = generic_delete_inode,
        .show_options = cgroup_show_options,
        .remount_fs = cgroup_remount,
};
(kernel/cgroup.c)
```

这种文件系统的注册与其他文件系统类似，也是通过在方法cgroup_init()中调用方法register_filesystem()完成的，请参见kernel/cgroup.c。

初始化cgroup子系统时，默认会创建sysfs条目/sys/fs/cgroup。这是通过在方法cgroup_init()中调用kobject_create_and_add("cgroup", fs_kobj)完成的。请注意，cgroup控制器也可挂载到其他目录。

在kernel/cgroup.c中，定义了一个全局的cgroup_subsys对象数组subsys（请注意，从内核3.11起，这个数组更名为cgroup_subsys）。这个数组包含CGROUP_SUBSYS_COUNT个元素。cgroup子系统导出了一个procfs条目/proc/cgroups。要显示这个全局数组的元素，有以下两种方式。

14

❏ 运行命令cat /proc/cgroups。

❏ 使用libcgroup-tools中的实用程序lssubsys。

创建新的cgroup时，将在该cgroup的VFS下生成下面4个控制文件。

❏ notify_on_release：从父cgroup继承初始值，它表示一个布尔变量，其用途与稍后将介绍的控制文件release_agent（只有顶级cgroup才有）相关。

❏ cgroup.event_control：这个文件允许使用系统调用eventfd()获取来自cgroup的通知。请参见man 2 eventfd和fs/eventfd.c。

❏ tasks：与控制组相关联的PID列表。将进程关联到cgroup是通过将其PID写入控制文件tasks实现的。这是由方法cgroup_attach_task()（kernel/cgroup.c）处理的。要显示进程关联的cgroup，可使用命令cat /proc/<processPid>/cgroup。在内核中这是由方法proc_cgroup_show()（kernel/cgroup.c）处理的。

❏ cgroup.procs：与cgroup相关联的线程组ID列表。tasks支持将同一个进程的线程关联到不同的cgroup控制器，而cgroup.procs的粒度为进程级（同一个进程的线程一起移动，它们属于同一个cgroup）。

对于顶级cgroup，除这4个控制文件外，还会为它创建控制文件release_agent。这个文件的值是一个可执行文件的路径。cgroup的最后一个线程终止时，将执行这个可执行文件。要启用release_agent功能，必须设置前面介绍的notify_on_release。可以cgroup挂载选项的方式指定release_agent。例如，Fedora中的systemd就是这样做的。release_agent机制基于一个用户模式辅助方法。每次激活release_agent时，都将调用方法call_usermodehelper()并创建一个新的用户空间进程。从性能的角度看，这样的代价是非常高的，参见文章"The past, present, and future of control groups"（lwn.net/Articles/574317/）。有关release_agent的实现细节，请参阅kernel/cgroup.c中的方法cgroup_release_agent()。

除上述4个默认控制文件以及只有顶级cgroup才有的控制文件release_agent外，每个子系统还可以创建自己的控制文件。这是通过定义一个cftype（控制文件类型）对象数组，并将其赋给cgroup_subsys对象的成员base_cftypes实现的。例如，对于cgroup内存控制器，定义了下面的usage_in_bytes控制文件。

```
static struct cftype mem_cgroup_files[] = {
    {
            .name = "usage_in_bytes",
            .private = MEMFILE_PRIVATE(_MEM, RES_USAGE),
            .read = mem_cgroup_read,
            .register_event = mem_cgroup_usage_register_event,
            .unregister_event = mem_cgroup_usage_unregister_event,
    },
    . . .

struct cgroup_subsys mem_cgroup_subsys = {
    .name = "memory",
    . . .
    .base_cftypes = mem_cgroup_files,
```

```
};
(mm/memcontrol.c)
```

在进程描述符（task_struct）中，添加了成员cgroups，它是一个指向css_set对象的指针。css_set对象包含一个指针数组，其中的指针指向cgroup_subsys_state对象（对于每个cgroup子系统，都有一个这样的指针）。进程描述符（task_struct）本身并不包含指向其关联的cgroup子系统的指针，但可以通过cgroup_subsys_state指针数组确定相关联的cgroup子系统。

添加了下面两个cgroup网络模块，这些模块将在本节后面讨论：

- ❑ net_prio（net/core/netprio_cgroup.c）
- ❑ cls_cgroup（net/sched/cls_cgroup.c）

注意　cgroup子系统还处于发展早期，其功能和接口在未来很可能会有很大的变化。

下面通过一个简单示例演示如何使用cgroup设备控制器来修改设备文件的写入权限。

14.2.2　cgroup 设备控制器：一个简单示例

来看一个使用设备cgroup的简单示例。运行下面的命令将创建一个设备cgroup。

```
mkdir /sys/fs/cgroup/devices/0
```

将在/sys/fs/cgroup/devices/0下创建3个控制文件。

- ❑ devices.deny：禁止访问的设备。
- ❑ devices.allow：允许访问的设备。
- ❑ devices.list：可用设备。

上述每个控制文件都包含如下4个字段。

- ❑ 类型：其可能取值为a（所有类型）、c（字符设备）和b（块设备）。
- ❑ 设备的主编号。
- ❑ 设备的次编号。
- ❑ 访问权限：r表示可读，w表示可写，m表示可执行mknod。

新创建的设备cgroup默认拥有所有权限。

```
cat /sys/fs/cgroup/devices/0/devices.list
a *:* rwm
```

下面的命令会将当前shell加入前面创建的设备cgroup。

```
echo $$ > /sys/fs/cgroup/devices/0/tasks
```

下面的命令将禁止访问所有设备。

```
echo a > /sys/fs/cgroup/devices/0/devices.deny
echo "test" > /dev/null
-bash: /dev/null: Operation not permitted
```

下面的命令返回对所有设备的访问权限。

14

```
echo a > /sys/fs/cgroup/devices/0/devices.allow
```

之前在执行下面的命令时以失败告终，但现在将成功。

```
echo "test" > /dev/null
```

14.2.3   cgroup 内存控制器：一个简单示例

可以禁用内存不足（Out of Memory，OOM）杀手，代码实现如下。

```
mkdir /sys/fs/cgroup/memory/0
echo $$ > /sys/fs/cgroup/memory/0/tasks
echo 1 > /sys/fs/cgroup/memory/0/memory.oom_control
```

现在，如果运行需要消耗大量内存的用户空间程序，将不会调用OOM杀手。要启用OOM杀手，可以采取如下做法。

```
echo 0 > /sys/fs/cgroup/memory/0/memory.oom_control
```

要在用户空间应用程序中获得cgroup状态变化通知，可使用系统调用eventfd()，请参见man 2 eventfd。

注意   要将cgroup中一个进程可使用的最大内存量限制为20MB，可使用命令echo 20M > /sys/fs/cgroup/memory/0/memory.limit_in_bytes。

14.2.4   net_prio 模块

网络优先级控制组（net_prio）提供了一个接口，可用于设置各种用户空间应用程序生成的网络流量的优先级。通常，这可以使用套接字选项SO_PRIORITY来设置，它可以设置SKB的优先级，但并非任何时候使用这个套接字选项都合适。为了支持net_prio模块，在net_device对象中添加了成员priomap，它是一个netprio_map结构实例。下面来看看结构netprio_map。

```
struct netprio_map {
        struct rcu_head rcu;
        u32 priomap_len;
        u32 priomap[];
};
(include/net/netprio_cgroup.h)
```

稍后将看到，数组priomap使用的是net_prio sysfs条目。net_prio模块会将两个条目导出到cgroup sysfs 的 net_prio.ifpriomap 和 net_prio.prioidx 中。你将在下面的示例中看到，net_prio.ifpriomap用于设置指定网络设备的priomap对象。在传输路径中，方法dev_queue_xmit()会调用方法skb_update_prio()，后者将根据与出站网络设备（skb->dev）相关联的priomap来设置skb->priority。条目net_prio.prioidx是只读的，它指出了cgroup的ID。net_prio模块充分地说明，开发cgroup内核模块非常简单，需要的代码都不超过400行。net_prio模块由Neil Horman开发，从内核3.3起它就包含在内核中。更详细的信息请参阅Documentation/cgroups/net_prio.txt。

下面的示例演示了如何使用这个网络优先级cgroup模块（请注意，如果设置了CONFIG_NETPRIO_CGROUP，netprio_cgroup.ko将不会编译到内核中，你必须将它作为模块加载）。

```
mkdir /sys/fs/cgroup/net_prio
mount -t cgroup -onet_prio none /sys/fs/cgroup/net_prio
mkdir /sys/fs/cgroup/net_prio/0
echo "eth1 4" > /sys/fs/cgroup/net_prio/0/net_prio.ifpriomap
```

上述命令序列将这样的流量的优先级设置为4，表明它们源自属于netprio组0的进程，且出站接口为eth1。最后一个命令负责将一个条目写入net_device对象的priomap字段中。

注意 要使用net_prio，必须设置CONFIG_NETPRIO_CGROUP。

14.2.5　分类器 cls_cgroup

分类器cls_cgroup为使用类别标识符（classid）标记的网络数据包提供了接口。可结合使用它和工具tc，给来自不同cgroup的数据包指定不同的优先级，稍后的示例演示了这一点。cls_cgroup模块会将一个条目导出到cgroup sysfs条目net_cls.classid中。这个控制组分类器（cls_cgroup）由Thomas Graf开发，被合并到了内核2.6.29中。与上一节讨论的模块net_prio一样，这个cgroup内核模块的代码也不超过400行。这再次表明，使用内核模块添加cgroup控制器并非繁重的任务。下面的示例演示了如何使用这个控制组分类器（请注意，如果设置了CONFIG_NETPRIO_CGROUP，cls_cgroup.ko将不会编译到内核中，你必须将它作为模块加载）。

```
mkdir /sys/fs/cgroup/net_cls
mount -t cgroup -onet_cls none /sys/fs/cgroup/net_cls
mkdir /sys/fs/cgroup/net_cls/0
echo 0x100001 > /sys/fs/cgroup/net_cls/0/net_cls.classid
```

最后一个命令将组0的classid设置为了10:1。iproute2包含一个工具tc，它可用于管理流量控制设置。你可以结合使用工具tc和上述类别ID，如下所示。

```
tc qdisc add dev eth0 root handle 10: htb
tc class add dev eth0 parent 10: classid 10:1 htb rate 40mbit
tc filter add dev eth0 parent 10: protocol ip prio 10 handle 1: cgroup
```

更详细的信息请参阅Documentation/cgroups/net_cls.txt（从内核3.10才有）。

注意 要使用cls_cgroup，必须设置CONFIG_NETPRIO_CGROUP。

在结束对cgroup子系统的探讨之前，我将简要地讨论cgroup子系统挂载。

14

14.2.6　挂载 cgroup 子系统

除默认创建的挂载点/sys/fs/cgroup外，也可在其他地方挂载cgroup子系统。例如，要将内存控制器挂载到/mycgroup/mymemtest，可使用如下命令序列.

```
mkdir -p /mycgroup/mymemtest
mount -t cgroup -o memory mymemtest /mycgroup/mymemtest
```

下面是挂载cgroup子系统时可使用的一些挂载选项。

❏ all：挂载所有的cgroup控制器。

❏ none：不挂载任何控制器。

❏ release_agent：指向一个可执行文件的路径。cgroup中的最后一个进程终止时，将执行这个可执行文件。systemd使用了cgroup挂载选项release_agent。

❏ noprefix：不使用控制文件前缀。每个cgroup控制器都有控制文件前缀，例如，cpuset控制器条目mem_exclusive显示为cpuset.mem_exclusive。挂载选项noprefix指定不添加控制器前缀。下面是一个示例。

```
mkdir /cgroup
mount -t tmpfs xxx /cgroup/
mount -t cgroup -o noprefix,cpuset xxx /cgroup/
ls /cgroup/
cgroup.clone_children    mem_hardwall             mems
cgroup.event_control     memory_migrate           notify_on_release
cgroup.procs             memory_pressure          release_agent
cpu_exclusive            memory_pressure_enabled  sched_load_balance
cpus                     memory_spread_page       sched_relax_domain_level
mem_exclusive            memory_spread_slab       tasks
```

注意　要深入了解cgroup挂载选项分析是如何实现的，请参阅kernel/cgroup.c中的方法 parse_cgroupfs_options()。

有关cgroup的更详细信息，请参阅如下资料：

❏ Documentation/cgroups

❏ cgroup邮件列表cgroups@vger.kernel.org

❏ cgroup邮件列表归档http://news.gmane.org/gmane.linux.kernel.cgroups

❏ Git仓库git://git.kernel.org/pub/scm/linux/kernel/git/tj/cgroup.git

---

注意　从技术上说，Linux命名空间和cgroup并不相关。可以构建支持命名空间但不支持cgroup的内核，反之亦然。以前有人尝试过创建cgroup命名空间子系统ns，但这些代码最终被删除了。

你已经了解了cgroup是什么，并学习了其两个网络模块——net_prio和cls_cgroup。你还看了一些简单示例，它们演示了如何使用设备、内存和网络cgroup控制器。频繁轮询套接字（Busy Poll

Socket）功能是内核3.11新增的，它缩短了套接字的延迟，下面就来看看其实现、配置和用法。

14.3　频繁轮询套接字

套接字队列变空后，网络栈的传统工作方式如下：要么进入休眠状态，等待驱动程序将其他数据加入套接字队列，要么返回（如果它是以非阻断方式运行的）。由于中断和上下文切换，使得延迟增加了。对于愿意以CPU使用率更高换取延迟尽可能低的套接字应用程序，Linux从内核3.11起为其提供了频繁轮询套接字的功能（这种技术最初命名为低延迟套接字轮询，根据Linus的建议而更名为频繁轮询套接字）。在将数据移交给应用程序方面，频繁轮询采用了更激进的方式。当应用程序请求更多数据，而套接字队列中没有时，网络栈将主动询问设备驱动程序。驱动程序检查新到达的数据，并经网络层（L3）将其交给套接字。驱动程序可能会发现有其他套接字的数据，进而将这些数据也交给相应的套接字。当轮询调用返回到网络栈时，套接字代码将检查套接字接收队列中是否有未处理的新数据。

要支持频繁轮询，网络驱动程序必须提供频繁轮询方法，并将其作为net_device_ops对象的ndo_busy_poll回调函数。这个驱动程序的ndo_busy_poll回调函数必须将数据包移到网络栈，请参阅方法ixgbe_low_latency_recv()（drivers/net/ethernet/intel/ixgbe/ixgbe_main.c）。这个ndo_busy_poll回调函数还必须返回已移到网络栈的数据包数。如果没有将任何数据包移到网络栈，就返回0；如果出现了问题，则返回LL_FLUSH_FAILED或LL_FLUSH_BUSY。如果驱动程序没有设置ndo_busy_poll回调函数，将按正常情况工作，而不会频繁地轮询它。

提供低延迟的一个重要组件是频繁轮询。有时候，当驱动程序轮询方法无功而返时，刚好会有新数据到达。这些数据会与返回到网络栈的机会失之交臂。这正是频繁轮询的用武之地。网络栈以可配置的时间间隔轮询驱动程序，从而在新数据包到达后立即获取它们。

支持主动、频繁轮询的设备驱动程序可将延迟降低到接近于硬件延迟。可将频繁轮询同时用于大量套接字，但这无法获得最佳效果。因为在一些套接字上使用频繁轮询时，将降低其他使用相同CPU核心的套接字的速度。图14-1对传统接收流程与启用了频繁轮询的套接字的接收流程进行了比较，其中不断重复的步骤如下。

1. 应用程序检查是否有新收到的数据。	1. 应用程序检查是否有新收到的数据。
2. 没有新收到的数据，因此进入阻塞状态。	2. 向设备驱动程序查询是否有新到达的数据（轮询开始）。
3. 收到新的数据包。	3. 与此同时，有新数据包到达NIC。
4. 驱动程序将数据包交给协议栈。	4. 驱动程序处理等待的数据包。
5. 协议/套接字唤醒应用程序。	5. 驱动程序将数据包交给协议层，无需进行上下文切换和中断。
6. 应用程序通过套接字接收数据。	6. 应用程序通过套接字接收数据。

14

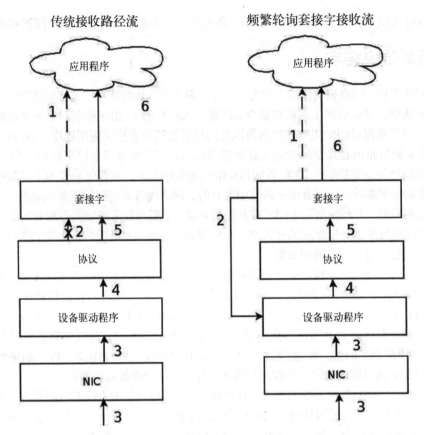

图14-1   传统接收流程和频繁轮询套接字的接收流程

14.3.1   全局启用

可通过procfs参数对所有套接字全局启用频繁轮询，也可通过设置套接字选项SO_BUSY_POLL对特定套接字启用它。全局启用涉及的参数有两个：net.core.busy_poll和net.core.busy_read。它们分别被导出到procfs条目/proc/sys/net/core/busy_poll和/proc/sys/net/core/busy_read。这两个参数默认都为0，表示禁用频繁轮询。设置这些参数将全局启用频繁轮询。通常，将它们设置为50，可获得不错的结果，但对于有些应用程序，做些试验可能有助于找到更佳的值。

- ❑ busy_read指定阻断读取操作的频繁轮询超时时间。对于非阻断读取，如果套接字启用了频繁轮询，套接字代码只在将控制权交还给用户前轮询一次。
- ❑ busy_poll指定频繁轮询等待任何启用了频繁轮询的套接字发生新事件的时间。仅当套接字启用了频繁读取套接字操作时，才对其进行频繁轮询。

更详细的信息请参阅Documentation/sysctl/net.txt。

14.3.2　对特定套接字启用

一种启用频繁轮询的更佳方式是，修改应用程序，使用套接字选项SO_BUSY_POLL，这将设置套接字对象（sock结构实例）的sk_ll_usec。通过使用这个套接字选项，应用程序可指定要启用频繁轮询的套接字，确保只有这些套接字的CPU使用率更高。其他应用程序和服务中的套接字将继续使用传统接收流程。推荐将SO_BUSY_POLL的初始值设置为50。sysctl.net.busy_read必须设置为0，而sysctl.net.busy_poll必须根据Documentation/sysctl/net.txt的描述设置。

14.3.3　调整和配置

调整和配置频繁轮询套接字的方式有多种。

- 为降低中断频率，应将网络设备的中断结合值（rx-usecs的ethtool -C设置）设置为100左右。这可限制中断导致的上下文切换次数。
- 使用ethtool -K对网络设备禁用GRO和LRO，这也许能够避免接收队列中的数据包不按顺序排列。仅当同一个队列同时包含批量流量和低延迟流程时，才会出现这种问题。一般而言，启用GRO和LRO可获得最佳结果。
- 应用程序线程和网络设备IRQ应绑定到不同的CPU核心。这两组CPU核心应与网络设备属于同一个CPU NUMA结点。应用程序和IRQ在同一个CPU核心中运行时，性能将受到影响。如果中断结合值很小，这种影响可能会非常大。
- 为尽可能降低延迟，禁用I/O内存管理单元支持可能会有所帮助。在有些系统上，默认禁用了这项功能。

14.3.4　性能

对于很多应用程序来说，使用频繁轮询套接字可以降低延迟和抖动，并提高每秒处理的事务数。然而，当系统包含过多的频繁轮询套接字时，会加剧CPU争用，进而影响性能。参数net.core.busy_poll和net.core.busy_read以及套接字选项SO_BUSY_POLL都是可调整的。可以尝试为各种应用程序中的此类设置指定不同的值，以获得最佳结果。

下面讨论3个无线子系统：蓝牙子系统、IEEE 802.15.4和NFC。它们的覆盖范围较小，通常用于低功率设备。随着新功能的不断增加，对这3个子系统的关注程度越来越高。我将首先讨论蓝牙子系统。

14.4　Linux 蓝牙子系统

蓝牙协议是重要的传输协议之一，主要用于嵌入式小型设备。当前，几乎所有新上市的笔记本电脑、平板电脑、手机，以及很多电子装置都有蓝牙网络接口。蓝牙协议是移动设备厂商爱立信于1994年开发的。最初，旨在用其代替电缆来提供点到点连接，但后来发展成为可用其组建无线个人域网（Personal Area Network，PAN）。蓝牙使用2.4 GHz工业、科学和医疗射频频段（这个频段无需获得许可），用于低功率传输。蓝牙规范是由1998年成立的蓝牙特别兴趣小组制定的，详情请参阅https://www.bluetooth.org。该特别兴趣小组负责制定蓝牙规范和验证流程，以确保来自不同厂商的蓝牙设备的互操作性。蓝牙核心规范可免费获得。多年来制定了多个蓝牙规范，下面是一些较新的规范。

- 2004年发布的Bluetooth v2.0和Enhanced Data Rate（EDR）。
- 2007年发布的Bluetooth v2.1和EDR，包括使用安全简单配对（SSP）改善的配对过程。
- 2009年发布的Bluetooth v3.0 + HS（High Speed），主要的新功能是AMP（Alternate MAC/PHY）——802.11新增的一种高速传输技术。
- 2010年发布的Bluetooth v4.0 + BLE（Bluetooth Low Energy，其前身为WiBree）。

蓝牙协议的用途非常广泛，如文件传输、音频流、医疗保健设备、联网等。蓝牙设计用于短距离数据交换，传输距离一般最长可达10米。有3类蓝牙设备，它们的传输距离如下。

- 1类：大约100米。
- 2类：大约10米。
- 3类：大约1米。

Linux蓝牙协议栈名为BlueZ，最初来自于高通（Qualcomm）发起的一个项目，2001年被正式集成到了内核2.4.6中。图14-2[①]显示了蓝牙栈。

图14-2　蓝牙栈

---

① 在L2CAP上面的那层中，还可能包含本章没有讨论的其他蓝牙协议，如AVDTP（Audio/ Video Distribution Transport Protocol，音频/视频分发传输协议）、HFP（Hands-Free Profile，免提配置文件）、AVCTP（Audio/Video Control Trausport Protocol，音频/视频控制传输协议）。

- ❑ 最下面3层（射频、链路控制器和链路管理协议）是在硬件或固件中实现的。
- ❑ 主机控制器接口（Host Controller Interface，HCI）规定了主机如何与本地蓝牙设备（控制器）交互和通信，这将在14.4.1节讨论。
- ❑ L2CAP（Logical Link Control and Adaptation Protocol，逻辑链路控制和适配协议）提供了接收来自其他蓝牙设备的数据包以及向其他蓝牙设备发送数据包的功能。L2CAP类似于UDP，应用程序可将其用作基于消息的不可靠数据传输协议。在用户空间中，可通过BSD套接字API来访问L2CAP，这种API在第11章讨论过。请注意，在L2CAP中，数据包总是按发送顺序传输，这与UDP不同。图14-2只列出了3种位于L2CAP之上的协议，还有其他一些协议，只是本章不讨论它们，这在前面就说过。
  - ■ BNEP：蓝牙网络封装协议（Bluetooth Network Encapsulation Protocol，BNEP），本章后面将提供一个BNEP使用示例。
  - ■ RFCOMM：射频通信（Radio Frequency Communications，RFCOMM）协议是一种基于流的可靠协议，只能在30个端口上运行。RFCOMM用于模拟串行端口通信以及发送非成帧数据（unframed data）。
  - ■ SDP：服务发现协议（Service Discovery Protocol，SDP），能够让应用程序在运行它的SDP服务器中注册描述和端口号，这样客户端就可根据描述在SDP服务器中查找应用程序。
- ❑ SCO（Synchronous Connection-Oriented，同步面向连接）层用于发送音频。它不在本书的范围之内，本章不会深入介绍其细节。
- ❑ 蓝牙配置文件（profile）定义了可能的应用，并规定了蓝牙设备与其他蓝牙设备通信的常规行为。蓝牙配置文件很多，下面是一些常用的。
  - ■ 文件传输配置文件（File Transfer Profile，FTP）：操纵和传输另一个系统的对象存储区（文件系统）中的对象（文件和文件夹）。
  - ■ 保健设备配置文件（Health Device Profile，HDP）：处理医疗数据。
  - ■ 人机接口设备配置文件（Human Interface Device Profile，HIDP）：一个USB HID（Human Interface Device，人机接口设备）包装器，为鼠标和键盘等设备提供支持。
  - ■ 对象推送配置文件（Object Push Profile，OPP）。
  - ■ 个域网配置文件（Personal Area Networking Profile，PANP）：支持通过蓝牙链路联网，14.4.4节提供了一个这样的示例。
  - ■ 耳机配置文件（Headset Profile，HSP）：为用于手机的蓝牙耳机提供支持。

图14-2所示的7层大致对应于OSI模型的7层：射频层相当于物理层，链路控制器相当于数据链路层，链路管理协议相当于网络协议，等等。Linux蓝牙子系统由以下几部分组成。

- ❑ 蓝牙核心。
  - ■ HCI设备和连接管理器、调度器，配置文件：net/bluetooth/hci*.c、net/bluetooth/mgmt.c。
  - ■ 蓝牙地址簇套接字，配置文件：net/bluetooth/af_bluetooth.c。
  - ■ SCO音频链路，配置文件：net/bluetooth/sco.c。

14

- L2CAP（Logical Link Control and Adaptation Protocol，逻辑链路控制和适配协议），配置文件：net/bluetooth/l2cap*.c。
- LE（Low Energy，低功耗）链路SMP（Security Manager Protocol，安全管理器协议），配置文件：net/bluetooth/smp.c。
- AMP（Alternate MAC/PHY）管理器，配置文件：net/bluetooth/a2mp.c。
- ☐ HCI设备驱动程序（硬件接口），配置文件drivers/bluetooth/*。包括厂商专用的驱动程序以及通用驱动程序（如蓝牙USB通用驱动程序btusb）。
- ☐ RFCOMM模块（RFCOMM协议），配置文件：net/bluetooth/rfcomm/*。
- ☐ BNEP（Bluetooth Network Encapsulation Protocol，蓝牙网络封装协议）模块，配置文件：net/bluetooth/bnep/*。
- ☐ CMTP（CAPI Message Transport Protocol，CAPI消息传输协议）模块，配置文件：net/bluetooth/cmtp/*。供ISDN协议使用，实际上已摒弃。
- ☐ HIDP（Human Interface Device Protocol，人机接口设备协议）模块，配置文件：net/bluetooth/hidp/*。

前面简要地讨论了蓝牙协议、蓝牙栈和Linux蓝牙子系统树的架构以及蓝牙配置文件。下一节将介绍HCI层，它是LMP上面的第一层（参见本节前面的图14-2）。

14.4.1 HCI 层

对HCI层的讨论将从HCI设备开始，它表示蓝牙控制器，然后介绍HCI层与其下层（链路控制器层）和上层（L2CAP和SCO）之间的接口。

HCI设备

蓝牙设备用结构hci_dev表示。这个结构非常大，包含100多个成员，这里只列出其中的一部分。

```
struct hci_dev {
    char            name[8];
    unsigned long   flags;
    __u8            bus;
    bdaddr_t        bdaddr;
    __u8            dev_type;
    . . .
    struct work_struct      rx_work;
    struct work_struct      cmd_work;
    . . .
    struct sk_buff_head     rx_q;
    struct sk_buff_head     raw_q;
    struct sk_buff_head     cmd_q;
    . . .
    int (*open)(struct hci_dev *hdev);
    int (*close)(struct hci_dev *hdev);
    int (*flush)(struct hci_dev *hdev);
    int (*send)(struct sk_buff *skb);
```

```
        void (*notify)(struct hci_dev *hdev, unsigned int evt);
        int (*ioctl)(struct hci_dev *hdev, unsigned int cmd, unsigned long arg);
}
(include/net/bluetooth/hci_core.h)
```

下面描述了结构hci_dev的一些重要成员。

❑ flags：表示设备的状态，如HCI_UP或HCI_INIT。

❑ bus：与设备相关联的总线，如USB（HCI_USB）、UART（HCI_UART）、PCI（HCI_PCI）等，请参见include/net/bluetooth/hci.h。

❑ bdaddr：每个HCI设备都有一个独一无二的48位地址，被导出到/sys/class/bluetooth/<hciDeviceName>/ address。

❑ dev_type：有两类蓝牙设备。

■ 基本速率设备（HCI_BREDR）。

■ Alternate MAC/PHY设备（HCI_AMP）。

❑ rx_work：使用回调函数hci_rx_work()接收存储在HCI设备的rx_q队列中的数据包。

❑ cmd_work：使用回调函数hci_cmd_work()发送存储在HCI设备的cmd_q队列中的命令数据包。

❑ rx_q：SKB接收队列。在方法hci_recv_frame()中接收SKB时，调用方法skb_queue_tail()将其加入rx_q队列。

❑ raw_q：在方法hci_sock_sendmsg()中，调用方法skb_queue_tail()，将SKB加入raw_q队列。

❑ cmd_q：命令队列。在方法hci_sock_sendmsg()中，调用方法skb_queue_tail()，将SKB加入cmd_q队列。

hci_dev回调函数（如open()、close()、send()等）通常是在蓝牙设备驱动程序的方法probe()中指定的，请参阅USB蓝牙通用驱动程序drivers/bluetooth/btusb.c。

HCI层导出了用于注册和注销HCI设备的方法，它们分别是hci_register_dev()和hci_unregister_dev()。这两个方法都将一个hci_dev对象作为唯一的参数。如果指定hci_dev对象没有定义回调函数open()或close()，注册将以失败告终。

有5种HCI数据包。

❑ HCI_COMMAND_PKT：主机发送给蓝牙设备的命令。

❑ HCI_ACLDATA_PKT：蓝牙设备收发的异步数据。ACL表示异步面向连接链路（Asynchronous Connection-oriented Link）协议。

❑ HCI_SCODATA_PKT：蓝牙设备收发的异步数据（通常为音频）。SCO表示同步面向连接（Synchronous Connection-Oriented）。

❑ HCI_EVENT_PKT：发生事件（如连接建立）时发送。

❑ HCI_VENDOR_PKT：用于某些蓝牙设备驱动程序中，以满足厂商的独特需求。

HCI与其下层（链路控制器层）

HCI与其下层（链路控制器层）的通信方法如下。

❑ 调用方法hci_send_frame()来发送数据型数据包（HCI_ACLDATA_PKT或HCI_SCODATA_PKT）。这个方法将一个SKB作为唯一的参数，并将发送工作委托给hci_dev对象的send()

回调函数。

❑ 调用方法hci_send_cmd()来发送命令数据包（HCI_COMMAND_PKT），如发送扫描命令。

❑ 调用方法hci_acldata_packet()或hci_scodata_packet()来发送数据型数据包。

❑ 调用方法hci_event_packet()来接收事件数据包。HCI命令的处理是异步的。因此，有时候在发送一个命令数据包（HCI_COMMAND_PKT）后，HCI rx_work work_queue（方法hci_rx_work()）将收到一个或多个表示响应的事件数据包。有45种不同的事件，请参见include/net/bluetooth/hci.h中的HCI_EV_*。例如，使用命令行工具hcitool（执行命令hcitool scan）扫描附近的蓝牙设备时，将发送一个命令数据包（HCI_OP_INQUIRY）。作为响应，将异步地返回3个事件数据包：HCI_EV_CMD_STATUS、HCI_EV_EXTENDED_INQUIRY_RESULT和HCI_EV_INQUIRY_COMPLETE。这些数据包由方法hci_event_packet()处理。

HCI与其上层（L2CAP/SCO）

来看看HCI层用来与其上层（L2CAP层和SCO层）通信的方法。

❑ HCI层在接收数据型数据包时调用方法hci_acldata_packet()来与它上面的L2CAP层通信，这个方法将调用L2CAP协议的方法l2cap_recv_acldata()。

❑ HCI在接收SCO数据包时调用方法hci_scodata_packet()来与它上面的SCO层通信，这个方法将调用SCO协议的方法sco_recv_scodata()。

14.4.2　HCI连接

HCI连接用结构hci_conn表示。

```
struct hci_conn {
        struct list_head list;
        atomic_t        refcnt;
        bdaddr_t        dst;
        . . .
        __u8            type;
}
(include/net/bluetooth/hci_core.h)
```

下面描述结构hci_conn的一些成员。

❑ refcnt：一个引用计数器。

❑ dst：蓝牙目标地址。

❑ type：连接的类型。

　■ SCO_LINK：表示SCO连接。

　■ ACL_LINK：表示ACL连接。

　■ ESCO_LINK：表示扩展同步连接。

　■ LE_LINK：表示LE（低功耗）连接，是在内核2.6.39中新增的，旨在支持新增了LE功能的Bluetooth 4.0。

　■ AMP_LINK：是内核3.6新增的，旨在支持蓝牙AMP控制器。

HCI连接是通过调用方法hci_connect()创建的。共有3种连接：SCO连接、ACL连接和LE连接。

14.4.3　L2CAP

L2CAP使用信道来提供多个数据流，而信道用结构l2cap_chan（include/net/bluetooth/l2cap.h）表示。有一个全局的信道链表chan_list，对这个链表的访问，由全局读写锁chan_list_lock进行串行化。

HCI将数据型数据包交给L2CAP层时，将调用方法l2cap_recv_acldata()，这个方法在14.4.1节中介绍过。方法l2cap_recv_acldata()首先执行一些完整性检查。如果存在错误，就将数据包丢弃；如果收到的数据包完整无缺，就调用方法l2cap_recv_frame()。收到的每个数据包的开头都是一个L2CAP报头。

```
struct l2cap_hdr {
        __le16      len;
        __le16      cid;
} __attribute__ ((packed));
(include/net/bluetooth/l2cap.h)
```

方法l2cap_recv_frame()会检查收到的数据包的信道ID，即查看l2cap_hdr对象的cid。如果数据包为L2CAP命令（cid为0x0001），就调用方法l2cap_sig_channel()来处理它。例如，有一台蓝牙设备想连接到当前设备时，当前设备将在L2CAP信道上收到一个L2CAP_CONN_REQ请求，这种请求将由方法l2cap_connect_req()（net/bluetooth/l2cap_core.c）来处理。在方法l2cap_connect_req()中，通过pchan->ops->new_connection()调用方法l2cap_chan_create()来创建一个L2CAP信道。这个L2CAP信道的状态被设置为BT_OPEN，而配置状态被设置为CONF_NOT_COMPLETE。这意味着要使用这个信道，必须对其进行配置。

14.4.4　BNEP

BNEP支持IP over Bluetooth，这意味着可在L2CAP蓝牙信道上运行TCP/IP应用程序。还可使用PPP over Bluetooth RFCOMM来运行TCP/IP应用程序，但通过串行PPP链路联网的效率较低。BNEP使用了一个PAN配置文件。下面将介绍一个使用BNEP实现IP over Bluetooth的简单示例，并描述实现这种通信的内核方法。深入讨论BNEP的细节不在本书的范围之内。如果你想更详细地了解它，请参阅BNEP规范，其网址为：http://grouper.ieee.org/groups/802/15/Bluetooth/BNEP.pdf。要创建PAN，一种非常简单的方式是，在服务器端运行pand --listen --role=NAP（其中NAP表示网络接入点），并在客户端运行pand --connect btAddressOfTheServer。

这在两个端点上都创建了一个虚拟接口（bnep0）。然后，可以使用ifconfig命令或ip命令给两个端点的bnep0分配IP地址（与给以太网设备分配地址一样）。这样就通过蓝牙在两个端点之间建立了网络连接。更详细的信息请参阅http://bluez.sourceforge.net/contrib/HOWTO-PAN。

命令pand --listen将创建一个L2CAP服务器套接字，并调用系统调用accept()；而命令pand --connect btAddressOfTheServer将创建一个L2CAP客户端套接字，并调用系统调用connect()。

服务器端在收到连接请求后，会发送一个BNEPCONNADD IOCTL。该IOCTL在内核中由方法 bnep_add_connection()（net/bluetooth/bnep/core.c）处理。这个方法执行如下任务。

- 创建一个BNEP会话（bnep_session对象）。
- 调用方法 __bnep_link_session() 将这个 BNEP 会话对象加入到 BNEP 会话列表（bnep_session_list）中。
- 创建一个名为bnepX的网络设备（对于第一个BNEP设备，X为0；对于第二个BNEP设备，X为1；依此类推）。
- 调用方法register_netdev()注册这个网络设备。
- 创建一个名为kbnepd btDeviceName的内核线程。这个内核线程运行包含无限循环的方法 bnep_session()，来接收或传输数据包。这个无限循环仅在下述两种情况下才会终止：用户空间应用程序发送BNEPCONNDEL IOCTL，导致调用方法bnep_del_connection()来设置BNEP会话的终止标志；套接字的状态发生了变化，不再处于连接状态。
- 方法bnep_session()调用方法bnep_rx_frame()来接收到来的数据包并将其交给网络栈，它还调用方法bnep_tx_frame()来发送出站数据包。

14.4.5 蓝牙数据包接收示意图

图14-3显示了ACL数据包的接收流程（SCO用于传输音频，处理方式与此不同）。数据包首先在HCI层被方法hci_acldata_packet()处理，然后在L2CAP层被方法l2cap_recv_acldata()处理。

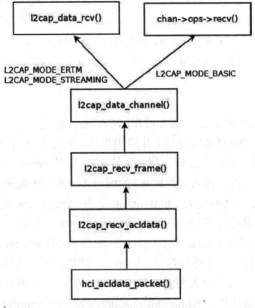

图14-3 ACL数据包接收流程

方法l2cap_recv_acldata()调用方法l2cap_recv_frame()，后者从SKB中取回L2CAP报头（前面介绍过的l2cap_hdr对象）。

根据L2CAP报头中的信道ID采取相应的措施。

14.4.6　L2CAP 扩展功能

内核2.6.3.6支持L2CAP扩展功能（也叫eL2CAP），这些扩展功能如下所示。

- 增强重传模式（Enhanced Retransmission Mode，ERTM）：一种支持错误检查和流控的可靠协议。
- 流模式（Streaming Mode，SM）：一种用于传输流媒体的不可靠协议。
- 帧校验序列（Frame Check Sequence，FCS）：对于每个收到的数据包，都检查其校验和。
- L2CAP数据包分段和重组（Segmentation and Reassembly，SAR）：让重传更容易。

对于较新的配置文件，如蓝牙保健设备配置文件来说，上述部分扩展是必不可少的。请注意，这些功能以前就有，但被视为试验性的，默认被禁用。要启用它们，必须设置CONFIG_BT_L2CAP_EXT_FEATURES。

14.4.7　蓝牙工具

在用户空间中使用套接字访问内核的方式有细微的变化——不使用AF_INET套接字，而使用AF_BLUTOOTH套接字。下面介绍一些重要的蓝牙工具。

- hciconfig：一个用于配置蓝牙设备的工具，可显示接口的类型（BR/EDR或AMP）、蓝牙地址、标志等信息。工具hciconfig通过打开一个原始HCI套接字（BTPROTO_HCI）并发送IOCTL来完成工作。例如，发送HCIDEVUP或HCIDEVDOWN来启用或禁用HCI设备。在内核中，这些IOCTL由方法hci_sock_ioctl()（net/bluetooth/hci_sock.c）处理。
- hcitool：一个用于配置蓝牙连接以及向蓝牙设备发送特殊命令的工具。例如，命令hcitool scan用于扫描附近的蓝牙设备。
- hcidump：转储来自和前往蓝牙设备的原始HCI数据。
- l2ping：发送L2CAP回应请求并接收应答。
- btmon：更友好的hcidump版本。
- bluetoothctl：更友好的hciconfig/hcitool版本。

有关Linux蓝牙子系统的更详细信息，可参阅如下资料。

- Linux蓝牙官网Linux BlueZ：http://www.bluez.org。
- Linux蓝牙邮件列表：linux-bluetooth@vger.kernel.org。
- Linux蓝牙邮件列表归档：http://www.spinics.net/lists/linux-bluetooth/（请注意，这是蓝牙内核补丁和蓝牙用户空间补丁的邮件列表）。
- freenode.net IRC频道：
  - #bluez（与开发相关的主题）
  - #bluez-users（非开发相关主题）

本节介绍了Linux蓝牙子系统，重点是其联网方面的内容。在此，你学习了蓝牙栈的各层以及它们在Linux内核中是如何实现的，你还学习了重要的蓝牙内核结构，如HCI设备和HCI连接。接下来，将介绍第二个无线子系统——IEEE 802.15.4子系统及其实现。

14.5　IEEE 802.15.4 和 6LoWPAN

IEEE 802.15.4标准（IEEE Std 802.15.4-2011）规范了低速无线个域网（Low-Rate Wireless Personal Area Network, LR-WPAN）的介质访问MAC层和PHY层，针对的是短距离网络中的低价、低功耗消费设备。它支持多个频段，其中最常用的是2.4 GHz ISM频段、915 MHz频段和868 MHz频段。IEEE 802.15.4可用于无线传感器网络、安全系统、工业自动化系统等。有关它的设计用于组织由传感器、交换机和自动设备等组成的网络，最高速率为250 kb/s。使用2.4GHz频段时，这个标准支持1000 kb/s的传输速率，但比较少见。个人的操作空间通常在10米范围内。IEEE 802.15.4标准由IEEE 802.15工作小组（http://www.ieee802.org/15/）负责维护。有多种协议运行在IEEE 802.15.4之上，其中最著名的是ZigBee和6LoWPAN。

ZigBee联盟发布了非GPL IEEE802.15.4规范，还发布了ZigBee IP（Z-IP）开放标准（http://www.zigbee.org/Specifications/ZigBeeIP/Overview.aspx），后者基于IPv6、TCP、UDP、6LoWPAN等Internet标准。将IPv6协议用于IEEE 802.15.4是个不错的选择，因为IPv6地址空间庞大，允许给每个IPv6结点分配独一无二的可路由地址。IPv6报头比IPv4报头简单，其扩展报头处理起来也比IPv4报头选项简单。结合使用IPv6和LR-WPAN的方法被称为6LoWPAN（IPv6 over Low-power Wireless Personal Area Network）。IPv6被原封不动地用于LR-WPAN，因此需要一个适配层，这将在本节后面介绍。与6LoWPAN相关的RFC有5个。

- RFC 4944（*Transmission of IPv6 Packets over IEEE 802.15.4 Networks*）。
- RFC 4919（*IPv6 over Low-Power Wireless Personal Area Networks (6LoWPANs): Overview, Assumptions, Problem Statement, and Goals*）。
- RFC 6282（*Compression Format for IPv6 Datagrams over IEEE 802.15.4-Based Networks*）：这个RFC引入了一种新的编码格式——LOWPAN_IPHC编码格式，它将取代LOWPAN_HC1和LOWPAN_HC2。
- RFC 6775（*Neighbor Discovery Optimization for IPv6 over Low-Power Wireless Personal Area Networks (6LoWPANs)*）。
- RFC 6550（*RPL: IPv6 Routing Protocol for Low-Power and Lossy Networks*）。

实现6LoWPAN面临的主要挑战如下。

- 数据包长度不同：IPv6的MTU为1280，而IEEE802.15.4的MTU为127（IEEE802154_MTU）。为支持长于127字节的数据包，必须在IPv6和IEEE 802.15.4之间定义一个适配层。这个适配层负责透明地对IPv6数据包进行分段和重组。
- 地址不同：IPv6地址长128位；而IEEE802.15.4地址为IEEE 64位（IEEE802154_ADDR_LONG）扩展地址，在关联并分配PAN ID后，它将成为PAN中独一无二的16位短地址

（IEEE802154_ADDR_SHORT）。主要挑战在于，需要使用压缩机制来缩短6LoWPAN数据包（其很大一部分为IPv6地址）。例如，6LoWPAN可利用IEEE802.15.4支持16位短地址来避免需要64位的ID。

❑ IEEE 802.15.4本身不支持组播，而IPv6将组播用于ICMPv6以及依赖于ICMPv6的协议（如邻居发现协议）。

IEEE 802.15.4定义了4种帧。

❑ 信标帧（IEEE802154_FC_TYPE_BEACON）。

❑ MAC命令帧（IEEE802154_FC_TYPE_MAC_CMD）。

❑ 确认帧（IEEE802154_FC_TYPE_ACK）。

❑ 数据帧（IEEE802154_FC_TYPE_DATA）。

IPv6数据包必须通过第4种帧（数据帧）来传输。对于数据型数据包，并非必须得到确认，但推荐这样做。与802.11一样，有些设备驱动程序实现了该协议的大部分功能（HardMAC设备驱动程序），而有些设备驱动程序在软件中实现了该协议的大部分功能（SoftMAC设备驱动程序）。6LoWPAN包含如下3种结点。

❑ 6LoWPAN结点（6LoWPAN Node，6LN）：主机或路由器。

❑ 6LoWPAN路由器（6LoWPAN Router，6LR）：能够收发路由器通告和路由器请求消息，还能转发和路由IPv6数据包。这些结点比简单的6LoWPAN结点更复杂，可能需要更多的内存和更高的处理能力。

❑ 6LoWPAN边界路由器（6LoWPAN Border Router，6LBR）：边界路由器位于不同6LoWPAN网络或6LoWPAN网络和其他IP网络的结合处。6LBR负责在IP网络和6LoWPAN网络之间转发数据包，还负责6LoWPAN结点的IPv6配置。相比于6LN，6LBR对内存和处理能力的要求要高得多。它们在LoWPAN中的结点之间共享上下文，并使用6LoWPAN-ND和RPL跟踪注册的结点。6LBR通常会始终处于活动状态，而6LN则大部分时间都处于休眠状态。图14-4显示了一个简单拓扑，其中的6LBR将一个IP网络连接到了一个基于6LoWPAN的无线传感器网络。

图14-4　6LBR将IP网络连接到基于6LoWPAN的WSN

14.5.1 邻居发现优化

鉴于下面两个原因，必须对IPv6邻居发现协议进行优化和扩展。

14

❑ IEEE 802.15.4链路层不支持组播，虽然它支持广播（它使用短地址0xFFFF来广播消息）。

❑ 邻居发现协议是针对供电充分的设备而设计的，IEEE 802.15.4可能会为省电而休眠。另外，正如相关的RFC所指出的，它们运行在耗损严重的网络环境中。

规范邻居发现优化的RFC 6775新增了一些优化，如下所示。

❑ 主机发起的路由器通告信息刷新。在IPv6中，路由器通常会定期地发送路由器通告，而这项新增的功能则使得路由器无需定期或主动地向主机发送路由器通告。

❑ 将基于EUI-64的IPv6地址视为全局唯一的。使用这种地址时，不需要DAD。

此外，还添加了下面3个选项。

❑ 地址注册选项（Address Registration Option，ARO）：ARO（33）可包含在这样的NS消息中，即在确定默认路由器依然可达的NUD（邻居可达性检测）中发送的NS消息。在主机有非链路本地地址时，它将定期向默认路由器发送包含ARO的NS消息，以注册其地址。注销是通过这样的NS完成的，即它包含ARO，而ARO包含的寿命为0。

❑ 6LoWPAN上下文选项（6LoWPAN Context Option，6CO）：6CO（34）包含用于实现LoWPAN报头压缩的前缀信息，类似于RFC 4861定义的前缀信息选项（Prefix Information Option，PIO）。

❑ 权威边界路由器选项（Authoritative Border Router Option，ABRO）：ABRO（35）能够让前缀和上下文信息传播到整个route-over拓扑。

添加了两种DAD消息。

❑ 重复地址请求（Duplicate Address Request，DAR），其ICMPv6类型为157。

❑ 重复地址确认（Duplicate Address Confirmation，DAC），其ICMPv6类型为158。

14.5.2　Linux 内核的 6LoWPAN 实现

3.2版Linux集成了6LoWPAN的基本实现。这种实现是由西门子技术公司的嵌入式系统开放平台小组（Embedded Systems Open Platform Group）开发的，包含如下3层。

❑ 网络层（net/ieee802154）：包括6lowpan模块、原始IEEE 802.15.4套接字、Netlink接口等。

❑ MAC层（net/mac802154）：为SoftMAC设备驱动程序实现了不完整的MAC层。

❑ PHY层（drivers/net/ieee802154）：IEEE802154设备驱动程序。

目前支持两种802.15.4设备。

❑ AT86RF230/231收发器驱动程序。

❑ Microchip MRF24J40。

还有Fakelb驱动程序（IEEE 802.15.4环回接口）。

这两种设备以及其他众多的802.15.4收发器都通过SPI连接。还有一个串行驱动程序，虽然它还处于试验阶段，没有包含在主线内核中。还有atusb等设备，它们基于一个AT86RF231 BN，在本书编写期间它们还没有包含在主线内核中。

6LoWPAN的初始化

在方法lowpan_init_module()中，调用方法lowpan_netlink_init()来初始化6LoWPAN Netlink套接字，并调用dev_add_pack()为6LoWPAN数据包注册一个协议处理程序。

```
...
static struct packet_type lowpan_packet_type = {
        .type = __constant_htons(ETH_P_IEEE802154),
        .func = lowpan_rcv,
};
...
static int __init lowpan_init_module(void)
{
        ...
        dev_add_pack(&lowpan_packet_type);
        ...
}
```
(net/ieee802154/6lowpan.c)

方法lowpan_rcv()是接收6LoWPAN数据包的主处理程序。这种数据包的以太类型为0x00F6（ETH_P_IEEE802154）。这个方法处理两种情形。

❑ 接收未压缩的数据包（分派类型为IPv6）。

❑ 接收压缩的数据包。

使用虚链路来确保在6LoWPAN数据包和IPv6数据包之间进行转换。这条虚链路的一端使用IPv6，其MTU为1280，为6LoWPAN接口；另一端使用6LoWPAN，其MTU为127，为WPAN接口。压缩的6LoWPAN数据包由方法lowpan_process_data()处理。这个方法调用lowpan_uncompress_addr()来解压缩地址，并调用lowpan_uncompress_udp_header()将UDP报头解压缩为IPHC报头。然后，调用方法lowpan_skb_deliver()（net/ieee802154/6lowpan.c）将未压缩的IPv6数据包交给6LoWPAN接口。

图14-5显示了6LoWPAN适配层。

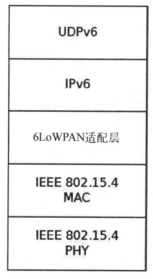

图14-5　6LoWPAN适配层

图14-6显示了数据包从物理层（驱动程序）经MAC层到6LoWPAN适配层的旅程。

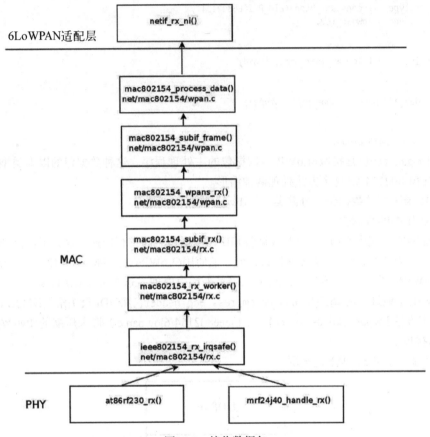

6LoWPAN适配层

MAC

PHY

图14-6　接收数据包

这里不深入探讨设备驱动程序的实现细节，这些不在本书的范围之内。但必须指出的是，设备驱动程序都必须创建一个ieee802154_dev对象，即调用方法ieee802154_alloc_device()，并将一个ieee802154_ops对象作为参数传递给它。每个驱动程序都需要在ieee802154_ops对象中定义一些回调函数，如xmit、start、stop等。当然，这些要求仅适用于SoftMAC驱动程序。

这里还需指出的是，已提交了将6LoWPAN技术用于蓝牙低功耗设备的Internet草案（本章前面说过，这些设备是在Bluetooth 4.0规范中定义的）。请参见*Transmission of IPv6 Packets over Bluetooth Low Energy*（http://tools.ietf.org/html/draft-ietf-6lowpan-btle-12）。

注意　Contiki是一个实现了物联网（IoT）概念的开源操作系统，有些Linux IEEE802.15.4 6LoWPAN补丁就是从它演变而来的，如UDP报头压缩和解压缩。它是由Adam Dunkels开发的，实现了6LoWPAN和RPL。请参见http://www.contiki-os.org/。

下面是其他一些讨论6LoWPAN和802.15.4的资料。

- Zach Shelby和Carsten Bormann编写的图书6LoWPAN: *The Wireless Embedded Internet*。
- Jean-Philippe Vasseur和Adam Dunkels（Contiki开发者）编写的图书*Interconnecting Smart Objects with IP: The Next Internet*。
- 一篇讨论IPv6邻居发现优化的文章：http://www.internetsociety.org/articles/ipv6-neighbor-discovery-optimization。

lowpan-tools是一组管理Linux LoWPAN栈的实用程序，详情请参见http://sourceforge.net/projects/linux-zigbee/files/linux-zigbee-sources/0.3/。

注意　IEEE802.15.4并没有独立的Git仓库（虽然以前有过），其补丁需发送到netdev邮件列表。有些开发人员会首先将这方面的补丁发送到Linux zigbee开发人员邮件列表（https://lists.sourceforge.net/lists/listinfo/linux-zigbee-devel），以获取反馈。

本节介绍了IEEE 802.15.4和6LoWPAN协议，以及将它们集成到Linux内核中面临的挑战，如需要添加邻居发现消息。下一节将介绍第3个无线子系统——NFC，在本章介绍的3个无线子系统中，它的传输距离是最短的。

14.6　NFC

近场通信（Near Field Communication，NFC）是一种覆盖范围极小的无线技术，小于5.08厘米（2英寸）。对它的设计可用于通过延迟极低的链路传输少量数据，最高速度为424 kb/s。NFC有效载荷可以是非常简单的URL或原始文本，也可以是较复杂的触发连接切换的带外数据。NFC虽然传输距离很短，但能够在设备空间距离非常近时触发NFC有效负载指定的操作，从而实现轻按并分享的概念。例如，使用支持NFC的手机在NFC标签上轻轻一刷，将立即打开Web浏览器。

NFC使用13.65 MHz频段，且遵循Radio Frequency ID（RFID）ISO14443和FeliCa标准。NFC论坛（http://www.nfc-forum.org/）是负责标准化NFC的联盟，其制定了一系列规范，从NFC数字层到高级服务定义，如NFC连接切换和个人保健设备通信。NFC论坛批准的所有规范都可免费获得。请参见http://www.nfc-forum.org/specs/。

NFC论坛规范的核心是NFC数据交换格式（NFC Data Exchange Format，NDEF），它定义了用于在NFC标签和NFC设备之间以及NFC设备之间交换NFC有效载荷的NFC数据结构。所有NDEF都包含一条或多条NDEF记录，这些记录嵌入在实际有效载荷中。NDEF记录头包含元数据，它能够让应用程序将NFC有效载荷关联到阅读器端触发的操作。

14.6.1　NFC 标签

NFC标签造价低廉，大多是无源的静态数据容器，通常由感应天线以及与之相连的微型闪存构成，包装后的尺寸各异（标签、钥匙串、便利贴等）。根据NFC论坛的定义，NFC标签属于被

14

动设备，即不能生成射频场。这些设备由NFC主动设备生成的射频场供电。NFC论坛定义了4种标签，每种都有强烈的RFID和智能卡烙印。

- 1类规范是从Innovision/Broadcom Topaz and Jewel card规范演变而来的。这种标签可存储96B~2KB数据，传输速度为106 kb/s。
- 2类标签基于NXP Mifare Ultralight规范，与1类标签很像。
- 3类标签基于Sony FeliCa标签的非安全部件，价格比1类和2类标签高，但可存储1MB数据，传输速度为212或424 kb/s。
- 4类规范基于NXP DESFire卡，存储的数据量可高达32 KB，传输速度有3种：106、212或424 kb/s。

14.6.2 NFC设备

不同于NFC标签，NFC设备能够生成磁场，以发起NFC通信。支持NFC的手机和NFC阅读器是最常见的NFC设备。它们支持的功能比NFC标签多，可读写NFC标签，还可充当卡，在其他阅读器看来，它们就是简单的NFC标签。相对于RFID，NFC技术最重要的优点之一是，两台NFC设备能够以NFC特有的对等模式进行通信。只要两台NFC设备在磁场范围内，它们之间的链路就将处于活动状态。这意味着只要两台NFC设备处于接触状态，它们之间的对等链路就不会中断。这带来了一系列全新的移动用例，彼此接触的NFC设备能够相互交换数据、上下文和凭证。

14.6.3 通信模式和操作模式

NFC论坛定义了2种通信模式和3种操作模式。两台NFC设备通过交替生成磁场来通信时，建立的是主动NFC通信。这意味着两台设备都有电源，不依赖于通过感应生成的电源。主动通信只能在NFC对等模式下进行。另一方面，在被动NFC通信中，只有一台NFC设备生成射频场，另一台设备利用该磁场进行应答。

有3种NFC操作模式。

- 读写模式：NFC设备（如支持NFC的手机）读写NFC标签。
- 对等模式：两台NFC设备建立逻辑链路控制协议（Logical Link Control Protocol，LLCP），通过它，多路复用多种NFC服务，包括用于交换NDEF数据的简单NDFF交换协议（Simple NDEF Exchange Protocol，SNEP）、用于发起载波（蓝牙或Wi-Fi）切换的连接切换或任何专用协议。
- 卡模拟模式：NFC设备伪装成NFC标签，对阅读器轮询进行应答。支付和交易卡发行机构依赖这种模式来实现非接触式NFC支付。在卡模拟模式下，运行在可信执行环境（也叫安全元素）中的支付程序控制着NFC射频，并将自己伪装成支付卡，可供支持NFC的POS终端读取。

14.6.4 主机控制器接口

　　硬件控制器和主机栈之间的通信必须遵循定义明确的接口——主机控制器接口（Host-Controller Interfaces，HCI）。NFC硬件生态系统极其混乱，因为最初的大多数NFC控制器都实现了ETSI定义的HCI，这个接口原本是为SIM卡与非接触式前端间通信而设计的（请参见http://www.etsi.org/ deliver/etsi_ts/102600_ 102699/102622/07.00.00_60/ts_102622v070000p.pdf）。HCI并非为NFC使用场景专门设计的，每家厂商都为支持其功能定义了大量的专用扩展。为解决这种问题，NFC论坛定义了更适合NFC的NFC控制器接口（NFC Controller Interface，NCI）。行业发展趋势清楚地表明，制造商将放弃ETSI HCI，转而采用NCI，让硬件生态系统更标准化。

14.6.5 Linux 对 NFC 的支持

　　不同于本节后面将介绍的Android操作系统NFC栈，Linux NFC栈有一部分是由内核实现的。从Linux内核3.1起，提供了NFC专用套接字域，还有一个NFC通用Netlink簇（参见http://git.kernel.org/?p=linux/kernel/git/ sameo/nfc-next.git;a=shortlog;h=refs/heads/ master）。NFC通用Netlink簇旨在实现控制和监视NFC适配器的NFC带外信道。NFC套接字域支持两种套接字。

　　❏ 原始套接字：用于发送将原封不动地到达驱动程序的NFC帧。
　　❏ LLCP套接字：用于实现NFC对等服务。

　　硬件抽象是在NFC内核驱动程序中实现的。这些驱动程序在栈的各个部分进行注册，这主要是依靠它们支持的控制器所使用的主机控制器接口进行的。因此，运行在硬件上的Linux应用程序完全不用知道与POSIX兼容的NFC内核API。Linux NFC栈分为内核部分和用户空间部分。内核NFC套接字能够让用户空间应用程序通过原始协议发送随标签类型而异的命令，从而支持NFC标签。另外，还可实现NFC对等协议（SNEP、连接切换、PHDC等），这是通过NFC套接字发送NFC对等协议特定的有效载荷实现的。最后，卡模拟模式是利用内核NFC Netlink API的安全元素部分实现的。Linux NFC守护程序neard位于内核之上，它实现了全部3种NFC模式，而不管主机平台连接的是哪种NFC控制器（参见https://01.org/linux-nfc/）。

　　图14-7大致描述了NFC系统。

NFC套接字

　　NFC套接字分2种：原始套接字和LLCP套接字。设计原始NFC套接字时，考虑了对读取模式的支持，它提供了传输标签特定命令和接收标签应答的途径。守护程序neard使用原始NFC套接字支持全部4种标签，包括读取和写入模式。LLCP套接字实现了NFC对等逻辑链路控制协议，neard利用这种套接字实现了NFC论坛规定的对等服务（SNEP、连接切换和PHDC）。

　　NFC套接字的语义随选择的协议而异。

　　● 原始套接字
　　❏ connect：选择并启用检查到的NFC标签。
　　❏ bind：不支持。
　　❏ send/recv：收发原始NFC的有效载荷。NFC核心的实现不会修改这些有效载荷。

14

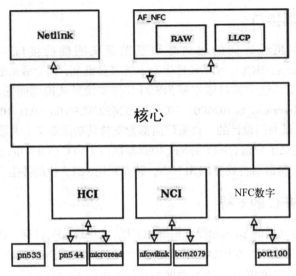

图14-7　NFC概述

- LLCP套接字

❏ connect：连接到检测到的对等设备上的特定LLCP服务，如SNEP或连接切换服务。

❏ bind：将设备绑定到特定的LLCP服务。将通过LLCP服务名查找（SNL）协议导出这种服务，让任何NFC对等设备都能尝试连接到它。

❏ send/recv：收发LLCP服务的有效载荷。内核将处理LLCP特定的链路层封装和分段。

LLCP传输可以是面向连接的，也可以是无连接的，这是通过UNIX标准套接字类型SOCK_STREAM和SOCK_DGRAM处理的。NFC LLCP套接字还支持用于监视和嗅探的SOCK_RAW类型。

NFC Netlink API

NFC通用Netlink API是为实现NFC特定的带外操作而设计的，它还处理NFC控制器中可发现的安全元素。使用NFC Netlink命令可实现如下操作。

❏ 列出所有可用的NFC控制器。

❏ 开启和关闭NFC控制器。

❏ 启动和停止旨在发现NFC标签和设备的NFC轮询。

❏ 启用本地控制器和远程NFC对等体之间的NFC对等（即LLCP）链路。

❏ 发送LLCP服务名查找请求，以发现远程对等体提供的LLCP服务。

❏ 启用和禁用可发现的NFC安全元素（它们通常是基于SIM卡的或是嵌入式安全元素）。

❏ 向启用了的安全元素发送ISO7816帧。

❏ 触发NFC控制器固件下载。

Netlink API不仅可供NFC应用程序用来发送同步命令，还可用来接收与NFC相关的异步事件。在NFC Netlink套接字上侦听NFC广播事件的应用程序将得到以下方面的通知。

❑ 检测到NFC标签和设备。

❑ 发现安全元素。

❑ 安全元素事务状态。

❑ LLCP服务名查找应答。

通过内核头文件可导出Netlink API（包含命令和事件）和套接字API。在标准Linux版本中，这个头文件为/usr/include/linux/nfc.h。

NFC的初始化

NFC的初始化是由方法nfc_init()完成的。

```
static int __init nfc_init(void)
{
        int rc;
        . . .
```

注册通用Netlink NFC簇和NFC通知者回调函数——方法nfc_genl_rcv_nl_event()。

```
rc = nfc_genl_init();
if (rc)
        goto err_genl;

/* 第一代不能为0 */
nfc_devlist_generation = 1;
```

初始化NFC原始套接字。

```
rc = rawsock_init();
if (rc)
        goto err_rawsock;
```

初始化NFC LLCP套接字。

```
rc = nfc_llcp_init();
if (rc)
        goto err_llcp_sock;
```

初始化AF_NFC协议。

```
rc = af_nfc_init();
if (rc)
        goto err_af_nfc;
        return 0;
        . . .
}
(net/nfc/core.c)
```

驱动程序API

前面说过，当今的大多数NFC控制器将HCI或NCI用作主机控制器接口，其他NFC控制器定义了专用的USB接口，如大多数与PC兼容的NFC阅读器。还有一些"软"NFC 控制器，它们要求主机平台实现NFC论坛定义的NFC数字（Digital）层，且只能与具有模拟功能的固件通信。为支持种类繁多的硬件控制器，NFC内核实现了NFC NCI、HCI和数字层。根据要支持的NFC硬件，设备驱动程序开发人员需要在模块探测阶段向这些栈中的一个栈注册。如果实现的是专用协议，

14

则需要直接向NFC核心实现注册。注册时通常会提供一个栈操作对象（operands）实现，这实际上是NFC内核驱动程序和NFC栈核心部分之间的硬件抽象层。在内核中，NFC驱动程序注册API和操作对象原型的方法是在目录include/net/nfc/中定义的。

图14-8所示的方框图显示了NFC Linux架构。

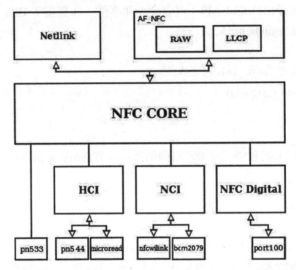

图14-8　Linux NFC内核架构（请注意，内核3.9不包含NFC数字层，内核3.13将集成它）

为更好地理解该图所示的层次结构，来看看直接向NFC核心以及向HCI和NCI层注册设备驱动程序的实现细节。

- □ 直接向NFC核心注册的工作通常是在驱动程序回调函数probe()中进行的。这种注册是使用如下步骤完成的（请参见drivers/nfc/pn533.c）。
- ■ 调用方法nfc_allocate_device()创建一个nfc_dev对象。
- ■ 调用方法nfc_register_device()，并将前一步创建的nfc_dev对象作为唯一的参数传递给它。
- □ 向HCI层注册的工作通常也是在驱动程序的回调函数probe()中进行的。对于pn544和microread NFC设备驱动程序（内核3.9只包含这些HCI驱动程序，这个probe()方法由I2C子系统调用。注册步骤如下（请参见drivers/nfc/pn544/pn544.c和drivers/nfc/microread/microread.c）。
- ■ 调用方法nfc_hci_allocate_device()创建一个nfc_hci_dev对象。
- ■ 结构nfc_hci_dev是在include/net/nfc/hci.h中定义的。
- ■ 调用方法nfc_hci_register_device()，并将上一步创建的nfc_hci_dev对象作为唯一的参数传递给它。方法nfc_hci_register_device()转而调用方法nfc_register_device()向NFC核心注册。
- □ 向NCI层注册的工作通常也是在驱动程序的回调函数probe()中进行的。例如，在nfcwilink

驱动程序中就是这样做的。这种注册的步骤如下（请参见drivers/nfc/nfcwilink.c）。

■ 调用方法nci_allocate_device()创建一个nci_dev对象。

■ 结构nci_dev是在include/net/nfc/ nci_core.h中定义的。

■ 调用方法nci_register_device()，并将上一步创建的nci_dev对象作为唯一的参数传递给它。方法nci_register_device()转而调用方法nfc_register_device()向NFC核心注册，这与向HCI层注册类似。

直接使用NFC核心时，必须在nfs_ops对象（它是方法nfc_allocate_device()的第一个参数）中定义5个回调函数。

❑ start_poll：设置驱动程序以轮询模式工作。

❑ stop_poll：停止轮询。

❑ activate_target：激活指定的目标。

❑ deactivate_target：让指定目标处于非活动状态。

❑ im_transceive：收发操作。

使用HCI时，hci_nfc_ops对象（一个nfs_ops实例）定义了这5个回调函数。使用方法nfc_hci_allocate_device()分配HCI对象时，将调用方法nfc_allocate_device()，并将这个hci_nfc_ops对象作为第一个参数。

在NCI中，有与nci_nfc_ops对象很像的对象，详情请参见net/nfc/nci/core.c。

14.6.6 用户空间架构

neard（http://git.kernel.org/?p=network/nfc/neard.git;a=summary）是Linux NFC守护程序，运行在内核NFC API之上。它是一个基于Glib的单线程进程，实现了NFC对等栈的高层以及4种标签特定的命令（用于读写NFC标签）。NDEF推送协议（NDEF Push Protocol，NPP）、SNEP、PHDC和连接切换规范是通过neard插件实现的。neard的一个主要设计目标是，提供一个小型、简单、统一的NFC API，供需要提供高级NFC服务的Linux应用程序使用。这个目标是通过一个小型D-Bus API实现的。该API抽象了标签、设备接口和方法，向应用程序开发人员隐藏了NFC的复杂性。这个API与freedesktop D-Bus ObjectManager API兼容，它提供了如下接口。

❑ org.neard.Adapter：用于检测新的NFC控制器、控制其开启和关闭状态、启动NFC轮询。

❑ org.neard.Device 和 org.neard.Tag：用于表示检测到的NFC标签和设备。调用方法Device.Push可向对等设备发送NDEF，而调用方法Tag.Write可将NDEF写入指定的标签。

❑ org.neard.Record：表示人类能够看懂的NDEF记录有效载荷和属性。应用程序要访问NDEF原始有效载荷，可向接口org.neard.NDEFAgent注册代理。

有关用户空间守护程序neard的更详细信息，请参阅 http://git.kernel.org/cgit/network/nfc/neard.git/tree/doc。

14.6.7 Android NFC

第一个支持NFC的Android操作系统是2010年发布的Android 2.3（Gingerbread）。Android 2.3

14

只支持读写模式，此后，情况发生了翻天覆地的变化。最新的Andriod（Jelly Bean 4.3）对NFC提供了全面支持。更详细的信息请参阅Android NFC网页：http://developer.android.com/ guide/topics/ connectivity/nfc/index.html。传统Android架构发布后，推出了一个Java专用的NFC API，供需要提供NFC服务和操作的应用程序使用。这些API的实现留给了集成商，由其通过原生硬件抽象层（HAL）来实现。Google发布了一个Broadcom NFC HAL，它目前只支持Broadcom NFC硬件。Android 原始设备制造商和集成商需要根据其使用的NFC芯片组来对Broadcom NFC HAL作出修改或实现自己的HAL。需要指出的是，由于Broadcom栈实现了NFC控制器接口规范，因此，通过修改它来支持NCI兼容NFC控制器比较容易。Android NFC架构有点用户空间NFC栈的味道，事实上，其整个NFC实现都是在用户空间中通过HAL完成的。NFC帧向下经内核驱动程序桩（stub）传递个NFC控制器，驱动程序只是将这些帧封装成缓冲区，这些缓冲区可发送到主机平台和NFC控制器之间的物理链路（如I2C、SPI、UART）。

注意　nfc-next Git树的合并请求被发送到wireless-next树（除NFC子系统外，蓝牙子系统和mac802.11子系统的合并请求也由无线维护者处理），这些合并请求再从wireless-next树发送到net-next树，最后发送到Linus linux-next树。nfc-next树的地址为git://git.kernel.org/pub/ scm/linux/kernel/git/sameo/nfc-next.git。

还有一个nfc-fixes Git仓库，其中包含当前版本（-rc*）的紧急和重要修复代码。nfc-fixes git树的地址为git://git.kernel.org/pub/scm/linux/kernel/git/sameo/nfc-fixes.git/。

NFC邮件列表：linux-nfc@lists.01.org。

NFC邮件列表归档：https://lists.01.org/pipermail/linux-nfc/。

本节介绍了NFC的概念、Linux NFC子系统的实现以及Android NFC子系统的实现。下一节将讨论通知链机制，这是一种用于向网络设备通知各种事件的重要机制。

14.7　通知链

网络设备的状态可能会不断发生变化，如用户/管理员可能会时不时地注册/注销网络设备、修改其MAC地址、修改其MTU等。网络栈以及其他子系统和模块必须能够获悉并妥善处理这些事件。网络通知链提供了一种处理这种事件的机制。本节将介绍其API以及它处理的各种网络事件。有关这些事件的完整列表，请参阅本节后面的表14-1。每个子系统和模块都可向通知链注册自己。这是通过定义并注册notifier_block实现的。通知链进行注册和注销的核心方法分别是notifier_chain_register()和notifier_chain_unregister()。通知事件是调用方法notifier_call_chain()来生成的。这3个方法不能直接使用（没有导出它们，参见kernel/notifier.c），它们没有使用任何加锁机制。下面这些方法都是notifier_chain_register()包装器，它们都是在kernel/notifier.c中实现的：

❑ atomic_notifier_chain_register();

❑ blocking_notifier_chain_register();

❑ raw_notifier_chain_register();

❑ srcu_notifier_chain_register();

❑ register_die_notifier()。

表14-1 网络设备事件[①]

事　件	含　义
NETDEV_UP	设备启动事件
NETDEV_DOWN	设备关闭事件
NETDEV_REBOOT	检测到硬件崩溃和设备重启
NETDEV_CHANGE	设备状态发生变化
NETDEV_REGISTER	设备注册事件
NETDEV_UNREGISTER	设备注销事件
NETDEV_CHANGEMTU	设备的MTU发生变化
NETDEV_CHANGEADDR	设备的MAC地址发生变化
NETDEV_GOING_DOWN	设备即将关闭
NETDEV_CHANGENAME	设备修改了其名称
NETDEV_FEAT_CHANGE	设备功能发生变化
NETDEV_BONDING_FAILOVER	绑定故障切换事件
NETDEV_PRE_UP	这个事件禁止将设备状态改为UP。例如，在cfg80211中，如果知道接口即将停用（rekilled），将禁止将其设置为UP状态。请参见cfg80211_netdev_notifier_call()
NETDEV_PRE_TYPE_CHANGE	设备即将改变类型。这是标志NETDEV_BONDING_OLDTYPE的通用版。这个标志已被NETDEV_PRE_TYPE_CHANGE取代
NETDEV_POST_TYPE_CHANGE	设备修改了其类型。这是标志NETDEV_BONDING_ NEWTYPE的通用版，这个标志已被NETDEV_POST_TYPE_CHANGE取代
NETDEV_POST_INIT	使用register_netdevice()注册设备时，在netdev_register_kobject()创建网络设备kobjects前将触发这个事件。它用于cfg80211（net/wireless/core.c）中
NETDEV_UNREGISTER_FINAL	用于结束设备注销的事件
NETDEV_RELEASE	捆绑的最后一个从设备被释放（使用netconsole over bonding时）。这个标志也曾用于网桥，参见br_if.c
NETDEV_NOTIFY_PEERS	通知网络对等体的事件（即设备想告诉网络的其他部分，自己已被重新配置，如，发生了故障切换事件或虚拟机迁移）
NETDEV_JOIN	设备添加了从设备。例如，用于捆绑驱动程序的方法bond_enslave()中就添加了一个从设备（参见drivers/net/bonding/bond_main.c）

　　上述每个包装器都有配套的通知链注销包装器和通知事件生成包装器。例如，对于使用方法atomic_notifier_chain_register()注册的通知链，用于注销它的方法为atomic_notifier_chain_

[①] 表14-1列出的事件类型是在include/linux/netdevice.h中定义的。——译者注

unregister()，用于生成通知事件的方法为 __atomic_notifier_call_chain()。对于上述每个包装器，还有配套的定义通知链的宏.例如，与包装器atomic_notifier_chain_register()配套的宏为 ATOMIC_NOTIFIER_HEAD（include/linux/notifier.h）。

　　注册notifier_block对象后，每当表14-1所示的事件发生时，都将调用该notifier_block对象中指定的回调函数。notifier_block是通知链的重要结构，下面就来看看该结构。

```
struct notifier_block {
        int (*notifier_call)(struct notifier_block *, unsigned long, void *);
        struct notifier_block __rcu *next;
        int priority;
};
(include/linux/notifier.h)
```

❏ notifier_call：要调用的回调函数。

❏ priority：notifier_block对象的优先级越高，其指定的回调函数越先被调用。

网络子系统和其他子系统中有很多链，下面是其中比较重要的几个。

❏ netdev_chain：由方法register_netdevice_notifier()注册，由方法unregister_netdevice_notifier()注销（net/core/dev.c）。

❏ inet6addr_chain：由方法register_inet6addr_notifier()注册，由方法unregister_inet6addr_notifier()注销，通知由方法inet6addr_notifier_call_chain()生成（net/ipv6/addrconf_core.c）。

❏ netevent_notif_chain：由方法register_netevent_notifier()注册，由方法unregister_netevent_notifier()注销，通知由方法call_netevent_notifiers()生成（net/core/netevent.c）。

❏ inetaddr_chain：由方法register_inetaddr_notifier()注册，由方法unregister_inetaddr_notifier()注销，通知是调用方法blocking_notifier_call_chain()来生成的。

　　来看一个netdev_chain使用示例。前面说过，netdev_chain是使用方法register_netdevice_notifier()来注册的，这个方法是方法raw_notifier_chain_register()的包装器。下面的示例用于注册一个名为br_device_event的回调函数。首先定义了一个notifier_block对象，再调用方法register_netdevice_notifier()注册它。

```
struct notifier_block br_device_notifier = {
        .notifier_call = br_device_event
};
(net/bridge/br_notify.c)
static int __init br_init(void)
{
        ...
        register_netdevice_notifier(&br_device_notifier);
        ...
}
(net/bridge/br.c)
```

　　netdev_chain的通知是通过调用方法call_netdevice_notifiers()来生成的。这个方法实际上是方法raw_notifier_call_chain()的包装器，其第一个参数为事件。

生成网络通知时，将调用注册的所有回调函数。在这个示例中，不管发生什么网络事件，都将调用回调函数br_device_event()。这个回调函数将决定如何处理通知，但也可以忽略它。下面来看看回调函数br_device_event()。

```
static int br_device_event(struct notifier_block *unused, unsigned long event, void *ptr)
{
        struct net_device *dev = ptr;
        struct net_bridge_port *p;
        struct net_bridge *br;
        bool changed_addr;
        int err;
        . . .
```

这个方法的第2个参数为事件（所有事件都是在include/linux/netdevice.h中定义的）。

```
        switch (event) {
        case NETDEV_CHANGEMTU:
                dev_set_mtu(br->dev, br_min_mtu(br));
                break;
        . . .
}
```

注意　并非只有网络子系统才注册通知链。例如，clockevents子系统定义了clockevents_chain 链，并调用方法raw_notifier_chain_register()来注册它；而模块hung_task定义了 panic_notifier_list链，并调用方法atomic_notifier_chain_register()来注册它。

除本节讨论的通知外，还有另一种通知——RTNetlink通知，它们是使用方法rtmsg_ifinfo()发送的。这种通知在第2章中讨论过，它们与Netlink套接字相关。

本节介绍了通知事件，这种机制能够让网络设备获悉MTU变化、MAC地址变化等事件。下一节将简单地讨论PCI子系统及其一些主要的数据结构。

14.8　PCI 子系统

很多网络接口卡都是外围组件互连（Peripheral Component Interconnect，PCI）设备，必须与Linux PCI子系统协同工作。并非所有网络接口都是PCI设备，很多嵌入式设备的网络接口连接的就不是PCI总线，这些设备的初始化和处理方式不同。下面的讨论不适用于非PCI设备。新PCI设备为PCI Express（PCIe或PCIE）设备。这种标准是2004年制定的。PCI设备使用的是串行接口而非并行接口，因此系统总线的最大吞吐量更高。PCI设备都有只读的配置空间，该空间至少为256字节。PCI-X 2.0和PCI Express总线包含扩展的配置空间，大小为4096字节。要读取PCI配置空间和扩展PCI配置空间，可使用lspci，它是pciutils中的一个实用程序。

- ❑ lspci -xxx：显示PCI配置空间内容的十六进制表示。
- ❑ lspci -xxxx：显示扩展PCI配置空间内容的十六进制表示。

14

Linux PCI API提供了以下3个读取配置空间的方法，它们的粒度分别为8、16和32位：

☐ static inline int pci_read_config_byte(const struct pci_dev *dev, int where, u8 *val);

☐ static inline int pci_read_config_word(const struct pci_dev *dev, int where, u16 *val);

☐ static inline int pci_read_config_dword(const struct pci_dev *dev, int where, u32 *val)。

还有以下3个写入配置空间的方法，它们的粒度也分别为8、16和32位：

☐ static inline int pci_write_config_byte(const struct pci_dev *dev, int where, u8 val);

☐ static inline int pci_write_config_word(const struct pci_dev *dev, int where, u16 val);

☐ static inline int pci_write_config_dword(const struct pci_dev *dev, int where, u32 val)。

PCI制造商最低限度给PCI设备配置空间中的厂商、设备和类型字段都指定了值。在Linux PCI子系统中，PCI设备用pci_device_id对象标识，这种结构是在include/linux/mod_devicetable.h中定义的。

```
struct pci_device_id {
        __u32 vendor, device;          /* 厂商和设备ID或PCI_ANY_ID */
        __u32 subvendor, subdevice;    /* 子系统ID或PCI_ANY_ID */
        __u32 class, class_mask;       /* (类型，子类型，prog-if)三元组 */
        kernel_ulong_t driver_data;    /* 驱动程序私有数据 */
};
(include/linux/mod_devicetable.h)
```

pci_device_id的字段vendor、device和class标识了PCI设备。大多数驱动程序都不需要指定class，因为有vendor和device通常就足够了。每个PCI设备驱动程序都声明了一个pci_driver对象，下面来看看这个结构。

```
struct pci_driver {
    . . .
    const char *name;
    const struct pci_device_id *id_table;    /* 不能为NULL，这样才能调用probe */
    int  (*probe) (struct pci_dev *dev, const struct pci_device_id *id); /* 插入新设备 */
    void (*remove) (struct pci_dev *dev);   /* 如果不是热插拔驱动程序，则为NULL */
    int  (*suspend) (struct pci_dev *dev, pm_message_t state); /* 挂起设备 */
    . . .
    int  (*resume) (struct pci_dev *dev); /* 唤醒设备 */
    . . .
};
(include/linux/pci.h)
```

下面简要地描述结构pci_driver的成员。

☐ name：PCI设备的名称。

☐ id_table：支持的pci_device_id对象数组，其初始化工作通常是使用DEFINE_PCI_DEVICE_TABLE宏完成的。

☐ probe：一个对设备进行初始化的方法。

☐ remove：一个释放设备的方法，它通常用于释放方法probe()分配的所有资源。

☐ suspend：一个电源管理回调函数，将支持电源管理的设备切换到低耗电状态。

☐ resume：一个电源管理回调函数，将支持电源管理的设备从低耗电状态唤醒。

PCI设备用结构pci_dev表示。这个结构非常庞大，来看看它的一些成员（这些成员的含义都是不言自明的）。

```
struct pci_dev {
    . . .
    unsigned short  vendor;
    unsigned short  device;
    unsigned short  subsystem_vendor;
    unsigned short  subsystem_device;
    . . .
    struct pci_driver *driver;      /* 分配该设备的驱动程序 */
    . . .
    pci_power_t   current_state;    /* 当前的运行状态。在ACPI中，为D0-D3，其中D0表示完全正常，D3
                                       表示关闭 */
    struct device dev;              /* 通用设备接口 */

    int          cfg_size;          /* 配置空间的大小 */

    unsigned int  irq;
};
(include/linux/pci.h)
```

向PCI子系统注册PCI网络设备的工作是这样完成的：定义一个pci_driver对象，并调用pci_register_driver()宏，这个宏将一个pci_driver对象作为唯一的参数。为在使用PCI设备前对其进行初始化，驱动程序必须调用方法pci_enable_device()。这个方法在设备被挂起时唤醒它，并分配必要的I/O资源和内存资源。PCI驱动程序的注销是使用方法pci_unregister_driver()来完成的。pci_register_driver()宏通常是在驱动程序方法module_init()中调用的，方法pci_unregister_driver()通常是在驱动程序方法module_exit()中调用的。每个驱动程序都必须在设备启动时调用方法request_irq()并指定IRQ处理程序，还必须在设备关闭时调用方法free_irq()。

使用非缓存内存缓冲区时，通常使用dma_alloc_coherent()和dma_free_coherent()来分配和释放DMA（直接内存访问）内存。使用dma_alloc_coherent()时，无需担心缓存一致性问题，因为这个方法可确保缓存一致。有关这方面的示例，请参阅e1000_alloc_ring_dma()（drivers/net/ethernet/intel/e1000e/netdev.c）。Documentation/ DMA-API.txt对Linux DMA API进行了描述。

注意　单根I/O虚拟化（SR-IOV）是一种PCI功能，它让一个物理设备看上去就像是多台虚拟设备。SR-IOV规范由PCI SIG制定，请参阅http://www.pcisig.com/specifications/iov/single_root/。有关这方面的更详细信息，请参阅Documentation/PCI/pci-iov-howto.txt。

有关PCI的更详细信息，请参阅Jonathan Corbet、Alessandro Rubini和Greg Kroah-Hartman编写的*Linux Device Drivers，3rd edition*。该书以创作共用许可（Creative Commons License）的方式发布在http://lwn.net/Kernel/LDD3/。

14

局域网唤醒

局域网唤醒（Wake-On-LAN）标准支持使用网络数据包将软关闭（soft-powered-down）的设备开启或唤醒。区域网唤醒功能默认被禁用。有些网络设备驱动程序能够让系统管理员启用局域网唤醒功能，这通常是通过从用户空间运行ethtool命令来完成的。为提供这种支持，网络设备驱动程序必须在ethtool_ops对象中定义一个set_wol()回调函数，请参见RealTek驱动程序8139cp（net/ethernet/realtek/8139cp.c）。运行命令ethtool <networkDeviceName>可获悉网络设备是否支持局域网唤醒功能。ethtool还能够让系统管理员指定哪些数据包可以唤醒设备，例如，命令ethtool -s eth1 wol g就可为MagicPacket帧启用局域网唤醒（MagicPacket是一种AMD标准）。要发送用于局域网唤醒的MagicPacket帧，可使用net-tools包中的实用程序ether-wake。

14.9   组合网络设备

虚拟组合网络设备驱动程序旨在取代捆绑网络设备（drivers/net/bonding）。捆绑网络设备提供了一种链路聚合（也叫链路捆绑或中继）解决方案，请参阅Documentation/networking/bonding.txt。捆绑驱动程序是完全在内核中实现的，以庞大且容易出问题著称。不同于捆绑网络驱动程序，组合网络驱动程序（teaming network driver）可从用户空间进行控制。相应的用户空间守护程序名为teamd。它通过libteam库与内核组合驱动程序通信。libteam库是基于通用Netlink套接字（参见第2章）的。组合驱动程序有以下4种模式。

- ❑ loadbalance：用于802.3ad标准定义的链路聚合控制协议（net/team/team_mode_loadbalance.c）。
- ❑ activebackup：在给定时点，只有一个端口处于活动状态（可收发SKB），其他端口都为备用端口。用户空间应用程序可指定将哪个端口用作活动端口（net/team/team_mode_activebackup.c）。
- ❑ broadcast：所有数据包都从所有端口发送出去（net/team/team_mode_broadcast.c）。
- ❑ roundrobin：使用循环算法选择端口。在这种模式下，不需要从用户空间进行干预（net/team/team_mode_roundrobin.c）。

注意   组合网络驱动程序是由Jiri Pirko开发的，包含在目录drivers/net/team下。更详细的信息请参阅http://libteam.org/以及libteam网站（https://github.com/jpirko/libteam）。

本节简要地介绍了组合驱动程序。很多人在Internet上冲浪时都使用PPPoE服务，下一节将简要地介绍PPPoE协议。

14.10   PPPoE 协议

PPPoE是一种用于将多个客户端连接到远程场点的规范。DSL提供商通常使用它来处理IP地址以及验证用户身份。PPPoE支持将PPP封装用于以太网数据包。PPPoE协议是在1999年发布的

RFC 2516中规范的，而PPP协议是在1994年发布的RFC 1661中规范的。PPPoE包含如下两个阶段。

- PPPoE发现阶段。发现是在客户端–服务器会话中完成的。其中，服务器被称为接入集中器，可以有多个，通常是由Internet服务提供商（Internet Server Provider，ISP）部署的。发现阶段包含以下5个步骤。

  - PPPoE主动发现发起（PPPoE Active Discovery Initiation，PADI）。主机发送一个广播数据包，其PPPoE报头中的代码为0x09（PADI_CODE），而会话 ID（sid）必须为0。
  - PPPoE主动发现提议（PPPoE Active Discovery Offer，PADO）。接入集中器使用PADO对PADI进行应答，其目标地址为发送PADI的主机的地址。在PADO中，PPPoE报头中的代码为0x07（PADO_CODE），而会话ID（sid）也必须为0。
  - PPPoE主动发现请求（PPPoE Active Discovery Request，PADR）。收到PADO后，主机向接入集中器发送一个PADR数据包。其PPPoE报头中的代码为0x19（PADR_CODE），而会话ID（sid）也必须为0。
  - PPPoE主动发现会话确认（PPPoE Active Discovery Session-confirmation，PADS）。收到PADR后，接入集中器生成一个独一无二的会话ID，并发送一个PADS进行应答。其PPPoE报头中的代码为0x65（PADS_CODE），会话ID为刚生成的会话ID。这个数据包的目标地址为发送PADR的主机的IP地址。
  - 会话是通过发送PPPoE主动发现终止（PPPoE Active Discovery Terminate，PADT）数据包终止的，其PPPoE报头中的代码为0xa7（PADT_CODE）。会话建立后，主机和接入集中器都可随时发送PADT，其目标地址为单播地址。在这5种发现数据包（PADI、PADO、PADR、PADS和PADT）中，以太网报头的以太类型都是0x8863（ETH_P_PPP_DISC）。

- PPPoE会话阶段。PPPoE发现阶段成功完成后，将使用PPP封装来发送数据包。这意味着将添加2字节的PPP报头。通过使用PPP，可使用PPP子协议（如密码身份验证协议或质询握手身份验证协议）来注册和验证身份，还可使用PPP子协议链路控制协议来建立和检查数据链路连接。在这种数据包中，以太网报头的以太类型为0x8864（ETH_P_PPP_SES）。

每个PPPoE数据包的开头都是一个6字节的PPPoE报头。要更好地理解PPPoE协议，必须熟悉PPPoE报头。

14.10.1　PPPoE 报头

下面是Linux内核中PPPoE报头的定义。

```
struct pppoe_hdr {
#if defined(__LITTLE_ENDIAN_BITFIELD)
        __u8 ver : 4;
        __u8 type : 4;
#elif defined(__BIG_ENDIAN_BITFIELD)
        __u8 type : 4;
        __u8 ver : 4;
#else
#error  "Please fix <asm/byteorder.h>"
```

14

```
#endif
        __u8 code;
        __be16 sid;
        __be16 length;
        struct pppoe_tag tag[0];
} __packed;
(include/uapi/linux/if_pppox.h)
```

下面描述结构pppoe_hdr的成员。

❏ ver：这个字段长4位。根据RFC 2516第4节的规定，必须将其设置为0x1。

❏ type：这个字段长4位。根据RFC 2516第4节的规定，必须将其设置为0x1。

❏ code：这个字段长8位，可以是前面提及的如下常量之一：PADI_CODE、PADO_CODE、PADR_CODE、PADS_CODE和PADT_CODE。

❏ sid：会话ID，长16位。

❏ length：这个字段长16位，它指出了PPPoE有效载荷（不包括PPoE报头和以太网报头）的长度。

❏ tag[0]：PPPoE有效载荷包含的0或多个标记。这些标记的格式为类型-长度-值（TLV），包含以下3个字段。

■ TAG_TYPE：16位（可以为AC-Name、Service-Name、Generic-Error等）。

■ TAG_LENGTH：16位。

■ TAG_VALUE：变长。

RFC 2516的附录A列出了各种TAG_TYPE和TAG_VALUE。

图14-9显示了PPPoE报头的结构。

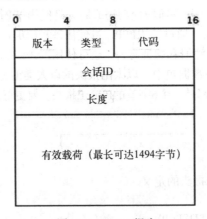

图14-9　PPPoE报头

14.10.2　PPPoE 的初始化

PPPoE的初始化是由方法pppoe_init()（drivers/net/ppp/pppoe.c）完成的。它注册了两个PPPoE

协议处理程序,一个用于处理PPPoE发现数据包,另一个用于处理PPPoE会话数据包。来看看如何注册PPPoE协议处理程序。

```
static struct packet_type pppoes_ptype __read_mostly = {
        .type   = cpu_to_be16(ETH_P_PPP_SES),
        .func   = pppoe_rcv,
};

static struct packet_type pppoed_ptype __read_mostly = {
        .type   = cpu_to_be16(ETH_P_PPP_DISC),
        .func   = pppoe_disc_rcv,
};

static int __init pppoe_init(void)
{
        int err;

        dev_add_pack(&pppoes_ptype);
        dev_add_pack(&pppoed_ptype);
        . . .

        return 0;
}
```

方法dev_add_pack()是通用的协议处理程序注册方法,你在本书前面见到过。方法pppoe_init()注册的协议处理程序如下。

❑ 方法pppoe_disc_rcv()是PPPoE发现数据包处理程序。

❑ 方法pppoe_rcv()是PPPoE会话数据包处理程序。

PPPoE模块导出了一个procfs条目/proc/net/pppoe,这个条目包含会话ID、MAC地址和当前PPPoE会话的设备。要显示这个条目,可执行命令cat /proc/net/pppoe,这个命令由方法pppoe_seq_show()处理。方法pppoe_init()还调用方法register_netdevice_notifier(&pppoe_notifier)注册了一个通知链。

PPPoX套接字

PPPoX套接字用结构pppox_sock(include/linux/if_pppox.h)表示,是在net/ppp/pppox.c中实现的。这些套接字实现了一个通用PPP封装套接字簇。除PPPoE外,PPP第2层隧道协议(L2TP)也使用这种套接字。PPPoX套接字是通过在方法pppoe_init()中调用register_pppox_proto(PX_PROTO_OE, &pppoe_proto)注册的。下面来看看结构pppox_sock的定义。

```
struct pppox_sock {
        /* pppox_sock的第一个成员必须是sock结构 */
        struct sock sk;
        struct ppp_channel chan;
        struct pppox_sock        *next;    /* 用于散列表 */
        union {
                struct pppoe_opt pppoe;
                struct pptp_opt pptp;
        } proto;
        __be16                   num;
```

14

```
};
(include/linux/if_pppox.h)
```

PPPoE使用**PPPoX**套接字时，将使用pppox_sock对象中共用体 proto的成员pppoe_opt。结构pppoe_opt包含一个名为pa的成员，它是一个pppoe_addr结构实例。结构pppoe_addr表示PPPoE会话的参数：会话id、远程对等体的MAC地址以及使用的网络设备的名称。

```
struct pppoe_addr {
        sid_t           sid;                    /* 会话标识符 */
        unsigned char remote[ETH_ALEN];         /* 远程地址 */
        char            dev[IFNAMSIZ];          /* 使用的本地设备 */
};
(include/uapi/linux/if_pppox.h)
```

注意　在**PPPoE**模块中，访问共用体proto中结构pppoe_opt的成员pa的工作大都是通过使用pppoe_pa 宏来完成的。

```
#define pppoe_pa          proto.pppoe.pa
(include/linux/if_pppox.h)
```

14.10.3　PPPoE 数据包的收发

前面说过，发现阶段结束后，要在两个对等体之间传输流量，此时必须使用PPP协议。在建立PPP连接（如使用命令pppd eth0，参见本节后面的示例）时，用户空间守护程序pppd将调用socket(AF_PPPOX, SOCK_STREAM, PX_PROTO_OE)创建一个PPPoE套接字。这是在pppd守护程序的插件rp-pppoe（pppd/plugins/rp-pppoe/plugin.c的方法PPPOEConnectDevice()）中进行的。这个socket()系统调用使用PPPoE内核模块中的方法pppoe_create()来创建一个PPPoE套接字。PPPoE会话结束后，释放这个套接字的工作由PPPoE内核模块中的方法pppoe_release()来完成。下面来看看方法pppoe_create()。

```
static const struct proto_ops pppoe_ops = {
        .family         = AF_PPPOX,
        .owner          = THIS_MODULE,
        .release        = pppoe_release,
        .bind           = sock_no_bind,
        .connect        = pppoe_connect,
        . . .
        .sendmsg        = pppoe_sendmsg,
        .recvmsg        = pppoe_recvmsg,
        . . .
        .ioctl          = pppox_ioctl,
};
static int pppoe_create(struct net *net, struct socket *sock)
{
        struct sock *sk;

        sk = sk_alloc(net, PF_PPPOX, GFP_KERNEL, &pppoe_sk_proto);
        if (!sk)
```

```
            return -ENOMEM;

    sock_init_data(sock, sk);

    sock->state         = SS_UNCONNECTED;
    sock->ops           = &pppoe_ops;

    sk->sk_backlog_rcv  = pppoe_rcv_core;
    sk->sk_state        = PPPOX_NONE;
    sk->sk_type         = SOCK_STREAM;
    sk->sk_family       = PF_PPPOX;
    sk->sk_protocol     = PX_PROTO_OE;

    return 0;
}
```

(drivers/net/ppp/pppoe.c)

通过定义pppoe_ops，设置了套接字的回调函数。因此，在从用户空间对AF_PPPOX套接字调用系统调用connect()时，将由PPPoE内核模块中的方法pppoe_connect()进行处理。创建PPPoE套接字后，方法PPPOEConnectDevice()会调用connect()。来看看方法pppoe_connect()。

```
static int pppoe_connect(struct socket *sock, struct sockaddr *uservaddr,
                int sockaddr_len, int flags)
{
    struct sock *sk = sock->sk;
    struct sockaddr_pppox *sp = (struct sockaddr_pppox *)uservaddr;
    struct pppox_sock *po = pppox_sk(sk);
    struct net_device *dev = NULL;
    struct pppoe_net *pn;
    struct net *net = NULL;
    int error;

    lock_sock(sk);

    error = -EINVAL;
    if (sp->sa_protocol != PX_PROTO_OE)
            goto end;

    /* 检查套接字是否已绑定 */
    error = -EBUSY;
```

方法stage_session()在会话ID不为0时返回true（前面说过，仅在发现阶段会话ID才为0）。如果套接字已连接且处于会话阶段，说明套接字已绑定，因此从中退出。

```
    if ((sk->sk_state & PPPOX_CONNECTED) &&
        stage_session(sp->sa_addr.pppoe.sid))
            goto end;
```

到达这里意味着套接字未连接（其sk_state不为PPPOX_CONNECTED），因此需要注册一个PPP信道。

```
    . . .
    /* 仅当处于会话阶段时才重新绑定 */
```

14

```
if (stage_session(sp->sa_addr.pppoe.sid)) {
        error = -ENODEV;
        net = sock_net(sk);
        dev = dev_get_by_name(net, sp->sa_addr.pppoe.dev);
        if (!dev)
                goto err_put;

        po->pppoe_dev = dev;
        po->pppoe_ifindex = dev->ifindex;
        pn = pppoe_pernet(net);
```

网络设备必须处于开启状态。

```
if (!(dev->flags & IFF_UP)) {
        goto err_put;
}

memcpy(&po->pppoe_pa,
        &sp->sa_addr.pppoe,
        sizeof(struct pppoe_addr));

write_lock_bh(&pn->hash_lock);
```

方法__set_item()会将pppox_sock对象po插入到PPPoE套接字散列表中，期间使用的散列键是由方法hash_item()根据会话ID和远程对等体的MAC地址生成的。远程对等体的MAC地址存储在po->pppoe_pa.remote中。如果散列表中有包含相同的会话ID、远程MAC地址和网络设备ifindex的条目，方法__set_item()将返回-EALREADY错误。

```
        error = __set_item(pn, po);
        write_unlock_bh(&pn->hash_lock);

        if (error < 0)
                goto err_put;
```

po->chan 是一个 ppp_channel 对象（见前面结构 pppox_sock 的定义）。调用方法ppp_register_net_channel()进行注册前，必须初始化po->chan的一些成员。

```
        po->chan.hdrlen = (sizeof(struct pppoe_hdr) +
                        dev->hard_header_len);

        po->chan.mtu = dev->mtu - sizeof(struct pppoe_hdr);
        po->chan.private = sk;
        po->chan.ops = &pppoe_chan_ops;

        error = ppp_register_net_channel(dev_net(dev), &po->chan);
        if (error) {
```

方法delete_item()用于将一个pppox_sock对象从PPPoE套接字散列表中删除。

```
                delete_item(pn, po->pppoe_pa.sid,
                        po->pppoe_pa.remote, po->pppoe_ifindex);
                goto err_put;
        }
```

将套接字的状态设置为已连接。

```
            sk->sk_state = PPPOX_CONNECTED;
    }

    po->num = sp->sa_addr.pppoe.sid;

end:
    release_sock(sk);
    return error;
err_put:
    if (po->pppoe_dev) {
            dev_put(po->pppoe_dev);
            po->pppoe_dev = NULL;
    }
    goto end;
}
```

注册PPP信道后，就可以使用PPP服务了。可以在方法pppoe_rcv_core()中调用通用PPP方法ppp_input()来处理PPPoE会话数据包。传输PPPoE会话数据包的工作是由通用方法ppp_start_xmit()完成的。 RP-PPPoE是一个开源项目，提供了一个Linux PPPoE客户端和一个Linux PPPoE服务器（http://www.roaringpenguin.com/products/pppoe）。下面是一个运行PPPoE服务器的简单示例。

```
pppoe-server -I p3p1 -R 192.168.3.101 -L 192.168.3.210 -N 200
```

其中使用的选项如下。

❑ -I：接口名（p3p1）。

❑ -L：设置本地IP地址（192.168.3.210）。

❑ -R：设置远程IP地址（192.168.3.101）。

❑ -N：最大的并行PPPoE会话数（200）。

要了解其他选项，请参阅man 8 pppoe-server。

对于与服务器位于同一个LAN中的客户端，可使用守护程序pppd中的插件rp-pppoe来建立到它的连接。

作为一款智能手机和平板电脑操作系统，Android的受欢迎程度与日俱增。在本章最后，我将通过一小节的篇幅来简要地讨论Android开发模型，并提供4个Android联网技术示例。

14.11　Android

近年来，Android操作系统被证明是一款非常可靠而成功的移动OS。Android操作系统基于Linux内核，但Google的开发人员对其做了修改。Android运行在数百种移动设备上。这些设备大多使用的都是ARM处理器（这里需要指出的是，有一个将Android移植到Intel x86处理器的项目，其网址为http://www.android-x86.org/）。第一代Google TV设备使用的是Intel x86处理器，而第二代Google TV设备则采用了ARM处理器。Android最初是由Android有限公司开发的。这家公司由Andy

14

Rubin等人于2003年在加州组建，于2005年被Google收购。开放手机联盟是80多家公司组成的联盟，成立于2007年。Android是一款开源操作系统，其源代码按Apache许可方式发布。不同于Linux，Android的大部分开发工作都是由Google员工关起门来完成的，它也没有供开发人员发送和讨论补丁的公开邮件列表。不过，开发人员可将补丁发送到Gerrit（参见http://source.android.com/source/submit-patches.html），但是否将其包含在Android树中完全由Google说了算。

Google开发人员为Linux内核共享了大量代码。本章前面说过，cgroup子系统的开发就是由Google开发人员发起的。这里还需要提及另外两个由Google开发人员Tom Herbert开发的Linux内核网络补丁：Receive Packet Steering（RPS）补丁和Receive Flow Steering（RFS）补丁（参见http://lwn.net/Articles/362339/和http://lwn.net/Articles/382428/）。这两个补丁被集成到了内核2.6.35中。在多核平台上，RPS和RFS能够让你根据有效载荷的散列值将数据包交给相应的CPU。Google开发人员贡献的Linux内核代码还有很多，未来有望看到更多由Google开发人员贡献的Linux内核重要代码。在Linux内核暂存树（staging tree）中，有很多Android内核代码，但很难判断Android内核是否会完全合并到Linux内核中，也许其中很大一部分都将进入到Linux内核中。有关Android主流化的更详细信息，请参阅下面的维基条目：http://elinux.org/Android_ Mainlining_Project。以前，将Android主流化的障碍很多，因为Google采取的是特有的机制，如唤醒锁（wakelock）、备用电源管理、独特的IPC（Binder，它基于轻量级远程过程调用）、Android共享内存驱动程序（Ashmem）、内存不足杀手（Low Memory Killer）等。事实上，2010年，Linux内核社区就拒绝了Google的电源管理唤醒锁补丁。但从那时起，上述一些功能被合并到了Linux内核，从而形势便发生了变化，请参见文章"Autosleep and Wake Locks"（https://lwn.net/Articles/479841/）和"The LPC Android microconference"（https://lwn.net/Articles/570406/）。Linaro（www.linaro.org/）是一家非盈利组织，由ARM、Freescale、IBM、三星、意法-爱立信和德州仪器等巨头于2000年组建，其工程小组开发了Linux ARM内核，还对GCC toolchain进行了优化。Linaro的团队正在从事一项神奇的任务，它致力于协调和推动上游变革。深入探讨Android内核的实现和主流化细节不在本书范围内。

14.11.1   Android 联网技术

然而，Android联网方面的主要问题并不能归咎于Linux内核，而要归咎于Android用户空间。无论是在系统框架方面还是在联网方面，Android都极度依赖于HAL。在4.2版之前，Android根本没有在框架级提供以太网支持。如果驱动程序被编译到了内核中，TCP/IP栈就将为ADB（Android Debug Bridge）调试提供基本的以太网连接，但仅此而已。从4.0起，Android-x86项目在框架级添加了不成熟的以太网实现（设计糟糕，但也管点用）。从4.2起，官方上游源开始支持以太网，但却没办法实际配置它（它检查以太网插拔，并在具有DHCP服务器时为接口提供IP地址）。应用程序可通过框架使用这个接口，但几乎没有人会这样做。要提供货真价实的以太网支持，即能够配置接口（以静态或DHCP方式来配置），设置代理，必须确保所有应用都使用该接口，并完成大量复杂的工作（参见www.slideshare.net/gxben/abs-2013-dive-into-android-networking-addingethernetconnectivity）。在任何情况下，在给定时点都只支持一个接口（eth0，即便有2个接口eth0和eth1），因此别指望让设备充当路由器。下面从4个方面说明Android联网与Linux内核联网的差别。

- 安全权限和联网：Android在Linux内核中添加了一项安全功能（paranoid network），这项功能可根据调用进程所属的组来限制对某些联网功能的访问。标准Linux内核允许任何应用程序打开套接字，并使用它来收发数据，Android则可根据GID来限制对网络资源的访问。这种网络安全功能可能很难进入主线内核，因为它包含的很多功能都是Android特有的。有关Android网络安全的更详细信息，请参阅http://elinux.org/Android_Security#Paranoid_network-ing。

- 蓝牙：Bluedroid是一个蓝牙栈，它基于Broadcom开发的代码。在Android 4.2中，它取代了基于BlueZ的蓝牙栈。2013年7月发布的Android 4.3（API Level 18）增加了对蓝牙低功耗（BLE或Bluetooth LE）设备的支持。蓝牙低功耗设备也被称为蓝牙智能和智能就绪（Bluetooth Smart and Smart Ready）设备。在此之前，Android开源项目并不支持BLE设备，然而有些厂商还是提供了BLE API。

- Netfilter：Google推出了一个有趣的项目，可在Android中提供更佳的网络统计信息。这是由Netfilter模块xt_qtaguid实现的，它能够让用户空间应用程序对套接字进行标记。这个项目要求对Linux内核Netfilter子系统做些修改，相关的补丁已发送到Linux内核邮件列表，参见http://lwn.net/Articles/517358/。有关这方面的细节，请参阅文章"Android netfilter changes"（http://www.linuxplumbersconf.org/2013/ocw/sessions/1491）。

- NFC：本章前面讨论NFC的一节说过，Android NFC架构是一个用户空间NFC栈，是在用户空间中通过Broadcom或Android OEM提供的HAL实现的。

14.11.2 Android 内部原理：资料

介绍Android应用开发的资料多如牛毛（包括图书、邮件列表、论坛、课程等），但讨论Android内部原理的资料却少之又少。对于想深入了解Android内部原理的读者，建议你参考如下资料。

- Karim Yaghmour编写的图书*Embedded Android: Porting, Extending, and Customizing*。
- 幻灯片 "Android System Development"（Maxime Ripard和Alexandre Belloni制作，400多张）：http://free-electrons.com/doc/training/android/。
- 幻灯片 "Android Platform Anatomy"（Benjamin Zores制作，59张）：http://www.slideshare.net/gxben/droidcon-2013-france-android-platform-anatomy。
- 幻灯片 "Jelly Bean Device Porting"（Benjamin Zores制作，127张）：http://www.slideshare.net/gxben/as-2013-jelly-bean-device-porting-walkthrough。
- 网站：http://developer.android.com/index.html。
- Android平台内部原理论坛归档：http://news.gmane.org/gmane.comp.handhelds.android.platform。
- 每年一次的Android开发者峰会（Android Builders Summit，ABS）。第一届ABS是2011年在旧金山举行的。建议你阅读演示文稿、观看视频或亲自前往。

14

- XDA开发人员会议：http://xda-devcon.com/。幻灯片和视频：http://xda-devcon.com/presentations/。
- 幻灯片 "Android Internals"（Marko Gargenta制作）：http://www.scandevconf.se/db/ Marakana-Android-Internals.pdf。

注意　Android Git仓库的地址为https://android.googlesource.com/。Android使用基于Python的专用工具repo来管理数百个Git仓库。这个工具会让Git使用起来更容易。

14.12　总结

本章首先讨论了Linux命名空间，重点介绍了网络命名空间。接下来，介绍了cgroup子系统及其实现，还有它的两个网络模块——net_prio和cls_cgroup。然后，讨论了Linux蓝牙子系统及其实现、Linux IEEE 802.15.4子系统和6LoWPAN以及NFC子系统。本章还讨论了低延迟套接字轮询带来的优化，以及内核网络栈广泛使用的通知链（浏览源代码时你肯定会遇到）。另外，还简要地讨论了PCI子系统，旨在让你对PCI设备有一定的了解，因为很多网络设备都属于PCI设备。最后，本章简要地介绍了网络组合驱动程序（其目标是取代捆绑驱动程序）、PPPoE实现和Android。

本书到这里就结束了，但需要学习的Linux内核网络知识还有很多，因为它充斥着大量的细节，并且还在快速向前发展，不断有新功能和新补丁加入进来。但愿你经历了一次愉快的阅读过程，并有所收获！

14.13　快速参考

在本章最后，将列出前面提到的一些方法和宏。

14.13.1　方法

下面是本章介绍过的一些方法的原型和描述。

1. void switch_task_namespaces(struct task_struct *p, struct nsproxy *new);
这个方法用于将指定的nsproxy对象赋给指定的进程描述符（task_struct对象）。

2. struct nsproxy *create_nsproxy(void);
这个方法用于分配一个nsproxy对象，并将其引用计数器初始化为1。

3. void free_nsproxy(struct nsproxy *ns);
这个方法用于释放指定nsproxy对象占用的资源。

4. struct net *dev_net(const struct net_device *dev);
这个方法返回与指定网络设备相关联的网络命名空间对象（nd_net）。

5. void dev_net_set(struct net_device *dev, struct net *net);
这个方法用于设置net_device对象的成员nd_net，从而将指定网络命名空间与指定网络设备相关联。

6. void sock_net_set(struct sock *sk, struct net *net);
这个方法将指定网络命名空间与指定sock对象相关联。

7. struct net *sock_net(const struct sock *sk);
这个方法返回与指定sock对象相关联的网络命名空间对象（sk_net）。

8. int net_eq(const struct net *net1, const struct net *net2);
这个方法在指定的两个网络命名空间指针相等时返回1，否则返回0。

9. struct net *net_alloc(void);
这个方法用于分配一个网络命令空间，它是在方法copy_net_ns()中调用的。

10. struct net *copy_net_ns(unsigned long flags, struct user_namespace *user_ns, struct net *old_net);
这个方法在第一个参数flags中没有设置CLONE_NEWNET标志时创建一个新的网络命名空间。首先调用方法net_alloc()分配一个新的网络命名空间，再调用方法setup_net()对其进行初始化，最后将其加入到包含所有命名空间的全局列表net_namespace_list中。如果在第一个参数flags中设置了CLONE_NEWNET标志，就不需要创建新的网络命名空间，而返回参数old_net指定的网络命名空间。请注意，这里描述的是设置了CONFIG_NET_NS的情形。如果没有设置CONFIG_NET_NS，copy_net_ns()的实现将如下：首先检查在参数flags中是否指定了CLONE_NEWNET标志，如果指定了，就返回参数old_net指定的网络命名空间，请参见include/net/net_namespace.h。

11. int setup_net(struct net *net, struct user_namespace *user_ns);
这个方法用于初始化指定的网络命名空间。它将这个网络命名空间的user_ns成员设置为参数user_ns指定的用户命名空间，将其引用计数器count初始化为1，并执行其他初始化工作。这个方法是在方法copy_net_ns()和net_ns_init()中调用的。

12. int proc_alloc_inum(unsigned int *inum);
这个方法会生成一个proc inode号（0xf0000000~0xffffffff的整数），并将其赋给*inum。如果成功，就返回0。

13. struct nsproxy *task_nsproxy(struct task_struct *tsk);
这个方法返回与指定进程描述符（tsk）相关联的nsproxy对象。

14. struct new_utsname *utsname(void);
这个方法返回与当前运行的进程（current）相关联的new_utsname对象。

15. struct uts_namespace *clone_uts_ns(struct user_namespace *user_ns, struct uts_namespace *old_ns);
这个方法调用方法create_uts_ns()创建一个新的UTS命名空间，并将参数old_ns指定的UTS命名空间的new_utsname对象复制到它的成员new_utsname中。

16. struct uts_namespace *copy_utsname(unsigned long flags, struct user_namespace *user_ns, struct uts_namespace *old_ns);

这个方法在其第一个参数没有设置CLONE_NEWUTS标志时将创建一个新的UTS命名空间，它将调用方法clone_uts_ns()并返回新创建的UTS命名空间。如果在第一个参数中设置了CLONE_NEWUTS标志，就不需要创建新的命名空间，而返回参数old_ns指定的UTS命名空间。

17. struct net *sock_net(const struct sock *sk);

这个方法返回与指定sock对象相关联的网络命名空间对象（sk_net）。

18. void sock_net_set(struct sock *sk, struct net *net);

这个方法将指定的网络命名空间对象赋给指定的sock对象。

19. int dev_change_net_namespace(struct net_device *dev, struct net *net, const char *pat);

这个方法会将指定网络设备的网络命名空间改为指定的网络命名空间，并在成功时返回0，失败时返回-errno。调用方必须持有信号量rtnl。如果在网络设备的特征集中设置了标志NETIF_F_NETNS_LOCAL，将返回错误-EINVAL。

20. void put_net(struct net *net);

这个方法用于将指定网络命名空间的引用计数器减1。如果它变成了0，就调用方法__put_net()来释放网络命名空间占用的资源。

21. struct net *get_net(struct net *net);

这个方法用于将指定网络命名空间的引用计数器加1，再返回该网络命名空间。

22. void get_nsproxy(struct nsproxy *ns);

这个方法用于将指定nsproxy对象的引用计数器加1。

23. struct net *get_net_ns_by_pid(pid_t pid);

这个方法将一个进程ID（PID）作为参数，并返回与该进程相关联的网络命名空间。

24. struct net *get_net_ns_by_fd(int fd);

这个方法将一个文件描述符作为参数，并返回与其inode相关联的网络命名空间。

25. struct pid_namespace *ns_of_pid(struct pid *pid);

这个方法返回指定pid被创建时所在的PID命名空间中。

26. void put_nsproxy(struct nsproxy *ns);

这个方法会将指定nsproxy对象的引用计数器减1。如果引用计数器变成了0，就调用方法free_nsproxy()，释放该nsproxy。

27. int register_pernet_device(struct pernet_operations *ops);

这个方法用于注册一个网络命名空间设备。

28. void unregister_pernet_device(struct pernet_operations *ops);

这个方法用于注销一个网络命名空间设备。

29. int register_pernet_subsys(struct pernet_operations *ops);

这个方法用于注册一个网络命名空间子系统。

30. void unregister_pernet_subsys(struct pernet_operations *ops);

这个方法用于注销一个网络命名空间子系统。

31. static int register_vlan_device(struct net_device *real_dev, u16 vlan_id);

这个方法用于注册一个与指定物理设备（real_dev）相关联的VLAN设备。

32. void cgroup_release_agent(struct work_struct *work);

这个方法在释放cgroup时被调用，它调用方法call_usermodehelper()来创建一个用户空间进程。

33. int call_usermodehelper(char * path, char ** argv, char ** envp, int wait);

这个方法用于准备并启动一个用户空间应用程序。

34. int bacmp(bdaddr_t *ba1, bdaddr_t *ba2);

这个方法用于比较两个蓝牙地址，并在它们相等时返回0。

35. void bacpy(bdaddr_t *dst, bdaddr_t *src);

这个方法用于将指定的源蓝牙地址（src）复制给指定的目标蓝牙地址（dst）。

36. int hci_send_frame(struct sk_buff *skb);

这个方法是传输SKB（命令和数据）的主蓝牙方法。

37. int hci_register_dev(struct hci_dev *hdev);

这个方法用于注册指定的HCI设备，它是在蓝牙设备驱动程序中调用的。如果指定hci_dev对象没有定义回调函数open()或close()，这个方法将失败并返回-EINVAL。这个方法在指定的HCI设备的成员dev_flags中设置HCI_SETUP标志，并为该设备创建一个sysfs条目。

38. void hci_unregister_dev(struct hci_dev *hdev);

这个方法用于注销指定的HCI设备，它是在蓝牙设备驱动程序中调用的。它在指定HCI设备的成员dev_flags中设置HCI_UNREGISTER标志，并删除该设备的sysfs条目。

39. void hci_event_packet(struct hci_dev *hdev, struct sk_buff *skb);

这个方法负责处理方法hci_rx_work()收到的来自HCI层的事件。

40. int lowpan_rcv(struct sk_buff *skb, struct net_device *dev, struct packet_type *pt, struct net_device *orig_dev);

这个方法是接收6LoWPAN数据包的主处理程序。6LoWPAN数据包的以太类型为0x00F6。

41. void pci_unregister_driver(struct pci_driver *dev);

这个方法用于注销一个PCI驱动程序，它通常是在网络驱动程序方法module_exit()中调用的。

42. int pci_enable_device(struct pci_dev *dev);

这个方法负责在驱动程序使用PCI设备前对其进行初始化。

43. int request_irq(unsigned int irq, irq_handler_t handler, unsigned long flags, const char *name, void *dev);

这个方法用于将指定的处理程序注册为指定irq的中断服务例程。

44. void free_irq(unsigned int irq, void *dev_id);

这个方法用于释放使用方法request_irq()分配的中断。

45. int nfc_init(void);

这个方法用于初始化NFC子系统，即注册通用Netlink NFC簇、初始化NFC原始套接字和NFC LLCP套接字，并初始化AF_NFC协议。

46. int nfc_register_device(struct nfc_dev *dev);

这个方法会向NFC核心注册一个NFC设备（nfc_dev对象）。

47. int nfc_hci_register_device(struct nfc_hci_dev *hdev);

这个方法会向NFC HCI层注册一个NFC HCI设备（nfc_hci_dev对象）。

48. int nci_register_device(struct nci_dev *ndev);

这个方法会向NFC NCI层注册一个NFC NCI设备（nci_dev对象）。

49. static int __init pppoe_init(void);

这个方法负责初始化PPPoE层（PPPoE协议处理程序、PPPoE使用的套接字、网络通知处理程序、PPPoE procfs条目等）。

50. struct pppoe_hdr *pppoe_hdr(const struct sk_buff *skb);

这个方法返回指定skb的PPPoE报头。

51. static int pppoe_create(struct net *net, struct socket *sock);

这个方法负责创建一个PPPoE套接字。如果调用方法sk_alloc()成功地分配了一个套接字，就返回0，否则返回-ENOMEM。

52. int __set_item(struct pppoe_net *pn, struct pppox_sock *po);

这个方法将指定的pppox_sock对象插入到PPPoE套接字散列表中。使用的散列键是由方法hash_item()根据会话ID和远程对等体的MAC地址计算得到的。

53. void delete_item(struct pppoe_net *pn, __be16 sid, char *addr, int ifindex);

这个方法用于删除指定会话ID、MAC地址和网络接口索引（ifindex）对应的PPPoE套接字散列表条目。

54. bool stage_session(__be16 sid);

这个方法在指定会话ID不为0时返回true。

55. int notifier_chain_register(struct notifier_block **nl, struct notifier_block *n);

这个方法用于向指定的通知链（nl）注册指定的notifier_block对象（n）。请注意，不直接使用这个方法，它有多个包装器。

56. int notifier_chain_unregister(struct notifier_block **nl, struct notifier_block *n);

这个方法用于向指定通知链（nl）注销指定的notifier_block对象（n）。请注意，这个方法也不直接使用，它有多个包装器。

57. int register_netdevice_notifier(struct notifier_block *nb);

这个方法将调用方法raw_notifier_chain_register()向netdev_chain注册指定的notifier_block对象。

58. int unregister_netdevice_notifier(struct notifier_block *nb);

这个方法将调用方法raw_notifier_chain_unregister()向netdev_chain注销指定的notifier_block对象。

59. int register_inet6addr_notifier(struct notifier_block *nb);

这个方法将调用方法atomic_notifier_chain_register()向inet6addr_chain注册指定的notifier_block对象。

60. int unregister_inet6addr_notifier(struct notifier_block *nb);

这个方法将调用方法atomic_notifier_chain_unregister()向inet6addr_chain注销指定的notifier_block对象。

61. int register_netevent_notifier(struct notifier_block *nb);

这个方法将调用方法atomic_notifier_chain_register()向netevent_notif_chain注册指定的notifier_block对象。

62. int unregister_netevent_notifier(struct notifier_block *nb);

这个方法将调用方法atomic_notifier_chain_unregister()向netevent_notif_chain注销指定的notifier_block对象。

63. int __kprobes notifier_call_chain(struct notifier_block **nl, unsigned long val, void *v, int nr_to_call, int *nr_calls);

这个方法用于生成通知事件。请注意，这个方法也不直接使用，它有多个封装器。

64. int call_netdevice_notifiers(unsigned long val, struct net_device *dev);

这个方法将调用方法raw_notifier_call_chain()来生成netdev_chain通知事件。

65. int blocking_notifier_call_chain(struct blocking_notifier_head *nh, unsigned long val, void *v);

这个方法用于生成通知事件。它使用加锁机制并调用方法notifier_call_chain()。

66. int __atomic_notifier_call_chain(struct atomic_notifier_head *nh,unsigned long val, void *v, int nr_to_call, int *nr_calls);

这个方法用于生成通知事件。它使用加锁机制并调用方法notifier_call_chain()。

14.13.2 宏

下面来描述本章介绍过的宏。

pci_register_driver()

这个宏在PIC子系统中用于注册一个PCI驱动程序。它将一个pci_driver对象作为参数。它通常是在网络驱动程序方法module_init()中调用的。

14

附录 A
Linux API

本附录将介绍Linux内核网络栈中两个最重要的数据结构：sk_buff和net_device。这些参考材料可在你阅读本书时提供帮助，因为几乎在每一章你都可能遇到这两个结构。要理解Linux内核网络栈，必须熟悉这两个数据结构。接下来，将专辟一节介绍远程DMA（RDMA），为第13章提供进一步的参考材料，它详细描述了RDMA使用的主要方法和数据结构。阅读本书期间，你需要经常参考本附录的内容，在需要了解基本术语的定义时尤其如此。

A.1　结构 sk_buff

结构sk_buff表示一个数据包。SKB指的是套接字缓冲区。数据包可能是当前主机中用户空间应用程序创建的本地套接字生成的，也可能是内核套接字生成的。数据包可能需要向外发送，也可能需要发送给当前主机的另一个套接字。从网络设备（第2层）收到物理帧后，将其关联到sk_buff并交给第3层。如果数据包的目的地为当前主机，它将接着传输到第4层；如果数据包不是发送给当前主机的，将根据路由选择表规则转发它（如果当前主机支持转发）。如果数据包受损，它将被丢弃，而不管导致受损的原因是什么。结构sk_buff非常庞大，本节将介绍其大部分成员。结构sk_buff是在include/linux/skbuff.h中定义的，下面来描述其大部分成员。

- ktime_t tstamp

数据包的到达时间。在SKB中，存储的时间戳为相对于参考时间的偏移量。请注意，不要将SKB的tstamp与硬件时间戳混为一谈。后者是使用skb_shared_info的成员hwtstamps实现的。结构skb_ shared_info将在本附录后面介绍。

辅助方法如下所示。

- ❑ skb_get_ktime(const struct sk_buff *skb)：返回指定skb的tstamp。
- ❑ skb_get_timestamp(const struct sk_buff *skb, struct timeval *stamp)：将这个偏移量转换为一个timeval结构。
- ❑ net_timestamp_set(struct sk_buff *skb)：设置指定skb的时间戳。时间戳是由方法ktime_get_real()计算得到的，它返回用ktime_t格式表示的时间。
- ❑ net_enable_timestamp()：要启用SKB时间戳功能，必须调用这个方法。
- ❑ net_disable_timestamp()：要禁用SKB时间戳功能，可调用这个方法。

- struct sock *sk

对于本地生成的流量或发送给当前主机的流量，sk为拥有SKB的套接字；对于需要转发的数据包，sk为NULL。谈及套接字时，通常指的是在用户空间调用系统调用socket()创建的套接字，但需要指出的是，还包括内核套接字，它们是调用方法sock_create_kern()创建的。请参阅VXLAN驱动程序（drivers/net/vxlan.c）中的方法vxlan_init_net()。

❑ 辅助方法为skb_orphan(struct sk_buff *skb)。如果指定的skb有destructor，就调用它。将指定skb的sock对象（sk）设置为NULL，并将其destructor设置为NULL。

- struct net_device *dev

成员dev是一个net_device对象，表示与SKB相关联的网络接口设备。这种网络设备也被称为网络接口卡（NIC）。dev可能是数据包到达的网络设备，也可能是要向外发送数据包的网络设备。本节后面将深入讨论结构net_device。

- char cb[48]

控制缓冲区，可供任何层使用。这是一个不透明的区域，用于存储专用信息。例如，TCP协议将其用作了TCP控制缓冲区。

```
#define TCP_SKB_CB(__skb) ((struct tcp_skb_cb *)&((__skb)->cb[0]))
(include/net/tcp.h)
```

蓝牙协议也使用了这个控制块。

```
#define bt_cb(skb) ((struct bt_skb_cb *)((skb)->cb))
    (include/net/bluetooth/bluetooth.h)
```

- unsigned long _skb_refdst

目标条目（dst_entry）地址。结构dst_entry表示给定目的地的路由选择条目。对于每个数据包（无论是入站还是出站的），都需要执行路由选择表查找。这种查找有时被称为FIB查找。查找结果决定了应如何处理数据包，如是否需要转发（如果需要转发，应从哪个接口发送出去）、是否应该丢弃、是否要发送ICMP错误消息等。dst_entry对象包含一个引用计数器（__refcnt）。有时候需要使用它，有时候则不使用它。第4章详细讨论了dst_entry对象和FIB查找。

辅助方法如下所示。

❑ skb_dst_set(struct sk_buff *skb, struct dst_entry *dst)：设置skb的dst。这里假定对dst进行了引用计数，需要使用dst_release()（由方法skb_dst_drop()调用）释放它。

❑ skb_dst_set_noref(struct sk_buff *skb, struct dst_entry *dst)：设置skb的dst。这里假设没有对dst进行引用计数。在这种情况下，方法skb_dst_drop()不会调用dst_release()方法。

注意　SKB可能有一个相关联的dst_entry指针，它可能对该指针指向的对象进行了引用计数。如果没有进行引用计数，_skb_refdst的最后一位将为1。

- struct sec_path *sp

安全路径指针，包含一个IPsec XFRM变换状态（xfrm_state对象）数组。IPsec（IP Security）是一种第3层协议，主要用于VPN。在IPv6中必须实现IPsec，但在IPv4中这是可选的。与众多操作系统一样，Linux为IPv4和IPv6都实现了IPsec。结构sec_path是在include/net/xfrm.h中定义的。更详细的信息，请参阅讨论IPsec子系统的第10章。

☐ 辅助方法为struct sec_path *skb_sec_path(struct sk_buff *skb)，它返回与指定skb相关联的sec_path对象（sp）。

- unsigned int len

数据包的总字节数。

- unsigned int data_len

数据长度，仅当数据包有非线性数据（分页数据，paged data）时才使用这个字段。

☐ 辅助方法为skb_is_nonlinear(const struct sk_buff *skb)，它在指定skb的data_len大于0时返回true。

- __u16 mac_len

MAC（第2层）报头的长度。

- __wsum csum

校验和。

- __u32 priority

数据包的排队优先级。在接收路径中，SKB的优先级是根据套接字的优先级（套接字的sk_priority字段）设置的。而套接字的优先级是使用套接字选项SO_PRIORITY调用系统调用setsockopt()设置的。使用cgroup内核模块net_prio时，可定义设置SKB优先级的规则。请参见Documentation/cgroup/netprio.txt以及本节后面对sk_buff的字段netprio_map的描述。对于转发的数据包，优先级是根据IP报头的TOS（服务类型）字段设置的。有一个名为ip_tos2prio的表，它包含16个元素。将TOS映射到优先级的工作是由方法rt_tos2priority()根据IP报头的TOS字段完成的。请参见net/ipv4/ip_forward.c中的方法ip_forward()以及include/net/route.h中ip_tos2prio的定义。

- __u8 local_df:1

允许本地分段标志。如果发送数据包的套接字的pmtudisc字段的值为IP_PMTUDISC_DONT或IP_PMTUDISC_WANT，local_df将被设置为1；如果这个套接字的pmtudisc字段的值为IP_PMTUDISC_DO或IP_PMTUDISC_PROBE，local_df将被设置为0。请参见net/ipv4/ip_output.c中方法__ip_make_skb()的实现。仅当数据包的local_df为0时，才设置IP报头的不分段标志IP_DF。请参见net/ipv4/ip_output.c中的方法ip_queue_xmit()。

```
...
if (ip_dont_fragment(sk, &rt->dst) && !skb->local_df)
        iph->frag_off = htons(IP_DF);
    else
        iph->frag_off = 0;
...
```

IP报头的frag_off字段长16位,用来表示偏移量和分段标志。其中最左边的13位为偏移量(单位为8字节),最右边3位为标志。标志可以是IP_MF(还有其他分段)、IP_DF(不分段)、IP_CE(用于拥塞控制)或IP_OFFSET(偏移部分)。

这背后的原因是,有时候要禁止IP分段。例如,在路径MTU发现(PMTUD)中,要设置IP报头的DF(不分段)标志,因此不对出站数据包分段。在传输路径中,MTU比数据包小的网络设备都要将数据包丢弃,并返回一个ICMP数据包("需要分段")。这些ICMP"需要分段"数据包对确定路径MTU来说是必不可少的。更详细的信息请参阅第3章。在用户空间中,使用IP_PMTUDISC_DO来禁止分段。下面的代码片段摘自iputils包中用于获悉路径MTU的实用程序tracepath的源代码。

```
. . .
int on = IP_PMTUDISC_DO;
setsockopt(fd, SOL_IP, IP_MTU_DISCOVER, &on, sizeof(on));
. . .
```

- __u8 cloned:1

使用方法__skb_clone()克隆数据包时,在被克隆和克隆得到的数据包中,这个字段都被设置为1。克隆SKB意味着创建结构sk_buff的一个私有副本。该数据块由克隆SKB和主SKB共享。

- __u8 ip_summed:2

IP(第3层)校验和指示器,其可能取值如下。

❑ CHECKSUM_NONE:设备驱动程序不支持使用硬件计算校验和时,将ip_summed字段设置为CHECKSUM_NONE。这表明必须使用软件来计算校验和。

❑ CHECKSUM_UNNECESSARY:不需要计算校验和。

❑ CHECKSUM_COMPLETE:硬件已为入站数据包计算校验和。

❑ CHECKSUM_PARTIAL:已为出站数据包完成部分校验和计算,硬件应完成校验和计算。CHECKSUM_COMPLETE和CHECKSUM_PARTIAL取代了已被摒弃的标志CHECKSUM_HW。

- __u8 nohdr:1

只参考有效载荷,禁止修改报头。有时候,SKB拥有者根本不需要再访问报头。在这种情况下,可调用方法skb_header_release()来设置SKB的nohdr字段,指出不应修改这个SKB的报头。

- __u8 nfctinfo:3

连接跟踪信息。连接跟踪让内核能够跟踪所有的网络连接和会话。NAT依赖连接跟踪信息来完成转换。nfctinfo字段的值对应于枚举ip_conntrack_info的值。例如,连接刚开始时,nfctinfo的值为IP_CT_NEW;连接建立后,nfctinfo的值为IP_CT_ESTABLISHED。数据包与既有连接相关(如流量属于FTP或SIP会话时)时,nfctinfo的值将为IP_CT_RELATED。有关完整的ip_conntrack_info枚举值列表,请参阅include/uapi/linux/netfilter/nf_conntrack_common.h。SKB的nfctinfo字段是在方法resolve_normal_ct()(net/netfilter/nf_conntrack_core.c)中设置的。这个方法用于执行连接跟踪查找。如果没有找到,就创建一个新的连接跟踪条目。介绍Netfilter子系统的第9章深入讨论了连接跟踪。

- __u8 pkt_type:3

对于以太网，数据包类型取决于以太网报头中的目标MAC地址，并最终由方法eth_type_trans()确定。

❑ PACKET_BROADCAST：广播。

❑ PACKET_MULTICAST：组播。

❑ PACKET_HOST：目标MAC地址为作为参数传入的设备的MAC地址。

❑ PACKET_OTHERHOST：上述条件都不满足。

请参见include/uapi/linux/if_packet.h中数据包类型的定义。

- __u8 ipvs_property:1

这个标志指出SKB是否归ipvs（IP虚拟服务器）所有。ipvs是一种基于内核的传输层负载均衡解决方案。ipvs的传输方法（net/netfilter/ipvs/ip_vs_xmit.c）将这个字段设置为1。

- __u8 peeked:1

这个数据包以前遇到过，已经根据它更新过统计信息，因而不再进行更新。

- __u8 nf_trace:1

Netfilter数据包跟踪标志，由Netfilter数据包流跟踪模块xt_TRACE（net/netfilter/ xt_TRACE.c）设置。这个模块用于标记数据包以便进行跟踪。

❑ 辅助方法为nf_reset_trace(struct sk_buff *skb)，用于将指定skb的nf_trace设置为0。

- __be16 protocol

协议字段。在使用以太网和IP时，在接收路径中由方法eth_type_trans()将其设置为ETH_P_IP。

- void(*destructor)(struct sk_buff *skb)

一个回调函数，在调用kfree_skb()方法释放SKB时被调用。

- struct nf_conntrack *nfct

关联的连接跟踪对象（如果有的话）。与字段nfctinfo一样，字段nfct也是在方法resolve_normal_ct()中设置的。在介绍Netfilter子系统的第9章深入讨论了连接跟踪层。

- int skb_iif

数据包到达的网络设备的ifindex。

- __u32 rxhash

SKB的rxhash是在接收路径中根据IP报头中的源地址和目标地址以及传输层报头中的端口计算得到的。如果其值为0，表示散列值无效。在使用对称多处理（SMP）时，rxhash用于确保同一个流的数据包被同一个CPU处理。这样做可以减少找不到缓存条目的次数，从而改善网络性能。rxhash是Google开发人员Tom Herbert等开发的RPS（Receive Pacekte Steering）功能的一部分。这种功能可以改善SMP环境的性能，更详细的信息请参阅Documentation/networking/scaling.txt。

- __be16 vlan_proto

使用的VLAN协议——通常为802.1q。最近，增加了对802.1ad协议（也叫Stacked VLAN）的支持。下面的示例使用iproute2包中的ip命令创建了一个802.1q VLAN设备和一个802.1ad VLAN设备。

```
ip link add link eth0 eth0.1000 type vlan proto 802.1ad id 1000
ip link add link eth0.1000 eth0.1000.1000 type vlan proto 802.1q id 100
```

注意　只有内核3.10和更高的版本才支持这项功能。

- **__u16 vlan_tci**

VLAN标记控制信息（2字节），由ID和优先级组成。

❏ 辅助方法为vlan_tx_tag_present(__skb)。这个宏用于检查是否在指定skb的vlan_tci字段中设置了标志VLAN_TAG_PRESENT。

- **__u16 queue_mapping**

用于多队列设备的队列映射。

辅助方法如下。

❏ skb_set_queue_mapping(struct sk_buff *skb, u16 queue_mapping)：为指定的skb设置queue_mapping。

❏ skb_get_queue_mapping(const struct sk_buff *skb)：返回指定skb的queue_mapping。

- **__u8 pfmemalloc**

从PFMEMALLOC保留区（reserves）分配SKB。

❏ 辅助方法为skb_pfmemalloc()，当SKB从PFMEMALLOC保留区分配时返回true。

- **__u8 ooo_okay:1**

设置ooo_okay标志旨在避免数据包不按顺序（ooo）排列。

- **__u8 l4_rxhash:1**

使用包括传输端口在内的四元组来计算散列值时设置的一个标志，请参见net/core/flow_dissector.c中的方法__skb_get_rxhash()。

- **__u8 no_fcs:1**

让NIC将最后4个字节视为以太网帧在校验序列（FCS）时设置的一个标志。

- **__u8 encapsulation:1**

这个字段指出SKB是用于封装的。例如，VXLAN驱动程序就使用了这个字段。VXLAN是一种通过UDP内核套接字传输第2层以太网数据包的标准协议，可在防火墙阻断了隧道，只让TCP或UDP流量通过时提供解决方案。VXLAN驱动程序使用UDP封装，并在方法vxlan_init_net()中将SKB的encapsulation字段设置为1。另外ip_gre模块和ipip隧道模块也使用了封装，并将SKB的encapsulation字段设置为1。

- **__u32 secmark**

安全标记字段。这个字段由iptables SECMARK目标设置。这种目标使用有效的安全上下文来标记数据包，如下所示。

```
iptables -t mangle -A INPUT -p tcp --dport 80 -j SECMARK --selctx
system_u:object_r:httpd_packet_t:s0
iptables -t mangle -A OUTPUT -p tcp --sport 80 -j SECMARK --selctx
system_u:object_r:httpd_packet_t:s0
```

在上面的规则中，静态地将到达和离开端口80的数据包标记为了httpd_packet_t。请参见 netfilter/xt_SECMARK.c。

辅助方法如下。

- ❑ void skb_copy_secmark(struct sk_buff *to, const struct sk_buff *from)：设置指定的第1个SKB（to）的secmark字段，使其与指定的第2个SKB（from）的secmark字段相等。
- ❑ void skb_init_secmark(struct sk_buff *skb)：将指定skb的secmark字段初始化为0。

下面3个字段包含在一个共用体中，包括：mark、dropcount和reserved_tailroom。

- ● __u32 mark

这个字段能够让你通过标记来标识SKB。

例如，可在iptables PREROUTING规则中使用MARK目标和mangle表来设置mark字段。

- ❑ iptables -A PREROUTING -t mangle -i eth1 -j MARK --set-mark 0x1234

上述规则在执行路由选择查找前将经eth1入站的每个SKB的mark字段都设置为0x1234。你还可以设置这样的iptables规则，即检查每个SKB的mark字段是否为指定值，并根据结果采取相应的措施。Netfilter目标和iptables在介绍Netfilter子系统的第9章中讨论过。

- ● __u32 dropcount

dropcount计数器表示分配的sock对象（sk）的sk_receive_queue的已丢弃数据包数（sk_drops）。请参见net/core/sock.c中的方法sock_queue_rcv_skb()。

- ● __u32 reserved_tailroom

用于方法sk_stream_alloc_skb()中。

- ● sk_buff_data_t transport_header

传输层（L4）报头。

辅助方法如下所示。

- ❑ skb_transport_header(const struct sk_buff *skb)：返回指定skb的传输层报头。
- ❑ skb_transport_header_was_set(const struct sk_buff *skb)：在指定skb的被设置时返回1。

- ● sk_buff_data_t network_header

网络层（L3）报头。

- ❑ 辅助方法如为skb_network_header(const struct sk_buff *skb)，返回指定skb的网络层报头。

- ● sk_buff_data_t mac_header

数据链路层（L2）报头。

辅助方法如下所示。

- ❑ skb_mac_header(const struct sk_buff *skb)：返回指定skb的MAC报头。
- ❑ skb_mac_header_was_set(const struct sk_buff *skb)：在指定skb的mac_header被设置时返回1。

- ● sk_buff_data_t tail

数据尾。

- sk_buff_data_t end

缓冲区末尾，tail不能超出end。

- unsigned char head

缓冲区开头。

- unsigned char data

数据头。数据块和sk_buff是分开分配的。请参见in _alloc_skb()（net/core/skbuff.c）。

data = kmalloc_reserve(size, gfp_mask, node, &pfmemalloc);

辅助方法如下所示。

❑ skb_headroom(const struct sk_buff *skb)：这个方法返回headroom，即指定skb开头的可用空间（skb->data - skb>head），单位为字节。如图A-1所示。

❑ skb_tailroom(const struct sk_buff *skb)：这个方法返回tailroom，即指定skb末尾的可用空间（skb->end - skb->tail），单位为字节。如图A-1所示。

图A-1显示了SKB的headroom和tailroom。

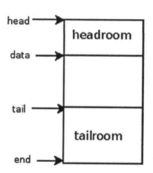

图A-1　SKB的headroom和tailroom

下面是一些处理缓冲区的方法。

❑ skb_put(struct sk_buff *skb, unsigned int len)：将数据加入缓冲区。它将len字节加入到指定skb的缓冲区中，并将该skb的length加len。

❑ skb_push(struct sk_buff *skb, unsigned int len)：将数据加入到缓冲区开头。它将指定skb的data指针减len，并将其length加len。

❑ skb_pull(struct sk_buff *skb, unsigned int len)：从缓冲区开头删除数据。它将指定skb的data指针加len，并将其length减len。

❑ skb_reserve(struct sk_buff *skb, int len)：增大一个空skb的headroom，并相应地缩小其tailroom。

描述一些缓冲区处理方法后，接着列举结构sk_buff的成员。

- unsigned int truesize

为SKB分配的总内存（包括SKB结构本身以及分配的数据块的长度）。

● atomic_t users

一个引用计数器，被初始化为1。方法skb_get()将其加1，而方法kfree_skb()和consume_skb()将其减1。方法kfree_skb()将这个计数器减1后，如果它变成了0，将释放SKB，否则直接返回而不释放它。

辅助方法如下所示。

❑ skb_get(struct sk_buff *skb)：将引用计数器users加1。

❑ skb_shared(const struct sk_buff *skb)：如果users不为1，就返回true。

❑ skb_share_check(struct sk_buff *skb, gfp_t pri)：如果缓冲区未被共享，就返回原始缓冲区；如果缓冲区被共享，就复制它，将原始缓冲区的引用计数减1，并返回新复制的缓冲区。在中断上下文中调用或持有自旋锁时，参数pri（优先级）必须为GFP_ATOMIC。如果内存分配失败，将返回NULL。

❑ consume_skb(struct sk_buff *skb)：将引用计数器users减1。如果它变成了0，就将SKB释放。

结构skb_shared_info

结构skb_shared_info位于数据块末尾（skb_end_pointer(SKB)），它只包含几个字段。下面就来看看这个结构。

```
struct skb_shared_info {
    unsigned char        nr_frags;
    __u8                 tx_flags;
    unsigned short       gso_size;
    unsigned short       gso_segs;
    unsigned short       gso_type;
    struct sk_buff       *frag_list;
    struct skb_shared_hwtstamps hwtstamps;
    __be32               ip6_frag_id;
    atomic_t             dataref;
    void *               destructor_arg;
    skb_frag_t           frags[MAX_SKB_FRAGS];
};
```

下面描述结构skb_shared_info的一些重要成员。

❑ nr_frags：数组frags包含的元素数。

❑ tx_flags：可能取值如下。

■ SKBTX_HW_TSTAMP：生成一个硬件时间戳。

■ SKBTX_SW_TSTAMP：生成一个软件时间戳。

■ SKBTX_IN_PROGRESS：设备驱动程序将提供一个硬件时间戳。

■ SKBTX_DEV_ZEROCOPY：设备驱动程序在发送路径上支持零拷贝（zero-copy）缓冲区。

■ SKBTX_WIFI_STATUS：生成WiFi状态信息。

■ SKBTX_SHARED_FRAG：指出至少有一个分段可能被覆盖。

❑ dataref：结构skb_shared_info的引用计数器，用于分配skb并初始化skb_shared_info的

方法（__alloc_skb()），将其设置为1。

在使用分段时，有时候需要处理一个sk_buff列表（frag_list），此时需要用到数组frags。这在很大程度上取决于是否设置了scatter/gather模式。

辅助方法如下所示。

- skb_is_gso(const struct sk_buff *skb)：在与指定skb相关联的skb_shared_info的gso_size不为0时，返回true。
- skb_is_gso_v6(const struct sk_buff *skb)：在与指定skb相关联的skb_shared_info的gso_type为SKB_GSO_TCPV6时，返回true。
- skb_shinfo(skb)：一个宏，返回与指定skb相关联的skb_shinfo。
- skb_has_frag_list(const struct sk_buff *skb)：在与指定skb相关联的skb_shared_info的frag_list不为NULL时，返回true。

A.2　结构 net_device

结构net_device表示网络设备。它可以是硬件设备，如以太网设备；也可以是软件设备，如网桥设备或VLAN设备。与结构sk_buff一样，这里将列出其重要成员。结构net_device是在include/linux/netdevice.h中定义的。

- char name[IFNAMSIZ]

网络设备的名称。这是使用ifconfig或ip命令显示的名称，如eth0、eth1等。接口名最长为16个字符。在支持biosdevname的较新版本中，将根据网络设备的物理位置进行命名。因此，PCI网络设备名为p<slot>p<port>（其中slot为机架名），而嵌入端口（主板上的端口）名为em<port>，如em1、em2等。对于SR-IOV设备和支持网络分区（NPAR）的设备，要使用特殊的后缀。biosdevname是戴尔公司开发的，见http://linux.dell.com/biosdevname，另请参见白皮书http://linux.dell.com/files/whitepapers/consistent_network_device_naming_in_linux.pdf。

辅助方法为dev_valid_name(const char *name)。它用于检查指定的网络设备名是否合法。网络设备名必须符合一些规定，这样才能创建相应的sysfs条目。例如，网络设备名不能为"."或".."，长度不得超过16个字符。可以像下面这样修改接口名：ip link set <oldDeviceName> p2p1 <newDeviceName>。这样，在执行命令ip link set p2p1 name a12345678901234567时，将出现错误消息Error: argument "a12345678901234567" is wrong: "name" too long。原因是试图设置的设备名超过了16个字符。命令ip link set p2p1 name.将导致如下错误消息：RTNETLINK answers: Invalid argument，因为它试图将网络设备名设置为非法值.。请参见net/core/dev.c中的方法dev_valid_name()。

- struct hlist_node name_hlist

包含网络设备的散列表，其中的索引为网络设备名。方法dev_get_by_name()负责在这个散列表中查找，方法list_netdevice()负责将网络设备插入该散列表，而方法unlist_netdevice()负责将网络设备从该散列表中删除。

● char *ifalias

接口的SNMP别名，最长为256（IFALIASZ）字符。

可使用下面的命令行给网络设备指定别名。

```
ip link set <devName> alias myalias
```

ifalias将被导出到sysfs条目/sys/class/net/<devName>/ifalias中。

辅助方法为dev_set_alias(struct net_device *dev, const char *alias, size_t len)，用于给指定的网络设备设置别名。参数len用于指定从参数alias中复制多少个字节。如果参数len大于256（IFALIASZ），这个方法将失败并返回错误-EINVAL。

● unsigned int irq

设备的中断请求（IRQ）号。网络驱动程序应调用request_irq()来注册这个IRQ号。这通常是在网络设备驱动程序的回调函数probe()中进行的。方法request_irq()的原型为int request_irq(unsigned int irq, irq_handler_t handler, unsigned long flags, const char *name, void *dev)，其中第一个参数为IRQ号。参数handler为中断服务例程（ISR）。当不再需要使用该irq时，网络驱动程序应调用方法free_irq()。在很多情况下，该irq是共享的（调用方法request_irq()时指定了标志IRQF_SHARED）。要查看在各个CPU核心上发生的中断数，可使用命令cat /proc/interrupts。要设置irq的SMP亲合性，可使用命令echo irqMask > /proc/irq/<irqNumber>/smp_affinity。

在SMP计算机中，设置中断的SMP亲合性即设置允许处理该中断的CPU核心。有些PCI网络接口使用消息信号中断（Message Signaled Interrupts，MSI）。PCI MSI不可共享，因此在这些网络驱动程序中调用方法request_irq()时，不设置标志IRQF_SHARED。更详细的信息请参阅Documentation/PCI/MSI-HOWTO.txt。

● unsigned long state

一个标志，其可能的取值如下。

❑ __LINK_STATE_START：设备开启时，方法dev_open()将设置该标志；设备关闭时该标志将被清除。

❑ __LINK_STATE_PRESENT：方法register_netdevice()负责在注册设备时设置该标志，方法netif_device_detach()负责清除该标志。

❑ __LINK_STATE_NOCARRIER：这个标志用于指出是否检查到设备没有载波。方法netif_carrier_off()负责设置它，而方法netif_carrier_on()则负责清除它。这个标志将被导出到sysfs条目/sys/class/net/<devName>/carrier中。

❑ __LINK_STATE_LINKWATCH_PENDING：方法linkwatch_fire_event()负责设置这个标志，而方法linkwatch_do_dev()则负责清除它。

❑ __LINK_STATE_DORMANT：这种蛰伏状态意味着接口不能传输数据包（即不处于开启状态），但这是一种挂起状态，正等待着某种外部事件发生。请参阅RFC 2863（*The Interfaces Group MIB*）的3.1.12节（"New states for IfOperStatus"）。

标志state可使用通用方法set_bit()进行设置。

辅助方法如下所示。

- ❑ netif_running(const struct net_device *dev)：在指定设备的state字段中设置了标志 __LINK_STATE_START时返回true。
- ❑ netif_device_present(struct net_device *dev)：在指定设备的state字段中设置了标志 __LINK_STATE_PRESENT时返回true。
- ❑ netif_carrier_ok(const struct net_device *dev)：在指定设备的state字段中没有设置 标志 __LINK_STATE_NOCARRIER时返回true。

这3个方法是在include/linux/netdevice.h中定义的。

- • netdev_features_t features

当前已启用的设备功能集。这些功能只能在网络核心或回调函数ndo_set_features()的错误 路径中修改。网络驱动程序开发人员负责设置初始功能集。有时候他们使用的功能组合可能不对。 网络核心将修复这种错误。方法是：在方法netdev_fix_features()中删除有问题的功能，并将相 应的消息写入内核日志。方法netdev_fix_features()在注册网络接口的方法register_netdevice() 中被调用。

下面列出并讨论net_device的一些功能。完整的功能列表请参阅include/linux/netdev_features.h。

- ❑ NETIF_F_IP_CSUM意味着网络设备能够计算L4 IPv4 TCP/UDP数据包的校验和。
- ❑ NETIF_F_IPV6_CSUM意味着网络设备能够计算L4 IPv6 TCP/UDP数据包的校验和。
- ❑ NETIF_F_HW_CSUM意味着网络设备能够在硬件中计算所有L4数据包的校验和。激活 NETIF_F_HW_CSUM后，就不能激活NETIF_F_IP_CSUM或NETIF_F_IPV6_CSUM，因为 这将导致重复计算校验和。

如果功能集同时包含NETIF_F_HW_CSUM和NETIF_F_IP_CSUM，将显示内核消息"mixed HW and IP checksum settings"。在这种情况下，方法netdev_fix_features()将删除功能NETIF_F_ IP_CSUM。如果功能集同时包含NETIF_F_HW_CSUM和NETIF_F_IPV6_CSUM，也将出现前面 的错误消息，但方法netdev_fix_features()将删除功能NETIF_F_IPV6_CSUM。要让设备支持 TSO（TCP Segmentation Offload），它必须同时支持Scatter/Gather和TCP校验和。这意味着必须设 置功能NETIF_F_SG和NETIF_F_IP_CSUM。如果功能集中不包含NETIF_F_SG，将出现内核错误 消息"Dropping TSO features since no SG feature"，功能NETIF_F_ALL_TSO将被删除。如果功能 集中不包含NETIF_F_IP_CSUM和NETIF_F_HW_CSUM，将出现内核错误消息"Dropping TSO features since no CSUM feature"，功能NETIF_F_TSO将被删除。

注意　在较新的内核中，如果没有设置配置项CONFIG_DYNAMIC_DEBUG，可能需要通过接 口<debugfs>/dynamic_debug/control显式地启用消息显示。详情请参阅Documentation/ dynamic-debughowto.txt。

- ❑ NETIF_F_LLTX是不加锁传输标志，现已被摒弃。这个标志被设置时，将不使用通用的 传输锁（这就是这个标志被称为不加锁传输的原因）。请参见net/core/dev.c中的HARD_

　　TX_LOCK宏。

```
#define HARD_TX_LOCK(dev, txq, cpu) { \ if ((dev->features & NETIF_F_LLTX) == 0) { \
    __netif_tx_lock(txq, cpu); \
  } \
  }
```

　　NETIF_F_LLTX用于VXLAN、VETH等隧道驱动程序以及IP over IP（IPIP）隧道驱动程序。例如，在IPIP隧道模块中，在方法ipip_tunnel_setup()（net/ipv4/ipip.c）中设置标志NETIF_F_LLTX。

　　NETIF_F_LLTX标志还用于实现了自定义传输锁的驱动程序中，如cxgb网络驱动程序。在drivers/net/ethernet/chelsio/cxgb/cxgb2.c中，包含如下代码。

```
static int __devinit init_one(struct pci_dev *pdev,
const struct pci_device_id *ent)
{
    . . .
    netdev->features |= NETIF_F_SG | NETIF_F_IP_CSUM |
                        NETIF_F_RXCSUM | NETIF_F_LLTX;
    . . .
}
```

❑ NETIF_F_GRO用于指出设备支持GRO（Generic Receive Offload）。在使用GRO时，收到的入站数据包将被合并。GRO功能可改善网络性能，它取代了只能用于TCP/IPv4的LRO（Large Receive Offload）。方法dev_gro_receive()首先检查这个标志。如果设备没有设置这个标志，将不执行这个方法的GRO处理部分。要使用GRO，驱动程序必须在接收路径中调用方法napi_gro_receive()。可使用ethtool来启用和禁用GRO，方法是：分别使用命令ethtool -K <deviceName> gro on和ethtool -K <deviceName> gro off。要检查是否设置了GRO，可执行命令ethtool -k <deviceName>，并查看输出中的gro字段。

❑ NETIF_F_GSO用于指出设备是否支持GSO（Generic Segmentation Offload）。GSO是TSO（TCP Segmentation Offload，只能用于TCP/IPv4）的通用版，它还可用于IPv6、UDP和其他协议。GSO可以使大型数据包只经过网络栈一次（而不是多次），从而优化性能。其理念是避免在第4层分段，并将分段操作尽可能推迟。系统管理员可使用ethtool启用和禁用GSO，方法是：分别使用命令ethtool -K <driverName> gso on和ethtool -K <driverName> gso off。要检查是否设置了GSO，可执行命令ethtool -k <deviceName>，并查看输出中的gso字段。要使用GSO，必须处于Scatter/Gather模式，即必须设置标志NETIF_F_SG。

❑ NETIF_F_NETNS_LOCAL用于指出设备是否是网络命名空间的本地设备。本地网络设备不能移到其他网络命名空间。环回、VXLAN和PPP网络设备都是网络命名空间的本地设备，都设置了NETIF_F_NETNS_LOCAL标志。要检查接口是否设置了NETIF_F_NETNS_LOCAL标志，系统管理员可使用命令ethtool -k <deviceName>。这个标志是固定不变的，不能使用ethtool进行修改。试图将本地网络设备移到其他网络命名空间的行为将导致错误-EINVAL。更详细的信息请参阅方法dev_change_net_namespace()（net/core/dev.c）。网络命名空间被删除时，其中没有设置NETIF_F_NETNS_LOCAL标志的设备将移到默认的初始网络命名空间（init_net）中。设置了NETIF_F_NETNS_LOCAL标志的网络命名空间本地设备不会移到默认的初始网络命名空间（init_net）中，而是被删除。

❑ NETIF_F_HW_VLAN_CTAG_RX供支持VLAN接收硬件加速的设备使用。它以前被命名为NETIF_F_HW_VLAN_RX，添加了802.1ad支持的内核3.10将其改为了这个名称。添加"CTAG"旨在指出这种设备不同于STAG（服务提供商标记）设备。设置了NETIF_F_HW_VLAN_RX功能的设备驱动程序必须定义回调函数ndo_vlan_rx_add_vid()和ndo_vlan_rx_kill_vid()，否则将不会注册设备，从而导致内核错误消息"Buggy VLAN acceleration in driver"。

❑ NETIF_F_HW_VLAN_CTAG_TX供支持VLAN传输硬件加速的设备使用。它以前被命名为NETIF_F_HW_VLAN_TX，添加了802.1ad支持的内核3.10将其改为了这个名称。

❑ NETIF_F_VLAN_CHALLENGED指出设备无法处理VLAN数据包。设置这个标志将导致设备不会被注册为VLAN设备。下面来看看VLAN注册方法。

```
static int register_vlan_device(struct net_device *real_dev, u16 vlan_id) {
    int err;
    . . .
    err = vlan_check_real_dev(real_dev, vlan_id);
```

方法vlan_check_real_dev()首先检查网络设备的功能。如果没有设置NETIF_F_VLAN_CHALLENGED功能，就返回错误。

```
int vlan_check_real_dev(struct net_device *real_dev, u16 vlan_id)
{
        const char *name = real_dev->name;

        if (real_dev->features & NETIF_F_VLAN_CHALLENGED) {
                pr_info("VLANs not supported on %s\n", name);
                return -EOPNOTSUPP;
        }
        . . .
}
```

例如，有些类型的Intel e100网络设备驱动程序就设置了NETIF_F_VLAN_CHALLENGED功能（参见drivers/net/ethernet/intel/e100.c中的e100_probe()）。

要检查是否设置了NETIF_F_VLAN_CHALLENGED，可执行命令ethtool -k <deviceName>，并查看输出中的vlan-challenged字段。这个值是固定不变的，不能使用ethtool命令修改它。

❑ NETIF_F_SG被设置时表明网络接口支持Scatter/Gather IO。可使用ethtool来启用和禁用Scatter/Gather，方法分别是：使用命令ethtool -K <deviceName> sg on和ethtool -K <deviceName> sg off。要检查是否设置了Scatter/Gather，可执行命令ethtool -k <deviceName>，并查看输出中的sg字段。

❑ NETIF_F_HIGHDMA被设置时表明设备可通过DMA访问高端内存区（high memory）。在net_device_ops对象的回调函数ndo_start_xmit()中设置了这个功能，这让它能够管理frags元素所在的高端内存区的SKB。要检查NETIF_F_HIGHDMA是否被设置，可执行命令ethtool -k <deviceName>，并查看输出中的highdma字段。这个值是固定不变的，不能使用ethtool命令来修改它。

- netdev_features_t hw_features

可修改的功能集，这意味着可以在用户的请求下修改这些功能的状态（启用或禁用）。这个功能集必须在回调函数ndo_init()中进行初始化，且以后不能再被修改。

- netdev_features_t wanted_features

用户请求的功能集。用户可能请求修改各种减负（offloading）功能，如执行命令ethtool -K eth1 rx on。这将生成一个功能修改事件通知（NETDEV_FEAT_CHANGE），并由方法 netdev_features_change()发送出去。

- netdev_features_t vlan_features

其状态将被VLAN子设备继承的功能集。例如，来看方法rtl_init_one()，它是r8169网络设备驱动程序的probe回调函数（参见第14章）。

```
int rtl_init_one(struct pci_dev *pdev, const struct pci_device_id *ent)

{
    . . .
    dev->vlan_features=NETIF_F_SG|NETIF_F_IP_CSUM|NETIF_F_TSO| NETIF_F_HIGHDMA;
    . . .
}
```

(drivers/net/ethernet/realtek/r8169.c)

上述初始化过程意味着所有VLAN子设备都有这些功能。例如，假设eth0设备是一个r8169设备，而你使用命令vconfig add eth0 100添加了一个VLAN设备。在VLAN模块的初始化部分，有下述与vlan_features相关的代码。

```
static int vlan_dev_init(struct net_device *dev)
{
    . . .
    dev->features |= real_dev->vlan_features | NETIF_F_LLTX;
    . . .
}
```

(net/8021q/vlan_dev.c)

这些代码将VLAN子设备的功能设置为实际设备（这里为eth0）的vlan_features，而实际设备的vlan_features是在方法rtl_init_one()中设置的。

- netdev_features_t hw_enc_features

指出封装设备将继承哪些功能的掩码。这个字段用于指出硬件能够执行哪些封装减负功能，驱动程序必须对它们进行相应的设置。有关网络设备功能的更详细信息，请参阅Documentation/ networking/netdev-features.txt.

- ifindex

ifindex（接口索引）是独一无二的设备标识符。每当你创建新的网络设备时，方法 dev_new_index()都会将这个索引加1。你创建的第一个网络设备几乎总是环回设备，其ifindex 为1。负责分配ifindex的方法将处理循环整数溢出问题。ifindex会被导出到sysfs条目/sys/class/

net/<devName>/ifindex中。

- struct net_device_stats stats

这是一个遗留的统计信息结构，包含rx_packets（接收的数据包数）和tx_packets（发送的数据包数）等字段。新的设备驱动程序使用结构rtnl_link_stats64（它是在include/uapi/linux/if_link.h中定义的）而不是net_device_stats。大多数网络驱动程序都实现了net_device_ops的回调函数ndo_get_stats64()（使用老式API时，实现了net_device_ops的回调函数ndo_get_stats()）。

统计信息会被导出到/sys/class/net/<deviceName>/statistics中。

有些驱动程序实现了回调函数get_ethtool_stats()。对于这些驱动程序，可使用命令ethtool -S <deviceName>显示其统计信息。

请参阅drivers/net/ethernet/realtek/r8169.c中的方法rtl8169_get_ethtool_stats()。

- atomic_long_t rx_dropped

一个计数器，指出了核心网络栈在接收路径中丢弃的数据包数。驱动程序不应使用这个计数器。请不要将结构sk_buff的rx_dropped字段与结构softnet_data的dropped字段混为一谈。结构softnet_data是针对每个CPU的对象。这两个字段的含义并不相同，sk_buff的rx_dropped字段可能被多个方法递增，而softnet_data的dropped字段仅被方法enqueue_to_backlog()（net/core/dev.c）递增。softnet_data的dropped字段被导出到/proc/net/softnet_stat中。在/proc/net/softnet_stat中，每个CPU都有一行信息。其中第1列为数据包总数，第2列为丢弃的数据包数。

如下所示。

```
cat /proc/net/softnet_stat
00000076 00000001 00000000 00000000 00000000 00000000 00000000 00000000 00000000 00000000
00000005 00000000 00000000 00000000 00000000 00000000 00000000 00000000 00000000 00000000
```

在上述输出中，每个CPU都有一行数据（这里总共有两个CPU）。对于第一个CPU，总数据包数为118（十六进制数0x76），而丢弃的数据包数为1。对于第二个CPU，总数据包数为5，而丢弃的数据包数为0。

- struct net_device_ops *netdev_ops

结构netdev_ops包含指向多个回调函数的指针。如果要覆盖默认行为，就必须定义这些回调函数。下面是netdev_ops中的一些回调函数。

☐ ndo_init()回调函数在注册网络设备时被调用。

☐ ndo_uninit()回调函数在注销网络设备或注册失败时被调用。

☐ ndo_open()回调函数负责处理网络设备状态变化，在网络设备从关闭变为开启时被调用。

☐ ndo_stop()回调函数在网络设备状态变为关闭时被调用。

☐ ndo_validate_addr()回调函数用于检查MAC地址是否有效。很多网络驱动程序都将回调函数ndo_validate_addr()指定为通用方法eth_validate_addr()，这个通用方法在MAC地址不为组播地址且不是全零时返回true。

☐ ndo_set_mac_address()回调函数用于设置MAC地址。很多网络驱动程序都将这个设置MAC地址的回调函数指定为通用方法eth_mac_addr()，例如，驱动程序VETH（drivers/net/

veth.c）和VXLAN（drivers/nets/vxlan.c）都是这样做的。

☐ ndo_start_xmit()回调函数负责处理数据包传输，它不能为NULL。

☐ ndo_select_queue()回调函数在使用了多个队列时用于选择传输队列Tx。如果没有设置这个回调函数，将调用__netdev_pick_tx()。请参见net/core/flow_dissector.c中方法netdev_pick_tx()的实现。

☐ ndo_change_mtu()负责处理MTU变更，它应确保指定的MTU不小于最小允许MTU（68）。在很多情况下，网络驱动程序都会将这个回调函数指定为通用方法eth_change_mtu()。如果支持巨型帧，必须覆盖方法eth_change_mtu()。

☐ ndo_do_ioctl()回调函数在收到通用接口代码无法处理的IOCTL请求时被调用。

☐ ndo_tx_timeout()回调函数在传输器空闲了很长时间时被调用（用作看门狗）。

☐ ndo_add_slave()回调函数用于将一个网络设备设置为另一个网络设备的从设备，它被用于组合网络驱动程序和捆绑网络驱动程序中。

☐ ndo_del_slave()回调函数用于删除以前添加的从设备。

☐ ndo_set_features()回调函数用于修改网络设备的功能。

☐ ndo_vlan_rx_add_vid()回调函数在注册VLAN ID时被调用（如果网络设备支持VLAN过滤，即在其功能集中设置了NETIF_F_HW_VLAN_FILTER标志）。

☐ ndo_vlan_rx_kill_vid()回调函数在注销VLAN ID时被调用（如果网络设备支持VLAN过滤，即在其功能集中设置了NETIF_F_HW_VLAN_FILTER标志）。

注意　从内核3.10起，NETIF_F_HW_VLAN_FILTER标志被重命名为了NETIF_F_HW_VLAN_CTAG_FILTER。还有一些处理SR-IOV设备的回调函数，如ndo_set_vf_mac()和ndo_set_vf_vlan()。

在内核2.6.29之前，有一个名为set_multicast_list()的回调函数，用于添加组播地址，但现已被回调函数dev_set_rx_mode()取代。当单播或组播地址列表或者网络接口标志被修改时，将调用回调函数dev_set_rx_mode()。

● struct ethtool_ops *ethtool_ops

结构ethtool_ops包含多个指针，这些指针指向的回调函数用于处理减负、获取和设置各种网络设置、获取统计信息、读取接收流方向散列表和局域网唤醒参数等。如果网络驱动程序没有初始化ethtool_ops对象，网络核心将提供一个默认的空ethtool_ops对象——default_ethtool_ops。对ethtool_ops的管理是在net/core/ethtool.c中进行的。

辅助方法为SET_ETHTOOL_OPS(netdev,ops)：一个为指定net_device设置ethtool_ops的宏。

要查看网络接口设备的减负参数，可执行命令ethtool -k <deviceName>。要设置网络接口设备的减负参数，可使用命令ethtool -k <deviceName> offloadParameter off/on。详情请参阅man 8 ethtool。

● const struct header_ops *header_ops

结构header_ops包含的回调函数用于创建、分析、重建第2层报头等。对于以太网，这个结构为net/ethernet/eth.c中定义的eth_header_ops。

- unsigned int flags

可从用户空间查看的网络设备的接口标志。下面是其中的一些（完整列表请参阅include/uapi/linux/if.h）。

- ❑ IFF_UP标志在接口状态从关闭变为开启时被设置。
- ❑ IFF_PROMISC在接口处于混杂模式（接收所有数据包）时被设置。运行wireshark、tcpdump等嗅探程序时，网络接口处于混杂模式。
- ❑ IFF_LOOPBACK在设备为环回接口时被设置。
- ❑ IFF_NOARP在设备不使用ARP时被设置。例如，在隧道设备中，IFF_NOARP标志将被设置（请参见net/ipv4/ipip.c中的方法ipip_tunnel_setup()）。
- ❑ IFF_POINTOPOINT在设备为PPP设备时被设置。请参见drivers/net/ppp/ppp_generic.c中的方法ppp_setup()。
- ❑ IFF_MASTER在设备为主设备时被设置。例如，对于捆绑设备，请参见drivers/net/bonding/bond_main.c中的方法bond_setup()。
- ❑ IFF_LIVE_ADDR_CHANGE指出设备支持在运行期间修改硬件地址。请参见net/ethernet/eth.c中的方法eth_mac_addr()。
- ❑ IFF_UNICAST_FLT在网络驱动程序处理组播地址过滤时被设置。
- ❑ IFF_BONDING在设备为捆绑主设备或捆绑从设备时被设置。捆绑驱动程序提供了一种将多个网络接口聚合为一个逻辑接口的方法。
- ❑ IFF_TEAM_PORT在设备被用作组合端口时被设置。组合驱动程序是一种支持负载均衡的网络软件驱动程序，旨在替代捆绑驱动程序。
- ❑ IFF_MACVLAN_PORT在设备被用作macvlan端口时被设置。
- ❑ IFF_EBRIDGE在设备为以太网桥接设备时被设置。

flags字段将被导出到sysfs条目/sys/class/net/<devName>/flags中。

其中一些标志可使用用户空间工具来设置。例如，ifconfig <deviceName> -arp用于设置网络接口标志IFF_NOARP，而ifconfig <deviceName> arp用于清除IFF_NOARP标志。请注意，也可使用iproute2的ip命令来完成这些任务，即分别使用命令ip link set dev <deviceName> arp on和ip link set dev <deviceName> arp off。

- unsigned int priv_flags

在用户空间不可见的接口标志，如表示网桥接口的IFF_EBRIDGE、表示捆绑接口的IFF_BONDING以及表示接口支持发送自定义FCS的IFF_SUPP_NOFCS。

辅助方法如下所示。

- ❑ netif_supports_nofcs()：在指定设备的priv_flags中设置了IFF_SUPP_NOFCS时返回true。
- ❑ is_vlan_dev(struct net_device *dev)：在指定设备的priv_flags中设置了IFF_802_1Q_VLAN标志时返回1。

- unsigned short gflags

全局标志（遗留的成员，但被保留）。

- unsigned short padded

用于指定方法alloc_netdev()添加多长的填充内容。

- unsigned char operstate

RFC 2863操作状态。

- unsigned char link_mode

操作状态映射策略。

- unsigned int mtu

网络接口的MTU（最大传输单元）值，即设备能够处理的最长帧。RFC 791规定，MTU最小不能低于68字节。每种协议都有自己的MTU，对于以太网MTU默认为1500字节，这是在方法ether_setup()（net/ethernet/eth.c）中设置的。长度超过1500字节但低于9000字节的以太网数据包被称为巨型帧。网络接口的MTU被导出到sysfs条目/sys/class/net/<devName>/mtu中。

辅助方法为dev_set_mtu(struct net_device *dev, int new_mtu)，用于将指定设备的MTU修改为参数new_mtu指定的新值。

要将网络接口的MTU值修改为1400，系统管理员可使用下面的命令之一。

```
ifconfig <netDevice> mtu 1400
ip link set <netDevice> mtu 1400
echo 1400 > /sys/class/net/<netDevice>/mtu
```

很多驱动程序都会通过实现回调函数ndo_change_mtu()来修改MTU，以执行它们要求的特殊操作，如重置网卡。

- unsigned short type

网络接口的硬件类型。例如，对于以太网接口，它为ARPHRD_ETHER，这是由net/ethernet/eth.c中的方法ether_setup()设置的；对于PPP接口，它为ARPHRD_PPP，这是由drivers/net/ppp/ppp_generic.c中的方法ppp_setup()设置的。type将被导出到sysfs条目/sys/class/net/<devName>/type中。

- unsigned short hard_header_len

硬件报头的长度。例如，以太网报头由MAC源地址、MAC目标地址和类型组成。其中，MAC源地址和目标地址的长度都是6字节，而类型的长度为2字节，因此以太网报头长14字节。在方法ether_setup()（net/ethernet/eth.c）中，将以太网报头长度设置为14（ETH_HLEN）字节。方法ether_setup()负责初始化一些以太网设备默认设置，如硬件报头长度、接收队列长度、MTU、硬件类型等。

- unsigned char perm_addr[MAX_ADDR_LEN]

设备的永久性硬件地址（MAC地址）。

- unsigned char addr_assign_type

分配的硬件地址类型，其可能取值如下：

❑ NET_ADDR_PERM;
❑ NET_ADDR_RANDOM;
❑ NET_ADDR_STOLEN;
❑ NET_ADDR_SET。

默认情况下，MAC地址是永久性的（NET_ADDR_PERM）。如果MAC地址是使用辅助方法 eth_hw_addr_random() 生成的，则类型为 NET_ADD_RANDOM。MAC地址的类型存储在 net_device 的成员 addr_assign_type 中。另外，使用 eth_mac_addr() 修改设备的MAC地址时，将把 addr_assign_type 设置为 NET_ADDR_RANDOM（如果它之前不是 NET_ADDR_RANDOM）。网络设备（通过方法 register_netdevice()）被注册时，如果 addr_assign_type 为 NET_ADDR_PERM，dev->perm_addr 将被设置为 dev->dev_addr。设置MAC地址时，将 addr_assign_type 设置为 NET_ADDR_SET，这表明设备的MAC地址是使用方法 dev_set_mac_address() 设置的。addr_assign_type 将被导出到sysfs条目/sys/class/net/<devName>/addr_assign_type中。

● unsigned char addr_len

硬件地址长度，单位为字节。对于以太网地址，为6（ETH_ALEN）字节，这是在方法 ether_setup() 中设置的。addr_len被导出到sysfs条目/sys/ class/net/<deviceName>/addr_len中。

● unsigned char neigh_priv_len

在方法 neigh_alloc()（net/core/neighbour.c）中使用，只在ATM代码（atm/clip.c）中初始化它。

● struct netdev_hw_addr_list uc

单播MAC地址列表，由方法 dev_uc_init() 初始化。在以太网中，有3种数据包：单播、组播和广播。单播发送到一台计算机，组播发送到一组计算机，而广播发送到LAN中的所有计算机。辅助方法如下所示。

❑ netdev_uc_empty(dev)：在指定设备的单播地址列表为空（其count字段为0）时返回1。
❑ dev_uc_flush(struct net_device *dev)：清空指定网络设备的单播地址列表，并将字段 count设置为0。

● struct netdev_hw_addr_list mc

组播MAC地址列表，由方法 dev_mc_init() 初始化。辅助方法如下所示。

❑ netdev_mc_empty(dev)：在指定设备的组播地址列表为空（其count字段为0）时返回1。
❑ dev_mc_flush(struct net_device *dev)：清空指定网络设备的组播地址列表，并将count 字段设置为0。

● unsigned int promiscuity

一个计数器，表示网络接口卡被命令在混杂模式下工作的次数。在混杂模式下，即便数据包的MAC目标地址与接口的MAC地址不同，也不会拒绝它们。这个混杂计数器的一种用途是，用于支持多个嗅探客户端。每当打开一个嗅探客户端（如wireshark）时，这个计数器都加1；而每当关闭一个这样的客户端时，这个计数器都减1。最后一个嗅探客户端关闭时，这个计数器将减为0，设备将退出混杂模式。它还被用于桥接子系统中，因为网桥接口需要在混杂模式下运行。添加网桥接口时，网络接口卡将进入混杂模式。请参见方法br_add_if()（net/bridge/br_if.c）中对方法dev_set_promiscuity()的调用。

辅助方法为dev_set_promiscuity(struct net_device *dev, int inc)，负责将指定网络设备的promiscuity计数器加上指定的增量。方法dev_set_promiscuity()的参数inc可以为正，也可以为负。只要promiscuity计数器大于0，接口就将处于混杂模式。这个计数器变为0后，设备将恢复到正常的过滤操作模式。由于promiscuity为整数，方法dev_set_promiscuity()考虑到了整数循环溢出的问题，即能够处理promiscuity计数器增大到超过了最大无符号整数的情形。

● unsigned int allmulti

网络设备的allmulti计数器可启用或禁用所有组播（allmulticast）模式。启用了这种模式时，接口将接收网络上的所有组播数据包。要让网络设备在所有组播模式下运行，可使用命令ifconfig eth0 allmulti。要禁用allmulti标志，可使用命令ifconfig eth0 -allmulti。

还可使用ip命令来启用和禁用所有组播模式，如下所示。

```
ip link set p2p1 allmulticast on
ip link set p2p1 allmulticast off
```

另外，通过查看ip命令显示的标志，可获悉所有组播状态的设置，如下所示。

```
ip addr show
flags=4610<BROADCAST,ALLMULTI,MULTICAST> mtu 1500
```

辅助方法为dev_set_allmulti(struct net_device *dev, int inc)，用于将指定网络设备的allmulti计数器增加指定的增量（这个增量可以是正数，也可以是负数）。在方法dev_set_allmulti()启用所有组播模式时，会设置网络设备的IFF_ALLMULTI标志，而禁用所有组播模式时则会清除这个标志。

接下来的3个字段是用于特定协议的指针。

● struct in_device __rcu *ip_ptr

方法inetdev_init()（net/ipv4/devinet.c）将这个指针设置为一个指向in_device结构的指针。in_device表示IPv4特有的数据。

● struct inet6_dev __rcu *ip6_ptr

方法ipv6_add_dev()将这个指针设置为一个指向结构inet6_dev的指针。结构inet6_dev表示IPv6特有的数据。

● struct wireless_dev *ieee80211_ptr

这是一个用于无线设备的指针，在方法ieee80211_if_add()（net/mac80211/iface.c）中进行设置。

● unsigned long last_rx

收到最后一个数据包的时间。除非绝对必要，否则网络设备驱动程序不应修改它。这个成员被用于捆绑驱动程序代码中。

- struct list_head dev_list

全局的网络设备链表。注册网络设备时，调用方法list_netdevice()将其插入到该链表中；注销网络设备时，调用方法unlist_netdevice()将其从该链表中删除。

- struct list_head napi_list

NAPI表示New API，它指的是这样一种技术：在流量非常高时，网络驱动程序将在轮询而不是中断驱动模式下工作。实践证明，在流量非常高时使用NAPI可改善性能。使用NAPI时，网络栈不会在收到数据包时触发中断，而会将数据包存储到缓冲区中，并时不时地触发驱动程序使用方法netif_napi_add()注册的轮询方法。使用轮询模式时，驱动程序首先在中断驱动模式下工作。在收到第一个数据包而触发中断时，执行中断服务例程（ISR）（使用request_irq()注册的方法）。此时，驱动程序禁用中断，并通知NAPI来接管。这通常是通过在ISR中调用方法__napi_schedule()实现的。请参阅drivers/net/ethernet/ti/cpsw中的方法cpsw_interrupt()。

流量较低时，网络驱动程序将返回中断驱动模式。当前，大多数网络驱动程序都使用NAPI。napi_list对象是一个napi_struct对象列表。方法netif_napi_add()会将napi_struct对象加入到该列表中，而方法netif_napi_del()则会将napi_struct对象从这个列表中删除。调用方法netif_napi_add()时，驱动程序应指定其轮询方法和一个权重（weight）参数。权重参数指定了驱动程序在每个轮询周期中传递给网络栈的最大数据包数。建议将其设置为64。如果驱动程序在调用netif_napi_add()时指定的权重参数大于64（NAPI_POLL_WEIGHT），将出现内核错误消息。NAPI_POLL_WEIGHT是在include/linux/netdevice.h中定义的。

网络驱动程序应调用napi_enable()来启用NAPI调度，这通常是在net_device_ops对象的回调函数ndo_open()中进行的。网络驱动程序还应调用napi_disable()来禁用NAPI调度，这通常是在net_device_ops的回调函数ndo_stop()中进行的。NAPI是使用softirq实现的。softirq处理程序为方法net_rx_action()，是由net/core/dev.c中的方法net_dev_init()通过调用open_softirq(NET_RX_SOFTIRQ, net_rx_action)注册的。方法net_rx_action()调用向NAPI注册的网络驱动程序的轮询方法。在一个轮询周期（NAPI轮询）中，从所有已注册的轮询接口获取的最大数据包数默认为300。这个值存储在net/core/dev.c定义的变量netdev_budget中，可通过procfs条目/proc/sys/net/core/netdev_budget进行修改。以前，可通过设置一个procfs条目（/sys/class/net/<device/weight）修改每个设备的权重，这个条目现在已经被删除。请参阅Documentation/sysctl/net.txt。这里还需指出的是，方法napi_complete()将设备从轮询列表中删除。网络驱动程序想恢复到中断驱动模式时，应调用方法napi_complete()将其从轮询列表中删除。

- struct list_head unreg_list

已注销的网络设备列表。设备被注销时将加入到这个列表中。

- unsigned char *dev_addr

网络接口的MAC地址。有时候，你可能想分配一个随机的MAC地址。为此，可调用方法eth_hw_addr_random()。这个方法还将addr_assign_type设置为NET_ADDR_RANDOM。

字段dev_addr被导出到sysfs条目via /sys/class/net/<devName>/address中。

可使用用户空间工具（如ifconfig或iproute2命令ip）修改dev_addr。

辅助方法。在很多情况下，都对以太网地址（具体地说是网络设备的dev_addr字段）调用下面的辅助方法。

- ❏ is_zero_ether_addr(const u8 *addr)：地址为全零时返回true。
- ❏ is_multicast_ether_addr(const u8 *addr)：地址为组播地址时返回true。根据定义，广播地址也属于组播地址。
- ❏ is_valid_ether_addr(const u8 *addr)：指定的MAC地址不为00:00:00:00:00:00、不是组播地址且不是广播地址（FF:FF:FF:FF:FF:FF）时返回true。
- ● struct netdev_hw_addr_list dev_addrs

设备硬件地址列表。

- ● unsigned char broadcast[MAX_ADDR_LEN]

硬件广播地址。对于以太网设备，在方法ether_setup()（net/ethernet/eth.c）中将广播地址设置为0XFFFFFF。广播地址被导出到sysfs条目/sys/class/net/<devName>/broadcast中。

- ● struct kset *queues_kset

kset是一组特定类型的kobject，属于特定的子系统。

结构kobject是基本的设备模型类型。发送队列由结构netdev_queue表示，接收队列由结构netdev_rx_queue表示。这两个结构都包含一个kobject指针。queues_kset包含所有发送队列和接收队列的kobject。每个接收队列都有sysfs条目sys/class/net/<deviceName>/queues/<rx-queueNumber>，而每个发送队列都有sysfs条目sys/class/net/<deviceName>/queues/<tx-queueNumber>。这些条目分别是由net/core/net-sysfs.c中的方法rx_queue_add_kobject()和netdev_queue_add_kobject()添加的。有关kobject和设备模型的更详细信息，请参阅Documentation/kobject.txt。

- ● struct netdev_rx_queue *_rx

一个接收队列（netdev_rx_queue对象）数组，由方法netif_alloc_rx_queues()初始化。使用哪个接收队列是在方法get_rps_cpu()中决定的。有关RPS的更详细信息，请参阅上一节对字段rxhash的描述。

- ● unsigned int num_rx_queues

在方法register_netdev()中分配的接收队列数。

- ● unsigned int real_num_rx_queues

设备中当前处于活动状态的接收队列数。

辅助方法为netif_set_real_num_rx_queues(struct net_device *dev, unsigned int rxq)，用于将指定设备的实际接收队列数设置为指定的值。相关的sysfs条目（/sys/class/net/<devName>/queues/*）将被更新（仅当设备的状态为NETREG_REGISTERED或NETREG_UNREGISTERING时才如此）。请注意，方法alloc_netdev_mq()会将num_rx_queues、real_num_rx_queues、num_tx_queues和real_num_tx_queues初始化为相同的值。在使用ip link添加设备时，可设置接收队列数和发送队列数。例如，如果要创建一个包含6个发送队列和7个接收队列的VLAN设备，可执行如下命令：

```
ip link add link p2p1 name p2p1.1 numtxqueues 6 numrxqueues 7 type vlan id 8
```

- rx_handler_func_t __rcu *rx_handler

辅助方法如下所示。

❑ netdev_rx_handler_register(struct net_device *dev, rx_handler_func_t *rx_handler void *rx_handler_data)：注册rx_handler回调函数。这个回调函数用于捆绑、组合、openvswitch、macvlan和网桥设备。

❑ netdev_rx_handler_unregister(struct net_device *dev)：注销指定网络设备的接收处理程序。

- void __rcu *rx_handler_data

rx_handler_data字段也是由方法netdev_rx_handler_register()设置的（传递给这个方法的最后一个参数不为NULL时）。

- struct netdev_queue __rcu *ingress_queue

辅助方法为struct netdev_queue *dev_ingress_queue(struct net_device *dev)，返回指定net_device的ingress_queue（include/linux/rtnetlink.h）。

- struct netdev_queue *_tx

一个发送队列（netdev_queue对象）数组，由方法netif_alloc_netdev_queues()初始化。

辅助方法为netdev_get_tx_queue(const struct net_device *dev,unsigned int index)，返回一个发送队列(netdev_queue对象)。该队列中的元素为指定网络设备的_tx数组中指定的index。

- unsigned int num_tx_queues

发送队列数，由方法alloc_netdev_mq()分配。

- unsigned int real_num_tx_queues

发送队列数在设备中处于活跃状态。

辅助方法为netif_set_real_num_tx_queues(struct net_device *dev, unsigned int txq)，用于设置实际使用的发送队列数。

- struct Qdisc *qdisc

每个设备都将维护一个名为qdisc队列，其中包含要发送的数据包。Qdisc（Queuing Disciplines，排队原则）层实现了对Linux内核流量的管理。默认的qdisc为pfifo_fast，但可使用iproute2包中的流量控制工具tc设置不同的qdisc。要查看网络设备的qdisc，可使用如下ip命令。

```
ip addr show <deviceName>
```

例如，执行命令ip addr show eth1得到的输出类似于如下内容。

```
ip addr show eth1
```

可得到：

```
2: eth1: <BROADCAST,MULTICAST,UP,LOWER_UP> mtu 1500 qdisc pfifo_fast state UP qlen 1000
link/ether 00:e0:4c:53:44:58 brd ff:ff:ff:ff:ff:ff
inet 192.168.2.200/24 brd 192.168.2.255 scope global eth1
inet6 fe80::2e0:4cff:fe53:4458/64 scope link
valid_lft forever preferred_lft forever
```

从上述输出可知，使用的qdisc为默认设置pfifo_fast。

● unsigned long tx_queue_len

每个队列可存储的最大数据包数。每个硬件层都有自己的tx_queue_len默认值。对于以太网设备，tx_queue_len默认被设置为1000（参见方法ether_setup()）。对于FDDI设备，tx_queue_len默认被设置为100（参见net/802/fddi.c中的方法fddi_setup()）。

对于虚拟设备，如VLAN设备，tx_queue_len字段被设置为0，因为数据包的实际传输是由虚拟设备底层的实际设备完成的。要设置设备的发送队列长度，可使用命令ifconfig（相应的选项为txqueuelen），也可使用命令ip link show（相应的选项为qlen），如下所示。

```
ifconfig p2p1 txqueuelen 900
ip link set txqueuelen 950 dev p2p1
```

发送队列长度被导出到sysfs条目/sys/class/net/<deviceName>/tx_queue_len中。

● unsigned long trans_start

最后一次传输的时间，单位为jiffies。

● int watchdog_timeo

看门狗（watchdog）是一个定时器，它在网络接口在指定时间内一直处于空闲状态而未传输数据时，将调用一个回调函数。通常，驱动程序会定义一个看门狗回调函数，它在这种情况下将重置网络接口。net_device_ops的回调函数ndo_tx_timeout()充当了这个看门狗回调函数。watchdog_timeo字段是这个看门狗参考的超时时间。请参见方法dev_watchdog()（net/sched/sch_generic.c）。

● int __percpu *pcpu_refcnt

每个CPU的网络设备引用计数器。

辅助方法如下所示。

❑ dev_put(struct net_device *dev)：将这个引用计数器减1。

❑ dev_hold(struct net_device *dev)：将这个引用计数器加1。

● struct hlist_node index_hlist

这是一个包含网络设备的散列表，其中的索引为网络设备索引（字段ifindex）。在这个散列表中，查找的工作由方法dev_get_by_index()执行，插入工作由方法list_netdevice()执行，而删除工作由方法unlist_netdevice()执行。

● enum {...} reg_state

一个表示网络设备各种注册状态的枚举，其可能的取值如下。

❑ NETREG_UNINITIALIZED：在方法alloc_netdev_mqs()中给设备分配了内存。

❑ NETREG_REGISTERED：在方法register_netdevice()中注册了net_device。

❑ NETREG_UNREGISTERING：在方法rollback_registered_many()中注销了设备。

❑ NETREG_UNREGISTERED：网络设备已被注销但还未被释放。

❑ NETREG_RELEASED：网络设备处于最后一个阶段——在方法free_netdev()中释放为网络设备分配的内存。

❑ NETREG_DUMMY：在方法init_dummy_netdev()中用于哑（dummy）设备。请参见

drivers/net/dummy.c。

- bool dismantle

一个布尔标志，表示设备处于拆卸（dismantle）阶段，即即将被释放。

- enum {...} rtnl_link_state

这个枚举有两种可能取值，它们分别表示新链路创建的两个阶段。

❑ RTNL_LINK_INITIALIZE：进行状态，即链路创建还未完成。

❑ RTNL_LINK_INITIALIZING：最终状态，即链路已创建好。

请参见net/core/rtnetlink.c中的方法rtnl_newlink()。

- void(*destructor)(struct net_device *dev)

这个destructor回调函数在注销网络设备时由方法netdev_run_todo()调用。它能够让网络设备执行注销所需的额外任务。例如，环回设备的destructor回调函数loopback_dev_free()将调用方法free_percpu()（释放统计信息对象）和free_netdev()；同样，组合设备的destructor回调函数team_destructor()也将调用free_percpu()（释放统计信息对象）和free_netdev()。其他很多网络设备驱动程序也定义了destructor回调函数。

- struct net *nd_net

网络设备所属的网络命名空间。对命名空间的支持是在内核2.6.29中添加的。命名空间提供了进程虚拟化。相比于KVM和Xen等虚拟化解决方案，这种虚拟化是轻量级的。当前的Linux内核支持6种命名空间。为支持网络命名空间，添加了结构net。这种结构表示网络命名空间。进程描述符（task_struct）通过新成员nsproxy来处理网络命名空间和其他命名空间。这个成员是为支持命名空间而添加的。nsproxy包含一个名为net_ns的网络命名空间对象。它还包含其他4个命名空间对象：pid命名空间对象、挂载命名空间对象、uts命名空间对象和ipc命名空间对象。第6种命名空间（用户命名空间）存储在结构cred（凭证对象）中，这个结构是进程描述符（task_struct）的一个成员。

网络命名空间提供了一种分区和隔离机制，能够让一个或一组进程有自己的网络栈视图。默认情况下，系统启动后所有网络接口都属于默认网络命名空间init_net。要创建网络命名空间，可使用用户空间工具，如iproute2包中的ip命令或util-linux中的unshare命令。也可编写自己的用户空间应用程序，并使用CLONE_NEWNET标志调用系统调用unshare()或clone()。另外，还可调用系统调用setns()来修改进程所属的网络命名空间。系统调用setns()和unshare()都是为支持命名空间而专门添加的。系统调用setns()可将调用进程关联到任何类型的既有命名空间（网络命名空间、pid命名空间、挂载命名空间等）。要对除用户命名空间外的其他命名空间调用set_ns()，必须有CAP_SYS_ADMIN权限。请参阅man 2 setns。

在给定时点，一个网络设备只能属于一个网络命名空间，对于网络套接字亦如此。命名空间没有名称，但有标识它们的唯一inode号。这种独一无二的inode号是在创建命名空间时生成的，可通过一个procfs条目来读取（命令ls -al /proc/<pid>/ns/显示进程的所有inode号符号链接，你也可以使用命令readlink来读取这些符号链接）。

例如，使用ip命令时，ip netns add myns1将创建一个新命名空间myns1。

　　刚创建时，每个网络命名空间都只包含环回设备，且不包含任何套接字。在进程（如shell）中创建的每个设备（如网桥设备或VLAN设备）都属于该进程所属的命名空间。

　　要删除命名空间，可使用命令

```
ip netns del myns1
```

注意　网络命名空间被删除后，其所有物理设备都将被移到默认网络命名空间，但本地设备（设置了NETIF_F_NETNS_LOCAL标志的命名空间本地设备，如PPP设备和VXLAN设备）不会被移到默认网络命名空间，而将被删除。

　　要显示系统中所有的网络命名空间，可使用命令ip netns list。

　　要将接口p2p1分配给网络命名空间myns1，可使用命令ip link set p2p1 netns myns1。

　　要在myns1中打开一个shell，可使用命令ip netns exec myns1 bash。

　　要使用工具unshare创建一个命名空间并在其中打开bash shell，可执行命令unshare --net bash。

　　两个网络命名空间可使用特殊的虚拟以太网驱动程序veth（drivers/net/veth.c）进行通信。

　　辅助方法如下所示。

❑ dev_change_net_namespace(struct net_device *dev, struct net *net, const char *pat)：用于将网络设备移到参数net指定的网络命名空间中。本地设备（设置了NETIF_F_NETNS_LOCAL标志的设备）不能移动。如果指定的网络设备为本地设备，这个方法将返回-EINVAL。当目标网络命名空间已包含指定的设备名时，如果参数pat不为NULL，将尝试使用它指定的名称。这个方法还发送uevent KOBJ_REMOVE和KOBJ_ADD，分别用来删除源命名空间的sysfs条目和给目标命名空间添加sysfs条目。这是通过调用方法kobject_uevent()并指定相应的uevent实现的。

❑ dev_net(const struct net_device *dev)：返回指定网络设备所属的网络命名空间。

❑ dev_net_set(struct net_device *dev, struct net *net)：将指定设备的nd_net（命名空间对象）的引用计数减1，再将nd_net设置为指定的网络命名空间。

接下来的4个字段是同一个共用体的成员。

● struct pcpu_lstats __percpu *lstats

环回网络设备的统计信息。

● struct pcpu_tstats __percpu *tstats

隧道的统计信息。

● struct pcpu_dstats __percpu *dstats

哑网络设备的统计信息。

● struct pcpu_vstats __percpu *vstats

VETH（虚拟以太网设备）的统计信息。

● struct device dev

与网络设备相关联的device对象。在Linux内核中，每个设备都与一个设备对象（结构device的实例）相关联。要更详细地了解结构device，建议你阅读*Linux Device Drivers, 3rd Edition*第14章的"Devices"一节以及Documentation/driver-model/overview.txt。

辅助方法如下所示。

- to_net_dev(d)：返回包含指定device对象的net_device对象。
- SET_NETDEV_DEV(net, pdev)：将指定网络设备（net）的dev成员的parent设置为指定设备（pdev）。

  对于虚拟设备，不调用SET_NETDEV_DEV()宏。因此，将在/sys/devices/virtual/net下创建虚拟设备的条目。

  应在调用方法register_netdev()前调用SET_NETDEV_DEV()宏。
- SET_NETDEV_DEVTYPE(net, devtype)：将指定网络设备的dev成员的type设置为指定的类型。type是一个device_type对象。

  例如，在方法br_dev_setup()（innet/bridge/br_device.c）中就使用了SET_NETDEV_DEVTYPE()宏。

```
static struct device_type br_type = {
.name = "bridge",
};

void br_dev_setup(struct net_device *dev)
{
    . . .
    SET_NETDEV_DEVTYPE(dev, &br_type);
    . . .
}
```

使用工具udevadm（udev管理工具），可获悉设备的类型。例如，下面的示例可用于查看网桥设备mybr的类型。

```
udevadm info -q all -p /sys/devices/virtual/net/mybr

P: /devices/virtual/net/mybr

E: DEVPATH=/devices/virtual/net/mybr

E: DEVTYPE=bridge

E: ID_MM_CANDIDATE=1

E: IFINDEX=7

E: INTERFACE=mybr

E: SUBSYSTEM=net
```

- const struct attribute_group *sysfs_groups[4]

供网络sysfs使用。
- struct rtnl_link_ops *rtnl_link_ops

rtnetlink链路操作对象，包含各种处理网络设备的回调函数，如下所示。

❑ newlink()：用于配置和注册新设备。

❑ changelink()：用于修改既有设备的参数。

❑ dellink()：用于删除设备。

❑ get_num_tx_queues()：用于获取发送队列数。

❑ get_num_rx_queues()：用于获取接收队列数。

rtnl_link_ops对象的注册和注销是分别使用方法rtnl_link_register()和rtnl_link_unregister()完成的。

● unsigned int gso_max_size

辅助方法为netif_set_gso_max_size(struct net_device *dev, unsigned int size)，用于将指定网络设备的gso_max_size设置为指定的值。

● u8 num_tc

网络设备中的流量类别数。

辅助方法如下所示。

❑ netdev_set_num_tc(struct net_device *dev, u8 num_tc)：设置指定网络设备的num_tcof（num_tc的最大可能取值为TC_MAX_QUEUE，即16）。

❑ int netdev_get_num_tc(struct net_device *dev)：返回指定网络设备的num_tc值。

● struct netdev_tc_txq tc_to_txq[TC_MAX_QUEUE]、u8 prio_tc_map[TC_BITMASK + 1]和struct netprio_map __rcu *priomap

cgroup网络优先级模块提供了设置网络流量优先级的接口。Linux内核中的cgroup层支持进程资源管理和进程隔离。它能够让你给一个或一组任务分配系统资源，如网络资源、内存资源、CPU资源等。cgroup层实现了一种虚拟文件系统（VFS），可通过文件系统操作（如挂载/卸载、创建文件和目录、写入cgroup VFS控制文件等）进行管理。cgroup项目由Google开发人员Paul Manage、Rohit Seth等于2005年发起。有些项目使用了cgroup，如systemd和lxc（Linux容器）。Google开发了自己的基于cgroup的容器实现。cgroup实现和命名空间实现之间没有任何关系。以前，cgroups中有一个命名空间控制器，但后来删除了。没有为实现cgroup添加任何系统调用，cgroup代码都位于从性能上说不重要的路径中。有两个cgroup网络模块：net_prio和net_cls，这两个模块都比较简短而简单。

要使用cgroup模块net_prio设置网络流量优先级，可在cgroup控制文件/sys/fs/cgroup/net_prio/<group>/net_prio.ifpriomap中写入一个条目。这个条目的格式为"设备名 优先级"。应用程序可使用SO_PRIORITY来调用系统调用setsockopt()以设置其流量的优先级，但这并非在任何情况下都可行。有时候，你无法修改应用程序的代码。或者，你想让系统管理员根据场点的具体情况来设置优先级。在使用SO_PRIORITY调用系统调用setsockopt()不可行时，内核模块net_prio提供了解决方案。模块net_prio还导出了另一个/sys/fs/cgroup/netprio条目——net_prio.prioidx。条目net_prio.prioidx是个只读文件，包含一个独一无二的整数。内核使用它来内部表示cgroup。

net_prio是在net/core/netprio_cgroup.c中实现的。

net_cls是在net/sched/cls_cgroup.c中实现的。

cgroup网络分类器为使用类别标识符（classid）标记网络数据包提供了接口。创建net_cls实例时将创建一个net_cls.classid控制文件，这个net_cls.classid值被初始化为0。要给classid指定规则，可使用iproute2命令tc（流量控制）。

更详细的信息请参阅Documentation/cgroups/net_cls.txt。

- struct phy_device *phydev

关联的物理设备。phy_device表示第1层（物理层）设备，是在include/linux/phy.h中定义的。对于很多设备，如自动协商、速度和双工模式，都可使用ethtool命令，通过关联的物理设备配置其物理层流控参数。更详细的信息请参阅man 8 ethtool。

- int group

网络设备所属的组，默认被初始化为INIT_NETDEV_GROUP（0）。group被导出到sysfs条目/sys/class/net/<devName>/netdev_group中。在 Netfilter（net/netfilter/xt_devgroup.c）中，使用了网络设备组过滤器。

辅助方法为void dev_set_group(struct net_device *dev, int new_group)，它将指定网络设备所属的组改为参数new_group指定的组。

- struct pm_qos_request pm_qos_req

电源管理服务质量（PM QoS）请求对象，是在include/linux/pm_qos.h中定义的。

有关PM QoS更详细信息，请参阅Documentation/power/pm_qos_interface.txt。

下面介绍被网络驱动程序广泛使用的方法netdev_priv()和alloc_netdev()宏。

方法netdev_priv(struct net_device *netdev)返回一个指针，该指针指向net_device的末尾。驱动程序在这个区域定义了一个私有的网络接口结构，用于存储私有数据。例如，在drivers/net/ethernet/intel/e1000e/netdev.c中，包含如下代码。

```
static int e1000_open(struct net_device *netdev)
{
    struct e1000_adapter *adapter = netdev_priv(netdev);
    . . .
}
```

方法netdev_priv()还被用于软件设备，如VLAN设备。请看下面的代码。

```
static inline struct vlan_dev_priv *vlan_dev_priv(const struct net_device *dev)
{
    return netdev_priv(dev);
}
```

(net/8021q/vlan.h)

alloc_netdev(sizeof_priv, name, setup)用于分配并初始化网络设备。它实际上是一个alloc_netdev_mqs()包装器，分配了一个发送队列和一个接收队列。参数sizeof_priv是要为私有数据分配的空间，而参数setup是用于初始化网络设备的回调函数，对于以太网设备，其通常为ether_setup()。

对于以太网设备，可使用alloc_etherdev()或alloc_etherdev_mq()宏，它们最终调用alloc_etherdev_mqs()。alloc_etherdev_mqs()也是一个alloc_netdev_mqs()包装器，它将setup回调函数设置为ether_setup()。

软件设备通常定义了自己的setup回调函数。对于PPP设备，这个回调函数为drivers/net/ppp/ppp_generic.c中的方法ppp_setup()；对于VLAN设备，这个回调函数为net/8021q/vlan.h中的方法vlan_setup(struct net_device *dev)。

A.3 RDMA（远程DMA）

接下来的几节介绍下述数据结构的RDMA API：

- RDMA设备；
- 保护域（PD）；
- 扩展可靠连接（XRC）；
- 共享接收队列（SRQ）；
- 地址句柄（AH）；
- 组播组；
- 完成队列（CQ）；
- 队列对（QP）；
- 内存窗口（MW）；
- 内存区（MR）。

A.4 RDMA 设备

下面的方法与RDMA设备相关。

A.4.1 方法 ib_register_client()

方法ib_register_client()用于注册想使用RDMA栈的内核客户端。对于系统当前既有的每个RDMA设备以及将使用热插拔增删的每个设备，都将调用指定的回调函数。如果成功，它将返回0；如果由于某种原因失败，它将返回错误号。

```
int ib_register_client(struct ib_client *client);
```

其中，client是描述注册属性的结构。

结构ib_client
结构ib_client表示设备注册属性。

```
struct ib_client {
        char  *name;
        void  (*add) (struct ib_device *);
        void  (*remove)(struct ib_device *);
```

```
        struct list_head list;
};
```

❑ name：要注册的内核模块的名称。

❑ add：为系统中既有的每个RDMA设备以及被内核检查到的每个新RDMA设备调用的回调函数。

❑ remove：为被内核删除的每个RDMA设备调用的回调函数。

A.4.2　方法 ib_unregister_client()

方法ib_unregister_client()用于注销要停止使用RDMA栈的内核模块。

```
void ib_unregister_client(struct ib_client *client);
```

❑ device：描述注销属性的结构。

❑ client：必须与调用ib_register_client()时使用的对象相同。

A.4.3　方法 ib_get_client_data()

方法ib_get_client_data()返回与RDMA设备相关联的客户端上下文。这个客户端上下文是使用方法ib_set_client_data()关联到RDMA设备的。

```
void *ib_get_client_data(struct ib_device *device, struct ib_client *client);
```

❑ device：要从中获取客户端上下文的RDMA设备。

❑ client：描述注册/注销属性的对象。

A.4.4　方法 ib_set_client_data()

方法ib_set_client_data()用于指定要关联到RDMA设备的客户端上下文。

```
void ib_set_client_data(struct ib_device *device, struct ib_client *client,
        void *data);
```

❑ device：要设置其客户端上下文的RDMA设备。

❑ client：描述注册/注销属性的对象。

❑ data：要关联的客户端上下文。

A.4.5　INIT_IB_EVENT_HANDLER 宏

INIT_IB_EVENT_HANDLER宏将初始化一个事件处理程序，用于处理RDMA设备上可能发生的异步事件。必须在调用方法ib_register_event_handler()前调用这个宏。

```
#define INIT_IB_EVENT_HANDLER(_ptr, _device, _handler)    \
    do {                                                  \
        (_ptr)->device  = _device;                        \
        (_ptr)->handler = _handler;                       \
```

```
        INIT_LIST_HEAD(&(_ptr)->list);                      \
    } while (0)
```

- □ _ptr：一个指针，指向将提供给方法ib_register_event_handler()的事件处理程序。
- □ _device：RDMA设备；该设备发生事件时将调用指定的回调函数。
- □ _handler：对于每个异步事件都将调用的回调函数。

A.4.6   方法 ib_register_event_handler()

方法ib_register_event_handler()用于注册一个回调函数。对于每个RDMA异步事件，都将调用这个回调函数。如果成功，将返回0；如果由于某种原因失败，将返回错误号。

```
int ib_register_event_handler (struct ib_event_handler *event_handler);
```

其中，event_handler表示INIT_IB_EVENT_HANDLER宏初始化的事件处理程序。这种回调可能在中断情况下发生。

结构ib_event_handler

RDMA事件处理程序由结构ib_event_handler表示。

```
struct ib_event_handler {
    struct ib_device *device;
    void            (*handler)(struct ib_event_handler *, struct ib_event *);
    struct list_head list;
};
```

结构ib_event

调用事件回调函数时，需要指定RDMA设备上发生的事件。这种事件由结构ib_event表示。

```
struct ib_event {
    struct ib_device     *device;
    union {
        struct ib_cq     *cq;
        struct ib_qp     *qp;
        struct ib_srq    *srq;
        u8         port_num;
    } element;
    enum ib_event_type   event;
};
```

- □ device：发生异步事件的RDMA设备。
- □ element.cq：在发生的是CQ事件时，指出发生异步事件的CQ。
- □ element.qp：在发生的是QP事件时，指出发生异步事件的QP。
- □ element.srq：在发生的是SRQ事件时，指出发生异步事件的SRQ。
- □ element.port_num：在发生的是端口事件时，指出发生异步事件的端口号。
- □ event：发生的异步事件的类型，其可能取值如下。
  - ■ IB_EVENT_CQ_ERR：CQ事件。CQ发生了错误，不会再生成工作完成。
  - ■ IB_EVENT_QP_FATAL：QP事件。QP发生了错误，导致它无法通过工作完成报告错误。

- IB_EVENT_QP_REQ_ERR：QP事件。到来的RDMA请求导致目标QP出现传输错误。
- IB_EVENT_QP_ACCESS_ERR：QP事件。到来的RDMA请求导致目标QP出现请求错误。
- IB_EVENT_COMM_EST：QP事件。发生了通信建立事件。QP处于RTR状态时收到一条到来的消息。
- IB_EVENT_SQ_DRAINED：QP事件。发送队列干涸事件。QP的发送队列已干涸。
- IB_EVENT_PATH_MIG：QP事件。成功地完成了路径迁移，主路径发生了变化。
- IB_EVENT_PATH_MIG_ERR：QP事件。尝试切换路径时发生了错误。
- IB_EVENT_DEVICE_FATAL：设备事件。RDMA设备出现了错误。
- IB_EVENT_PORT_ACTIVE：端口事件。端口已进入活动状态。
- IB_EVENT_PORT_ERR：端口事件。端口以前处于活动状态，但现在不再如此。
- IB_EVENT_LID_CHANGE：端口事件。端口的LID发生了变化。
- IB_EVENT_PKEY_CHANGE：端口事件。端口的P_Key表中的一个P_Key条目发生了变化。
- IB_EVENT_SM_CHANGE：端口事件。管理该端口的子网管理器变了。
- IB_EVENT_SRQ_ERR：SRQ事件。SRQ发生了错误。
- IB_EVENT_SRQ_LIMIT_REACHED：SRQ事件/SRQ水位事件。SRQ中的接收请求数低于要求的水平。
- IB_EVENT_QP_LAST_WQE_REACHED：QP事件。已到达SRQ中的最后一个接收请求，其中没有接收请求可供消费。
- IB_EVENT_CLIENT_REREGISTER：端口事件。客户端必须注册子网管理员的所有服务。
- IB_EVENT_GID_CHANGE：端口事件。端口的GID表中的一个GID条目发生了变化。

A.4.7　方法 ib_unregister_event_handler()

方法ib_unregister_event_handler()用于注销RDMA事件处理程序。如果成功，它将返回0，否则返回指出失败原因的错误号。

```
int ib_unregister_event_handler(struct ib_event_handler *event_handler);
```

其中，event_handler表示要注销的事件处理程序，它必须是使用ib_register_event_handler()注册的事件处理程序。

A.4.8　方法 ib_query_device()

方法ib_query_device()用于查询RDMA设备的属性。如果成功，它将返回0，否则返回指出失败原因的错误号。

```
int ib_query_device(struct ib_device *device,
        struct ib_device_attr *device_attr);
```

- device：要查询的RDMA设备。
- device_attr：一个指针，指向一个将被填充的RDMA设备属性结构。

结构ib_device_attr

RDMA设备的属性由结构ib_device_attr表示。

```
struct ib_device_attr {
    u64              fw_ver;
    __be64           sys_image_guid;
    u64              max_mr_size;
    u64              page_size_cap;
    u32              vendor_id;
    u32              vendor_part_id;
    u32              hw_ver;
    int              max_qp;
    int              max_qp_wr;
    int              device_cap_flags;
    int              max_sge;
    int              max_sge_rd;
    int              max_cq;
    int              max_cqe;
    int              max_mr;
    int              max_pd;
    int              max_qp_rd_atom;
    int              max_ee_rd_atom;
    int              max_res_rd_atom;
    int              max_qp_init_rd_atom;
    int              max_ee_init_rd_atom;
    enum ib_atomic_cap    atomic_cap;
    enum ib_atomic_cap    masked_atomic_cap;
    int              max_ee;
    int              max_rdd;
    int              max_mw;
    int              max_raw_ipv6_qp;
    int              max_raw_ethy_qp;
    int              max_mcast_grp;
    int              max_mcast_qp_attach;
    int              max_total_mcast_qp_attach;
    int              max_ah;
    int              max_fmr;
    int              max_map_per_fmr;
    int              max_srq;
    int              max_srq_wr;
    int              max_srq_sge;
    unsigned int     max_fast_reg_page_list_len;
    u16              max_pkeys;
    u8               local_ca_ack_delay;
};
```

- fw_ver：一个数字，表示RDAM设备的FW版本，格式为ZZZZYYXX，其中ZZZZ为主版本号，YY为次版本号，XX为编译（build）号。
- sys_image_guid：系统映像GUID——每个系统都有的一个独一无二的值。
- max_mr_size：支持的最大MR。

❑ page_size_cap：对支持的所有内存页移动（memory page shift）执行按位OR运算得到的结果。

❑ vendor_id：IEEE厂商ID。

❑ vendor_part_id：设备的零件ID，由厂商提供。

❑ hw_ver：设备的HW版本，由厂商提供。

❑ max_qp：支持的最大QP数。

❑ max_qp_wr：在每个非RD QP中支持的最大工作请求数。

❑ device_cap_flags：RDMA设备支持的功能，为对下述掩码执行按位OR运算得到的结果。

■ IB_DEVICE_RESIZE_MAX_WR：RDMA设备支持对QP可包含的最大工作请求数进行调整。

■ IB_DEVICE_BAD_PKEY_CNTR：RDMA设备支持错误P_Key计数。

■ IB_DEVICE_BAD_QKEY_CNTR：RDMA设备支持错误Q_Key计数。

■ IB_DEVICE_RAW_MULTI：RDMA设备支持原始数据包组播。

■ IB_DEVICE_AUTO_PATH_MIG：RDMA设备支持自动路径迁移。

■ IB_DEVICE_CHANGE_PHY_PORT：RDMA支持修改QP的主端口号。

■ IB_DEVICE_UD_AV_PORT_ENFORCE：RDMA支持UD QP端口号和地址句柄。

■ IB_DEVICE_CURR_QP_STATE_MOD：RDMA设备在调用ib_modify_qp()时支持当前QP修饰符（current QP modifier）。

■ IB_DEVICE_SHUTDOWN_PORT：RDMA设备支持端口关闭。

■ IB_DEVICE_INIT_TYPE：RDMA设备支持对InitType和InitTypeReply进行设置。

■ IB_DEVICE_PORT_ACTIVE_EVENT：RDMA设备支持生成端口活动异步事件。

■ IB_DEVICE_SYS_IMAGE_GUID：RDMA设备支持系统映像GUID。

■ IB_DEVICE_RC_RNR_NAK_GEN：RDMA设备支持为RC QP生成RNR-NAK。

■ IB_DEVICE_SRQ_RESIZE：RDMA支持对SRQ的长度进行调整。

■ IB_DEVICE_N_NOTIFY_CQ：RDMA支持在CQ包含N个工作完成时发出通知。

■ IB_DEVICE_LOCAL_DMA_LKEY：RDMA支持Zero Stag（iWARP）和保留LKey（InfiniBand）。

■ IB_DEVICE_RESERVED：保留位。

■ IB_DEVICE_MEM_WINDOW：RDMA设备支持内存窗口。

■ IB_DEVICE_UD_IP_CSUM：RDMA设备支持在外出的UD IPoIB消息中插入UDP和TCP校验和，并能够到来的消息验证这些校验和。

■ IB_DEVICE_UD_TSO：RDMA设备支持TSO（TCP Segmentation Offload）。

■ IB_DEVICE_XRC：RDMA设备支持扩展可靠连接传输。

■ IB_DEVICE_MEM_MGT_EXTENSIONS：RDMA支持内存管理扩展。

■ IB_DEVICE_BLOCK_MULTICAST_LOOPBACK：RDMA设备支持组播环回阻断。

■ IB_DEVICE_MEM_WINDOW_TYPE_2A：RDMA设备支持2A类内存窗口——与QP号相关联的内存窗口。

■ IB_DEVICE_MEM_WINDOW_TYPE_2B：RDMA设备支持2B类内存窗口——与QP号

　　和PD相关联的内存窗口。

- □ max_sge：在非RD QP中，每个工作请求支持的最大scatter/gather元素数。
- □ max_sge_rd：在RD QP中，每个工作请求支持的最大scatter/gather元素数。
- □ max_cq：支持的最大CQ数。
- □ max_cqe：在每个CQ中支持的最大条目数。
- □ max_mr：支持的最大MR数。
- □ max_pd：支持的最大PD数。
- □ max_qp_rd_atom：指定在QP作为操作目标时，最多可将多少个RDMA读取和原子操作发送给它。
- □ max_ee_rd_atom：指定在EE上下文作为操作目标时，最多可将多少个RDMA读取和原子操作发送给它。
- □ max_res_rd_atom：指定在RDMA设备作为操作目标时，最多可将多少个RDMA读取和原子操作发送给它。
- □ max_qp_init_rd_atom：指定在QP作为操作发起者时，最多可发送多少个RDMA读取和原子操作。
- □ max_ee_init_rd_atom：指定在EE上下文作为操作发起者时，最多可发送多少个RDMA读取和原子操作。
- □ atomic_cap：设备对原子操作的支持程度，其可能取值如下。
  - IB_ATOMIC_NONE：RDMA不提供任何原子性保证。
  - IB_ATOMIC_HCA：RDMA设备可保证同一台设备的QP之间的原子性。
  - IB_ATOMIC_GLOB：RDMA设备可保证它与其他任何组件之间的原子性。
- □ masked_atomic_cap：设备对掩码型原子操作的支持程度，可能取值与atomic_cap相同。
- □ max_ee：指定最多支持多少个EE上下文。
- □ max_rdd：指定最多支持多少个RDD。
- □ max_mw：指定最多支持多少个MW。
- □ max_raw_ipv6_qp：指定最多支持多少个原始IPv6数据报QP。
- □ max_raw_ethy_qp：指定最多支持多少个原始以太网数据报QP。
- □ max_mcast_grp：指定最多支持多少个组播组。
- □ max_mcast_qp_attach：指定最多支持将多少个QP关联到一个组播组。
- □ max_total_mcast_qp_attach：指定最多支持多少个与组播组相关联的QP。
- □ max_ah：指定最多支持多少个AH。
- □ max_fmr：最指定多支持多少个FMR。
- □ max_map_per_fmr：指定每个FMR最多可执行多少个映射操作。
- □ max_srq：指定最多支持多少个SRQ。
- □ max_srq_wr：指定在每个SRQ中，最多支持多少个工作请求。
- □ max_srq_sge：指定SRQ中的每个工作请求最多可以有多少个scatter/gather元素。

❑ max_fast_reg_page_list_len：指定在使用工作请求注册FMR时，最多可使用多少个页面列表。

❑ max_pkeys：指定最多支持多少个P_Key。

❑ local_ca_ack_delay：本地CA确认延迟。这个值指定了本地设备收到消息后，多长时间内必须发送相应的ACK或NAK。

A.4.9　方法 ib_query_port()

方法ib_query_port()用于查询RDMA设备端口的属性。如果成功，它将返回0，否则将返回指出失败原因的错误号。

```
int ib_query_port(struct ib_device *device,
        u8 port_num, struct ib_port_attr *port_attr);
```

❑ device：要查询的RDMA设备。

❑ port_num：要查询的端口号。

❑ port_attr：一个指针，指向一个将被填充的RDMA端口属性结构。

结构ib_port_attr

RDMA端口属性由结构ib_port_attr表示。

```
struct ib_port_attr {
    enum ib_port_state    state;
    enum ib_mtu    max_mtu;
    enum ib_mtu    active_mtu;
    int            gid_tbl_len;
    u32            port_cap_flags;
    u32            max_msg_sz;
    u32            bad_pkey_cntr;
    u32            qkey_viol_cntr;
    u16            pkey_tbl_len;
    u16            lid;
    u16            sm_lid;
    u8             lmc;
    u8             max_vl_num;
    u8             sm_sl;
    u8             subnet_timeout;
    u8             init_type_reply;
    u8             active_width;
    u8             active_speed;
    u8             phys_state;
};
```

❑ state：逻辑端口状态，其可能取值如下。

■IB_PORT_NOP：保留的值。

■IB_PORT_DOWN：表示逻辑链路处于关闭状态。

■IB_PORT_INIT：表示逻辑链路已初始化，即物理链路处于活动状态，但子网管理器还没有开始配置端口 。

- IB_PORT_ARMED：表示逻辑链路已就绪，即物理链路处于活动状态，子网管理器已开始配置端口，但配置工作还未完成。
- IB_PORT_ACTIVE：表示逻辑链路处于活动状态。
- IB_PORT_ACTIVE_DEFER：表示逻辑链路处于活动状态，但物理链路已关闭，链路正试图从这种故障中恢复。

❑ max_mtu：端口支持的最大MTU，其可能取值如下。

- IB_MTU_256：256字节。
- IB_MTU_512：512字节。
- IB_MTU_1024：1024字节。
- IB_MTU_2048：2048字节。
- IB_MTU_4096：4096字节。

❑ active_mtu：端口实际配置的MTU，可以为前面介绍的max_mtu。

❑ gid_tbl_len：端口的GID表包含的条目数。

❑ port_cap_flags：端口支持的功能，为下述掩码的按位OR运算结果。

- IB_PORT_SM：表示管理子网的SM正从该端口发送数据包。
- IB_PORT_NOTICE_SUP：表示端口支持通知（notice）。
- IB_PORT_TRAP_SUP：表示端口支持陷入（trap）。
- IB_PORT_OPT_IPD_SUP：表示端口支持数据包间延迟（Inter Packet Delay）可选值。
- IB_PORT_AUTO_MIGR_SUP：表示端口支持自动路径迁移（Automatic Path Migration）。
- IB_PORT_SL_MAP_SUP：表示端口支持SL 2 VL映射表。
- IB_PORT_MKEY_NVRAM：表示端口支持将M_Key属性保存到非易失性RAM中。
- IB_PORT_PKEY_NVRAM：表示端口支持将P_Key表保存到非易失性RAM中
- IB_PORT_LED_INFO_SUP：表示端口支持使用管理数据包开关LED。
- IB_PORT_SM_DISABLED：表示端口中有一个不处于活动状态的SM。
- IB_PORT_SYS_IMAGE_GUID_SUP：表示端口支持系统映像GUID。
- IB_PORT_PKEY_SW_EXT_PORT_TRAP_SUP：表示交换机管理端口上的SMA将监视每个交换机外部端口上的P_Key错配。
- IB_PORT_EXTENDED_SPEEDS_SUP：表示端口支持扩展速度（FDR和EDR）。
- IB_PORT_CM_SUP：表示端口支持CM。
- IB_PORT_SNMP_TUNNEL_SUP：表示一个SNMP隧道代理正在端口上侦听。
- IB_PORT_REINIT_SUP：表示端口支持重新初始化结点。
- IB_PORT_DEVICE_MGMT_SUP：表示端口支持设备管理。
- IB_PORT_VENDOR_CLASS_SUP：表示一个厂商专用的代理正在端口上侦听。
- IB_PORT_DR_NOTICE_SUP：表示端口支持直接路由（Direct Route）通知。
- IB_PORT_CAP_MASK_NOTICE_SUP：表示端口支持在其port_cap_flags发生变化时发送通知。

- IB_PORT_BOOT_MGMT_SUP：表示一个引导管理器代理正在端口上侦听。
- IB_PORT_LINK_LATENCY_SUP：表示端口支持链路往返延迟测量。
- IB_PORT_CLIENT_REG_SUP：表示端口能够生成异步事件IB_EVENT_CLIENT_REREGISTER。

☐ max_msg_sz：端口支持的最大消息长度。

☐ bad_pkey_cntr：一个计数器，表示端口收到的消息中有多少个错误的P_Key。

☐ qkey_viol_cntr：一个计数器，表示端口收到的消息中出现了多少次Q_Key违规。

☐ pkey_tbl_len：端口的P_Key表包含的条目数。

☐ lid：SM分配给端口的本地标识符（LID）。

☐ sm_lid：SM的LID。

☐ lmc：端口的LID掩码。

☐ max_vl_num：表示端口最多支持多少个虚拟通道，其可能取值如下。

- 1：支持1个VL——VL0。
- 2：支持2个VL——VL0~VL1。
- 3：支持4个VL——VL0~VL3。
- 4：支持8个VL——VL0~VL7。
- 5：支持15个VL——VL0~VL14。

☐ sm_sl：向SM发送消息时将使用的SL。

☐ subnet_timeout：最大子网传播延迟。该延迟的计算公式为$4.094*2^{subnet\_timeout}$。

☐ init_type_reply：将端口切换到IB_PORT_ARMED或 IB_PORT_ACTIVE前，SM配置的用于指定初始化类型的值。

☐ active_width：端口的活动宽度（active width），其可能取值如下。

- IB_WIDTH_1X：1的整数倍。
- IB_WIDTH_4X：4的整数倍。
- IB_WIDTH_8X：8的整数倍。
- IB_WIDTH_12X：12的整数倍。

☐ active_speed：端口的活动速度，其可能取值如下。

- IB_SPEED_SDR：单倍数据率——2.5 Gb/s、 8/10位编码。
- IB_SPEED_DDR：双倍数据率——5 Gb/s、 8/10位编码。
- IB_SPEED_QDR：四倍数据率——10 Gb/s、 8/10位编码。
- IB_SPEED_FDR10：Fourteen10倍数据率（Fourteen10 Data Rate，FDR10）——10.3125 Gb/s、 64/66位编码。
- IB_SPEED_FDR：十四倍数据率——14.0625 Gb/s、64/66位编码。
- IB_SPEED_EDR：增强数据率——25.78125 Gb/s。

☐ phys_state：物理端口的状态。没有用于设置这个字段的枚举。

A.4.10　方法 rdma_port_get_link_layer()

方法rdma_port_get_link_layer()返回RDMA设备端口的链路层，其可能返回的值如下。

❑ IB_LINK_LAYER_UNSPECIFIED：非指定值，通常是表示这是一个InfiniBand链路层的遗留值。

❑ IB_LINK_LAYER_INFINIBAND：链路层为 InfiniBand。

❑ IB_LINK_LAYER_ETHERNET：链路层为以太网。这意味着端口支持RoCE（RDMA Over Converged Ethernet）。

```
enum rdma_link_layer rdma_port_get_link_layer(struct ib_device *device, u8 port_num);
```

❑ device：要查询的RDMA设备。

❑ port_num：要查询的端口号。

A.4.11　方法 ib_query_gid()

方法ib_query_gid()查询RDMA设备端口的GID表。如果成功，它将返回0，否则将返回表示失败原因的错误号。

```
int ib_query_gid(struct ib_device *device, u8 port_num, int index, union ib_gid *gid);
```

❑ device：要查询的RDMA设备。

❑ port_num：要查询的端口号。

❑ index：要在GID表中查询的索引。

❑ gid：一个指针，指向要填充的GID共用体。

A.4.12　方法 ib_query_pkey()

方法ib_query_pkey()用于查询RDMA设备端口的P_Key表。如果成功，它将返回0，否则返回指出失败原因的错误号。

```
int ib_query_pkey(struct ib_device *device,
        u8 port_num, u16 index, u16 *pkey);
```

❑ device：要查询的RDMA设备。

❑ port_num：要查询的端口号。

❑ index：要在P_Key表中查询的索引。

❑ pkey：一个指针，指向要填充的P_Key。

A.4.13　方法 ib_modify_device()

方法ib_modify_device()用于修改RDMA设备的属性。如果成功，它将返回0，否则返回指出失败原因的错误号。

```
int ib_modify_device(struct ib_device *device,
```

```
        int device_modify_mask,
        struct ib_device_modify *device_modify);
```

❑ device：要修改的RDMA设备。

❑ device_modify_mask：要修改的设备属性，是对下述掩码执行按位OR运算的结果。

　■ IB_DEVICE_MODIFY_SYS_IMAGE_GUID：修改系统映像GUID。

　■ IB_DEVICE_MODIFY_NODE_DESC：修改节点描述。

❑ device_modify：修改后的RDMA属性，接下来将对其进行描述。

结构ib_device_modify

修改后的RDMA设备属性由结构ib_device_modify表示。

```
struct ib_device_modify {
    u64     sys_image_guid;
    char    node_desc[64];
};
```

❑ sys_image_guid：64位的系统映像GUID值。

❑ node_desc：以NULL结束的结点描述字符串。

A.4.14　方法 ib_modify_port()

方法ib_modify_port()用于修改RDMA设备端口的属性。如果成功，它将返回0，否则返回指出失败原因的错误号。

```
int ib_modify_port(struct ib_device *device,
        u8 port_num, int port_modify_mask,
        struct ib_port_modify *port_modify);
```

❑ device：要修改的RDMA设备。

❑ port_num：要修改的端口号。

❑ port_modify_mask：要修改的端口属性，是对下述掩码执行按位OR运算的结果。

　■ IB_PORT_SHUTDOWN：将端口切换到IB_PORT_DOWN状态。

　■ IB_PORT_INIT_TYPE：设置端口的InitType值。

　■ IB_PORT_RESET_QKEY_CNTR：重置端口的Q_Key违规计数器。

❑ port_modify：修改后的端口属性，接下来将对其进行描述。

结构ib_port_modify

修改后的RDMA设备端口属性由结构ib_port_modify表示。

```
struct ib_port_modify {
    u32    set_port_cap_mask;
    u32    clr_port_cap_mask;
    u8     init_type;
};
```

❑ set_port_cap_mask：要设置的端口功能位。

❑ clr_port_cap_mask：要清除的端口功能位。

❑ init_type：表示要将InitType设置为什么值。

A.4.15　方法 ib_find_gid()

方法ib_find_gid()用于查找指定GID值在GID表中对应的端口号和索引。如果成功，它将返回0，否则返回指出失败原因的错误号。

```
int ib_find_gid(struct ib_device *device, union ib_gid *gid,
      u8 *port_num, u16 *index);
```

❑ device：要查询的RDMA设备。
❑ gid：一个指针，指向要查找的GID。
❑ port_num：表示将用指定GID所属的端口号进行填充。
❑ index：表示将用指定GID在GID表中的索引进行填充。

A.4.16　方法 ib_find_pkey()

方法ib_find_pkey()用于查找指定P_Key值在指定端口的P_Key表中对应的索引。如果成功，它将返回0，否则返回指出失败原因的错误号。

```
int ib_find_pkey(struct ib_device *device,
      u8 port_num, u16 pkey, u16 *index);
```

❑ device：要查询的RDMA设备。
❑ port_num：要查询的端口号。
❑ pkey：要查找的P_Key值。
❑ index：表示将用指定P_Key值在P_Key表中对应的索引填充。

A.4.17　方法 rdma_node_get_transport()

方法rdma_node_get_transport()返回指定结点类型的RDMA传输类型。可能的传输类型包括如下几种。

❑ RDMA_TRANSPORT_IB：传输类型为InfiniBand。
❑ RDMA_TRANSPORT_IWARP：传输类型为iWARP。

```
enum rdma_transport_type
rdma_node_get_transport(enum rdma_node_type node_type) __attribute_const__;
```

其中，node_type为结点类型，其可能的取值如下。

❑ RDMA_NODE_IB_CA：结点类型为InfiniBand信道适配器。
❑ RDMA_NODE_IB_SWITCH：结点类型为InfiniBand交换机。
❑ RDMA_NODE_IB_ROUTER：结点类型为InfiniBand路由器。
❑ RDMA_NODE_RNIC：结点类型为RDMA NIC。

A.4.18 方法 ib_mtu_to_int()

方法ib_mtu_to_int()返回一个整数，即MTU枚举表示的字节数。如果成功，它将返回一个正数，否则返回–1。

```
static inline int ib_mtu_enum_to_int(enum ib_mtu mtu);
```

其中，mtu为前面介绍的MTU枚举值之一。

A.4.19 方法 ib_width_enum_to_int()

方法ib_width_enum_to_int()返回一个整数，即IB端口枚举表示的宽度倍数。如果成功，它将返回一个正数，否则返回–1。

```
static inline int ib_width_enum_to_int(enum ib_port_width width);
```

其中，width为前面描述的端口宽度枚举之一。

A.4.20 方法 ib_rate_to_mult()

方法ib_rate_to_mult()返回一个整数，即IB速率枚举表示的基本速率（2.5 Gb/s）的倍数。如果成功，它将返回一个正数，否则返回–1。

```
int ib_rate_to_mult(enum ib_rate rate) __attribute_const__;
```

其中，rate为要转换的速率枚举，其可能取值如下。
- ❑ IB_RATE_PORT_CURRENT：端口的当前速率。
- ❑ IB_RATE_2_5_GBPS：速率为2.5 Gb/s。
- ❑ IB_RATE_5_GBPS：速率为5 Gb/s。
- ❑ IB_RATE_10_GBPS：速率为10 Gb/s。
- ❑ IB_RATE_20_GBPS：速率为20 Gb/s。
- ❑ IB_RATE_30_GBPS：速率为30 Gb/s。
- ❑ IB_RATE_40_GBPS：速率为40 Gb/s。
- ❑ IB_RATE_60_GBPS：速率为60 Gb/s。
- ❑ IB_RATE_80_GBPS：速率为80 Gb/s。
- ❑ IB_RATE_120_GBPS：速率为120 Gb/s。
- ❑ IB_RATE_14_GBPS：速率为14 Gb/s。
- ❑ IB_RATE_56_GBPS：速率为56 Gb/s。
- ❑ IB_RATE_112_GBPS：速率为112 Gb/s。
- ❑ IB_RATE_168_GBPS：速率为168 Gb/s。
- ❑ IB_RATE_25_GBPS：速率为25 Gb/s。
- ❑ IB_RATE_100_GBPS：速率为100 Gb/s。
- ❑ IB_RATE_200_GBPS：速率为200 Gb/s。

❑ IB_RATE_300_GBPS：速率为300 Gb/s。

A.4.21 方法 ib_rate_to_mbps()

方法ib_rate_to_mbps()返回一个整数，以Mb/s为单位，指出了一个IB速率枚举表示的速率。如果成功，它将返回一个正数，否则返回-1。

```
int ib_rate_to_mbps(enum ib_rate rate) __attribute_const__;
```
其中，rate为要转换的速率枚举，前面介绍过。

A.4.22 方法 ib_rate_to_mbps()

方法ib_rate_to_mbps()返回基本速率（2.5 Gb/s）倍数对应的IB速率枚举。如果成功，它将返回一个正数，否则返回-1。

```
enum ib_rate mult_to_ib_rate(int mult) __attribute_const__;
```
其中，mult为要转换的基本速率倍数，前面介绍过。

A.5 PD

PD（Protection Domain，保护域）是一种RDMA资源，用于将QP和SRQ关联到MR以及将AH关联到QP。可将PD视为颜色。例如，红色MR可与红色QP合作，红色AH可与红色QP合作。让绿色AH与红色QP合作将导致错误。

A.5.1 方法 ib_alloc_pd()

方法ib_alloc_pd()用于分配一个PD。如果成功，它将返回一个指针，该指针指向新分配的PD；否则，它将返回一个指出失败原因的ERR_PTR()。

```
struct ib_pd *ib_alloc_pd(struct ib_device *device);
```
其中，device为PD将关联到的RDMA设备。

A.5.2 方法 ib_dealloc_pd()

方法ib_dealloc_pd()用于释放一个PD。如果成功，它将返回0，否则返回指出失败原因的错误号。

```
int ib_dealloc_pd(struct ib_pd *pd);
```
其中，pd为要释放的PD。

A.6　XRC

XRC是一个IB传输扩展。相比于最初的可靠传输，它提高了发送端可靠连接QP的可扩展性。使用XRC可减少核心之间的QP数。使用RC QP时，每台机器的每个核心都有一个QP；而在使用XRC时，每个主机只有一个XRC QP。发送消息时，发送方需要指定将要接收消息的远程SRQ的编号。

A.6.1　方法 ib_alloc_xrcd()

方法ib_alloc_xrcd()用于分配一个XRC域。如果成功，它将返回一个指针，该指针指向新创建的XRC域；否则返回一个指出失败原因的ERR_PTR()。

```
struct ib_xrcd *ib_alloc_xrcd(struct ib_device *device);
```

其中，device指定在哪个RDMA设备上分配XRC域。

A.6.2　方法 ib_dealloc_xrcd_cq()

方法ib_dealloc_xrcd_cq()用于释放一个XRC域。如果成功，它将返回0；否则返回指出失败原因的错误号。

```
int ib_dealloc_xrcd(struct ib_xrcd *xrcd);
```

其中，xrcd为要释放的XRC域。

A.7　SRQ

SRQ是一种资源，它有助于提高RDMA的可扩展性。可以在一个接收队列（该队列由所有QP共享）中管理所有接收请求，而不是在各个QP的接收队列中管理接收请求。这可避免RC QP饥饿以及不可靠传输类型中的数据包丢弃，还有助于减少加入的接收请求数，从而降低消耗的内存量。另外，不同于QP，SRQ可以设置水位，从而在SRQ中的RR数减少到一定程度后发出通知。

结构ib_srq_attr

SRQ的属性用结构ib_srq_attr表示。

```
struct ib_srq_attr {
    u32    max_wr;
    u32    max_sge;
    u32    srq_limit;
};
```

❑ max_wr：表示SRQ最多可存储多少个未处理的RR。

❑ max_sge：表示SRQ中的每个RR最多可存储多少个scatter/gather元素。

❑ srq_limit：水位线，SRQ中的RR数减少到低于这个值时将引发异步事件。

A.7.1   方法 ib_create_srq()

方法ib_create_srq()用于创建一个SRQ。如果成功，它将返回一个指针，指向新创建的SRQ；否则，它将返回一个指出失败原因的ERR_PTR()。

```
struct ib_srq *ib_create_srq(struct ib_pd *pd, struct ib_srq_init_attr *srq_init_attr);
```

❑ pd：新创建的SRQ将关联到的PD。

❑ srq_init_attr：新创建的SRQ的属性。

结构ib_srq_init_attr

要创建的SRQ的属性用结构ib_srq_init_attr表示。

```
struct ib_srq_init_attr {
    void                 (*event_handler)(struct ib_event *, void *);
    void                 *srq_context;
    struct ib_srq_attr    attr;
    enum ib_srq_type      srq_type;

    union {
        struct {
            struct ib_xrcd *xrcd;
            struct ib_cq *cq;
        } xrc;
    } ext;
};
```

❑ event_handler：一个指针，它指向的回调函数将在SRQ发生相关联的异步事件时被调用。

❑ srq_context：将与SRQ相关联的用户定义的上下文。

❑ attr：SRQ的属性，前面介绍过。

❑ srq_type：SRQ的类型，其可能取值如下。

   ■ IB_SRQT_BASIC：常规SRQ。

   ■ IB_SRQT_XRC：XRC SRQ。

❑ ext：如果srq_type为IB_SRQT_XRC，这个字段将指定与SRQ相关联的XRC域或CQ。

A.7.2   方法 ib_modify_srq()

方法ib_modify_srq()用于修改SRQ的属性。如果成功，它将返回0；否则将返回指出失败原因的错误号。

```
int ib_modify_srq(struct ib_srq *srq, struct ib_srq_attr *srq_attr, enum ib_srq_attr_mask srq_attr_mask);
```

❑ srq：要修改的SRQ。

❑ srq_attr：修改后的SRQ属性，前面介绍过。

❑ srq_attr_mask：要修改SRQ的属性，为对各种掩码执行按位OR运算的结果。

   ■ IB_SRQ_MAX_WR：修改SRQ的RR数（即调整SRQ的长度）。仅当设备支持调整SRQ的长度时，即在设备标志中设置了IB_DEVICE_SRQ_RESIZE时，才能这样做。

■ IB_SRQ_LIMIT：设置SRQ水位限制值。

A.7.3　方法 ib_query_srq()

方法ib_query_srq()用于查询SRQ的当前属性。如果成功，它将返回0；否则返回指出失败原因的错误号。

```
int ib_query_srq(struct ib_srq *srq, struct ib_srq_attr *srq_attr);
```

❑ srq：要查询的SRQ。

❑ srq_attr：查询得到的SRQ属性，前面介绍过。

A.7.4　方法 ib_destory_srq()

方法ib_destory_srq()用于销毁一个SRQ。如果成功，它将返回0；否则将返回指出失败原因的错误号。

```
int ib_destroy_srq(struct ib_srq *srq);
```

其中，srq为要销毁的SRQ。

A.7.5　方法 ib_post_srq_recv()

方法ib_post_srq_recv()将一个接收请求链表作为参数，并将它们加入SRQ，供以后处理。每个接收请求都被视为未处理的，直到被处理并生成相应的工作完成。如果成功，这个方法将返回0；否则将返回指出失败原因的错误号。

```
static inline int ib_post_srq_recv(struct ib_srq *srq, struct ib_recv_wr *recv_wr,
struct ib_recv_wr **bad_recv_wr);
```

❑ srq：要将接收请求加入到其中的SRQ。

❑ recv_wr：要加入到SRQ中的接收请求链表。

❑ bad_recv_wr：如果处理接收请求时发生错误，这个指针将为导致错误的接收请求的地址。

结构ib_recv_wr

接收请求用结构ib_recv_wr表示。

```
struct ib_recv_wr {
    struct ib_recv_wr      *next;
    u64                wr_id;
    struct ib_sge          *sg_list;
    int                num_sge;
};
```

❑ next：指向链表中下一个接收请求的指针。对于最后一个接收请求，该参数为NULL。

❑ wr_id：与接收请求相关联的64位值，用于对应的工作完成中。

❑ sg_list：scatter/gather元素数组，将在下一节介绍。

❑ num_sge：sg_list包含的条目数，为0时意味着可存储的消息长度为0字节。

结构ib_sge

scatter/gather元素用结构ib_sge表示。

```
struct ib_sge {
    u64    addr;
    u32    length;
    u32    lkey;
}
```

❑ addr：要访问的缓冲区的地址。

❑ length：要访问的缓冲区的长度。

❑ lkey：注册内存缓冲区的内存区的本地键。

A.8　地址句柄

AH是一种RDMA资源，描述了从本地端口到目的地远程端口的路径，用于UD QP。

结构ib_ah_attr

AH的属性用结构ib_ah_attr表示。

```
struct ib_ah_attr {
    struct ib_global_route    grh;
    u16            dlid;
    u8            sl;
    u8            src_path_bits;
    u8            static_rate;
    u8            ah_flags;
    u8            port_num;
};
```

❑ grh：全局路由选择报头（Global Routing Header）属性，用于将消息发送到其他子网以及本地或远程子网中的组播组。

❑ dlid：目的地LID。

❑ sl：消息将使用的服务等级。

❑ src_path_bits：使用的源路径位（source path bits），仅当端口使用了LMC时才适用。

❑ static_rate：发送的两条相邻消息之间的延迟程度，当远程结点支持的消息速率比当前结点低时使用。

❑ ah_flags：AH标志，为对掩码（IB_AH_GRH，在AH中使用GRH）执行按位OR运算的结果。

❑ port_num：用于发送消息的本地端口号。

A.8.1　方法 ib_create_ah()

方法ib_create_ah()用于创建一个AH。如果成功，它将返回一个指针，指向新创建的AH；否则将返回一个指出失败原因的ERR_PTR()。

```
struct ib_ah *ib_create_ah(struct ib_pd *pd, struct ib_ah_attr *ah_attr);
```

❑ pd：AH将关联到的PD。

❑ ah_attr：要创建的AH的属性。

A.8.2   方法 ib_init_ah_from_wc()

方法b_init_ah_from_wc()可根据一个工作完成和一个GRH结构初始化一个AH属性结构。这样做旨在在UD QP收到消息时返回一条消息。如果成功，它将返回0；否则返回一个指出失败原因的错误号。

```
int ib_init_ah_from_wc(struct ib_device *device, u8 port_num, struct ib_wc *wc,
        struct ib_grh *grh, struct ib_ah_attr *ah_attr);
```

❑ device：RDMA设备。工作完成来自这个设备，而AH将在这个设备上创建。

❑ port_num：端口号。工作完成来自这个端口，而AH将关联到这个端口。

❑ wc：到来的消息对应的工作完成。

❑ grh：到来的消息的GRH缓冲区。

❑ ah_attr：要填充的AH属性结构。

A.8.3   方法 ib_create_ah_from_wc()

方法ib_create_ah_from_wc()可根据一个工作完成和一个GRH结构创建一个AH。这样做旨在在UD QP收到消息时返回一条消息。如果成功，它将返回0；否则返回一个指出失败原因的ERR_PTR()。

```
struct ib_ah *ib_create_ah_from_wc(struct ib_pd *pd, struct ib_wc *wc, struct ib_grh *grh, u8 port_num);
```

❑ pd：AH将关联到的PD。

❑ wc：到来的消息对应的工作完成。

❑ grh：到来的消息的GRH缓冲区。

❑ port_num：端口号。工作完成来自这个端口，而AH将关联到这个端口。

A.8.4   方法 ib_modify_ah()

方法ib_modify_ah()用于修改AH的属性。如果成功，它将返回0；否则将返回一个指出失败原因的错误号。

```
int ib_modify_ah(struct ib_ah *ah, struct ib_ah_attr *ah_attr);
```

❑ ah：要修改的AH。

❑ ah_attr：修改后的AH属性，前面介绍过。

A.8.5   方法 ib_query_ah()

方法ib_query_ah()用于查询AH的当前属性。如果成功，它将返回0；否则返回一个指出失败原因的错误号。

```
int ib_query_ah(struct ib_ah *ah, struct ib_ah_attr *ah_attr);
```

❑ ah：要查询的AH。

❑ ah_attr：查询得到的AH属性，前面介绍过。

A.8.6   方法 ib_destory_ah()

方法ib_destory_ah()用于销毁一个AH。如果成功，它将返回0；否则返回一个指出失败原因的错误号。

```
int ib_destroy_ah(struct ib_ah *ah);
```

其中，ah为要销毁的AH。

A.9   组播组

组播组用于将消息从一个UD QP发送到多个UD QP。想接收这种消息的UD QP都必须加入组播组。

A.9.1   方法 ib_attach_mcast()

方法ib_attach_mcast()用于将UD QP加入RDMA设备中的组播组。如果成功，它将返回0；否则返回一个指出失败原因的错误号。

```
int ib_attach_mcast(struct ib_qp *qp, union ib_gid *gid, u16 lid);
```

❑ qp：要加入组播组的UD QP。

❑ gid：QP要加入的组播组的GID。

❑ lid：QP要加入的组播组的LID。

A.9.2   方法 ib_detach_mcast()

方法ib_detach_mcast()用于将UD QP退出RDMA设备中的组播组。如果成功，它将返回0；否则返回一个指出失败原因的错误号。

```
int ib_detach_mcast(struct ib_qp *qp, union ib_gid *gid, u16 lid);
```

❑ qp：要退出组播组的UD QP。

❑ gid：QP要退出的组播组的GID。

❑ lid：QP要退出的组播组的LID。

A.10   CQ

工作完成指出相应的工作请求已完成，并提供了有关它的信息，包括状态、使用的操作码、长度等。CQ是一种由工作完成组成的对象。

A.10.1　方法 ib_create_cq()

方法ib_create_cq()用于创建一个CQ。如果成功，它将返回一个指针，指向新创建的CQ；否则返回一个指出失败原因的ERR_PTR()。

```
struct ib_cq *ib_create_cq(struct ib_device *device, ib_comp_handler comp_handler,
void (*event_handler)(struct ib_event *, void *), void *cq_context, int cqe, int comp_vector);
```

- device：CQ要关联到的RDMA设备。
- comp_handler：一个指针，指向CQ发生完成事件时将调用的回调函数。
- event_handler：一个指针，指向CQ发生相应的异步事件时将调用的回调函数。
- cq_context：可关联到CQ的用户定义的上下文。
- cqe：指定CQ最多可存储多少个工作完成。
- comp_vector：要使用的RDMA设备的完成矢量的索引。如果这些中断的IRQ亲和性掩码被传递给所有核心，可使用这个值在所有核心之间分配完成工作负载。

A.10.2　方法 ib_resize_cq()

方法ib_resize_cq()用于修改CQ的长度，使其至少能够存储指定的工作完成数。可以增大CQ的长度，也可以减少CQ的长度。即便用户请求调整CQ的长度，系统也可能不会这样做。

```
int ib_resize_cq(struct ib_cq *cq, int cqe);
```

- cq：要调整长度的CQ。
- cqe：CQ所能存储的工作完成的请求数。这个值不能低于CQ当前包含的工作请求数。

A.10.3　方法 ib_modify_cq()

方法ib_modify_cq()用于修改CQ的调节参数。当有指定数量的工作完成进入CQ或超时后，才触发完成（Completion）事件。使用这个方法有助于减少RDMA设备中发生的中断次数。如果成功，这个方法将返回0；否则返回一个指出失败原因的错误号。

```
int ib_modify_cq(structib_cq *cq, u16 cq_count, u16 cq_period);
```

- cq：要修改的CQ。
- cq_count：指定最后一个完成事件发生后，至少有多少个工作完成进入CQ时才触发CQ事件。
- cq_period：指定最后一个完成事件发生后，多少毫秒后将触发CQ事件。

A.10.4　方法 ib_peek_cq()

方法ib_peek_cq()返回CQ当前可用的工作完成数。如果CQ中的工作完成数超过了wc_cnt的值，它将返回wc_cnt；否则返回CQ实际包含的工作完成数。如果发生错误，将返回一个指出失败原因的错误号。

```
int ib_peek_cq(structib_cq *cq, intwc_cnt);
```

- ☐ cq：要查询的CQ。
- ☐ w_cnt：最大返回值。

A.10.5　方法 ib_req_notify_cq()

方法ib_req_notify_cq()用于请求创建一个完成事件通知，其可能返回值如下。

- ☐ 0：这意味着请求成功。如果指定了标志IB_CQ_REPORT_MISSED_EVENTS，返回值0意味着没有任何遗漏的事件。
- ☐ 正值：仅当指定了标志IB_CQ_REPORT_MISSED_EVENTS且有遗漏事件时才会出现这种情况。此时应调用方法ib_poll_cq()读取CQ中的工作完成。
- ☐ 负值：发生了错误。返回的错误号指出了失败原因。

```
static inline int ib_req_notify_cq(struct ib_cq *cq,
                    enum ib_cq_notify_flags flags);
```

- ☐ cq：触发完成事件的CQ。
- ☐ flags：导致完成事件通知被创建的工作完成的信息，其可能取值如下。
  - ■ IB_CQ_NEXT_COMP：表示调用这个方法后，第一个加入该CQ中的工作完成将触发CQ事件。
  - ■ IB_CQ_SOLICITED：表示调用这个方法后，第一个加入该CQ中的主动（Solicited）工作完成将触发CQ事件。

指定参数flags时，可将其设置为上述两个值与IB_CQ_REPORT_MISSED_EVENTS执行按位OR运算的结果，以请求提供有关遗漏事件（调用这个方法时，CQ中已经有工作完成）的信息。

A.10.6　方法 ib_req_ncomp_notif()

方法ib_req_ncomp_notif()负责，在CQ中的工作完成数达到wc_cnt时，请求创建一个完成事件通知。如果成功，它将返回0；否则返回一个指出失败原因的错误号。

```
static inline int ib_req_ncomp_notif(struct ib_cq *cq, int wc_cnt);
```

- ☐ cq：指出要为哪个CQ生成完成事件。
- ☐ wc_cnt：指出CQ必须包含多少个工作完成才会生成完成事件通知。

A.10.7　方法 ib_poll_cq()

方法ib_poll_cq()负责轮询CQ中的工作完成。它从CQ中读取工作完成并删除它们。读取工作完成的顺序与它们加入CQ的顺序相同。如果成功，这个方法将返回0或一个指出读取了多少个工作完成的正数；否则返回一个指出失败原因的错误号。

```
static inline int ib_poll_cq(struct ib_cq *cq, int num_entries,
                struct ib_wc *wc);
```

❑ cq：要轮询的CQ。

❑ num_entries：指出最多可读取多少个工作完成。

❑ wc：一个数组，用于存储读取的工作完成。

结构ib_wc

工作完成用结构ib_wc表示。

```
struct ib_wc {
    u64                wr_id;
    enum ib_wc_status    status;
    enum ib_wc_opcode    opcode;
    u32                vendor_err;
    u32                byte_len;
    struct ib_qp           *qp;
    union {
        __be32            imm_data;
        u32            invalidate_rkey;
    } ex;
    u32            src_qp;
    int            wc_flags;
    u16            pkey_index;
    u16            slid;
    u8            sl;
    u8            dlid_path_bits;
    u8            port_num;
};
```

❑ wr_id：与对应的工作请求相关联的64位值。

❑ status：工作请求的结束状态，其可能取值如下。

■ IB_WC_SUCCESS：表明成功完成了指定的操作。

■ IB_WC_LOC_LEN_ERR：本地长度错误。要么是发送的消息太长，无法处理，要么是到来的消息比可用的接收请求长。

■ IB_WC_LOC_QP_OP_ERR：本地QP操作错误。处理工作请求期间，检测到了内部QP一致性错误。

■ IB_WC_LOC_EEC_OP_ERR：本地EE上下文操作错误。已摒弃，因为不支持RD QP。

■ IB_WC_LOC_PROT_ERR：本地保护错误。对于请求的操作来说，工作请求缓冲区的保护无效。

■ IB_WC_WR_FLUSH_ERR：工作请求清除错误。工作请求完成时QP处于错误状态。

■ IB_WC_MW_BIND_ERR：内存窗口绑定错误。绑定内存窗口时以失败告终。

■ IB_WC_BAD_RESP_ERR：错误响应错误。响应者返回的传输层操作码异常。

■ IB_WC_LOC_ACCESS_ERR：本地访问错误。处理带立即数据的RDMA写入消息时，本地缓冲区发生了保护错误。

■ IB_WC_REM_INV_REQ_ERR：删除无效请求错误。到来的消息无效。

- IB_WC_REM_ACCESS_ERR：远程访问错误。到来的RDMA操作发生了保护错误。
- IB_WC_REM_OP_ERR：远程操作错误。无法成功地完成到来的操作。
- IB_WC_RETRY_EXC_ERR：超过重传计数器。重传消息后，超出超时时间仍未收到远程QP的ACK或NACK。
- IB_WC_RNR_RETRY_EXC_ERR：超过RNR重传计数器。超过RNR NACK返回计数器。
- IB_WC_LOC_RDD_VIOL_ERR：本地RDD违规错误。已摒弃，因为不支持RD QP。
- IB_WC_REM_INV_RD_REQ_ERR：删除无效的RD请求。已摒弃，因为不支持RD QP。
- IB_WC_REM_ABORT_ERR：远程中止错误。响应者中止了操作。
- IB_WC_INV_EECN_ERR：EE上下文编号无效。已摒弃，因为不支持RD QP。
- IB_WC_INV_EEC_STATE_ERR：无效的EE上下文状态错误。已摒弃，因为不支持RD QP。
- IB_WC_FATAL_ERR：致命错误。
- IB_WC_RESP_TIMEOUT_ERR：响应超时错误。
- IB_WC_GENERAL_ERR：一般性错误。不属于上述任何一种错误的错误。
- opcode：工作完成对应的工作请求的操作，其可能取值如下。
  - IB_WC_SEND：发送端完成了发送操作。
  - IB_WC_RDMA_WRITE：发送端完成了RDMA写入操作。
  - IB_WC_RDMA_READ：发送端完成了RDMA读取操作。
  - IB_WC_COMP_SWAP：发送端完成了比较并交换操作。
  - IB_WC_FETCH_ADD：发送端完成了取回并添加操作。
  - IB_WC_BIND_MW：发送端完成了内存窗口绑定操作。
  - IB_WC_LSO：发送端完成了使用LSO（Large Send Offload）进行发送的操作。
  - IB_WC_LOCAL_INV：发送端完成了本地失效操作。
  - IB_WC_FAST_REG_MR：发送端完成了快速注册操作。
  - IB_WC_MASKED_COMP_SWAP：发送端完成了部分比较并交换操作。
  - IB_WC_MASKED_FETCH_ADD：发送端完成了部分取回并添加操作。
  - IB_WC_RECV：接收端完成了到来的发送操作对应的接收请求。
  - IB_WC_RECV_RDMA_WITH_IMM：接收端完成了到来的带立即数据的RDMA写入操作对应的接收请求。
- vendor_err：随厂商而异的值，提供了有关错误原因的额外信息。
- byte_len：如果工作完成是因接收请求结束而创建的，byte_len将指出收到了多少个字节。
- qp：收到工作完成的QP。这在QP与SRQ相关联的情况下很有用，它能够让你了解是哪个QP消费了SRQ中的接收请求。
- ex.imm_data：随消息发送的带外数据，长32位，使用网络字节顺序。仅当在wc_flags中设置了IB_WC_WITH_IMM时它才可用。
- ex.invalidate_rkey：失效的远程键。仅当在wc_flags中设置了IB_WC_WITH_INVALIDATE时它才可用。

- ❑ src_qp：源QP号，即发送消息的QP的编号，它只与UD QP相关。
- ❑ wc_flags：提供有关工作完成的信息的标志，为对掩码执行按位OR运算的结果。
  - ◼ IB_WC_GRH：指出收到的消息包含一个GRH，它位于接收请求缓冲区的开头40字节中。只与UD QP相关。
  - ◼ IB_WC_WITH_IMM：指出收到的消息包含立即数据。
  - ◼ IB_WC_WITH_INVALIDATE：指出收到了一条失效发送（Send with Invalidate）消息。
  - ◼ IB_WC_IP_CSUM_OK：指出收到的消息通过了RDMA执行的IP校验和检查。仅当RDMA设备支持IP校验和减负，即在设备标志中设置了IB_DEVICE_UD_IP_CSUM时它才可用。
- ❑ pkey_index：P_Key索引，只与GSI QP相关。
- ❑ slid：消息的源LID，只与UD QP相关。
- ❑ sl：消息的服务等级，只与UD QP相关。
- ❑ dlid_path_bits：目标LID路径位，只与UD QP相关。
- ❑ port_num：指出消息是经哪个端口进入的。它只与交换机上的直接路由SMP相关。

A.10.8 方法 ib_destory_cq()

方法ib_destory_cq()用于销毁一个CQ。如果成功，它将返回0；否则返回一个指出失败原因的错误号。

```
int ib_destroy_cq(struct ib_cq *cq);
```

其中，cq为要销毁的CQ。

A.11 QP

QP是一种将两个工作队列——发送队列和接收队列组合在一起的资源。其中每个队列都以FIFO的方式运行，加入到每个工作队列的WR将按它们达到的顺序处理，但不能保证队列之间的顺序。QP是发送和接收数据包的资源。

A.11.1 结构 ib_qp_cap

QP的工作队列长度用结构ib_qp_cap表示。

```
struct ib_qp_cap {
    u32    max_send_wr;
    u32    max_recv_wr;
    u32    max_send_sge;
    u32    max_recv_sge;
    u32    max_inline_data;
};
```

- ❑ max_send_wr：指出QP的发送队列最多可包含多少个未处理的工作请求。

- ❑ max_recv_wr：指出QP的接收队列最多可包含多少个未处理的工作请求。QP被关联到SRQ时，这个值将被忽略。
- ❑ max_send_sge：指出发送队列中的每个工作请求最多可存储多少个scatter/gather元素。
- ❑ max_recv_sge：指出接收队列中的每个工作请求最多可存储多少scatter/gather元素。
- ❑ max_inline_data：可发送的最大内嵌（inline）消息长度。

A.11.2　方法 ib_create_qp()

方法ib_create_qp()用于创建一个QP。如果成功，它将返回一个指针，指向新创建的QP；否则返回一个指出失败原因的ERR_PTR()。

```
struct ib_qp *ib_create_qp(struct ib_pd *pd,
        struct ib_qp_init_attr *qp_init_attr);
```

- ❑ pd：要创建的QP将关联到的PD。
- ❑ qp_init_attr：要创建的QP的属性。

结构ib_qp_init_attr

要创建的QP的属性用结构ib_qp_init_attr表示。

```
struct ib_qp_init_attr {
    void                    (*event_handler)(struct ib_event *, void *);
    void              *qp_context;
    struct ib_cq        *send_cq;
    struct ib_cq        *recv_cq;
    struct ib_srq       *srq;
    struct ib_xrcd      *xrcd;       /* XRC TGT QPs only */
    struct ib_qp_cap     cap;
    enum ib_sig_type     sq_sig_type;
    enum ib_qp_type      qp_type;
    enum ib_qp_create_flags  create_flags;
    u8                  port_num; /* special QP types only */
};
```

- ❑ event_handler：一个指针，指向QP发生相关联的异步事件时将调用的回调函数。
- ❑ qp_context：可与QP相关联的用户定义的上下文。
- ❑ send_cq：与QP的接收队列相关联的CQ。
- ❑ recv_cq：与QP的发送队列相关联的CQ。
- ❑ srq：与QP的接收队列相关联的SRQ。如果不想将QP关联到SQR，则其为NULL。
- ❑ xrcd：QP将关联到的XRC域。仅在qp_type为IB_QPT_XRC_TGT时才相关。
- ❑ cap：一个描述发送队列和接收队列长度的结构，这在前面介绍过。
- ❑ sq_sig_type：发送队列的信令类型，如下所示。
  - ■ IB_SIGNAL_ALL_WR：加入到发送队列的每个发送请求结束时都有相应的工作完成。
  - ■ IB_SIGNAL_REQ_WR：仅当加入到发送队列中的发送请求包含显式请求，即设置了标志IB_SEND_SIGNALED时，它在结束时才会有相应的工作完成。这被称为选择性信令。
- ❑ qp_type：QP的传输类型，如下所示。

- IB_QPT_SMI：子网管理接口QP。
- IB_QPT_GSI：通用服务接口QP。
- IB_QPT_RC：可靠连接QP。
- IB_QPT_UC：不可靠连接QP。
- IB_QPT_UD：不可靠数据报QP。
- IB_QPT_RAW_IPV6：IPv6原始数据报QP。
- IB_QPT_RAW_ETHERTYPE：以太类型原始数据报QP。
- IB_QPT_RAW_PACKET：原始数据报QP。
- IB_QPT_XRC_INI：XRC发起方QP。
- IB_QPT_XRC_TGT：XRC目标QP。

- ❑ create_flags：QP属性标志，通过对掩码执行按位OR运算得到。
  - IB_QP_CREATE_IPOIB_UD_LSO：QP将用于发送IPoIB LSO消息。
  - IB_QP_CREATE_BLOCK_MULTICAST_LOOPBACK：阻断环回的组播数据包。
- ❑ port_num：QP关联到的RDMA设备端口号。仅当qp_type为IB_QPT_SMI或IB_QPT_GS时才相关。

A.11.3　方法 ib_modify_qp()

方法ib_modify_qp()用于修改QP的属性。如果成功，它将返回0；否则返回一个指出失败原因的错误号。

```
int ib_modify_qp(struct ib_qp *qp,
    struct ib_qp_attr *qp_attr,
    int qp_attr_mask);
```

- ❑ qp：要修改的QP。
- ❑ qp_attr：修改后的QP属性，前面介绍过。
- ❑ qp_attr_mask：指定要修改QP的哪些属性。每个掩码都指定了QP转换中要修改的属性，如qp_att中所使用的属性。它是对掩码执行按位OR运算的结果。
  - IB_QP_STATE：修改字段qp_state中指定的假定的QP当前状态。
  - IB_QP_CUR_STATE：修改字段cur_qp_state中指定的QP状态。
  - IB_QP_EN_SQD_ASYNC_NOTIFY：在QP状态为SQD.drained时，修改字段en_sqd_async_notify中指定的通知请求状态。
  - IB_QP_ACCESS_FLAGS：修改字段qp_access_flags中指定的允许的远程操作。
  - IB_QP_PKEY_INDEX：修改字段pkey_index中指定的与QP主路径关联的P_Key表索引。
  - IB_QP_PORT：修改字段port_num中指定的与QP主路径相关联的RDMA设备端口号。
  - IB_QP_QKEY：修改字段qkey中指定的QP的Q_Key。
  - IB_QP_AV：修改字段ah_attr中指定的QP的地址矢量属性。
  - IB_QP_PATH_MTU：修改字段path_mtu中指定的路径MTU。

- IB_QP_TIMEOUT：修改字段timeout中指定的重传前等待时间。
- IB_QP_RETRY_CNT：修改字段retry_cnt中指定的在没有收到ACK/NACK的情况下重传的次数。
- IB_QP_RNR_RETRY：修改rq_psn字段中指定的RNR重传次数。
- IB_QP_RQ_PSN：修改字段rnr_retry中指定的收到的数据包的起始PSN。
- IB_QP_MAX_QP_RD_ATOMIC：修改QP作为发起方时最多可同时处理的RDMA读取和原子操作数，这是在字段max_rd_atomic中指定的。
- IB_QP_ALT_PATH：修改字段alt_ah_attr、alt_pkey_index、alt_port_num和alt_timeout中指定的替代路径。
- IB_QP_MIN_RNR_TIMER：修改QP在RNR Nak中向远程端报告的RNR最短定时器，它存储在字段min_rnr_timer中。
- IB_QP_SQ_PSN：修改sq_psn字段指定的发送的数据包的起始PSN。
- IB_QP_MAX_DEST_RD_ATOMIC：修改QP作为目标时最多可同时处理的RDMA读取和原子操作数，这是在字段max_dest_rd_atomic中指定的。
- IB_QP_PATH_MIG_STATE：修改字段path_mig_state中指定的路径迁移状态机的状态。
- IB_QP_CAP：修改cap字段中指定的QP工作队列（发送队列和接收队列）的长度。
- IB_QP_DEST_QPN：修改字段dest_qp_num中指定的目标QP号。

结构ib_qp_attr

QP属性用结构ib_qp_attr表示。

```
struct ib_qp_attr {
    enum ib_qp_state       qp_state;
    enum ib_qp_state       cur_qp_state;
    enum ib_mtu            path_mtu;
    enum ib_mig_state      path_mig_state;
    u32                    qkey;
    u32                    rq_psn;
    u32                    sq_psn;
    u32                    dest_qp_num;
    int                    qp_access_flags;
    struct ib_qp_cap       cap;
    struct ib_ah_attr      ah_attr;
    struct ib_ah_attr      alt_ah_attr;
    u16                    pkey_index;
    u16                    alt_pkey_index;
    u8                     en_sqd_async_notify;
    u8                     sq_draining;
    u8                     max_rd_atomic;
    u8                     max_dest_rd_atomic;
    u8                     min_rnr_timer;
    u8                     port_num;
    u8                     timeout;
    u8                     retry_cnt;
    u8                     rnr_retry;
    u8                     alt_port_num;
```

```
    u8              alt_timeout;
};
```

❑ qp_state：指定要将QP切换到哪个状态，其可能取值如下。

  ■ IB_QPS_RESET：重置状态。

  ■ IB_QPS_INIT：已初始化状态。

  ■ IB_QPS_RTR：接收就绪状态。

  ■ IB_QPS_RTS：发送就绪状态。

  ■ IB_QPS_SQD：发送队列已干涸状态。

  ■ IB_QPS_SQE：发送队列错误状态。

  ■ IB_QPS_ERR：错误状态。

❑ cur_qp_state：假定的QP当前状态，可能取值与qp_state类似。

❑ path_mtu：路径MTU，其可能取值如下。

  ■ IB_MTU_256：256字节。

  ■ IB_MTU_512：512字节。

  ■ IB_MTU_1024：1024字节。

  ■ IB_MTU_2048：2048字节。

  ■ IB_MTU_4096：4096字节。

❑ path_mig_state：用于APM（自动路径迁移）的路径迁移状态机的状态，其可能取值如下。

  ■ IB_MIG_MIGRATED：已迁移。路径迁移状态机已迁移（迁移后的初始状态）。

  ■ IB_MIG_REARM：尝试（Rearm）。路径迁移状态机处于尝试状态（与远程RC QP协调，尝试将本地和远程QP都切换到就绪状态）。

  ■ IB_MIG_ARMED：就绪（Aramed）。路径迁移状态机已就绪（本地和远程QP都为执行路径迁移做好了准备）。

❑ qkey：QP的Q_Key。

❑ rq_psn：期望接收队列中第一个数据包使用的PSN。这个值长24位。

❑ sq_psn：发送队列中第一个数据包使用的PSN。这个值长24位。

❑ dest_qp_num：远程端的QP号。这个值长24位。

❑ qp_access_flags：支持的RDMA操作和原子操作。它是对掩码执行按位OR运算得到的结果。

  ■ IB_ACCESS_REMOTE_WRITE：支持RDMA写入操作。

  ■ IB_ACCESS_REMOTE_READ：支持RDMA读取操作。

  ■ IB_ACCESS_REMOTE_ATOMIC：支持原子操作。

❑ cap：QP队列的长度，即接收队列和发送队列可包含的最大工作请求数。仅当设备支持QP队列长度调整，即在设备标志中设置了IB_DEVICE_RESIZE_MAX_WR时，才能修改它。这个结构在前面介绍过。

❑ ah_attr：QP主路径的地址矢量，这个结构在前面介绍过。

- alt_ah_attr：QP替代路径的地址矢量，这个结构在前面介绍过。
- pkey_index：QP主路径的P_Key索引。
- alt_pkey_index：QP替代路径的P_Key索引。
- en_sqd_async_notify：如果不为0，则在QP切换到SQE.drained状态时将调用异步事件回调函数。
- sq_draining：只与ib_query_qp()相关。如果不为0，说明QP处于SQD.drainning状态（而不是SQD.drained状态）。
- max_rd_atomic：QP作为发起方时可同时处理的最大RDMA读取和原子操作数。
- max_dest_rd_atomic：QP作为目标时可同时处理的最大RDMA读取和原子操作数。
- min_rnr_timer：远程端使用RNR NACK进行响应时，在重传消息前等待的时间。
- port_num：QP主路径关联到的RDMA设备端口号。
- timeout：远程端未在主路径中使用ACK或NACK进行响应时，在重传消息前等待的时间。这个值长5位。它为0时，表示无限长；为其他值时，表示等待时间为$4.096 * 2 \wedge timeout$微秒。
- retry_cnt：远程端没有使用ACK或NACK响应时，重传消息的次数。
- rnr_retry：远程端使用RNR NACK进行响应时，重传消息的次数。这是一个3位的值，为7时表示不断重传。其可能取值如下。
  - IB_RNR_TIMER_655_36：延迟655.36毫秒。
  - IB_RNR_TIMER_000_01：延迟0.01毫秒。
  - IB_RNR_TIMER_000_02：延迟0.02毫秒。
  - IB_RNR_TIMER_000_03：延迟0.03毫秒。
  - IB_RNR_TIMER_000_04：延迟0.04毫秒。
  - IB_RNR_TIMER_000_06：延迟0.06毫秒。
  - IB_RNR_TIMER_000_08：延迟0.08毫秒。
  - IB_RNR_TIMER_000_12：延迟0.12毫秒。
  - IB_RNR_TIMER_000_16：延迟0.16毫秒。
  - IB_RNR_TIMER_000_24：延迟0.24毫秒。
  - IB_RNR_TIMER_000_32：延迟0.32毫秒。
  - IB_RNR_TIMER_000_48：延迟0.48毫秒。
  - IB_RNR_TIMER_000_64：延迟0.64毫秒。
  - IB_RNR_TIMER_000_96：延迟0.96毫秒。
  - IB_RNR_TIMER_001_28：延迟1.28毫秒。
  - IB_RNR_TIMER_001_92：延迟1.92毫秒。
  - IB_RNR_TIMER_002_56：延迟2.56毫秒。
  - IB_RNR_TIMER_003_84：延迟3.84毫秒。
  - IB_RNR_TIMER_005_12：延迟5.12毫秒。

- IB_RNR_TIMER_007_68：延迟7.68毫秒。
- IB_RNR_TIMER_010_24：延迟10.24毫秒。
- IB_RNR_TIMER_015_36：延迟15.36毫秒。
- IB_RNR_TIMER_020_48：延迟20.48毫秒。
- IB_RNR_TIMER_030_72：延迟30.72毫秒。
- IB_RNR_TIMER_040_96：延迟40.96毫秒。
- IB_RNR_TIMER_061_44：延迟61.44毫秒。
- IB_RNR_TIMER_081_92：延迟81.92毫秒。
- IB_RNR_TIMER_122_88：延迟122.88毫秒。
- IB_RNR_TIMER_163_84：延迟163.84毫秒。
- IB_RNR_TIMER_245_76：延迟245.76毫秒。
- IB_RNR_TIMER_327_68：延迟327.86毫秒。
- IB_RNR_TIMER_491_52：延迟391.52毫秒。

❑ alt_port_num：QP替代路径关联的RDMA设备端口号。

❑ alt_timeout：如果远程端在替代路径中没有使用ACK或NACK进行响应，在重传消息前等待的时间。这个值长5位，为0时，表示无限长；为其他值时，表示等待时间为4.096 * 2 ^ timeout微秒。

A.11.4　方法 ib_query_qp()

方法ib_query_qp()用于查询QP的当前属性。qp_attr的有些属性在每次调用ib_query_qp()时都可能不同，如状态字段。如果成功，这个方法将返回0；否则返回一个指出失败原因的错误号。

```
int ib_query_qp(struct ib_qp *qp, struct ib_qp_attr *qp_attr, int qp_attr_mask,
struct ib_qp_init_attr *qp_init_attr);
```

❑ qp：要查询的QP。

❑ qp_attr：QP的属性，前面介绍过。

❑ qp_attr_mask：指定要查询哪些属性。低级驱动程序可使用它来指定要查询哪些字段，但也可能会忽略这个参数，而对整个结构进行填充。

❑ qp_init_attr：QP的初始属性，前面介绍过。

A.11.5　方法 ib_destory_qp()

方法ib_destory_qp()用于销毁一个QP。如果成功，它将返回0；否则返回一个指出失败原因的错误号。

```
int ib_destroy_qp(struct ib_qp *qp);
```

其中，qp为要销毁的QP。

A.11.6 方法 ib_open_qp()

方法ib_open_qp()用于获取一个引用,该引用指向一个可在多个进程之间共享的现有QP。创建该QP的进程可能已经退出。允许将该QP的所有权交给另一个进程。如果成功,它将返回一个指针,指向一个可共享的QP;否则返回一个指出失败原因的ERR_PTR()。

```
struct ib_qp *ib_open_qp(struct ib_xrcd *xrcd, struct ib_qp_open_attr *qp_open_attr);
```

❑ xrcd:QP将要关联到的XRC域。

❑ qp_open_attr:要打开的既有QP的属性。

结构ib_qp_open_attr
共享QP的属性用结构ib_qp_open_attr表示。

```
struct ib_qp_open_attr {
    void             (*event_handler)(struct ib_event *, void *);
    void             *qp_context;
    u32              qp_num;
    enum ib_qp_type  qp_type;
};
```

❑ event_handler:一个指针,指向QP发生相关联的异步事件时将调用的回调函数。

❑ qp_context:可关联到QP的用户定义的上下文。

❑ qp_num:QP将打开的QP号。

❑ qp_type:QP的传输类型,只支持IB_QPT_XRC_TGT类型。

A.11.7 方法 ib_close_qp()

方法ib_close_qp()用于释放一个外部QP引用。底层的共享QP不会被销毁,除非使用方法ib_open_qp()获取的所有内部引用都被释放。如果成功,它将返回0;否则返回一个指出失败原因的错误号。

```
int ib_close_qp(struct ib_qp *qp);
```

其中,qp为要关闭的QP。

A.11.8 方法 ib_post_recv()

方法ib_post_recv()负责将一个接收请求链表添加到接收队列中,供以后进行处理。每个接收请求都被视为未处理的,除非它已处理完毕并生成了相应的工作完成。如果成功,它将返回0;否则返回一个指出失败原因的错误号。

```
static inline int ib_post_recv(struct ib_qp *qp, struct ib_recv_wr *recv_wr, struct ib_recv_wr
**bad_recv_wr);
```

❑ qp:要在其接收队列中加入接收请求的QP。

❑ recv_wr:要加入的接收请求链表。

❑ bad_recv_wr：如果处理接收请求时发生错误，这个指针将被设置为导致错误的接收请求的地址。

A.11.9　方法 ib_post_send()

方法ib_post_send()将一个发送请求链表作为参数，并将它们加入到发送队列中，供以后进行处理。每个发送请求都被视为未完成的，除非它已处理完毕并生成了相应的工作完成。如果成功，它将返回0；否则返回一个指出失败原因的错误号。

```
static inline int ib_post_send(struct ib_qp *qp, struct ib_send_wr *send_wr, struct ib_send_wr
**bad_send_wr);
```

❑ qp：要在其发送队列中加入发送请求的QP。

❑ send_wr：要加入的发送请求链表。

❑ bad_send_wr：如果处理发送请求时发生错误，这个指针将被设置为导致错误的发送请求的地址。

结构ib_send_wr

发送请求用结构ib_send_wr表示。

```
struct ib_send_wr {
    struct ib_send_wr        *next;
    u64             wr_id;
    struct ib_sge        *sg_list;
    int             num_sge;
    enum ib_wr_opcode    opcode;
    int             send_flags;
    union {
        __be32          imm_data;
        u32          invalidate_rkey;
    } ex;
    union {
        struct {
            u64     remote_addr;
            u32     rkey;
        } rdma;
        struct {
            u64     remote_addr;
            u64     compare_add;
            u64     swap;
            u64     compare_add_mask;
            u64     swap_mask;
            u32     rkey;
        } atomic;
        struct {
            struct ib_ah     *ah;
            void         *header;
            int          hlen;
            int          mss;
            u32          remote_qpn;
```

```
        u32        remote_qkey;
        u16        pkey_index; /* 仅适用于GSI */
        u8       port_num;    /* 仅适用于交换机上的DR SMP */
    } ud;
    struct {
        u64                 iova_start;
        struct ib_fast_reg_page_list        *page_list;
        unsigned int            page_shift;
        unsigned int            page_list_len;
        u32               length;
        int               access_flags;
        u32               rkey;
    } fast_reg;
    struct {
        struct ib_mw              *mw;
        /* 内存窗口的新远程键. */
        u32                    rkey;
        struct ib_mw_bind_info        bind_info;
    } bind_mw;
} wr;
    u32        xrc_remote_srq_num;    /* 仅适用于XRC TGT QP */
};
```

❑ next：指向链表中下一个发送请求的指针。对于最后一个发送请求，该指针为NULL。

❑ wr_id：与发送请求相关联的64位值，将用于相应的工作完成中。

❑ sg_list：包含scatter/gather元素的数组，前面介绍过。

❑ num_sge：sg_list中的条目数，为0时意味着消息长度为0字节。

❑ opcode：要执行的操作。它决定了数据的传输方式和方向、远程端是否将消费接收请求以及将使用发送请求（send_wr）的哪些字段。其可能取值如下。

■ IB_WR_RDMA_WRITE：RDMA写入操作。

■ IB_WR_RDMA_WRITE_WITH_IMM：带立即数据的RDMA写入操作。

■ IB_WR_SEND：发送操作。

■ IB_WR_SEND_WITH_IMM：带立即数据的发送操作。

■ IB_WR_RDMA_READ：RDMA读取操作。

■ IB_WR_ATOMIC_CMP_AND_SWP：比较并交换操作。

■ IB_WR_ATOMIC_FETCH_AND_ADD：取回并添加操作。

■ IB_WR_LSO：使用LSO发送一条IPoIB消息（允许RDMA设备将大型SKB分成多个长度为MSS的数据包）。LSO是一种优化功能，允许使用大型数据包以降低CPU开销。

■ IB_WR_SEND_WITH_INV：失效发送（Send with Invalidate）操作。

■ IB_WR_RDMA_READ_WITH_INV：RDMA失效读取（Read with invalidate）操作。

■ IB_WR_LOCAL_INV：本地失效操作。

■ IB_WR_FAST_REG_MR：快速MR注册操作。

■ IB_WR_MASKED_ATOMIC_CMP_AND_SWP：部分比较并交换操作。

■ IB_WR_MASKED_ATOMIC_FETCH_AND_ADD：部分取回并添加操作。

- IB_WR_BIND_MW：内存窗口绑定操作。
- send_flags：发送请求的额外属性，为对掩码执行按位OR运算的结果。
  - IB_SEND_FENCE：执行该操作前，等待前一个发送请求处理完毕。
  - IB_SEND_SIGNALED：如果创建QP时指定了选择性信令，则该发送请求处理完毕后，将生成一个工作请求。
  - IB_SEND_SOLICITED：指定远程端将触发主动（Solicited）事件。
  - IB_SEND_INLINE：将发送请求作为内嵌数据（inline）加入，即让低级驱动程序而不是RDMA设备读取sg_list内存缓冲区。这可能会增加延迟。
  - IB_SEND_IP_CSUM：发送一条IPoIB消息，并在硬件中计算IP校验和（校验和减负）。
- ex.imm_data：要发送的立即数据。仅当opcode为IB_WR_SEND_WITH_IMM或IB_WR_RDMA_WRITE_WITH_IMM时，这项数据才相关。
- ex.invalidate_rkey：要使其失效的远程键。仅当opcode为IB_WR_SEND_WITH_INV时，这项数据才相关。

下面的共用体仅在opcode为IB_WR_RDMA_WRITE、IB_WR_RDMA_WRITE_WITH_IMM或IB_WR_RDMA_READ时才相关。

- wr.rdma.remote_addr：发送请求将访问的远程地址。
- wr.rdma.rkey：发送请求将访问的MR的远程键（rkey）。

下面的共用体仅在opcode为IB_WR_ATOMIC_CMP_AND_SWP、IB_WR_ATOMIC_FETCH_AND_ADD、IB_WR_MASKED_ATOMIC_CMP_AND_SWP或IB_WR_MAS KED_ATOMIC_FETCH_AND_ADD时才相关。

- wr.atomic.remote_addr：发送请求将访问的远程地址。
- wr.atomic.compare_add：如果opcode为IB_WR_ATOMIC_FETCH_AND_ADD*，将把这个值与remote_addr的内容相加；否则将这个值与remote_addr的内容进行比较。
- wr.atomic.swap：如果这个值与compare_add相等，将把它放入remote_addr中。仅当opcode为IB_WR_ATOMIC_CMP_AND_SWP或IB_WR_MASKED_ATOMIC_CMP_AND_SWP时，这个值才相关。
- wr.atomic.compare_add_mask：当opcode为IB_WR_MASKED_ATOMIC_FETCH_AND_ADD时，这个掩码决定了在将compare_add与remote_addr的内容相加时，将修改哪部分值；否则这个掩码决定了要将remote_addr的哪部分内容与swap进行比较。
- wr.atomic.swap_mask：这个掩码决定了将修改remote_addr的哪部分内容，仅当opcode为IB_WR_MASKED_ATOMIC_CMP_AND_SWP时才相关。
- wr.atomic.rkey：发送请求将要访问的MR的rkey。

下面的共用体仅在发送请求加入到的QP的类型为UD时才相关。

- wr.ud.ah：描述前往目标结点的路径的地址句柄。
- wr.ud.header：报头指针，仅当opcode为IB_WR_LSO时才相关。
- wr.ud.hlen：wr.ud.header的长度，仅当opcode为IB_WR_LSO时才相关。

❑ wr.ud.mss：将消息分段时，使用的最大分段长度，仅当opcode为IB_WR_LSO时才相关。

❑ wr.ud.remote_qpn：消息将被发送到的远程QP号。如果消息将被发送到组播组，应使用枚举IB_MULTICAST_QPN。

❑ wr.ud.remote_qkey：要使用的远程Q_Key值。如果它被设置为MSB，则将从QP属性中获取Q_Key的值。

❑ wr.ud.pkey_index：发送消息时将使用的P_Key，仅当QP类型为IB_QPT_GSI时才相关。

❑ wr.ud.port_num：指定消息将从哪个端口发送出去，只与交换机上的直接路由SMP相关。

下面的共用体仅在opcode为IB_WR_FAST_REG_MR时才相关。

❑ wr.fast_reg.iova_start：新创建的FMR的I/O虚拟地址。

❑ wr.fast_reg.page_list：在FMR中映射的页面列表。

❑ wr.fast_reg.page_shift：要映射的页面长度的以2为底的对数。

❑ wr.fast_reg.page_list_len：page_list包含的页面数。

❑ wr.fast_reg.length：FMR的长度，单位为字节。

❑ wr.fast_reg.access_flags：可对FMR执行的操作。

❑ wr.fast_reg.rkey：将与FMR相关联的远程键的值。

下面的共用体仅在opcode为IB_WR_BIND_MW时才相关。

❑ wr.bind_mw.mw：要绑定的MW。

❑ wr.bind_mw.rkey：要给MW分配的远程键的值。

❑ wr.bind_mw.bind_info：绑定属性，将在下一节解释。

下面的成员仅在发送请求将加入到的QP的类型为XRCTGT时才相关。

❑ xrc_remote_srq_num：将接收消息的远程SRQ。

结构ib_mw_bind_info

1类和2类MW的绑定属性都用结构ib_mw_bind_info表示。

```
struct ib_mw_bind_info {
    struct ib_mr    *mr;
    u64     addr;
    u64     length;
    int     mw_access_flags;
};
```

❑ mr：内存窗口将绑定到的内存区。

❑ addr：内存窗口的起始地址。

❑ length：内存窗口的大小，单位为字节。

❑ mw_access_flags：允许的RDMA操作和原子操作，为对掩码执行按位OR运算的结果。

　　■ IB_ACCESS_REMOTE_WRITE：允许RDMA写入操作。

　　■ IB_ACCESS_REMOTE_READ：允许RDMA读取操作。

　　■ IB_ACCESS_REMOTE_ATOMIC：允许原子操作。

A.12　内存窗口

内存窗口是一种修改远程操作权限以及使其失效的轻量级方式。

A.12.1　方法 ib_alloc_mw()

方法ib_alloc_mw()用于分配一个内存窗口。如果成功，它将返回一个指针，指向新分配的MW；否则返回一个指出失败原因的ERR_PTR()。

```
struct ib_mw *ib_alloc_mw(struct ib_pd *pd, enum ib_mw_type type);
```

❑ pd：要将该MW关联到的PD。

❑ type：内存窗口的类型，可能取值如下。

　　■ IB_MW_TYPE_1：这种MW可使用verb进行绑定，且只能关联到PD。

　　■ IB_MW_TYPE_2：这种MW可使用工作请求进行绑定，且可关联到一个QP号或同时关联到一个QP号和一个PD。

A.12.2　方法 ib_bind_mw()

方法ib_bind_mw()用于将内存窗口绑定到指定的内存区，后者包含特定的地址、长度和远程操作。如果没有立即发生错误，MW的rkey将被更新为新值，但绑定操作可能发生异步错误（结束时生成一个包含错误的工作完成）。如果成功，这个方法将返回0；否则返回一个指出失败原因的错误号。

```
static inline int ib_bind_mw(struct ib_qp *qp, struct ib_mw *mw, struct ib_mw_bind *mw_bind);
```

❑ qp：WR绑定操作所面向的QP。

❑ mw：要绑定到的MW。

❑ mw_bind：绑定属性，接下来将对其加以介绍。

结构ib_mw_bind

1类MW的绑定属性用结构ib_mw_bind表示。

```
struct ib_mw_bind {
    u64                     wr_id;
    int                     send_flags;
    struct ib_mw_bind_info bind_info;
};
```

❑ wr_id：与绑定发送请求相关联的64位值，这个工作请求ID（wr_id）将用于相应的工作完成中。

❑ send_flags：绑定发送请求的额外属性，前面介绍过。对于绑定发送请求，仅支持IB_SEND_FENCE和IB_SEND_SIGNALED。

❑ bind_info：绑定操作的其他属性，前面介绍过。

A.12.3   方法 ib_dealloc_mw()

方法ib_dealloc_mw()用于释放一个MW。如果成功，它将返回0；否则返回一个指出失败原因的错误号。

```
int ib_dealloc_mw(struct ib_mw *mw);
```

其中，mw为释放的MW。

A.13   内存区

RDMA设备访问的每个内存缓冲区都必须注册。在注册过程中，将锁定内存以防其被换出，并在RDMA设备中存储内存转换信息（从虚拟地址到物理地址）。注册后，每个内存区都有两个键。一个用于本地访问，另一个用于远程访问。在工作请求中，将使用这些键来指定内存缓冲区。

A.13.1   方法 ib_get_dma_mr()

方法ib_get_dma_mr()将返回一个内存区，它表示可供DMA使用的系统内存。仅创建MR还不够，还需调用下面将介绍的ib_dma_*()方法，以创建或销毁MR的lkey和rkey使用的地址。如果成功，这个方法将返回一个指针，指向新分配的MR；否则返回一个指出失败原因的ERR_PTR()。

```
struct ib_mr *ib_get_dma_mr(struct ib_pd *pd, int mr_access_flags);
```

❑ pd：该MR将关联到的PD。

❑ mr_access_flags：允许对该MR执行的操作。MR总是支持本地写入操作。这个参数为对掩码执行按位OR运算的结果。

■ IB_ACCESS_LOCAL_WRITE：允许对该内存区执行本地写入操作。

■ IB_ACCESS_REMOTE_WRITE：允许对该内存区执行RDMA写入操作。

■ IB_ACCESS_REMOTE_READ：允许对该内存区执行RDMA读取操作。

■ IB_ACCESS_REMOTE_ATOMIC：允许对该内存区执行原子操作。

■ IB_ACCESS_MW_BIND：允许将MW绑定到该内存区。

■ IB_ZERO_BASED：指出虚拟地址是从0开始的。

A.13.2   方法 ib_dma_mapping_error()

方法ib_dma_mapping_error()用于检查ib_dma_*()是否成功地返回了DMA地址。如果未成功地返回DMA地址，这个方法将返回一个非零值；否则返回零。

```
static inline int ib_dma_mapping_error(struct ib_device *dev, u64 dma_addr);
```

❑ dev：指出使用方法ib_dma_*()创建的DMA地址是针对哪台RDMA设备的。

❑ dma_addr：要验证的DMA地址。

A.13.3 方法 ib_dma_map_single()

方法ib_dma_map_single()用于将一个内核虚拟地址映射到一个DMA地址。它返回一个DMA地址，但需要使用方法ib_dma_mapping_error()对这个地址进行检查。

```
static inline u64 ib_dma_map_single(struct ib_device *dev, void *cpu_addr, size_t size, enum dma_
data_direction direction);
```

- ❏ dev：指出要在哪台RDMA设备上创建DMA地址。
- ❏ cpu_addr：要映射到DMA地址的内核虚拟地址。
- ❏ size：要映射的区域的大小，单位为字节。
- ❏ direction：DMA的方向，其可能取值如下。
  - ■ DMA_TO_DEVICE：从主内存到设备。
  - ■ DMA_FROM_DEVICE：从设备到主内存。
  - ■ DMA_BIDIRECTIONAL：从主内存到设备或从设备到主内存。

A.13.4 方法 ib_dma_unmap_single()

方法ib_dma_unmap_single()用于取消一个使用ib_dma_map_single()建立的DMA映射。

```
static inline void ib_dma_unmap_single(struct ib_device *dev, u64 addr, size_t size, enum dma_data_
direction direction);
```

- ❏ dev：指出DMA地址是在哪台RDMA设备上创建的。
- ❏ addr：要取消映射的DMA地址。
- ❏ size：要取消映射的区域的大小，单位为字节。这个值必须与调用方法ib_dma_map_single()时使用的值相同。
- ❏ direction：DMA的方向。这个值必须与调用方法ib_dma_map_single()时使用的值相同。

A.13.5 方法 ib_dma_map_single_attrs()

方法ib_dma_map_single_attrs()可根据DMA属性将一个内核虚拟地址映射到一个DMA地址。它返回一个DMA地址，但必须使用方法ib_dma_mapping_error()对这个DMA地址进行检查。

```
static inline u64 ib_dma_map_single_attrs(struct ib_device *dev, void *cpu_addr, size_t size, enum
dma_data_direction direction, struct dma_attrs *attrs);
```

- ❏ dev：指出要在哪台RDMA设备上创建DMA地址。
- ❏ cpu_addr：要映射到DMA地址的内核虚拟地址。
- ❏ size：要映射的区域的大小，单位为字节。
- ❏ direction：DMA的方向，前面介绍过。
- ❏ attrs：映射的DMA属性，如果为NULL，这个方法的行为将与方法ib_dma_map_single()相同。

A.13.6　方法 ib_dma_unmap_single_attrs()

方法ib_dma_unmap_single_attrs()用于取消使用方法ib_dma_map_ single_attrs()建立的DMA映射。

```
static inline void ib_dma_unmap_single_attrs(struct ib_device *dev, u64 addr, size_t size,
enum dma_data_direction direction, struct dma_attrs *attrs);
```

❏ dev：指出DMA地址是在哪台RDMA设备上创建的。

❏ addr：要取消映射的DMA地址。

❏ size：要取消映射的区域的大小，单位为字节。这个值必须与调用方法ib_dma_map_ single_attrs()时使用的值相同。

❏ direction：DMA的方向，必须与调用方法ib_dma_map_single_attrs()时使用的值相同。

❏ attrs：映射的DMA属性，必须与调用方法ib_dma_map_single_attrs()时使用的值相同。如果这个值为NULL，这个方法的行为将与方法ib_dma_unmap_single()相同。

A.13.7　方法 ib_dma_map_page()

方法ib_dma_map_page()用于将一个物理页映射到一个DMA地址。它返回一个DMA地址，但需要使用方法ib_dma_mapping_error()对这个DMA地址进行检查。

```
static inline u64 ib_dma_map_page(struct ib_device *dev, struct page *page, unsigned long offset,
size_t size, enum dma_data_direction direction);
```

❏ dev：指出要在哪台RDMA设备上创建DMA地址。

❏ page：要映射到DMA地址的物理页地址。

❏ offset：注册起始位置在物理页中的偏移量。

❏ size：区域的大小，单位为字节。

❏ direction：DMA的方向，前面介绍过。

A.13.8　方法 ib_dma_unmap_page()

方法ib_dma_unmap_page()用于取消方法ib_dma_map_page()建立的DMA映射。

```
static inline void ib_dma_unmap_page(struct ib_device *dev, u64 addr, size_t size, enum dma_data_
direction direction);
```

❏ dev：指出DMA地址是在哪台RDMA设备上创建的。

❏ addr：要取消映射的DMA地址。

❏ size：要取消映射的区域的大小，单位为字节。这个值必须与调用方法ib_dma_map_page()时使用的值相同。

❏ direction：DMA的方向，必须与调用方法ib_dma_map_page()时使用的值相同。

A.13.9　方法 ib_dma_map_sg()

方法ib_dma_map_sg()用于将一个scatter/gather列表映射到一个DMA地址。如果成功，它将返回一个非零值；否则返回0。

```
static inline int ib_dma_map_sg(struct ib_device *dev, struct scatterlist *sg, int nents, enum dma_
data_direction direction);
```

❏ dev：指出要在哪台RDMA设备上创建DMA地址。

❏ sg：一个数组，包含要映射的scatter/gather条目。

❏ nents：sg包含的scatter/gather条目数。

❏ direction：DMA的方向，前面介绍过。

A.13.10　方法 ib_dma_unmap_sg()

方法ib_dma_unmap_sg()用于取消方法ib_dma_map_sg()建立的DMA映射。

```
static inline void ib_dma_unmap_sg(struct ib_device *dev, struct scatterlist *sg, int nents, enum
dma_data_direction direction);
```

❏ dev：指出DMA地址是在哪台RDMA设备上创建的。

❏ sg：一个数组，包含要取消映射的scatter/gather条目。这个值必须与调用方法ib_dma_map_sg()时使用的值相同。

❏ nents：sg包含的scatter/gather条目数，必须与调用ib_dma_map_sg()方法时使用的值相同。

❏ direction：DMA的方向，必须与调用方法ib_dma_map_sg()时使用的值相同。

A.13.11　方法 ib_dma_map_sg_attr()

方法ib_dma_map_sg_attr()可根据DMA属性将scatter/gather列表映射到DMA地址。如果成功，它将返回一个非零值；否则返回0。

```
static inline int ib_dma_map_sg_attrs(struct ib_device *dev, struct scatterlist *sg, int nents, enum
dma_data_direction direction, struct dma_attrs *attrs);
```

❏ dev：指出要在哪台RDMA设备上创建DMA地址。

❏ sg：一个数组，包含要映射的scatter/gather条目。

❏ nents：sg包含的scatter/gather条目数。

❏ direction：DMA的方向，前面介绍过。

❏ attrs：映射的DMA属性，如果为NULL，这个方法的行为将与方法ib_dma_map_sg()相同。

A.13.12　方法 ib_dma_unmap_sg()

方法ib_dma_unmap_sg()用于取消方法ib_dma_map_sg()建立的DMA映射。

```
static inline void ib_dma_unmap_sg_attrs(struct ib_device *dev, struct scatterlist *sg, int nents,
enum dma_data_direction direction, struct dma_attrs *attrs);
```

- dev：指出DMA地址是在哪台RDMA设备上创建的。
- sg：一个数组，包含要取消映射的scatter/gather条目。这个值必须与调用方法 ib_dma_map_sg_attrs()时使用的值相同。
- nents：sg包含的scatter/gather条目数，必须与调用方法ib_dma_map_sg_attrs()时使用的值相同。
- direction：DMA的方向，必须与调用方法ib_dma_map_sg_attrs()时使用的值相同。
- attrs：映射的DMA属性，必须与调用方法ib_dma_map_sg_attrs()时使用的值相同。如果这个值为NULL，这个方法的行为将与方法ib_dma_unmap_sg()相同。

A.13.13　方法 ib_sg_dma_address()

方法ib_sg_dma_address()将返回scatter/gather条目对应的DMA地址。

```
static inline u64 ib_sg_dma_address(struct ib_device *dev, struct scatterlist *sg);
```

- dev：指出DMA地址是在哪台RDMA设备上创建的。
- sg：一个scatter/gather条目。

A.13.14　方法 ib_sg_dma_len()

方法ib_sg_dma_len()将返回scatter/gather条目对应的DMA地址长度。

```
static inline unsigned int ib_sg_dma_len(struct ib_device *dev, struct scatterlist *sg);
```

- dev：指出DMA地址是在哪台RDMA设备上创建的。
- sg：一个scatter/gather条目。

A.13.15　方法 ib_dma_sync_single_for_cpu()

方法ib_dma_sync_single_for_cpu()用于将DMA区域的所有权转交给CPU。在CPU访问DMA映射缓冲区以读取或修改其内容前，必须调用这个方法，以防设备访问它。

```
static inline void ib_dma_sync_single_for_cpu(struct ib_device *dev, u64 addr, size_t size,
enum dma_data_direction dir);
```

- dev：指出DMA地址是在哪台RDMA设备上创建的。
- addr：要同步的DMA地址。
- size：区域的大小，单位为字节。
- direction：DMA的方向，前面介绍过。

A.13.16　方法 ib_dma_sync_single_for_device()

方法ib_dma_sync_single_for_device()用于将DMA区域的所有权转交给设备。调用方法 ib_dma_sync_single_for_cpu()后，要让设备能够访问DMA映射缓冲区，必须调用这个方法。

```
static inline void ib_dma_sync_single_for_device(struct ib_device *dev, u64 addr, size_t size, enum
dma_data_direction dir);
```

❑ dev：指出DMA地址是在哪台RDMA设备上创建的。

❑ addr：要同步的DMA地址。

❑ size：区域的大小，单位为字节。

❑ direction：DMA的方向，前面介绍过。

A.13.17　方法 ib_dma_alloc_coherent()

方法ib_dma_alloc_coherent()用于分配一个可供CPU访问的内存块，并为其建立DMA映射。如果成功，它将返回CPU能够访问的虚拟地址；否则返回NULL。

```
static inline void *ib_dma_alloc_coherent(struct ib_device *dev, size_t size, u64 *dma_handle, gfp_t
flag);
```

❑ dev：指出要在哪台RDMA设备上创建DMA地址。

❑ size：要分配并映射的内存块的大小，单位为字节。

❑ direction：DMA的方向，前面介绍过。

❑ dma_handle：一个指针，分配成功时将使用内存块的DMA地址填充它。

❑ flag：内存分配标志，其可能取值如下。

　■ GFP_KERNEL：允许阻断（不中断，也不持有SMP锁）。

　■ GFP_ATOMIC：禁止阻断。

A.13.18　方法 ib_dma_free_coherent()

方法ib_dma_free_coherent()用于释放使用方法ib_dma_alloc_coherent()分配的内存块。

```
static inline void ib_dma_free_coherent(struct ib_device *dev, size_t size, void *cpu_addr,
u64 dma_handle);
```

❑ dev：指出DMA地址是在哪台RDMA设备创建的。

❑ size：要释放的内存块的大小，必须与调用方法ib_dma_alloc_coherent()时使用的值相同。

❑ cpu_addr：要释放的可供CPU访问的内存地址，必须与方法ib_dma_alloc_coherent()返回的地址相同。

❑ dma_handle：要释放的DMA地址，必须与方法ib_dma_alloc_coherent()返回的地址相同。

A.13.19　方法 ib_reg_phys_mr()

方法ib_reg_phys_mr()用于注册一组物理页面，并创建一个可供RDMA设备访问的地址。如果成功，它将返回一个指针，指向新分配的MR；否则返回一个指出失败原因的ERR_PTR()。

```
struct ib_mr *ib_reg_phys_mr(struct ib_pd *pd, struct ib_phys_buf *phys_buf_array, int num_phys_buf,
int mr_access_flags, u64 *iova_start);
```

- ❑ pd：要分配的MR将关联到的PD。
- ❑ phys_buf_array：一个数组，指定了内存区将包含的物理缓冲区。
- ❑ num_phys_buf：phys_buf_array包含的物理缓冲区数。
- ❑ mr_access_flags：允许对该MR执行的操作，这在前面介绍过。
- ❑ iova_start：一个指针，指向所请求的即将关联到内存区（可以是第一个物理缓冲区内的任何位置）的I/O虚拟地址。RDMA设备将把这个值设置为内存区的实际I/O虚拟地址。这可能与请求的值不同。

结构ib_phys_buf

物理缓冲区用结构ib_phys_buf表示。

```
struct ib_phys_buf {
    u64      addr;
    u64      size;
};
```

- ❑ addr：缓冲区的物理地址。
- ❑ size：缓冲区的大小。

A.13.20　方法 ib_rereg_phys_mr()

方法ib_rereg_phys_mr()用于修改既有内存区的属性，效果相当于先调用方法ib_dereg_mr()，再调用方法ib_reg_phys_mr()的效果。但它会尽可能重用资源，而不是先释放资源，再重新分配资源。如果成功，这个方法将返回0；否则返回一个指出失败原因的错误号：

```
int ib_rereg_phys_mr(struct ib_mr *mr, int mr_rereg_mask, struct ib_pd *pd, struct ib_phys_buf
*phys_buf_array, int num_phys_buf, int mr_access_flags, u64 *iova_start);
```

- ❑ mr：要注册的内存区。
- ❑ mr_rereg_mask：要修改的内存区属性，为对掩码执行按位OR运算的结果。
  - ■ IB_MR_REREG_TRANS：修改内存区的内存页。
  - ■ IB_MR_REREG_PD：修改内存区的PD。
  - ■ IB_MR_REREG_ACCESS：修改允许对内存区执行的操作。
- ❑ pd：要将内存区重新关联到的保护域。
- ❑ phys_buf_array：要使用的新物理页。
- ❑ num_phys_buf：要使用的物理页数。
- ❑ mr_access_flags：允许对内存区执行的操作。
- ❑ iova_start：内存区的新I/O虚拟地址。

A.13.21　方法 ib_query_mr()

方法ib_query_mr()用于获取指定MR的属性。如果成功，它将返回0；否则返回一个指出失败原因的错误号。

```
int ib_query_mr(struct ib_mr *mr, struct ib_mr_attr *mr_attr);
```

❑ mr：要查询的MR。

❑ mr_attr：MR的属性，接下来将对其加以介绍。

MR的属性用结构ib_mr_attr表示。

结构ib_mr_attr

```
struct ib_mr_attr {
    struct ib_pd    *pd;
    u64             device_virt_addr;
    u64             size;
    int             mr_access_flags;
    u32             lkey;
    u32             rkey;
};
```

❑ pd：MR所关联到的PD。

❑ device_virt_addr：MR覆盖的虚拟块的地址。

❑ size：内存区的大小，单位为字节。

❑ mr_access_flags：对内存区的访问权限。

❑ lkey：内存区的本地键。

❑ rkey：内存区的远程键。

A.13.22　方法 The ib_dereg_mr()

方法ib_dereg_mr()用于注销一个MR。如果有内存窗口绑定到指定的MR，这个方法将以失败告终。如果成功，这个方法将返回0；否则返回一个指出失败原因的错误号。

```
int ib_dereg_mr(struct ib_mr *mr);
```

其中，mr为要注销的MR。

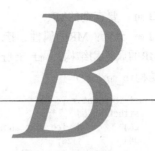

附录 B

网络管理

本附录将复习一些最常见的网络管理和调试工具。无论是寻找常见问题的解决方案，还是进行开发、调试、分析和研究网络项目，抑或对网络项目进行故障排除和基准建立，这些工具都能提供很大的帮助。这些工具大多以手册页或维基页的方式提供了极其完善的文档，网上也有大量的相关信息。很多工具还有（供用户和开发人员使用的）邮件列表和缺陷报告系统。本附录将按字母顺序来介绍一些最常用的工具，包括其用途、相关链接和使用示例。

B.1 arp

这个命令用于管理ARP表，例如，可在命令行执行命令arp来显示ARP表。arp -n显示不包含名称解析的ARP表。

要在ARP表中添加静态条目，可以采取如下做法。

```
arp -s 192.168.2.10 00:e0:4c:11:22:33
```

arp工具属于net-tools包，网站为http://net-tools.sourceforge.net。

B.2 arping

这是一个发送ARP请求的工具。-D标志用于重复地址检测（DAD）。这个工具属于iputils包，网站为http://www.skbuff.net/iputils/。

B.3 arptables

它是一个用于为基于Linux的ARP规则防火墙配置规则的用户空间工具，网站为http://ebtables.sourceforge.net/。

B.4 arpwatch

它是一个用于监视ARP流量的用户空间工具，网站为http://ee.lbl.gov/。

B.5　ApacheBench（ab）

它是一个命令行工具，用于测量HTTP Web服务器的性能，是Apache开源项目的一部分。在很多Linux版本（如Ubuntu）中，它都包含在apache2-utils包中。下面是一个使用示例。

```
ab -n 100 http://www.google.com/
```

其中选项-n将指定要在基准测量会话中执行多少次请求。

B.6　brctl

它是一个用于管理以太网网桥的命令行工具，能够让你对网桥进行配置。它包含在bridge-utils包中。下面是一些使用示例。

- brctl addbr mybr：添加一个名为mybr的网桥。
- brctl delbr mybr：删除网桥mybr。
- brctl addif mybr eth1：将接口eth1加入到网桥mybr中。
- brctl delif mybr eth1：将接口eth1从网桥mybr中删除。
- brctl show：显示网桥及其端口的信息。bridge-utils包的维护者为Stephen Hemminger。要取回其Git仓库，可以采取如下做法。

```
git clone git://git.kernel.org/pub/scm/linux/kernel/git/shemminger/bridge-utils.git
```

相关网站为http://www.linuxfoundation.org/collaborate/workgroups/networking/bridge。

B.7　conntrack-tools

它是一组用于管理Netfilter连接跟踪的用户空间工具，包括用户空间守护程序conntrackd和命令行工具conntrack。网站为http://conntrack-tools.netfilter.org/。

B.8　crtools

它是一个进程检查点/恢复工具，网站为http://criu.org/Installation。

B.9　ebtables

它是一个用于为基于Linux的桥接防火墙配置规则的用户空间工具，网站为http://ebtables.sourceforge.net/。

B.10　ether-wake

它是一个用于发送局域网唤醒Magic数据包的工具，包含在net-tools包中。

B.11 ethtool

ethtool用于查询或控制网络驱动程序和硬件设置、获取统计信息、获取诊断信息等。使用ethtool可控制以太网设备的参数，如速度、双工模式、自动协商和流量控制。ethtool的很多功能都要求网络驱动程序代码提供相关支持。

下面是一些使用示例。

❏ 命令ethtool eth0的输出。

```
Settings for eth0:
        Supported ports: [ TP MII ]
        Supported link modes:   10baseT/Half 10baseT/Full
                                100baseT/Half 100baseT/Full
                                1000baseT/Half 1000baseT/Full
        Supported pause frame use: No
        Supports auto-negotiation: Yes
        Advertised link modes:  10baseT/Half 10baseT/Full
                                100baseT/Half 100baseT/Full
                                1000baseT/Half 1000baseT/Full
        Advertised pause frame use: Symmetric Receive-only
        Advertised auto-negotiation: Yes
        Speed: 10Mb/s
        Duplex: Half
        Port: MII
        PHYAD: 0
        Transceiver: internal
        Auto-negotiation: on
        Supports Wake-on: pumbg
        Wake-on: g
        Current message level: 0x00000033 (51)
                               drv probe ifdown ifup
        Link detected: no
```

❏ 要获取减负参数，可使用ethtool -k eth1。
❏ 要设置减负参数，可使用ethtool -K eth1 offLoadParamater。
❏ 要查询网络设备的驱动程序信息，可使用ethtool -i eth1。
❏ 要显示统计信息，可使用ethtool -S eth1（请注意，并非所有的网络设备驱动程序都实现了这项功能）。
❏ 要显示MAC地址，可使用ethtool -P eth0。

要参与开发ethtool，可将补丁发送到netdev邮件列表。在编写本书期间，ethtool的维护者为Ben Hutchings。ethtool项目是在一个Git仓库中开发的。要下载这个仓库，可这样做：git clone git://git.kernel.org/pub/scm/network/ethtool/ethtool.git。

网站为www.kernel.org/pub/software/network/ethtool/。

B.12 Git

它是Linus Torvalds开发的一个分布式版本控制系统。Linux内核以及众多Linux相关项目的开

发都是使用 Git 管理的。要通过邮件发送补丁，可使用命令 git send-email。网站为
http://git-scm.com/。

B.13 hciconfig

它是一个用于配置蓝牙设备的命令行工具，使用它可显示蓝牙接口的类型（BR/EDR或
AMP）、蓝牙地址、标志等信息。hciconfig工具包含在bluez包中。下面是一个使用示例。

```
hciconfig
hci0:   Type: BR/EDR Bus: USB
        BD Address: 00:02:72:AA:FB:94 ACL MTU: 1021:7 SCO MTU: 64:1
        UP RUNNING PSCAN
        RX bytes:964 acl:0 sco:0 events:41 errors:0
        TX bytes:903 acl:0 sco:0 commands:41 errors:0
```

网站为http://www.bluez.org/。

B.14 hcidump

它是一个用于将来自和前往蓝牙设备的原始HCI数据进行转储的命令行工具，包含在
bluez-hcidump包中，网站为http://www.bluez.org/。

B.15 hcitool

它是一个用于配置蓝牙连接以及向蓝牙设备发送特殊命令的命令行工具。例如，要扫描附近
的蓝牙设备，可使用hcitool scan。hcitool工具包含在bluez-hcidump包中。

B.16 ifconifg

ifconfig命令能够让你配置各种网络接口参数，其中包括设备的IP地址、MTU、MAC地址、
发送队列长度（txqueuelen）、标志等。工具ifconfig包含在net-tools包中，其历史比本附录后面将
讨论的iproute2包更悠久。下面是3个使用示例。

❑ ifconfig eth0 mtu 1300：将MTU改为1300。

❑ ifconfig eth0 txqueuelen 1100：将发送队列长度改为1100。

❑ ifconfig eth0 -arp：在eth0上禁用ARP。

网站为http://net-tools.sourceforge.net。

B.17 ifenslave

它是一个用于将从网络设备与捆绑设备进行关联和解除关联的工具。捆绑指的是将多个以太
网物理设备加入到一个逻辑设备中，通常被称为链路聚合、中继或链路捆绑，其源文件位于
Documentation/networking/ifenslave.c中。例如，要将eth0加入到捆绑设备bond0中，可使用

ifenslave bond0 eth0。

工具ifenslave包含在iputils包中，由Yoshifuji Hideaki维护，网站为www.skbuff.net/iputils/。

B.18 iperf

iperf项目是一个开源项目，提供了对TCP和UDP带宽性能进行度量的工具，让你能够调整各种参数。iperftool报告带宽、延迟抖动和数据包丢失情况。这个项目最初是由应用网络研究国家实验室（NLANR）的分布式应用程序支持小组（DAST）使用C++开发的；它使用客户端-服务器模型。新实现的iperf3是重新开发的，它不向后与最初的iperf兼容，其网址为https://code.google.com/p/iperf/。据说iperf3的代码更简单，它还能够报告客户端和服务器的CPU平均使用率。

使用 iperf

下面是一个使用iperf来测量TCP性能的简单示例。在一台设备（其IP地址为192.168.2.104）上执行命令iperf -s，这将启动服务器端（默认为端口5001上的一个TCP套接字）。

在另一台设备上，执行命令iperf -c 192.168.2.104。它将作为iperf TCP客户端连接到iperf服务器。

在客户端，将看到如下输出。

```
------------------------------------------------------------
Client connecting to 192.168.2.104, TCP port 5001
TCP window size: 22.9 KByte (default)
------------------------------------------------------------
[  3] local 192.168.2.200 port 35146 connected with 192.168.2.104 port 5001
```

默认间隔为10秒，即10秒后客户端将断开连接，而你将在终端窗口中看到类似于下面的消息。

```
[ ID] Interval       Transfer     Bandwidth
[  3] 0.0-10.3 sec 7.62 MBytes 6.20 Mbits/sec
```

可以调整iperf的很多参数，如下所示。

❑ -u：使用UDP套接字。

❑ -t：以秒为单位指定不同的间隔（而不是默认的10秒）。

❑ -T：设置组播的TTL（默认为1）。

❑ -B：绑定到主机、接口或组播地址。

请参阅man iperf。网站为http://iperf.sourceforge.net/。

B.19 iproute2

iproute2包提供了很多在用户空间和内核网络子系统之间交互的工具，其中最著名的是ip命令，它基于第2章讨论的Netlink套接字。使用ip命令可执行各种网络方面的操作。它包含大量的选项，详情请参阅man 8 ip。下面是几个使用ip命令完成各种任务的示例。

1. 使用 ip addr 配置网络设备

❑ ip addr add 192.168.0.10/24 dev eth0：给eth0配置一个IP地址。

❑ ip addr show：显示所有网络接口的地址（包括IPv4和IPv6地址）。

请参见man ip address。

2. 使用 ip link 配置网络设备

❑ ip link add mybr type bridge：创建一个名为mybr的网桥。

❑ ip link add name myteam type team：创建一个名为myteam的组合设备（组合设备驱动程序将多个以太网物理设备聚合为一个逻辑设备，它实际上是一种新型的捆绑设备。组合驱动程序在第14章讨论过）。

❑ ip link set eth1 mtu 1450：将eth1的MTU设置为1450。

请参见man ip link。

3. 管理ARP表（IPv4）和NDISC（IPv6）表

❑ ip neigh show：显示IPv4邻接表（ARP表）和IPv6邻接表。

❑ ip -6 neigh show：只显示IPv6邻接表。

❑ ip neigh flush dev eth0：删除邻接表中所有与eth0相关的条目。

❑ ip neigh add 192.168.2.20 dev eth2 lladdr 00:11:22:33:44:55 nud permanent：添加一个永久性邻居条目（类似于在ARP表中添加一个静态条目）。

❑ ip neigh change 192.168.2.20 dev eth2 lladdr 55:44:33:22:11:00 nud permanent：更新一个邻居条目。

请参见man ip neighbour。

4. 管理邻居表参数

❑ ip ntable show：显示邻居表参数。

❑ ip ntable change name arp_cache locktime 1200 dev eth0：在IPv4邻接表中修改eth0的locktime参数。

参见man ip ntable。

5. 管理网络命名空间

❑ ip netns add myNamespace：添加一个名为myNamespace的网络命名空间。

❑ ip netns del myNamespace：删除网络命名空间myNamespace。

❑ ip netns list：显示主机上所有的网络命名空间。

❑ ip netns monitor：对于使用命令ip netns添加或删除的每个网络命名空间，都在屏幕上显示一行信息。

请参见man ip netns。

6. 配置组播地址

❑ ip maddr show：显示主机的所有组播地址（包括IPv4和IPv6组播地址）。

❑ ip maddr add 00:10:02:03:04:05 dev eth1：给eth1添加一个组播地址。

请参见man ip maddress。

7. 监视Netlink消息

`ip monitor route`：在屏幕上显示有关各种网络事件（如添加或删除路由）的消息。

请参见man ip monitor。

8. 管理路由选择表

❑ `ip route show`：显示路由选择表。

❑ `ip route flush dev eth1`：将与eth1相关的路由选择条目从路由选择表中删除。

❑ `ip route add default via 192.168.2.1`：将192.168.2.1指定为默认网关。

❑ `ip route get 192.168.2.10`：显示前往192.168.2.10的路由。

请参见man ip route。

9. 管理RPDB（路由选择策略数据库）中的规则

❑ `ip rule add tos 0x02 table 200`：添加一个规则，让路由选择子系统在路由选择表252中为TOS（IPv4报头中的一个字段）为0x02的数据包查找路由。

❑ `ip rule del tos 0x02 table 200`：将指定规则从RPDB中删除。

❑ `ip rule show`：显示RPDB中的规则。

请参见man ip rule。

10. 管理TUN/TAP设备

❑ `ip tuntap add tun1 mode tun`：创建一个名为tun1的TUN设备。

❑ `ip tuntap del tun1 mode tun`：删除TUN设备tun1。

❑ `ip tuntap add tap1 mode tap`：创建一个名为tap1的TAP设备。

❑ `ip tuntap del tap1 mode tap`：删除TAP设备tap1。

11. 管理IPsec策略

❑ `ip xfrm policy show`：显示IPsec策略。

❑ `ip xfrm state show`：显示IPsec状态。

请参见man ip xfrm。

工具ss用于转储套接字统计信息。例如，ss -t -a用于显示所有的TCP套接字。

```
State        Recv-Q Send-Q   Local Address:Port            Peer Address:Port
LISTEN       0      32                 *:ftp                        *:*
LISTEN       0      128                *:ssh                        *:*
LISTEN       0      128        127.0.0.1:ipp                        *:*
ESTAB        0      0      192.168.2.200:ssh          192.168.2.104:52089
ESTAB        0      52     192.168.2.200:ssh          192.168.2.104:51352
ESTAB        0      0      192.168.2.200:ssh          192.168.2.104:51523
ESTAB        0      0      192.168.2.200:59532        107.21.231.190:http
LISTEN       0      128              :::ssh                      :::*
LISTEN       0      128            ::1:ipp                      :::*
CLOSE-WAIT   1      0            ::1:48723                    ::1:ipp
```

iproute2还包含如下工具。

❑ `bridge`：显示/操纵网桥地址和设备。bridge fdb show：显示转发条目。

请参见man bridge。

❑ genl：获取已注册的通用Netlink簇的信息（如ID、报头长度、max属性等）。例如，genl ctrl list的输出类似于如下内容

```
Name: nlctrl
        ID: 0x10  Version: 0x2  header size: 0  max attribs: 7
        commands supported:
              #1:  ID-0x3
              Capabilities (0xe):
                can doit; can dumpit; has policy

        multicast groups:
              #1:  ID-0x10  name: notify
```

❑ lnstat：显示Linux网络统计信息

❑ rtmon：监视rtnetlink套接字

❑ tc：显示/操作流量控制设置

tc qdisc show：显示添加了哪些排队原则（qdisc）条目，其输出类似于如下内容。

```
qdisc pfifo_fast 0: dev eth1 root refcnt 2 bands 3 priomap 1 2 . . .
```

上述输出表明，将pfifo_fast qdisc关联到了网络设备eth1。pfifo_fast qdisc是一种无类排队原则，它是Linux中的默认qdisc。

tc -s qdisc show dev eth1：显示与eth1相关联的qdisc的统计信息。

请参见man tc。

另请参见文档"Linux Advanced Routing & Traffic Control HOWTO"，其网址为www.lartc.org/howto/。

要参与开发iproute2，可将补丁发送到netdev邮件列表。在本书编写期间，iproute2的维护者为Stephen Hemminger。iproute2是在一个Git仓库中开发的，这个仓库可这样下载：git clone git://git.kernel.org/pub/scm/linux/kernel/git/shemminger/iproute2.git。

B.20　iptables 和 iptables6

iptables 和 iptables6 是 分 别 用 于 IPv4 和 IPv6 数 据 包 过 滤 和 NAT 的 管 理 工 具 。 使 用 iptables/iptables6可定义规则列表，其中每个规则都指出了该如何处理数据包（丢弃还是接收）。每条规则都指定了数据包需要满足的条件，如为UDP数据包。下面是一些iptables命令使用示例。

❑ iptables -A INPUT -p tcp --dport=80 -j LOG --log-level 1：这条规则的意思是，将目标端口为80的TCP入站数据包转储到系统日志中。

❑ iptables -L：列出过滤（Filter）表中所有的规则。这个命令没有指定表，因此将访问默认的过滤表。

❑ iptables -t nat -L：列出NAT表中所有的规则。

❑ iptables -F：清空指定的表。

❑ iptables -t nat -A POSTROUTING -o eth0 -j MASQUERADE：设置一条MASQUERADE规则。网站为www.netfilter.org/。

B.21　ipvsadm

它是一个用于管理Linux虚拟服务器的工具，网站为www.linuxvirtualserver.org/software/ipvs.html。

B.22　iw

它用于显示/操纵无线设备及其配置。iw包基于通用Netlink套接字（参见第2章）。使用它可执行如下操作。

- iw dev wlan0 scan：扫描附近的无线设备。
- iw wlan0 station dump：显示无线客户端的统计信息。
- iw list：获取无线设备的信息，如频段信息和802.11n信息。
- iw dev wlan0 get power_save：获取省电模式。
- iw dev wlan0 set type ibss：将无线接口的模式改为ibss（Ad-Hoc）。
- iw dev wlan0 set type mesh：将无线接口的模式改为网状模式。
- iw dev wlan0 set type monitor：将无线接口的模式改为监视模式。
- iw dev wlan0 set type managed：将无线接口的模式改为托管模式。

请参见man iw。

Git网址为http://git.kernel.org/cgit/linux/kernel/git/jberg/iw.git。

网站为http://wireless.kernel.org/en/users/Documentation/iw。

B.23　iwconfig

它是一个较旧的无线设备管理工具，它基于IOCTL，包含在wireless-tools包中。网站为www.hpl.hp.com/personal/Jean_Tourrilhes/Linux/Tools.html。

B.24　libreswan 项目

它是一种IPsec软件解决方案，从openswan 2.6.38版派生而来，网站为http://libreswan.org/。

B.25　l2ping

它是一种通过蓝牙设备发送L2CAP回应请求和接收应答的命令行工具，包含在bluez包中。网站为www.bluez.org/。

B.26　lowpan-tools

它是一组管理Linux LoWPAN栈的工具。网站为http://sourceforge.net/projects/linux-zigbee/files/linux-zigbee-sources/0.3/。

B.27 lshw

它是一个显示机器硬件配置信息的工具。网站为http://ezix.org/ project/wiki/HardwareLiSter。

B.28 lscpu

它是一个用于显示系统中的CPU信息的工具。该操作基于/proc/cpuinfo和sysfs中的信息。lscpu包含在util-linux包中。

B.29 lspci

它是一个显示系统PCI总线及其所连接设备的信息的工具。有时候，需要使用lspci命令来获取PCI网络设备的信息。lspci包含在pciutils包中。网站为http://mj.ucw.cz/sw/pciutils/。

B.30 mrouted

它是一个组播路由选择守护程序，实现了1988年发布的RFC 1075规范的IPv4距离矢量组播路由选择协议。网站为http://troglobit.com/mrouted.html。

B.31 nc

它是一个通过网络读写数据的命令行工具，包含在nmap-ncat包中。网站为http://nmap.org/。

B.32 ngrep

它是一个基于著名命令grep的命令行工具。它能够让你指定用于匹配数据包有效载荷的扩展表达式，并识别穿越以太网、PPP、SLIP、FDDI和空接口的TCP、UDP和ICMP数据包。网站为http://ngrep.sourceforge.net/。

B.33 netperf

它是一个网络基准建立工具。网站为www.netperf.org/netperf/。

B.34 netsniff-ng

netsniff-ng是一个开源的网络工具包，可帮助分析网络流量、执行压力测试、以极高的速度生成数据包等。它使用PF_PACKET零拷贝RING（在传输和接收路径上），提供的工具包括以下几种。

    ❑ 零拷贝快速分析器pcap是一个捕获和重放工具。这个netsniff-ng工具是Linux专用的，不像本附录介绍的众多其他工具那样支持其他操作系统。例如，`netsniff-ng --in eth1 --out dump.pcap -s -b 0`创建一个可供wireshark或tcpdump读取的pcap文件。标志`-s`表示沉默（silence），而`-b 0`表示绑定到CPU 0。请参见man netsniff-ng。

❑ trafgen是一个零拷贝的高性能网络数据包生成器。

❑ ifpps是一个小型工具，像top那样定期地提供来自内核的网络和系统统计信息。ifpps会直接从procfs文件中搜集这些信息。

❑ bpfc是一个小型的伯克利数据包过滤器（Berkeley Packet Filter）汇编器和编译器。

要取回netsniff-ng的Git仓库，可像下面这样做：`git clone git://github.com/borkmann/netsniff-ng.git`。

网站为http://netsniff-ng.org/。

B.35   netstat

工具netstat用于显示组播组成员信息、路由选择表、网络连接、接口统计信息、套接字状态等，它包含在net-tools包中。下面是一些很有用的标志。

❑ `netstat -s`：显示每种协议的统计信息摘要。

❑ `netstat -g`：显示IPv4和IPv6组播组成员信息。

❑ `netstat -r`：显示内核IP路由选择表。

❑ `netstat -nl`：显示正在侦听的套接字（标志`-n`表示显示数字地址，而不是主机名、端口名或用户名）。

❑ `netstat -aw`：显示所有的原始套接字。

❑ `netstat -ax`：显示所有的Unix套接字。

❑ `netstat -at`：显示所有的TCP套接字。

❑ `netstat -au`：显示所有的UDP套接字。

网站为http://net-tools.sourceforge.net。

B.36   nmap

nmap（network mapper）是一个开源安全项目，提供了一个网络探索和探测工具以及一个安全/端口扫描器，具备端口扫描（检测目标主机上开放的端口）、OS检测、MAC地址检测等功能。例如，`nmap www.google.com`的输出类似于如下内容。

```
Starting Nmap 6.00 (http://nmap.org ) at 2013-09-26 16:37 IDT
Nmap scan report for www.google.com (212.179.154.227)
Host is up (0.013s latency).
Other addresses for www.google.com (not scanned): 212.179.154.221 212.179.154.251 212.179.154.232
212.179.154.237 212.179.154.216 212.179.154.231 212.179.154.241 212.179.154.247 212.179.154.222
212.179.154.226 212.179.154.236 212.179.154.246 212.179.154.212 212.179.154.217 212.179.154.242
Not shown: 998 filtered ports
PORT    STATE SERVICE
```

```
80/tcp  open  http
443/tcp open  https
Nmap done: 1 IP address (1 host up) scanned in 5.24 seconds
```

nmap中的nping工具可用于生成原始数据包,以发起ARP投毒和拒绝服务攻击,以及像ping那样进行连接性测试。使用nping时,可在生成的数据包中设置IP选项,请参阅http://nmap.org/book/nping-man-ip-options.html。网站为http://nmap.org/。

B.37 openswan

它是一个开源项目,实现了一种基于IPsec的VPN解决方案,是在FreeS/WAN项目的基础上开发的。网站为www.openswan.org/projects/openswan。

B.38 OpenVPN

它是一个开源项目,实现了一种基于SSL/TLS的VPN解决方案。网站为www.openvpn.net/。

B.39 packeth

它是一个基于以太网的数据包生成器,同时提供了GUI和CLI。网站为 http://packeth.sourceforge.net/packeth/Home.html。

B.40 ping

它是一款著名的工具,通过发送ICMP ECHO请求消息来测试连接性。下面是本书提到过的4个很有用的选项。

- ❑ -Q tos:设置ICMP数据包的服务质量位,本附录介绍tshark过滤器时提到过。
- ❑ -R:设置记录路由IP选项(第4章讨论过)。
- ❑ -T:设置时间戳IP选项(第4章讨论过)。
- ❑ -f:泛洪式ping。

有关其他命令行选项,请参见man ping。

工具ping包含在iputils包中。网站为www.skbuff.net/iputils/。

B.41 pimd

它是一个开源的轻量级PIM-SM(协议无关组播-稀疏模式)v2守护程序,由Joachim Nilsson维护。请参见http://troglobit.com/pimd.html。其Git仓库的网址为https://github.com/troglobit/pimd/。

B.42 poptop

此为Linux PPTP服务器。网站为http://poptop.sourceforge.net/dox/。

B.43   ppp

它是一个开源的PPP守护程序。其Git仓库为git://ozlabs.org/~paulus/ppp.git。网站为http://ppp.samba.org/download.html。

B.44   pktgen

pktgen是一个内核模块（net/core/pktgen.c），能够以极高的速度生成数据包。监视和控制是通过写入/proc/net/pktgen条目实现的。请参阅Documentation/networking/pktgen.txt。

B.45   radvd

它是一个IPv6路由器通告守护程序，是Reuben Hawkins维护的一个开源项目。它可用于进行IPv6无状态自动配置和重新编址。网站为www.litech.org/radvd/。Git仓库的地址为https://github.com/reubenhwk/radvd。

B.46   route

它是一个用于管理路由选择表的命令行工具，包含在net-tools包中。它基于IOCTL，历史比iproute2包更悠久。下面是一些使用示例。

- ❑ route -n：显示路由选择表，但不进行名称解析。
- ❑ route add default gateway 192.168.1.1：将192.168.1.1指定为默认网关。
- ❑ route -C：显示路由选择缓存（别忘了，内核3.6删除了IPv4路由选择缓存，参见5.4.3节）。

请参见man route。

B.47   RP-PPPoE

它是一个用于Linux和Solaris的开源以太网PPP（PPoE）客户端。网站为www.roaringpenguin.com/products/pppoe。

B.48   sar

它是一个用于收集并报告系统活动统计信息的命令行工具，包含在sysstat包中。例如，下面的命令将显示4个时点的CPU统计信息（这些时点之间的间隔为1秒），并在最后显示平均数据。

```
sar 1 4
Linux 3.6.10-4.fc18.x86_64 (a)  10/22/2013    _x86_64_     (2 CPU)

07:47:10 PM    CPU    %user    %nice    %system    %iowait   %steal    %idle
07:47:11 PM    all    0.00     0.00     0.00       0.00      0.00      100.00
07:47:12 PM    all    0.00     0.00     0.00       0.00      0.00      100.00
```

```
07:47:13 PM    all    0.00    0.00    0.00    0.00    0.00    100.00
07:47:14 PM    all    0.00    0.00    0.50    0.00    0.00    99.50
Average:       all    0.00    0.00    0.13    0.00    0.00    99.87
```

网站为http://sebastien.godard.pagesperso-orange.fr/。

B.49　smcroute

它是一个用于操纵组播路由选择的命令行工具。网站为www.cschill.de/smcroute/。

B.50　snort

它是一个开源项目，提供了一个网络入侵检测系统和一个网络入侵防范系统。网站为www.snort.org/。

B.51　suricata

它是一个开源项目，提供了一个网络入侵检测系统/网络入侵防范系统和一个网络安全监控引擎。网站为http://suricata-ids.org/。

B.52　strongSwan

它是一个开源项目，实现了用于Linux、Android和其他操作系统的IPsec解决方案（包括IKEv1和IKEv2），由Andreas Steffen教授维护。网站为www.strongswan.org/。

B.53　sysctl

工具sysctl用于显示运行阶段的内核参数（包括网络参数），还可设置内核参数。例如，sysctl -a可显示所有的内核参数。工具sysctl包含在procps-ng包中。

B.54　taskset

它是一个设置和获取进程的CPU亲和性的命令行工具，包含在util-linux包中。

B.55　tcpdump

tcpdump是一个开源的命令行协议分析器。它基于C/C++网络流量捕获库libpcap。与wireshark一样，它也能够将结果写入文件以及从文件读取结果，并支持过滤。与wireshark不同的是，它没有提供前端GUI。然而，它的输出文件可供wireshark读取。下面是一个使用tcpdump进行嗅探的示例。

```
tcpdump -i eth1
```

网站为www.tcpdump.org。

B.56　top

工具top提供系统（内存使用情况、CPU使用情况等参数）的实时视图以及系统摘要，包含在procps-ng包中。网站为https://gitorious.org/procps。

B.57　tracepath

tracepath命令用于跟踪目标地址的路径，并发现该路径的MTU。要跟踪前往IPv6目标地址的路径，可使用tracepath6。tracepath包含在iputils包中。网站为www.skbuff.net/iputils/。

B.58　traceroute

traceroute用于显示前往指定目的地的路径。它利用IP协议的存活时间（TTL）字段让路径中的主机发回ICMP TIME EXCEEDED消息。工具traceroute在介绍ICMP协议的第3章讨论过。网站为http://traceroute.sourceforge.net。

B.59　tshark

工具tshark提供了一个命令行数据包分析器，它是wireshark包的一部分，有很多命令行选项。例如，可使用选项-w将输出写入文件。使用tshark可设置各种过滤器对数据包进行过滤，其中一些还很复杂（稍后你将看到）。下面的示例用于设置一个过滤器，以便只捕获ICMPv4数据包。

```
tshark -R icmp
Capturing on eth1
17.609101 192.168.2.200 -> 81.218.16.241 ICMP 98 Echo (ping) request id=0x0dc6, seq=1/256, ttl=64
17.617101 81.218.16.241 -> 192.168.2.200 ICMP 98 Echo (ping) reply   id=0x0dc6, seq=1/256, ttl=58
```

还可以设置针对IPv4报头字段的过滤器。例如，下面的示例用于设置一个针对IPv4报头字段DS的过滤器。

```
tshark -R "ip.dsfield==0x2"
```

如果你在另一个终端窗口中发送IPv4报头字段DS的值为0x2的流量（要发送这样的流量，可使用ping -Q 0x2 destinationAdderss），tshark将在屏幕上显示它们。

下面是一个根据源MAC地址进行过滤的示例。

```
tshark ether src host 00:e0:4c:11:22:33
```

下面的示例将过滤端口号为6000~8000的UPP数据包。

```
tshark -R udp portrange 6000-8000
```

下面的示例用于设置一个过滤器，以捕获源IP地址为192.168.2.200且端口号为80的流量（不要求为TCP流量，因为这里并没有设置针对协议的过滤器）。

```
tshark -i eth1 -f "src host 192.168.2.200 and port 80"
```

B.60　tunctl

　　tunctl是一个较旧的工具,用于创建TUN/TAP设备,可从http://tunctl.sourceforge.net下载。请注意,要创建或删除TUN/TAP工具,也可使用ip命令(见B.19节)或openvpn包中的命令行工具openvpn。

```
openvpn --mktun --dev tun1
openvpn --rmtun --dev tun1
```

B.61　udevadm

　　要获悉网络设备的类型,可使用udevadm并指定设备的sysfs条目。例如,如果设备的sysfs条目为/sys/devices/virtual/net/eth1.100,你将发现其设备类型(DEVTYPE)为VLAN。

```
udevadm info -q all -p  /sys/devices/virtual/net/eth1.100/

P: /devices/virtual/net/eth1.100
E: COMMENT=net device ()
E: DEVPATH=/devices/virtual/net/eth1.100
E: DEVTYPE=vlan
E: IFINDEX=4
E: INTERFACE=eth1.100
E: MATCHADDR=00:e0:4c:53:44:58
E: MATCHDEVID=0x0
E: MATCHIFTYPE=1
E: SUBSYSTEM=net
E: UDEV_LOG=3
E: USEC_INITIALIZED=28392625695
```

　　udevadm位于udev包中。网站为www.kernel.org/pub/linux/utils/kernel/hotplug/udev.html。

B.62　unshare

　　工具unshare能够让你创建命名空间,并在其中运行其父命名空间未共享的程序。unshare包含在util-linux包中。有关unshare的各种命令行选项,请参见man unshare。例如,unshare -u /bin/bash可创建一个UTS命名空间;而unshare --net /bin/bash可创建一个网络命名空间,并在其中启动一个bash进程。

　　Git网址为http://git.kernel.org/cgit/utils/util-linux/util-linux.git;网站为http://userweb.kernel.org/~kzak/util-linux/。

B.63　vconfig

　　工具vconfig用于配置VLAN(802.1q)接口。下面是一些使用示例。

　　❑ vconfig add eth2 100:添加一个VLAN接口。这将创建一个VLAN接口——eth2.100。

　　❑ vconfig rem eth2.100:将VLAN接口eth2.100删除。

■ 注意要添加和删除VLAN接口，也可使用如下ip命令：`ip link add link eth0 name eth0.100 type vlan id 100`。

❏ `vconfig set_egress_map eth2.100 0 4`：将SKB优先级0映射到VLAN优先级4。这样将使用VLAN优先级4对SKB优先级为0的出站数据包进行标记。VLAN优先级默认为0。

❏ `vconfig set_ingress_map eth2.100 1 5`：将VLAN优先级5映射到SKB优先级11。这样，对于VLAN优先级为5的入站数据包，将根据SKB优先级1进行排队。SKB优先级默认为0。

请参见man vconfig。

请注意，如果支持VLAN的代码被编译成内核模块，则在添加VLAN接口前，必须使用 `modprobe 8021q` 加载VLAN内核模块。

网站为www.candelatech.com/~greear/vlan.html。

B.64 wpa_supplicant

它是一款开源软件，提供了一个用于Linux和其他操作系统的无线恳求端（wireless supplicant），支持WPA和WPA2。网站为http://hostap.epitest.fi/wpa_supplicant/。

B.65 wireshark

wireshark项目提供了一个自由的开源分析器（嗅探器）。它有两个版本：基于GTK+的前端GUI和命令行工具tshark（后者在本附录前面提到过）。它可用于很多操作系统，并仍在不断发展。当为既有协议添加了新功能或添加了新协议时，将修改或添加分析器（剖析器）。wireshark功能丰富，具体如下。

❏ 支持定义各种针对端口、目标或源地址、协议标识符、报头字段等的过滤器。
❏ 支持根据各种参数（协议类型、时间等）对结果进行排序。
❏ 可将嗅探器输出保存到文件，还可读取文件中的嗅探器输出。
❏ 可读写的捕获文件格式众多，如tcpdump（libpcap）、Pcap NG等。
❏ 支持捕获过滤器和显示过滤器。

激活嗅探器wireshark或thsark将把网络接口切换到混杂模式，让它能够处理并非发送给当前主机的数据包。相关的手册页（man wireshark和man tshark）提供了丰富的信息。http://wiki.wireshark.org/SampleCaptures提供了75个针对不同协议的嗅探示例。wireshark用户邮件列表为www.wireshark.org/mailman/listinfo/wireshark-users；网站为www.wireshark.org；维基页为http://wiki.wireshark.org/。

B.66 XORP

XORP是eXtensible Open Router Platform（可扩展的开放路由器平台）的首字母缩写。这是一个开源项目，实现了各种路由选择协议，如BGP、IGMP、OLSR、OSPF、PIM和RIP。网站为www.xorp.org/。

附录 C

术语表

下面列出了本书涉及的术语。

ACL（Asynchronous Connection-oriented Link），异步面向连接链路。一种蓝牙协议。

ADB（Android Debug Bridge），Android调试桥。

AVDTP（Audio/Video Distribution Transport Protocol），音频/视频分发传输协议。一种蓝牙协议。

EAD（Authenticated Encryption with Associated Data），带关联数据的验证加密。

AES-NI（AES instruction set），AES指令集。

AH（Authentication Header protocol），验证头协议，用于IPsec中，协议号为51。

AID（Association ID），关联ID。无线客户端关联到接入点时获得的独一无二的编号，由接入点指定，取值范围为1~2007。

AMP（Alternate MAC/PHY），MAC/PHY交替射频技术。

AMPDU（Aggregated Mac Protocol Data Unit），聚合Mac协议数据单元。IEEE 802.11n中的一种数据包聚合。

AMSDU（Aggregated Mac Service Data Unit），聚合Mac服务数据单元。IEEE 802.11n中的一种数据包聚合。

AOSP（Android Open Source Project），Android开源项目。

AP（Access Point），接入点。无线网络中的一种无线设备。无线客户端通过关联到它们来连接到有线网络。

API（Application Programming Interface），应用程序编程接口。一组方法和数据结构，定义了软件层接口，如库接口。

ABRO（Authoritative Border Router Option），权威边界路由器选项。为优化IPv6邻居发现而添加的一种选项，参见RFC 6775。

ABS（Android Builders Summit），Andorid开发人员峰会。

ARO（Address Registration Option），地址注册选项。为优化IPv6邻居发现而添加的一种选项，参见RFC 6775。

ARP（Address Resolution Protocol），地址解析协议。一种用于将网络地址（如IPv4地址）映射到链路层地址（如48位的以太网地址）的协议。

ARPD（ARP daemon），ARP守护程序。一种实现了ARP功能的用户空间守护程序。

Ashmem（Android shared memory），Android共享内存。

ASM（Any-Source Multicast），任意源组播。在任意源模型中，无需指定是接收来自一个特定源地址还是接收来自一组地址的组播流量。

BA（Block Acknowledgement），块确认。IEEE 802.11n使用的一种机制。

BGP（Border Gateway Protocol），边界网关协议。一种核心路由选择协议。

BLE（Bluetooth Low Energy），低功耗蓝牙。

BNEP（Bluetooth Network Encapsulation Protocol），蓝牙网络封装协议。

BTH（Base Transport Header），基本传输报头。一种InfiniBand报头，长12字节。它指定了源QP和目标QP、操作、数据包序列号和分区。

CM（Communication Manager），通信管理器。InfiniBand栈中的一个组件。

CIDR（Classless Inter-Domain Routing），无类域间路由选择。一种分配用于域间路由选择的Internet地址的方式。

CQ（Completion Queue），完成队列。一种InfiniBand资源。

CRIU（Checkpoint/Restore In Userspace），用户空间检查点/恢复。CRIU是一款软件工具，主要是在用户空间实现的。使用它可冻结正在运行的进程，并使用一组文件在文件系统中建立检查点。以后可使用这些文件从冻结处开始重新运行该进程。请参见http://criu.org/Main_Page。

CSMA/CD（Carrier Sense Multiple Access/Collision Detection），载波侦听多路访问/冲突检测。以太网使用的一种介质访问控制方法。

CSMA/CA（Carrier Sense Multiple Access/Collision Avoidance），载波侦听多路访问/冲突避免。无线网络使用的一种介质访问控制方法。

CT（Connection Tracking），连接跟踪。一个Netfilter层。它为NAT奠定了基础。

DAD（Duplicate Address Detection），重复地址检测。一种帮助检测L3地址是否已被当前LAN中的其他主机使用的机制。

DAC（Duplicate Address Confirmation），重复地址确认。RFC 6775新增的一种ICMPv6数据包，类型编号为158。

DAR（Duplicate Address Request），重复地址请求。RFC 6775新增的一种ICMPv6数据包，类型编号为157。

DCCP（Datagram Congestion Control Protocol），数据包拥塞控制协议。一种不可靠的拥塞控制传输层协议。适合用于要求延迟低但允许丢失少量数据的应用程序，如电话应用和流媒体应用。

DHCP（Dynamic Host Configuration Protocol），动态主机配置协议。一种用于配置网络设备参数（如IP地址、默认路由、DNS服务器地址），的协议。

DMA（Direct Memory Access），直接内存访问。

DNAT（Destination NAT），目标NAT。一种用来修改目标地址的NAT。

DNS（Domain Name System），域名系统。一种将域名转换为IP地址的系统。

DSCP（Differentiated Services Code Point），区分服务码点。一种分类机制。

DVMRP（Distance Vector Multicast Routing Protocol），距离矢量组播路由选择协议。一种组播数据报路由选择协议，适合用于自主系统内部。它是在1988年发布的RFC 1075中定义的。

ECN（Explicit Congestion Notification），显式拥塞通知。参见RFC 3168（*The Addition of Explicit Congestion Notification (ECN) to IP*）。

EDR（Enhanced Data Rate），增强数据率。

EGP（Exterior Gateway Protocol），外部网关协议。一种已摒弃的路由选择协议，最初是在1982年发布的RFC 827中定义的。

ERTM（Enhanced Retransmission Mode），增强重传模式。一种支持错误检测和流量控制的蓝牙协议。

ESP（Encapsulating Security Payload），封装安全负载。一种用于IPsec的协议，协议号为50。

ETH（Extended Transport Header），扩展传输报头。一种InfiniBand报头，长4~28字节。这种报头将指出根据使用的服务类别和操作，可能还有一系列其他的报头。

ETSI（European Telecommunications Standards Institute），欧洲电信标准化协会。

FCS（Frame Check Sequence），帧校验序列。

FIB（Forwarding Information Base），转发信息库。包含路由选择表信息的数据库。

FMR（Fast Memory Region），快速内存区。一种InfiniBand资源。

FSF（Free Software Foundation），自由软件基金会。

FTP（File Transfer Protocol），文件传输协议。一种使用TCP在主机之间传输文件的协议。

GCC（GNU Compiler Collection），GNU编译器套件。

GID（Global Identifier），全局标识符。

GMP（Group Management Protocol），组管理协议。IGMP和MLD的统称，参见RFC 4604第1节。

GRE（Generic Routing Encapsulation），通用路由选择封装。一种隧道协议。

GRH（Global Routing Header），全局路由选择报头。一种InfiniBand报头，长40字节，使用GID指出了源端口和目标端口，格式与IPv6报头相同。

GRO（Generic Receive Offload），通用接收减负。一种用于将到来的数据包合并为更大的数据包以改善性能的技术。

GSO（Generic Segmentation Offload），通用分段减负。不在传输层对出站数据包进行分段，而在尽可能接近网络驱动程序的地方或网络驱动程序中进行分段。

GUID（Global Unique Identifier），全局唯一标识符。

HAL（Hardware Abstraction Layer），硬件抽象层。

HCA（Host Channel Adapter），主机信道适配器。

HCI（Host Controller Interface），主机控制器接口，用于蓝牙、PCI等。

HDP（Health Device Profile），保健设备配置文件。一种蓝牙配置文件。

HFP（Hands-Free Profile），免提配置文件。一种蓝牙配置文件。

HoL Blocking（Head-of-line blocking），队头阻塞。队头阻塞是一种影响性能的现象，指的是一系列数据包被第一个数据包阻塞的情况。例如，HTTP管道中包含多个请求的情况。

HPC（High Performance Computing），高性能计算。一种计算机资源管理方式，可高性能地解决繁重任务（如解决科学、工程或经济领域大型问题的任务）。

HS（High Speed），高速。

HTTP（Hypertext Transfer Protocol），超文本传输协议。用于访问万维网的基本协议。

HWMP（Hybrid Wireless Mesh Protocol），混合无线网状协议。一种用于无线网状网络的路由选择协议。它基于两种路由选择机制：按需路由选择和先验式（proactive），路由选择。

iWARP（Internet Wide Area RDMA Protocol），Internet广域RDMA协议。

iSER（iSCSI extension for RDMA），iSCSI RDMA扩展。

IANA（Internet Assigned Numbers Authority），Internet地址分配机构。负责IP地址、DNS Root以及其他IP符号和编号的分配，由互联网名称和编号分配机构（ICANN），管理。

IBTA（InfiniBand Trade Association），InfiniBand行业协会。

ICMP（Internet Control Message Protocol），Internet控制消息协议。一种规范控制消息和信息消息的IP协议，著名的工具ping就是基于ICMP的。ICMP用于发起各种DoSI攻击，如Smurf攻击。

ICE（Interactive Connectivity Establishment），交互式连接建立。RFC 5245定义的一种NAT穿越协议。

ICRC（Invariant CRC），不可变CRC。一种InfiniBand报头，长4字节，涵盖数据包在子网中传输时不应变化的所有字段。

IDS（Intrusion Detection System），入侵检测系统。

IoT（Internet of Things），物联网。将日常用品连接起来的网络。

IEEE（Institute of Electrical and Electronics Engineers），电气和电子工程师协会。

IGMP（Internet Group Management Protocol），Internet组管理协议。一种组播组成员管理协议。

IKE（Internet Key Exchange），Internet密钥交换。一种用于建立IPsec安全关联的协议。

IOMMU（I/O Memory Management Unit），I/O内存管理单元。

IP（Internet Protocol），Internet协议。主要的Internet编址和路由选择协议。IPv4最初是在1981年发布的RFC 791中规范的，而IPv6最初是在1995年发布的RFC 1883中规范的。

IPoIB（IP over InfiniBand）

IPS（Intrusion Prevention System），入侵防范系统。

ISAKMP（Internet Security Association & Key Management Protocol），Internet安全关联和密钥管理协议。

IOCTL（Input/Output Control），输入/输出控制。一种系统调用，能够让你在用户空间中访问内核。

IPC（Inter Process Communication），进程间通信。有很多IPC机制，如共享内存信号量、消息队列等。

IPCOMP（IP Payload Compression Protocol），IP载荷压缩协议。一种压缩协议，旨在减少通过较慢的网络连接发送的数据量，使用它可改善网络结点间的总体通信性能。

　　IPsec（IP security），IP安全。IETF开发的一系列协议，旨在确保通过IP协议交换数据包的安全。根据IPv6规范，IPv6必须实现IPsec；而在IPv4中这是可选的，但很多操作系统在IPv4中也实现了IPsec。IPsec使用两种加密模式：传输模式和隧道模式。

　　IPVS（IP Virtual Server），IP虚拟服务器。Linux内核中的一种负载均衡基础设施，支持IPv4和IPv6。请参见http://www.linuxvirtualserver.org/software/ipvs.html。

　　ISR（Interrupt Service Routine），中断服务例程。一种在收到中断时调用的中断处理程序。

　　ISM（Industrial, Scientific, and Medical radio band），工业、科学和医疗射频频段。

　　jumbo frames，巨型帧。长达9KB的数据包。有些网络接口支持长达9KB的MTU。在有些情况下，如批量传输数据时，使用巨型帧可改善网络性能。

　　KVM（Kernel-based Virtual Machine），基于内核的虚拟机。一个Linux虚拟化项目。

　　LACP（Link Aggregation Control Protocol），链路聚合控制协议。

　　LAN（Local Area Network），局域网。一种覆盖区域有限（如一座办公大楼），的网络。

　　LID（Local Identifier），本地标识符。在InfiniBand中，网络管理器给每个子网端口分配的16位值。

　　L2CAP（Logical Link Control and Adaptation Protocol），逻辑链路控制和适配协议。一种蓝牙协议。

　　L2TP（Layer 2 Tunneling Protocol），第2层隧道协议。一种用于VPN的协议。L2TPv3是在RFC 3931中定义的（RFC 5641做了一些修订）。

　　LKML（Linux Kernel Mailing List），Linux内核邮件列表。

　　LLCP（Logical Link Control Protocol），逻辑链路控制协议。NFC使用的一种协议。

　　LLN（Low-power and Lossy Network），容易丢包的低功耗网络。

　　LoWPAN（Low-power Wireless Personal Area Network），低功耗无线个域网。

　　LMP（Link Management Protocol），链路管理协议。用于控制蓝牙设备之间的无线链路。

　　LPM（Longest Prefix Match），最长前缀匹配。路由选择子系统使用的一种算法。

　　LRH（Local Routing Header），本地路由选择报头。一种InfiniBand报头，长8字节，指出了数据包的本地源端口和目标端口，还指定了请求的QoS属性（SL和VL）。

　　LRO（Large Receive Offload），大量接收卸载。

　　LR-WPAN（Low-Rate Wireless Personal Area Network），低速无线个域网，用于IEEE 802.15.4中。

　　LSB（Least significant bit），最低位。

　　LSRR（Loose Source Record Route），宽松源记录路由。

　　LTE（Long Term Evolution），长期演进。

　　MAC（Media Access Control），介质访问控制。OSI模型中数据链路层（L2）的一个子层。

　　MAD（Management Datagram），管理数据报，一个InfiniBand模块。

　　MFC（Multicast Forwarding Cache），组播转发缓存。内核中一种包含组播转发条目的数据结构。

MIB（Management Information Base），管理信息库。

MLD（Multicast Listener Discovery protocol），组播侦听者发现协议。让IPv6路由器能够发现组播侦听者，是在2004年发布的RFC 3810中规范的。

MLME（MAC Layer Management Entity），MAC层管理实体。一个IEEE 802.11管理层组件，负责执行扫描、身份验证、关联和重新关联等操作。

MR（Memory Region），内存区。一种InfiniBand资源。

MSF（Multicast Source Filtering），组播源过滤。这种功能用于设置过滤器，以便将来自非指定源的组播流量丢弃。

MSI（Message Signaled Interrupts），消息信号中断。

MSS（Maximum Segment Size），最大分段长度。TCP协议的一个参数。

MTU（Maximum transmission unit），最大传输单元。网络协议能够传输的最长数据包。

MW（Memory Window），内存窗口。一种InfiniBand资源。

NAP（Network Access Point），网络接入点。

NAPI（New API），网络驱动程序使用轮询而非中断驱动的技术。NAPI在第1章中讨论过。

NAT（Network Address Translation），网络地址转换。负责修改IP报头的层。在Linux中，对IPv6 NAT的支持是在内核3.7中新增的。

NAT-T（NAT traversal），NAT穿越。

NCI（NFC Controller Interface），NFC控制器接口。

ND/NDISC（Neighbour Discovery Protocol），邻居发现协议。用于IPv6中，其任务包括：发现当前链路上的网络结点、自动配置地址、查找其他结点的链路层地址以及维护其他结点的可达性信息。

NFC（Near Field Communication），近场通信。

NDEF（NFC Data Exchange Format），NFC数据交换格式。

NIC（Network Interface Card），网络接口卡，也叫网络接口控制器和网络适配器，是一种网络硬件设备。

NUMA（Non-Uniform Memory Access），非一致内存访问。

NPP（NDEF Push Protocol），NDFF推送协议。

NPAR（NIC Partitioning），NIC分区。一种让你能够将网卡（NIC）流量分区的技术。

NUD（Network Unreachability Detection），网络不可达检测。一种负责检测邻居是否可达的机制。

OBEX（Object Exchange），对象交换。一种在设备之间交换二进制对象的蓝牙协议。

OEM（Original Equipment Manufacturer），原始设备制造商。

OFA（OpenFabrics Alliance），开放架构联盟。

OCF（Open Cryptography Framework），开放加密框架。

OHA（Open Handset Alliance），开放手机联盟。

OOTB（Out of the Blue packet），不速之客。SCTP协议使用的一个术语，指的是数据包正确无误（校验和正确），但接收方无法确定它所属的SCTP关联（参见RFC 4960第8.4节）。

OPP（Object Push Profile），对象推送配置文件。一种蓝牙配置文件。

OSI（Open Systems Interconnection），开放系统互联。

OSPF（Open Shortest Path First），开放最短路径优先。一种用于IP网络的内部网关路由选择协议。

PADI（PPPoE Active Discovery Initiation），PPPoE主动发现发起。

PADO（PPPoE Active Discovery Offer），PPPoE主动发现提议。

PADR（PPPoE Active Discovery Request），PPPoE主动发现请求。

PADS（PPPoE Active Discovery Session），PPPoE主动发现会话。

PADT（PPPoE Active Discovery Terminate），PPPoE主动发现终止。

PAN（Personal Area Networking），个域网。一种蓝牙配置文件。

PCI（Peripheral Component Interconnect），外围组件互连。一种用于连接设备的总线。很多网络接口卡都属于PCI设备。

PD（Protection Domain），保护域。

PHDC（Personal Health Device Communication），个人保健设备通信。一种NFC协议。

PID（Process Identifier），进程标识符。

PIM（Protocol Independent Multicast Protocol），协议无关组播协议。一种组播路由选择协议。

PIM-SM（Protocol Independent Multicast Sparse Mode），协议无关组播稀疏模式。

PLME（Physical Layer Management Entity），物理层管理实体。IEEE 802.11管理架构中的一个组件。

PM（Power Management），电源管理。

PPP（Point To Point Protocol），点到点协议。一种在主机间直接通信的数据链路层协议。

PPPoE（PPP over Ethernet），以太网PPP。是在1999年发布的RFC 2516中规范的。

PERR（Path Error），路径错误。一种消息，指出在无线网状网络中进行路由选择时出现了问题。

PREP（Path Reply），路径应答。在无线网状网络中，为应答PREQ消息而发送的一种单播数据包。

PREQ（Path Request），路径请求。在无线网状网络中，为寻找某个地址而发送的一种广播数据包。

PSK（Preshared Key），预共享密钥。

Qdisc（Queuing Disciplines），排队原则。

QP（Queue Pair），队列对。一种InfinBand资源。

RA（Router Alert），路由器警告。一种IPv4选项，通知中转路由器仔细检查IP数据包的内容。IGMP、MLD等众多协议都使用它。

RANN（Root Announcement），根通告。无线网状网络中的根结点定期发送的一种广播数据包。

RARP（Reverse Address Resolution Protocol），反向地址解析协议。一种用于将链路层地址（如48位的以太网地址）映射到网络层地址（如IPv4地址）的协议。

RC，InfiniBand中的一种QP传输类型。

RDMA（Remote Direct Memory Access），远程直接内存访问。从一台主机直接访问另一台主机的内存。

RDS（Reliable Datagram Socket），可靠数据报套接字。Oracle开发的一种无连接的可靠协议。

RFC（Request For Comments），请求评论。一种定义Internet规范、通信协议、规程和事件的文档。有关RFC的标准化流程请参阅http://tools.ietf.org/html/rfc2026（"The Internet Standards Process"）。

RFID（Radio Frequency ID），射频ID。

RFCOMM（Radio Frequency Communications protocol），射频通信协议。一种蓝牙协议。

RFS（Receive Flow Steering），接收流控制。

RIP（Routing Information Protocol），路由选择信息协议。一种距离矢量路由选择协议。

RoCE（RDMA over Converged Ethernet）

RP（Rendezvous Point），汇聚点。

RPL（IPv6 Routing Protocol for Low-Power and Lossy Networks），易丢包低功耗网络IPv6路由选择协议。是在RFC 6550中规范的。

RPDB（Routing Policy DataBase），路由选择策略数据库。

RPF（Reverse Path Filter），反向路径过滤器。一种旨在防范源地址欺骗的技术。

RPC（Remote Procedure Call），远程过程调用。

RPS（Receive Packet Steering），接收数据包控制。

RS（Router Solicitations），路由器请求。

RSA，一种加密算法。RSA代表这种加密算法的开发者Ron Rivest、Adi Shamir和Leonard Adleman。

RTP（Real-time Transport Protocol），实时传输协议。一种通过IP网络传输音频和视频的协议。

RTR（Ready To Receive），接收就绪。InfiniBand QP状态机的一种状态。

RTS（Ready To Send），发送就绪。InfiniBand QP状态机的一种状态。

SA（Security Association），安全关联。两台主机之间的一种逻辑关系，包含各种参数，如加密密钥、加密算法、SPI等。

SACK（Selective Acknowledgments），选择性确认。请参阅1996年发布的RFC 2018（*TCP Selective Acknowledgment Options*）。

SAD（Security Association Database），安全关联数据库。

SAR（Segmentation and Reassembly），分段和重组。

SBC（Session Border Controllers），会话边界控制器。

SCO（Synchronous Connection Oriented link），同步面向连接链路。一种蓝牙协议。

SDP（Service Discovery Protocol），服务发现协议。一种蓝牙协议。

SCTP（Stream Control Transmission Protocol），流控制传输协议。一种兼具UDP和TCP特征的传输协议。

SE（Secure Element），安全元素。一个NFC术语。

SIG（Special Interest Group），特别兴趣小组。

SIP（Session Initiation Protocol），会话发起协议。一种VoIP信令协议，用于建立和修改VoIP会话。

SLAAC（Stateless Address autoconfiguration），无状态地址自动配置。是在RFC 4862中规范的。

SKB（Socket Buffer），套接字缓冲区。一种表示网络数据包的内核数据结构，由include/linux/skbuff.h中的结构sk_buff实现。

SL（Service Level），服务等级。InfiniBand中的QoS，是通过使用SL-VL映射和分配给VL的资源来实现的。

SLAAC（Stateless Address Autoconfiguration），无状态地址自动配置。

SM（Subnet Manager），子网管理器。

SMA（Subnet Management Agent），子网管理代理。

SME（System Management Entity），系统管理实体。IEEE 802.11管理架构中的一个组件。

SMP（Symmetrical Multiprocessing），对称多处理。一种这样的体系结构，即将多个相同的处理器连接到相同的共享的主内存。

SNAT（Source NAT），源NAT。一种修改源地址的NAT。

SNEP（Simple NDEF Exchange Protocol），简单NDEF交换协议。用户交换NDEF格式的数据。

SNMP（Simple Network Management Protocol），简单网络管理协议。

SPI（Security Parameter Index），安全参数索引。用于IPsec中。

SPD（Security Policy Database），安全策略数据库。

SQD（Send Queue Drained），发送队列干涸。InfiniBand QP状态机的一种状态。

SQE（Send Queue Error），发送队列错误InfiniBand QP状态机的一种状态。

SRP（SCSI RDMA protocol），SCSI RDMA协议。

SR-IOV（Single Root I/O Virtualization），单根I/O虚拟化。一种规范，能让一台PCIe设备看起来像是多台PCIe设备。

SRQ（Shared Receive Queue），共享接收队列。一种InfiniBand资源。

SSM（Source Specific Multicast），特定源组播。

STUN（Session Traversal Utilities for NAT），NAT会话传输应用程序。

SSP（Secure Simple Pairing），安全简单配对。Bluetooth v2.1要求的一种安全功能。

TCP（Transmission Control Protocol），传输控制协议。TCP是当今Internet最常用的传输协议，很多协议都运行在TCP之上，其中包括FTP、HTTP等。TCP最初是在1981年发布的RFC 793中规范的，但此后的多年间有很多协议更新、变种和增补。

TIPC（Transparent Inter-process Communication protocol），透明进程间通信协议。参见http://tipc.sourceforge.net/。

TOS（Type Of Service），服务类型。

TSO（TCP Segmentation Offload），TCP分段减负。

TTL（Time To Live），存活时间。IPv4报头中的一个计数器（在IPv6中，对应的计数器为跳数限制），每台转发设备都将其减1。这个计数器变成0后，将发回一条ICMP超时消息，并将数据包丢弃。IPv4报头的成员ttl和IPv6报头的成员 hop_limit的长度都是8位。

TURN（Traversal Using Relays around NAT），使用中继的NAT穿越。

UC（Unreliable Connected），不可靠连接。InfiniBand中的一种QP传输类型。

UD（Unreliable Datagram），可靠数据报。InfiniBand中的一种QP传输类型。

UDP（User Datagram Protocol），用户数据报协议。UDP是一种不可靠的协议，因为它无法保证将数据包投递到上层协议。在UDP中，不像TCP那样包含握手阶段。UDP报头更简单，只包含4个字段：源端口、目标端口、校验和和长度。

USAGI（UniverSAl playGround for Ipv6），IPv6通用试验场。一个为Linux内核开发IPv6和IPsec（包括IPv4和IPv6），栈的项目。

UTS（Unix Time-sharing System），Unix分时系统。

VCRC（Variant CRC），可变CRC。一种InfiniBand报头，长2字节，涵盖了数据包的所有字段。

VETH（Virtual Ethernet），虚拟以太网。一种网络驱动程序，能让位于不同网络命名空间的网络设备能够相互通信。

VoIP（Voice Over IP），IP语音。

VFS（Virtual File System），虚拟文件系统。

VL（Virtual Lanes），虚拟通道。一种通过一条物理链路创建多条虚拟链路的机制。

VLAN（Virtual Local Area Network），虚拟局域网。

VPN（Virtual Private Network），虚拟专网。

VXLAN（Virtual Extensible Local Area Network），虚拟可扩展局域网。VXLAN是一种通过UDP传输第2层以太网数据包的标准协议。之所以需要VXLAN，是因为有些防火墙禁止隧道穿过，而只允许TCP/UDP流量通过。

WDS（Wireless Distribution System），无线分布系统。

WLAN（Wireless LAN），无线LAN。

WOL（Wake On LAN），局域网唤醒。

WSN（Wireless Sensor Networks），无线传感器网络。

XRC（eXtended Reliable Connected），扩展可靠连接。InfiniBand中的一种QP传输类型。

XFRM（IPsec Transformer），一个处理IPSec变换的Linux内核框架，其中两个最重要的数据结构是XFRM策略和XFRM状态。